EUROPA LEHRMITTEL

EUROPA–FACHBUCHREIHE
für wirtschaftliche Bildung

Feist · Lüpertz · Reip

Lehraufgaben zur Betriebswirtschaftslehre

Entscheidungsaufgaben · Fallstudien · Planspiele
Computerunterstützte Unternehmenssimulationen

4. neu bearbeitete Auflage

VERLAG EUROPA-LEHRMITTEL · Nourney, Vollmer GmbH & Co.
Düsselberger Straße 23 · 42781 Haan-Gruiten

Europa-Nr. 91811

Verfasser:

Feist, Theo	Professor, Dipl.-Kfm.
Lüpertz, Viktor	Dr., Dipl.-Volksw., Studiendirektor
Reip, Hubert	Professor, Dipl.-Volksw.

Lektor:

Hubert Reip

Das vorliegende Buch wurde auf der **Grundlage der neuen amtlichen Rechtschreibregeln** erstellt.

4. Auflage 1999
Druck 5 4 3 2 1
Alle Drucke derselben Auflage sind parallel einsetzbar, da sie bis auf die Behebung von Druckfehlern untereinander unverändert sind.

ISBN 3-8085-9184-6

Satz und Grafik: RK Text, 42799 Leichlingen
Druck: pdc – Paderborner Druck Centrum, 33100 Paderborn

Grundsätzliches zu diesem Buch

(aus dem Vorwort zur 1. Auflage)

Das vorliegende Buch soll es den Lernenden ermöglichen, in aktiver Auseinandersetzung mit betrieblichen Situationen systematisch Entscheidungsfähigkeit zu trainieren und sich das dazu benötigte betriebswirtschaftliche Wissen anzueignen. Die Gliederung des Buches ist an der Einteilung der Betriebswirtschaftslehre in betriebliche Funktionsbereiche orientiert. Da sich betriebswirtschaftliche Entscheidungen meist in einem vom Recht gesetzten Rahmen abspielen, ist ein eigener Abschnitt den Grundlagen des Bürgerlichen und des Handelsrechts gewidmet. Grundfragen des Arbeits- und Sozialrechts werden in dem Abschnitt »Arbeits- und Sozialrecht« behandelt.

Betriebswirtschaftliche Situationen sind in Form von entscheidungsorientierten Fällen, als Fallstudien und als Planspiele in dem Buch enthalten, von denen viele in engem Kontakt mit der betrieblichen Praxis entstanden sind. Die betrieblichen Vorgänge wurden jedoch, ebenso wie Originalformulare, unter didaktischen Aspekten bearbeitet. Dabei sind die Verfasser davon ausgegangen, dass Fallstudien und Planspiele nur dann sinnvoll im Unterricht eingesetzt werden können, wenn die wesentlichen Sachverhalte, auf die es im Lernprozeß ankommt, deutlich erkennbar im Mittelpunkt stehen und sie die angestrebten Lernziele mit einem vertretbaren Zeitaufwand erreichbar machen.

Stuttgart, im Sommer 1994 Die Verfasser

Vorwort zur 4. Auflage

Das Gesetz zur Neuregelung des Kaufmanns- und Firmenrechts und die ab 01.01.1999 in Kraft getretene Insolvenzordnung machten eine völlige Neugestaltung der Lehraufgaben zum Kaufmannsrecht (Aufgaben 2.19 – 2.22) und einen Ersatz der Aufgaben zum Konkurs- und Vergleichsrecht (5.28 – 5.34) notwendig.

Änderungen im Kartellrecht und im Aktienrecht, ebenso wie das Gesetz zu Korrekturen in der Sozialversicherung und zur Sicherung der Arbeitnehmerrechte vom 19. Dezember 1998 wurden durch Bearbeitung der entsprechenden Lehraufgaben unter fachlichem und didaktischem Aspekt berücksichtigt.

Die Lösungen zu unverändert gebliebenen Lehraufgaben wurden an den aktuellen Rechtsstand angepasst.

Weinstadt, im Frühjahr 1999 Die Verfasser

Vorwort zur 3. Auflage

Die »Lehraufgaben zur Betriebswirtschaftslehre« von Liebold – Lüpertz – Reip – Weber (Europa Nr. 81811) wurden in der 3. Auflage von den Autoren Feist – Lüpertz – Reip völlig neu bearbeitet. Alle Themen, die bisher nur im »Lehraufgaben-Programm Betriebswirtschaftslehre« (Europa Nr. 97224) enthalten waren (z.B. Sanierung, Konkurs und Vergleich) wurden zusätzlich aufgenommen. Die »Lehraufgaben zur Betriebswirtschaftslehre« ersetzen damit ab der 3. Auflage das »Lehraufgaben-Programm« zur Betriebswirtschaftslehre.

Außerdem erfolgte eine Abstimmung des Inhalts und der Gliederung unter Berücksichtigung der unterschiedlichen didaktischen Zielsetzung mit den »Lehraufgaben für die kaufmännische Ausbildung« (Europa Nr. 91200). Die folgende Übersicht stellt die Unterschiede der beiden im Verlag Europa-Lehrmittel erscheinenden Lehraufgaben-Sammlungen dar:

Lehraufgaben für die kaufmännische Ausbildung (Europa Nr. 91200)	**Lehraufgaben zur Betriebswirtschaftslehre** (Europa Nr. 91811)
Betriebswirtschaftliche Aufgaben auf dem Niveau Berufsschule /Berufsfachschule	Weiterführende betriebswirtschaftliche Aufgaben mit höherem Anspruchsniveau
Enthält auch volkswirtschaftliche Aufgaben (im Umfang der Allg. Wirtschaftslehre)	Enthält keine volkswirtschaftlichen Aufgaben.
Rechtliche Grundbildung im Umfang und dem Anspruchsniveau einer Allgemeinen Wirtschaftslehre	Vertiefung juristischer Probleme nur dann, wenn sie in engem Zusammenhang zu betriebswirtschaftlichen Fragen stehen (z.B. Bewertungsfragen)
Didaktische Konzeption: Gestufte Lehraufgaben, Fallstudien, Planspiele, Rollenspiele, EDV-Einsatz möglich (alle Aufgaben auch ohne EDV-Einsatz lösbar)	Gestufte Lehraufgaben, Fallstudien, Planspiele, Rollenspiele. Aufgaben überwiegend auch ohne EDV-Einsatz möglich. Nur für einige Aufgaben (9 von insgesamt 362 Aufgaben) ist EDV-Einsatz zwingend notwendig.
Kapitel Kostenrechnung und Jahresabschluss nicht enthalten.	Enthält die Kapitel Kostenrechnung und Jahresabschluss (mit Bilanzanalyse)

Die Verfasser hoffen, mit der klaren Zielorientierung der beiden Lehraufgaben-Sammlungen die Auswahl der für die jeweilige didaktische Situation am besten geeigneten Sammlung erleichtert zu haben und für alle Anforderungen kaufmännisch-betriebswirtschaftlicher Ausbildung eine geeignete Aufgabensammlung anzubieten.

Weinstadt, im Juli 1997 Die Verfasser

Begleitmaterialien

Zu diesem Buch sind folgende Begleitmaterialien erhältlich:

1. **Lösungsbuch:** »Problemlösungen zu Lehraufgaben zur Betriebswirtschaftslehre«
   Europa-Nr. 91013
2. **Lösungsblätter:** Kopiervorlagen für die tabellarische und/oder grafische Lösung einzelner Aufgaben.
   Europa-Nr. 78912
3. **Gesetzessammlung:** »Wirtschaftsgesetze, Textsammlung«
   Sie enthält alle Paragraphen, die zur Lösung der rechtskundlichen Aufgaben benötigt werden.
   Europa-Nr. 94810
4. **Computerprogramme** für den Spielleiter zur Durchführung und Auswertung der Planspiele MINIMAX, LEMCO und STRATOLIGO
   Europa-Nr. 88013
5. **Softwarepaket** »EURO-BWL«,
   Programme für computerunterstützte Lösung und grafische Veranschaulichung einzelner Aufgaben
   Europa-Nr. 88100 (Einzel- oder Schullizenz), 88200 (Netzwerkversion)

Programmübersicht »EURO-BWL«

ABSATZ
Absatzmittler; Gewinnschwellenanalyse; Umsatz-/Deckungsbeitragsanalyse

BESCHAFFUNG
ABC-Analyse; Angebotsvergleich; Bestellzeitpunkt; Eigen-/Fremdlager; Lagerkennzahlen; Optimale Bestellmenge; Dispositionsplanspiele (DISPO 1 und DISPO 2)

ENTSCHEIDUNGSTABELLE

FINANZIERUNG
Eigen-/Selbstfinanzierung: Kapitalerhöhung der AG; Abschreibungsrückflüsse; Bilanz- und Finanzierungskennzahlen; Fremdfinanzierung: Annuitätendarlehen; Darlehensformen im Vergleich; Leasing-Kredit; Normierter Ratenkredit

INVESTITION
Statische Investitionsrechnung; Dynamische Investitionsrechnung; Vergleich: Statische/Dynamische Investitionsrechnung

KOSTENRECHNUNG
Kostenanalyse; Vollkostenrechnung: Betriebsabrechnungsbogen, Normalkostenrechnung, Kostenträgerrechnung, Vergleich: Vollkosten-/DB-Rechnung; Deckungsbeitragsrechnung

PRODUKTION
Kostenanalyse; Netzplantechnik; Optimale Losgröße

RECHNUNGSWESEN
Abschreibung: Abschreibungsverfahren, Wirkungen auf Gewinn und Steuern; Betriebliche Kennzahlen; Jahresabschlussanalyse

WIRTSCHAFTSMATHEMATIK
Rentenrechnung; Zins- und Zinseszinsrechnung

Abkürzungsverzeichnis

Abkürzung	Kurzbezeichnung des Gesetzes
AFG	Arbeitsförderungsgesetz
AGB-Ges.	AGB-Gesetz
AktG	Aktiengesetz
AnfG	Anfechtungsgesetz
AO	Abgabenordnung
ArbGG	Arbeitsgerichtsgesetz
ArbZG	Arbeitszeitgesetz
BBankG	Bundesbankgesetz
BBiG	Berufsbildungsgesetz
BDSG	Bundesdatenschutzgesetz
BErzGG	Bundeserziehungsgeldgesetz
BeschFG	Beschäftigungsförderungsgesetz
BetrVG	Betriebsverfassungsgesetz
BetrVG 1952	Betriebsverfassungsgesetz 1952
BewG	Bewertungsgesetz
BGB	Bürgerliches Gesetzbuch
BImSchG	Bundes-Immissionsschutzgesetz
BUrlG	Bundesurlaubsgesetz
EntgeltFZG	Entgeltfortzahlungsgesetz
EStG	Einkommensteuergesetz
EStR	Einkommensteuer-Richtlinien
Fünftes VermBG	Fünftes Vermögensbildungsgesetz
GebrmG	Gebrauchsmustergesetz
GenG	Genossenschaftsgesetz
GeschmMG	Geschmacksmustergesetz
GewO	Gewerbeordnung
GewStG	Gewerbesteuergesetz
GG	Grundgesetz
GmbHG	GmbH-Gesetz
GrStG	Grundsteuergesetz
GWB	Gesetz gegen Wettbewerbs-beschränkung (Kartellgesetz)
HandwO	Handwerksordnung
HaustürWG	Haustürgeschäfte WG
HGB	Handelsgesetzbuch
IHKG	IHK-Gesetz
InsO	Insovenzenordnung
JArbSchG	Jugendarbeitsschutzgesetz
KStG	Körperschaftsteuergesetz
KSchG	Kündigungsschutzgesetz
KWG	Kreditwesengesetz
LadSchlG	Ladenschlussgesetz
LFZG	Lohnfortzahlungsgesetz
LStDV	Lohnsteuer-DurchführungsVO
MitbestG	Mitbestimmungsgesetz
MontanMitbestG	Montan-Mitbestimmungsgesetz
MuSchG	Mutterschutzgesetz
PAngG	Preisangabengesetz
PangV	Preisangabenverordnung
PartGG	Partnerschaftsgesellschaftsgesetz
PatG	Patentgesetz
ProdHaftG	Produkthaftungsgesetz
PublG	Publizitätsgesetz
RabattG	Rabattgesetz
RabattG DV	DV Rabattgesetz
ScheckG	Scheckgesetz
SchwarbG	Schwarzarbeitergesetz
SchwbG	Schwerbehindertengesetz
SGB I	Sozialgesetzbuch I
SGB IV	Sozialgesetzbuch IV
SGB V	Sozialgesetzbuch V
SGB VI	Sozialgesetzbuch VI
SGB VII	Sozialgesetzbuch VII
SGB XI	Sozialgesetzbuch XI
SprAuG	SprecherausschussG
StabG	Stabilitätsgesetz
TVG	Tarifvertragsgesetz
UmweltHG	Umwelthaftungsgesetz
UmwG	Umwandlungsgesetz
UStDV	UmsatzsteuerDV
UStG	Umsatzsteuergesetz
UWG	Unlauterer Wettbewerb, G
VerbrKrG	Verbraucherkreditgesetz
VerpackV	Verpackungsverordnung
VVG	Versicherungsvertragsgesetz
WG	Wechselgesetz
WZG	Warenzeichengesetz
ZPO	Zivilprozessordnung
ZugabeVO	Zugabeverordnung

Erläuterung der verwendeten Symbole

Für Teilaufgaben stehen Lösungsblätter mit Tabellenstrukturen, Koordinatensystemen usw. als Kopiervorlagen zur Verfügung.

Aufgaben, die Gruppenarbeit ermöglichen bzw. erforderlich machen, Fallstudien, Planspiele.

Rollenspiele

Aufgaben, für die der Einsatz von Programmen aus dem Softwarepaket EURO-BWL notwendig ist.

Für Durchführung und Auswertung des Planspiels steht dem Spielleiter ein Computerprogramm zur Verfügung.

Inhaltsverzeichnis

4 Aufbau und Führung des Betriebs

5 Das Unternehmen

1 Betriebswirtschaftliche Grundlagen

Der Betrieb in der Gesamtwirtschaft

1.01 Die Stellung des Betriebs im gesamtwirtschaftlichen Produktionsprozess – Sachleistungsbetriebe – Dienstleistungsbetriebe – Volkswirtschaftliche Arbeitsteilung

Lösungsblatt

Das Bild zeigt die Stellung einer Papierfabrik zwischen Vorlieferanten und Verbrauchern in einer arbeitsteiligen Wirtschaft. Die Fabrik stellt verschiedene Sorten Papier und Pappe her: feines Briefpapier, Schreibpapier, Buchdruckpapier und Packpapier.

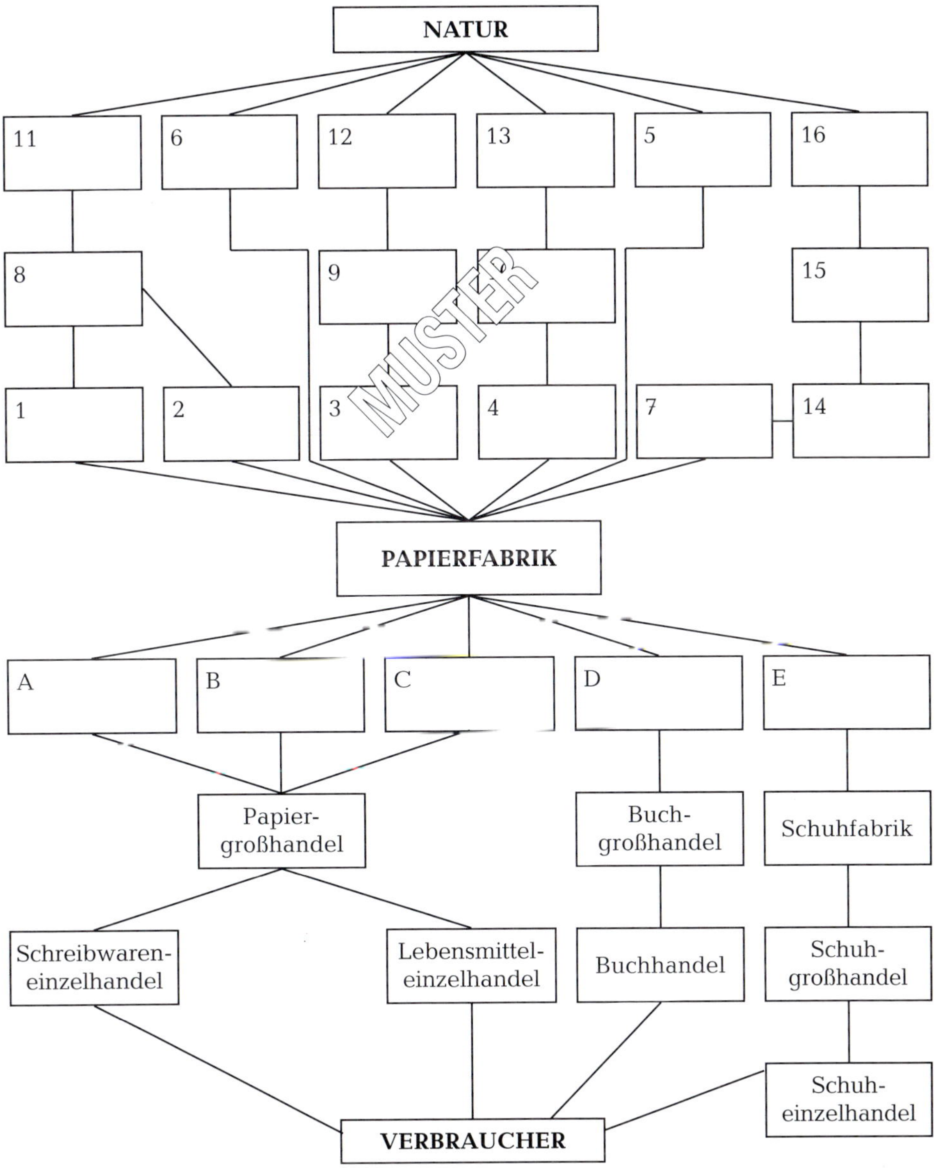

Zur Herstellung des Papiers werden je nach Papiersorte folgende Materialien verwendet: Holzschliff (zerkleinertes Holz), Zellstoff, Lumpen, Altpapier, Kreide, Gips, Porzellanerde, Leimstoffe und Farbstoffe. Außerdem werden elektrischer Strom, Wasser, Werkzeuge und andere Hilfsmittel benötigt.

Alle Materialien kommen von Vorbetrieben:

(1) Holzschleiferei, (2) Zellstoffwerk, (3) Leimfabrik, (4) Farbenfabrik, (5) Kaolingrube (Porzellanerde), (6) Elektrizitätswerk, (7) Werkzeugfabrik.

Mit Ausnahme des Elektrizitätswerkes und der Kaolingrube haben alle oben genannten Vorbetriebe ebenfalls wieder Zulieferer:

Die **Holzschleiferei** und das **Zellstoffwerk** beziehen vom **Sägewerk,** die **Leimfabrik** vom **Schlachthof,** die **Farbenfabriken** von der **Kokerei.** Das **Sägewerk** erhält das Holz aus der **Forstwirtschaft.** Der **Schlachthof** hat als Vorlieferer die **Landwirtschaft.** Die **Kokerei** bezieht vom **Kohlenbergbau.** Die **Werkzeugfabrik** erhält ihre Rohstoffe vom **Stahlwerk,** das Stahlwerk erhält sie von den **Eisenhütten** und diese erhalten sie wiederum vom **Erzbergbau.**

1. Tragen Sie in ein Bild nach dem Muster auf Seite 1 die oben genannten Betriebe in die entsprechenden Felder ein.

2. Abnehmer der Papierfabrik sind die verschiedenen papierverarbeitenden Industrien, z.B. **Buntpapierfabriken, Gummieranstalten** (Herstellung von Aufklebern und Etiketten), **Tütenfabriken, Kartonagenfabriken** und **Druckereien.** Aber auch die genannten Empfänger des Papiers geben dieses nach seiner Be- und Verarbeitung an Nachbetriebe weiter, bis es endgültig zum Verbraucher gelangt.

   Tragen Sie die Abnehmer der Papierfabrik in die Felder des Schaubildes ein.

3. Stellen Sie fest: Welche der im Schaubild auf Seite 1 dargestellten Betriebe sind Sachleistungsbetriebe (unterteilt nach Urproduktionsbetrieben, Produktionsmittelbetrieben und Kosumgüterbetrieben), und welche sind Dienstleistungsbetriebe?

4. Geben Sie zu jeder Gruppe von Betrieben ein weiteres Beispiel.

Lösungsblatt

1.02 Produktionsstufen und Sektoren der Volkswirtschaft – Strukturwandel

1. Die Betriebe verschiedener Produktionsstufen einer Volkswirtschaft werden zu Wirtschaftssektoren zusammengefasst. Der **primäre Sektor** umfasst die Betriebe der Urproduktion, der **sekundäre Sektor** die Be- und Verarbeitungsbetriebe und der **tertiäre Sektor** die Dienstleistungsbetriebe. In der Bundesrepublik Deutschland haben sich diese Wirtschaftssektoren von 1950 bis 1995 wie auf Seite 3 gezeigt entwickelt:

   a) Stellen Sie für die Sektoren Land-, Forst- und Fischereiwirtschaft (= primärer Sektor), produzierendes Gewerbe (= sekundärer Sektor) und Dienstleistungen (= tertiärer Sektor) die Entwicklung des prozentualen Anteils an der Bruttowertschöpfung und an der Gesamtzahl der Erwerbstätigen in je einem Koordinatensystem grafisch dar.

   b) Welche Veränderungen der Produktionsstruktur (Strukturwandel) lassen sich aus den von Ihnen erstellten Grafiken für die Vergangenheit ablesen?

   c) Warum wird diese Entwicklung auch als »Weg in die Dienstleistungsgesellschaft« bezeichnet?

Anteil der Wirtschaftssektoren an der Bruttowertschöpfung[1] und der Gesamtzahl der Erwerbstätigen in der Bundesrepublik Deutschland von 1950 bis 1995

	1950 Anteil in % an der		1960 Anteil in % an der		1970 Anteil in % an der		1980 Anteil in % an der		1990 Anteil in % an der		1995[2] Anteil in % an der	
	Bruttowertschöpfung	Zahl der Erwerbstätigen	Bruttowertschöpfung	Zahl der Erwerbstätigen	Bruttowertschöpfung	Zahl der Erwerbstätigen	Bruttowertschöpfung	Zahl der Erwerbstätigen	Bruttowertschöpfung	Zahl der Erwerbstätigen	Bruttowertschöpfung	Zahl der Erwerbstätigen
Land-, Forst- und Fischereiwirtschaft	10,2	24,6	5,7	13,8	3,4	8,4	2,2	5,2	1,6	3,5	1,1	3,0
Produzierendes Gewerbe [3]	49,6	42,6	54,4	47,7	52,8	48,8	44,1	42,8	40,1	39,8	34,6	36,0
Dienstleistungen (insgesamt)	40,2	32,8	39,9	38,5	43,8	42,8	53,7	51,9	58,3	56,7	64,3	61,0
Handel, Verkehr, Nachrichtenübermittlung	*20,4*	*14,3*	*19,6*	*17,2*	*15,9*	*17,5*	*15,6*	*18,8*	*14,8*	*19,1*	*13,8*	*19,2*
Sonstige Dienstleistungen (z.B. Banken, Versicherungen usw.)	*10,2*	*12,3*	*11,4*	*12,7*	*17,3*	*15,5*	*23,7*	*21,6*	*30,2*	*25,7*	*36,2*	*28,7*
Staat, private Haushalte	*9,6*	*6,2*	*8,9*	*8,6*	*10,6*	*9,8*	*14,4*	*11,5*	*13,3*	*11,9*	*14,3*	*13,1*
Summe (%)	100	100	100	100	100	100	100	100	100	100	100	100

	1950	1960	1970	1980	1990	1995
Bruttowertschöpfung (Mrd. DM in jeweiligen Preisen)	98,1	302,6	660,2	1415,9	2342,5	3343,4
Gesamtzahl der Erwerbstätigen (in Mio.)	20,4	26,5	26,67	27,06	28,5	34,9

1) Die Bruttowertschöpfung ist um die Einfuhrabgaben niedriger als das Bruttoinlandsprodukt.
2) 1995 einschließlich der neuen Bundesländer
3) Energiewirtschaft, Bergbau, Verarbeitendes Gewerbe, Baugewerbe

Quelle: BMWI, Leistung in Zahlen, 1970, 1980, 1990
BMWI, Wirtschaft in Zahlen 1996

2. In der folgenden Darstellung sind alle Beschäftigten, die sich mit der Weitergabe und Verarbeitung von Informationen befassen (z.B. Kommunikationsmittel, Medien, Nachrichten) zu einem gesonderten Wirtschaftssektor »Information« zusammengefasst.

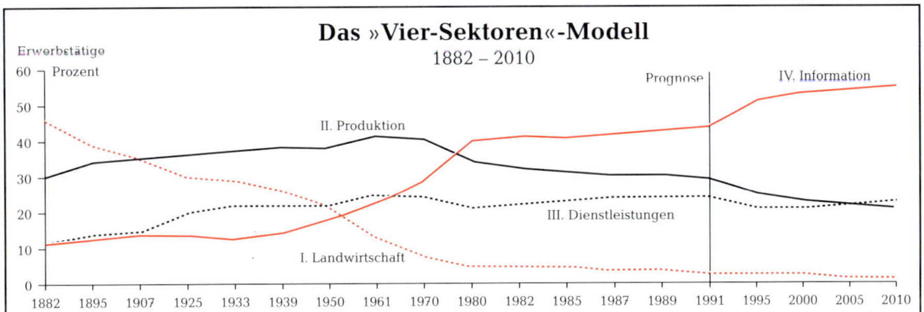

Anmerkung: Der klassischen und sektoralen Zuordnung der Beschäftigten nach dem primären, sekundären und tertiären Sektor der Wirtschaft wurden die Beschäftigten nach Informationsberufen beziehungsweise -tätigkeiten gegenübergestellt.
Quelle: Institut für Arbeitsmarkt- und Berufsforschung, 1993

- a) Vergleichen Sie die Darstellung mit der von Ihnen unter 1a) erstellten Grafik. Welche Unterschiede lassen sich feststellen?
- b) Welche Schlussfolgerungen lassen sich aus der Prognose bis zum Jahre 2010 ziehen?

Lösungsblatt

1.03 Der Betrieb in den Güter- und Geldströmen der Volkswirtschaft; Input-Output-Tabelle; Bruttoproduktionswert, Nettoproduktionswert

Die Folgende Tabelle zeigt die Lieferverflechtungen (in Millionen Geldeinheiten) zwischen vier Betrieben.

	Verflechtungen zwischen den Betrieben (Vorleistungen)							
Empfänger / Lieferant	Betrieb A	Betrieb B	Betrieb C	Betrieb D	insgesamt abgegebene Vorleistungen	Investition	Konsum	Bruttoproduktionswert
Betrieb A		10	20	60	A:			A:
Betrieb B	20		70	10	B:			B:
Betrieb C	30	40		30	C:			C:
Betrieb D	50	60	50		D:			D:
insgesamt empfangene Vorleistungen								
Nettoproduktionswert								
Bruttoproduktionswert								

- 1. Stellen Sie für jeden Betrieb fest, in welcher Höhe er von anderen Betrieben Leistungen (Vorleistungen) empfangen hat und in welcher Höhe er an andere Betriebe Leistungen abgegeben hat. Unter Vorleistungen verstehen wir den Wert der Sachgüter und Dienstleistungen, die Wirtschaftseinheiten von anderen Wirtschaftseinheiten beziehen und in derselben Periode bei der Produktion verbrauchen.

2. Betrieb A hat, außer den Leistungen an andere Betriebe, von seiner Produktion Güter im Wert von 70 direkt an Haushalte abgegeben. Seinen Lagerbestand hat er um 4 erhöht und Anlagegüter für Investitionszwecke in Höhe von 6 produziert.

- Wie groß ist der gesamte Output (Bruttoproduktionswert) des Betriebes A?

3. Aus der Form der Input-Output-Tabelle lässt sich die Situation des Betriebs A in die Form eines Produktionskontos überführen.

- a) Übertragen Sie die Werte aus der Input-Output-Tabelle in ein Produktionskonto nach dem folgenden Muster:

Produktionskonto des Betriebs A

Käufe von Vorleistungen		Verkäufe von Vorleistungen	
von Betrieb B		an Betrieb B	
von Betrieb C		an Betrieb C	
von Betrieb D	....	an Betrieb D	....
....	....	Verkäufe an Haushalte	....
		Bruttoinvestition	....
....	....	....	....

- b) Tragen Sie die Werte und Begriffe »Bruttoproduktionswert« und »Nettoproduktionswert« in das Konto ein.

4. Neben den Vorleistungen an andere Betriebe haben die Betriebe A, B, C und D noch folgende Produktionsleistungen erbracht:

Betrieb	Erhöhung von Lagerbeständen	Anlageinvestition	Verkauf an Haushalte
A	4	6	70
B	0	5	80
C	5	15	60
D	5	10	10

- Vervollständigen Sie die Input-Output-Tabelle.

1.04 Begriff und Arten betrieblicher Leistungserstellung – Betriebstypen[1]

Lösungsblatt

1. Die **betriebliche Leistungserstellung** umfasst
   - die Gewinnung von Rohstoffen (Gewinnungsbetriebe),
   - die Herstellung von Erzeugnissen (Fertigungsbetriebe),
   - die Bearbeitung von Rohstoffen (Veredlungsbetriebe),
   - die Ausführung von Dienstleistungen (Dienstleistungsbetriebe).

   In der Betriebswirtschaftslehre werden diese Vorgänge häufig auch als **Produktion** bezeichnet.

   ● Ordnen Sie die folgenden Betriebe bzw. Tätigkeiten den vier Oberbegriffen nach folgendem Muster zu:

Gewinnungsbetriebe	Fertigungsbetriebe	Veredlungsbetriebe	Dienstleistungsbetriebe

   a) Autofabrik, b) Bergwerk, c) Spedition, d) Kornmühle, e) Bank, f) Friseur, g) Immobilienmakler, h) Bauunternehmung, i) Versicherung, j) Schnapsbrennerei, k) Steuerberatungsbüro, l) Privatschule, m) Rechtsanwaltskanzlei, n) Fischfang, o) Werbeagentur, p) Kohlekraftwerk, q) Schreinerei, r) Tankstelle mit Reparaturwerkstatt, s) Kiosk, t) Hotel u) Omnibusbetrieb, v) Reisebüro, w) Versandhaus, x) Supermarkt.

2. Die betriebliche Leistungserstellung (Produktion) kann in folgende Teilbereiche (Grundfunktionen) unterteilt werden:
   - Beschaffung von Betriebsmitteln, Werkstoffen und Waren,
   - Transport von Betriebsmitteln, Werkstoffen und Waren vom Beschaffungsmarkt zum Einsatzort bzw. zum Lager sowie der innerbetriebliche Transport vom Lager zur Fertigungsstelle,
   - Lagerung der beschafften Werkstoffe und Zwischenlagerung von unfertigen Erzeugnissen,
   - Fertigung in Industrie- und Handwerksbetrieben bzw. Ausführung von Dienstleistungen,
   - Verwaltung und Kontrolle der genannten Bereiche.

   Von der **Leistungserstellung** (Produktion) ist die **Leistungsverwertung** (Absatz) zu unterscheiden.

   ● Welche der folgenden Vorgänge bzw. Tätigkeiten sind der betrieblichen Leistungserstellung (Produktion) zuzurechnen?

   a) Braunkohleabbau, b) Lokführer bei der Deutschen Bahn AG, c) Lehrtätigkeit an einer kaufmännischen Berufsschule, d) Verwaltung des Verkaufslagers in einem Handelsbetrieb, e) Kostenrechnung in einem Industriebetrieb, f) Beantragung eines Bankkredits in einer Großhandlung, g) Anfertigung der Hausaufgaben durch einen Schüler einer beruflichen Schule, h) Nahrungszubereitung durch eine Hausfrau, i) Tätigkeit eines Kochs in einer Gaststätte, j) Anfertigung einer Umsatzstatistik in einer Großhandlung, k) Entwurf eines Werbeprospekts in einem Kaufhaus, l) Wertpapierkauf durch eine Bank im Auftrag eines Kunden, m) Erstattung der Reparaturkosten durch eine Versicherung nach einem Autounfall, n) Schülerbeförderung durch einen privaten Omnibusbetrieb, o) Materialtransport zur Baustelle mit einem LKW der Bauunternehmung.

[1] Vgl. dazu auch Aufgabe 8.01 Betriebliche Funktionsbereiche – Grundphasen des betrieblichen Leistungsprozesses

3. In einer Fahrradfabrik ergeben sich die unter a) bis j) aufgeführten Ereignisse und Entscheidungen.

- Kreuzen Sie in einer Tabelle nach folgendem Muster an, welche betrieblichen Funktionsbereiche durch die einzelnen Vorkommnisse jeweils betroffen sind.

Ereignis	Leistungsprozess					Finanzierung
	Leistungserstellung			Leistungsverwertung		
	Beschaffung	Einsatzlager	Fertigung	Absatzlager	Absatz	
a						
b						
usw.						

a) Ein neuer Anbieter von Fahrradbeleuchtungen gewährt bei Abnahme bestimmter Mindestmengen einen erheblichen Mengenrabatt. Dieses günstige Angebot soll ausgenutzt werden.

b) Das Fertigungsverfahren soll durch die Anschaffung eines neuen Montagebandes umgestellt werden.

c) Ein Zulieferer, von dem bisher Zubehör (Fahrradklingeln) bezogen wurde, ist in finanzielle Schwierigkeiten geraten und kann nicht mehr produzieren. Es wird überlegt, die Produktion des bisherigen Zulieferers aufzukaufen und weiterzuführen.

d) Die Preise für Bremsen und Gangschaltungen eines japanischen Zulieferers haben sich erhöht. Andere Anbieter, die Produkte mit vergleichbarer Qualität liefern, gibt es nicht. Es soll daher versucht werden, einerseits Verhandlungen mit dem Lieferer über mögliche Preisnachlässe und längere Zahlungsfristen zu führen und andererseits die Kostensteigerungen auf die Verkaufspreise zu überwälzen.

e) Die Absatzzahlen waren in letzter Zeit rückläufig und haben zu hohen Lagerbeständen geführt. Es wird überlegt, ob Kurzarbeit eingeführt werden soll.

f) Es wird überlegt, das Sortiment durch die Herstellung von Standfahrrädern (Heimtrainer) zu erweitern.

g) Eine Lieferung von Bremsen und Gangschaltungen ist beim Seetransport durch den Einfluss von Meerwasser beschädigt worden und rostet bereits. Eine Ersatzlieferung ist erst in einigen Wochen zu erwarten. Die Lagervorräte sind so knapp, dass die Produktion eines bestimmten Fahrradtyps ins Stocken gerät.

h) Aufgrund einer Werbekampagne und einer positiven Beurteilung durch die **Stiftung Warentest** entwickelt sich eine unerwartet hohe Nachfrage nach einem neu entwickelten Fahrradtyp (City-Rad »**Ultra-leicht**«). Die Lagervorräte konnten in kürzester Zeit abgebaut werden und es wird die Einführung von Sonderschichten erwogen.

i) Es geht ein Großauftrag eines Versandhauses ein. Für die termingerechte Ausführung des Auftrages sind Überstunden erforderlich.

j) Durch die Anschaffung einer neuen Spritzanlage soll beim Lackieren von Rahmen und Gabeln die Freisetzung gesundheitsgefährdender Dämpfe verringert werden.

Wirtschaftliches Handeln

1.05 Das Ökonomische Prinzip (Wirtschaftllichkeitsprinzip)

Handeln nach dem ökonomischen Prinzip (Wirtschaftlichkeitsprinzip) heißt,

- mit einem bestimmten Einsatz von Mitteln ein möglichst hohes Ziel (Erfolg, Nutzen) zu erreichen **(Maximalprinzip)**

  oder
- ein bestimmtes Ziel mit einem möglichst geringen Einsatz von Mitteln zu erreichen **(Minimalprinzip, Sparprinzip).**

● 1. Welchem der folgenden Sachverhalte liegt das ökonomische Prinzip zugrunde?

(1) In der Konstruktionsabteilung einer Automobilfabrik wird erreicht, dass bei gleicher PS-Zahl und unveränderten Beschleunigungswerten der Benzinverbrauch eines bestimmten Typs um 10% gesenkt wird.

(2) Zur Unterstützung der Landwirtschaft kauft eine staatliche Vorratsstelle Pfirsiche auf, um einen Preisverfall zu verhindern. Die aufgekauften Pfirsiche werden vernichtet.

(3) In einer Möbelfabrik, die Bücherwände herstellt, war ein Unternehmensberater tätig. Aufgrund einer von ihm vorgeschlagenen Änderung des Fertigungsablaufs war es möglich, ohne zusätzliche Investitionen und ohne zusätzliches Personal die Produktion um 6% zu erhöhen.

(4) Eine Organisation, die sich dem Schutz der Umwelt widmet, wirbt um Spenden mit dem Hinweis, dass bei gleichem Spendenaufkommen die Kosten für die Verwaltung von 0,8% auf 0,5% des Spendenaufkommens reduziert werden konnten.

(5) In einem Weinanbaugebiet sind im Frühjahr die Blütenansätze der Trauben überwiegend erfroren. Wegen der geringen Erträge steigen die Preise für die Weine dieses Jahrgangs. Ein Weinbauer, dessen Weinberge in einer besonders geschützten Lage liegen, macht deshalb mit dem Verkauf des Weins dieses Jahrgangs einen viel höheren Gewinn als mit dem Verkauf früherer Jahrgänge.

● 2. Prüfen Sie für diejenigen Fälle, in denen das ökonomische Prinzip zur Anwendung kommt, ob es sich dabei um das Maximal- oder das Minimalprinzip handelt.

1.06 Ökonomisches Prinzip und Egoismus

● Nehmen Sie Stellung zu der folgenden Aussage:

Die Allgemeine Betriebswirtschaftslehre lehrt, dass im Bereich der Wirtschaft das Wirtschaftlichkeitsprinzip (ökonomisches Prinzip) als oberster Grundsatz des Handelns zu gelten hat. Damit ist die Betriebswirtschaftslehre eine Wissenschaft, die zum selbstsüchtigen Handeln anleitet.

1.07 Ökonomisches Prinzip und Umwelt

Die **Norddeutsche Metallwarenfabri**k stellt hochwertige Essbestecke und Küchengeräte her. Sie erhält von der Umweltbehörde die Auflage, eine Kläranlage zur Reinigung der Abwässer zu errichten. Nach einem Kostenvoranschlag belaufen sich die Baukosten auf ca. 1,2 Mio. DM. An jährlichen Betriebskosten fallen ca. 30 000 DM an.

Die Geschäftsleitung behauptet, dass ihr durch diese Auflage ein Handeln nach dem ökonomischen Prinzip nicht mehr möglich sei.

● Nehmen Sie zu dieser Behauptung Stellung.

Methoden und Bereiche der Wirtschaftswissenschaft

1.08 Modellbildung in der Betriebswirtschaftslehre

Ein Elektronikunternehmen bezieht Leiterplatten aus Fernost, die als Bestandteile in das Fertigprodukt des Unternehmens eingebaut werden. Im Rahmen seiner Beschaffungsplanung muss im Unternehmen entschieden werden, zu welchen Terminen die Leiterplatten bestellt werden und über welche Menge der Bestellauftrag lauten muss.

Für eine erste Modellberechnung werden folgende Annahmen gemacht:

a) Der Jahresbedarf ist bekannt und kann in gleichgroße Bestellmengen aufgeteilt werden.

b) Der Einkaufspreis je Stück bleibt unverändert (es wird z.B. kein Mengenrabatt gewährt).

c) Es gibt weder Mindestbestellmengen noch Lieferungsverzug.

d) Der Tagesbedarf ist konstant, d.h., die Abnahme des Lagerbestandes erfolgt gleichmäßig. Damit liegt im Durchschnitt immer die halbe Bestellmenge auf Lager. Das Lager wird genau dann wieder aufgefüllt, wenn es leer wird.

e) Die Bestellkosten sind fix.

f) Die Lagerkosten hängen vom Wert des durchschnittlichen Lagerbestandes ab.

g) Die Lagerkapazitäten reichen für den optimalen Lagerbestand aus.

h) Die liquiden Mittel reichen für die sich aus der optimalen Bestellmenge ergebenden Zahlungsverpflichtungen aus.

- 1. Handelt es sich hier um ein Beschreibungs-, ein Erklärungs- oder ein Entscheidungsmodell?
- 2. Überprüfen Sie jede Annahme des Modells darauf, ob sie genügend Realitätsnähe besitzt, um darauf eine betriebliche Entscheidung zu begründen.
- 3. Beschreiben Sie Vorteile und Gefahren der Verwendung von Modellen als Grundlage für betriebswirtschaftliche Entscheidungen.

1.09 Betriebswirtschaftslehre und Volkswirtschaftslehre

- Welche der folgenden Fragen gehören in den Bereich der Betriebswirtschaftslehre, welche in den Bereich der Volkswirtschaftslehre?

(1) Wie kommt es dazu, dass für 1 Pfund Schweinefleisch so viel bezahlt wird wie für 3 Tuben Zahnpasta?

(2) Ein Möbelhaus stellt Überlegungen an, ob es günstiger ist, einen eigenen Fuhrpark zu unterhalten oder fremde Transportunternehmen mit der Zufuhr von Möbeln zu beschäftigen.

(3) Ist es gerechtfertigt, wenn ein Lehrer mehr verdient als ein Bauarbeiter?

(4) Wird eine bestehende Arbeitslosigkeit in den nächsten Jahren zurückgehen?

(5) Sollte man die Einfuhr von Waren aus dem Ausland nicht dann verbieten, wenn im Ausland mit niedrigeren Lohnkosten gearbeitet wird und die inländische Wirtschaft deshalb nicht konkurrenzfähig ist?

(6) Ist es günstiger, einen Lastwagen zu kaufen und bar zu bezahlen oder ihn zu leasen?

(7) Sollten in einem Übersetzungsbüro, das technische Übersetzungen für die Industrie ausführt, die Übersetzer Zeitlohn erhalten oder Zeilenhonorar?

(8) Sollten die Leistungen von Hausfrauen, die ohne Entgelt im eigenen Familienhaushalt arbeiten, bei der Berechnung des Sozialprodukts berücksichtigt werden?

(9) Ist es zweckmäßig, einen Betrieb mit 80 Beschäftigten, der von 3 Brüdern als OHG betrieben wird und als Zulieferer Blechstanzteile an die Großindustrie liefert, in eine GmbH umzuwandeln?

(10) In einem Betrieb werden monatlich 180 qm nichtrostenden Stahls verarbeitet. Welche Menge sollte der Betrieb an nichtrostendem Stahl ständig auf Lager halten?

(11) Wäre es günstig, wenn eine zentrale Planstelle bestimmen würde, wer zu produzieren hat, wieviel produziert werden soll und wer die produzierten Güter erhalten soll?

2 Rechtliche Grundlagen

Willenserklärungen beim Abschluss von Verträgen

2.01 Willenserklärung – Antrag – Annahme – Kaufvertrag

Xaver Lindner, Inhaber einer Weingroßhandlung in **Würzburg,** befindet sich auf einer Geschäftsreise in Oberbayern und übernachtet im Gasthof **Alpenblick** in **Schliersee.** Abends holt **Lindner** aus seinem Wagen 2 Flaschen Bocksbeutel aus der Lage »Escherndorfer Lump«. Er lädt den Gastwirt **Hans Obermooser** zu einer Weinprobe ein. Der Wirt ist von diesem Wein begeistert. Er führte ihn bisher nicht. Darauf bietet **Lindner** dem Wirt 50 Flaschen dieses Weines zu einem Vorzugspreis von 6,30 DM je Flasche an. **Obermooser** bestellt 50 Flaschen zur Lieferung in 4 Wochen. Beide beschließen das Geschäft durch Handschlag.

● 1. Was hat **Lindner** und was hat **Obermooser** versprochen?

2. In der Zwischenzeit zerstört ein Frost fast den gesamten Blütenansatz der Reben dieser Lage. **Lindner** teilt deshalb dem Wirt mit, dass er den künftig knapper werdenden Wein mit 6,80 DM je Flasche in Rechnung stellen müsse.

BGB § 145 ● Kann **Lindner** die Lieferung verweigern, wenn **Obermooser** nicht bereit ist, 6,80 DM zu bezahlen?

3. **Obermooser** wendet sich an einen rechtskundigen Stammgast, der folgenden Brief an **Lindner** vorschlägt:

> Sehr geehrter Herr Lindner!
>
> Sie haben mir am 25. April d.J. zugesichert, 50 Flaschen Bocksbeutel „Escherndorfer Lump“ zum Preis von 6,30 DM je Flasche innerhalb 4 Wochen zu liefern.
>
> Sie verweigern die Lieferung zu diesem Preis. Es ist im täglichen Leben und ganz besonders im Geschäftsleben notwendig, dass man sich auf gegebene Versprechen verlassen kann.
>
> Als Kaufmann wissen Sie aber sicher, dass Sie mit Ihrer Willenserklärung einen rechtlich verbindlichen Antrag abgegeben haben, den ich angenommen habe. Auf diese Weise ist ein zweiseitiges Rechtsgeschäft zustande gekommen. Dieser Vertrag gibt mir Anspruch auf Erfüllung.
>
> Ich fordere Sie deshalb auf, unverzüglich zu den vereinbarten Bedingungen zu liefern; sonst sehe ich mich gezwungen, gerichtliche Hilfe in Anspruch zu nehmen.
>
> Mit freundlichen Grüßen
>
> *Obermooser*

● a) Wie werden Willenserklärungen genannt, die zu Verträgen führen?

● b) Wäre der Brief **Obermoosers** ebenso berechtigt, wenn **Obermooser** den Wein bei **Lindner** aufgrund einer Zeitungsanzeige bestellt hätte?

● c) Warum hilft der Gesetzgeber dem Gastwirt **Obermooser,** die Erfüllung gegebener Versprechen zu erzwingen?

● d) Fassen Sie aufgrund des Briefes die Voraussetzungen für das Zustandekommen eines Vertrages zusammen.

4. **Lindner** hat am 20. Mai d. J. dem **Kronen-Hotel in Frankfurt** schriftlich 100 Bocksbeutel des gleichen Weines zum Preis von 6,30 DM angeboten. Nachdem die Hotel-Leitung von den Frostschäden Kenntnis erhalten hat, bestellt sie am 30. Mai mittels Fax 100 Flaschen Bocksbeutel.

BGB § 146 § 147 ● a) Muss **Lindner** noch zu den angegebenen Bedingungen liefern?

● b) Wie lange wäre **Lindner** an seinen Antrag gebunden, wenn er ihn am 20. Mai gelegentlich eines Kundenbesuches gemacht hätte?

2.02 Willenserklärung Geschäftsunfähiger und beschränkt Geschäftsfähiger

1. Der sechsjährige Sohn **Georg** des Metzgermeisters **Schäfer** ist in die Grundschule aufgenommen worden. Am ersten Schultag erhält er von seiner Lehrerin eine Liste aller Verbrauchsmaterialien, die seine Eltern selbst bezahlen müssen. Die Lehrbücher hat er bereits in der Schule erhalten.

   Auf dem Heimweg von der Schule gibt er, wie die meisten seiner Mitschüler, die Liste beim Fachgeschäft für Büro- und Computerbedarf **Straubmüller** ab. Herr **Straubmüller** will alles herrichten. Am nächsten Tag, auf dem Weg zur Schule, können die Erstklässler dann die Materialien, jeweils in einer Tragetasche verpackt, abholen.

   Als Metzgermeister **Schäfer** davon hört, verlangt er von **Georg,** dass er die Liste wieder abholt und im Schreibwarengeschäft **Huß** abgibt. Frau **Huß** ist eine gute Kundin des Metzgermeisters.

   a) Kann der Schreibwarenhändler **Straubmüller** verlangen, dass die Materialien abgenommen und bezahlt werden? BGB §§ 104, 105

   b) **Georg** gibt die Liste bei Frau **Huß** ab. Ist damit der Kaufvertrag zustande gekommen?

2. Der fünfzehnjährige Sohn **Kurt** des Metzgermeisters **Schäfer** ist im gleichen Jahr in die Wirtschaftsschule eingetreten. Sein Mathematiklehrer hat in der ersten Stunde auf Fragen von Schülern mitgeteilt, dass die Benutzung eines Taschenrechners erlaubt ist. Er hat dafür insbesondere den Rechner **Merkura SLC-8261** empfohlen, den er für preiswert hält. **Kurt** bestellt den Taschenrechner bei **Straubmüller.** Dieser verspricht ihm 2% Skonto auf den Listenpreis zu gewähren.

   a) Kann **Straubmüller** die Abnahme und Bezahlung des Taschenrechners verlangen, wenn der Metzgermeister **Schäfer** die Bestellung seines Sohnes nicht genehmigt? §§ 106 – 109

   b) Ist **Straubmüller** an das Versprechen gebunden, 2% Skonto zu gewähren?

2.03 Girokonto für beschränkt Geschäftsfähige

Sabine Roth (16 Jahre alt) hat bei der Firma **Sanitär-Reißer** mit Zustimmung ihrer Eltern eine Ausbildung zur Bürokauffrau begonnen. Sie wird aufgefordert ein Girokonto einrichten zu lassen, da die Auszahlung ihrer Ausbildungsvergütung bargeldlos erfolgen soll. In der Tageszeitung liest sie folgende Anzeige der **Merkur-Bank AG:**

Jung sein, optimistisch sein,

Immer und überall flüssig sein ...

Ein Sonderangebot für junge Menschen

Einrichtung eines Jugend-Girokontos . . . . KOSTENLOS,

Buchungen, Kontoauszüge . . . . KOSTENLOS

Aber dann geht's los!

Ihr geht ganz cool zu eurer MERKUR-BANK, zückt eine gestylte Jugend-Service-Card und besorgt Euch am Geldausgabeautomaten ... Bares.

Das ist Lifestyle vom Feinsten.

Heute noch zur **MERKUR-BANK AG**

BGB §§ 106, 107, 108, 113

1. Kann die 16jährige **Sabine Roth** ein Girokonto ohne Zustimmung der Eltern einrichten?

2. **Sabine Roth** hat ein Jugend-Girokonto bei der **MERKUR BANK AG** eingerichtet. Sie erhält eine Ausbildungsvergütung von 800 DM monatlich. Ihre Banknachbarin in der Berufsschule, **Elke Winter,** erzählt ihr, dass sie sich gerade eine neue Stereo-Anlage gekauft hat. Sie bietet Sabine ihre gebrauchte Anlage mit zwei hochwertigen Lautsprechern für 1400 DM an. **Sabine** würde die Stereo-Anlage sehr gerne kaufen und bedauert, dass sie keine Ersparnisse hat. »Das ist doch kein Problem«, erwidert **Elke.** »Du hast doch ein sicheres monatliches Einkommen und kannst den Kredit in bequemen Raten zurückzahlen. Die **MERKUR-BANK** gibt Dir doch sicher einen Kredit.«

   Sabines Vater wäre bereit, seine Zustimmung zur Kreditaufnahme zu geben. Trotzdem erhält **Sabine** von der Bank nicht den gewünschten Kredit. Man erklärt ihr freundlich, dass selbst mit der Unterschrift des Vaters ein gültiger Kreditvertrag nicht zustande kommen würde. Ein Kreditvertrag mit einem Minderjährigen könne gem. § 1643 BGB in Verbindung mit § 1822 BGB nur mit Zustimmung des Vormundschaftsgerichts rechtsgültig zustande kommen. Das sei in diesem Falle aber doch wohl zu umständlich. Sie solle ihrem Vater vorschlagen, den Kredit auf seinen Namen aufzunehmen; die Rückzahlungsraten könnten trotzdem von ihrem Girokonto abgebucht werden.

   a) Welche Gründe werden den Gesetzgeber zu dieser Regelung für die Kreditaufnahme durch Minderjährige veranlasst haben?

   b) Halten Sie diese strenge Regelung des Gesetzgebers für angemessen?

2.04 Verfügung über Taschengeld – Verpflichtungs- und Erfüllungsgeschäft beim Kaufvertrag

Peter ist 16 Jahre alt und besucht die 10. Klasse der Realschule. Von seinen Eltern erhält er monatlich ein Taschengeld von 40 DM.

1. **Peter** hat bei **Musik-Barth** eine CD mit einer historischen Live-Aufnahme der **Beatles** zum Preis von 24,50 DM gekauft und aus seinem Taschengeld sofort gezahlt. Sein Vater mag diese Art von Musik nicht und fordert deshalb, dass **Peter** die CD zurückgibt.

   BGB § 110 — Muss **Musik-Barth** die CD zurücknehmen?

2. **Peter** kauft von seinem volljährigen Freund **Herbert** ein gebrauchtes Schlagzeug. Er nimmt das Instrument sofort mit. Er will es in Monatsraten von seinem künftigen Taschengeld zurückzahlen.

   a) Die Eltern halten den Kaufpreis für zu hoch und verlangen die Rückgabe des Instruments.

   § 110 — Muss **Herbert** das Schlagzeug zurücknehmen?

   § 929, § 107 — b) Wer ist Eigentümer des Schlagzeugs, solange es noch in **Peters** Zimmer steht?

3. **Peter** hat die Realschule abgeschlossen und eine Ausbildung bei einer Versicherungsgesellschaft begonnen. Er erhält im ersten Jahr eine Ausbildungsvergütung von monatlich 950 DM. Seinen Eltern gibt er davon monatlich 300 DM als Beitrag für den Lebensunterhalt ab. Den Rest darf er zur freien Verfügung behalten, muss daraus aber all seine persönlichen Ausgaben bestreiten.

   Peter kauft bei **Musik-Barth** ein neues Schlagzeug, bezahlt es bar und nimmt das Schlagzeug sofort mit.

   § 110 — Wäre der Kaufvertrag auch dann gültig, wenn die Eltern dem Kaufvertrag sofort widersprechen?

2.05 Zusammenfassung: Zustandekommen von Verträgen

Lösungsblatt

- Kreuzen Sie in einer Übersicht nach dem folgenden Muster an,
  - ob ein rechtsverbindlicher Antrag zum Abschluss eines Kaufvertrags vorliegt und wer ihn gemacht hat,
  - ob eine rechtsverbindliche Annahmeerklärung vorliegt und wer sie abgegeben hat.

  (X = liegt vor; – = liegt nicht vor)

	Antrag		Annahme	
	Käufer	Verkäufer	Käufer	Verkäufer
1) Der Verkäufer macht schriftlich ein Sonderangebot über Schreibmaschinenpapier. Der Käufer bestellt 2 Tage nach Eingang des Angebots.				
2) Ein Versandhaus sendet dem Käufer ohne Aufforderung einen Katalog zu. Der Käufer bestellt nach diesem Katalog eine Heizsonne. Das Versandhaus liefert umgehend und legt die Rechnung bei.				
3) Ein Heizölhändler bietet einem Stammkunden telefonisch die sofortige Lieferung des Jahresbedarfs zu einem besonders günstigen Preis an. Der Kunde kann sich nicht sofort entschließen. Am nächsten Morgen bestellt er telefonisch 5000 Liter. Der Händler sagt die Lieferung zu.				
4) Im Schaufenster eines Rundfunk- und Fernsehhändlers steht ein Radiorecorder, ausgezeichnet mit 170 DM. Der Käufer geht in das Geschäft und verlangt dieses Gerät. Nach Aushändigung zahlt er an der Kasse.				
5) Ein 16jähriger Käufer sucht sich in einem Selbstbedienungsmarkt ein Fahrrad zum Preis von 480 DM aus. An der Kasse zahlt er bar. Diesen Betrag hat er aus dem Teil seiner Ausbildungsvergütung gespart, der ihm von seinen Eltern zur freien Verfügung überlassen worden ist.				
6) A ist Eigentümer eines Einfamilienhauses und will eine Garage bauen. Er fragt seinen Nachbarn B, ob dieser ihm 50 qm Gartengelände verkaufen will und bietet 180 DM je qm an. B stimmt mündlich sofort zu.				
7) Im Eingangsbereich eines Tierparks ist ein Verkaufsautomat für Filmmaterial aufgestellt. Ein Zoobesucher wirft, wie in der Anweisung gefordert, 12,50 DM ein und entnimmt dann einem Ausgabefach den gewünschten Film.				
8) Der Käufer hat den Werbeprospekt eines Versandhauses für Imkerprodukte erhalten. Er bestellt daraufhin per Fax einen 2,5-*l*-Eimer Waldhonig. Zwei Tage später geht die Lieferung bei ihm ein.				
9) Eine Bürobedarfs-Großhandlung bietet schriftlich Farbpatronen für Tintenstrahldrucker zu dem Sonderpreis von 29,50 DM bei Mindestabnahme von 50 Stück an. Der Käufer bestellt sofort nach Eingang des Angebots 60 Stück zum Preis von 28,50 DM. Der Verkäufer liefert umgehend und stellt tatsächlich nur 28,50 DM in Rechnung.				

Verpflichtungen aus dem Kaufvertrag

2.06 Inhalt des Kaufvertrags nach BGB: Liefer- und Zahlungsbedingungen – Erfüllungsort – Gerichtsstand

Frau Amberger, Witwe eines Künstlers in **Bonn,** schließt mit dem Münchener Arzt **Dr.med. Bertram** einen Kaufvertrag über eine Holzplastik für 9500 DM aus der Hinterlassenschaft ihres Mannes.

BGB § 271 1. Einige Tage nach Abschluss des Vertrages ruft der Arzt **Frau Amberger** an und bittet um sofortige Zusendung der Plastik. **Frau Amberger** will die Plastik jedoch erst in 6 Wochen aus dem Hause geben, da sie vorher noch eine Gedächtnisausstellung der hinterlassenen Werke ihres Mannes veranstalten möchte.

● Muss **Frau Amberger** die Plastik sofort ausliefern, wenn der Arzt darauf besteht?

§ 271 ● 2. Wie lange kann sich **Dr. Bertram** mit der Bezahlung Zeit lassen?

3. **Frau Amberger** verpackt die Plastik sachgemäß in einer Holzkiste. Für das Verpackungsmaterial hat sie 55 DM bezahlt. Diesen Betrag stellt sie **Dr. Bertram** in Rechnung.

Der Käufer muss die Kosten der Versendung nach einem anderen Ort als dem Erfüllungsort tragen.

§ 269 ● a) Ist im vorliegenden Falle **München** oder **Bonn** der Erfüllungsort für die Warenlieferung?

§ 448 ● b) Wer muss die Verpackungskosten tragen?

§ 448 4. **Frau Amberger** lässt die Plastik durch einen Spediteur zum Bahnhof bringen und nach **München** versenden. Als Rollgeld berechnet der Spediteur 45 DM. **Frau Amberger** stellt das Rollgeld **Dr. Bertram** in Rechnung.

● a) Muss **Dr. Bertram** die 45 DM Rollgeld ersetzen?

b) Der Arzt beabsichtigt, den Kaufpreis um die ihm entstandenen Frachtkosten und die Kosten der Zufuhr in München zu kürzen.

● Ist er dazu berechtigt?

c) **Frau Amberger** hat eine andere Plastik an einen in **Bonn** wohnenden Kunstliebhaber verkauft.

● Wer trägt die Beförderungskosten?

5. Die Plastik wird beim Transport durch Verschulden des Bahnpersonals beschädigt. **Dr. Bertram** muss die Plastik durch einen Künstler ausbessern lassen. Kosten 350 DM.

● a) Darf der Arzt die 350 DM vom Kaufpreis abziehen?

§ 447 (1) § 276 (1) ● b) Kann **Dr. Bertram** die 350 DM abziehen, wenn der Nachweis erbracht wird, dass **Frau Amberger** die erforderliche Sorgfalt bei der Verpackung außer Acht ließ?

§ 269 ZPO § 29 6. **Frau Amberger** will die Zahlung des vollen Kaufpreises erzwingen.

● Muss sie in **München** oder in **Bonn** die Klage erheben?

BGB § 270 (1) 7. **Dr. Bertram** zahlt an **Frau Amberger** durch Postanweisung. Er hat die Gebühr für die Postanweisung abgezogen, weil ihm **Frau Amberger** die Transportkosten in Rechnung gestellt hat.

● Hat **Dr. Bertram** Recht?

8. 14 Tage nach dem Geldversand erhält **Dr. Bertram** von **Frau Amberger** einen Brief. Sie teilt ihm darin mit, dass sie das Geld noch nicht erhalten habe. **Dr. Bertram** sendet **Frau Amberger** daraufhin eine Fotokopie des Einlieferungsscheines und schreibt dazu, dass für ihn damit die Angelegenheit erledigt sei.

§ 270 (1) ● Hat **Dr. Bertram** Recht?

9. Nach Bezahlung des Kaufpreises an **Frau Amberger** teilt der Restaurator Herrn **Dr. Bertram** mit, dass er bei seinen Arbeiten eine frische Leimstelle festgestellt habe, wodurch der Wert der Plastik gemindert sei. **Frau Amberger** lehnt eine teilweise Rückzahlung des Kaufpreises ab. BG § 269 ZPO § 29

- Kann **Dr. Bertram** in **München** oder muss er in **Bonn** Klage erheben?

Erfüllung von Vertragspflichten

2.07 Verpflichtungsgeschäft (Kaufvertrag) und Verfügungsgeschäft (Eigentumsübertragung) – Eigentumsübergang an beweglichen Sachen

Gerhard Ritter ist Kunstliebhaber. Er sammelt Grafik, vor allem Holzschnitte.
Bei einem Besuch der Ausstellungsgalerie des Kunsthändlers **Marco Fontanesi** entdeckt er eine im Kunsthandel nur noch selten zu erhaltende Mappe »grob, fein & göttlich« des bereits verstorbenen Holzschneiders **HAP Grieshaber**, die 24 (unsignierte) Original-Holzschnitte enthält. Nach einem kurzen Gespräch mit **Fontanesi** kauft er die Mappe zum Preis von 1800 DM. Die Mappe nimmt er nicht mit, weil er weder so viel Bargeld noch Euro-Schecks bei sich hat. Es wird vereinbart, dass er die Holzschnitte am nächsten Tag abholt.

Als **Ritter** am nächsten Tag die Kunstmappe abholen will, teilt ihm **Fontanesi** mit großem Bedauern mit, dass seine Verkäuferin während seiner Abwesenheit die Mappe versehentlich an den ortsansässigen Arzt **Dr. Kuhn** verkauft hat, der die Holzschnitte sofort mitgenommen hat.

- 1. Ist der Kaufvertrag mit **Ritter** gültig? BGB §§ 145ff.
- 2. Ist der Kaufvertrag mit **Dr. Kuhn** gültig?
- 3. Wer ist Eigentümer, wer Besitzer der Kunstmappe, solange sie sich noch in den Ausstellungsräumen befindet? § 929
- 4. Wer ist Eigentümer nach der Übergabe der Mappe an **Dr. Kuhn?** § 903
- 5. Kann **Ritter** von **Dr. Kuhn** die Herausgabe der Mappe fordern?

2.08 Eigentum und Besitz

Max Sauer hat sich ein Auto gekauft und will deshalb sein Mofa verkaufen. Sein Nachbar **Ritter** zeigt Interesse für das Mofa. Deshalb leiht ihm **Sauer** das Mofa für einige Zeit, damit **Ritter** es ausprobieren kann.

1. **Ritter** hat das Mofa sofort mitgenommen.
   - Wer ist jetzt Eigentümer, wer Besitzer des Mofas? BGB §§ 854, 929
2. Eines Abends wird **Ritter** von seinem Schwager gebeten, ihm das Mofa für zwei Stunden zu überlassen, um damit zum Angeln fahren zu können.
   - Darf **Ritter** seinem Schwager das Mofa überlassen? § 603
3. Obwohl das Mofa noch bei **Ritter** steht, bietet **Sauer** das Mofa seinem Geschäftskollegen **Fischer** für 280 DM zum Kauf an. Dieser nimmt das Angebot sofort an.
   - Ist der Kaufvertrag gültig? § 903

2.09 ROLLENSPIEL: Hauskauf – Eigentumsübertragung an Grundstücken

Gefährliche Vertragsbedingungen beim Erwerb eines Reihenhauses?

Friedrich Zimmermann liest in seiner Tageszeitung »Die Rheinpfalz« nachstehendes Inserat.

Stopp **Der Staat schenkt Ihnen Geld!** **Nutzen Sie die Vorteile des Eigenheimzulagengesetzes.**

Wir erschließen in der Gewanne „Rheinaue" ein neues Baugebiet. Erstellt werden 25 Reihenhäuser, 15 Zweizimmer- und 8 Dreizimmer-Wohnungen, jeweils mit Balkon, in erstklassiger Bauausführung.

Fordern Sie sofort nähere Informationen an.

PALATIA Baubetreuungs GmbH Foltzring 3 · 67227 Frankenthal

Zimmermann fordert telefonisch weitere Unterlagen an. Er erhält wenige Tage später Baupläne, eine Beschreibung der Bauausstattung und folgenden Brief:

PALATIA

Baubetreuungs GmbH · Foltzring 3 · 67227 Frankenthal
Telefon (06233) 1744 · Telefax 28 44

Herrn
Friedrich Zimmermann
Fontanesistr. 8
67227 Frankenthal

Sehr geehrter Herr Zimmermann,

vielen Dank für Ihre Anfrage. Anbei erhalten Sie die gewünschten Auskünfte zu unserem Bauprojekt »Rheinaue«. Das ideal gelegene Baugelände konnten wir im November des vergangenen Jahres von der Hofgutverwaltung Scharrau erwerben. In diesen Tagen wurde das Baugesuch von dem Hochbauamt der Stadt Frankenthal genehmigt. Mit dem Bau wird in den nächsten Wochen begonnen.

Mit unserer 25-jährigen Erfahrung als Bauträger und Baubetreuungsgesellschaft im Raum der Vorderpfalz können wir Ihnen all den Ärger und die Laufereien abnehmen, die mit dem Bau verbunden sind. Wir garantieren Ihnen einen Festpreis. Alle Verträge mit den Bauhandwerkern erfolgen durch die PALATIA GmbH. Unsere hauseigenen Architekten überwachen den Baufortschritt und sorgen für eine einwandfreie Bauausführung.

Die Bezahlung erfolgt über uns in Raten auf unser Sonderkonto »Rheinaue« bei unserer Hausbank. Die erste Rate in Höhe des Grundstückswertes ist bei Vertragsabschluss zu leisten. Weitere Zahlungen erfolgen je nach Baufortschritt, den wir überwachen und bestätigen. Nach Fertigstellung macht ein Architekt unseres Hauses mit Ihnen eine Baubegehung und sorgt für die Beseitigung der evtl. noch festgestellten Mängel. Erst nach Beseitigung dieser Mängel zahlen Sie die letzte Rate. Danach erfolgt die Übertragung des Eigentums im Grundbuch.

Wir kommen gerne zu Ihnen ins Haus um Sie weiter zu informieren und zu beraten, wenn auch Sie bald Eigentümer eines Hauses oder einer Wohnung in der bevorzugten Wohnlage »Rheinaue« sein möchten.

Mit freundlichen Grüßen

Huß

W. Huß
Geschäftsführer

Die **Familie Zimmermann** besteht aus vier Personen:

Vater **Friedrich Zimmermann** (Chemiefacharbeiter), Mutter **Lotte Zimmermann** (halbtags als Krankenschwester beschäftigt), Sohn **Georg** (Auszubildender im 2. Ausbildungsjahr zum Bankkaufmann), **Tanja Zimmermann** besucht die 10. Klasse der Realschule.

Georg hält die in dem Brief der **PALATIA GmbH** erwähnten Vertragsbedingungen für gefährlich. Deshalb setzt sich die Familie zu einer Beratung zusammen.

- Führen Sie das Beratungsgespräch durch.

(Rollenkarten zur Rollenbeschreibung der beteiligten Personen befinden sich im Lösungsbuch.)

Kaufvertrag im Geschäftsleben

2.10 Vertragsfreiheit – Liefer- und Zahlungsbedingungen im Geschäftsleben – Allgemeine Geschäftsbedingungen (AGB)

Das Einzelhandelsfachgeschäft für Büroartikel **W. Möhringer & Söhne e. Kfm.**, 99310 **Arnstadt** erhält am 22.05. von dem Großhändler **P.u.B. Lenhard OHG** 99084 **Erfurt** ein Angebot über Tischrechner, Marke **Omnus 80c** zu 75 DM das Stück. Auf der Rückseite des Angebots sind u.a. folgende Verkaufs- und Lieferbedingungen abgedruckt:

UNSERE VERKAUFS- UND LIEFERBEDINGUNGEN

1) Die umseitig genannten Preise sind auf heutiger Basis errechnet. Die Berechnung erfolgt zu den am Tage der Lieferung gültigen Preisen. BGB § 433 (2)
2) Die Lieferung erfolgt ab Haus oder Fabrik auf Rechnung und Gefahr des Empfängers. §§ 446–448
3) Der Rechnungsbetrag ist zahlbar mit 2% Skonto bei Erhalt der Rechnung oder 30 Tage Ziel netto. § 271
4) Bei verspäteter Zahlung werden Verzugszinsen in Höhe von 8% fällig. BGB § 288, HGB § 352
5) Die gelieferte Ware bleibt bis zur vollständigen Bezahlung unser jederzeit verfügbares Eigentum und darf weder verpfändet noch übereignet noch verliehen werden. BGB § 929
6) Für den Fall des Weiterverkaufs gilt im voraus die Kaufpreisforderung an den Drittkäufer als an uns abgetreten.
7) Erfüllungsort und ausschließlicher Gerichtsstand für die Rechte und Pflichten beider Parteien ist Erfurt. ZPO §§ 29, 38

Am 24.05. bestellt **Möhringer** bei **Lenhard**.

1. Überprüfen Sie die sieben Punkte der auf dem Angebot der Firma **Lenhard** abgedruckten Verkaufs- und Lieferbedingungen, ob sie mit den Regelungen des BGB und des HGB über den Inhalt von Kaufverträgen übereinstimmen.

2. Sie sollen die Verkaufs- und Lieferbedingungen der Firma **Lenhard** überprüfen.

   a) Zu Bedingung Nr. 1:
   Am Liefertag stellt **P.u.B. Lenhard** wegen allgemeiner Preiserhöhung 85 DM je Stück in Rechnung. **Möhringer** weist auf § 11 AGB-Ges. hin und ist nur bereit, 75 DM zu zahlen. AGB-Ges. §§ 9, 11, 24
   Hat Möhringer Recht?

   b) Zu Bedingung Nr. 3:
   Lohnt es sich in diesem Fall, Skonto in Anspruch zu nehmen, wenn die Hausbank für einen Kredit 7% Zinsen verlangt?

   c) Zu Bedingung Nr. 4:
   Warum fordert der Lieferer nicht einen festen Zinssatz, z.B. 5%?
   Wieviel % Zinsen dürften **P.u.B. Lenhard** heute verlangen?

d) *Zu Bedingung Nr. 5:*
BGB § 455 ● Welche Vorteile bietet der in dieser Klausel formulierte Eigentumsvorbehalt dem Lieferer?

e) *Zu Bedingung Nr. 6:*
● Warum hat der Lieferer die Bedingung Nr. 5 durch die Bedingung Nr. 6 ergänzt?

ZPO §§ 29, 38 f) *Zu Bedingung Nr. 7:*
● An welchem Ort müssen **P.u.B. Lenhard** Klage erheben, wenn der Kunde **W. Möhringer** trotz Mahnung seine Rechnung nicht bezahlt?

● 4. Wären die in dieser Aufgabe genannten Bedingungen 1 – 7 auch dann für die Rechtsbeziehungen zwischen **P.u.B. Lenhard** und **W. Möhringer** wirksam, wenn sie nicht im Angebot genannt, sondern erst auf der Rückseite der mit der Ware übersandten Rechnung abgedruckt wären?

5. **P.u.B. Lenhard** haben als Verkäufer in dem Vertrag nichts über die Verpackungskosten vereinbart.
BGB § 448 ● Prüfen Sie, ob **P.u.B. Lenhard** zusätzlich zum vereinbarten Stückpreis von 75 DM dem Käufer die für den Versand notwendige Verpackung in Rechnung stellen dürfen.

Besondere Verträge

2.11 Ratenzahlungsvertrag – Kreditkauf – Verbraucherschutz

Gabi und Frank **Jäckel** haben geheiratet. Wenige Tage nach ihrer Hochzeit spricht in ihrer Wohnung ein Verkäufer eines Einrichtungshauses vor. Er trifft nur Frau **Jäckel** an. Der Verkäufer überzeugt Frau **Jäckel** vom Vorteil eines Ratenkaufes bei ihm. Sie könne auf diese Weise sofort ihre Einrichtung vervollständigen, ohne erst ansparen zu müssen.

Frau **Jäckel** unterschreibt einen Ratenzahlungsvertrag mit folgendem Inhalt:

Artikel: 1 Teppich, Buchara, Senneh, dicht, 1,10 x 1,60 m

Barzahlungspreis: 3000 DM; Teilzahlungspreis 3300 DM

Teilzahlungen: 24 Monatsraten zu 137,50 DM, fällig jeweils am 1. eines Monats, erstmals am 1. März dieses Jahres; effektiver Jahreszins: 9,81%

Auf dem Formblatt befindet sich deutlich hervorgehoben der Hinweis, dass Frau **Jäckel** das Recht hat, den soeben unterschriebenen Vertrag innerhalb einer Woche nach Erhalt der Zweitschrift schriftlich bei ihrem Vertragspartner **Fritz Steuben,** Bei der Marienheide, 18055 **Rostock,** zu widerrufen.

Diese Klausel unterschreibt sie ebenfalls.

1. In diesem Ratenzahlungsvertrag beträgt der Unterschied zwischen dem Bar- und dem Teilzahlungspreis 300 DM. Das sind 10% des Barzahlungspreises.
● Warum ergibt der Effektivzins einen niedrigeren Prozentsatz?

Verbr-KrG § 4 PAngV § 4 ● 2. Welchen Zweck verfolgt der Gesetzgeber mit der Vorschrift, dass der Effektivzins angegeben werden muss?

Verbr-KrG §§ 7, 9, 13 ● 3. Wie unterscheidet sich im Falle des Rücktritts vom Vertrag die Rechtsstellung des Käufers von der des Verkäufers bei Abzahlungsgeschäften?

● 4. Wie lässt sich diese unterschiedliche rechtliche Behandlung von Käufer und Verkäufer bei Abzahlungsgeschäften begründen?

5. Die Schutzvorschriften des Abzahlungsgeschäftes gelten nicht, wenn der Käufer Kaufmann ist und im Rahmen seines Handelsgewerbes tätig wird.
VerbrkrG § 1 ● Warum werden Kaufleute beim Abzahlungsgeschäft anders als Nichtkaufleute behandelt?

2.12 Haustürgeschäft – Verbraucherschutz

Bei Frau **Monika Wendland** spricht an der Haustür ein Vertreter vor, der ein modernes Dampf-Reinigungsgerät für Fenster, Fußböden und Wandplatten anbietet. Sie lässt sich das Gerät vorführen und ist begeistert. Frau **Wendland** kauft das Gerät, zahlt mit einem Verrechnungsscheck und nimmt es sofort in Gebrauch. Bei der praktischen Arbeit mit dem Gerät stellt sie fest, dass sie mit der Handhabung nicht zurecht kommt.

1. Nach fünftägiger Nutzung schreibt Frau **Wendland** einen Brief an die auf der Rechnung ausgewiesene Lieferfirma und kündigt an, dass sie das Gerät zurückschicken wird.
   - Muss die Lieferfirma das Gerät zurücknehmen? Haustür WG § 1
2. In dem Brief fordert Frau **Wendland** die Rückerstattung des Kaufpreises nach Eingang des Gerätes bei der Lieferfirma.
   - Muss die Lieferfirma trotz fünftägiger Nutzung den vollen Kaufpreis zurückzahlen? § 3 (3)

2.13 Vertragsarten : Werkvertrag – Werklieferungsvertrag – Dienstvertrag – Arbeitsvertrag – Mietvertrag – Pachtvertrag – Leihvertrag – Darlehensvertrag

Emil Schirmer ist Inhaber eines Gasthofs in 88085 **Langenargen.**

1. Er kauft bei einem mit ihm befreundeten Stoffgroßhändler einen Anzugstoff für 180 DM. Von einem Schneider lässt er sich daraus einen Anzug anfertigen. Als er den fertigen Anzug abholen will, stellt er fest, dass dieser nicht passt.
   - a) Welche Art von Vertrag wurde mit dem Schneider abgeschlossen? BGB §§ 631, 633
   - b) Muss **Schirmer** den Anzug abnehmen und bezahlen?

2. Nach einer gemeinsamen Sitzung des örtlichen Musikvereins mit einem Nachbarverein muss der Gastwirt **Schirmer** am nächsten Tag von Schreinermeister **Hack** 15 neue Stühle und 2 Tische, zu den alten passend, herstellen lassen. Der beauftragte Schreiner hat 8 Stühle und 2 Tische fertiggestellt. Die restlichen sind noch in Arbeit. Aus unbekannter Ursache brennt die nicht ausreichend gegen Feuer versicherte Werkstätte mit den fertiggestellten und noch in Arbeit befindlichen Stühlen ab.

   Der Schreiner verlangt von dem Gastwirt Ersatz der bereits angefallenen Aufwendungen.
   - a) Welche Art von Vertrag wurde abgeschlossen? §§ 651, 644 (1)
   - b) Muss der Gastwirt zahlen?

3. Der Gastwirt beauftragt seinen Rechtsanwalt, den auswärtigen Vereinsvorsitzenden auf Schadenersatz zu verklagen. Das Gericht gibt dem Gastwirt nicht Recht. Er weigert sich deshalb, das verlangte Honorar des Rechtsanwaltes zu bezahlen.
   - a) Welche Art von Vertrag wurde zwischen **Schirmer** und dem Rechtsanwalt abgeschlossen? § 611
   - b) Muss der Gastwirt **Schirmer** dem Rechtsanwalt das Honorar zahlen?
   - c) Warum ist dieser Vertrag mit dem Rechtsanwalt kein Werkvertrag?

4. Der Gastwirt **Schirmer** verbietet einem seiner Kellner einem stark angetrunkenen Gast weitere alkoholische Getränke zu servieren.
   - a) Wie heißt der Vertrag, der bei Einstellung des Kellners zwischen **Schirmer** und dem Kellner abgeschlossen wurde?

b) Muss sich der Kellner an die Anweisung **Schirmers** halten?

c) Wodurch unterscheidet sich das Vertragsverhältnis des Kellners mit dem Gastwirt von dem Vertrag des Rechtsanwalts mit seinem Klienten (Frage Nr. 3)?

5. Der Elektromeister **Böhm,** ein Nachbar **Schirmers,** besitzt eine direkt hinter dem Gasthof **Schirmers** gelegene große Wiese, die von Obstbäumen umsäumt ist.

   Schirmer trifft mit **Böhm** schriftlich die Vereinbarung, dass er die Wiese als Liegewiese für seine Familie und seine Pensionsgäste nutzen darf. Als Entgelt zahlt **Schirmer** jährlich 1000 DM an Böhm.

BGB §§ 535, 581 a) Welche Art von Vertrag wurde zwischen **Schirmer** und **Böhm** abgeschlossen?

b) Erläutern Sie an diesem Beispiel den Unterschied zwischen einem Miet- und einem Pachtvertrag.

6. Die Brauerei **Waldbräu KG** stellt dem Gastwirt für ein Gartenfest 30 Tische und 120 Stühle unentgeltlich für ein Wochenende zur Verfügung. Die Tische und Stühle sind bereits bei dem Gastwirt **Schirmer** eingetroffen.

§ 598 a) Welche Art von Vertrag wurde abgeschlossen?

b) Wer ist jetzt Eigentümer, wer Besitzer der Tische?

c) Bei der Abholung werden versehentlich mehrere dem Gastwirt gehörende Tische aufgeladen. Dafür bleibt die gleiche Anzahl mit »Waldbräu« gekennzeichneten Tische zurück. Die Brauerei verlangt Umtausch der Tische, obwohl sie gleichwertig sind.

§ 604 (1) Hat sie dazu das Recht?

7. Für den Kauf eines neuen Kraftfahrzeuges nimmt der Wirt von seiner Bank einen Kredit in Höhe von 4000 DM in bar in Anspruch.

§ 607 (1) a) Welche Art von Vertrag wurde abgeschlossen?

b) Wodurch unterscheidet sich dieser Vertrag von dem, den **Schirmer** mit der **Waldbräu KG** abgeschlossen hat (Aufgabe Nr. 6)?

Nichtigkeit und Anfechtbarkeit von Rechtsgeschäften

2.14 Nichtigkeit von Rechtsgeschäften: Verstoß gegen die guten Sitten

Der Privatmann **Fritz Ammon** gewährt dem Gastwirt **Dillinger**, der sich nach einer sehr schlechten Saison in einer finanziellen Notlage befindet, ein Darlehen in Höhe von 10 000 DM. **Dillinger** verpflichtet sich, dieses nach einem halben Jahr in Höhe von 15 000 DM zurückzuzahlen. Nach Ablauf des halben Jahres überweist Dillinger nur 11 000 DM. **Ammon** verklagt Dillinger wegen der restlichen 4 000 DM. Das Gericht gibt **Dillinger** jedoch recht.

1. Wieviel Prozent Zins verlangte **Ammon?** Wieviel Prozent Zins ist **Dillinger** bereit zu zahlen?

BGB § 138 2. Warum bekommt **Dillinger** vor Gericht Recht?

2.15 Nichtigkeit von Rechtsgeschäften: Scheingeschäft – Verstoß gegen Formvorschriften

Der Gastwirt **Dillinger** erfährt, dass sein Nachbar **Gillich** beabsichtigt, die an den Wirtsgarten angrenzende Wiese zu verkaufen. **Dillinger** will schon lange für seine Feriengäste eine ruhige Liegewiese haben und bittet daher **Gillich,** ihm die Wiese zu verkaufen. Bei einer Flasche Wein werden sich die beiden über den Kaufpreis in Höhe von 50 000 DM einig. Die Vereinbarung wird in Gegenwart des Bürgermeisters durch Handschlag besiegelt. **Dillinger** kündigt nun in seinen Hausprospekten eine schöne und ruhige Liegewiese mit herrlicher Gebirgssicht an. Daraufhin gehen zahlreiche Zimmerbestellungen ein. Nach 14 Tagen sieht er, dass die genannte Wiese eingezäunt wird. Von einem Gemeinderat erfährt er, dass ein Münchner Kaufmann die Wiese für 80 000 DM gekauft hat.

● 1. Ist **Gillich** an die Vereinbarung mit **Dillinger** gebunden? BGB §§ 125, 313

2. Einige Gäste nehmen ihre Zimmerbestellungen zurück, da sie auf eine Liegewiese besonderen Wert legen. **Dillinger** verlangt daher von **Gillich** Schadenersatz in Höhe von 2000 DM.

● Ist **Gillich** berechtigt, den Schadenersatz zu verweigern?

3. **Gillich** vereinbart mit dem Münchner Kaufmann, dass dieser für das Grundstück 80 000 DM zu zahlen habe, jedoch im notariellen Kaufvertrag nur 60 000 DM angegeben werden sollen. Nach Abschluss des notariellen Vertrags und Eintragung ins Grundbuch verlangt **Gillich** von dem Kaufmann die Zahlung des Kaufpreises. Dieser will nur 60 000 DM zahlen und verweist auf den notariellen Kaufvertrag.

● a) Was wollen die beiden Vertragspartner mit dieser gesetzwidrigen und betrügerischen Abmachung erreichen?

● b) Ist der notarielle Kaufvertrag über 60 000 DM gültig? § 117 (1)

● c) Wer ist Eigentümer des Grundstücks? §§ 313, 873

● d) Wieviel DM muss der Münchner Kaufmann bezahlen? § 117 (2)

2.16 Anfechtbarkeit von Rechtsgeschäften: Arglistige Täuschung

Aufgrund einer Zeitungsanzeige kauft **Burger** einen Gebrauchtwagen. Der Verkäufer sichert ihm ausdrücklich zu, dass es kein Unfallwagen sei. Später stellt **Burger** durch Zufall fest, dass der Wagen nach einem schweren Unfall von dem Verkäufer repariert und neu lackiert an ihn verkauft worden war.

● Mit welcher Begründung könnte **Burger** den Kaufvertrag anfechten? BGB § 123 (1)

2.17 Anfechtbarkeit von Rechtsgeschäften: Irrtum in der Erklärung

Der 22-jährige Angestellte **Rüling, Römerring 8, 31137 Hildesheim,** findet in einer Zeitungsanzeige folgende Anzeige eines Versandhauses für Foto-Artikel:

> **Fotoversand-GmbH**
> 38124 Braunschweig · Postfach 4120
>
> Für 199 DM erhalten Sie sofort eine neue **Videokamera** Modell St 304
>
> Der Restbetrag kann in 6 Monatsraten zu 200 DM bezahlt werden.
> Barpreis: 1350 DM

Rüling lässt sich über diese Kamera Informationsmaterial schicken. Nach Durchsicht des Materials entschließt er sich, die Kamera St 304 zu bestellen. Er schreibt sofort an das Versandhaus eine Postkarte:

„Ich bestelle hiermit die Kamera St 340 zur sofortigen Lieferung gegen Barzahlung".

Rüling erhält die Kamera als Nachnahmesendung. Beim Auspacken der Sendung stellt er zu seiner Überraschung fest, dass er nicht die gewünschte Videokamera St 304, sondern eine Kleinbildkamera St 340 erhalten hat. Nachträglich erinnert er sich, dass er auf die Postkarte irrtümlich St 340 anstatt St 304 geschrieben hatte.

BGB §§ 119, 121
● 1. Kann er den Kauf rückgängig machen?

2. **Rüling** sendet die Kamera mit einem Begleitbrief zurück und erbittet Umtausch.
● Entwerfen Sie den Begleitbrief.

§ 122
3. Nach einer Woche erhält er die gewünschte Videokamera. In einem Begleitschreiben wird er darauf hingewiesen, dass er 18 DM für die durch den Umtausch entstandenen Kosten zu zahlen habe.
● Ist die Forderung des Versandhauses berechtigt?

2.18 Anfechtbarkeit von Rechtsgeschäften: Irrtum im Motiv

Der Rentner **Scharrer** kauft bei seiner Bank 10 Stierbräu-Aktien zum Kurs von 210 in der Erwartung, dass der Kurs dieser Aktien weiterhin steigen werde. Er will die Papiere dann später gewinnbringend verkaufen.

Vier Wochen nach dem Kauf stehen die Aktien nur noch auf 198. **Scharrer** ficht den Wertpapierkauf bei seiner Bank mit der Begründung an, dass er sich über die Kursentwicklung geirrt habe. Er möchte die Aktien wieder zum Kurs von 210 an die Bank zurückgeben.

BGB § 119
● Muss die Bank die Aktien zurücknehmen?

Kaufleute

2.19 Kaufmannseigenschaft – Eintrag im Handelsregister

Karl-Heinz Boeme betreibt seit kurzer Zeit in 77933 **Lahr** einen Möbelhandel. Im Handelsregister ist er nicht eingetragen.

HGB §§ 1, 29
Er erhält von der Handelsregister-Abteilung des Amtsgerichts **Lahr** einen Brief, dem ein Formular beiliegt. In dem Brief teilt ihm das Amtsgericht mit, dass verschiedene Unternehmen der Möbelbranche im Handelsregister Einsicht nehmen wollten, um sich über die Verhältnisse des Möbelhändlers **Karl-Heinz Boeme** zu informieren. Er wird gebeten, das Formular ausgefüllt zurückzusenden.

Er füllt das Formular wie nebenstehend abgebildet aus.

● Muss **Boeme** sich im Handelsregister eintragen lassen?

1) Wortlaut der Firma	Heinz Boeme, Möbelhandlung
2) a) Geschäftsräume (Zahl, Art [z.B. Büro, Herstellungsräume, Laden, Lager usw.] u. Größe, Ort und Straße):	a) Verkaufs- und Ausstellungsraum - 400 m^2; b) Büro 32 m^2; Bergstr. 78, 77933 Lahr
b) Fernruf	0 78 21\56 57
3) Name des Alleininhabers oder bei Gesellschaften die Namen aller Gesellschafter (persönlich haftende Gesellschafter. Kommanditisten):	Heinz Boeme
4) Art des Gewerbes (z.B. Herstellung von ... oder Handel mit ... usw.).	Möbelhandel
5) Zeitpunkt der Aufnahme des Geschäftsbetriebes:	01. August d.J.
6) Betriebsvermögen (nur zu beantworten, wenn eine Eröffnungsbilanz oder die letzte Bilanz nicht vorgelegt werden kann): a) Anlagevermögen: Grundstücke und Betriebsgebäude Maschinen und Einrichtungen b) Umlaufvermögen: Geld und Bankguthaben Warenvorräte Außenstände	 a) 1.200.000 40.000 1.240.000 b) 30.000 380.000 24.000 434.000
7) Letzter Einheitswert des Betriebsvermögens	liegt noch nicht vor
8) Höhe des Umsatzes: (Bei Handelsvertretern: Bruttoprovision) seit Beginn, falls der Geschäftsbetrieb im laufenden Jahr begonnen wurde oder in den beiden letzten Geschäftsjahren und im laufenden Geschäftsjahr, falls der Gewerbebetrieb schon länger besteht.	160.000 DM (Monate August, September)
9) Gewerbeertrag: geschätzter Reinertrag seit Geschäftsbeginn, falls der Geschäftsbetrieb im laufenden Jahr begonnen wurde oder Reinertrag nach der letzten Jahresbilanz, falls der Geschäftsbetrieb schon länger besteht.	8.000,00 DM (Monate August, September)
10) Zahl der beschäftigten Personen	6 zuzüglich Inhaber Heinz Boeme
a) kaufmännische Angestellte	3
b) technische Angestellte	
c) Facharbeiter, Gesellen	2
d) angelernte Arbeiter e) Hilfsarbeiter	
f) kaufmännische Lehrlinge	1
g) technische Lehrlinge	
h) sonstiges Personal	
11) Besteht kaufmännische Buchführung? Welcher Art?	Ja - doppelte Buchführung - Gewinnermittlung gem. § 5 Abs. 1 EStG
12) Bankverbindungen	Deutsche Bank Lahr, BLZ ... , Kto.-Nr. ... Volksbank-Raiffeisenbank Lahr ...
13) Wird neben der Warenherstellung noch ein offenes Geschäft (Laden) betrieben?	Betrieb lediglich eines Verkaufsladens mit Möbelzufuhr und Aufstellung

2.20 Istkaufmann – Vertragsstrafe

Der **Bauunternehmer Sommer** beschäftigt 30 Arbeiter. Den Auftrag zum Bau eines Lebensmittelsupermarktes hat er unter der Bedingung erhalten, dass der Rohbau am 1.6. fertiggestellt ist. Für jeden Tag verspäteter Fertigstellung wird eine Vertragsstrafe von 5000 DM vereinbart. Die Rohbauarbeiten werden 15 Tage nach dem Termin beendet. **Sommer** fordert eine Herabsetzung der Vertragsstrafe gem. § 343 BGB mit der Begründung, dass der dem Bauherrn entstandene Schaden viel geringer sei. Die Vertragsstrafe erscheine unangemessen hoch.

HGB §§ 1, 348

● 1. Prüfen Sie, ob **Sommer** gem. § 343 BGB die Herabsetzung einer unangemessen hohen Vertragsstrafe fordern kann, wenn er nicht im Handelsregister eingetragen ist.

2.21 Kannkaufmann – Firmenschutz – Prokura

Der Landwirt **Wilhelm Stauffer** betreibt eine Mühle als Nebengewerbe, in der er sein eigenes Getreide mahlt und auch Lohnaufträge von benachbarten Landwirten annimmt. Der Umfang des Geschäftsbetriebes erfordert eine kaufmännische Organisation. Im Handelsregister ist weder der landwirtschaftliche Betrieb noch das Nebengewerbe eingetragen.

1. **Stauffer** erfährt, dass in das Handelsregister seines Bezirks eine Unternehmung mit der Firmenbezeichnung Firma »F. Wilhelm Stauffer, Mühle e.K.« eingetragen werden soll. Um diese Firmeneintragung zu verhindern, will er sein Nebengewerbe mit der Firmenbezeichnung »Wilhelm Stauffer, Mühle e. Kfm« im Handelsregister eintragen lassen.

● Ist die Eintragung möglich?

2. Der Hof **Stauffers** liegt an einem bei Wanderfreunden beliebten Mühlenwanderweg. Im Winter führt eine Langlaufloipe unmittelbar am Hof vorbei. **Stauffers** Sohn, **Otto Stauffer,** der als Landmaschinenmechaniker bei der Technik-Station der Raiffeisengenossenschaft arbeitet, hat in einem Schuppen, der unmittelbar an das noch funktionsfähig erhaltene wasserbetriebene Mühlenrad anschließt, eine Imbiss-Stube eingerichtet. Vor allem an den Wochenenden verkauft er, unterstützt von seiner Frau, belegte Brötchen und Getränke an die Wanderer.

● Kann **Otto Stauffer** sein Kleingewerbe unter der Firmenbezeichnung »Ottos Mühlenstüberl e.K.« im Handelsregister eintragen lassen?

§§ 2, 48

3. **Otto Stauffer** hat zum 5. Hochzeitstag eine besondere Geschenkidee für seine Frau. Er will ihr Visistenkarten mit der Berufsbezeichnung »Prokuristin« drucken lassen.

● Kann **Otto Stauffer** seine Idee verwirklichen und seine Frau rechtgültig zur Prokuristin ernennen?

4. **Otto Stauffer** kauft für die Imbiss-Stube in einem Möbelabholmarkt in einer 30 km entfernten Großstadt Stühle und Tische. Die Rechnung lässt er auf »Firma Ottos Mühlenstüberl e.K.« ausstellen. Zu Hause stellt er fest, dass einige Stühle nicht gut verleimt sind und bereits vor dem ersten Gebrauch wackeln. Vier Wochen später, als er wieder in der Großstadt zu tun hat, reklamiert er diesen Mangel bei dem Möbelmarkt. Er möchte die defekten Stühle zurückgeben und dafür einwandfreie Stühle haben. Der Geschäftsführer des Möbelmarkts verweist aber darauf, dass **Stauffers** Gewährleistungsansprüche verjährt seien. Als Kaufmann habe er die Stühle unverzüglich prüfen und festgestellte Mängel unverzüglich melden müssen.

Stauffer beruft sich auf die 6-monatige Rügefrist gem. BGB § 477 und behauptet, eigentlich sei er gar kein Kaufmann. Der Verkauf von Brötchen und Getränken am Wochenende erfordere keinen kaufmännisch organisierten Betrieb. Die Eintragung im Handelsregister habe er nur aus Publizitäts- und Prestigegründen vornehmen lassen. HGB §§ 5, 344, 377

- Prüfen Sie, ob Stauffer rechtzeitig gerügt hat.

2.22 Formkaufmann – Bürgschaft

Die Brüder **Anton** und **Bertram Schöck** betreiben zusammen eine Kiesbaggerei in der Gesellschaftsform einer GmbH. **Anton Schöck** ist Geschäftsführer.

1. **Anton Schöck** verbürgt sich im Namen der GmbH mündlich gegenüber dem Baustoffgroßhändler **Eder** für seinen langjährigen Kunden, den Bauunternehmer **Sommer. Sommer** bleibt **Eder** 30 000 DM schuldig, die Eder jetzt von der GmbH fordert.
   - Ist die mündlich gegebene Bürgschaft gültig? HGB §§ 6, 350
2. Wodurch hat die GmbH die Kaufmannseigenschaft erlangt? GmbHG § 11

Vollmachten

2.23 Einzelvollmacht – Artvollmacht – Allgemeine Handlungsvollmacht

Otto Riel, Am Belzappel 39, 67663 **Kaiserslautern,** betreibt eine Baustoffgroßhandlung. Zu seiner Entlastung ermächtigt er seinen langjährigen Angestellten **Dieter Thiem,** alle Geschäfte abzuschließen, die die Baustoffhandlung gewöhnlich mit sich bringt.

1. Prüfen Sie, ob **Thiem** für die Baustoffgroßhandlung **O. Riel** folgende Rechtsgeschäfte bindend abschließen kann: HGB § 54
   a) Verkauf von Ziegeln auf Ziel,
   b) Einkauf von Schreibmaschinenpapier,
   c) Aufnahme eines Darlehens bei der Volksbank,
   d) Einstellung eines Arbeiters,
   e) Zahlung einer Verbindlichkeit aus Warenlieferung aus der Kasse an einen Lieferer,
   f) Akzeptierung eines auf **O. Riel** gezogenen Wechsels,
   g) Entlassung eines Arbeiters,
   h) Belastung des Geschäftshauses mit einer Hypothek,
   i) Kauf eines Grundstücks als Lagerplatz.

2. **Riel** befindet sich auf einer Geschäftsreise. Der **Architekt Sorg** bittet telefonisch um sofortige Vorlage einer Musterkollektion von Wandplatten aus Majolika in seinem Büro. Da der Handlungsbevollmächtigte **Thiem** im Geschäft unabkömmlich ist, schickt er den Buchhalter **Veith** mit der Weisung, das Geschäft möglichst sofort abzuschließen. §§ 54, 58

Veith erhält den Auftrag.

a) Der Architekt **Sorg** hat am nächsten Tag ein günstigeres Angebot erhalten. Er ruft deshalb bei **Riel** an und teilt mit, dass er auf die Lieferung der Wandplatten verzichte. Der Kaufvertrag sei nicht zustande gekommen, weil nur der Angestellte **Veith,** nicht aber **Riel** unterschrieben habe.

● Hat **Sorg** recht?

b) Wenige Tage später trifft **Veith** auf dem Heimweg den Fliesenlegermeister **Hörner.** Dieser kennt ihn flüchtig als Angestellten der **Firma Riel. Hörner** erteilt **Veith** den Auftrag für die **Firma Riel,** 250 qm Wandplatten Majolika, in Blau, Bestell-Nr. 257, sofort zu liefern. **Veith** weiß, dass diese Menge noch auf Lager ist und sagt die Lieferung für den nächsten Tag zu.

Am nächsten Tag erfährt **Veith** im Betrieb, dass die vorrätigen 250 qm Wandplatten für einen Neubau reserviert sind und sofort ausgeliefert werden müssen.

● Ist zwischen der **Baustoffgroßhandlung Riel** und dem Fliesenlegermeister **Hörner** ein Kaufvertrag entstanden?

3. Durch Einrichtung einer computergestützten Finanzbuchhaltung ist Veith als Buchhalter nicht mehr voll ausgelastet. Deshalb soll er künftig auch im Verkauf tätig sein und erhält von **Riel** Verkaufsvollmacht.

● a) Wäre die Vollmacht auch gültig, wenn sie vom Handlungsbevollmächtigten **Thiem** erteilt worden wäre?

b) **Veith** bestellt von einem Vertreter, der im Betrieb vorspricht, 50 Ztr. Zement-Schnellbindemittel für die **Firma Riel.**

● Ist der Kaufvertrag gültig?

4. In der Mittagspause ruft der **Bauunternehmer Sommer** bei **Riel** an und bestellt 100 Sack Zement. Die Sekretärin **Öchsle** nimmt den Auftrag entgegen und sagt die Lieferung auf die Baustelle für den nächsten Tag bis 10 Uhr zu. **Sommer** verlässt sich darauf, weil er glaubt, mit einer Angestellten der Verkaufsabteilung gesprochen zu haben.

● Ist ein Kaufvertrag entstanden?

2.24 Prokura

Der Baustoffgroßhändler **Otto Riel,** Am Belzappel 39, 67333 **Kaiserslautern,** ernennt zum 01. Dezember 1998 seinen bisherigen Handlungsbevollmächtigten **Dieter Thiem** zum Prokuristen.

1. Mit einem Rundschreiben vom 02. Dezember sollen die Geschäftsfreunde über die Ernennung **Thiems** zum Prokuristen informiert werden.

● Entwerfen Sie dieses Schreiben.

2. Der Handelsregisterauszug des Amtsgerichts Kaiserslautern (folgende Seite) gibt Auskunft über die Eintragung der Prokura ins Handelsregister.

Vom Wertpapierberater der Hausbank erhält **Thiem** am 09. Jan. 1999 den Rat, das Guthaben auf dem Kontokorrentkonto in Höhe von 120 000 DM in verschiedenen Bankaktien anzulegen. Nach kurzer Überlegung erteilt er einen entsprechenden Kaufauftrag, der am 10. Januar 1999 ausgeführt wird. Als der Baustoffgroßhändler **Otto Riel** am 14. Januar davon erfährt, will er das Geschäft rückgängig machen mit der Begründung, dass **Thiem** zum Zeitpunkt des Vertragsschlusses noch nicht Prokurist war.

Amtsgericht Kaiserslautern
AG-Bezirk

9 8 7 6 5 1 3 2 1 0 9 8 7 6 5 1 3 2 1 0 9 8 7 6 5 4 3 2 1 0

Blatt 1 **HR A** **904**

Nr. der Eintragung	a) Firma b) Ort der Niederlassung (Sitz der Gesellschaft) c) Gegenstand des Unternehmens (bei juristischen Personen)	Geschäftsinhaber Persönlich haftende Gesellschafter Vorstand Abwickler	Prokura	Rechtsverhältnisse	a) Tag der Eintragung und Unterschrift b) Bemerkungen
1	2	3	4	5	6
1	a) Baustoffgroßhandlung Otto Riel b) Kaiserslautern	Otto Riel Kaufmann, Kaiserslautern			a) 15. November 1983 Kops b) Anmeldung: Bl. 1/4 SB HRB 3846 bzw. HRB 13
2			Einzelprokurist Dieter Thiem; Ludwigshafen		a) 12. Jan. 1996 Kops

● Entscheiden Sie, ob **Thiem** das Wertpapiergeschäft rechtswirksam abschließen konnte. BGB §§ 167, 171

3. Während **Riel** sich auf einer Auslandsreise befindet, wird **Thiem** ein Grundstück angeboten, das sich zur dringend notwendigen Erweiterung des Betriebsgeländes eignet.

● a) Kann **Thiem** das Grundstück für die Firma **Riel** rechtswirksam kaufen? HGB § 49

● b) Kann **Thiem** zur Finanzierung des Kaufs einen Darlehensvertrag für die Firma **Riel** abschließen?

● c) Kann **Thiem** zur Sicherung des Darlehens auf das Betriebsgrundstück der Firma **Riel** eine Hypothek rechtswirksam eintragen lassen?

● d) Könnte **Thiem** über die Kaufsumme einen auf die Firma **Riel** gezogenen Wechsel mit einer Laufzeit von 3 Monaten rechtswirksam akzeptieren?

● e) Könnte er nach Ankauf des Erweiterungsgrundstücks ein nicht mehr benötigtes Reservegrundstück für die Firma **Riel** verkaufen?

4. Nehmen Sie an, **Riel** hätte seinem Prokuristen den Kauf von Grundstücken ausdrücklich verboten. § 50

● Wäre der Kauf eines Grundstücks durch **Thiem** dann gültig? (s. Aufg. 3)

5. Der Eigentümer des Erweiterungsgrundstücks bietet an, als Gesellschafter in die Firma **Riel** einzutreten und das Grundstück einzubringen. § 49

● Darf **Thiem** den Eigentümer des Grundstücks als Gesellschafter aufnehmen?

6. Der Prokurist **Thiem** ist bei **O. Riel** ausgeschieden, im Handelsregister aber noch eingetragen. § 15

● Kann er die Firma **Riel** noch rechtlich verpflichten,

a) wenn die Geschäftspartner von dem Ausscheiden **Thiems** wissen,

b) wenn sie nichts davon wissen?

2.25 Gesamtprokura

In einem großen Fachgeschäft für Damenoberbekleidung haben die Einkaufs- und die Verkaufsleiterin Prokura.

Nachstehender Auszug aus dem Handelsregister gibt über die Erteilung der Prokura Auskunft.

....	Prokura	....	a) Tag der Eintragung und Unterschrift b) Bemerkungen
	4	5	6
.....	Gesamtprokura: Maria Lauer, Überlingen Kerstin Knaupp, Meersburg		a) 15. Okt. 1996 Kops

- 1. Beurteilen Sie die der Einkaufs- und Verkaufsleiterin eingeräumte Prokura unter organisatorischen und rechtlichen Gesichtspunkten.

2. Bereits am 01. Oktober 1996 wurde anlässlich einer Betriebsversammlung den beiden Mitarbeiterinnen die Prokura erteilt. Noch am gleichen Tag wurden auch die Geschäftsfreunde mit einem Rundschreiben darüber informiert.

BGB § 167 • a) Von welchem Tag an hat der Geschäftsinhaber den beiden Mitarbeiterinnen erlaubt, für ihn als Prokuristinnen tätig zu werden?

§ 171 • b) Von welchem Zeitpunkt an sind die Geschäfte der Prokuristinnen gegenüber Geschäftsfreunden wirksam, die von der Ernennung wissen?

Störungen bei der Erfüllung von Verträgen

2.26 Mangelhafte Lieferung: Untersuchungs- und Rügepflicht

Der Textileinzelhändler **Georg Schlitt e.Kfm.** verkaufte an den kaufmännischen Angestellten **Josef Burger** einen Herrenanzug. **Burger** entdeckt nach drei Monaten einen Webfehler und verlangt deshalb einen Preisnachlass.

BGB § 477 • 1. Hat **Burger** drei Monate nach dem Kauf noch Ansprüche aus mangelhafter Lieferung?

2. **Schlitt** hat den Anzug vor fünf Monaten von der **Textil-AG** bezogen. Der Webfehler ist ein offener Mangel, der bei der Eingangskontrolle übersehen wurde.

• Prüfen Sie, ob

HGB § 1 a) **Schlitt** Kaufmann ist,

§ 343 b) die Lieferung des Anzugs an **Burger** für **Schlitt** ein Handelsgeschäft war.

§ 377 • 3. Kann **Schlitt** gegenüber der **Textil-AG** nach fünf Monaten noch eine Mängelrüge geltend machen?

• 4. Kann **Schlitt** gegenüber **Burger** alle Ansprüche aus mangelhafter Lieferung ablehnen, wenn die **Textil-AG** alle seine Ansprüche zurückweist?

• 5. Warum behandelt der Gesetzgeber den kaufmännischen Angestellten **Burger** und den Textileinzelhändler **Schlitt** bei der Mängelrüge unterschiedlich?

2.27 Mangelhafte Lieferung: Rechte beim Gattungskauf

Der Lebensmittelgroßhändler **August Sperl,** 89186 **Illerrieden,** kauft am Ort im **Möbelfachgeschäft Häberle & Sohn** für seinen Sohn einen Schreibtisch und einen dazu passenden Sessel aufgrund eines Katalogs. Außerdem kauft er von dem Möbelhändler ein Ölgemälde des ortsansässigen Malers **Loibl.** Der Möbelhändler schickt ihm (wie allen Kunden am gleichen Ort) die Ware mit eigenem Lkw zu. Nach der Übergabe der Ware stellt **Sperl** fest, dass die Armlehne des Sessels gesprungen und das Bild stark beschädigt ist. Außerdem hat der Schreibtisch mehrere kleine Kratzer.

1. Auf die Mängelrüge des **Sperl** antwortet **Häberle,** dass er seinem Fahrer die Ware in einwandfreiem Zustand übergeben habe. Damit sei der Vertrag ordnungsgemäß erfüllt. BGB § 459, § 446 (1), § 278
   - Hat **Häberle** Recht?
2. ● Wie lange hätte sich **Sperl** mit der Mängelrüge Zeit lassen können §§ 447 (1), 242
   a) bei offenen Mängeln,
   b) bei versteckten Mängeln?
3. **Sperl** verlangt, dass ihm ein einwandfreier Sessel und ein unbeschädigter Schreibtisch geliefert werden und dass das Bild durch ein anderes Ölbild des gleichen **Malers** ersetzt wird. Der **Möbelhändler** verweigert die Neulieferung in allen Fällen. Den Schreibtisch will er ausbessern; in den beiden anderen Fällen ist er zu einem Preisnachlass bereit.
   - a) Prüfen Sie, in welchen Fällen der Käufer auf Neulieferung bestehen kann. §§ 480 (1), 459 (1), 226, 462
   - b) Welche anderen Rechte hat der Käufer aufgrund der Mängelrüge?

2.28 Mangelhafte Lieferung: Einschränkung von Rechten durch Allgemeine Geschäftsbedingungen und Garantieerklärung

Der Schüler **Peter Lang** wird demnächst 16 Jahre alt. Zum Geburtstag wünscht er sich von seinen Eltern einen Radiorecorder mit CD-Player. **Peter** und sein Vater sehen sich bereits 2 Wochen vor dem Geburtstag nach einem geeigneten Geschenk um. Im **Rundfunk- und Fernsehgeschäft Schmitz** werden sie fündig. Dort wird ein tragbares Gerät mit CD-Player, Cassettendeck und 3-Band-Tuner besonders preisgünstig angeboten. Nachdem Peter und sein Vater sich anhand eines Vorführgerätes von Klang und Funktionstüchtigkeit überzeugt haben, kauft Herr **Lang** eines der wenigen noch vorrätigen Geräte. Am Tag vor dem Geburtstag übergibt er **Peter** das original verpackte Paket. **Peter** möchte das Gerät sofort installieren, da am Abend eine zünftige Geburtstagsfete steigen soll. Beim Testlauf stellt sich jedoch heraus, dass einer der beiden Lautsprecher gar keinen Ton von sich gibt und aus dem anderen nur »schräge« Töne dröhnen. Unverzüglich packt Peters Vater den Radiorecorder wieder ein, nimmt die quittierte Rechnung mit und fährt zum Einzelhändler **Schmitz,** um seine Rechte geltend zu machen.

1. ● Welche Rechte stehen Herrn **Lang** nach BGB in vorliegendem Fall grundsätzlich zu? BGB §§ 462, 463, 480
2. ● Welches Recht wird Herr **Lang** im vorliegenden Fall sinnvollerweise ausüben?
3. Einzelhändler **Schmitz** erkennt die offenkundigen Mängel an. Ein gleichwertiges Gerät zu dem günstigen Preis hat er aber nicht mehr am Lager. Daraufhin fordert Herr **Lang** den Kaufpreis zurück, um sich in einem anderen Geschäft nach einem entsprechenden Radiorecorder umzusehen. Herr **Schmitz** weigert sich jedoch mit dem Hinweis auf die Geschäftsbedingungen, die auf der Rückseite der Rechnung abgedruckt und außerdem gut sichtbar ausgehängt sind. Dort heißt es:

6.	Gewährleistung und Haftung
6.1	...
6.2	...
6.3	Über Nachbesserung hinausgehende Ansprüche des Käufers, gleich aus welchem Rechtsgrund, insbesondere Wandlung, Minderung und Schadenersatz sind ausgeschlossen.

BGB § 476a AGB-Ges. § 11, Nr. 10

● Prüfen Sie, ob diese AGB-Klausel zulässig ist.

4. Herr **Lang** bittet den Einzelhändler angesichts des bevorstehenden Geburtstages seines Sohnes, den Radiorecorder noch im Laufe des Tages zu reparieren. Daraufhin erklärt ihm der Einzelhändler, dass er im vorliegenden Fall die Reparatur gar nicht selbst vornimmt. Bei dem äußerst knapp kalkulierten Preis seien für ihn die Reparaturkosten höher als der Gewinn. Er verweist statt dessen Herrn **Lang** auf die dem Radiorecorder beigefügte Garantiekarte und bittet ihn, die defekte Anlage in der Originalverpackung zusammen mit dem Kaufbeleg an den Hersteller zu schicken.

PROFITRONIC Garantie

PROFITRONIC-Produkte unterliegen vor der Auslieferung einer strengen Endkontrolle auf einwandfreie Materialbeschaffenheit, sorgfältige Verarbeitung und Funktionssicherheit. Im Rahmen einer einjährigen Garantie (ab Kaufdatum) beheben wir durch Austausch oder Instandsetzung defekter Teile solche Mängel, die nicht auf unsachgemäße Behandlung (Wasser- oder Fallschaden, Fehlbedienung usw.) zurückzuführen sind. Andersartige und weitergehende Ansprüche sind ausgeschlossen, insbesondere Ersatz für durch Gerätedefekt entstandene Schäden ideeller Art.

Durch die Garantieleistung wird die Garantiezeit von 12 Monaten weder verlängert noch erneuert.

Während der Garantiezeit können defekte Geräte an rückseitig angegebene Serviceadresse gesandt werden. Fügen Sie neben dieser Garantiekarte unbedingt auch den Kaufbeleg (Rechnung, Quittung) sowie eine detaillierte Fehlerbeschreibung bei. Unfreie Sendungen werden nicht angenommen. Sie erhalten binnen kürzester Frist das reparierte Gerät kostenlos zurück.

Nach Ablauf der Garantiezeit haben Sie ebenfalls die Möglichkeit, das defekte Gerät zwecks Reparatur an die rückseitig genannte Adresse zu senden. Anfallende Reparaturen sind dann kostenpflichtig.

● a) Ist es zulässig, dass der Einzelhändler Herrn **Lang** zur Behebung der Mängel an den Hersteller verweist?

● b) Welche Nachteile können Garantieerklärungen des Herstellers gegenüber den gesetzlichen Gewährleistungsansprüchen aufweisen?

● c) Welchen Vorteil bringt eine Garantieerklärung zusätzlich zu den gesetzlichen Gewährleistungsansprüchen?

2.29 Mangelhafte Lieferung: Ersatzlieferung – Umtausch

Martin Neumann, 04720 **Markritz,** kauft aufgrund unten stehender Prospektbeilage am 29. Juli eine Autoalarmanlage.

Als er die Alarmanlage am 1. Oktober in sein Auto einbaut, stellt er fest, dass sie vermutlich wegen eines Kontaktfehlers nicht funktioniert. Zusammen mit dem Kassenbon will er die defekte Anlage noch am gleichen Tag gegen eine fehlerfreie eintauschen.

Der Verkäufer weigert sich, dem Wunsch von **Martin Neumann** zu entsprechen, mit dem Hinweis, dass

1. die auf dem Kassenbon enthaltene 30-Tage-Frist verstrichen ist und
2. die Ware nicht mehr originalverpackt ist.

BGB § 480

● Prüfen Sie, ob Neumann eine neue Alarmanlage verlangen kann.

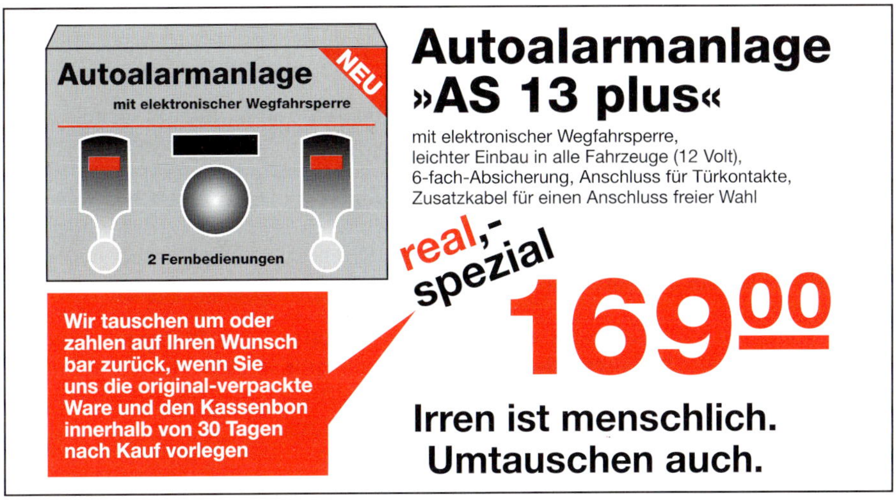

2.30 Mangelhafte Lieferung: Produkthaftungsgesetz

Tanja Ploog, Studentin der Betriebswirtschaftslehre im 9. Semester, treibt leidenschaftlich Radsport. Sie kauft bei dem Zweiradzentrum **Link** ein Gelände-Tourenrad des bekannten Herstellers **Phönix-AG** zum Preis von 1800 DM. Am Tag nach dem Kauf macht sie mit ihrem Freund die erste größere Ausfahrt. Auf einem unebenen Waldweg bricht der Gabelschaft. Sie stürzt und zieht sich einen komplizierten Beckenbruch zu, der sie zu einem wochenlangen Krankenhausaufenthalt zwingt. Deshalb konnte sie den geplanten Examenstermin nicht wahrnehmen und muss ein weiteres Semester studieren.

Tanjas Freund, der unmittelbar hinter ihr fuhr, versuchte seiner stürzenden Freundin auszuweichen und fuhr gegen einen am Wegrand lagernden Holzstoß. An seinem Rad wurde dabei die Felge des Vorderrads völlig verformt und die Pedalhalterung verbogen. Er selbst trug keine Verletzungen davon.

1. **Tanja Ploog** lässt das Fahrrad sofort nach dem Unfall durch ihren Freund zum Zweiradzentrum **Link** bringen und fordert schriftlich den Kaufpreis zurück. Dazu ist Link nicht bereit. Er behauptet, ihn treffe kein Verschulden daran, dass der Gabelschaft des Fahrrads offensichtlich einen Materialfehler aufwies. Frau **Ploog** müsse sich an den Hersteller wenden; die genaue Geschäftsadresse der **Phönix-AG** teilt er schriftlich mit.
   - Ist **Link** im Recht? BGB § 462
2. Der Freund hat sein beschädigtes Fahrrad ebenfalls zu **Link** gebracht. Er fordert die kostenlose Reparatur. Dies wird ihm verweigert. Die Reparaturkosten werden auf 350 DM geschätzt.
   - Muss **Link** das Fahrrad kostenlos reparieren?
3. **Tanja Ploog** schreibt an den Hersteller, die **Phönix-AG,** und stellt folgende Forderungen:
   – Kosten für eine Kur in einer orthopädischen Reha-Klinik
   – Ersatz der Kosten für ein zusätzliches Studiensemester
   – Schmerzensgeld
   - Prüfen Sie jede der Forderungen auf ihre Berechtigung. ProdHaftG §§ 1, 2, 3, 4, 8
4. Da **Link** sich geweigert hat, das Fahrrad des Freundes kostenlos zu reparieren, schreibt dieser ebenfalls an die **Phönix-AG** und fordert Ersatz der Reparaturkosten von 350 DM.
   - Muss die **Phönix-AG** zahlen?

2.31 Lieferungsverzug

Die **Pfalzpack AG** ist Hersteller von Verpackungsmaterialien. Sie hat bisher ihren Bedarf an Klebstoff ausschließlich bei dem zuverlässigen Lieferer **Klebstoffchemie GmbH** bezogen. Die Einkaufsleitung beschließt, aus Sicherheitsgründen einen zweiten Lieferer einzuschalten. Auf Anfrage erhält sie von der Firma **Universal-Chemie** am 15.02. ein Sonderangebot, das auf 10 Tage befristet ist. Der Preis des Sonderangebots liegt um 15% unter dem üblichen Preis der **Klebstoffchemie.** Am 18.02. bestellt die **Pfalzpack AG** 5 t Kleber zur sofortigen Lieferung.

BGB §§ 284, 285, 286

1. Am 05.03. ist die Lieferung noch nicht eingetroffen. Die **Pfalzpack** lässt durch einen Anwalt die **Universalchemie** auf ihre Lieferpflicht hinweisen und fordert Ersatz der Anwaltskosten.
   - Muss die **Universalchemie** die Anwaltskosten ersetzen?

2. Die **Universalchemie** teilt mit, dass sie wegen »innerbetrieblicher Umstellungsschwierigkeiten« nicht vor dem 01.05 liefern kann und bittet um Verständnis.

   §§ 286, 326

   Die **Pfalzpack** hat noch Klebstoff für 10 Produktionstage auf Lager. Auf telefonische Anfrage teilt der bisherige Lieferer **Klebstoffchemie** mit, dass er 5 t Klebstoff zum üblichen Preis innerhalb 6 Tagen anliefern kann.
   - Prüfen Sie, welche rechtlichen Möglichkeiten die **Pfalzpack** gegenüber der **Universalchemie** besitzt.

3. Machen Sie einen begründeten Vorschlag, wie sich die **Pfalzpack** verhalten soll.

2.32 Lieferungsverzug beim Fixkauf

Die **Druckerei Richard Koch OHG,** Ruhrallee 105, 44139 **Dortmund,** beabsichtigt, für eine am 20. 10. d.J. um 10 Uhr stattfindende Jubiläumsfeier die Kantine mit Blumen festlich zu schmücken. Herr **Koch** vereinbart deshalb mit dem **Blumengeschäft Gerda Binder e.K.,** Kanalstraße 15, 44147 **Dortmund,** die Lieferung von Blumen im Werte von 500 DM am Morgen des Jubiläumstages, bis neun Uhr. Der Auftrag soll dem Blumengeschäft schriftlich bestätigt werden.

1. Entwerfen Sie ein Schreiben mit der Bestellung an das Blumengeschäft und weisen Sie darauf hin, dass der Blumenschmuck für die am 20.10. um 10 Uhr stattfindende Jubiläumsfeier benötigt wird.

HGB § 376 (1)

2. Um welche Art des Kaufs hinsichtlich des Zeitpunkts der Lieferung handelt es sich im vorliegenden Fall?

BGB §§ 276, 278, 284

3. Am Tag der Jubiläumsfeier sind die Blumen um 10 Uhr noch nicht eingetroffen. Der Fahrer des Lieferwagens verursachte fahrlässig einen Verkehrsunfall; der Wagen ist ausgebrannt.
   - Prüfen Sie, ob die Voraussetzungen des Lieferungsverzuges in diesem Fall gegeben sind.

HGB § 376

4. Frau **Binder** verlangt Abnahme und Bezahlung neuer Blumen, da ihr keine Nachfrist gesetzt worden sei.
   - Hat sie Recht?

2.33 Allgemeine Geschäftsbedingungen unter Kaufleuten – Rechtsansprüche aus Lieferungsverzug im Konflikt mit wirtschaftlichen Überlegungen

Mit ca. 75% Marktanteil ist die **ALU-SÜD AG** der größte deutsche Aluminiumproduzent. Die **TECNO GmbH,** ein mittelständisches Unternehmen der Metallbranche, stellt u.a. Präzisionsteile für den Fahrzeug- und Flugzeugbau her. Bisher hat die **TECNO GmbH** den größten Teil ihres Aluminiumbedarfs bei der **ALU-SÜD AG** bezogen.

Am 07.02.19.. bestellt die **TECNO GmbH** 100 t Aluminium in Barrenform zur Lieferung Anfang Juni. Am 15.02.19.. geht der **TECNO GmbH** die Auftragsbestätigung der **ALU-SÜD AG** zu. Am 10.06.19.. teilt die **ALU-SÜD AG** jedoch schriftlich mit, dass bei Bauxit, dem wichtigsten Rohstoff zur Aluminiumgewinnung, unerwartet eine vorübergehende weltweite Knappheit mit daraus folgender Preissteigerung eingetreten sei. Der vereinbarte Liefertermin könne deshalb nicht eingehalten werden. Als neuer voraussichtlicher Liefertermin wird Anfang August 19.. genannt. Die **ALU-SÜD AG** bittet für diese Terminverschiebung um Verständnis und verweist auf die von ihr verwendeten Allgemeinen Geschäftsbedingungen (AGB), die auf der Rückseite der Auftragsbestätigung abgedruckt sind. Darin heißt es u.a.:

4. Liefer- und Leistungszeit

4.1 Die von uns genannten Termine und Fristen sind unverbindlich, sofern nicht ausdrücklich schriftlich etwas anderes vereinbart wurde.

4.2 Alle Liefertermine stehen unter dem Vorbehalt richtiger und rechtzeitiger Selbstbelieferung. Sie beginnen mit dem Tag unserer Auftragsbestätigung. Teillieferungen sind zulässig.

4.3 Liefer- und Leistungsverzögerungen aufgrund höherer Gewalt und aufgrund von Ereignissen, die uns die Lieferung wesentlich erschweren oder unmöglich machen, wie Rohstoff- und Materialbeschaffungsschwierigkeiten, Betriebsstörungen, Streik, behördliche Anordnungen usw., auch wenn sie bei unseren Lieferanten oder deren Unterlieferanten eintreten, haben wir auch bei verbindlich vereinbarten Fristen und Terminen nicht zu vertreten. Sie berechtigen uns, die Lieferung bzw. Leistung um die Dauer der Behinderung zuzüglich einer angemessenen Anlaufzeit hinauszuschieben oder wegen des noch nicht erfüllten Teils ganz oder teilweise vom Vertrag zurückzutreten.

4.4 Im übrigen kommen wir erst dann in Verzug, wenn uns der Käufer schriftlich eine Nachfrist von mindestens zwei Monaten gesetzt hat. Im Falle des Verzuges hat der Käufer Anspruch auf eine Verzugsentschädigung von $\frac{1}{2}$% für jede vollendete Woche des Verzugs, insgesamt jedoch höchstens 5% des Rechnungswertes, der vom Verzug betroffenen Leistung. Darüber hinausgehende Ansprüche, insbesondere Schadenersatzansprüche jedweder Art, sind ausgeschlossen.

Die **TECNO GmbH** bemüht sich vergeblich, den Aluminiumbedarf bei anderen Lieferern zu decken. Zwar wird auf dem Markt Aluminium, das durch Recycling von Dosen und anderen aluminiumhaltigen Materialien wiedergewonnen wird, angeboten. Diese Recyclingware erfüllt aber nicht die Qualitätsanforderungen der **TECNO GmbH.**

1. Prüfen Sie, ob die von der **ALU-SÜD AG** für die Liefer- und Leistungszeit verwendeten AGB's wirksam sind und ob die **TECNO GmbH** Schadenersatzansprüche gegenüber der **ALU-SÜD AG** geltend machen kann. *ABG-Ges. §§ 2, 10, 11, 24*

2. Angenommen, die AGB's sind nicht Bestandteil des Kaufvertrages zwischen der **ALU-SÜD AG** und der **TECNO GmbH.**
   a) Prüfen Sie für diesen Fall, welche Rechte der **TECNO GmbH** gegenüber der **ALU-SÜD AG** zustehen. *BGB §§ 279, 286 (1), 326 (1)*
   b) Prüfen Sie für jedes einzelne der unter 2a) festgestellten Rechte, ob eine Ausübung des jeweiligen Rechtsanspruchs durch die **TECNO GmbH** in der gegenwärtigen Situation zweckmäßig ist.

3. Prüfen Sie durch Vergleich der Ergebnisse von 1. und 2. a), ob es im vorliegenden Fall für das weitere Vorgehen der **TECNO GmbH** von Bedeutung ist, ob die AGB's gelten oder nicht.

2.34 Annahmeverzug

Der **Lebensmittelgroßhändler Norbert Hagemann,** Neckarstraße 57, 69117 **Heidelberg,** bestellte bei der **Bremen-Vegesacker Fischkonserven AG,** Rönnebecker Straße 10 – 12, 28777 **Bremen-Vegesack,** am 20.06. d.J. 1000 Packungen Tiefkühlfisch zur Lieferung bis Ende Juni.

Hagemann verweigert schuldhaft die Abnahme. Er will die Fische erst in drei bis vier Wochen abnehmen, da er gegenwärtig den notwendigen Kühlraum noch nicht frei hat.

Die **Fischkonserven AG** lässt die Fische in einem Kühlhaus einlagern und setzt **Hagemann** zur Abnahme eine Frist von drei Tagen. Nach Ablauf der drei Tage verkauft sie die Fische an einen Kunden in Frankfurt. **Hagemann** wird davon in Kenntnis gesetzt.

1. **Hagemann** verlangt nach Ablauf von drei Wochen aufgrund des Vertrages vom 20.06. Lieferung der Fische zum ursprünglich vereinbarten Preis. Dies ist für ihn vorteilhaft, da der Preis für die Tiefkühlfische inzwischen gestiegen ist.
   BGB § 326 (1) ● Muss die **Fischkonserven AG** zum ursprünglich vereinbarten Preis liefern? (Beachten Sie, dass bei schuldhaftem Annahmeverzug der Lieferer die Rechte aus dem Leistungsverzug geltend machen kann.)
2. §§ 287, 293 ● Wer hätte den Schaden zu tragen, wenn während des Transportes der Fische vom Geschäftssitz des **Hagemann** zum Lagerhaus im Lkw der **Fischkonserven AG** das ordnungsmäßig gewartete Kühlaggregat ausgefallen und die Fische verdorben wären?

2.35 Zahlungsverzug

Heinz Gerber besucht eine Sonderausstellung des **Möbelhauses Hans Jonas** mit »Schnäppchenpreisen«. Spontan entschließt er sich, von einem ihm günstig erscheinenden Sonderangebot Gebrauch zu machen. Vereinbart wird: Lieferung sofort aus der Ausstellung, Zahlung bis spätestens 19. Oktober. **Heinz Gerber** erhält zusammen mit der Lieferung am 05.10. … folgende Rechnung:

Möbelhaus Hans Jonas e.K.
Am Mühlgraben 17
08527 Plauen
☎ ....

Möbelhaus Hans Jonas e.K.
Am Mühlgraben 17, 08527 Plauen

Karl-Heinz Gerber
Drosselweg 29
14774 **Brandenburg**

Banken:
Volksbank Plauen .... (BLZ ...)
Sparkasse Plauen ..... (BLZ ...)

Rechnung Nr. 274 **Tag:** 05.10....

Artikel-Nr.	Artikelbezeichnung	ME	Menge	Einzelpreis		Gesamtpreis DM
66006	Wohnzimmer Happy Week - Ausstellungs-exemplar Sonderpreis					16 000,00

	Warenwert	%	MWSt-Betrag	Zahlungs-bedingungen	Rechnungs-betrag
	13 793,10 DM	16,0	2 206,90 DM	Zahlung bis spaetestens 19.10	16 000,00 DM 8 160,67 Euro

1. Am 28.11. ... erhält **Gerber** ein Schreiben des **Möbelhauses Jonas** mit folgendem Inhalt:

   „Der Rechnungsbetrag von 16 000 DM aus Rechnung Nr. 274 wurde unserem Konto bei der Volksbank Plauen mit Wert 20.11. ... gutgeschrieben. Damit wurde das vereinbarte Zahlungsziel überschritten.

   Wir bitten Sie deshalb um Überweisung der Verzugszinsen in Höhe von 68,89 DM auf eines unserer Konten."

   - a) Prüfen Sie, ob **Gerber** Verzugszinsen zahlen muss, wenn er seiner Bank am 05.11. ... den Überweisungsauftrag erteilt hat. BGB §§ 270, 284
   - b) Wie ist der Fall zu entscheiden, wenn **Gerber** seine Bank am 19.10. ... angewiesen hat, den Rechnungsbetrag zu überweisen?

2. Wie ist obiger Fall 1b) zu entscheiden, wenn die Rechnung des Möbelhauses nachstehende Bedingungen enthält und **Jonas** Verzugszinsen ab 07.10. (2 Tage nach Rechnungseingang bei Gerber) in Rechnung stellt.

	Warenwert	%	MWSt-Betrag	Zahlungs-bedingungen	Rechnungs-betrag
	13 793,10 DM	16,0	2 206,96 DM	zahlbar sofort nach Erhalt der Rechnung	16 000,00 DM 8 160,67 Euro

2.36 Zusammenfassung: Mangelhafte Lieferung – Schuldnerverzug – Gläubigerverzug – Positive Vertragsverletzung

Im folgenden werden neun Fälle dargestellt, bei denen bei der Erfüllung des Vertrags Störungen auftreten. Sie sollen in jedem der Fälle prüfen, welche Rechte dem Vertragspartner zustehen. Beachten Sie dabei, dass dem Vertragspartner auch mehrere Rechte zur Auswahl zustehen können. Nennen Sie jeweils alle zutreffenden Lösungsbuchstaben.

Mangelhafte Lieferung

1 **Albrecht** hat im **Herrenmodegeschäft Magin** nach Anprobe einen Herrenanzug Gr. 48 ausgewählt und gekauft.

Erst nach zwei Monaten entdeckt er einen deutlich erkennbaren Webfehler und rügt den Mangel unverzüglich.

2 Das **Herrenmodengeschäft Magin** hat den Anzug (siehe 1) vor 5 Monaten von der **Textil AG** bezogen und rügt den Webfehler unverzüglich, nachdem der Kunde **Albrecht** den Webfehler beanstandet hat.

3 Das **Elektrofachgeschäft Böhm** bezieht von der **Elektrolux GmbH** 20 Ventilatoren (Standgeräte), weiß lackiert. Acht der zwanzig Geräte haben erhebliche Lackschäden. **Böhm** beanstandet die Ware unverzüglich.

4 **Bertram** kauft von seinem Nachbarn **Dormann** einen garantiert unfallfreien Personenwagen, Modell AUDI 80. Es stellt sich heraus, dass **Dormann** mit dem Auto vor zwei Jahren in einen schweren Unfall verwickelt war. Aus Sicherheitsgründen muss Bertram den Wagen sofort in Reparatur geben und ein amateurhaft geschweißtes Teil durch ein teures Original-Ersatzteil ersetzen lassen.

Welche der folgenden Rechte stehen dem Vertragspartner in den Fällen 1 – 4 jeweils zu?

A Rückgängigmachung des Kaufvertrags, aber kein Schadenersatz (Wandlung)

B Preisnachlass (Minderung)

C Schadenersatz

D Lieferung einwandfreier Ware

E Keine

Schuldnerverzug

5 **Albrecht** bestellt im **Versandhaus Bertoli** einen Skianzug. Er weist in der schriftlichen Bestellung ausdrücklich darauf hin, dass der Skianzug bis 15.02. bei ihm eintreffen muss, weil er danach in Skiurlaub fährt. Drei Tage später erhält **Albrecht** vom Versandhaus eine Auftragsbestätigung. Der Skianzug trifft nicht rechtzeitig ein. A. kauft deshalb in einem örtlichen Sportgeschäft einen Skianzug gleicher Qualität, muss dafür aber einen höheren Preis zahlen. Das Versandhaus hat wegen eines Fehlers in der Versandabteilung nicht rechtzeitig geliefert.

6 **Albrecht** hat zusammen mit dem Skianzug beim **Versandhaus Bertoli** auch ein Paar Skier bestellt, die ebenfalls nicht rechtzeitig eintreffen. Gleichwertige Skier sind nicht erhältlich, sodass er sich im örtlichen Sportgeschäft für die Zeit der Lieferungsverzögerung ein Paar Skier gegen eine angemessene Mietgebühr ausleiht.

7 **Albrecht** hat sich von dem **Baustoffhändler Bacher** 20 Sack Zement ins Haus bringen lassen. Er will sich selbst eine Garage bauen. Vereinbartes Zahlungsziel: Zahlung innerhalb 8 Tagen nach Lieferung mit 2% Skonto oder netto innerhalb 4 Wochen. **Albrecht** zahlt erst nach 8 Wochen.

● Welche der folgenden Rechte stehen dem Vertragspartner zu?

A Ersatz der Mehraufwendungen

B Rücktritt vom Vertrag

C Schadenersatz

D Verzinsung der Geldschuld

E Keine

Gläubigerverzug

8 **Albrecht** hat bei dem **Radio- und Fernsehhändler Bantel** ein Fernsehgerät gekauft. Als **Bantel** am nächsten Tag das Fernsehgerät vereinbarungsgemäß ins Haus bringt und anschließen will, verweigert **Albrecht** die Annahme. Er hat in der Zwischenzeit von einer billigeren Bezugsquelle erfahren. Auf der Rückfahrt hat **Bantel** einen Autounfall. Es wird ihm leichte Fahrlässigkeit vorgeworfen. Dabei wird das Fernsehgerät so stark beschädigt, dass sich eine Reparatur nicht mehr lohnt. Der Listenpreis des Fernsehgeräts ist inzwischen gestiegen.

● Welche der folgenden Rechte hat **Bantel?**

A Forderung des Kaufpreises ohne Lieferung eines Fernsehgeräts

B Forderung des Kaufpreises nur bei gleichzeitiger Lieferung eines neuwertigen Fernsehgeräts gleichen Typs zum vereinbarten Preis

C Ersatz der Reparaturkosten für seinen Lieferwagen

D Keine

Andere Vertragsverletzungen

9 **Albrecht** hat seinen Pkw in die Werkstatt des **Kfz-Meisters Blum** gebracht und den Auftrag gegeben, die Bremsbeläge zu erneuern. Diese Arbeit wird erledigt. **Blum** unterlässt es aber, darauf hinzuweisen, dass die Bremsleitungen undicht sind und Bremsflüssigkeit ausgelaufen ist. Infolgedessen erleidet **Albrecht** auf der Rückfahrt einen Unfall mit erheblichem Blechschaden. Nach dem Unfall hat sich **Albrecht** einer orthopädisch-fachärztlichen Untersuchung unterzogen um einen evtl. als Unfallfolge entstandenen Gesundheitsschaden im Halswirbelbereich feststellen zu lassen.

- Welche der folgenden Rechte hat **Albrecht?**

A Rückerstattung der Reparaturkosten für die Erneuerung der Bremsbeläge
B Ersatz der Reparaturkosten für den beim Unfall entstandenen Blechschaden
C Ersatz der ärztlichen Untersuchungskosten
D Keine

Mahnverfahren und Verjährung

2.37 Kaufmännisches Mahnverfahren – Gerichtliches Mahnverfahren

Lösungsblatt

Ottmar Stöhr, Steckenäckerle 7, 75365 **Calw,** kauft am 15. April d.J. im **Teppichhaus Wübbenhorst,** Ettlinger Straße 18, 76137 **Karlsruhe,** einen indischen Handknüpfteppich (natur), Größe 250/350 cm zum Preis von 1856 DM. Er vereinbart mit dem Verkäufer, dass er den Teppich am 1. des nächsten Monats zahlt. Den Teppich nimmt er sofort mit.

1. Am 10. Mai d.J. wird in der Buchhaltungsabteilung des **Teppichhauses** festgestellt, dass **Stöhr** noch nicht gezahlt hat.
   - Entwerfen Sie ein Mahnschreiben an **Stöhr.**

2. **Stöhr** antwortet auf drei Mahnschreiben nicht. Im dritten Mahnschreiben wurde ihm ein Mahnbescheid angedroht. Das **Teppichhaus** stellt deshalb Antrag auf Erlass eines Mahnbescheides. **Karlsruhe** und **Calw** haben je ein eigenes Amtsgericht.
   - a) Bei welchem Amtsgericht ist der Antrag zu stellen? ZPO § 689
   - b) Füllen Sie am 30. Juni d.J. den Antrag auf Erlass und Zustellung eines Mahnbescheids aus. Berücksichtigen Sie dabei: § 692

Kosten für die drei Mahnschreiben	6,00 DM
Verzugszinsen 7%	
Sonstige Auslagen des Gläubigers	3,00 DM

3. Das Amtsgericht erlässt am 2. Juli d.J. den Mahnbescheid und stellt ihn von Amts wegen durch die Post zu.
   - a) Innerhalb welcher Frist muss **Stöhr** zahlen bzw. Widerspruch erheben? §§ 692 (1) 3, 694
   - b) Prüfen Sie, ob in vorliegendem Falle ein Widerspruch **Stöhrs** Erfolg hätte?

Antrag auf Erlaß eines Mahnbescheids

– Nur für Gerichte, die die Mahnverfahren maschinell bearbeiten.

Raum für Vermerke des Gerichts

Zeilen-Nummer

1 Datum des Antrags

Wichtig: Bitte lesen Sie zunächst die **Hinweise** zu diesem Vordruck. Die Hauptforderung ist mit einer aus dem Hinweisblatt zu entnehmenden **Katalog-Nr.** zu bezeichnen.

Zeile	Spalte 1	Spalte 2
2	**Antragsteller**	**Bei mehreren Antragstellern: Es wird versichert, daß der in Spalte 1 Bezeichnete bevollmächtigt ist, die weiteren zu vertreten.**
3	**Spalte 1** 1 = Herr 2 = Frau Vorname	**Spalte 2** **Weiterer Antragsteller** 1 = Herr 2 = Frau Vorname
4	Nachname	Nachname
5	Straße, Hausnummer – **bitte kein Postfach!** –	Straße, Hausnummer – **bitte kein Postfach!** –
6	Postleitzahl Ort Ausl. Kz.	Postleitzahl Ort Ausl. Kz.
7		

Zeile	Spalte 1	Spalte 2
17	**Antragsgegner**	Antragsgegner sind Gesamtschuldner
18	**Spalte 1** 1 = Herr 2 = Frau Vorname	**Spalte 2** **Weiterer Antragsteller** 1 = Herr 2 = Frau Vorname
19	Nachname	Nachname
20	Straße, Hausnummer – **bitte kein Postfach!** –	Straße, Hausnummer – **bitte kein Postfach!** –
21	Postleitzahl Ort Ausl. Kz.	Postleitzahl Ort Ausl. Kz.
22		

Bezeichnung des Anspruchs

I. Hauptforderung – siehe Katalog in den Hinweisen –

Katalog-Nr.	Rechnung/Aufstellung/Vertrag oder ähnliche Bezeichnung	Nr. der Rechng./des Kontos u. dgl.	Datum bzw. Zeitraum vom	bis	Betrag DM

Zeilen-Nummer

Postleitzahl | Ort als Zusatz bei Katalog-Nr. 19, 20, 90 | Ausl. Kz. | Vertragsart als Zusatz bei Katalog-Nr. 28 | -Vertrag

Sonstiger Anspruch – nur ausfüllen, wenn im Katalog nicht vorhanden – mit Vertrags-/Lieferdatum/Zeitraum vom ... bis ...

Fortsetzung von Zeile 36 | Betrag DM

Nur bei Abtretung oder Forderungsübergang:
Früherer Gläubiger – Vor- und Nachname, Firma (Kurzbezeichnung) | Datum | Seit diesem Datum ist die Forderung an den Antragsteller abgetreten/auf ihn übergegangen. | Postleitzahl | Ort | Ausl.Kz.

MUSTER

IIa. Laufende Zinsen

Zeilen-Nr. der Hauptforderung	Zinssatz %	oder % über Diskontsatz	1 = jährl. 2 = mtl. ...	abweichend vom Hauptforderungsbetrag	Ab Zustellung des Mahnbescheids, wenn kein Datum angegeben, ab oder vom	bis

IIb. Ausgerechnete Zinsen

Gemäß dem Antragsgegner mitgeteilter Berechnung für die Zeit vom | bis | Betrag DM

III. Auslagen des Antragstellers für dieses Verfahren

Vordruck/Porto Betrag DM | Sonstige Auslagen Betrag DM | Bezeichnung

IV. Andere Nebenforderungen

Mahnkosten Betrag DM | Auskünfte Betrag DM | Bankrücklastkosten Betrag DM | Inkassokosten Betrag DM | Sonstige Nebenforderung Betrag DM | Bezeichnung

Ein streitiges Verfahren wäre durchzuführen vor dem

1 = Amtsgericht
2 = Landgericht
3 = Landgericht – KfH
4 = Kreisgericht
5 = Kreisgericht – KfH
weitere Schlüssel siehe Hinweise

Postleitzahl | Ort
in

Im Falle eines Widerspruchs beantrage ich die Durchführung des streitigen Verfahrens.

Geschäftszeichen des Antragstellers/Prozeßbevollmächtigten

An das
Amtsgericht
– Mahnabteilung –

Postleitzahl, Ort

Ich beantrage, einen Mahnbescheid zu erlassen und in diesen die Kosten des Verfahrens aufzunehmen.
Ich erkläre, daß der Anspruch von einer Gegenleistung

abhängt, diese aber bereits erbracht ist. | nicht abhängt.

Unterschrift des Antragstellers/Vertreters/Prozeßbevollmächtigten

2.38 Vollstreckungsbescheid und Pfändung

Harald Renz, wohnhaft in 51107 **Köln**, ist beim »**Porzer Tageskurier**« als Journalist angestellt. Zur Finanzierung einer privaten Auslandsreise hat er am 2. April d.J. bei der Stadtsparkasse **Porz** ein Darlehen in Höhe von 5000 DM aufgenommen, das nach sechs Monaten zurückgezahlt werden soll. **Renz** kann am Fälligkeitstag den Kredit nicht zurückzahlen. Die Bank hat ihm deshalb nach vergeblicher Mahnung am 15.10. einen Mahnbescheid durch das Amtsgericht zustellen lassen. **Renz** zahlt nicht und erhebt auch keinen Widerspruch. Die Bank beantragt daher am 15.11. beim Amtsgericht, den Mahnbescheid für vorläufig vollstreckbar zu erklären und dem Schuldner den Vollstreckungsbescheid zuzustellen.

ZPO §§ 699, 701

● 1. Prüfen Sie, ob der Antrag auf Vollstreckbarkeit rechtzeitig gestellt wurde.

2. **Renz** überlegt, ob er Einspruch gegen den Vollstreckungsbescheid erheben soll. ZPO §§ 338, 339, 700

- a) Wie würden Sie sich an seiner Stelle entscheiden?
- b) Wie lange kann sich **Renz** mit seinen Überlegungen Zeit lassen?

3. **Renz** erhebt keinen Einspruch und zahlt auch nicht. Deshalb beantragt die Bank die Pfändung. Der Gerichtsvollzieher stellt am 22.11. bei **Renz,** der als Junggeselle eine Zweizimmer-Wohnung bewohnt, folgendes Vermögen fest:

300 DM bar;
Kleidung, Wäsche, Möbel, Haus- und Küchengeräte im üblichen und notwendigen Umfang 8 000 DM;
Nahrungsmittel im Kühlschrank 70 DM;
2 Flaschen Weinbrand und 15 Flaschen Wein 120 DM;
PC mit Drucker 2000 DM;
Fernsehgerät 900 DM;
eine unter Eigentumsvorbehalt gelieferte und noch nicht bezahlte Fotoausrüstung 1500 DM;
Armbanduhr 90 DM;
Briefmarkensammlung 700 DM;
Pkw 2 000 DM;
eine noch nicht bezahlte Perserbrücke 1500 DM, die ohne besonderen Vorbehalt geliefert wurde.

Als Lokalredakteur und Reporter beim »**Porzer Tageskurier**« erhält **Renz** ein monatliches Nettogehalt von 4 200 DM.

- a) Welche der aufgeführten Sachen kann der Gerichtsvollzieher pfänden? § 811
- b) Welche Vermögensgegenstände wird der Gerichtsvollzieher bei der Pfändung sofort mitnehmen? § 808 (1)

4. Drei Tage nach der Pfändung versucht **Renz,** einem Antiquitätenhändler die gepfändete Perserbrücke für 1000 DM zu verkaufen. Der Händler lehnt den Kauf ab, weil der Teppich gepfändet ist.

- Wie konnte der Händler das feststellen?

5. Die Versteigerung der pfändbaren Vermögensgegenstände findet am 30.11. d.J. statt.

- a) Warum schreibt das Gesetz vor, dass die Versteigerung erst nach Ablauf einer Woche seit dem Tag der Pfändung stattfinden darf? § 816
- b) Warum müssen Ort und Zeit der Versteigerung vorher öffentlich bekanntgegeben werden?

6. Die Pfandverwertung erbrachte nach Abzug aller Kosten 1500 DM. Die Bank denkt daran, sich ihre Restforderung durch Einkommenspfändung zu sichern. Der Gesetzgeber gesteht dem besser Verdienenden einen höheren pfändungsfreien Anteil am Einkommen zu als dem weniger Verdienenden. § 850 c

- Halten Sie das für gerechtfertigt?

2.39 Verjährung bei Geschäftsschulden – Wirkung der Verjährung

Der **Schreibwarenhändler Kurz** liefert am 16.10.1993 an **Rau** für dessen Gewerbebetrieb Büromaterial im Wert von 500 DM und legt die Rechnung bei. Am 19.02.1998 stellt **Kurz** bei Durchsicht der Kundenkonten fest, dass **Rau** noch nicht bezahlt hat. Er sendet deshalb an **Rau** sofort eine Mahnung. **Rau** schreibt am 25.02.1998 an Kurz, dass die Forderung verjährt und er deshalb nicht zu zahlen gewillt sei.

BGB § 197 1. Kann **Rau** die Zahlung wegen Verjährung der Forderung verweigern?

§§ 201, 222 2. Warum gibt der Gesetzgeber dem Schuldner das Recht, sich auf die Verjährung zu berufen?

2.40 Verjährung bei Alltagsschulden – Unterbrechung der Verjährung

Der kaufmännische Angestellte **Baier** schuldet **A. Knoll,** Inhaber einer Kfz-Werkstätte, für eine an seinem Privatwagen am 02.10.1995 durchgeführte Reparatur 400 DM. Die Rechnung geht ihm am 02.11.1995 zu.

BGB § 196 (1) 1. Wann ist die Forderung des **Knoll** verjährt?

§ 201 2. Am 15.12.1997 erhält **Baier,** der die Rechnung noch nicht bezahlt hat, eine Mahnung. Er reagiert nicht und schreibt erst auf eine zweite Mahnung am 14.02.1998, dass die Forderung verjährt sei, und er nicht zahle. **Knoll** bestreitet, dass seine Forderung gegen **Baier** verjährt sei, da er mit der ersten Mahnung die Verjährung unterbrochen habe.

§§ 208, 209, 217 Hat Baier das Recht, die Zahlung zu verweigern?

3. Wann würde die Verjährungsfrist enden, wenn dem **Baier** statt der ersten Mahnung ein von **Knoll** beantragter Mahnbescheid zugestellt worden wäre?

2.41 Hemmung der Verjährung – Verjährungsfristen

Der **Fleischermeister Burger** gewährt seinem Gehilfen **Max** am 05.05.1997 ein Darlehen in Höhe von 1000 DM zum Kauf eines Mopeds. Die Rückzahlung soll in einem Betrag nach einem Jahr erfolgen.

BGB §§ 195, 198 1. Wann verjährt die Forderung **Burgers** gegen **Max?**

2. Da der Metzgergeselle entgegen seinen Erwartungen den Betrag innerhalb eines Jahres nicht ersparen konnte, stundet ihm **Burger** die Rückzahlung für ein halbes Jahr.

§§ 202, 205 Wann verjährt jetzt die Forderung?

3 Zahlungsverkehr

Girokonto – Überweisung – Clearingverkehr

3.01 Kontoeröffnung – Kontoauszug – Kontogegenbuch – Überweisung

Lösungs-
blatt

Frau Püschel zieht nach **Gauting** bei **München** und nimmt eine neue Beschäftigung bei der **Kolbenfabrik Janoschka** auf. Sie eröffnet bei der **Allbank München** ein Konto.

1. Eine Angestellte der Bank füllt für Frau **Püschel** nachstehenden Kontoeröffnungsantrag aus:

Kontoeröffnung/ -änderung
Einzel-Konto/Depot[1])

Kontoart	Konto-Nr.	Freist.-Auftr.
Kontokorrent	25003	
Spar		

1. Ich/Wir beantrage(n) die [x] Eröffnung [ ] Änderung der genannten Konten/Depots lautend auf:

Anne Püschel, Pippinstr. 7, 82131 Gauting

Konto-/Depotinhaber, Anschrift (Straße, Haus-Nr., PLZ, Ort), Telefon

Rechnungsabschluss: [ ] vierteljährlich [ ] halbjährlich [ ] ____________

Erstellung der Kontoauszüge: [ ] bei Umsatz [ ] wöchentlich [ ] monatlich

Zustellungsart[2]): [x] selbst durch Kontoauszugsdrucker [ ] Schließfach-Nr. ________ [ ] Bote

[ ] Abholer [ ] Zusendung: [ ] täglich [ ] wöchentlich [ ] monatlich

2.

Name	Der Konto-/Depotinhaber zeichnet:
Püschel, Anne	*Anne Püschel*

[ ] Kündigungsfrist von ________ Monaten
[ ] Kündigungssperrfrist von ________ Monaten
Sperrvermerk/Kennwort/
[ ] Sparvertrag
Bemerkungen: ____________

Depot-Verrechnungskonto für:
Ankauf/Verkauf/Gebühren Konto-Nr. ________
Erträge Konto-Nr. ________
Jahreserträgnisaufstellung: [ ] ja [ ] nein

Zusätzliche Angaben des Konto-Depotinhabers:

Geburtsdatum: ____________ Rechtsform: ____________

Staatsangehörigkeit: deutsch Branche: ____________

[x] Gebietsansässiger [ ] Gebietsfremder Reg.-Eintragung beim AG: ____________

Beruf: Bürokauffrau unter der Nr.: ____________

[x] Nicht selbständig [ ] Selbständig Umsatzsteuer: [ ] ja [ ] nein

Arbeitgeber: Kolbenfabrik Janoschka e.K., 82131 Gauting

3. Der Konto-/Depotinhaber ist mit der telefonischen Beratung in Geldangelegenheiten durch die Bank
[x] einverstanden. [ ] nicht einverstanden.

4. Für den gesamten Geschäftsverkehr gelten ergänzend die **Allgemeinen Geschäftsbedingungen** der Bank und deren **Sonderbedigungen** für den Scheckverkehr, für den ec-Service, für den BANK-CARD-Service, für die Abholung von Briefen und für die Überlassung von Briefschließfächern, für Kontoauszugsdrucker, für den Sparverkehr, für das Wertpapier- und Verwahrungsgeschäft, für Auslandsgeschäfte in Wertpapieren, für Optionsgeschäfte und die Besonderen Bedigungen für Optionsgeschäfte an den deutschen Wertpapierbörsen.
Der Wortlaut dieser Bedingungen kann in den Geschäftsräumen der Bank eingesehen werden; auf Verlangen werden diese Bedigungen auch ausgehändigt.

München, 20.09.19.. — *Anne Püschel*

Ort, Datum — Konto-/Depotinhaber – gesetzlicher Vertreter

[1]) Zur Vollmachterteilung 340 520 oder 340 560 verwenden.
[2]) Hauptversammlungsmitteilung nach § 128 Aktiengesetz sind unverzüglich zuzuleiten.

5. Ermächtigung zur Girosammelverwahrung
Ich/Wir ermächtige(n) Sie, die Ihnen von mir/uns anvertrauten oder künftig noch anzuvertrauenden Wertpapiere, soweit geeignet, einer Wertpapiersammelbank zur Sammelverwahrung anzuvertrauen.

Ort, Datum- Konto-/Depotinhaber – gesetzlicher Vertreter

6. Konto-/Depoteröffnung für Minderjährige
Gesetzlicher Vertreter

vollständiger Name, Geburtsdatum und Anschrift des Vaters ☐ wie Minderjährige

vollständiger Name, Geburtsdatum und Anschrift der Mutter ☐ wie Minderjährige

☒ Der Konto-/Depoteröffnung, der Anerkennung der Allgemeinen Geschäftsbedignungen sowie der Sonderbedingungen wird zugestimmt.

☐ Künftigen Verfügungen wird zugestimmt. ☐ Bereits vorgenommene Verfügungen werden genehmigt.

Die gesetzlichen Verteter sollen ☐ jeder für sich alleine verfügungsberechtigt sein.
☐ nur gemeinsam verfügungsberechtigt sein.

Ort, Datum gesetzlicher Vertreter

Die Unterschrift(en)	des Konto-Inhabers	des Vaters	der Mutter
wurden	☒ vor mir geleistet	☐ vor mir geleistet	☐ vor mir geleistet
	☒ von mir geprüft	☐ von mir geprüft	☐ von mir geprüft
Er/Sie	☐ ist mir persönlich bekannt und bereits legitimiert	☐ ist mir persönlich bekannt und bereits legitimiert	☐ ist mir persönlich bekannt und bereits legitimiert

Er/Sie hat sich ausgewiesen durch	
Urkunde	Personalausweis
Nr.	6768008479
ausstellende Behörde	Stadtverwaltung Frankfurt
Datum	21.10.94
Kontoführung erfolgt	☒ für eigene Rechnung ☐ für fremde Rechnung[3]).

München, 20.09.19..
Ort, Datum- Mitarbeiter der Bank

Empfangsbestätigung zum Sparbuch Kontroll-Nr.	Datum	Unterschrift	EDV-Erfassung	SCHUFA	Konto-führung	Verknüpfung

[3]) Vordruck 301 100 verwenden. **Urschrift für die Bank**

- a) Frau **Püschel** verzichtet darauf, sich die Kontoauszüge durch die Post zusenden zu lassen. Sie lässt bei der Zustellungsart »selbst durch Kontoauszugsdrucker« ankreuzen. Aus welchem Grund entscheidet sie sich für diese Regelung?
- b) Warum ist es nicht erforderlich im vorliegenden Kontoeröffnungsantrag eine Kündigungsfrist anzukreuzen?
- c) Welche Bedeutung kommt der Unterschrift unter Ziffer 2 des Kontoeröffnungsantrags zu?

AO § 154

d) Die Bankangestellte bittet Frau **Püschel** um Vorlage ihres Personalausweises und überträgt einige Daten auf den Kontoeröffnungsantrag.
- Welche Prüfvorgänge werden von der Bankangestellten durchgeführt?
- e) Welche Absicht verfolgt der Gesetzgeber mit der Vorschrift, bei Kontoeröffnung einen Personalausweis vorlegen zu lassen (Legitimationsprüfung)?

2. Frau Püschel zahlt 50 DM bar auf ihr Konto, Konto-Nr. 25003, ein. Sie erhält ein Konto-Gegenbuch für eigene Kontrollbuchungen. Nach einigen Tagen erstellt der Kontoauszugsdrucker folgenden Kontoauszug:

Kontoauszug

Konto-Nummer 2500.3 Saldo vom 01.10... 000,00

Zahlungsempfänger/-pflichtiger/ Verwendungszweck/Scheck-Nr.	Buch-Tag	PN-Nr. f. Rückfragen	Wert	Währung	Lastschrift / Gutschrift
Bareinzahlung	01.10.	850	01.10	DM	50,00+
Gehalt	29.10.	932	30.10	DM	3210,00+

Ausz.-Nr.	Blatt-Nr.	Neuer Kontostand		
1	1	Saldo neu	DM	3260,00+
		entsprechen	EUR	1671,79+

Herr/Frau/Frl./Firma 2500.3

ANNE PÜSCHEL
PIPPINSTR. 7 2A 2

82131 GAUTING

ALLBANK MÜNCHEN
GREINSTR. 5

81245 MÜNCHEN

Auszugdatum
31.10.

ZINSEN SIND EINKOMMENSTEUERPFLICHTIG

AUSZUG BITTE PRÜFEN!

Gutschriften von Einzugspapieren (z.B. Schecks, Wechsel) erfolgen „Eingang vorbehalten". Gutschriften aus Bezügen öffentlicher Kassen erfolgen vorbehaltlich des Rückrufes bis zum letzten Geschäftstag vor dem Zahltag. Lastschriften und Schecks sind erst eingelöst, wenn die Belastung nicht innerhalb der folgenden zwei Buchungstage storniert wird.

Die Bareinzahlung vom 01.10. hat Frau **Püschel** noch am gleichen Tag im Konto-Gegenbuch, welches sie bei Kontoeröffnung erhalten hat, eingetragen.

- Vervollständigen Sie das Konto-Gegenbuch um die Kontenbewegung vom 29.10.

KONTO-GEGENBUCH

Datum	Verwendungszweck	Lastschrift	Gutschrift	Kontostand	S/H
01.10.	*Bareinzahlung*		*50,00*	*50,00*	*H*

3. Frau **Püschel** erhält von dem **Naturheilpraktiker A. Kühn,** Schwanthaler Str. 6, 81539 **München,** eine Honorarrechnung über 280 DM, die am 04.11. ausgestellt wurde. Sie will die Rechnung mittels Banküberweisung begleichen.

- Warum gibt die **Allbank** den folgenden Überweisungsauftrag an Frau Püschel zurück?

Überweisungsauftrag an 701 900 10
Allbank München (D)

Möglichst Schreibmaschine: Normale Schreibweise
Handschrift: BLOCKSCHRIFT IN GROSSBUCHSTABEN

Empfänger: Name, Vorname/Firma (max. 27 Stellen)
PRAXIS KÜHN 81539 MÜNCHEN

Konto-Nr. des Empfängers
643748

Bankleitzahl
70091500

bei (Kreditinstitut)
VOLKSBANK MÜNCHEN

DM od. EUR* DM
Betrag: DM, Pf 280,00

Kunden-Referenznummer - noch Verwendungszweck, ggf. Name und Anschrift des Auftraggebers - (nur für Empfänger)
Rechn.Nr. 720 v.4.11.

noch Verwendungszweck (insgesamt max. 2 Zeilen à 27 Stellen)

Kontoinhaber: Name, Vorname/Firma, Ort: (max. 27 Stellen, keine Straßen- oder Postfachangaben)
ANNE PÜSCHEL 82131 GAUTING

Konto-Nr. des Kontoinhabers
25003

A B*) C 20

Vergessen Sie bitte nicht das Datum und Ihre Unterschrift

*) Nähere Erläuterungen siehe Hinweisblatt!

19.11. *Anne Püschel*
Datum Unterschrift

3.02 Abrechnungs- und Clearingverkehr

Martina Nufer hat ein Girokonto bei der Volksbank Rostock (Kto: Nr. 3 659 204). Sie überweist folgende 4 Rechnungsbeträge:

1. 45,00 DM Kursgebühr an die Volkshochschule Rostock (Volksbank Rostock, Kto. Nr. 7 384 601);
2. 64,00 DM für eine Büchersendung an den Sächsischen Bücherbund, Stadtsparkasse Leipzig, (Kto. Nr. 24 004);
3. 129,00 DM an das Versandhaus Rommel in Stuttgart (Deutsche Bank Stuttgart, Kto. Nr. 4 749);
4. 247,00 DM Kfz-Steuer an das Finanzamt Rostock, (Postbank, Kto. Nr. 1 981 473).

- a) Geben Sie für jede der 4 Überweisungen an, ob und gegebenenfalls welche Gironetze durch die Zahlungsabwicklung beansprucht werden.
- b) Stellen Sie die 4 Überweisungsvorgänge jeweils auf T-Konten dar.

Dauerauftrag und Lastschriftverkehr

3.03 Regelmäßig wiederkehrende Zahlungen in gleicher Höhe – Einzugsermächtigung – Abbuchungsauftrag

Frau **Püschel** zahlt am 1. jeden Monats eine Sparrate von 375 DM auf ihren Bausparvertrag – Bausparnummer 3941687 – bei der **Bausparkasse Schwäbisch Hall** ein. Sie hat am 01.05. d. J. letztmals diesen Betrag überwiesen.

1. Auf die Bitte der Bank füllt Frau Püschel nachstehendes Formular für einen Dauerauftrag aus:

An
Allbank München
Greinstr. 5
81245 München

Konto-Nr. 25003

D

Dauerauftrag

Überweisen Sie zu Lasten meines laufenden Kontos bis auf Widerruf:

Empfänger	Bankleitzahl
Bausparkasse Schwaebisch Hall	700 915 00

Konto-Nr. des Empfängers – Konto bei (Volksbank usw.)
3794 Volksbank Muenchen

Erste Zahlung am			Tag	Mon.	Jahr	DM	Pf
Tag 15.	Mon.	Jahr	30.	05.	..	375	00

Auftragsausführung
(X) monatlich
( ) 1/4jährlich
( ) 1/2jährlich
( ) jährlich

Auftraggeber	Verwendungszweck
Anne Pueschel	

Bedingungen für die Durchführung von Daueraufträgen:

1. Dauerauträge könnnen nur am 15. oder 30. eines Monats durchgeführt werden.
2. Daueraufträge über weniger als DM 5,00 monatlich können nicht entgegengenommen werden. Sie sind als viertel- oder halbjährlich auszuführende Aufträge zu erteilen.
3. Bei Daueraufträgen an Versicherungen, Bausparkassen und Finanzämter bitten wir um genaue Angabe des Verwendungszwecks: Versicherungs-, Bausparvertrags-, Steuer-Nr. oder Kfz-Kennzeichen.
4. Neue Daueraufträge, Änderungen oder Einstellungen müssen spätestens **10 Arbeitstage vor Fälligkeit** bei der Bank schriftlich vorliegen.
5. Eine besonder Anzeige über Anlage und Ausführung eines Dauerauftrags erfolgt nicht. Die Belastung ist aus dem Kontoauszug ersichtlich.
6. Für den Dauerauftragsdienst gelten neben diesen Bedingungen die entsprechenden Bestimmungen der Allgemeinen Geschäftsbedigungen. Diese Bedingungen erkennt der Auftraggeber mit der Erteilung eines Dauerauftrags für sich verbindlich an.

Gauting ,den 25.05....

Anne Pueschel
Name und Anschrift des Kontoinhabers in Druckbuchstaben

82131 Gauting
Name und Anschrift des Kontoinhabers in Druckbuchstaben

Erledigungsvermerk der Bank:
a) DA geprüft:
b) Ablage Registratur

Anne Püschel
Unterschrift des Kontoinhabers bzw. Auftraggebers

Form 10 **Formular bitte deutlich ausfüllen!**

- Prüfen Sie, ob das ausgefüllte Dauerauftragsformular die Bank aufgrund des Kontovertrages verpflichtet, die nächstfällige Zahlung auszuführen.
- 2. Welche Vorteile hat Frau **Püschel** durch die Erteilung des Dauerauftrages?
- 3. Nennen Sie weitere Zahlungsanlässe, für die ein Dauerauftrag besonders geeignet ist.

4. Vom Bücherclub »**Neuer Buchring**« erhält sie folgendes Schreiben:

Bücherclub
Neuer Buchring GmbH
Bayreuther Straße 123

80409 Nürnberg

☎ (09 11) 5 10 11
Fax (09 11) 5 10 12

Banken:
Volksbank Nürnberg (BLZ ...)
Sparkasse Nürnberg (BLZ ...)

Bücherclub Neuer Buchring GmbH
Bayreuther Str. 123, 80409 Nürnberg

Anne Püschel
Pippinstr. 7
82131 Gauting

Tag: 05. Dez. ..

Rechnungsausgleich durch Lastschriftverkehr

Sehr geehrte Frau Püschel,
sicher ist es Ihnen entgangen, den Betrag in Höhe von 84,50 DM für die Büchersendung vom 15.10.d.J. zu überweisen. Um Ihnen und uns unnötigen Ärger zu ersparen, bieten wir Ihnen an, unsere Rechnungen künftig per Lastschriftverfahren zu begleichen. Die Verantwortung für die rechtzeitige Zahlung liegt damit nicht mehr bei Ihnen, sondern bei uns.

Wenn Sie sich diesem Verfahren anschließen wollen, füllen Sie bitte die beigefügte Einzugsermächtigung aus und senden Sie diese unterschrieben an uns zurück.

Selbstverständlich können Sie jederzeit Ihre Ermächtigung widerrufen und entsprechend den bankrechtlichen Bestimmungen die einzelne Lastschrift rückgängig machen.

Sollten Sie weitere Fragen haben, wenden Sie sich bitte an unseren HerrnTheis.

Mit freundlichen Grüßen

Bücherclub Neuer Buchring GmbH

Henn
Henn

Anlagen
1 Einzugsermächtigung
1 Freiumschlag

- a) Prüfen Sie, worin für Frau **Püschel** und den Bücherclub die Vorteile des Einzugsermächtigungsverfahrens bestehen.
- b) Füllen Sie für Frau **Püschel** das Formular »Ermächtigung zum Einzug von Forderungen durch Lastschrift« (siehe nachfolgendes Muster) aus. (Bankleitzahl der **Allbank München:** 65790800)

Ermächtigung zum Einzug von Forderungen durch Lastschriften

(Vollständiger Name und Anschrift des Zahlungsempfängers)

Bücherclub Neuer Buchring GmbH
Bayreuther Str. 123

80409 Nürnberg

(Vollständiger Name und Anschrift des Zahlungspflichtigen)

MUSTER

Hiermit ermächtige(n) ich/wir Sie widerruflich, die von mir/uns zu leistenden Zahlungen wegen

____

____

bei Fälligkeit zu Lasten meines/unseres nachfolgend aufgeführten Kontos durch Lastschrift einzuziehen.

Einzug zu Lasten Konto-Nr.	Kontoführendes Kreditinstitut	Bankleitzahl

Wenn mein/unser Konto die erforderliche Deckung nicht aufweist, besteht seitens des kontoführenden Kreditinstituts keine Verpflichtung zur Einlösung.

Ort, Datum Zahlungspflichtiger

Tel. (09 11) 5 10 11, Fax (09 11) 5 10 12

Für den Zahlungspflichtigen

5. Frau **Püschel** hat am 10.01. d.J. bei der **Rheinischen Versicherungsgesellschaft** eine Hausratversicherung abgeschlossen. Mit Abschluss des Versicherungsvertrages hat sie der Versicherungsgesellschaft auf einem gesonderten Formular eine Einzugsermächtigung für die fälligen Prämienzahlungen erteilt. Von diesem Zeitpunkt an wies ihr Girokonto stets die notwendige Deckung auf. Bereits am 20.01. d.J. hat sie von der Versicherungsgesellschaft den Versicherungsschein erhalten. Als sie am Abend des 26.01. von ihrer Arbeit nach Hause kommt, stellt sie mit Entsetzen fest, dass infolge eines geplatzten Schlauches an ihrer Waschmaschine die ausgetretenen Wassermassen einen erheblichen Schaden an Haus und Wohnungseinrichtung angerichtet haben. Ein Sachverständiger schätzt am nächsten Tag den Hausratschaden auf 40 000 DM. Die Schadenshöhe teilt sie ihrer Versicherungsgesellschaft noch am selben Tag mit. Einige Tage später erhält sie von ihrer Versicherungsgesellschaft ein Schreiben folgenden Inhalts (Auszug):

> Wir bedauern, Ihnen mitteilen zu müssen, dass wir gem. § 5 der Ihnen ausgehändigten Versicherungsbedingungen keine Möglichkeit sehen, den Schaden zu regulieren, da Sie Ihrer Verpflichtung auf Prämienzahlung gemäß Versicherungsvertrag bislang nicht nachgekommen sind.

- Muss die Versicherungsgesellschaft Frau **Püschel** den entstandenen Schaden in Höhe von 40 000 DM ersetzen?

6. **Anne Püschel** hat sich beim **Kaufhaus Bavaria, München,** ein Kundenkonto einrichten lassen. Mit der ausgestellten Kundenkarte kann sie im Kaufhaus bargeldlos einkaufen. Die Käufe werden ihr zum 5. des auf den Einkauf folgenden Monats in Rechnung gestellt. Die Abwicklung muss über ein Bankkonto erfolgen.

   Anne Püschel beschafft sich das »Abkommen über den Lastschriftverkehr«, das die Spitzenverbände des Kreditgewerbes für den Lastschriftverkehr geschlossen haben. Sie will sich darin über den Unterschied zwischen Abbuchungsauftrag und Einzugsermächtigung informieren.

● Lesen Sie den nachfolgenden Auszug aus diesem Abkommen und entscheiden Sie, welches Verfahren nach Ihrer Meinung für **Anne Püschel** günstiger ist.

Auszug aus dem **„Abkommen über den Lastschriftverkehr"**:

Abschnitt I
Nummer I

Im Rahmen des Lastschriftverfahrens wird zugunsten des Zahlungsempfängers über sein Kreditinstitut (erste Inkassostelle) von dem Konto des Zahlungspflichtigen bei demselben oder einem anderen Kreditinstitut (Zahlstelle) der sich aus der Lastschrift ergebende Betrag eingezogen und zwar aufgrund

a) einer dem Zahlungsempfänger von dem Zahlungspflichtigen erteilten schriftlichen Ermächtigung (Einzugsermächtigung)

   oder

b) eines der Zahlstelle von dem Zahlungspflichtigen zugunsten des Zahlungsempfängers erteilten schriftlichen Auftrags (Abbuchungsauftrag).

Abschnitt III
Nummer I

Lastschriften, die als Einzugsermächtigungs-Lastschriften gekennzeichnet sind, kann die Zahlstelle auch zurückgeben und deren Wiedervergütung erlangen, wenn der Zahlungspflichtige der Belastung widerspricht.

Nummer 2

Die Rückgabe und Rückrechnung ist ausgeschlossen, wenn der Zahlungspflichtige nicht binnen sechs Wochen nach Belastung widerspricht.

Scheck

3.04 Zahlung mit Scheck – Scheckeinlösung

Die Inhaberin des **Modehauses »Annette«, Frau Ellen Beral,** 50374 **Erftstadt,** befindet sich auf einer Einkaufsreise.

In der **Damenkleiderfabrik Stahmer,** 10178 **Berlin,** hat sie für 11 236,25 DM Sommermäntel ausgewählt. Sie nimmt diese sofort mit und bezahlt mit dem auf der nächsten Seite abgebildeten Scheck.

● 1. Hat Frau **Beral** die Zahlungsverpflichtung mit der Übergabe des Schecks erfüllt? BGB § 270

● 2. Warum zahlt Frau **Beral** nicht mit Bargeld?

3. Die **Kleiderfabrik Stahmer,** 10178 **Berlin,** reicht bei ihrer Bank den von Frau **Beral** aus **Erftstadt** ausgestellten Scheck zur Gutschrift ein. SchG

● a) Warum wird sie das möglichst schnell tun? Art. 41

● b) Bis zu welchem Tag ist die Bank verpflichtet, diesen Scheck aus dem Guthaben Frau **Berals** einzulösen? Art. 29, 32

- c) Die **Kleiderfabrik Stahmer** erhält nach 2 Tagen den Kontoauszug von ihrer Bank mit der Scheckgutschrift. Auf dem Kontoauszug ist kleingedruckt zu lesen: *Gutschriften von Einzugspapieren (z.B. Schecks, Wechseln) erfolgen »Eingang vorbehalten«.*
- Welches Risiko will die Bank mit diesem Vermerk ausschalten?

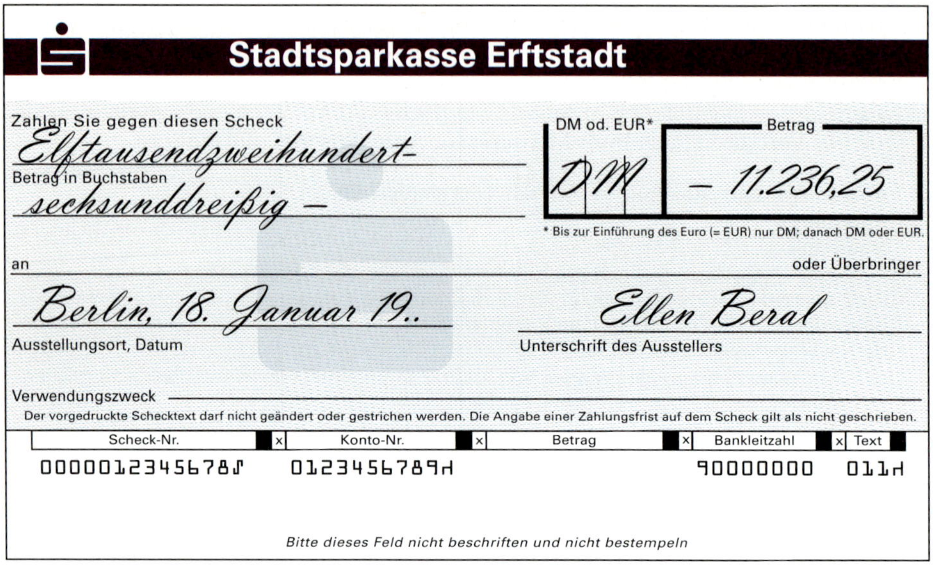

3.05 Gesetzliche und kaufmännische Bestandteile des Schecks

Frau **Beral** übernachtet im **Europa Hotel** in **Berlin.** Am 23. Jan. d.J. zahlt sie morgens bei der Abreise ihre Hotelrechnung mit folgendem Scheck:

1. Prüfen Sie, ob die abgedruckte Anweisung ein Scheck im Sinne des Scheckgesetzes ist. SchG Art. 1, 2
2. Wäre die abgedruckte Anweisung noch als Scheck im Sinne des Gesetzes anzusehen, wenn der Zusatz »oder Überbringer« gestrichen wäre? Art. 1
3. Halten Sie es für sinnvoll, dass die Banken auf der Überbringerklausel bestehen? (Siehe Anmerkung im unteren Drittel des Scheckvordruckes.)
4. Erläutern Sie anhand des oben abgebildeten Schecks den Zweck jedes kaufmännischen Bestandteils.
5. Prüfen Sie, ob der Hotelier sicher sein kann, dass der Scheck von seiner Bank eingelöst wird.
6. Die Banken empfehlen, Eurocheque-Vordrucke und die Eurocheque-Karte getrennt aufzubewahren.
   Warum?

3.06 Weitergabe eines Schecks – Scheckverlust – vordatierter Scheck – Nichteinlösung

Der Hotelier **Schopp,** in dessen Hotel Frau **Beral** übernachtet, erhält am 23. Jan. d.J. eine Lieferung Fruchtsäfte. Der Lieferer **Klemm** verlangt sofortige Bezahlung des Rechnungsbetrages von 374,80 DM (einschl. Mehrwertsteuer).

Schopp zahlt mit dem Eurocheque von Frau **Beral.** Für den Restbetrag stellt er einen Scheck über 230,00 DM auf sein Bankkonto aus. Da dieses am 23. Jan. d.J., dem Zahlungstag, kein Guthaben aufweist, datiert er den Scheck vorsichtshalber auf den 1. Februar d.J.

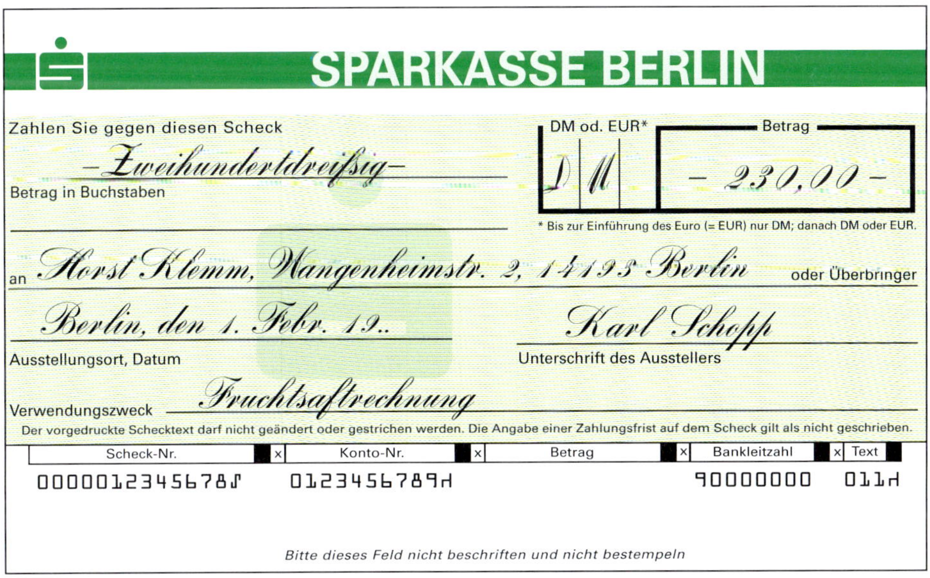
SPARKASSE BERLIN
Zahlen Sie gegen diesen Scheck – Zweihundertdreißig –
Betrag in Buchstaben
DM od. EUR* DM
Betrag – 230,00 –
* Bis zur Einführung des Euro (= EUR) nur DM; danach DM oder EUR.
an Horst Klemm, Wangenheimstr. 2, 14193 Berlin oder Überbringer
Berlin, den 1. Febr. 19..
Ausstellungsort, Datum
Karl Schopp
Unterschrift des Ausstellers
Verwendungszweck Fruchtsaftrechnung
Der vorgedruckte Schecktext darf nicht geändert oder gestrichen werden. Die Angabe einer Zahlungsfrist auf dem Scheck gilt als nicht geschrieben.

Scheck-Nr.	Konto-Nr.	Betrag	Bankleitzahl	Text
0000012345678⑇	0123456789⑈		90000000	011⑈

Bitte dieses Feld nicht beschriften und nicht bestempeln

1. Der Lieferer verlangt auf dem von **Frau Beral** ausgestellten Scheck die Unterschrift **Schopps.** SchG Art. 40
   Warum?

ScheckG Art. 39
2. **Klemm** will verhindern, dass die Schecks bei etwaigem Verlust von Unberechtigten eingelöst werden können.
- Wie kann er das?

3. Angenommen, **Klemm** verliert tatsächlich Frau **Berals** Scheck.
- Kann der unehrliche Finder den Gegenwert dieses Schecks trotz des Vermerks erlangen?

Art. 32 (1)
- 4. Was müssten die Betroffenen nach Feststellung des Scheckverlustes tun, um zu verhindern, dass ein Unberechtigter den Scheckbetrag einzieht?

5. Der Lieferer **Klemm** reicht den Scheck **Schopps** am 24. Jan. d.J. bei seiner Bank zur Gutschrift ein.

   Nach 3 Tagen erhält er den Scheck von seiner Bank zurück. Sie teilt ihm mit, dass dieser von der bezogenen Bank mangels Guthaben des Ausstellers nicht eingelöst worden sei.

   Klemm will deshalb gegen **Schopp** gerichtlich vorgehen.

Art. 40
- a) Wie kann er beweisen, dass der Scheck rechtzeitig vorgelegt und nicht eingelöst wurde?

Art. 28
- b) Kann sich **Schopp** darauf berufen, dass der Scheck noch nicht fällig war?

3.07 Bestätigter Scheck

Bei der Versteigerung eines Hauses wird der Kaufpreis von 180 000 DM in Bargeld verlangt.

- 1. Warum wird Bargeld verlangt?

BBankG § 23
- 2. Überlegen Sie, ob der Versteigerer ohne Sorge einen bestätigten Landeszentralbankscheck als Bezahlung des Kaufpreises statt Bargeld annehmen kann.
- 3. Welche Absicht verfolgt der Gesetzgeber, wenn er die Bestätigung von Schecks der Bundesbank vorbehält?

3.08 Eurocheque – Eurocheque-Karte

Peter Lampe besitzt eine von der **Kreissparkasse Wuppertal** ausgestellte Eurocheque-Karte.

Er will sie auf einer Autoreise nach **England** benutzen. In **London** versagt der Motor seines Autos. In der Werkstatt wird festgestellt, dass ein Austauschmotor eingebaut werden muss.

Für diese Arbeit berechnet ihm der Werkstattbesitzer 2 310 brit. Pfund (Tageskurs 2,86 für 1 £).

1. **Lampe** will einen Eurocheque über 2 310 £ ausstellen. Der Mechaniker lehnt die Annahme dieses Schecks ab, weil er um die Einlösung fürchtet.
- Ist seine Befürchtung berechtigt?

2. Für die Heimreise benötigt **Lampe** Geld. Da er seine Eurocheques für die Bezahlung der Reparatur verbraucht hat, legt er folgenden Scheck am Schalter einer Londoner Bank zusammen mit seiner Eurocheque-Karte vor, nachdem er deren Nummer auf die Rückseite des Schecks geschrieben hat.

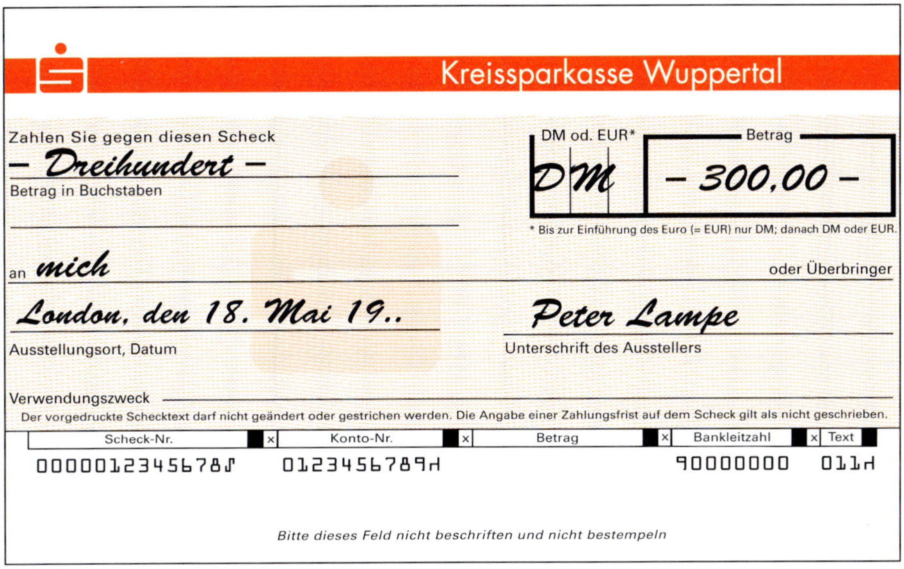
Kreissparkasse Wuppertal

Zahlen Sie gegen diesen Scheck – Dreihundert –
Betrag in Buchstaben

DM od. EUR* DM Betrag – 300,00 –
* Bis zur Einführung des Euro (= EUR) nur DM; danach DM oder EUR.

an mich oder Überbringer

London, den 18. Mai 19..
Ausstellungsort, Datum

Peter Lampe
Unterschrift des Ausstellers

Verwendungszweck
Der vorgedruckte Schecktext darf nicht geändert oder gestrichen werden. Die Angabe einer Zahlungsfrist auf dem Scheck gilt als nicht geschrieben.

Scheck-Nr.	Konto-Nr.	Betrag	Bankleitzahl	Text
0000012345678	0123456789		90000000	011

Bitte dieses Feld nicht beschriften und nicht bestempeln

Der Bankangestellte weigert sich, den Gegenwert des Schecks auszuzahlen.
● Warum?

Wechsel

3.09 Wechselziehung – Gesetzliche und kaufmännische Bestandteile

Lösungsblatt

Karl Auler, Landwehrstraße 47, 64293 **Darmstadt,** bietet **Max Betz,** Ruhrallee 35, 44139 **Dortmund,** am 11.06. d. J. Waren im Wert von 8900 DM einschl. gesetzl. USt als Sonderangebot an.

Das Angebot gilt 8 Tage. Er verlangt sofortige Zahlung.

Betz möchte die angebotene Ware kaufen. Er kann aber erst in zwei Monaten zahlen.

● 1. Bestellen Sie die Ware per Telefax am 15.06. d. J. mit der Bitte um Gewährung des Zahlungszieles.

2. **Auler** ist bereit zu liefern, wenn sich **Betz** zur Zahlung mittels Wechsel verpflichtet. **Betz** erklärt sich am 18.06. d.J. telefonisch dazu bereit.

● a) Füllen Sie für **Auler** den Wechsel (ohne die Unterschrift **Aulers)** aus.

● b) Ist das von Ihnen ausgefüllte Wechselformular bereits ein gezogener Wechsel im Sinne des Wechselgesetzes? WG Art. 1, 2

● c) Nummerieren Sie auf dem Wechselformular die vom Gesetz geforderten Bestandteile.

● d) Warum ist es kein Wagnis, dieses Wechselformular in einem gewöhnlichen Brief an **Betz** zu senden?

● 3. a) Bringen Sie am 20.06. für **Betz** den Annahmevermerk auf dem Wechsel an.

● b) Setzen Sie als Zahlstelle die **Volksbank Dortmund** ein.

● c) Formulieren Sie die notwendigen Briefe an
- die **Volksbank Dortmund,** Düsseldorfer Straße 4, 44139 **Dortmund,**
- **Auler.**

WG Art. 6 (1) 4. Welchen Betrag müsste der Bezogene **Betz** am Verfalltag bezahlen, wenn auf dem von ihm akzeptierten Wechsel die Summe in Ziffern mit 8900 DM und in Worten mit neuntausendachthundert DM eingetragen worden wäre?

Art. 6 (2) 5. Welchen Betrag müsste **Betz** bezahlen, wenn zur Angabe der Wechselsumme nur Ziffern verwendet wurden, diese aber einmal über 8900 DM und in der zweiten Angabe über 9800 DM lauten?

6. Erläutern Sie den Zweck jedes der kaufmännischen Bestandteile eines Wechsels.

7. Buchen Sie den Vorgang der Wechselziehung bei
   a) **Auler,**
   b) **Betz.**

3.10 Wesen der Diskontierung

Auler verkauft am 24.06. d.J. einen auf **Betz** gezogenen Besitzwechsel über 8900 DM, fällig 18.08. d.J. an seine Bank.

Seine Bank erteilt ihm folgende Abrechnung:

Wechsel-Abrechnung

Wechsel-Einlieferung

Einreicher: Karl Auler, Landwehrstr. 47
64293 Darmstadt

Der
DEUTSCHEN BANK AG Darmstadt
wird nachstehender Wechsel zum Diskont eingereicht: DM 8900,00

Bezogener: Max Betz e.K., Ruhrallee 35, 44139 Dortmund — Verfalltag: 18.08. . .

Aussteller: Karl Auler e.K., Landwehrstr. 47, 64293 Darmstadt — Ausst.-tag: 18.06. . .

zahlbar bei: Volksbank Dortmund e.G., Duesseldorfer Str. 4

Wechsel-Nr. 586

Karl Auler
Unterschrift

Obligo-Konto-Nr.					Provison	Spesen	Gutschrift Konto-Nr.
					10,00		47 349
8900,00	6	55	4895	60	81,85		8808,15
Wechselbetrag	%	Tage	Zinszahlen	Zinsdivisor	Diskont		Netto-Betrag

Darmstadt, den 24.06. . .

Für obigen Wechsel haben wir Ihr Konto erkannt.
Rückbuchungen nach unserem Ermessen vorbehalten.

1. Warum zahlt die Bank nicht den vollen Wechselbetrag aus?

2. Überprüfen Sie die Abrechnung.

3. **Auler** stellt die Kosten der Diskontierung **Betz** in Rechnung.
   Buchen Sie die Diskontierung des Wechsels bei **Auler.**

4. Berechnen Sie die Summe, über die der Wechsel ausgestellt werden müsste, damit er am Tag der Ausstellung den Wert von 8900 DM hätte.

5. Welche Funktionen erfüllt der Wechsel für die Beteiligten **Auler** und **Betz?**

3.11 Wechselschulden – Wechseltermine

Die **Deutsche Bank Darmstadt** behält den von **Betz** akzeptierten Wechsel über 8900 DM, fällig 18.08. d.J., zahlbar bei der **Volksbank Dortmund,** bis zum Verfalltag.

- 1. Wann kann die **Deutsche Bank** den Wechsel spätestens zur Einlösung vorlegen? WG Art. 38
- 2. Welche Folgen hat es für sie, wenn sie den Termin versäumt? Art. 53 (1)
- 3. Wo hat sie diesen Wechsel vorzulegen? Art. 4, 87
- 4. Die letzten Teillieferungen hat **Auler** trotz Fälligkeit noch nicht abgesandt. Muss der von **Betz** akzeptierte Wechsel trotzdem durch die **Volksbank** eingelöst werden? Art. 1, 2
- 5. Begründen Sie, ob es sich bei Wechselschulden um Bring-, Schick- oder Holschulden handelt. BGB §§ 269, 270 WG Art. 38

3.12 Akzept – Vollindossament – Blankoindossament – Inkassoindossament

Der Möbelfabrikant **Uli Hahle,** Marktstraße 6, 01824 **Raum,** zieht auf den Möbelhändler **Erwin Fink,** Mercatorstraße 4, 47051 **Duisburg** (Landgerichtsbezirk Duisburg), zum Ausgleich einer Rechnung über 25 000 DM einen Wechsel.

Hahle möchte diesen Wechsel an das Sägewerk **Max Lehr,** Rothenburg 8, 48143 **Münster i.W.,** als Teilzahlung weitergeben und setzt deshalb **Lehr,** der zugestimmt hat, als Wechselberechtigten (Remittent) ein.

Der Wechsel wird am 28. Febr. d.J. ausgestellt und ist 6 Monate später fällig.

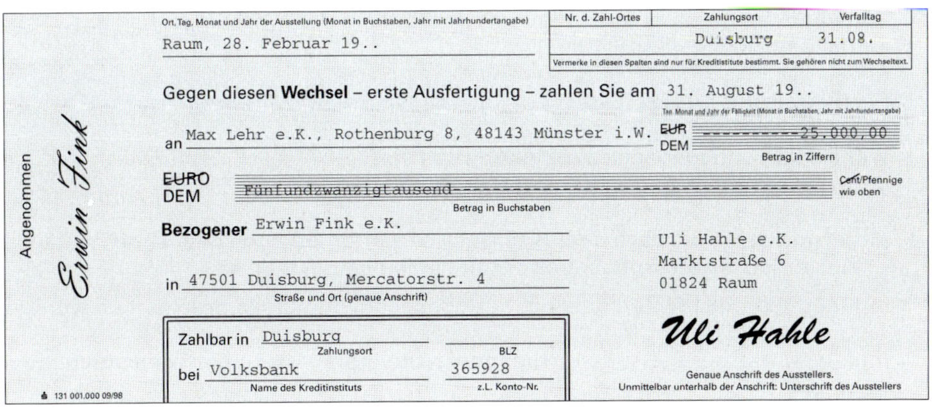
Ort, Tag, Monat und Jahr der Ausstellung (Monat in Buchstaben, Jahr mit Jahrhundertangabe)
Raum, 28. Februar 19..
Nr. d. Zahl-Ortes | Zahlungsort | Verfalltag
Duisburg 31.08.
Vermerke in diesen Spalten sind nur für Kreditinstitute bestimmt. Sie gehören nicht zum Wechseltext.
Gegen diesen **Wechsel** – erste Ausfertigung – zahlen Sie am 31. August 19..
Tag, Monat und Jahr der Fälligkeit (Monat in Buchstaben, Jahr mit Jahrhundertangabe)
an Max Lehr e.K., Rothenburg 8, 48143 Münster i.W. ~~EUR~~ DEM ----------25.000,00
Betrag in Ziffern
~~EURO~~ DEM Fünfundzwanzigtausend---------------------------------- ~~Cent~~/Pfennige wie oben
Betrag in Buchstaben
Bezogener Erwin Fink e.K.
in 47501 Duisburg, Mercatorstr. 4
Straße und Ort (genaue Anschrift)
Uli Hahle e.K.
Marktstraße 6
01824 Raum
Zahlbar in Duisburg
Zahlungsort
BLZ
bei Volksbank 365928
Name des Kreditinstituts z.L. Konto-Nr.
Uli Hahle
Genaue Anschrift des Ausstellers.
Unmittelbar unterhalb der Anschrift: Unterschrift des Ausstellers
Angenommen
Erwin Fink
131 001.000 09/98

- 1. Warum wird der vorliegende Wechsel als Wechsel an fremde Order bezeichnet?
- 2. **Fink** akzeptiert den Wechsel über 25 000 DM erst, nachdem er die Restlieferung erhalten hat. Warum?

3. Der Remittent **Lehr** hat den Wechsel vom Aussteller **Hahle** erhalten. **Lehr** gibt ihn am 8. März d. J. als Bezahlung weiter an die **Maschinenfabrik Georg Vehl,** Westenhellweg 7, 44137 **Dortmund.**

WG Art. 11 ff ● a) Wie lautet der Text, wenn **Lehr** den Wechsel mittels Vollindossament weitergeben will?

b) Wer ist nach dem Indossament **Lehrs** vorlegungsberechtigt?

c) **Vehl** gibt den Wechsel mit einem Blankoindossament weiter an die **Bauunternehmung Karl Ahlert,** Nordring 12, 44787 **Bochum.**

● Wie lautet das Blankoindossament?

Art. 14 ● d) Welchen Vorteil hat der Bauunternehmer **Ahlert** dadurch, dass ihm der Wechsel mit Blankoindossament statt mit Vollindossament übertragen wird?

4. Der **Bauunternehmer Ahlert** gibt den Wechsel ohne Indossament dem **Baustoffhändler Franz Hilpert,** Flingerstraße 7, 40213 **Düsseldorf.**

Hilpert reicht ihn ebenfalls ohne Indossament weiter als Bezahlung für einen Lastkraftwagen an den **Autohändler Fritz Beck,** Herzogstraße 3, 40217 **Düsseldorf.**

Autohändler **Beck** gibt am 20. August d.J. den Wechsel an seine Bank, die **Handelsbank Filiale Düsseldorf,** zum Einzug.

WG Art. 18 ● a) Wie lautet das Indossament?

● b) Wer ist jetzt Eigentümer, wer Besitzer des Wechsels?

3.13 Wechselprotest – Benachrichtigungsfristen – Rückrechnung

Ein von dem Bezogenen **Fink** akzeptierter Wechsel über 25 000 DM wird ihm am Verfalltag, dem 31.08. d.J., zur Einlösung vorgelegt.

Fink kann nicht zahlen.

WG Art. 79 – 81 ● 1. Wie kann der Wechselberechtigte beweisen, dass der Wechsel rechtzeitig vorgelegt und nicht eingelöst wurde?

Art. 72 ● 2. Wann kann der Wechselberechtigte diesen Nachweis frühestens erhalten?

Art. 47 (1) ● 3. Wer ist dem Vorleger noch zur Zahlung aus diesem Wechsel verpflichtet, nachdem der Wechselprotest beurkundet worden ist?

Art. 45 (1) ● 4. a) Entwerfen Sie die nach dem Wechselgesetz erforderlichen Benachrichtigungen, die der letzte Wechselinhaber vorzunehmen hat.

● b) Innerhalb welcher Zeit müssen diese Benachrichtigungen geschrieben werden?

Art. 45 (1) 5. Innerhalb welcher Zeit müssen die Indossanten ihre Vormänner benachrichtigen?

● Warum?

Art. 48 6. **Beck** ist Wechselinhaber. Er nimmt am 5. September d. J. Rückgriff bei dem Indossanten **Vehl.** Er berechnet 6% Zinsen für 4 Tage; 1,20 DM Auslagen; Protestkosten 35 DM; $^1/_3$% Provision von der Wechselsumme.

● Stellen Sie die Rückrechnung auf.

7. **Hilpert** hatte den von **Vehl** mit Blankoindossament versehenen Wechsel **Finks** ohne weiteres Indossament erhalten.
   - Warum kann **Beck** nicht auf **Hilpert** Regress nehmen? WG Art. 15 (1)
8. Der Aussteller **Hahle** erhält am 25. September d. J. vom Remittenten **Lehr** eine Rückrechnung über 25 445 DM.
   - a) Wie hätte **Hahle** die hohen Kosten und Gebühren niedriger halten können? Art. 55
   - b) Warum ist der Aussteller eines Wechsels daran interessiert, die Kosten niedrig zu halten, obwohl er alle Kosten und die Wechselsumme vom Bezogenen fordern kann?

3.14 Prolongation eines Wechsels

Heinz Plum, Possmoorweg 3, **22301 Hamburg,** hat einen Wechsel über 2300 DM akzeptiert, fällig am 02.05. d.J. Aussteller: **Inge Pauly,** Sollingstr. 5, **30419 Langenhagen (Han.).**

Plums Kunden zahlen nicht mehr pünktlich. Er sieht deshalb voraus, dass er den Wechsel am Verfalltag nicht einlösen kann. Um den Protest zu vermeiden, wendet er sich an die Ausstellerin **Inge Pauly.** Er bittet sie um zweimonatige Prolongation des Wechsels und bietet 8% Zinsen für diese Zeit an. Seinem Schreiben legt er ein Blankoakzept bei und bittet um Überweisung des fälligen Wechselbetrages.

1. Formulieren Sie einen Brief für **Plum** an die Ausstellerin **Inge Pauly.**
2. Welches Interesse hat auch der Aussteller daran, den Protest zu vermeiden?
3. In welchen Fällen würde der Aussteller seine Hilfe versagen?
4. Warum bietet **Plum** in seinem Schreiben 8% Zins an?
5. Warum legt er diesem Schreiben ein Blankoakzept bei?
6. **Inge Pauly** erklärt sich schriftlich zur Prolongation bereit und überweist 2300 DM.
   Auf welchen Betrag muss der Prolongationswechsel lauten, wenn $^2/_3$% Provision eingerechnet werden?
7. Einen Monat nach Abgang dieses Briefes erfährt die **Dresdner Bank, Filiale Hannover,** die den Prolongationswechsel inzwischen angekauft hat, dass **Plum** seine Zahlungen eingestellt hat.
   Wie erlangt sie ein vorzeitiges Rückgriffsrecht?
8. Ist jedes Prolongationsersuchen ein Hinweis auf mangelnde Kreditwürdigkeit?

3.15 Wechsel-Scheck-Verfahren (Umkehrwechsel)

Lösungsblatt

Der **Fertighaushersteller Schmaltz** ist wegen seiner momentan angespannten Liquiditätslage darauf angewiesen, dass ihm einige seiner Lieferer die Möglichkeit der Zahlung mit einem Dreimonatsakzept einräumen. Wegen der traditionell guten Geschäftsbeziehungen haben die angesprochenen Lieferer dieser Zahlungsweise bislang immer zugestimmt. Lieferer **Bratsch,** Hersteller von Dachziegeln, schickt der Firma **Schmaltz** ein Schreiben folgenden Inhalts (Auszug):

„Wegen Ihrer angespannten Liquiditätslage zahlen Sie seit geraumer Zeit mit Akzept. Dieses Verfahren führte bislang zu einem beiderseits zufriedenstellenden Ergebnis.

Mit diesem Schreiben erlauben wir uns, Ihnen einen Vorschlag zu unterbreiten, der Ihnen unter grundsätzlicher Beibehaltung dieser Zahlungsweise Vorteile bringen soll. Dieser Weg wird von einigen unserer Kunden seit langem beschritten. Was ist das Neue an diesem Verfahren?

Nach Lieferung und Rechnungseingang übersenden Sie uns einen Verrechnungsscheck unter Abzug des in unserem Hause üblichen Skontos in Höhe von 3%. Mit gleicher Post übersenden Sie uns ein Akzept, das wir als Aussteller unterschreiben und umgehend an Sie zurückschicken. Den mit einem Blankoindossament (Kurzindossament) versehenen Wechsel können Sie dann bei Ihrer Hausbank zum Diskont einreichen, wobei der entsprechende Gegenwert auf Ihrem Kontokorrentkonto gutgeschrieben wird.

Auf diesem Weg ist es möglich, dass der von Ihnen ausgestellte und an uns übersandte Scheck ohne weitere Inanspruchnahme Ihrer Kreditlinie belastet werden kann."

1. Erstellen Sie eine Skizze, aus der die vorgeschlagene Zahlungsabwicklung ersichtlich ist.

2. Die Hausbank der Firma **Schmaltz** ist bereit, den Wechsel mit einem Diskontsatz in Höhe von 9% zu diskontieren. Die Geschäftsleitung überlegt, ob es günstiger ist, auf Skontoabzug zu verzichten und das Zahlungsziel auszunutzen oder dem Vorschlag des Lieferer **Bratsch** zu folgen.

   Errechnen Sie den Vorteil in DM, den die Firma **Schmaltz** erzielt, wenn sie – wie vorgeschlagen – von dem Wechsel-Scheck-Verfahren Gebrauch macht und einen Dreimonatswechsel akzeptiert (Rechnungsbetrag: 46 000 DM einschl. gesetzl. USt; Zahlungsbedingung: 10 Tage 3% Skonto oder 30 Tage netto).

3. Bisher hat **Bratsch** die auf **Schmaltz** gezogenen Wechsel bei seiner Hausbank zum Diskont eingereicht.

   Überprüfen Sie, ob sich durch die Verwendung des Umkehrwechsels für den Lieferer **Bratsch** das Risiko aus der wechselrechtlichen Haftung gegenüber der früheren Regelung verändert hat?

4. In den Lieferungs- und Zahlungsbedingungen der Firma **Bratsch** ist folgende Formulierung enthalten:

   „... Für den Fall, dass für die Zahlungsabwicklung vom Wechsel-Scheck-Verfahren Gebrauch gemacht wird, gilt ein verlängerter Eigentumsvorbehalt als vereinbart."

   Welche Absicht verfolgt die Firma **Bratsch** mit dieser Klausel?

Besondere Formen des modernen Zahlungsverkehrs

Elektronischer Zahlungsverkehr

Lösungsblatt

3.16 Electronic Cash (Point of Sale – POS) – POZ-System – Elektronische Geldbörse

1. Die **Auszubildende Eva Kaiser** hat soeben in der **Freiburger Schuhboutique** ein Paar Schuhe zum Preis von 212 DM erworben. Als sie mit einem Eurocheque **zusammen** mit ihrer BANKCARD ec der **Volksbank Emmendingen** bezahlen will, bittet sie der Verkäufer, lediglich mit der BANKCARD ec unter Verwendung ihrer persönlichen Geheimzahl (PIN = persönliche Identifikationsnummer) zu zahlen.

   a) Was muss **Eva Kaiser** prüfen, bevor sie ihre PIN eingibt?

b) Welche Vorgänge werden nach Eingabe der PIN bei der **Volksbank Emmendingen** ausgelöst?

c) Welche Vorteile bringt diese Art der Zahlungsabwicklung (Point of Sale – POS-System) der Schuhboutique?

2. Im **Freiburger Jeans-Shop** kauft **Eva Kaiser** anschließend eine Hose für 148 DM, die sie ebenfalls mittels BANKCARD ec begleichen will. Der Jeans-Shop ist jedoch keinem POS-System angeschlossen. Die Zahlungsabwicklung erfolgt hier nach dem POZ-System.

   Die Kassiererin führt die Karte in das Lesegerät ein. Nach der elektronischen Datenerfassung wird ihr nachstehender Beleg zur Unterschrift vorgelegt:

Jeans-Shop Freiburg e.K.
Lastschriftverfahren

Freiburg, 14.09. ..

1. Einzugsermächtigung
Hiermit ermächtige ich die Firma
Jeans-Shop Freiburg e.K.
den Kaufbetrag von 148,00 DM
per Lastschrift von meinem Konto einzuziehen.

BLZ-Konto/Bon-/Kassen-Nummer:

682 614 74 / 26003 / 10 5050 020 / 0204110

Ich weise durch die obige Bankleitzahl bezeichnetes Kreditinstitut an, bei Nichteinlösung der Lastschrift oder bei Widerspruch gegen die Lastschrift auf Anforderung meine vollständige Anschrift mitzuteilen, damit o.g. Firma ihren Anspruch gegen mich geltend machen kann.

2. Ermächtigung zur Speicherung und Weitergabe der Sperrdatei
Ich bin damit einverstanden, dass meine Daten elektronisch gespeichert und verarbeitet werden.

Ich bin damit einverstanden, dass nur im Falle der Nichteinlösung diese Tatsache in eine Sperrdatei aufgenommen und an andere Unternehmen übermittelt wird, die ebenfalls dieses Lastschriftverfahren anwenden. Die Sperrung wird nach Begleichung des Rechnungsbetrages wieder aufgehoben.

Unterschrift

a) Warum verlangt die Kassiererin des Jeans-Shops von **Eva Kaiser** die Unterschrift, während sie in der Schuhboutique lediglich ihre PIN eingeben musste?

b) Worin unterscheidet sich die Zahlungsabwicklung von POS und POZ-System?

3. a) Vervollständigen Sie eine Tabelle nach folgendem Muster:

	POS-SYSTEM	**POZ-SYSTEM**
Gegenstand der elektronischen Abfrage	● Legitimationsprüfung ● Sicherheitsprüfung (Kartensperre) ● Guthabenkontrolle	
Ausführung des Zahlungsvorgangs	● sofortige elektronische Abbuchung und Gutschrift	
Sicherheit des Geldeingangs		
Kosten im Vergleich		

b) Welche Gründe könnten den Jeans-Shop veranlasst haben, sich für das POZ-System anstatt für das POS-System zu entscheiden?

4. Der **Jeans-Shop Freiburg** hat neben der Registrierkasse folgendes Schild aufgestellt:

> Bitte machen Sie bei der Begleichung Ihrer Einkaufsrechnung von der Möglichkeit Gebrauch, Ihre
> **BANKCARD ec**
> als elektronische Geldbörse zu verwenden.

Eva Kaiser stellt fest, dass Ihre BANKCARD ec mit nebenstehendem Piktogramm ausgestattet ist. Die Kassiererin erklärt **Eva Kaiser,** dass Sie so Ihre BANKCARD ec ähnlich wie eine Telefonkarte zur Zahlung verwenden kann. Die Karte ist zuvor lediglich unter Angabe Ihrer persönlichen Geheimnummer (PIN) bei Ihrer Bank zu »laden«.

- a) Vervollständigen Sie nachstehende Übersicht durch Eintragung der noch fehlenden Vorgänge, die mit einer Verwendung der Geldkarte als Zahlungsmittel verbunden sind (Lade-, Zahlungs- und Verrechnungsvorgang).

  Folgende Vorgänge sind an den entsprechenden Stellen einzutragen:
  - Laden des Chips auf der BANKCARD ec
  - Zahlung mit Geldkarte
  - tägliche Datenübertragung
  - Überweisung auf Konto des Jeans-Shop
  - Kontoauszug mit Gutschrift

Zahlungsabwicklung bei Verwendung der Geldkarte

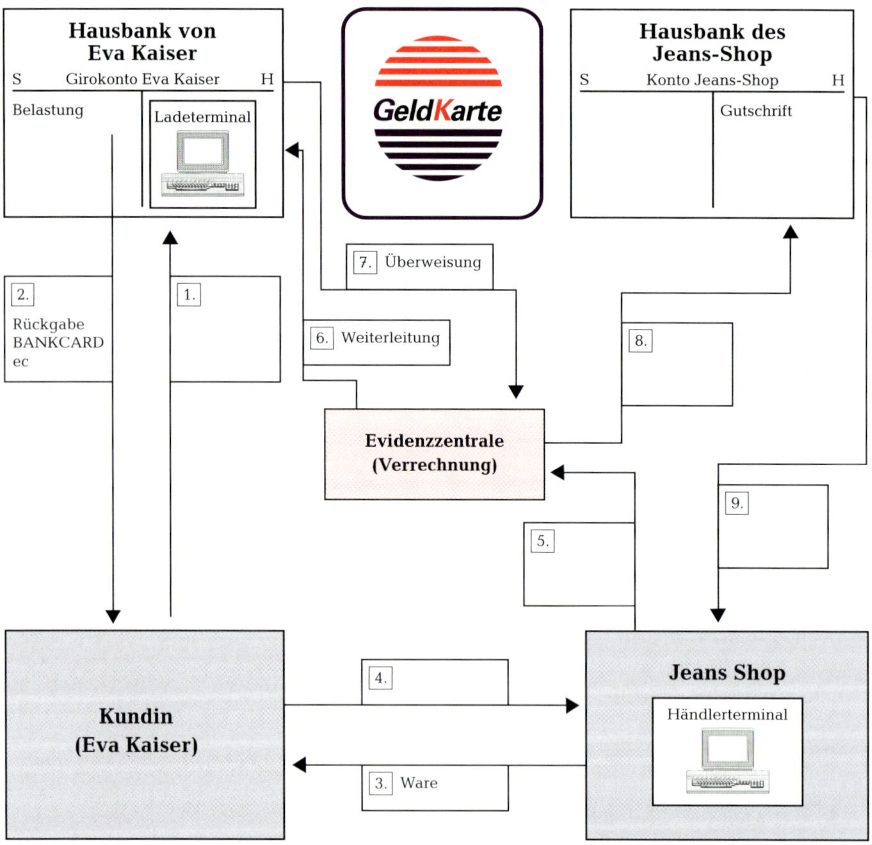

- b) Warum ist es für den Jeans-Shop günstiger, wenn die Kunden ihre Zahlungsverpflichtungen mit der Geldkarte anstatt über das POS-Verfahren abwickeln?

Kreditkarte

3.17 Beitritt zu einer Kreditkartenorganisation aus Sicht des Zahlungsempfängers – Zahlungsabwicklung bei Kreditkartengeschäften

1. **Heinz Kunert,** Inhaber des **SB-Tankshops Riedhof** in 39116 **Magdeburg,** erhält von einer Kreditkartenorganisation ein Angebot über die Inanspruchnahme von deren Dienstleistungen. Die Kreditkartenorganisation berechnet für ihre Dienstleistungen die in nachstehender Tabelle (links) ausgewiesenen Provisionen.

Umsatz in DM	Provision (in %)
bis – 50 000	3,90
100 000 – 200 000	3,80
200 000 – 400 000	3,70
400 000 – 600 000	3,60
600 000 – 1 500 000	3,35
1 500 000 – 3 000 000	3,20
3 000 000 – 6 000 000	3,10
über 6 000 000	3,00

Verminderung der Provision (in %)	
Bei einer **Laufzeit** von drei Jahren	– 0,20
Bei einer **Laufzeit** von fünf Jahren	– 0,30
Bei **Abrechnung** täglich	+ 0,20
Bei **Abrechnung** wöchentlich	± 0,00
Bei **Abrechnung** 14tägig	– 0,10
Bei **Abrechnung** monatlich	– 0,30
Bei Einsatz ec-cash-Terminal	– 0,15

Je nach **vertraglicher Bindungszeit, Abrechnungszeitraum und Einsatz von ec-cash-Terminals** können die Vertragspartner die Höhe ihrer Provision individuell beeinflussen.

Die Gestaltungsmöglichkeiten sind vorstehender Tabelle (rechts) zu entnehmen.

- Welche Gründe sprechen trotz der hohen Kreditkartenprovision aus der Sicht **Kunerts** für eine Vertragspartnerschaft mit der Kreditkartenorganisation?

2. Heinz Kunert hat sich für einen Anschluss an das EUROCARD-System entschieden. Von der Gesellschaft für Zahlungssysteme mbH (GZS) – einer Gemeinschaftseinrichtung deutscher Kreditinstitute – erhält er die entsprechenden Vertragsunterlagen.

Nachstehende Übersicht beschreibt *eine mögliche* Zahlungsabwicklung im Rahmen des EUROCARD-Systems:

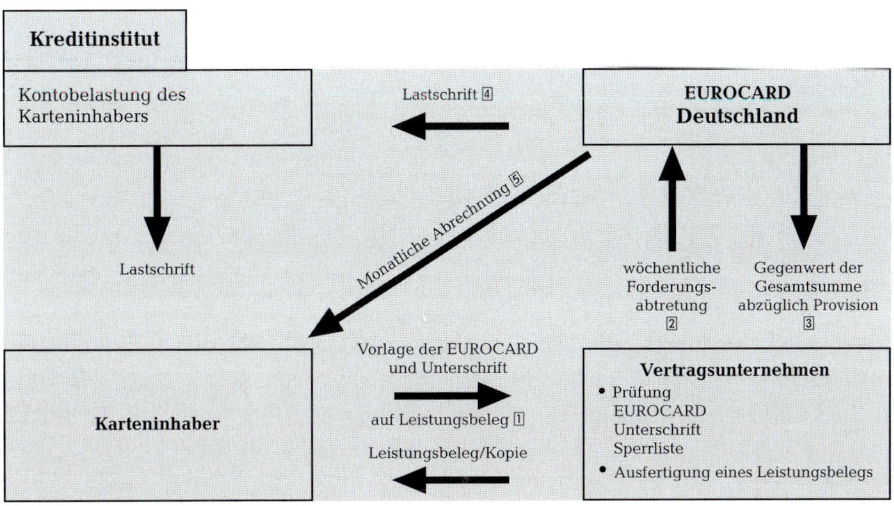

a) Erläutern Sie anhand der Übersicht wesentliche Unterschiede in der Zahlungsabwicklung von Kreditkarte und POS-System.

b) Wie ließen sich für den **Tankshop Kunert** – ausgehend von dem oben beschriebenen Verlauf einer möglichen Zahlungsabwicklung – die Kosten noch vermindern?

3. **Heinz Kunert** informiert sich bei der GZS über das Risiko, das er eingeht, falls ein Kunde, dessen Girokonto bereits überzogen ist, mit der EUROCARD bezahlt.
   Welche Auskunft wird er von der GZS erhalten?

Homebanking – Telebanking

3.18 Kontoführung mittels Computer und Telefon

Carola Kunzer betreibt in 77933 **Lahr** eine kleine Boutique. Der gesamte Geschäftsbetrieb wird von ihr alleine abgewickelt, weil aufgrund der Betriebsgröße keine Beschäftigung zusätzlichen Personals möglich ist.

Insbesondere wegen der Öffnungszeiten der Boutique hat Frau **Kunzer** zunehmend Schwierigkeiten, ihre Bankgeschäfte termingerecht abzuwickeln.

Die **Postbank** schlägt Frau **Kunzer** vor, ihren Personalcomputer mit einem T-Online-Zugang zu versehen und so die wichtigsten Zahlungsgeschäfte über »Online-Banking« zu erledigen. Zur persönlichen Information erhält sie von der **Postbank** einen Prospekt, aus dem die Möglichkeiten, die ein solcher Anschluss bietet, ersichtlich sind.

Prospektauszug:

Kontoführung per Computer (Online-Banking)
– schon wird die Postbank zu Ihrer ganz privaten Hausbank

Dann können Sie ...

rund um die Uhr – auch an Wochenenden – via Bildschirm

- **Überweisungen vornehmen**
- **Daueraufträge einrichten**
- **Lastschriften einziehen**
- **Sammelaufträge mit Überweisung erteilen**
- **Kontobewegungen der letzten 30 Tage auf dem Bildschirm verfolgen (Umsatzübersicht)**

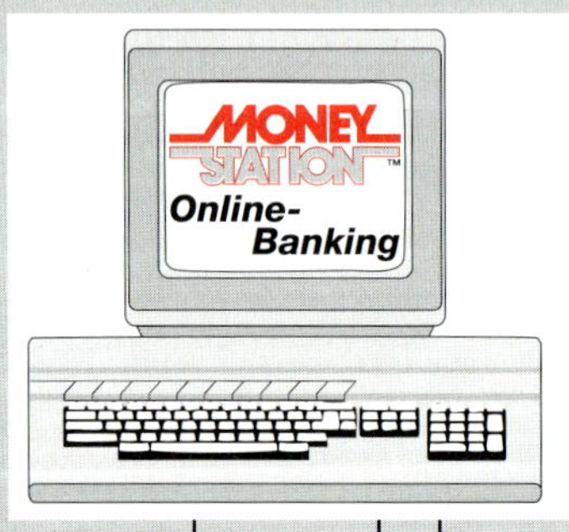

- **Vordrucke bestellen**
- **Mitteilungen an Ihre Postbank senden**
- **terminierte Überweisungsaufträge erteilen**
- **den Kontostand rund um die Uhr abfragen**

Postbank | **A-Bank** | **B-Bank**

1. Prüfen Sie, welche der dargestellten Vorteile für **Carola Kunzer** von besonderer Bedeutung sind.

2. Frau **Kunzer** hat monatlich ca. 150 Buchungsposten (Überweisungen, Lastschriften u.a.). Prüfen Sie, ob für Frau **Kunzer** auch unter Kostengesichtspunkten ein T-Online-Anschluss von Interesse ist. Verwenden Sie für Ihre Lösung nachstehende Gebührentabelle.

Buchungsposten pro Monat	Buchungsgebühren	Gebühren bei Online-Banking	
0 – 5	3,00	– jede Buchung wird als 1/2 Buchungsposten angerechnet	• Zugangsberechtigung zu T-Online (8,00 DM Grundgebühr pro Monat: 6,90 DM netto zzgl. 1,10 DM UST)
5 – 15	4,50		• T-Online Gebühren: 5 Pf/Minute
16 – 30	7,50		• Telefongebühren: 24 Pfennig für eine Verbindung (Annahme: 3 Minuten City Call)
31 – 100	15,00		
101 – 300	30,00		

Hinweis:
Es ist davon auszugehen, dass Frau **Kunzer** die Bankverbindung über T-Online monatlich an 10 Tagen nutzt. Die Verbindungsdauer beträgt im Durchschnitt 3 Minuten.

3. Als weitere Möglichkeit, die Vorteile von Homebanking zu nutzen, weist ein Angestellter der Postbank darauf hin, den Zahlungsverkehr über das Telefon (Telebanking) abzuwickeln.

   Frau **Kunzer** erhält von ihm folgenden Prospekt zum Telebanking:

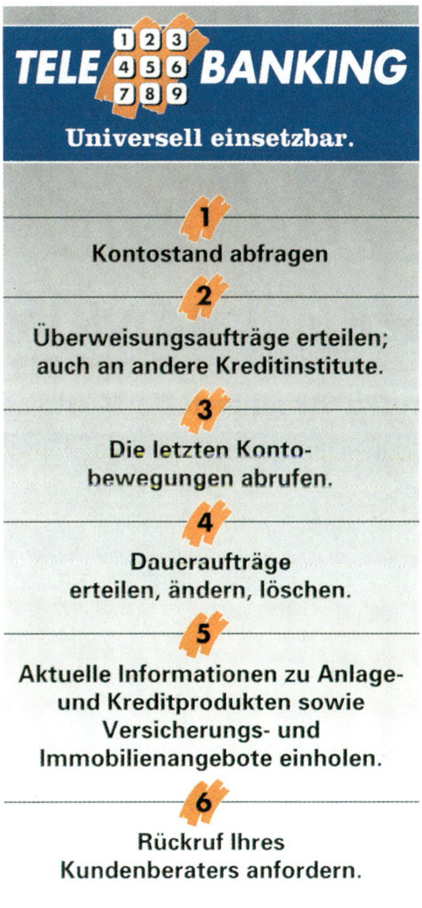

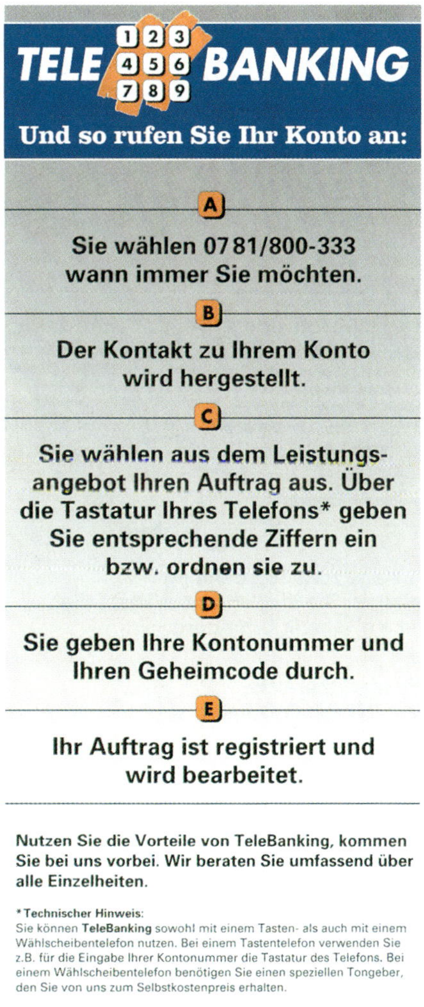

Frau **Kunzer** erfährt, dass die Postbank Überweisungsaufträge über Telebanking lediglich bis zu einem Höchstbetrag von 2000 DM ausführt.

- Welches Verfahren (Online-Banking oder Telebanking) wird Frau **Kunzer** wählen, wenn Sie sich allein an Kostengesichtspunkten orientiert?

4. Frau **Kunzer** entscheidet sich für die Einrichtung des Online-Banking.

- a) Welche Gründe könnten Sie dazu veranlasst haben?

b) Nachdem Sie das Antragsformular der Bank ausgefüllt hat, erhält sie das nachfolgende Schreiben.

```
Sehr geehrter Online-Banking-Kunde,

um Zugang zum Online-Banking-Angebot zu erhalten, muessen sie sich, nicht
zuletzt zu Ihrer eigenen Sicherheit, unserem Rechner gegenueber ausweisen.

Sie werden daher zu Beginn Ihres Dialoges mit ihm um Eingabe Ihrer Kontonummer
und Ihrer persoenlichen Identifikationsnummer (PIN) gebeten. Diese ist nur
Ihnen bekannt, da Sie in unserem Rechner verschluesselt
gespeichert wird.

Wir hoffen auf eine weitere gute Zusammenarbeit, auch ueber dieses neue Medium
Bildschirmtext.

Ihre persoenliche Identifikationsnummer (PIN)          83749
```

```
Sehr geehrter Online-Banking-Kunde,

folgende 50 Transaktionsnummern (TAN) wurden fuer Sie errechnet. Sie
sind in unserem Rechner verschluesselt gespeichert und somit nur Ihnen
bekannt.

Da Sie jede TAN nur einmal verwenden duerfen, markieren Sie bitte die ver-
brauchten Zahlen. Weitere TAN's erhalten Sie in unseren Geschaeftsraeumen.

056712       095774

099456       076485

348992       016783

087643       036388

...          ...          ...          ...
```

- Warum muss bei der Abwicklung eines Überweisungsauftrages über Online-Banking sowohl eine PIN als auch eine TAN eingegeben werden?

- 5. Begründen Sie anhand der vorliegenden Informationsmaterialien, warum die Postbank bei Telebanking den Betrag pro Überweisung auf 2000 DM begrenzt, während beim Online-Banking Überweisungen in beliebiger Höhe möglich sind.

4 Aufbau und Führung des Betriebs

Das System der betrieblichen Ziele

4.01 Formulierung betrieblicher Ziele

In einem Unternehmen, das elektrische Haushaltsgeräte und Autoelektrik-Zubehör herstellt, sollen Umsatzverluste und Gewinnrückgänge auf dem Markt für Kraftfahrzeug-Zubehör durch Umsatzsteigerungen auf dem Haushaltssektor ausgeglichen werden.

Die zentrale Geschäftsleitung setzt dem **Leiter des Unternehmensbereiches »Haushaltsgeräte«** folgendes Ziel:

> Der in diesem Jahr erzielte Umsatz in Höhe von 5 Millionen DM soll auf der Preisbasis des 1. November d.J. auf 7 Millionen DM im nächsten Jahr erhöht werden. Gleichzeitig soll die absolute Höhe des Gewinns in diesem Geschäftsbereich um mindestens 25% steigen.

Der Leiter des Unternehmensbereiches »Haushaltsgeräte«, dem der Marketing-Direktor und der technische Direktor unmittelbar unterstehen, macht diesen Direktoren folgende Zielvorgaben:

Dem **Marketing-Direktor:** Steigerung des Absatzes an Küchenmaschinen, Kühlschränken, Waschmaschinen, Spülmaschinen.

Dem **Technischen Direktor:** Senkung der Produktionskosten.

1. Prüfen Sie, welche Zielformulierung operational formuliert ist, d.h. die Komponenten Zielausmaß, Zielinhalt und Zielzeit enthält.
2. Formulieren Sie nach eigenem Ermessen die nicht operational formulierten Ziele so, dass die drei Zielkomponenten darin enthalten sind.
3. Zeigen Sie am Beispiel der Zielformulierung dieses Falles, warum die Operationalisierung von Zielen notwendig ist.

4.02 Arten betrieblicher Ziele – Zielbeziehungen

Lösungsblatt

Die Abteilung Rechnungswesen eines metallverarbeitenden Betriebs legt am Ende der fünften Abrechnungsperiode folgende Zahlen vor:

Periode	Absatzmenge	Verkaufspreis	Umsatz	Gesamtkosten	Gewinn
1	10 000	42 DM		400 000 DM	
2	13 000	41 DM		503 000 DM	
3	16 000	40 DM		610 000 DM	
4	16 000	40 DM		620 000 DM	
5	20 000	38 DM		750 000 DM	

1. Erstellen Sie eine Tabelle nach dem Muster auf S. 64 und berechnen Sie für die vier Perioden jeweils den Umsatz und den Gewinn.
2. Stellen Sie den Zusammenhang zwischen Umsatz, Kosten und Gewinn formelmäßig dar.
3. Die Geschäftsleitung vergleicht die von ihr für Umsatz und Gewinn vorgegebenen Ziele mit den tatsächlichen Ergebnissen, wie sie sich aus der Tabelle ergeben. Dabei wird bemängelt, dass lediglich das Umsatzziel erreicht wurde.
   Worauf ist es in den einzelnen Perioden zurückzuführen, dass trotz steigenden oder gleichbleibenden Umsatzes das Gewinnziel nicht erreicht werden konnte?
4. Stellen Sie die Kombinationen von Gewinn und Umsatz, die sich in den fünf Perioden ergeben, in einem Koordinatensystem nach dem folgendem Muster dar:

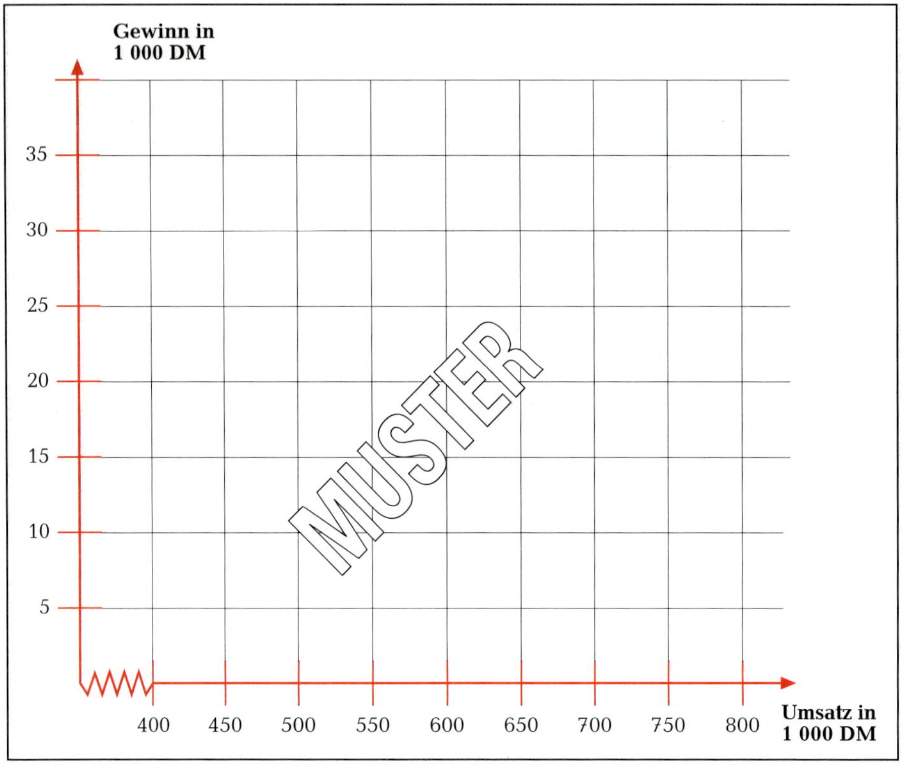

5. Folgende Zielbeziehungen sind denkbar:
   - komplementäre (miteinander verträgliche bzw. einander ergänzende) Ziele,
   - konkurrierende (miteinander unverträgliche bzw. einander behindernde) Ziele,
   - indifferente (voneinander unabhängige) Ziele.

   Stellen Sie anhand der unter 4. erstellten Grafik für die fünf Perioden fest, welche dieser Beziehungen zwischen den Zielen Umsatz und Gewinn jeweils vorlag.
6. Geben Sie für die folgenden Zielpaare eine mögliche Zielbeziehung an und ordnen Sie diese einer der drei Abbildungen (siehe Seite 66) zu. Begründen Sie jeweils Ihre Aussage.
   a) Erhöhung des mengenmäßigen Marktanteils – Umsatzsteigerung
   b) Umsatzsteigerung – Gewinnsteigerung
   c) Kostensenkung – Gewinnsteigerung

d) Verbesserung der Produktqualität – Imageerhöhung
e) Verminderung von Umweltbelastung – Gewinnsteigerung
f) Erhöhung der Marktmacht – Sicherung der Arbeitsplätze

Abb. 1

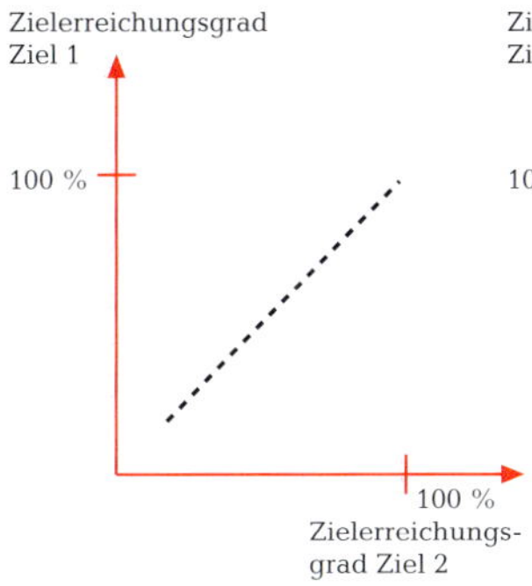

Abb. 2

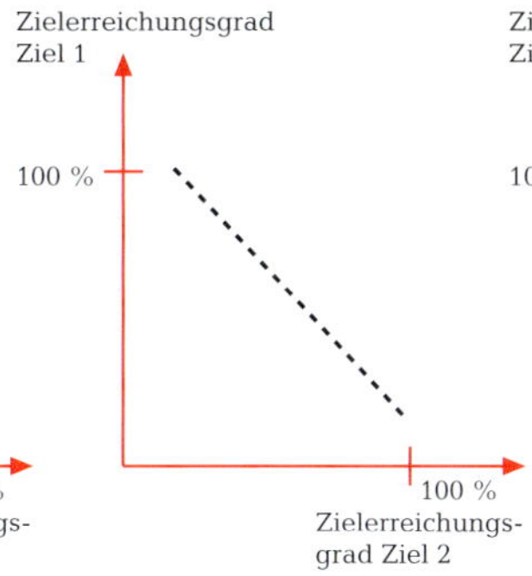

Abb. 3

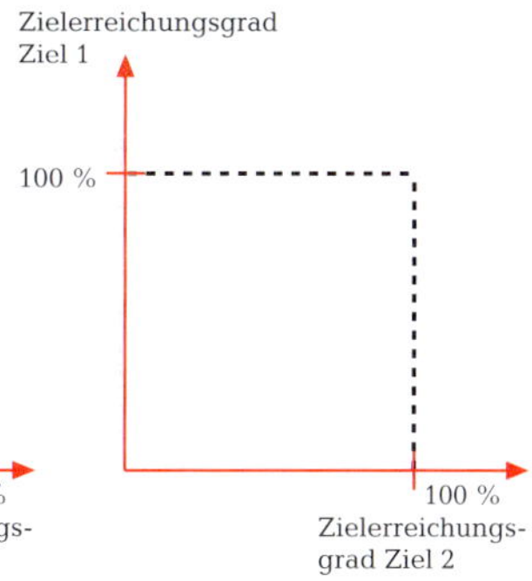

● 7. Betriebliche Ziele lassen sich in **monetäre** (= in Geldeinheiten messbare) Ziele und **nicht-monetäre** Ziele einteilen. Ordnen Sie die bei 6. genannten Ziele diesen beiden Bereichen zu.

4.03 Berechnung der Wirtschaftlichkeit

Ein Betrieb stellt nur einen Typ eines Bürostuhls her. Der patentierte Stuhl hat großen Markterfolg. Seit der Markteinführung vor 3 Jahren ist der Absatz dieses Stuhls beständig gestiegen.

Bei dem gegenwärtig gewählten Produktionsverfahren entstehen in der Produktion je Wirtschaftsperiode fixe Kosten in Höhe von 500 000 DM und je produziertem Bürostuhl variable Kosten von 100 DM. In einem Gespräch der kaufmännischen Leitung mit der technischen Leitung des Betriebes ergibt sich, dass bei der Herstellung der gegenwärtigen Produktionsmenge von 2000 Stühlen keine konkreten Rationalisierungsmöglichkeiten gesehen werden.

Im Betrieb sollen für die vergangenen 3 Jahre Wirtschaftlichkeitsberechnungen durchgeführt werden. Dabei ergibt sich folgende Übersicht:

	Jahr 1	**Jahr 2**	**Jahr 3**
Produktionsmenge	1 000	1 500	2 000
Leistung (DM)	500 000	750 000	1 000 000
Kosten (DM)	600 000	650 000	700 000
Wirtschaftlichkeits-kennzahl	0,83	1,15	1,43

● 1. Warum kann auch die günstige Wirtschaftlichkeitskennzahl von 1,43 für das 3. Jahr nicht als Beweisführung dafür dienen, dass der Betrieb absolut wirtschaftlich arbeitet?

2. In dem Beobachtungszeitraum von 3 Jahren erfolgte weder auf den Beschaffungs- noch auf den Absatzmärkten eine Preisveränderung.

● Wie ist die Veränderung der Wirtschaftlichkeitskennzahl dann zu erklären?

3. Aufgrund von Markterkundungen wird damit gerechnet, dass der Absatz des patentierten Bürostuhls im nächsten Jahr, spätestens aber im übernächsten Jahr, auf 3000 Stück gesteigert werden kann. Von der Geschäftsleitung wird deshalb erwogen, Investitionen durchzuführen und die Produktion maschinenintensiver zu gestalten. Mit der Investition würden die fixen Kosten auf 650 000 DM steigen, die variablen Kosten je Bürostuhl aber auf 40 DM sinken. Mit dem bisherigen arbeitsintensiven Verfahren könnten ohne zusätzliche Investitionen (also bei unveränderten fixen Kosten) die 3000 Bürostühle ebenfalls hergestellt werden.

● a) Ist das maschinenintensive Verfahren wirtschaftlicher?

● b) Welches Risiko ist mit einer Entscheidung aufgrund dieser Wirtschaftlichkeitsberechnung verbunden?

4.04 Berechnung der Wirtschaftlichkeit und der Rentabilität unter Berücksichtigung von Preisänderungen auf dem Beschaffungs- und dem Absatzmarkt

Aus dem Rechnungswesen eines Betriebes ergeben sich für die vergangenen 2 Jahre die in der Tabelle unten dargestellten Zahlen. In dem Betrieb sind keine betriebsfremden Aufwendungen und Erträge angefallen; die Aufwendungen sind gleich den Kosten, die Erträge gleich den betrieblichen Leistungen.

(alle Zahlen in TDM)	Jahr 1	Jahr 2
Erträge	21 000	23 100
Aufwendungen	17 500	20 400
Eigenkapital	50 000	50 000

● 1. Berechnen Sie die Kennzahlen der Wirtschaftlichkeit und der Rentabilität des Eigenkapitals für die Jahre 1 und 2. Dabei soll berücksichtigt werden, dass auf der Basis der Werte des Jahres 1 die Preise im 2. Jahr durchschnittlich auf dem Absatzmarkt um 10% und auf den Beschaffungsmärkten um 20% gestiegen sind.

● 2. Welche Ursache für die Veränderung der Rentabilität des Eigenkapitals ist erkennbar?

3. Zu Beginn des Jahres 3 hat der Betrieb Investitionen in Höhe von 10 000 TDM durchgeführt und mit einem Bankkredit finanziert. Bisher hat der Betrieb ohne Fremdkapital gearbeitet. Unter Ausnutzung der Investitionen wurde die Produktion erhöht. Im Jahr 3 stiegen die Aufwendungen auf 22 500 TDM. Darin ist ein Zinsaufwand für das zusätzlich aufgenommene Fremdkapital in Höhe von 1100 TDM enthalten. Die Erträge stiegen auf 25 000 TDM. Bezogen auf die Basis des Jahres 1 sind im Jahr 3 auf den Beschaffungsmärkten Preissteigerungen von durchschnittlich 25% und auf dem Absatzmarkt von 5% zu berücksichtigen.

● a) Wie groß ist im Jahr 3 die Rentabilität des Eigenkapitals?

● b) Überprüfen Sie, ob das Sinken der Rentabilität des Eigenkapitals darauf zurückzuführen ist, dass die Wirtschaftlichkeit gesunken ist.

● c) Wie groß ist im Jahr 3 die Rentabilität des Gesamtkapitals?

● d) Zeigt das Absinken der Rentabilität des Eigenkapitals im Jahr 3 gegenüber dem Jahr 2 an, dass die Ertragskraft des Betriebs gesunken ist?

4.05 Betriebliche Kennzahlen: Produktivität – Wirtschaftlichkeit – Rentabilität

Ein Metall und Kunststoff verarbeitender Betrieb in der Rechtsform der GmbH stellt Spezialbehälter für die chemische Industrie her. Aus dem Rechnungswesen liegen folgende Zahlen vor:

Jahr	1	2	3
Produktions- und Absatzmenge (Stück)	15 000	16 000	19 000
insgesamt geleistete Arbeitsstunden	90 500	88 000	110 000
∅ Arbeitskosten je Stunde – Löhne, Gehälter – Lohnnebenkosten	 20,00 DM 16,00 DM	 21,00 DM 18,00 DM	 22,00 DM 19,00 DM
Materialkosten je Stück (Beschaffungspreise unverändert)	150,00 DM	150,00 DM	150,00 DM
sonstige Kosten	1,75 Mio. DM	1,9 Mio. DM	2,1 Mio. DM
∅ Stückpreis je Behälter	500 DM	480 DM	530 DM
Eigenkapital (Jahresanfang)	2 Mio. DM	?	?

1. Berechnen Sie das Eigenkapital am Anfang der Jahre 2 und 3, wenn die Gewinne dem Eigenkapital zugeführt und Verluste zu Lasten des Eigenkapitals ausgeglichen werden. Andere Änderungen des Eigenkapitals liegen nicht vor.

2. Berechnen Sie für die drei Jahre folgende Kennzahlen:
   - Arbeitsproduktivität,
   - Wirtschaftlichkeit,
   - Eigenkapitalrentabilität,
   - Umsatzrentabilität.

3. Worauf kann die unterschiedliche Entwicklung der einzelnen Kennzahlen zurückzuführen sein?

4. Der Betrieb möchte für das Jahr 4 eine zusätzliche Maschine anschaffen. Die Finanzierung soll aus den Gewinnen des Jahres 3 erfolgen. Folgende Alternativen liegen vor:

   Maschine I:
   Anschaffungskosten 300 000 DM
   jährlicher Arbeitskräfteeinsatz: 5000 Stunden
   jährliche Maschinenkosten (Energie, Abschreibung, Instandhaltung usw.): 150 000 DM
   jährliche Produktionskapazität: 1200 Stück

   Maschine II:
   Anschaffungskosten 600 000 DM
   jährlicher Arbeitskräfteeinsatz: 3000 Stunden
   jährliche Maschinenkosten (Energie, Abschreibung Instandhaltung usw.): 360 000 DM
   jährliche Produktionskapazität: 2000 Stück

   Außerdem sind in beiden Fällen folgende Daten zu berücksichtigen:
   geschätzte ∅ Arbeitskosten je Stunde für Jahr 4: 43 DM
   Materialkosten je Stück 150 DM
   erwarteter Verkaufspreis je Stück für Jahr 4: 535 DM

   Es wird davon ausgegangen, dass die produzierte Menge auch abgesetzt werden kann.

- a) Berechnen Sie die Produktivität, Wirtschaftlichkeit und Rentabilität der beiden Maschinen. Für welche Maschine würden Sie sich entscheiden?
- b) Wie wirkt sich der zusätzliche Einsatz der von Ihnen gewählten Maschine auf die Kennzahlen des Gesamtbetriebes im Jahr 4 aus, wenn die übrigen Daten gegenüber Jahr 3 unverändert bleiben?

Die Stufen der Zielerreichung

4.06 Planung, Durchführung (Realisation) und Kontrolle im Rahmen des betrieblichen Leistungsprozesses

Die Firma **Union-Hotelmöbelbau GmbH** hat den Auftrag erhalten, nach den Entwürfen eines Innenarchitekten für ein neu zu eröffnendes Hotel 40 gleiche Hotelzimmereinrichtungen herzustellen. Der Auslieferungstag ist im Vertrag festgelegt.

In diesem Betrieb wird aufgrund der vorgelegten Zeichnungen der Materialbedarf nach Art und Menge genau berechnet und das Material bestellt.

Zur Kontrolle der Liefertermine werden die Durchschläge der Bestellungen in der Terminmappe abgelegt.

Das Lager wird von den zu erwartenden Materialeingängen verständigt. Die Prüfung des eingehenden Materials erfolgt im Lager.

Aus den Zeichnungen des Innenarchitekten werden die zeitliche Beanspruchung der Betriebsmittel und die benötigten Arbeitsstunden berechnet. So wird der spätestmögliche Fertigungsbeginn festgestellt.

Fertiggestellte Teile werden mit den Maßen der Zeichnungen verglichen und auf Lager genommen. Dabei wird ständig überprüft, ob der Fortgang der Fertigung der Terminplanung entspricht.

Zur Bereitstellung des notwendigen Lagerraums wird das Fertigwarenlager von diesen Terminen verständigt.

Es wird vorgemerkt, dass die notwendigen Fahrzeuge für die Auslieferung am zugesagten Liefertermin bereitstehen müssen.

Zur Kontrolle des Versands wird der quittierte Lieferschein benutzt. Der ausgeführte Auftrag wird statistisch erfasst.

- Worin bestehen Planung, Durchführung und Kontrolle bei der Herstellung der 40 Hotelzimmereinrichtungen?
- Stellen Sie das für alle Teilaufgaben fest und tragen Sie Ihr Ergebnis stichwortartig in ein Schaubild nach dem folgenden Muster ein.

Stufen der Aufgabenerfüllung / Teilaufgaben (Grundphasen)	Planung	Durchführung (Realisation)	Kontrolle
Beschaffung			
Werkstofflager			
Produktion			
Fertigwarenlager			
Absatz			

Organisation als Mittel zur Verwirklichung betrieblicher Ziele

4.07 Organisation – Improvisation – Organisatorisches Gleichgewicht

Herr **Schetter** betreibt zusammen mit seinem Sohn einen Fachbetrieb für Heizungsbau. Der Betrieb ist sehr schnell gewachsen. **Schetter** beschäftigt heute 15 Mitarbeiter. Vor sechs Wochen hat er dem Bauherrn **Frank** ein Angebot über die Einrichtung der Heizungsanlage in dessen Haus abgegeben. **Frank** hat das Angebot rechtzeitig schriftlich angenommen.

Nach Beendigung der Ausschachtungsarbeiten sucht der Bauherr **Frank** Herrn **Schetter** auf und sagt ihm, dass der Rohbau gerade begonnen wurde und in etwa zehn Wochen die Heizungsanlage montiert werden müsse.

Herr **Schetter** ist völlig überrascht. Er weiß nichts davon, dass Herr **Frank** das Angebot angenommen hat. Herr **Frank** legt ihm deshalb den Durchschlag des Schreibens mit seiner Annahmeerklärung vor.

Herr **Schetter** holt den Ordner »Angebote«, in dem alle von Lieferern eingegangenen und an Kunden abgegebene Angebote alphabetisch nach dem Namen abgelegt sind. Dort findet er das gesuchte Angebot an **Frank.**

Jetzt lässt er sich den Ordner »Aufträge« bringen. Die Aufträge sind ebenfalls alphabetisch nach dem Namen geordnet. Er findet darin den Auftrag nicht. Nach langem Suchen wird der Auftrag schließlich auf dem Schreibtisch des Sohnes gefunden. Der Sohn ist in Urlaub gefahren, ohne seinem Vater die unerledigten Vorgänge übergeben zu haben.

Der Bauherr **Frank** droht Herrn **Schetter** eine Schadenersatzklage an, falls der Baufortschritt durch Terminversäumnis der Firma **Schetter** verzögert wird.

Im Unternehmen **Schetters** wird über die Reihenfolge der Ausführung von Aufträgen von Fall zu Fall entschieden. In letzter Zeit häufen sich ernste Auseinandersetzungen mit Kunden wegen Terminschwierigkeiten.

Nach Absprache mit einer seiner Montagegruppen schlägt **Schetter** Herrn **Frank** vor, die Arbeiten an dessen Haus nach Feierabend und an Samstagen durchführen zu lassen.

1. Suchen Sie die Ursachen für die fortwährenden Terminschwierigkeiten im Betrieb **Schetters,** soweit sie aus der Schilderung erkennbar sind.
2. Nennen Sie wirtschaftliche Folgen der mangelhaften Organisation in diesem Betrieb.
3. Welche Vorgänge werden im Betrieb **Schetters** durch Organisation, welche durch Improvisation geregelt?
4. Improvisation und Organisation haben Vor- und Nachteile: Verzögerte Anpassung an veränderte Situationen; Übersicht über Betriebsaufbau und Betriebsablauf; Notwendigkeit, Probleme immer wieder neu zu durchdenken; größere Fehlerhäufigkeit; Fähigkeit zur unmittelbaren Anpassung an veränderte Situationen.

   Stellen Sie die aufgezählten Vor- und Nachteile in einem Schaubild nach folgendem Muster einander gegenüber.

	Dispositionen	
	improvisiert	organisiert
Vorteile		
Nachteile		

5.

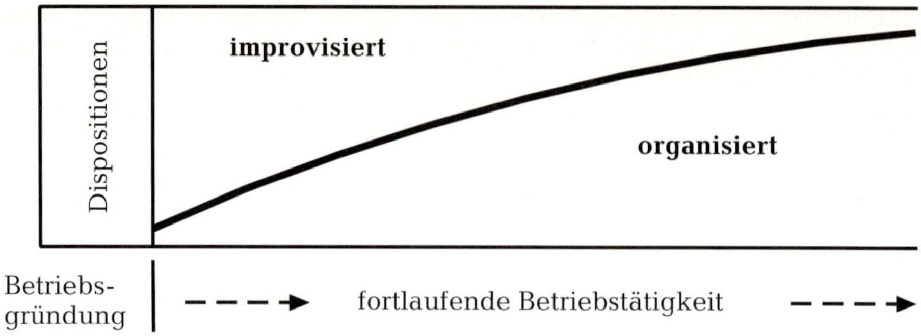

- a) Welche Behauptung wird mit diesem Schaubild aufgestellt?
- b) Überprüfen Sie, ob diese Behauptung durch die Entwicklung im Betrieb **Schetters** bestätigt wird.

4.08 Rationalisierung durch Organisation: Bearbeitung einer Eingangsrechnung

Die **Stuhlfabrik Kurt Rühe** stellt Stühle für Kantinen, Kinos, Kindergärten, Schulen und die öffentliche Verwaltung in Kleinserien her. Der immer stärker werdende Konkurrenzkampf zwingt das Unternehmen zu Rationalisierungsmaßnahmen, die zu deutlichen Verbesserungen insbesondere auf der Kostenseite führen sollen. Eine Organisationsberatungsgesellschaft wird damit beauftragt, Vorschläge zu unterbreiten, die die erwünschten Fortschritte bringen sollen.

Nach erfolgter ***Istaufnahme*** für den Vorgang »Bearbeitung einer Eingangsrechnung« hat ein Organisationsberater auf nachstehendem Formular folgendes Funktionendiagramm erstellt:

Nr.	Arbeitsablauf	Symbole	Weg in Meter	Zeit in Min.
01	Rechnung mit Tagesstempel versehen	● ➜ ■ ◗ ▽		3 Min.
02	Rechnung wird dem Abteilungsleiter der Finanzbuchhaltung vorgelegt	● ➜ ■ ◗ ▽		
03	Abteilungsleiter Finanzbuchhaltung verschafft sich Überblick über den Rechnungseingang	● ➜ ■ ◗ ▽		
04	Weiterleitung der Rechnung an den Einkauf	● ➜ ■ ◗ ▽		
05	Prüfung der Rechnung auf sachliche Richtigkeit	● ➜ ■ ◗ ▽		4 Min.
06	Ablage eines Rechnungsdurchschlags	● ➜ ■ ◗ ▽		
07	Weiterleitung des Rechnungsoriginals an Finanzbuchhaltung	● ➜ ■ ◗ ▽		
08	Kontierung mit dem Kontierungsstempel	● ➜ ■ ◗ ▽		2 Min.
09	Einbuchung der Rechnung auf Kreditoren und Sachkonten	● ➜ ■ ◗ ▽		
14	Aufbewahren der Rechnung bis zum Zahlungstermin	● ➜ ■ ◗ ▽		2 Min.
15	Überweisung schreiben	● ➜ ■ ◗ ▽		
16	Überweisung und Rechnung zum Abteilungsleiter Finanzbuchhaltung	● ➜ ■ ◗ ▽		1 Min.
17	Überweisung unterschreiben lassen	● ➜ ■ ◗ ▽		
18	Weiterleitung der Überweisung an die Postausgangsstelle zur Übermittlung an die kontenführende Bank	● ➜ ■ ◗ ▽		
19	Weiterleitung der Überweisungsdurchschrift an die Finanzbuchhaltung	● ➜ ■ ◗ ▽		2 Min.
20	Buchung des Zahlungsvorganges	● ➜ ■ ◗ ▽		
21	Ablage der Durchschrift nach erfolgter Belastung auf dem Bankkonto	● ➜ ■ ◗ ▽		

Im Durchschnitt sind in dem Unternehmen täglich 40 Eingangsrechnungen zu bearbeiten. Für diesen **gesamten Vorgangskomplex** schlägt der Organisationsberater für die Zukunft folgenden Ablauf vor.

Nr.	Arbeitsablauf	Symbole	Weg in Meter	Zeit in Min.
01	Rechnung mit Tagesstempel versehen	● ➜ ■ ◗ ▽		4 Min.
02	Rechnung geht von der Posteingangsstelle zum Einkauf	● ➜ ■ ◗ ▽		
03	Prüfung der Rechnung auf sachliche Richtigkeit	● ➜ ■ ◗ ▽		
04	Ablage eines Rechnungsdurchschlags	● ➜ ■ ◗ ▽		
05	Weiterleitung des Rechnungsoriginals an Buchhaltung	● ➜ ■ ◗ ▽		2 Min.
06	Kontierung mit dem Kontierungsstempel	● ➜ ■ ◗ ▽		
07	Einbuchung der Rechnung auf Kreditoren und Sachkonten	● ➜ ■ ◗ ▽		
08	Am Zahlungstag wird überprüft, ob die vom PC erstellte **Zahlungsvorschlagsliste** mit den Originalrechnungen übereinstimmt	● ➜ ■ ◗ ▽		15 Min.
09	Entscheidung, über welches Bankkonto die Zahlungen aus der **Zahlungsvorschlagsliste** abgewickelt werden sollen	● ➜ ■ ◗ ▽		0,5 Min.
10	Erstellung einer Zahlungsdiskette über einen EDV-Verarbeitungsablauf	● ➜ ■ ◗ ▽		0
11	Weiterleitung der Diskette an die Postausgangsstelle zur Übergabe an die kontenführende Bank	● ➜ ■ ◗ ▽		1 Min.
12	Bankbelastung für die Zahlungen des Zahlungstages	● ➜ ■ ◗ ▽		0
13	Sicherheitsabfrage der EDV, ob die Zahlungsdiskette richtig erstellt wurde	● ➜ ■ ◗ ▽		
14	automatische Buchung auf den Kreditoren, falls Sicherheitsabfrage positiv	● ➜ ■ ◗ ▽		
15	Ablage der Originalbelege nach erfolgter Belastung auf dem Bankkonto	● ➜ ■ ◗ ▽		2 Min.

Bedeutung der Symbole:

Symbol	Arbeitsgang	Beispiel
●	Bearbeitung	Erstellen eines Lieferscheins
■	Überprüfung	Vergleich bestellter mit berechneter Menge
➜	Transport	Weiterleitung einer Rechnung vom Einkauf zur Buchhaltung
◗	Verzögerung	Warten mit der Buchung bis Prüfungsvorgang ausgeführt
▽	Lagerung	Ablage eines Beleges

- 1. Zeigen Sie, durch welche Vorschläge des Organisationsberaters wesentliche Rationalisierungsvorteile erreicht werden sollen.

- 2. Welcher unterschiedliche Buchungszweck wird mit den Buchungen aus den Vorgängen 07 und 14 (neuer Arbeitsablauf) verfolgt?

3. Für die Tätigkeiten im Bereich der kaufmännischen Verwaltung wird ein durchschnittlicher Stundenverrechnungssatz von 65,00 DM angesetzt.

- Welche jährlichen Kosteneinsparungen im Personalbereich lassen sich nach erfolgreicher Rationalisierung des oben beschriebenen Arbeitsvorganges erreichen (225 Arbeitstage pro Jahr)?

- 4. Welche Ergebnisse lassen sich aus Ablaufdiagrammen gewinnen?

4.09 Aufgabengliederung nach dem Objekt und nach der Verrichtung

Das Maklerbüro **Schuck** befasst sich in einer süddeutschen Großstadt mit der Vermittlung von unbebauten Grundstücken, Mietwohnungen und Zimmern. Interessenten werden durch regelmäßige Anzeigen in Tageszeitungen geworben. Die Adressen der Verkäufer und Vermieter gehen überwiegend telefonisch, aber auch brieflich ein. Mieter und Käufer erhalten Auskünfte nur bei persönlicher Vorsprache oder brieflich. Alle verfügbaren Objekte werden den Interessenten regelmäßig bekannt gegeben. Dazu wird eine Hauszeitschrift auf dem hauseigenen Bürodrucker hergestellt. Interessenten und Objekte werden mittels EDV erfasst. Mieter und Käufer sind verpflichtet, Vertragsabschlüsse dem Maklerbüro unverzüglich zu melden. Provisionsansprüche des Maklers entstehen erst nach erfolgreicher Vermittlung.

● 1. Zählen Sie Teilaufgaben auf, die zur Erfüllung der Gesamtaufgabe des Maklerbüros notwendig sind.

2. Die Aufbauorganisation des Maklerbüros soll neu durchdacht werden.

● a) Wie könnte die Organisation des Maklerbüros aussehen, wenn die Aufgaben nach dem Objekt gegliedert werden? Stellen Sie diese Aufbauorganisation nach folgendem Muster dar.

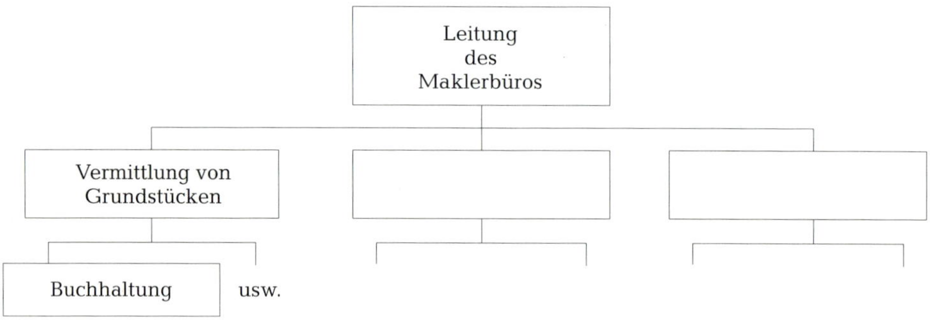

b) Es wird behauptet: Die Vorteile der Organisation eines Unternehmens nach dem Objekt nehmen mit der Größe des Unternehmens zu.

● Versuchen Sie diese Behauptung zu begründen. Das vorstehende Organisationsschaubild kann Ihnen dabei helfen.

● c) Wie könnte das Organisationsschaubild des Maklerbüros grundsätzlich aussehen, wenn die Aufgaben nach der Verrichtung gegliedert werden?

Muster für die Lösung:

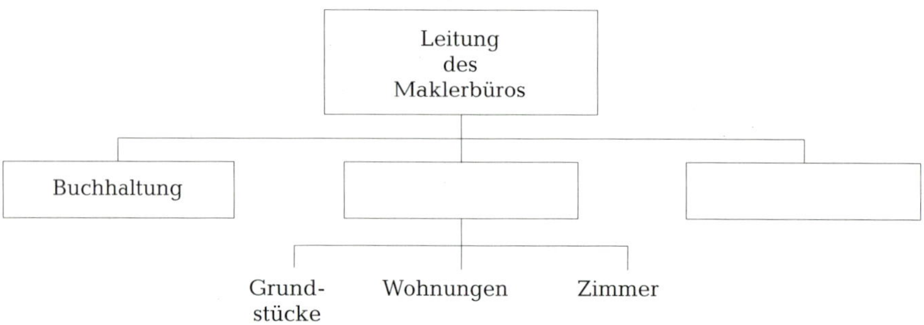

● 3. Machen Sie einen Vorschlag für die Aufbauorganisation eines Maklerbüros mit ca. 20 Beschäftigten.

4.10 Einlinien-, Mehrlinien-, Stabliniensystem – Organigramm – Instanzenbreite – Instanzentiefe – Formale und informale Beziehungen

Im Organigramm der Firma **Süddeutsche Pumpen- und Armaturenbau AG (SPA)** sind die dienstlichen Beziehungen der Mitarbeiter dargestellt (vgl. Abb. unten).

1. Wer kann in diesem Unternehmen Entscheidungen treffen, die für jeden Mitarbeiter verbindlich sind?
2. Für wen ist eine von **Henitz** getroffene Entscheidung bindend?
3. Nach welchem Weisungssystem ist die Organisation aufgebaut?
4. Die technische Leitung gibt die Anweisung an den Einkauf, für die Zulieferung eines Elektromotors einen bestimmten Lieferanten zu berücksichtigen.
   Ist die Anweisung für die Einkaufsabteilung bindend?
5. Wie groß ist in diesem Betrieb jeweils die Instanzenbreite auf der zweiten Führungsebene?
6. Wie viele übereinander angeordnete Stellenebenen (Instanzentiefe) sind aus dem Schaubild zu erkennen?

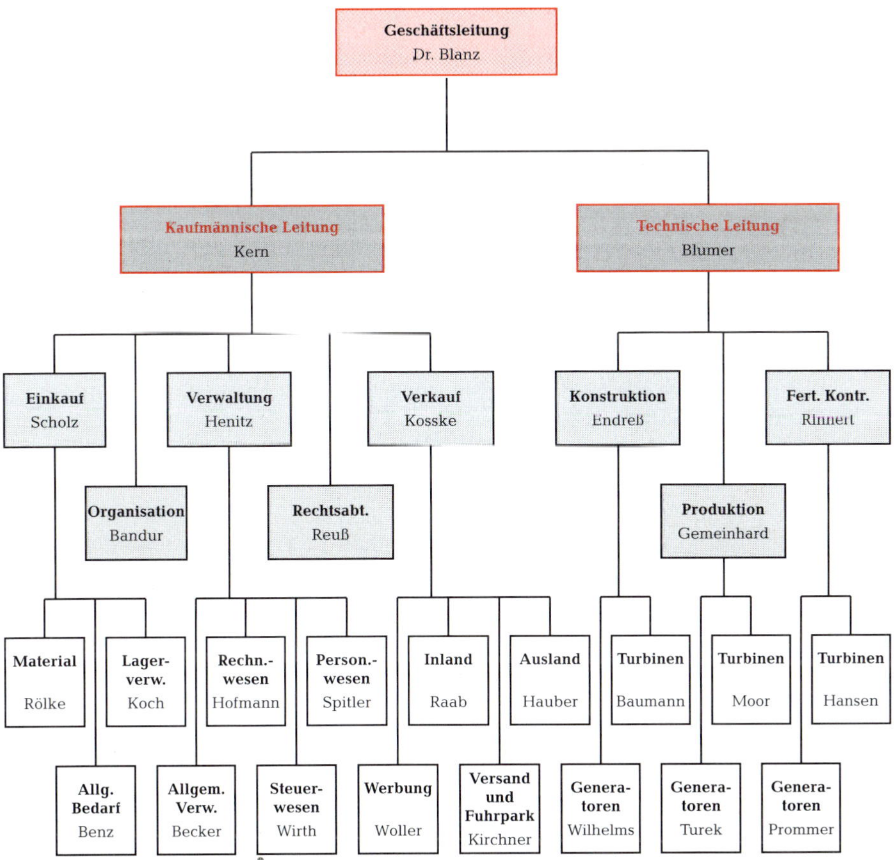

7. Das Unternehmen hat, vor allem durch die Umsatzerhöhung von Reaktorpumpen, eine so starke Ausweitung erfahren, dass eine auf die Zukunft gerichtete Neuorganisation gefunden werden muss. Deshalb wird vorgeschlagen, der Geschäftsleitung Stabsabteilungen zuzuordnen.

   Stabsstellen sollen für Organisation und Rechtsfragen eingerichtet werden.

   ● a) Nennen Sie Aufgaben der Organisationsstelle und der Rechtsabteilung.

   ● b) Halten Sie es für gerechtfertigt, dass die Organisationsstelle und die Rechtsabteilung aus der Linie der kaufmännischen Leitung herausgenommen und der Geschäftsleitung unmittelbar zugeordnet werden?

8. In einem Kraftwerk erbringen die von der Firma **SPA** gelieferten Generatoren nicht die vertragsmäßig zugesicherte Leistung. Die Ingenieure **Turek** und **Prommer** sollen deshalb sofort zu dem Kraftwerk fahren und die Ursache an Ort und Stelle suchen. Für die Fahrt fordern sie vom Fuhrpark einen Pkw an.

   ● a) Auf welchem Weg gelangt die Anforderung eines Pkw durch **Turek** und **Prommer** aufgrund des vorliegenden Organisationsplanes an die Abteilung Versand und Fuhrpark?

   ● b) Welchen Vorteil hätte es in diesem Fall, wenn der Fuhrpark mit allen Abteilungsleiterstellen nach einem Mehrliniensystem verbunden wäre?

9. Großabnehmer für die Reaktorpumpen der Firma **SPA** ist eine ausländische Regierung. Dieser Großabnehmer fordert, dass die Fertigungskontrolle für Reaktorpumpen direkt der Geschäftsleitung unterstellt wird und aus der Linie der technischen Leitung herausgelöst wird.

   ● Was ist nach Ihrer Ansicht der Grund für diese Forderung?

● 10. Zeichnen Sie die ersten drei Ebenen des Organigramms nach der Umorganisation. (Angaben der Aufgaben Nr. 7 und 9 berücksichtigen.)

11. In der **Süddeutschen Pumpen- und Armaturenbau AG** tritt folgendes Entscheidungsproblem auf:

    Die Lieferung einer Spezialpumpe für 950 000 DM ist auf den 01.09. d. J. zugesagt worden. Das dazu notwendige Kugelgehäuse aus nichtrostendem Stahl im Werte von 300 000 DM wurde bei einer Spezialgießerei bestellt. Das Gehäuse trifft am 01.07. d. J. ein. Die Röntgenaufnahme durch die Fertigungskontrolle lässt Risse im Gehäuse erkennen. Die Geschäftsleitung steht vor der Entscheidung, ob sie das Kugelgehäuse verschrotten und Ersatzlieferung verlangen oder das Gehäuse im eigenen Werk nachbessern lassen soll.

    Dazu erhält sie folgende Informationen:

    - Die Lieferzeit für eine Ersatzlieferung beträgt 4 Monate, bei anderen Lieferern noch länger.
    - Eine Nachbesserung im eigenen Werk ist terminlich möglich.
    - Eine Nachbesserung, die den Anforderungen der Fertigungskontrolle entspricht, ist technisch möglich.

    ● Von wem erhält **Dr. Blanz** die für die Entscheidung notwendigen Informationen?

12. Der amerikanische Nationalökonom **Galbraith** vertritt in seinem Buch »Die moderne Industriegesellschaft«[1] die Meinung, dass die Entscheidungen im modernen Geschäftsleben nicht das Ergebnis Einzelner, sondern von Gruppen sind. Die Führungsspitze sei bei der Entscheidungsfindung auf das spezielle Wissen, die Talente und Erfahrungen aller Mitarbeiter angewiesen, unabhängig von dem Rang in der formellen Firmenhierarchie.

    ● Überprüfen Sie die Behauptung von **Galbraith** am Beispiel der Lieferung des mangelhaften Kugelgehäuses.

[1] J.K. Galbraith, Die moderne Industriegesellschaft, München 1968

13. Außer den im Organigramm ausgewiesenen formalen Beziehungen zwischen den Betriebsangehörigen bestehen noch folgende persönlichen Beziehungen:

    Blumer ist zusammen mit **Hofmann** im Gemeinderat, jedoch nicht in der gleichen Fraktion;

    Kosske, Henitz und **Baumann** sind zusammen in der gleichen Karnevalsgesellschaft;

    Endreß und **Gemeinhard** haben in der gleichen Klasse Abitur gemacht;

    Rinnert und **Turek** sind Nachbarn;

    Gemeinhard und **Baumann** sind zusammen im Elternbeirat der Schule ihrer Kinder;

    Gemeinhard und **Turek** spielen regelmäßig Schach miteinander.

    ● Zeichnen Sie das Organigramm nach der Neuorganisation und kennzeichnen Sie die informalen Beziehungen der geschilderten Personen, indem Sie ihre Stellen mit gestrichelten Linien verbinden.

● 14. Ordnen Sie die unten aufgezählten möglichen Folgen der informalen Beziehungen nach Vorteilen und Nachteilen. Beachten Sie, dass manche Folgen, je nach Standpunkt, sowohl Vor- als auch Nachteile sein können.

> Erfüllung des Wunsches nach Anerkennung, Gedankenaustausch, Ideenaustausch, Störung betrieblicher Anordnungen, Ausgleich für uninteressante Arbeit, leistungshemmende Rivalitäten zwischen betrieblichen Gruppen, Schaffung eines persönlichen Sicherheitsgefühls, Unterdrückung individueller Initiativen, Entstehung von betrieblichem Gemeinschaftsgeist, Umgehung der formalen Informationswege.

4.11 Aufbauorganisation einer Margarinefabrik

A Fallschilderung

Allgemeines

Die Margarinefabrik **Otto Fahrmann KG** beschäftigt heute 100 Mitarbeiter. Sie wurde vor 40 Jahren vom jetzigen Inhaber, **Otto Fahrmann,** als Einzelunternehmen am Rande einer Großstadt gegründet. Nach der Eheschließung beteiligte sich die Ehefrau **Fahrmanns** als Kommanditistin am Unternehmen. Seit 10 Jahren ist die Tochter **Fahrmanns** (einziges Kind) ebenfalls am Unternehmen beteiligt.

Fahrmann kann sich gegen die übrige konzerngebundene Margarineindustrie gut behaupten. Vor allem haben die Margarinesorten der **Fahrmann KG** im näheren Bereich des Firmensitzes einen guten und sicheren Absatz. Seit dem letzten Jahr hat das Unternehmen sogar eine überdurchschnittliche Absatzsteigerung zu verzeichnen, was insbesondere auf eine neue spezielle Gesundheitsmargarine zurückzuführen ist.

Inzwischen hat die Tochter Fahrmanns den 32-jährigen Diplom-Chemiker **Harald Vollmer** geheiratet, der seit zwei Jahren bei **Otto Fahrmann** Betriebsleiter ist.

Geschäftsleitung

Herr **Fahrmann** ist alleiniger Geschäftsleiter. Er befasst sich hauptsächlich mit Finanzierungsfragen und hält Kontakt zu den Hauptlieferanten und Großabnehmern wie Großhändler, Supermärkte u.ä. Durch sein Verhandlungsgeschick ist es ihm immer wieder gelungen, günstige Lieferverträge auszuhandeln und neue Kunden zu gewinnen. Innerbetrieblich kümmert er sich um jede Kleinigkeit und verlangt bei allen Entscheidungen, auch in der untersten Ebene, hinzugezogen zu werden. Allerdings überlässt er dann die Entscheidungen doch wieder den Mitarbeitern, welche er bei Fehlentscheidungen zur Rechenschaft zieht.

Sekretariat der Geschäftsleitung

Frau **Neuber,** welche das Sekretariat leitet, ist gleichzeitig die rechte Hand **Fahrmanns.** Sie gehört dem Unternehmen schon 25 Jahre an. Ihr unterstehen mehrere Bürogehilfinnen und Sekretärinnen sowie ein jüngerer Industriekaufmann, welcher die dem Sekretariat unterstehende Personalverwaltung leitet. Er empfindet es jedoch nicht angenehm, eine Frau als unmittelbare Vorgesetzte zu haben und wartet auf ein günstiges Stellenangebot. Zwei Sekretärinnen stehen wegen der Nachfolgeschaft Frau **Neubers** in einem Konkurrenzkampf. Mit dem Ausscheiden Frau **Neubers** ist jedoch erst in ca. 5 – 6 Jahren zu rechnen. Dem Sekretariat untersteht auch noch der Fuhrpark des Unternehmens. Frau **Neuber** trägt sich mit dem Gedanken, ein zentrales Schreibzimmer einzurichten, in dem die Korrespondenz aller Abteilungen geschrieben werden soll.

Assistent der Geschäftsleitung

Dipl.-Kfm. **Dr. Horst Bühler** ist Assistent **Fahrmanns.** Zu **Dr. Bühlers** Aufgabengebiet gehört neben der betriebswirtschaftlichen Beratung **Fahrmanns** auch noch die Behandlung von Rechts- und Steuerfragen. Außerdem befasst er sich noch mit Organisationsfragen im Verwaltungsbereich des Unternehmens. **Dr. Bühler** neigt jedoch mehr zur Arbeit im Marketingbereich, weil er zwei Jahre an einem absatzwissenschaftlichen Hochschulinstitut tätig war. Er ist mit seiner jetzigen Tätigkeit nicht voll zufrieden und trägt sich gelegentlich mit dem Gedanken der Kündigung.

Einkauf und Rechnungswesen

Diese beiden Bereiche leitet Herr **Rowald,** der bereits seine Ausbildungszeit bei **Fahrmann** verbracht hatte. Er kennt den Betrieb in- und auswendig und hat sich durch ständige Weiterbildung (Bilanzbuchhalterprüfung, EDV-Kurs) zu einem hervorragenden Fachmann des Rechnungswesens entwickelt. Allerdings fühlt er sich in letzter Zeit beruflich überlastet, worauf auch sein angegriffener Gesundheitszustand zurückzuführen ist.

Verkauf

Herr **Müller,** Absolvent einer Fachhochschule für Betriebswirtschaft, leitet den Verkauf. Seine Tätigkeit umfasst in der Hauptsache die Vertriebsorganisation. Er besitzt überdurchschnittliche organisatorische Fähigkeiten. Bei den Kunden ist er jedoch weniger beliebt, weil er Mängelrügen häufig schroff beantwortet und im Umgang nicht immer den richtigen Ton findet. Manche Kunden konnten erst wieder durch das persönliche Einschreiten **Fahrmanns** zurückgewonnen werden. Mit dem Werbeleiter des Unternehmens hat er wegen Werbemaßnahmen oft Meinungsverschiedenheiten, welche sich aber eher positiv auswirken. Trotz Meinungsverschiedenheiten im geschäftlichen Bereich sind beide im örtlichen Tennisclub gute Sportkameraden.

Werbung

Diese Abteilung leitet der Werbegrafiker **Malwig.** In den kaufmännischen Bereich hat er sich, wenn auch widerwillig, eingearbeitet. Er wurde auf Empfehlung **Müllers** mit dieser Stelle betraut. Nachdem es mehrmals zwischen **Malwig** und **Fahrmann** wegen wirkungslos gebliebener Werbemaßnahmen zu harten Auseinandersetzungen kam, entstand zwischen **Malwig** und dem Chef ein gespanntes Verhältnis. **Malwig** hat bei diesen Auseinandersetzungen mehrmals mit Kündigung gedroht.

Fertigung und Betriebsverwaltung

Der technische Bereich untersteht dem Schwiegersohn **Fahrmanns,** Diplom-Chemiker **Vollmer.** Der Fertigungsprozess ist modern gestaltet und wirft keine Probleme auf. Da **Vollmer** keinerlei kaufmännische Ausbildung besitzt, lässt die Betriebsverwaltung zu wünschen übrig. Die Abteilung Rechnungswesen beklagt sich häufig darüber, dass das notwendige Zahlenmaterial für die Betriebsabrechnung nicht rechtzeitig zur Verfügung stehe. **Vollmer** vertritt seinem Schwiegervater gegenüber den Standpunkt, dass er für die bewährte Qualität der produzierten Margarine verantwortlich sei und für den kaufmännischen Kram keine Zeit habe. Vor allem halte er es für unbedingt notwendig, dass ein Diplom-Ingenieur für die Betreuung der technischen Apparatur eingestellt werden müsse.

Mit dem Assistenten der Geschäftsleitung ist **Vollmer** von der Studienzeit her eng befreundet, weil sie in der gleichen Studentenverbindung waren.

Übrige Bereiche

Die übrigen Arbeitsbereiche werfen keine Probleme auf. Beschaffungs- wie auch Absatzlager sind dem technischen Bereich zugeordnet.

Problem

Fahrmann ist jetzt 68 Jahre und macht sich Gedanken über seine Nachfolgerschaft. Es gibt für ihn keinen Zweifel, dass sein Schwiegersohn einmal den Betrieb übernehmen soll.

Allerdings fühlt sich **Fahrmann** noch rüstig genug, um am Unternehmungsgeschehen teilhaben zu können.

Fahrmann möchte ein Organisationssystem finden, das seinem Schwiegersohn genügend Entscheidungsspielraum lässt, jedoch Fehlentscheidungen verhindert. Soweit es das neue Organisationssystem notwendig machen sollte, könnte auch an eine Änderung der Rechtsform der Unternehmung gedacht werden.

B Problemlösung

I. Lageanalyse

- 1. Zeichnen Sie ein Organigramm der in diesem Unternehmen bestehenden Organisation.
- 2. Stellen Sie fest, welches Entscheidungs- und welches Weisungssystem vorliegt.
- 3. Stellen Sie zusammen, welche Verhältnisse Ihnen günstig und welche Ihnen ungünstig erscheinen.

II. Zielsetzung

- Formulieren Sie die Ziele für eine Neuorganisation der **Fahrmann KG.**

III. Maßnahmen

- 1. Machen Sie unter Berücksichtigung der erarbeiteten Zielsetzung Vorschläge für
  a) ein Entscheidungssystem,
  b) ein Weisungssystem,
  c) die Zuweisung von Kompetenzen.
  Begründen Sie Ihre Vorschläge.
- 2. Zeichnen Sie ein neues Organigramm unter Berücksichtigung der von Ihnen vorgeschlagenen Maßnahmen.

Die Organisation der Führungsspitze

4.12 Direktorialsystem – Kollegialsystem

Die Firmenleitung des Tiefbauunternehmens **Hörner und Sohn** besteht aus drei Gesellschaftern, dem Seniorchef **Günther Hörner** (72 Jahre), seinem Sohn **Hans** (38 Jahre) und seinem Schwiegersohn **Egon Schwarz** (42 Jahre). Am Gewinn sind alle drei im gleichen Umfang beteiligt. Jedoch hat sich der Seniorchef im Gesellschaftsvertrag alle Entscheidungen vorbehalten. Er hat das Unternehmen gegründet und möchte über die weitere Entwicklung des Unternehmens auch weiterhin allein bestimmen.

Der Sohn **Hans Hörner** ist Tiefbauingenieur und für den technischen Bereich verantwortlich, der Schwiegersohn **Egon Schwarz** ist Betriebswirt und leitet den kaufmännischen Bereich. Beide sind der Meinung, dass die Anschaffung einer modernen Straßenbaumaschine dringend notwendig sei, um im Konkurrenzkampf bestehen zu können. Der Seniorchef **Günther Hörner** ist dagegen, weil die Investition die Aufnahme eines Kredits notwendig machen würde. Er hält diese Investition gegenwärtig für so risikoreich, dass er sie nur mit Eigenkapital durchführen würde.

● 1. Welches Entscheidungssystem ist in dem Tiefbauunternehmen **Hörner und Söhne** verwirklicht?

● 2. Würden Sie für das Tiefbauunternehmen **Hörner und Söhne** das Direktorialsystem oder das Kollegialsystem vorziehen?

Begründen Sie Ihre Meinung, indem Sie Vor- und Nachteile beider Entscheidungssysteme gegenüberstellen.

4.13 Autoritärer Führungsstil – Mitarbeiterbedürfnisse – Management by Exception – Management by Objectives

Die **Union-Hotelmöbelbau GmbH** hat sich in den letzten Jahren außerordentlich vergrößert. Sie stattet vor allem Hotels in ausländischen Feriengebieten aus. In dem Unternehmen arbeiten 300 Mitarbeiter.

Der Mitbegründer und Hauptanteilseigner des Unternehmens, Herr **Gerber,** ist alleiniger Geschäftsführer der **Hotelmöbelbau GmbH.**

Herr **Gerber** will in allen geschäftlichen Angelegenheiten Bescheid wissen und alle anfallenden Entscheidungen selbst treffen. Jeder geschäftliche Vorgang geht zunächst durch seine Hände. Er gibt die Ausführungsanweisungen an die Mitarbeiter weiter. Über die Erledigung jeder einzelnen Aufgabe lässt er sich informieren und trifft, wenn nötig, weitere Entscheidungen und gibt Anweisungen.

Ein Unternehmensberater stellt als Ergebnis seiner Lageanalyse fest:

- Das Arbeitsklima auf Abteilungsebene ist schlecht, weil
  - der Einzelne kaum einen Entscheidungsspielraum hat,
  - nur ein geringes Vertrauensverhältnis zwischen den Abteilungsleitern und Herrn **Gerber** besteht,
  - Herr **Gerber** stark überlastet ist.
- Aufträge werden häufig nicht termingerecht erledigt.
- Auf allen Ebenen erfolgt eine starke Fluktuation von Arbeitskräften.
- Die Außendienst-Architekten haben keinen Spielraum bei der Angebotsabgabe; es ist jeweils eine Rücksprache mit **Gerber** notwendig.

1. Die folgende Abbildung gibt in Form einer Pyramide die Rangfolge menschlicher Bedürfnisse und Arbeitsanreize wieder.

● Stellen Sie fest, welche Bedürfnisse der Mitarbeiter bei dem von Herrn **Gerber** praktizierten autoritären Führungsstil ganz oder teilweise unberücksichtigt bleiben.

Bedürfnispyramide nach A. H. Maslow (amerikanischer Psychologe)	Bestimmungsgründe der Arbeitsmotivation nach F. Herzberg (amerik. Arbeitswissenschaftler)
Selbstverwirklichung	Entfaltungsmöglichkeiten, Verantwortung, Beförderung
Ich-Bedürfnisse: Anerkennung, Status, Prestige, Achtung, Wertschätzung	Anerkennung der Leistung
Soziale Bedürfnisse: Zugehörigkeit, Liebe, Zuneigung, Interaktion	Qualität der zwischenmenschlichen Beziehungen mit Mitarbeitern, Vorgesetzten, Untergebenen
Sicherheitsbedürfnisse: Sicherung des Daseins, des Arbeitsplatzes, der Zukunft	Arbeitsplatzsicherheit
Physiologische Bedürfnisse: Essen, Trinken, Wohnung	Arbeitsbedingungen, Lohn

2. Der Unternehmensberater kommt zu dem Ergebnis. dass die Ursachen der internen Probleme der **Union-Hotelmöbelbau GmbH** in der Nichtbeachtung von allgemein anerkannten Grundsätzen der Unternehmensführung liegen. Er schlägt vor, durch Aufgabendelegation sowie Informations-, Beratungs- und Mitspracherecht die Mitarbeiter stärker an Entscheidungen zu beteiligen. Folgende Führungsprinzipien werden dabei zur Diskussion gestellt:

   Management by Exception

   Darunter wird Führung nach dem Ausnahmeprinzip verstanden. Alle Entscheidungen, welche im Zusammenhang mit einem normalen und störungsfreien Betriebsablauf notwendig sind, werden auf der mittleren und unteren Führungsebene getroffen. Das Top-Management entscheidet nur in Ausnahmefällen, z.B. Aufnahme eines neuen Modells in einem Unternehmen der Kraftfahrzeug-Industrie.

   Management by Objectives

   D.h. Führen durch Zielvereinbarung. Dabei handelt es sich um eine Organisation der Unternehmensführung, bei der alle Entscheidungsträger ihr Handeln nach eindeutig und nachprüfbar formulierten Zielen ausrichten. Nach diesen Oberzielen werden die für die einzelnen Entscheidungsbereiche maßgebenden Unterziele (Bereichsziele) festgesetzt.

- Beurteilen Sie, ob durch die Anwendung der vorgeschlagenen Führungsprinzipien die innere Unternehmenssituation verbessert werden könnte.

5 Das Unternehmen

Die Gründung eines Unternehmens

Lösungsblatt

5.01 FALLSTUDIE: Standortwahl eines Unternehmens – Entscheidungsbewertungstabelle

Karl-Heinz Rauer und **Hubert Klein** aus **Freiburg** beschäftigen sich seit 2 Jahren im Nebenberuf mit dem Zusammenbau und dem Vertrieb von Computern aus importierten Bauteilen. Herr **Rauer** ist für die Produktion und Herr **Klein** für die Verwaltung und den Vertrieb zuständig. Für die preisgünstigen Fertigprodukte, die über Annoncen in verschiedenen Computerzeitschriften angeboten werden, hat sich inzwischen eine rege Nachfrage entwickelt. Der Direktversand verspricht auch künftig weitere Zuwachsraten. Um aber nicht zu abhängig vom Versandgeschäft zu werden, möchten die beiden Herren künftig auf dem regionalen Markt auch die Produkte »EDV-Beratung« und »EDV-Komplettlösungen nach Kundenwünschen« anbieten.

Da die bisherigen Räumlichkeiten sehr beengt sind und weitere Mitarbeiter eingestellt werden sollen, wird nach einem neuen Standort gesucht. Es ist beabsichtigt, in einem Gewerbegebiet ein Grundstück (Größe ca. 1500 m²) zu erwerben, auf dem ein entsprechendes Gebäude errichtet werden soll.

Nach längerer Suche kommen 3 Standorte in die engere Wahl:

1. Standort A: kleinere Gemeinde in Südbaden
2. Standort B: mittlere Kleinstadt im Großraum Rhein/Main
3. Standort C: Großstadt im Ruhrgebiet

Für die Entscheidung liegen folgende Daten vor:

Standortfaktoren	Standort A	Standort B	Standort C
Grundstückspreise in einem Gewerbegebiet unter Berücksichtigung öffentlicher Förderung	90 DM/m²	130 DM/m²	60 DM/ m²
Gewerbesteuerhebesatz	400%	480%	380%
Lohnniveau	mittel	sehr hoch	niedrig
durchschn. Kundenentfernung beim Direktversand	500 km	300 km	250 km
Regionale Absatzmöglichkeiten für EDV-Komplettlösungen und EDV-Beratung unter Berücksichtigung der regionalen Konkurrenzverhältnisse	geringe Konkurrenz bei steigender Nachfrage	sehr starke Konkurrenz bei starker Nachfrage	mittlere Konkurrenz bei künftig steigender Nachfrage
Verkehrsanbindung	mittel	sehr gut	gut
Freizeitwert	sehr hoch	mittel	gering
persönliche Präferenz	sehr stark	schwach	ganz schwach

- Fertigen Sie eine Tabelle für die Entscheidungsfindung nach folgendem Muster an und begründen Sie die Standortentscheidung:

Vorgehensweise bei Erstellung einer Entscheidungsbewertungstabelle:

1. Auswahl geeigneter Kriterien, anhand derer die drei Standorte verglichen werden sollen (z.B. Lohnniveau, Verkehrsanbindung u.a.). Die Kriterien werden in die erste Spalte der Entscheidungsbewertungstabelle eingetragen.
2. Die ausgewählten Kriterien werden nach ihrer Wichtigkeit mit Gewichtungspunkten (W) von 1 bis 10 in der zweiten Spalte der Entscheidungsbewertungstabelle versehen. Dabei müssen nicht alle Gewichtungspunkte von 1 bis 10 vergeben werden. Es können auch mehrere Kriterien gleiche Punktzahlen aufweisen.
3. Die Ausprägung der einzelnen Kriterien bei den drei Standorten wird in den Spalten (B) mit Punkten von 0 bis 3 bewertet. Dabei ist folgende Bewertungstabelle zu benutzen:

sehr gute Ausprägung (sehr hoher Nutzen)	=	3 Bewertungspunkte
gute Ausprägung (hoher Nutzen)	=	2 Bewertungspunkte
mäßige Ausprägung (geringer Nutzen)	=	1 Bewertungspunkt
schwache oder keine Ausprägung (kein Nutzen)	=	0 Bewertungspunkte

4. Die Gewichtungspunkte (W) werden mit den Bewertungspunkten (B) multipliziert. Für jeden Standort ist die Summe aus den Ergebnissen W × B zu ermitteln.
5. Durch Vergleich der ermittelten Summen kann der günstigste Standort ermittelt werden.

		Standort A		**Standort B**		**Standort C**	
Standortfaktoren	**Wichtigkeit** ganz wichtiger Faktor = 10 Pkte unwichtiger Faktor 1 Pkt **(W)**	**Nutzen der Faktoren** sehr hoch = 3 Pkte kein Nutzen = 0 Pkte **(B)**	**Gewichteter Nutzen** **G = W × B**	**Nutzen der Faktoren** sehr hoch = 3 Pkte kein Nutzen = 0 Pkte **(B)**	**Gewichteter Nutzen** **G = W × B**	**Nutzen der Faktoren** sehr hoch = 3 Pkte kein Nutzen = 0 Pkte **(B)**	**Gewichteter Nutzen** **G = W × B**
1. **2.** **3.** . .							
Summen							

5.02 Gründung und Firma eines Einzelunternehmens

Wilhelm Gerhard Beyer will in 79361 **Sasbach** ein Eisenwareneinzelhandelsgeschäft gründen, das er als Einzelunternehmer betreiben will.

- 1. Prüfen Sie, ob die Errichtung eines neuen Geschäftes von irgendeiner Behörde genehmigt werden muss. GG Art. 12 (1) GeWO § 1
- 2. Bei welchen Behörden hat **Beyer** seine Neugründung anzumelden? § 14 HGB §§ 1, 29 AO § 138 SGB VII §§ 2, 121

3. **Beyer** überlegt, wie er firmieren soll.

- Welche der folgenden Firmenbezeichnungen sind für ihn erlaubt? HGB §§ 17–19

Wilhelm Gerhard Beyer – Wilhelm Beyer, eingetragener Kaufmann
Eisen-Beyer e.K. – Sasbacher Eisenwaren e.K.

HGB § 30

4. Vor der endgültigen Eintragung seiner Firma informiert sich **Beyer** beim zuständigen Handelsregister und stellt fest, dass eine Firma **Gerhard Beyer,** Landproduktehandlung e.K., in **Sasbach** bereits eingetragen ist.

   a) Prüfen Sie, ob er von den Firmenvorschlägen deshalb einige nicht verwenden kann.

   b) Welchen Sinn hat die Eintragung der Firma im Handelsregister?

§ 22

   c) Einige Zeit nach der Anmeldung und Eintragung seiner Firma erfährt **Beyer,** dass die **Landesproduktenhandlung Beyer e.K.** vom Schwiegersohn **Fritz Müller** übernommen worden ist. **Müller** arbeitet aber nach wie vor mit dem Briefkopf **Gerhard Beyer** und unterschreibt sogar seine Geschäftsbriefe mit **Gerhard Beyer.**

   Kann der Eisenwarenhändler verlangen, dass **Fritz Müller** das unterlässt?

   Begründen Sie die Regelung des Gesetzgebers.

MarkenG §§ 1, 5, 15 HGB §§ 30, 37

5. In einem Branchenadressbuch stellt **Beyer** fest, dass in dem mehr als 100 km entfernten **Bruchsal** ein **Gerhard Beyer** einen Eisenwareneinzelhandel betreibt. Die Firma ist dort im Handelsregister mit der gleichen Firmenbezeichnung eingetragen, die **Beyer** in **Sasbach** gewählt hat.

   Hat **Beyer** in **Sasbach** zu befürchten, dass **Beyer** in **Bruchsal** eines Tages gerichtlich erzwingt, dass er seine Firmenbezeichnung ändern muss?

Rechtsformen

Die offene Handelsgesellschaft (OHG)

Lösungsblatt

5.03 OHG: Firma – Geschäftsführung – Vertretung – Haftung – Gesellschaftsvertrag – Gewinnverteilung

Kröner, Wiegert und **Löffler** vereinbaren die Gründung eines Delikatessengroßhandels. Da sich alle seit Jahren bereits kennen und jeder bereit ist, auch mit seinem Privatvermögen zu haften, vereinbaren Sie die Gründung einer OHG.

Der Inhalt des abgeschlossenen Gesellschaftsvertrages ist nachstehend wiedergegeben:

Der Kaufmann Hugo Kröner, Ernst-Scheel-Str. 9, 23968 Wismar-Wendorf
der Lebensmittelchemiker Max Wiegert, Fischerreihe 48, 23966 Wismar-Friedenshof
und
der Kaufmann Friedhelm Löffler, Am Katersteig 12, 23970 Wismar-Dargetzow
schließen folgenden Gesellschaftsvertrag:

§ 1

Wir errichten eine offene Handelsgesellschaft zum Betriebe eines Delikatessengroßhandels mit dem Sitz in Wendorf unter der Firma

Hugo Kröner OHG, Delikatessengroßhandel

§ 2

Herr **Kröner** legt in die Gesellschaft den Warenbestand gemäß der Aufstellung, die dem Gesellschaftsvertrag als Anlage beigefügt ist, im Werte von 180 000 DM ein. Auf das Gutachten des Sachverständigen Treier vom 01.03. .. über die Angemessenheit des Wertes wird Bezug genommen.

Herr **Löffler** macht eine Bareinlage von 140 000 DM, die in noch festzusetzenden Raten zu zahlen ist. Herr **Wiegert** bringt das für die Geschäftstätigkeit zu nutzende Grundstück mit aufstehendem Lagergebäude, Erich-Weinert-Promenade 12, ein. Entsprechend dem Gutachten des Sachverständigen Treier ist dessen Wert mit 260 000 DM zu beziffern.

§ 3

Das Geschäftsjahr ist das Kalenderjahr.

§ 4

Jeder Gesellschafter kann für seine Arbeitsleistung monatlich 4800 DM aus der Gesellschaftskasse entnehmen.

Von dem erzielten Jahresgewinn erhält jeder Gesellschafter zunächst einen Anteil in Höhe von 5% seines Kapitalanteils. Reicht der Gewinn hierzu nicht aus, so wird ein entsprechend niedrigerer Satz gerechnet. An dem alsdann verbleibenden Jahresgewinn und am Verlust nimmt jeder Gesellschafter zu einem Drittel teil.

§ 5

Zur **Vertretung** sind die Gesellschafter Kröner und Löffler gemeinschaftlich oder jeweils gemeinschaftlich mit einem Prokuristen berechtigt. Wiegert ist berechtigt, die Gesellschaft alleine zu vertreten.

§ 6

Für Beschlüsse der Gesellschafter ist Stimmenmehrheit erforderlich. Für folgende Fälle der **Geschäftsführung** sind Beschlüsse der Gesellschafter herbeizuführen:

a) zum Erwerb und zur Veräußerung sowie zur Belastung eines Grundstücks,
b) zum Abschluss von Miet- und Pachtverträgen von mehr als einjähriger Dauer oder mit einem Jahresmiet- oder -pachtpreis von mehr als 15 000 DM,
c) zu Anschaffungen jeder Art im Wert von mehr als 7 000 DM,
d) zur Einstellung oder Entlassung von Prokuristen und von Angestellten mit einem Monatsgehalt von mehr als 7 000 DM,
e) zu Beteiligungen irgendwelcher Art an anderen Unternehmungen und zur Auflösung oder Änderung solcher Beteiligungen,
f) zur Aufnahme von Krediten von mehr als 20 000 DM und zur Übernahme von Bürgschaften.

§ 7

Kündigt ein Gesellschafter das Gesellschaftsverhältnis, so sind die anderen Gesellschafter berechtigt, das Geschäft mit den Aktiven und Passiven und dem Recht der Fortführung der Firma zu übernehmen und weiterzuführen. Der Kapitalanteil des kündigenden Gesellschafters ist durch eine für den Tag des Ausscheidens aufzunehmende Inventur sowie eine Bilanz festzustellen, in die die Aktiven und Passiven der Gesellschaft nach ihrem wirklichen Wert einzustellen sind.

Stirbt ein Gesellschafter, so erhalten dessen Erben ohne weitere Erklärung die Stellung von Kommanditisten.

§ 8

Die Gesellschaft beginnt am 15.03.96. Sie endet am 31.12.05. Sie gilt jedesmal um weitere drei Jahre verlängert, wenn sie nicht ein halbes Jahr vor dem Ablauf gekündigt wird.

Ergibt sich für zwei aufeinanderfolgende Geschäftsjahre ein Verlust, so ist jeder Gesellschafter berechtigt, die Gesellschaft auch vor dem Ablauf der vereinbarten Vertragsdauer unter Einhaltung einer dreimonatigen Frist zum Quartalsschluss zu kündigen.

§ 9

Die Kosten des Vertrages und seiner Durchführung trägt die Gesellschaft.

Wendorf, den 15.03.... (Drei Unterschriften)

1. Welche Probleme entstehen durch den Zusammenschluss mehrerer Personen zum gemeinsamen Betreiben eines Unternehmens?

HGB §19 (1) Zi 2 ● Stellen Sie fest, welche Regelungen in vorliegendem Gesellschaftsvertrag dazu getroffen wurden.

● 2. Welche anderen Firmenbezeichnungen könnte das neue Unternehmen noch tragen?

BGB § 313 ● 3. In welcher Form muss der vorliegende Gesellschaftsvertrag abgeschlossen werden?

4. Die Gesellschaft wurde am 20.05. d.J. ins Handelsregister eingetragen. Bereits mit Abschluss des Gesellschaftsvertrages nimmt sie ihre Geschäftstätigkeit auf.

HGB § 123 (2) ● Ist die Gesellschaft am 15.03. eine Gesellschaft des bürgerlichen Rechts oder eine OHG?

5. Nach Eintragung der OHG ins Handelsregister kauft **Kröner** mehrere Zentner braunen Zucker, Tiefkühlkost usw. für 8000 DM.

§ 125 (1), (2) ● Konnte **Kröner** dieses Geschäft für die OHG wirksam abschließen? Begründung.

6. **Wiegert** hat für die OHG einen Kreditvertrag in Höhe von 30 000 DM abgeschlossen, ohne die anderen Gesellschafter zu fragen. Als **Löffler** von dem Vertrag erfährt, stellt er fest, dass die Bedingungen außerordentlich ungünstig sind.

§§ 114 (1) 116 (1), (2) §§ 125, 126

● a) Hätte **Wiegert** vor Vertragsschluss die anderen Gesellschafter fragen müssen?

● b) Ist der Kreditvertrag gültig?

● c) Muss **Wiegert** der OHG den Schaden ersetzen, der ihr durch die ungünstigen Kreditbedingungen entstanden ist?

7. **Löffler** und **Kröner** haben mit Einverständnis von **Wiegert** bei einem LKW-Händler einen Lastwagen für 180 000 DM gekauft. Der Händler verlangt die Zahlung des vollen Kaufpreises direkt von **Wiegert,** ohne sich vorher an die OHG oder an die anderen Gesellschafter zu wenden.

§ 128 ● Prüfen Sie, ob **Wiegert** mit einer der folgenden Einwendungen die Zahlung ganz oder teilweise zu verweigern berechtigt ist:

a) **Wiegert** hafte nicht, weil **Löffler** und **Kröner** den Vertrag abgeschlossen haben.

b) Der Händler müsse zuerst versuchen, das Geld bei der OHG einzutreiben.

c) Der LKW-Händler habe kein Recht, Zahlung aus dem Privatvermögen **Wiegerts** zu verlangen oder gar ihm das Privatvermögen pfänden zu lassen.

d) Die Gesellschafter haben eine Vereinbarung, dass jeder für Gesellschaftsschulden nur mit $33^{1}/_{3}\%$ hafte. Er zahle deshalb nur $33^{1}/_{3}\%$ der Schuld.

8. Der Gewinn am Ende des ersten Geschäftsjahres beträgt 205 400 DM.

● Wieviel DM Gewinnanteil erhält jeder Gesellschafter, wenn der Gewinn auf der Grundlage der Vereinbarungen im Gesellschaftsvertrag verteilt wird und jeder Gesellschafter von seinem Entnahmerecht in vollem Umfange Gebrauch gemacht hat? Verwenden Sie zur Lösung eine Tabelle nach folgendem Muster:

	Kröner	**Wiegert**	**Löffler**	**Insgesamt**
eingebrachtes Kapital in DM				
Verzinsung lt. Gesellschaftsvertrag				
Privatentnahmen				
Restverteilung nach Köpfen				
Gewinnanteil				

5.04 OHG: Gewinn- und Verlustverteilung – Ausscheiden eines Gesellschafters

Lösungs-
blatt

Allgeyer, Brauer und **Colm** betreiben unter der Firmenbezeichnung **Allgeyer & Brauer OHG** einen Elektrogroßhandel.

Allgeyer beteiligt sich mit 760 000 DM, wovon er bisher lediglich 600 000 DM einbezahlt hat. **Brauer** hat 800 000 DM und **Colm** 1 200 000 DM Kapital in das Unternehmen eingebracht. Alle drei Gesellschafter arbeiten im Betrieb mit.

1. Im letzten Geschäftsjahr wurde ein Gewinn von 524 000 DM erzielt. Im Gesellschaftsvertrag wurde über die Gewinnverteilung nichts vereinbart.

   a) Wieviel D-Mark Gewinnanteil erhält jeder Gesellschafter auf Grund des Gesetzes? HGB § 121

   Verwenden Sie zur Lösung eine Tabelle nach folgendem Muster:

eingebrachtes Kapital in DM	**Allgeyer** 600 000	**Brauer** 800 000	**Colm** 1 200 000	**Insgesamt** 2 600 000
Verzinsung				
Restverteilung nach Köpfen				
Gewinnanteil				524 000

   b) Jeder der Gesellschafter könnte als leitender Angestellter rd. 10 000 DM monatlich verdienen, wenn er seine Arbeitskraft nicht der Gesellschaft widmen würde.

   Wie hoch ist die Rentabilität des Kapitaleinsatzes jedes Gesellschafters? Lösen Sie die Aufgabe nach folgendem Tabellenmuster und berücksichtigen Sie dabei die Ergebnisse der Aufgabe 1a).

	Allgeyer	**Brauer**	**Colm**	**Insgesamt**
Gewinnanteil				
– Unternehmerlohn				
= Restgewinn des Einlegers				
eingebrachtes Kapital der Gesellschafter DM	600 000	800 000	1 200 000	2 600 000
Rentabilität der Einlagen in %	%	%	%	%

   c) Warum wäre es ungerecht, den Gewinn allein im Verhältnis der Kapitalanteile zu verteilen?

   d) Warum wäre es ebenso ungerecht, den gesamten Gewinn zu gleichen Teilen (nach Köpfen) auf die Gesellschafter aufzuteilen?

   e) Nehmen Sie an, heute würden für langfristige Geldanlagen 8,5% Zinsen gezahlt. Prüfen Sie, welche Gesellschafter der **Allgeyer & Brauer OHG** in diesem Fall durch die gesetzliche Regelung der Gewinnverteilung benachteiligt werden.

2. Die Gesellschafter der OHG haben mit Beginn des neuen Jahres durch Vertrag die gesetzliche Regelung abgeändert: Das eingelegte Kapital soll mit 6% verzinst, der Rest des Gewinns nach Köpfen verteilt werden.

   Entnommenes Kapital (Privatentnahmen), sowie ausstehende Kapitaleinlagen müssen die Gesellschafter mit 6% verzinsen.

   Es werden 640 432 DM Gewinn erzielt.

Die Gesellschafter machten folgende Privatentnahmen:

Gesellschafter	Datum	Betrag DM
Allgeyer	31.01.	18 000
	15.04.	36 000
	31.08.	30 000
Brauer	15.05	48 000
	31.07.	26 000
Colm	15.02.	44 000
	30.06.	20 000

a) Wieviel DM Gewinnanteil erhält jeder Gesellschafter?

HGB § 121 b) Wieviel Prozent Zins sind für Privatentnahmen nach dem HGB zu berechnen?

c) Warum werden Zinsen für Privatentnahmen und ausstehende Kapitaleinlagen bei der Gewinnverteilung berücksichtigt?

3. **Colm** muss altershalber die aktive Mitarbeit in der Gesellschaft aufgeben.

   a) Warum muss die vertragliche Regelung der Gewinnverteilung geändert werden?

   b) Machen Sie einen Vorschlag für eine geänderte Gewinnverteilung.

   c) Zeigen Sie, wie sich Ihr Vorschlag bei der Gewinnverteilung im letzten Jahr (siehe 2.) ausgewirkt hätte.

4. Obwohl im laufenden Geschäftsjahr ein Verlust von 60 000 DM entstanden ist, verlangt der Gesellschafter **Allgeyer** die Auszahlung von 4000 DM zur Bestreitung seines Lebensunterhaltes.

   § 122 a) Muss die Auszahlung erfolgen?

   § 121 (3) b) Wie wird der Verlust von 60 000 DM auf die Gesellschafter verteilt, wenn vertragliche Vereinbarungen darüber fehlen.

5. **Colm** will ganz aus der Gesellschaft austreten. Er kündigt am 15. Juli. Das Geschäftsjahr der Gesellschaft deckt sich mit dem Kalenderjahr.

   § 132 a) Bis zu welchem Tag ist er nach den gesetzlichen Regelungen noch Gesellschafter?

   § 159 b) Ein Lieferer macht seine Forderung erst ein Jahr nach dem Ausscheiden von **Colm** aus der Gesellschaft geltend. (Die Forderung ist noch nicht verjährt). Entstanden ist die Forderung, als **Colm** noch Gesellschafter war.
   Muss **Colm** zahlen, wenn der Lieferer die Zahlung von ihm fordert?

   § 130 c) **Dennele** ist nach dem Ausscheiden **Colms** in die Gesellschaft eingetreten.
   Muss **Dennele** zahlen, wenn der Lieferer von ihm die Zahlung fordert?

Die Kommanditgesellschaft (KG)

Lösungsblatt

5.05 KG: Firma – Geschäftsführung – Vertretung – Gewinnverteilung – Wettbewerbsverbot – Privatentnahmen – Kontrollrecht

Fritz Huber betreibt als Einzelunternehmer eine Großhandlung für Sanitäranlagen. Eine günstige Entwicklung des Geschäftes ermöglicht eine Geschäftserweiterung mit einem zusätzlichen Kapitalbedarf von 400 000 DM.

1. **Hubers** Bank ist bereit, ihm 400 000 DM als langfristigen Kredit zu 7,5% Verzinsung zu geben.

   Herr **Ebner,** der Fachmann im Sanitärgeschäft ist, hat sich **Huber** angeboten, als Gesellschafter in das Unternehmen einzutreten. Er will die 400 000 DM einbringen, wenn das Einzelunternehmen in eine OHG umgewandelt wird und er als gleichberechtigter Gesellschafter aufgenommen wird.

   ● Welche Vorteile hat jede dieser beiden Möglichkeiten für **Huber?**

2. **Gütermann** ist bereit, ein bebautes Grundstück im Wert von 400 000 DM als Gesellschafter in das Unternehmen einzubringen.

   Gütermann will jedoch nicht mitarbeiten und seine Haftung auf seine Einlage beschränken. **Huber** nimmt **Gütermann** als Gesellschafter auf und lässt die Gesellschaft eintragen.

   ● a) Wählen Sie für die Gesellschaft die Firmenbezeichnung. HGB § 19 (1) Zi 3

   ● b) Warum ist es sinnvoll, dass **Gütermanns** Name nicht in die Firmenbezeichnung aufgenommen wird?

   ● c) Welche Formvorschriften müssen bei Abschluss des Gesellschaftsvertrages beachtet werden? BGB § 313

3. Der Kommanditist **Gütermann** kauft Badewannen für 48 000 DM. Dabei gibt er an, als Gesellschafter für die Firma **Fritz Huber Sanitärgroßhandlung KG** zu handeln. Seine Einlage hat **Gütermann** voll geleistet. § 170

   ● Muss die Kommanditgesellschaft zahlen?

4. Nach dem Gesellschaftsvertrag wird das Kapital der Gesellschafter mit 7% verzinst. **Huber** erhält außerdem als Vergütung für seine Arbeit im Unternehmen monatlich 6000 DM. Vom Restgewinn bekommen **Huber** 70% und **Gütermann** 30%.

   a) **Huber** hat 1 200 000 DM, **Gütermann** 400 000 DM Kapital eingebracht. Der Gewinn beträgt 312 000 DM im Geschäftsjahr.

   ● Welche Anteile vom Gewinn erhalten **Huber** und **Gütermann?**

   ● b) Warum ist es unbedingt notwendig, die gesetzliche Regelung der Gewinnverteilung einer Kommanditgesellschaft durch eine vertragliche Regelung zu ergänzen oder abzuändern? HGB § 168

   ● c) Warum wäre die gesetzliche Regelung der Gewinnverteilung einer OHG für die Kommanditgesellschaft nicht gerechtfertigt? § 121

5. **Huber** erfährt, dass sich **Gütermann** als vollhaftender Gesellschafter (Komplementär) an einer anderen Sanitärgroßhandlung beteiligen will. **Huber** will das verhindern und von **Gütermann** verlangen, dass er diese Beteiligung unterlässt, weil er glaubt, **Gütermann** unterliege dem Wettbewerbsverbot. §§ 165, 112

   ● a) Hat **Huber** recht?

   ● b) Welche Gründe könnte **Huber** haben?

6. **Huber** will sich als Gesellschafter an einer anderen Sanitärgroßhandlung beteiligen. **Gütermann** will das verhindern.

   ● a) Darf **Huber** Komplementär der anderen Sanitärgroßhandlung werden? §§ 161 (2), 112

   ● b) Darf **Huber** Kommanditist werden? § 112

   ● c) Dürfte **Huber** Vollhafter einer Holzgroßhandlung werden? § 112

7. **Huber** will einen Posten Waschbecken günstig aus einer Konkursmasse kaufen. **Gütermann** widerspricht, da er deren Design für veraltet hält. § 164

   ● Hat **Huber** trotz des Widerspruchs von **Gütermann** Geschäftsführungsbefugnis für diesen Kauf?

HGB § 164

8. **Huber** erwartet, dass die Aktien der **Nord-Stahl AG** im Kurs außergewöhnlich steigen. Um an den Kurssteigerungen zu gewinnen, will er für die Kommanditgesellschaft für 20 000 DM von diesen Aktien erwerben. **Gütermann** widerspricht dem Kauf. **Huber** kauft trotzdem.
   - a) Ist der Kaufvertrag trotz des Widerspruchs gültig?
   - b) Hat der Widerspruch **Gütermanns** rechtliche Folgen?
9. Die Kommanditgesellschaft hat in diesem Jahr Verlust erwirtschaftet. Der Kommanditist **Gütermann** will trotzdem für seinen Lebensunterhalt Geld entnehmen. **Huber** verweigert die Auszahlung, obwohl er selbst regelmäßig Privatentnahmen getätigt hat.
   - §§ 161 (2), 122 — a) War **Huber** zu den Entnahmen berechtigt?
   - § 169 — b) Muss **Huber** an **Gütermann** auszahlen?
10. § 166 — **Gütermann** verlangt wegen des eingetretenen Verlustes, dass ihm **Huber** monatlich die Geschäftsbücher zur Einsichtnahme und Prüfung vorlegt.
    Muss **Huber** dieses Verlangen erfüllen?

Die Aktiengesellschaft (AG)

5.06 AG: Gründung – Grundkapital – Eigenkapital – Aktie

Zur Auswertung eines Patents soll ein Unternehmen zur Herstellung von messtechnischen Geräten gegründet werden. Der Kapitalbedarf wurde mit 10 Millionen DM berechnet.

1. AktG §§ 2, 7 — Es finden sich 4 Gründer zusammen, die dieses Unternehmen als Aktiengesellschaft gründen und die Aktien für ein Grundkapital in Höhe von 5 Millionen EURO übernehmen wollen.
   Prüfen Sie, ob damit die Mindestgründerzahl und das Mindestkapital erreicht sind.
2. Die 4 Gründer haben sich mündlich versprochen, das Grundkapital mit den vereinbarten Beträgen zu übernehmen und die Aktiengesellschaft zu gründen.
   - a) Einer der Aktionäre schlägt die Firmenbezeichnung »**Messtechnik Krieger**« vor.
     Warum ist diese Firmenbezeichnung nicht möglich?
     § 4 — Machen Sie einen begründeten Vorschlag für die Firmenbezeichnung.
   - b) BGB § 705 — Die Gründer haben bisher weder eine Einzahlung geleistet noch die Eintragung im Handelsregister veranlasst.
     Welches Vertragsverhältnis besteht zwischen den Gründern?
   - c) Der Gründer **Klein** schließt mit dem Diplom-Physiker **Fleckenstein** ohne Wissen der Mitgründer einen Arbeitsvertrag ab.
     Ist der Vertrag für die Gesellschaft bindend?
3. §§ 714, 709 — Die Gründer haben sich am 15.07. geeinigt, eine Aktiengesellschaft zu gründen. Am 25.08. wurde das gesamte Grundkapital in Höhe von 5 Millionen EURO von den Gründern durch Einzahlung des entsprechenden DM-Betrages aufgebracht. Am 15.09. desselben Jahres wollen die Gründer zusammenkommen um Aufsichtsrat und Vorstand zu wählen.
   - AktG §§ 36, 37 — a) Warum wird der Registerrichter am 01.09. die Eintragung der Aktiengesellschaft ins Handelsregister noch ablehnen?
   - § 41 — b) Am 15.12. wurde die Aktiengesellschaft ins Handelsregister eingetragen. Wann ist die Aktiengesellschaft entstanden?

4. Stellen Sie fest:
   a) Welche wertmäßige Beteiligung (in EURO) am Grundkapital der AG ist mit dem Erwerb **einer** Aktie verbunden, wenn 2 Mio. Stückaktien ausgegeben werden? AktG § 8
   b) Könnte das vorgesehene Grundkapital auch durch Ausgabe von 6 Mio. Stückaktien aufgebracht werden? § 8 (3)
   c) Wie groß ist das Eigenkapital in EURO, wenn der Ausgabekurs einer Aktie auf 2,68 EURO festgelegt wird?
   d) Wie viel Prozent des Grundkapitals beträgt das Eigenkapital (Bilanzkurs)?
   e) Kann der errechnete Kapitalbedarf bei dem vorgesehenen Ausgabekurs von 2,68 EURO gedeckt werden? (Hinweis: Weitere im Zusammenhang mit der Gründung anfallende Kosten bleiben unberücksichtigt.)?
5. **Krieger** ist mit 1 Mio. EURO am Grundkapital der AG beteiligt.
   a) Wie viel Aktien hat er erhalten?
   b) Welchen Wert in EURO hat eine Aktie, wenn von den aufgebrachten Mitteln noch Gründungskosten (z. B. Notariatskosten, Grundbuchgebühren, Kosten des Aktiendrucks) in Höhe von 200 000 DM beglichen werden?

5.07 AG: Hauptversammlung – Aufsichtsrat – Vorstand[1]

Die **Messtechnik AG** hat ein Grundkapital von 10 Millionen DM und beschäftigt 1950 Arbeitnehmer. Das Unternehmen besteht seit mehreren Jahrzehnten.

Nach Ablauf eines Geschäftsjahres veröffentlicht sie im Mainzer Tagblatt folgende Anzeige:

> **Messtechnik-Aktiengesellschaft Worms**
>
> Hiermit laden wir die Aktionäre unserer Gesellschaft zu der am
>
> **Freitag, dem 26. Mai 19..,10.30 Uhr**
>
> in der Nibelungenhalle in Worms stattfindenden ordentlichen
>
> **Hauptversammlung** ein.
>
> Die Tagesordnung ist in den Gesellschaftsblättern veröffentlicht.

1. **Klein** hat seine Aktien der **Deutschen Bank AG** zur Aufbewahrung gegeben.
   Was könnte er tun, um sich in der Hauptversammlung als Stimmberechtigter auszuweisen, ohne seine Aktien mitnehmen zu müssen?
2. Auf der Hauptversammlung weist der Direktor der **Bank für Gemeinwirtschaft, Mannheim,** nach, dass bei seiner Bank Nennbetragsaktien zum Nominalwert von 750 000 DM zur Aufbewahrung liegen. Die Aktionäre haben ihm schriftlich das Recht abgetreten, sie auf der Hauptversammlung zu vertreten. AktG § 135
   Ist er stimmberechtigt?
3. Auf der Hauptversammlung werden $^2/_3$ der Mitglieder des Aufsichtsrats gewählt.
   a) Wie viel Mitglieder muss der Aufsichtsrat dieser Gesellschaft mindestens, wie viel darf er höchstens haben? § 95
   b) Der Aktionär **Krieger** besitzt 20 Aktien zu 50 DM Nominalwert, der Aktionär **Günther** 30 Aktien zu 100 DM Nominalwert.
      Wie viel Stimmen haben **Krieger** und **Günther** bei der Wahl des Aufsichtsrats, wenn Aktien mit anderen Nennbeträgen nicht im Umlauf sind? § 134 (1)
   c) Der Aufsichtsrat dieser Aktiengesellschaft muss zu einem Drittel aus Vertretern der Arbeitnehmer bestehen. AktG § 96 BetrVG 1952 § 76
      Halten Sie das für gerechtfertigt?

[1] Zur Gewinnverwendung der AG vergleiche Aufgabe

10.45 Offene Selbstfinanzierung einer AG: Jahresüberschuss – Bilanzgewinn – Rücklagen

AktG §§ 134, 101, 84

4. Der Aktionär **Schulz** besitzt inzwischen 51% aller Aktien.
   - Erläutern Sie, warum ihm damit Einfluss auf die Geschäftsführung des Vorstands möglich ist.
5. Die Satzung der **Messtechnik AG** sieht vor, dass der Vorstand aus einer Person besteht. **Dr. Spiegel** ist zum alleinigen Vorstand gewählt worden. Er kauft eine Großrechenanlage auf Rechnung der AG.

§§ 1, 78

   - a) Ist der Vertrag für die **Messtechnik AG** bindend?
   - b) Kann der Hauptaktionär **Schulz** zur Zahlung gezwungen werden, wenn der Verkäufer bei der Aktiengesellschaft vergeblich versucht hat, das Geld einzutreiben?

5.08 AG: Darstellung des Eigenkapitals in der Bilanz

In der Bilanz der **Messtechnik-AG** wird zu Beginn des ersten Geschäftsjahres das Eigenkapital wie folgt ausgewiesen:

Gründungsbilanz der Messtechnik-AG

Flüssige Mittel	10 310 000 DM	Gezeichnetes Kapital	10 000 000 DM
Verlust aus Gründungsvorgängen	190 000 DM	Kapitalrücklagen	500 000 DM
	10 500 000 DM		10 500 000 DM

Im ersten Geschäftsjahr ist ein Verlust von 30 000 DM entstanden. Für das nächste Geschäftsjahr wird ein angemessener Gewinn erwartet.

- 1. Wie heißt der Buchungssatz zur Verbuchung des in der Gewinn- und Verlustrechnung festgestellten Verlustes bei einem Einzelunternehmen?

HGB § 266

- 2. Wie wird der Verlust des Geschäftsjahres 1 vor der Entscheidung über seinen Ausgleich in der Bilanz der **Messtechnik-AG** ausgewiesen?

AktG § 222

- 3. Welche Mehrheit müsste zustimmen, wenn der Verlust der **Messtechnik-AG** auf das Konto gezeichnetes Kapital verbucht und damit das Grundkapital herabgesetzt würde?
- 4. Würden Sie als Vorstand den Vorschlag machen, das Grundkapital um den Verlust aus dem Gründungsvorgang von 190 000 DM und den durch den Geschäftsbetrieb des ersten Geschäftsjahres erzielten Verlust von 30 000 DM, insgesamt also um 220 000 DM, herabzusetzen?

5. Das Grundkapital wurde nicht herabgesetzt. Der Verlust aus dem ersten Geschäftsjahr soll einschließlich des durch den Gründungsvorgang entstandenen Verlustes mit dem zu erwartenden Gewinn des zweiten Geschäftsjahres ausgeglichen werden.
   - Wie sieht die Darstellung des Eigenkapitals zu Beginn des zweiten Geschäftsjahres aus?
6. Im zweiten Geschäftsjahr hat die **Messtechnik-AG** Erträge in Höhe von 9,193 Mio. DM und Aufwendungen in Höhe von 7,5 Mio. DM. In den Aufwendungen sind die Vergütungen für Vorstand und Aufsichtsrat sowie die gewinnabhängigen Steuern enthalten.
   - a) Wie groß ist der Jahresüberschuss?
   - b) Wie viel % Dividende könnte auf das Grundkapital von 10 Mio. DM ausgezahlt werden, wenn der ganze Jahresüberschuss ausgeschüttet werden könnte?
7. Die Aktiengesellschaft deckt aus dem Jahresüberschuss zunächst den Verlustvortrag aus dem Vorjahr (220 000 DM) und macht die vorgeschriebenen Zuführungen zu den gesetzlichen Gewinnrücklagen. Den anderen (freiwilligen) Gewinnrück-

lagen werden 100 000 DM zugeführt. Der Rest (Bilanzgewinn) soll an die Aktionäre als Dividende ausgeschüttet werden, aber nur soweit, als für die Dividende ein ganzer Prozentsatz möglich ist. Der verbleibende Rest ist Gewinnvortrag.

- a) Wie groß ist der Bilanzgewinn? — AktG §§ 150, 158, 58
- b) Wieviel % Dividende erhalten die Aktionäre?
- c) Wie groß ist der Gewinnvortrag?

5.09 AG: Kleine AG

Kurt Malz und **Heinz Drescher** – beide 65 Jahre alt – sind Gesellschafter der **Malz & Drescher OHG.** Gegenstand des Unternehmens ist die Produktion und der Vertrieb von Tiefdruckzylindern.

Seit einigen Jahren sind der Sohn von Herrn **Drescher** sowie die Tochter von Herrn **Malz** als leitende Mitarbeiter in dem 220 Beschäftigte zählenden Unternehmen tätig. Um den Fortbestand des Unternehmens zu sichern, schlägt ein Berater der zuständigen Industrie- und Handelskammer vor, das Unternehmen in der Rechtsform einer kleinen AG fortzuführen.

1. Warum hält der Vertreter der IHK die Rechtsform der OHG im Hinblick auf die künftige Unternehmensentwicklung für ungeeignet? — HGB § 105 ff.

2. Nach eingehender Beratung wird beschlossen, am 05.10.96 eine kleine AG mit einem Grundkapital von 6 Mio. DM zu gründen. Gründer und Aktionäre sind **Kurt Malz** und **Heinz Drescher** zusammen mit den beiden Kindern.
   - a) Stellen Sie fest, ob die Mindestgründerzahl nach AktG erreicht ist. — AktG §§ 2, 95
   - b) Aus wieviel Mitgliedern besteht der Aufsichtsrat dieser AG und wie setzt er sich zusammen? — BetrVG 1952 § 76 (6)

3. § 6 der Satzung bestimmt:

> „Der Nennbetrag der Aktien wird auf fünf Deutsche Mark festgelegt. Ein Anspruch auf Einzelverbriefung der Aktien ist gem. § 10(5) AktG ausgeschlossen. Die Beteiligungsrechte der Aktionäre werden in 4 Mehrfachurkunden zu je 1,5 Mio. DM Nennwert verbrieft." ...

   - a) Aus welchen Gründen erhielten die 4 Aktionäre nicht auf jeweils 5 DM Nennwert lautende Aktien (Einzelverbriefung) ausgestellt? — AktG § 10 (5)
   - b) Wie viel Stimmen hat jeder der vier Aktionäre in der Hauptversammlung? — §§ 12, 134

4. Aktionär **Drescher,** der auch dem Aufsichtsrat angehört, möchte von Vorstandsmitglied **Malz** wissen, wie die Aktionäre erfahren, wann die jährliche Hauptversammlung stattfindet.
   - a) Wer entscheidet im Normalfall, wann eine Hauptversammlung einberufen wird? — § 121 (2)
   - b) Welchen Vorschlag zur Form der Einberufung der Hauptversammlung wird der Vorstand wohl unterbreiten? — § 121 (4)
   - c) Für kleine Aktiengesellschaften gelten erleichterte Formvorschriften für die Einberufung der Hauptversammlung. — AktG § 121 (3)

     Warum können diese Erleichterungen nicht auch großen Publikumsgesellschaften eingeräumt werden?
   - d) Von wem und in welcher Form werden die von der Hauptversammlung dieser kleinen AG gefassten Beschlüsse protokolliert? — § 130 (1)

Die Gesellschaft mit beschränkter Haftung (GmbH)

5.10 GmbH: Mindestkapital – Firma – Geschäftsführung – Vertretung – Gesellschaftsvertrag – Kaduzierung

Die Umweltingenieure **Adler und Berthold** sowie der Verfahrenstechniker **Clemens** wollen ein Unternehmen gründen, das die gewerbsmäßige Abfallentsorgung/Abfallverwertung zum Gegenstand hat. Keiner der Beteiligten ist bereit, mit seinem Privatvermögen zu haften. **Adler** hat 80 000 DM, **Berthold** 60 000 DM und **Clemens** 30 000 DM flüssige Mittel zur Verfügung.

Vor dem Notar des Amtsgerichtes **Ettenheim** gehen sie folgendes Vertragsverhältnis ein:

Vor dem unterzeichnenden Notar ...
erschienen ...

1. der Umweltingenieur **Franz Adler,** Lahr, Königsberger Ring 19,
2. der Umweltingenieur **Felix Berthold,** Freiburg, Habsburgerstr. 47,
3. der Verfahrenstechniker **Knut Clemens,** Offenburg, Am Schießrain 9a.

Die Erschienenen wiesen sich bei dem Notar jeweils durch einen gültigen Personalausweis aus.

Die Erschienenen schlossen nachstehenden Gesellschaftsvertrag:

§ 1

Die Herren **Franz Adler, Felix Berthold** und **Knut Clemens** errichten eine Gesellschaft mit beschränkter Haftung unter der Firma

Ettenheimer Abfallverwertung, Gesellschaft mit beschränkter Haftung.

Die Gesellschaft hat ihren Sitz in Ettenheim.

Die Gesellschaft wird auf unbestimmte Zeit geschlossen.

§ 2

Gegenstand des Unternehmens ist die gewerbsmäßige Abfallentsorgung und -verwertung aller Art.

§ 3

Das Stammkapital der Gesellschaft beträgt 170 000 DM. Auf dieses Stammkapital hat
der Gesellschafter **Franz Adler** eine Stammeinlage von 80 000 DM,
der Gesellschafter **Felix Berthold** eine Stammeinlage von 60 000 DM
und
der Gesellschafter **Knut Clemens** eine Stammeinlage von 30 000 DM zu leisten.

Die Gesellschafter leisten ihre Stammeinlage in Geld. Sie verpflichten sich, ein Viertel der Einlagen vor der Anmeldung der Gesellschaft zur Eintragung in das Handelsregister einzuzahlen. Der Gesellschafter **Adler** zahlt darüber hinaus weitere 15 000 DM ein.

§ 4

Die Gesellschaft beginnt am 01. Juli 1996. Das Geschäftsjahr der Gesellschaft ist das Kalenderjahr. Für das 1. Halbjahr 1996 wird ein Rumpfgeschäftsjahr gebildet.

§ 5

Die Verfügung über einen Geschäftsanteil oder einen Teil eines Geschäftsanteiles, insbesondere die Abtretung oder Verpfändung, ist nur mit Zustimmung aller Gesellschafter zulässig.

§ 6

Die Gesellschaft hat einen oder mehrere Geschäftsführer. Sind mehrere Geschäftsführer vorhanden, so wird die Gesellschaft jeweils durch zwei Geschäftsführer gemeinschaftlich vertreten.

Die Gesellschafterversammlung kann einem Geschäftsführer die alleinige Vertretungsbefugnis übertragen.

Zum Geschäftsführer wird hiermit der Umweltingenieur **Franz Adler** bestellt.

§ 7

Die Gesellschafter sind verpflichtet, solange das Gesellschaftsverhältnis besteht, jegliche unmittelbare oder mittelbare, gelegentliche oder gewerbsmäßige Tätigkeit zu unterlassen, durch die der Gesellschaft Konkurrenz gemacht wird. Den Gesellschaftern ist es untersagt, sich an einem Konkurrenzunternehmen zu beteiligen, auch als stiller Gesellschafter. Verboten sind alle Geschäfte im Handelszweige der Gesellschaft und zwar im eigenen oder fremden Namen, auf eigene oder für fremde Rechnung. Dieses Verbot gilt auch für die Ehefrauen der Gesellschafter; die Gesellschafter übernehmen ausdrücklich für sie die Haftung.

§ 8

Die Erben eines Gesellschafters müssen sich durch einen Erben, der allein stimmberechtigt ist, vertreten lassen.

§ 9

Die Bekanntmachungen der Gesellschafter erfolgen durch den Bundesanzeiger.

§ 10

Die Gesellschaft trägt die mit der Gründung verbundenen Kosten.

Der Notar wies die Erschienenen darauf hin, dass die Gesellschaft mit beschränkter Haftung als solche erst mit der Eintragung in das Handelsregister entsteht und die Haftungsbeschränkung erst alsdann eintritt.

Hierauf erklärten die Erschienenen weiter:

Zum alleinvertretungsberechtigten Geschäftsführer bestellen wir den Umweltingenieur **Franz Adler.**

Datum Unterschriften

1. Dem Entschluss, sich für die Rechtsform der GmbH zu entscheiden, waren intensive Beratungen mit einem Steuerberater sowie mit der zuständigen Industrie- und Handelskammer vorausgegangen.
   - a) Aus welchem Grund wurde die Gründung einer Personengesellschaft von vornherein nicht in Betracht gezogen?
   - b) Warum ist unter den gegebenen Umständen gerade die Rechtsform der GmbH zweckmäßig und nicht die der kleinen AG?

     Verwenden Sie nachfolgende Tabelle zur Gegenüberstellung der wesentlichen Entscheidungsgründe.

	Kleine AG	**GmbH**
Einfluss der Eigenkapitalgeber auf Handlungen **des leitenden Organs** (Geschäftsführer einer GmbH/Vorstand einer AG) (§ 76 ff AktG, § 37 GmbHG)		
Bildung eines **Aufsichtsrats** (§ 95 ff. AktG, § 77 (1) BVG 1952)		
Mitbestimmung der Arbeitnehmer im Aufsichtsrat (§ 76 (1) BVG 1952, § 77 BVG 1952)		
Formvorschriften über die Niederschrift von **Beschlüssen der Hauptversammlung/ Gesellschafterversammlung**		
Kapitalbeschaffung über die Börse		
gesetzliche Vorschriften bei der Übertragung von Anteilen		
Beschlussfassung über die Beschaffung von zusätzlichem **Eigenkapital**		

GmbHG § 5 c) Stellen Sie fest, ob das zur Gründung der Gesellschaft vorgesehene Stammkapital den gesetzlichen Vorschriften entspricht.

§ 5 d) Wie groß ist die Stammeinlage jedes Gesellschafters?

§ 7 e) Welchen Betrag hat jeder Gesellschafter bereits vor Eintragung in das Handelsregister zu leisten?

f) Erstellen Sie die Gründungsbilanz der GmbH, wenn die Gesellschafter ihre Stammeinlagen wie im Gesellschaftsvertrag vorgesehen erbringen und die entstandenen Gründungskosten in Höhe von 5% des Stammkapitals bereits bezahlt sind.

§ 2 g) Welche Form ist für den Gesellschaftsvertrag vorgeschrieben?

§ 4 2. Unterbreiten Sie zwei alternative Vorschläge für die Firmenbezeichnung der Gesellschaft.

§ 6 3. Das GmbH-Gesetz schreibt vor, dass die Gesellschaft einen oder mehrere Geschäftsführer haben muss. Laut Gesellschaftsvertrag übernimmt der Gesellschafter Franz **Adler** diese Aufgabe.

§ 13 a) Warum ist in den gesetzlichen Vorschriften über die OHG eine solche Regelung nicht zu finden?

§ 35 b) **Adler** mietet Geschäftsräume, ohne die anderen Gesellschafter zu fragen. Ist der Mietvertrag gültig?

§ 35 (2) c) Wäre der Mietvertrag auch gültig, wenn laut Eintrag im Handelsregister **Adler** und **Bertold** Geschäftsführer wären?

4. Wegen der angespannten Liquiditätslage im Gründungsjahr will der Geschäftsführer den erzielten Gewinn nicht an die Gesellschafter ausschütten. In der Gesellschafterversammlung kommt es nach vorausgegangener Diskussion zu einer Abstimmung zu diesem Tagesordnungspunkt.

§ 47 (2) a) Wie viele Stimmen haben die 3 Gesellschafter jeweils bei Abstimmungen in der Gesellschafterversammlung?

§§ 29, 46, 47 b) Können **Berthold** und **Clemens** die von **Adler** vorgeschlagene Nichtausschüttung des Gewinnes verhindern?

5. Gesellschafter **Clemens** ist der Auffassung, dass die in § 7 des Vertrages getroffenen Vereinbarungen überflüssig sind, da die Gesellschafter aufgrund gesetzlicher Vorschriften bereits dem Wettbewerbsverbot unterliegen. Er verweist dabei insbesondere auf § 112(1) HGB und auf § 60(1) HGB.

§§ 112 (1), 60 (1) Beurteilen Sie für jeden einzelnen Gesellschafter, ob diese Behauptung zutreffend ist.

GmbHG §§ 46, 47 6. Die GmbH hat zum Recycling von Bauschutt eine Zerkleinerungsanlage bestellt. Um die Anschaffung nicht vollständig mit Fremdmittel finanzieren zu müssen, beschließen **Adler** und **Berthold** die Volleinzahlung der Stammeinlagen. **Clemens** widerspricht und verweist wiederholt auf die Möglichkeit einer Kreditaufnahme.

§ 21 Welche Folgen hat es für **Clemens,** wenn **Adler** und **Berthold** beschließen, gegenüber **Clemens** das Kaduzierungsverfahren anzuwenden?

7. **Clemens** beabsichtigt, seinen Geschäftsanteil für 45 000 DM zu verkaufen.

a) **Adler** und **Berthold** wollen keine fremden Gesellschafter aufnehmen. Prüfen Sie anhand des Gesellschaftsvertrages, ob **Adler** und **Bertold** dies verhindern können.

b) **Clemens** hat dem Diplomingenieur **Dietrich** bereits mündlich versprochen, ihm den Geschäftsanteil für 45 000 DM zu verkaufen.

§ 15 (3) Ist er rechtlich gebunden?

5.11 GmbH: Handelsregister – GmbH & Co. KG

Nachstehende Handelsregisterauszüge beschreiben die Rechtsverhältnisse der Schweriner Bootsvermietung GmbH & Co. KG.

Amtsgericht Schwerin
AG-Bezirk

9 | 8 | 7 | 6 | 5 | 4 | 3 | 2 | 1 | 0 | 9 | 8 | 7 | 6 | 5 | 4 | 3 | 2 | 1 | 0 | 9 | 8 | 7 | 6 | 5 | 4 | 3 | 2 | 1 | 0

Blatt 1
HR A
301

Nr. der Eintragung	a) Firma b) Ort der Niederlassung (Sitz der Gesellschaft) c) Gegenstand des Unternehmens (bei juristischen Personen)	Geschäftsinhaber Persönlich haftende Gesellschafter Vorstand Abwickler	Prokura	Rechtsverhältnisse	a) Tag der Eintragung und Unterschrift b) Bemerkungen
1	2	3	4	5	6
1	a) Schweriner Bootsvermietung GmbH & Co. KG b) Schwerin	Schweriner Bootswerft GmbH, Sitz: Schwerin		Kommanditgesellschaft Beginn: 1. Dez. 1998 Kommanditist ist: Kurt Kugler, geb. 16.10.50 in Schwerin mit einer Einlage von 40 000,00 DM	a) 15. Dez. 1998 Kops b) Anmeldung: Bl. 1/4 SB HRB 3846 bzw. HRB 13

Amtsgericht Schwerin
AG-Bezirk

9 | 8 | 7 | 6 | 5 | 4 | 3 | 2 | 1 | 0 | 9 | 8 | 7 | 6 | 5 | 4 | 3 | 2 | 1 | 0 | 9 | 8 | 7 | 6 | 5 | 4 | 3 | 2 | 1 | 0

Blatt 1
HR B
3617

Nr. der Eintragung	a) Firma b) Ort der Niederlassung (Sitz der Gesellschaft) c) Gegenstand des Unternehmens (bei juristischen Personen)	Grund- oder Stammkapital DM	Vorstand Persönlich haftende Gesellschafter Geschäftsführer Abwickler	Prokura	Rechtsverhältnisse	a) Tag der Eintragung und Unterschrift b) Bemerkungen
1	2	3	4	5	6	
1	a) Schweriner Bootswerft GmbH b) Schwerin c) Herstellung von Sportbooten aller Art, Beteiligung an der Schweriner Bootsvermietung GmbH & Co. KG sowie Geschäftsführung dieser Gesellschaft, die ihrerseits den Betrieb einer Bootsvermietung sowie zweier Kioske zum Gegenstand hat.	50000	Kurt Kugler geb. 16.10.50 in Schwerin		Gesellschaft mit beschränkter Haftung Der Gesellschaftvertrag ist am 01. Juli 1998 abgeschlossen. Die Gesellschaft wird vertreten, wenn nur ein Geschäftsführer vorhanden ist, durch diesen allein, wenn mehrere Geschäftsführer bestellt sind, durch zwei Geschäftsführer gemeinsam oder durch einen Geschäftsführer zusammen mit einem Prokuristen. Kurt Kugler ist allein vertretungsberechtigt.	a) 04. August 1998 Gärtner b) Anmeldung: Bl. 1/3 SB Gesellschaftsvertrag Bl. 3/10 SB

HGB §§ 106, 162 ● 1. Warum ist in Spalte 2 des Handelsregisterauszugs (Blatt 1, HR A, 301) der Gegenstand der Schweriner Bootsvermietung GmbH & Co. KG nicht eingetragen?

● 2. Beschreiben Sie die Haftungsverhältnisse der Schweriner Bootsvermietung GmbH & Co. KG.

3. Handelsregisterauszüge der Abteilung A des Handelsregisters enthalten – anders als Handelsregisterauszüge der Abteilung B – keine Angaben zum Stamm- oder Grundkapital.

● Welche Gründe sind dafür maßgebend?

GmbHG § 11 HGB § 123 ● 4. Welche Rechtswirkungen haben die Handelsregistereintragungen vom 15. Dezember 1998 und vom 04. August 1998?

§ 176 ● 5. Wie haftet Kugler in der Zeit vom 01. Dezember (Abschluss des Gesellschaftsvertrages) bis zum 15. Dezember 1998 (Eintragung ins Handelsregister)?

Die Partnerschaft

5.12 Partnerschaft: Gründung einer Partnerschaft

Rechtsanwältin **Christine Hauer,** Wirtschaftsprüfer **Hans Klein** und Kaufmann **Carsten Duwe** beabsichtigen, eine Unternehmensberatungsgesellschaft zu gründen. Ziel dieser Gesellschaft soll es sein, insbesondere mittelständischen Unternehmen im Raum Magdeburg Beratungsdienste in betriebswirtschaftlichen, steuerlichen und rechtlichen Fragen in einem Gesamtpaket anzubieten. Ihrer Ausbildung und Erfahrung entsprechend leistet Rechtsanwältin **Hauer** Rechtsbeistand, Herr **Duwe** übernimmt die Beratung in betriebswirtschaftlichen Fragen während sich Herr **Klein** um die steuerlichen Angelegenheiten der Mandanten kümmern wird.

Bei der Diskussion um die Frage nach der geeigneten Rechtsform ist man sich bereits in einem ersten Gespräch einig, dass weder die OHG noch die GmbH als Rechtsform in Frage kommen.

● 1. Welche Gründe waren wohl für die Ablehnung von OHG und GmbH als Rechtsform bestimmend?

PartGG § 2 2. Nach ausführlichen Diskussionen entscheiden sie sich, die Gesellschaft in der Rechtsform der Partnerschaft zu gründen.

● Machen Sie einen Vorschlag für einen geeigneten Namen der Partnerschaft.

§§ 1, 4 HGB § 1 ● 3. Prüfen Sie, ob die Partnerschaft die Kaufmannseigenschaften erfüllt.

4. Wirtschaftsprüfer **Klein** ist bereit, sein Bürogebäude in die Partnerschaft einzubringen, während sich die beiden anderen Partner verpflichten, jeweils 150 000 DM bare Mittel zur Verfügung zu stellen. U. a. sollen diese Vereinbarungen im Partnerschaftsvertrag festgehalten werden.

PartGG § 3 ● a) Welcher Formvorschrift bedarf dieser Vertrag?

BGB § 313 ● b) Wem steht das Eigentum an dem in die Partnerschaft eingebrachten Vermögen zu?

PartGG § 1 (4) BGB § 718

5. Der Partnerschaftsvertrag wird unter den Gesellschaftern am 15. März d.J. formgerecht abgeschlossen. Die Eintragung in das Partnerschaftsregister des Amtsgerichts Magdeburg erfolgt am 19. Mai.

PartGG § 7 ● a) Stellen Sie fest, zu welchem Zeitpunkt die Partnerschaft im Innen- und Außenverhältnis entstanden ist.

b) In § 6 des Partnerschaftsvertrages ist folgende Bestimmung enthalten:

> Für Ansprüche aus fehlerhafter Beratung im Rahmen der Berufsausübung der Partner besteht *keine* gesamtschuldnerische Haftung. Für derartige Ansprüche kommt der tätige Partner allein auf.

Prüfen Sie, ob die in § 6 des Partnerschaftsvertrags getroffene Vereinbarung gültig ist. PartGG § 8

6. Nach vorheriger Beratung mit ihren Partnern bestellt Rechtsanwältin **Hauer** am 30. Mai d. J. beim **Büromarkt Laufer** in **Magdeburg** die Büroeinrichtung, die vereinbarungsgemäß in der 1. Juliwoche geliefert wird. Einem zuvor eingeholten Angebot des Büromarktes entsprechend beläuft sich die Rechnung auf 54 000 DM.

   Von wem könnte der Büromarkt die Begleichung der Rechnung verlangen? (Geben Sie alle Möglichkeiten an.) § 8

Die Genossenschaft

5.13 Genossenschaft: Gründung – Firma – Organe – Geschäftsguthaben – Geschäftsanteil – Haftsumme

Lösungsblatt

Zur Gründung einer Molkereigenossenschaft haben sich 60 Landwirte der Gemeinde **Ahornsweiler** zusammengefunden. Das Risiko der Genossen soll so weit eingeschränkt werden, wie es das Gesetz zulässt. Die Genossenschaft soll die von den Landwirten angelieferte Milch verarbeiten und die Molkereiprodukte verkaufen.

1. Machen Sie einen Vorschlag für die Firmenbezeichnung. GenG § 3

2. Bei der Vorsprache bei den Behörden wird den Interessenten gesagt, dass sie öffentliche Mittel erst beantragen können, wenn die Genossenschaft rechtsgültig entstanden ist.

   Welche Voraussetzungen müssen nach dem Genossenschaftsgesetz für das Entstehen einer Genossenschaft erfüllt sein? §§ 5, 4, 9, 24 (2), 36 (1), 10, 11, 13

3. Der Genosse **Hahn** wird zum alleinigen Vorstand gewählt. Sofort nach der Wahl meldet **Hahn** die Genossenschaft mit allen notwendigen Anlagen beim Amtsgericht zum Genossenschaftsregister an. Der Registerrichter lehnt die Eintragung noch ab. §§ 24 (2), 11a

   Warum?

4. Bei einer Neuwahl sind **Graf** und **Hahn** in den Vorstand gewählt worden. Sie bilden zusammen den Vorstand. Für das Vorstandszimmer kaufen sie ein Ölgemälde für 7000 DM.

   Ist der Vertrag für die Genossenschaft bindend? §§ 24, 27 (2)

5. Im Statut wird der Geschäftsanteil jedes Genossen auf 1000 DM, die Pflichteinzahlung auf 300 DM je Geschäftsanteil festgelegt. **Hahn** hat 300 DM und **Graf** 600 DM auf den Geschäftsanteil eingezahlt. Beide haben damit die im Statut festgelegte Pflichteinzahlung auf den Geschäftsanteil erfüllt. **Basler** besitzt zwei Geschäftsanteile und hat beide voll eingezahlt. § 7

   a) Wie groß ist das Geschäftsguthaben jedes dieser Genossen? § 6 Nr. 3

   b) Im Statut ist die Haftsumme auf 1500 DM festgelegt. Eine besondere Regelung für Genossen mit mehreren Geschäftsanteilen ist im Statut nicht enthalten. §§ 105, 119, 121

- Bis zu welchem Betrag hätte jeder der Genossen im Insolvenzverfahren Nachschuss zu leisten?

	Hahn	Graf	Basler
Anzahl der übernommenen Geschäftsanteile (zu je 1000 DM)	1	1	2
Pflichteinzahlung DM	300	300	600
Haftsumme DM	1500	1500	
Geschäftsguthaben DM			
Nachschuss im Insolvenzfall DM			

GenG § 17

6. Ein Maschinenfabrikant hat an die Molkereigenossenschaft eine Zentrifuge für 2000 DM geliefert. Er verlangt von dem Genossen **Graf** die Begleichung der Rechnung.
   - Muss **Graf** an den Fabrikanten zahlen, wenn die Genossenschaft zahlungsunfähig ist?

7. In einer Generalversammlung soll über den Jahresabschluss abgestimmt werden.
   - § 43 (3) a) Wieviel Stimmen haben **Hahn, Graf** und **Basler?** (Im Statut ist darüber nichts bestimmt.)
   - § 43 AktG § 134 b) Welche Unterschiede bestehen bei der Beschlussfassung gegenüber den Regelungen der Aktiengesellschaft?
   - GenG § 43 c) Können auf der Generalversammlung wirksame Beschlüsse gefasst werden, wenn von 60 Genossen nur 3 erscheinen?

8. Die Gewinnverteilung ist im Statut geregelt. Auf jeden Geschäftsanteil entfällt in diesem Jahr ein Gewinnanteil von 50 DM.
   - § 19 (1) a) Wie groß ist jetzt das Geschäftsguthaben von **Hahn, Graf** und **Basler?**
   - b) Wie groß wäre das Geschäftsguthaben der 3 Genossen, wenn auf einen Geschäftsanteil ein Verlust von 60 DM entfiele?

9. Die Molkereigenossenschaft will Mitglied einer **Raiffeisen-Kasse Kreditgenossenschaft** werden, um günstigere Kredite zu erhalten.
   - § 15 (1) a) In welcher Form hat der Beitritt zu erfolgen?
   - b) In welchem Augenblick entsteht das Mitgliedschaftsrecht?

10. Die Molkereigenossenschaft soll in eine Aktiengesellschaft umgewandelt werden, weil sich der Geschäftsumfang sehr stark ausgeweitet hat.
    - Warum wird damit die Finanzierung der Geschäftserweiterung erleichtert?

Wahl der Rechtsform eines Unternehmens

5.14 FALLSTUDIE: Entscheidung über die günstigste Rechtsform eines Unternehmens – Entscheidungsbewertungstabelle

Lösungsblatt

Die 4 Landwirte **Bauer, Rietsche, Biehler** und **Muttach** betreiben seit etwa 2 Jahren in 77963 **Schwanau** gemeinsam eine Kompostierungsanlage. Die von den Hausbesitzern der umliegenden Gemeinden angefahrenen pflanzlichen Abfälle werden dort zu verwertbarem Humus verarbeitet.

Nachdem die Anlage in der Bevölkerung anfänglich keinen sonderlich großen Zuspruch fand, haben die Betreiber seit etwa 1/2 Jahr einen gewaltigen Aufschwung zu verzeichnen. Die zu Beginn angeschaffte Zerkleinerungsanlage sowie die von den Landwirten zur Verfügung gestellten Grundstücke für die Lagerung der Abfälle reichen nicht mehr aus. Angesichts der zunehmenden Müllproblematik ist auch in Zukunft mit einer verstärkten Inanspruchnahme der Kompostierungsanlage zu rechnen.

Die Gemeindeverwaltung erklärte sich bereit, das zur Erweiterung erforderliche Gelände zu verkaufen (Preis: ca. 120 000 DM). Für die Beschaffung einer zweiten Zerkleinerungsanlage sowie zweier Fahrzeuge wird mit weiteren Kosten in Höhe von ca. 800 000 DM gerechnet.

Alle Beteiligten sind bereit, zumindest stundenweise in dem Unternehmen mitzuarbeiten. Eine Daueranstellung zur Erledigung der anfallenden Büroarbeiten sollen die Industriekauffrau **Martha Mieth** und der Bürokaufmann **Hugo Bauer** – Sohn des Gründers **Bauer** – erhalten.

Auf dem Hintergrund dieser Entwicklung beabsichtigen die 4 Landwirte, das Unternehmen nunmehr in einer geeigneten Rechtsform zu betreiben.

- Fertigen Sie eine Tabelle für die Entscheidungsfindung nach folgendem Muster an:[1]

		OHG		KG		GmbH	
Kriterien für die Wahl der Rechtsform eines Unternehmens	**Wichtigkeit** ganz wichtiger Faktor = 10 Pkte unwichtiger Faktor 1 Pkt **W**	**Nutzen der Faktoren** sehr hoch = 3 Pkte kein Nutzen = 0 Pkte **B**	**Gewichteter Nutzen** **G = W × B**	**Nutzen der Faktoren** sehr hoch = 3 Pkte kein Nutzen = 0 Pkte **B**	**Gewichteter Nutzen** **G = W × B**	**Nutzen der Faktoren** sehr hoch = 3 Pkte kein Nutzen = 0 Pkte **B**	**Gewichteter Nutzen** **G = W × B**
Haftungsumfang (beschränkt, unbeschränkt)							
Beschaffung von Eigenkapital							
Beschaffung von Fremdkapital							
Geschäftsführungs- u. Vertretungsbefugnis (Gesellschafter/Dritte)							
Sicherung der Unternehmensfortführung bei Gesellschafterwechsel							
Veröffentlichung und Prüfung des Jahresabschlusses							
Gewinn- und Verlustbeteiligung							
Gründungskosten							
Recht auf Privatentnahmen							
Bildung eines Aufsichtsrats							
Einfluß der »Eigenkapitalgeber« auf Wahl des leitenden Organs							
u.a							
Summen							

[1] Zur Vorgehensweise bei der Erstellung einer Entscheidungsbewertungstabelle vgl. Aufgabe 5.01.

Unternehmenszusammenschlüsse

5.15 Kartellbegriff – Kartellverbot

Im Jahre 1929 war die afrikanische Diamantenindustrie in einer verzweifelten Lage. Man hatte schon 1926 große neue Diamantenvorkommen entdeckt, die den Markt überschwemmten. Die Preise sanken. 1929 kam dazu noch die Wirkung des Börsenkrachs in der New Yorker Wallstreet.

In dieser Situation wurde der Großaktionär **Sir Ernest Oppenheimer** zum Präsidenten der **De Beer-Gesellschaft** gewählt, die Diamantenförderung betrieb. Es gelang ihm zu erreichen, dass sich die anderen südafrikanischen Diamantengesellschaften mit der **De Beer-Gesellschaft** einigten, »den Markt zu regulieren«. Dann ließ **Oppenheimer** die meisten Diamantenminen schließen. Die Produktion sank von 12,4 Millionen Pfund (1929) auf 1,5 Millionen Pfund (1932).

● 1. Was wollte **Oppenheimer** mit diesen Maßnahmen erreichen?

● 2. Welche Vereinbarungen in dem Vertrag zwischen der **De Beer-Gesellschaft** und ihren Konkurrenten wären denkbar und geeignet um **Oppenheimers** Ziel zu erreichen?

● 3. Prüfen Sie, ob durch ein solches Kartell die wirtschaftliche oder rechtliche Selbstständigkeit der beteiligten Unternehmen eingeschränkt wird.

4. In der Bundesrepublik Deutschland sind solche Absprachen zwischen Unternehmen verboten.

● Halten Sie das für gerechtfertigt?

5. In der Bundesrepublik Deutschland gibt es Monopole, an denen die öffentliche Hand beteiligt ist, z.B. die Deutsche Bahn, die Deutsche Post, Versorgungsbetriebe der Gemeinden (Gas, Wasser).

● Halten Sie diese öffentlichen Monopole für genauso gefährlich wie private?

5.16 Preisabsprachen nach Ausschreibung öffentlicher Aufträge (Submissionskartell) – Gesetz gegen Wettbewerbsbeschränkungen

Für die Erstellung einer Park-and-ride-Anlage veröffentlicht die Stadt **Grechtingen** folgende Ausschreibung:

Stadt Grechtingen

Öffentliche Ausschreibung

Die Stadt Grechtingen schreibt nachstehend aufgeführte Arbeiten auf der Grundlage der VOB öffentlich aus:

Park-and-ride-Anlage, Bahnhof Grechtingen – Los I: Wasser- und Brückenbauarbeiten

Abbruch von Beton und Mauerwerk	80 m^3	bituminöse Befestigung	450 m^3
Mutterbodenauf- und -abtrag	150 m^3	Stahlbeton	70 m^3
Bodenabtrag	400 m^3	Betonstahl	5 t
Bodenauftrag	250 m^3	Frostschutzschicht	80 m^3
Stahlgeländer	30 m	Gebühren: 35 DM (zuzüglich 5 DM bei Postversand)	

Submissionstermin: 18.07.19.. , 10 Uhr

Die Unterlagen können ab Dienstag, den 04.07.19.. im Stadtbauamt (Zimmer Nr. 103), Pfauenstr. 4, Grechtingen, während der Geschäftszeiten abgeholt werden. Auf Wunsch erfolgt auch Postversand gegen Vorlage eines Verrechnungsschecks in Höhe von 40 DM.

Der Bieter ist verpflichtet, sich über den Arbeitsumfang durch eine Ortsbesichtigung zu informieren.

Das Angebot ist im verschlossenen und deutlich gekennzeichneten Umschlag rechtzeitig einzureichen.

Vergabeprüfstelle im Sinne des § 31 VOB ist das Regierungspräsidium.

Bürgermeisteramt Grechtingen

Vom Bürgermeister der Stadt Grechtingen werden am 18.08.19.. die drei eingegangenen Angebote geöffnet. Die Ergebnisse sind in den Spalten 1 bis 3 nachstehender Tabelle wiedergegeben. Außerdem sind in der Tabelle Durchschnittspreise, die auf Berechnungen des Bürgermeisters beruhen, ausgewiesen (Spalte 4). Der Bürgermeister hat sich dazu bei mehreren Nachbargemeinden, die in letzter Zeit ähnliche Bauprojekte ausgeschrieben haben, nach den Angebotspreisen erkundigt und daraus den in der Tabelle angegebenen Durchschnittswert ermittelt.

		Untern. A (Spalte 1)	Untern. B (Spalte 2)	Untern. C (Spalte 3)	Durchschnitt lt. eingeholter Information (Spalte 4)
Abbruch von Beton und Mauerwerk	80 m³	84 000	100 800	112 000	56 000
Mutterbodenauf- und -abtrag	150 m³	5 850	7 020	7 800	3 900
Bodenabtrag	400 m³	15 600	18 720	20 800	10 400
Bodenauftrag	250 m³	9 750	11 700	13 000	6 500
Frostschutzschicht	80 m³	5 040	6 048	6 720	3 360
bituminöse Befestigung	450 m³	121 500	145 800	162 000	81 000
Stahlbeton	70 m³	25 200	30 240	33 600	16 800
Betonstahl	5 t	13 125	15 750	17 500	8 750
Stahlgeländer	30 m	14 400	17 280	19 200	9 600
Summen		**294 465**	**353 358**	**392 620**	**196 310**

1. Nachprüfungen, die der Bürgermeister wegen der aus seiner Sicht überhöhten Angebotssummen vorgenommen hat, haben ergeben, dass sich die 3 Unternehmen untereinander abgesprochen haben.
   Welche Vorteile versprechen sich die beteiligten Unternehmen von einer solchen Absprache?
2. Unter welchen Voraussetzungen führen die unter den 3 Unternehmen getroffenen Vereinbarungen zum beabsichtigten Ergebnis?
3. Hätte Unternehmen A gegen Unternehmen B klagen können, wenn es sich nicht an die vertragliche Vereinbarung gehalten hätte, einen höheren Gesamtpreis als 300 000 DM zu verlangen? GWB § 1
4. Wie groß wäre der Schaden, den die Bürger der Stadt Grechtingen zu tragen hätten, wenn der Bürgermeister die Absprache nicht aufgedeckt hätte?
5. Mit welchen Folgen müssen die betroffenen Unternehmen rechnen? §§ 32–34

5.17 Kartellarten: Normenkartell – Konditionenkartell – Strukturkrisenkartell – Rationalisierungskartell – Exportkartell – Sonderkartell

1. Die Hersteller von Fernsehgeräten vereinbaren, nur noch genormte Bildröhren einzubauen (Normenkartell).
   a) Welche Vorteile bringt dieses Kartell den Herstellern von Fernsehgeräten, den Herstellern von Bildröhren, dem Fernsehreparaturhandwerk und den Käufern von Fernsehgeräten?
   b) Ist dieses Kartell erlaubt? GWB §§ 2, 9

2. Die Krawattenstoffwebereien in der Bundesrepublik Deutschland haben einheitliche Lieferbedingungen vereinbart. Unter anderem wurde festgelegt, dass alle angeschlossenen Firmen bei Zahlung innerhalb 30 Tagen 2% Skonto gewähren (Konditionenkartell).

   - a) Prüfen Sie, ob dieses Kartell geeignet ist, den Wettbewerb und damit den Marktpreis des freien Wettbewerbs entscheidend zu beeinflussen und den Abnehmer zu schädigen.
   - GWB § 2, 9 — b) Wie kann ein solches Kartell rechtswirksam werden?

3. Nach dem Krieg hatten die Getreidemühlen in der Bundesrepublik so große Kapazitäten, dass sie für den Bedarf des verkleinerten Deutschlands nicht mehr ausgenützt werden konnten. Die Mühlen stellten deshalb den Antrag, dass sie sich für eine Übergangszeit das anfallende Mahlgut nach Quoten aufteilen dürften. In dieser Übergangszeit sollten überflüssig gewordene Mühlen stillgelegt, die Mühlenbetreiber dafür entschädigt werden (Strukturkrisenkartell).

   - § 6 — a) Warum ist dieses Krisenkartell gefährlicher für den Verbraucher als das Konditionenkartell?
   - § 10 — b) Kann ein solches Kartell rechtswirksam werden?

4. Alle Hersteller von Motorrädern in einer Volkswirtschaft vereinbaren, nur noch Maschinen mit einem Hubraum von 125 ccm, 250 ccm, 350 ccm und 500 ccm zu produzieren. Jedes Unternehmen bekommt einen oder mehrere Typen zugewiesen. Der Wettbewerb zwischen den Herstellern bleibt dabei erhalten (Rationalisierungskartell).

   - §§ 5, 10 — a) Was wollen die Unternehmen damit erreichen?
   - b) Wie könnte das Kartell rechtswirksam werden?
   - c) Warum ist ein solches Kartell oft Voraussetzung für die Automation?

5. Eine Vereinbarung zwischen den Herstellern von Portlandzement, Hüttenzement und Trasszement verpflichtet die Kartellmitglieder, ihr gesamtes Exportgeschäft über die **Zementexport Rhein-West GmbH** abzuwickeln. Andere inländische Exporthändler werden von den Kartellmitgliedern nicht beliefert (Exportkartell). (§ 5)

   - Wie kann dieses Kartell rechtswirksam werden?

6. (§ 8) Durch die Konkurrenz mit der Mineralölindustrie mussten in den 70-er Jahren immer mehr Kohlezechen stillgelegt werden. Die Anbieter von schwerem Heizöl schlugen deshalb Vereinbarungen vor, um den Absatz der Steinkohle zu sichern. Sie wollten Mindestpreise einhalten, bis die Haldenbestände unter ein bestimmtes Niveau gesunken waren (Sonderkartell).

   - Hätte die Kartellbehörde dieses Kartell genehmigen dürfen?

Lösungsblatt

5.18 Kartellarten: verbotene Kartelle – anmeldepflichtige Kartelle (Widerspruchsverfahren) – genehmigungspflichtige Kartelle (Freistellungsantrag)

Geben Sie an, um welche Art von Kartell es sich bei den folgenden Vereinbarungen handelt und stellen Sie fest, welche kartellrechtliche Regelung das Gesetz gegen Wettbewerbsbeschränkungen dafür jeweils vorschreibt.

Legen Sie Ihrer Lösung eine Tabelle nach dem Muster auf folgender Seite zu Grunde:

	Beispiele	Bezeichnung	Regelung im Gesetz gegen Wettbewerbsbeschränkungen			
			verbotenes Kartell	anmeldepflichtiges Kartell (§ 9 GWB) *Widerspruchsverfahren*	genehmigungspflichtiges Kartell (§ 10 GWB) *Freistellungsantrag*	geregelt in § ... GWB
1.	Drei Hersteller von Teerfarben beschließen, für ihre Produkte einheitliche Preise zu verlangen.					
2.	Die Hersteller von Kunstdünger vereinbaren, bei Lieferungen an den Großhandel einheitlich 20% Rabatt zu gewähren.					
3.	Zwei Straßenbauunternehmen treffen eine Vereinbarung, wonach sich jedes Unternehmen nur in einem ihm zugewiesenen Gebiet an öffentlichen Ausschreibungen beteiligt.					
4.	Hersteller von Büromöbeln vereinbaren einheitliche Lieferbedingungen.					
5.	Die Hersteller von Läufern aus Kokosmaterial vereinbaren, dass nur noch Punktmustergewebe mit einem Gewicht von 2000 g je m^2 mit einer Toleranz von +/– 5% hergestellt werden sollen.					
6.	Sechs Energieversorgungsunternehmen, die auf dem Gebiet der Kernenergie tätig sind, wollen sich gemeinsam an Uranminen beteiligen sowie Vorräte zentral lagern.					
7.	Zwei Hersteller von Stromkabeln treffen eine Vereinbarung, wonach sich jedes Unternehmen auf die Herstellung von Kabeln bestimmter Stärke (z.B. $5 \times 1{,}5$ mm^2) spezialisiert. Die Unternehmen beliefern sich jedoch gegenseitig mit den Kabelstärken, die sie nicht selbst produzieren.					
8.	Die beiden Hersteller von Stromkabeln (vgl. Zi. 7) beabsichtigen, zum Vertrieb ihrer Produkte eine Absatz-GmbH zu gründen, an der beide je zur Hälfte beteiligt sind.					
9.	Deutsche Hersteller von Herrenoberhemden klagen zunehmend über rückläufige Umsätze. Als Ursache dafür nennen sie Billigprodukte aus Südasien. Sie beabsichtigen daher, ihre Kapazitäten innerhalb der nächsten 2 Jahre um 20% zu reduzieren. Gleichzeitig soll eine Umstellung ihrer Produktion auf andere Produkte bzw. auf höhere Qualitäten vorgenommen werden.					
10.	4 Hersteller von Leichtbauplatten (alles kleinere und mittlere Unternehmen) haben eine Vereinbarung getroffen, wonach Aluminiumschienen gemeinsam beschafft werden können. Ziel dieser Vereinbarung ist die Ausnutzung von Mengenrabatt.					

5.19 Preisbindungsverträge

Ein Unternehmen, das Farbfilme herstellt, beliefert Fotohändler nur, wenn diese sich verpflichten, für die Entwicklung seiner Filme einen festgelegten Preis zu verlangen.

- 1. Ist diese Bindung der Fotohändler nach dem Kartellgesetz erlaubt? GWB § 14
- 2. Halten Sie es für gerechtfertigt, dass die Preisbindung der 2. Hand nur für Verlagserzeugnisse erlaubt ist? § 15

5.20 Marktbeherrschende Unternehmen

Ein Hersteller von Metall-Uhrarmbändern hat es infolge günstiger Preise und guter Qualität so weit gebracht, dass er 95% des Marktes beliefert. Um seine letzten Konkurrenten niederzukämpfen, will er seine Uhrarmbänder so lange unter den Selbstkosten verkaufen, bis der letzte Konkurrent aufgeben muss.

GWB §§ 19, 32, 33, 81 ● Was würden Sie anstelle der Konkurrenten unternehmen?

Lösungsblatt

5.21 Verbundene Unternehmen – Konzern – Holdinggesellschaft – Trust – Fusionskontrolle – Marktbeherrschende Unternehmen – Gesetz gegen Wettbewerbsbeschränkungen

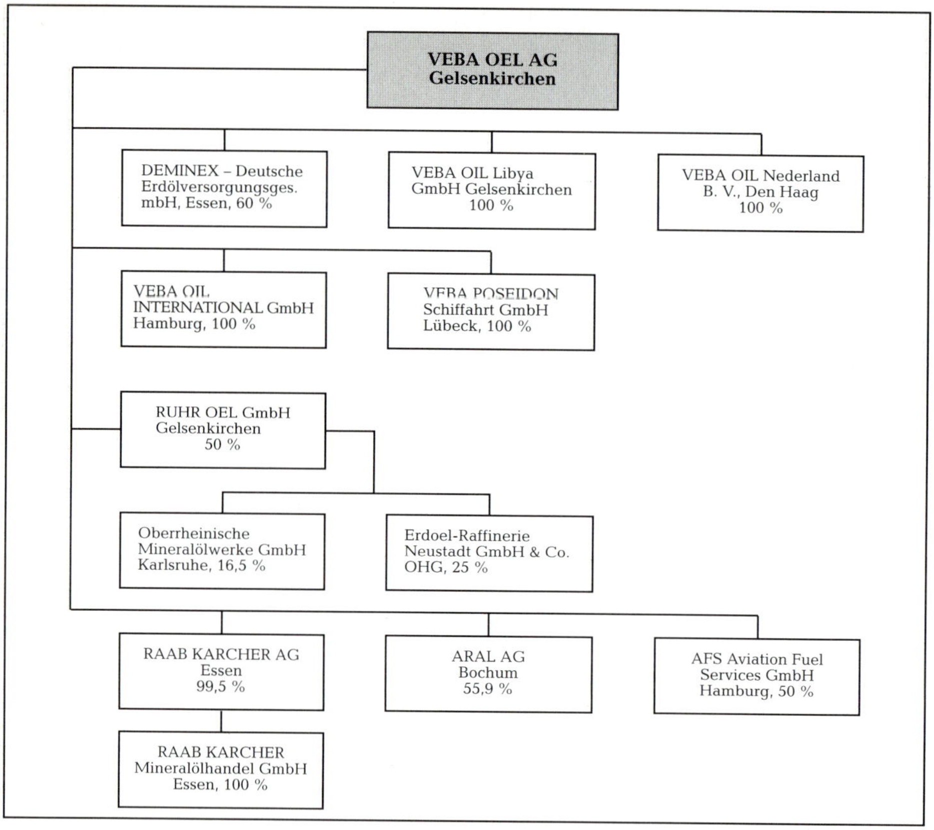

Das obige Bild stellt die wesentlichen Beteiligungen der **VEBA OEL AG** dar, die im Geschäftsbericht des Unternehmens genannt sind. Die **VEBA OEL AG** übernimmt selbst weder Produktions- noch Handelsgeschäfte.

AktG § 15 ● 1. Prüfen Sie, ob anhand der abgebildeten Struktur auf verbundene Unternehmen geschlossen werden kann.
Welche wirtschaftliche Funktion haben die einzelnen Unternehmen jeweils?

§ 17 ● 2. Welche der verbundenen Unternehmen sind
a) herrschende,
b) abhängige Unternehmen?

3. Auf welchem Wege kann die **VEBA OEL AG** Einfluss auf die Geschäftsführung der abhängigen Unternehmen ausüben? AktG §§ 119, 101, 111, 84 GmbHG § 46
4. Stellen Sie fest, ob die in dem Bild auf Seite 105 dargestellten Unternehmen zusammen einen Konzern bilden. AktG § 18
5. Warum werden die **VEBA OEL AG,** die **RUHR OEL GmbH** und die **RAAB KARCHER AG** als Holdinggesellschaften bezeichnet?
6. Die **VEBA OEL AG** hat keine Geschäftsanteile der **RAAB KARCHER Mineralölhandel GmbH.**
   Warum kann sie dennoch Einfluss auf dieses Unternehmen ausüben?
7. Die **VEBA OEL AG** ist wiederum ein Tochterunternehmen der **VEBA AG.** Nachstehendes Bild enthält einen Ausschnitt der Struktur der **VEBA AG:**

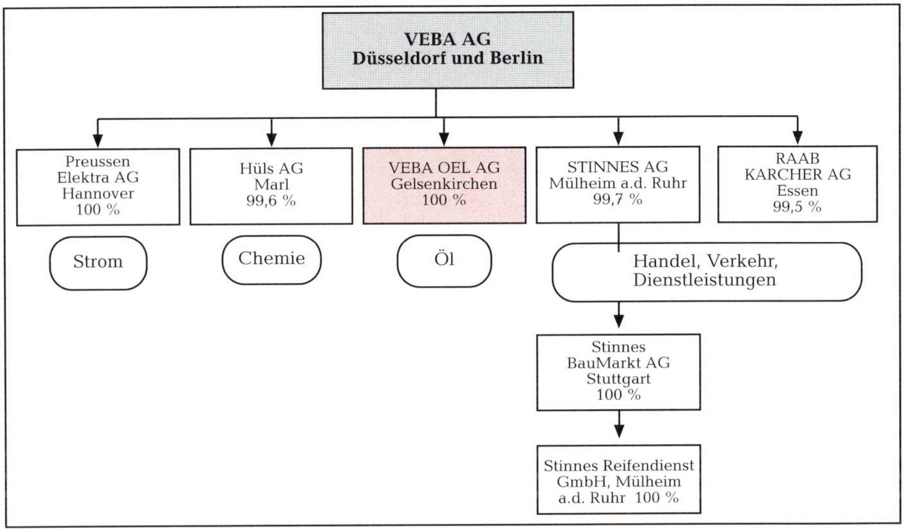

Je nach Richtung der Unternehmensverbindung werden horizontale, vertikale und anorganische (oder laterale, konglomerate) Zusammenschlüsse unterschieden.

Stellen Sie fest, welche Arten von Zusammenschlüssen erkennbar sind und tragen Sie die entsprechenden Unternehmensverbindungen in ein Schaubild nach folgendem Muster ein:

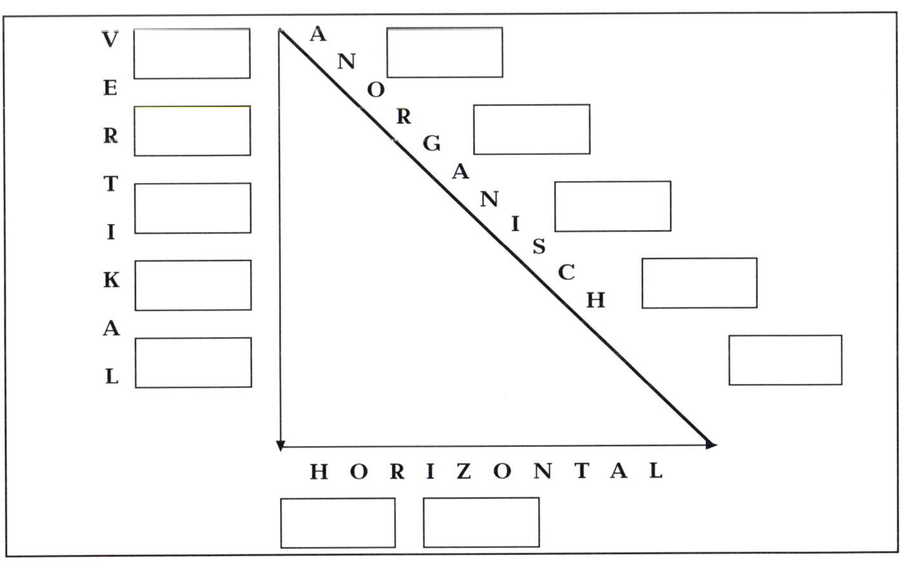

8. In der Hauptversammlung der **VEBA AG** schlägt ein Aktionär vor, die 8 deutschen Chemieunternehmen des Konzerns (Aktiengesellschaften und GmbHs) zu einem einzigen Unternehmen (Trust) zu verschmelzen. Das neue Unternehmen soll in der Rechtsform einer Aktiengesellschaft geführt werden. Der Aktionär begründet seinen Vorschlag u.a. mit dem Argument des Wegfalls von Verwaltungskosten für die Organe.

   a) Welche Organe würden im Falle der vorgeschlagenen Verschmelzung entfallen?

   b) Vergleichen Sie in nachstehender Übersicht, welcher Verlust an Selbstständigkeit für die einzelnen Unternehmen durch die Verbindung jeweils eintreten würde.

	Konzern	**Trust**
rechtliche Selbstständigkeit		
wirtschaftliche Selbstständigkeit		

GWB § 19 — 9. Prüfen Sie, unter welchen Voraussetzungen das in der beschriebenen Verschmelzung aufgehende Unternehmen als marktbeherrschend anzusehen ist.

§§ 37, 39 — 10. Stellen Sie fest, ob es sich bei dem vorliegenden Fall um einen Zusammenschluss im Sinne des Kartellgesetzes handelt und welchen Pflichten die beteiligten Unternehmen gegebenenfalls nachkommen müssten.

§ 40 (2) — 11. Unter welchen Voraussetzungen gilt der Zusammenschluss als freigegeben?

5.22 Fusion

Die **Elektromotoren-Aktiengesellschaft** und die **Werkzeugmaschinen-Aktiengesellschaft** haben die Fusion beschlossen.

Aktiva — Zusammengefasste Bilanz der Elektromotoren-Aktiengesellschaft — Passiva

Aktiva		Passiva		
A. Anlagevermögen	6 700 000 DM	A. Eigenkapital		
B. Umlaufvermögen	3 380 000 DM	Gezeichnetes Kapital	5 100 000 DM	
		Verlustvortrag	1 020 000 DM	4 080 000 DM
		B. Fremdkapital		6 000 000 DM
	10 080 000 DM			10 080 000 DM

Aktiva — Zusammengefasste Bilanz der Werkzeugmaschinen-Aktiengesellschaft — Passiva

Aktiva		Passiva		
A. Anlagevermögen	12 900 000 DM	A. Eigenkapital		
B. Umlaufvermögen	7 820 000 DM	I. Gezeichnetes Kapital	12 100 000 DM	
		II. Gewinnrücklagen		
		1. gesetzliche Rücklage	1 600 000 DM	
		2. andere Gewinnrücklagen	800 000 DM	
		III. Gewinnvortrag	20 000 DM	14 520 000 DM
		B. Fremdkapital		6 200 000 DM
	20 720 000 DM			20 720 000 DM

Die Aktionäre der **Elektromotoren AG** erhalten nach der Verschmelzung für ihre Aktien junge Aktien der **Werkzeugmaschinen AG.** Für die Berechnung des Aktien-Umtauschverhältnisses sollen die Bilanzkurse beider Aktiengesellschaften zugrunde gelegt werden. Die Kosten der Verschmelzung werden auf 200 000 DM geschätzt.

1. Bei der Fusion kennt man zwei Möglichkeiten: die Fusion durch »Neubildung« und die durch »Übertragung«.
   - Um welche Form handelt es sich im vorliegenden Fall?
   - Können Sie aus einer der Bilanzen den Grund für die Fusion erkennen?
2. Berechnen Sie von jedem Unternehmen den Bilanzkurs.
3. Welchen inneren Wert hat eine Aktie der **Elektromotoren AG** im Verhältnis zu einer Aktie der **Werkzeugmaschinen AG?**
4. Wieviel Werkzeugmaschinen-Aktien erhält demnach ein Aktionär der **Elektromotoren AG** für drei alte Aktien?
5. Um wieviel D-Mark muss das Grundkapital der **Elektromotoren AG** vermindert werden, damit sich das neue Grundkapital zum alten wie 2:3 verhält?
6. Woraus setzen sich die Kosten der Fusion zusammen?
7. Für die Fusionskosten soll eine Rückstellung gebildet werden. HGB § 249
   - Warum?
8. Durch die Verschmelzung entsteht bei der **Werkzeugmaschinen AG** ein Buchgewinn von 480 000 DM.
   - Weisen Sie diesen Gewinn nach.
9. Erstellen Sie die Bilanz der **Werkzeugmaschinen AG** nach der Fusion.
10. Prüfen Sie, ob die **Werkzeugmaschinen AG** nach der Fusion als Trust bezeichnet werden kann.

Krise der Unternehmung

Sanierung

5.23 Kennzeichen der Sanierungsbedürftigkeit – Ursachen – Maßnahmen

Die **Leder- und Pelzclean GmbH,** ein Unternehmen, das derzeit 80 Mitarbeiter beschäftigt, hat während der vergangenen drei Jahre einen Umsatzrückgang von ca. 30% hinnehmen müssen. Das In-Kraft-treten weltweit geltender gesetzlicher Vorschriften zum Artenschutz haben den Handel mit Leder und Pelzen nahezu zum Erliegen gebracht.

Darüber hinaus haben Bodenproben des zuständigen Wasserwirtschaftsamtes gezeigt, dass durch den unsachgemäßen Einsatz chemischer Reinigungsmittel mit hoher Giftkonzentration Umweltschäden im Erdreich verursacht wurden. Erste Kostenvoranschläge ergaben, dass bei einer Abtragung des verseuchten Erdreiches mit Kosten in Höhe von ca. 1,2 Mio. DM zu rechnen ist. Ein Versicherungsanspruch besteht nicht.

Der Geschäftsführer der **Leder- und Pelzclean GmbH** – ein 58-jähriger Gerbermeister – schlägt vor, das Unternehmen zu schließen. Nach seinen eigenen Aussagen sieht er sich außer Stande, Maßnahmen einzuleiten, die dem Unternehmen einen gesicherten Fortbestand ermöglichen können. Die 4 Gesellschafter der GmbH legen auf eine Unternehmensfortführung jedoch großen Wert, zumal sie über ein Stammkapital von 3 Mio. DM verfügen. Erst vor zwei Jahren wurden 2 Universalreinigungs- und Aufbereitungsmaschinen beschafft, die geeignet sind, Aufträge im Bereich des Textilfinish (= Aufbügeln von Kleidungsstücken) in größerem Umfang abzuwickeln. Zur Finanzierung dieser Maschinen wurde u.a. ein Bankkredit in Höhe von 0,8 Mio. DM in Anspruch genommen. Zu einer weiteren Kreditvergabe war die Hausbank seinerzeit nicht bereit.

1. Welche *Kennzeichen* einer Sanierungsbedürftigkeit sind dem Fall zu entnehmen?
2. Welche *Ursachen* für die Sanierungsbedürftigkeit sind dem Bericht zu entnehmen? Gliedern Sie die Ursachen in betriebliche und außerbetriebliche.
3. Erarbeiten Sie *Vorschläge*, die geeignet sind, diese Ursachen zu beseitigen. Gruppieren Sie die Maßnahmen in personelle, organisatorische und finanzielle Maßnahmen.

5.24 Sanierung bei der AG: Ausgleich einer Unterbilanz durch Auflösen von Rücklagen

Die Sanierung einer AG soll durch Verrechnung der Rücklagen mit dem Verlustvortrag erfolgen.

Zusammengefasste Bilanz vor der Sanierung

Aktiva		Passiva		
Flüssige Mittel	100 000,00	Eigenkapital		
sonstiges Vermögen	1 810 000,00	1. Gezeichnetes Kapital	1 000 000,00	
		2. Gesetzliche Rücklagen	100 000,00	
		3. Verlustvortrag	90 000,00	1 010 000,00
		Verbindlichkeiten		900 000,00
	1 910 000,00			1 910 000,00

1. Erstellen Sie die Bilanz nach der Beseitigung der Unterbilanz.
2. Wie heißen die Buchungssätze zum Ausgleich der Unterbilanz bei Verwendung eines Sanierungskontos?

5.25 Sanierung bei der AG: Zusammenlegung des Grundkapitals

Sanierungsbeschluss:
Es erfolgt Zusammenlegung des Grundkapitals im Verhältnis 10 : 9.

Zusammengefasste Bilanz vor der Sanierung

Aktiva		Passiva		
Flüssige Mittel	500 000,00	Eigenkapital		
sonstiges Vermögen	2 200 000,00	1. Gezeichnetes Kapital	2 000 000,00	
		2. Verlustvortrag	200 000,00	1 800 000,00
		Verbindlichkeiten		900 000,00
	2 700 000,00			2 700 000,00

AktG § 222

1. Warum ist in diesem Fall die Sanierung für den Vorstand der AG schwerer erreichbar als bei Fall 5.24?
2. Erstellen Sie die Bilanz nach der Sanierung.
3. Wie heißen die Buchungssätze zum Ausgleich des Verlustvortrages bei Verwendung eines Sanierungskontos?
4. Warum muss die Gesellschaft alle Aktien einziehen?

5.26 Sanierung bei der AG: Rückkauf eigener Aktien

Sanierungsmaßnahme: Es sollen eigene Aktien im Nennwert von 500 000,00 DM zurückgekauft werden. Börsenkurs: 60,00 DM je nom. 100,00 DM.

Soweit möglich, soll damit der Verlust durch Herabsetzung des Grundkapitals (gezeichnetes Kapital) abgedeckt werden.

Zusammengefasste Bilanz vor der Sanierung

Aktiva		**Passiva**		
A. Anlagevermögen	2 000 000,00	Eigenkapital		
B. Umlaufvermögen		1. Gezeichnetes		
1. Vorräte	1 500 000,00	Kapital	5 000 000,00	
2. Flüssige Mittel	1 000 000,00	2. Verlustvortrag	500 000,00	4 500 000,00
	4 500 000,00			4 500 000,00

- 1. Wie hoch ist der Bilanzkurs vor der Sanierung?
- 2. Wie lässt sich die Abweichung vom Börsenkurs erklären?
- 3. Bilden Sie jeweils den Buchungssatz
  - für den Kauf der eigenen Aktien,
  - für die Herabsetzung des Grundkapitals und den möglichen Ausgleich des Verlustvortrages.
- 4. Erstellen Sie die Bilanz nach der Sanierung.
- 5. Wie hat sich die Sanierung auf den Bestand an flüssigen Mitteln ausgewirkt?
- 6. Vergleichen Sie bei den Fällen 5.25 und 5.26 die Wirkung der Sanierungsmaßnahmen auf den Bestand an flüssigen Mitteln.
- 7. Unter welcher Voraussetzung wäre trotz Verlustvortrag eine Sanierungsmaßnahme nicht notwendig oder nicht zweckmäßig?

5.27 Sanierung bei der AG: Zuzahlung

Sanierungsbeschluss:
Jeder Aktionär hat 25% des Nennwerts seiner Aktien zuzuzahlen:

Zusammengefasste Bilanz vor der Sanierung

Aktiva		**Passiva**		
A. Sachanlagen		A. Eigenkapital		
1. Grundstücke		1. Gezeichnetes		
und Bauten	2 000 000,00	Kapital	4 000 000,00	
2. technische Anlagen		2. Verlustvortrag	1 000 000,00	3 000 000,00
und Maschinen	2 100 000,00	B. Verbindlichkeiten		3 000 000,00
B. Umlaufvermögen				
1. Vorräte	1 000 000,00			
2. Forderungen	450 000,00			
3. Flüssige Mittel	450 000,00			
	6 000 000,00			6 000 000,00

- 1. Von wem und mit welcher Mehrheit musste die Zuzahlung beschlossen werden? AktG § 180 (1)
- 2. Erstellen Sie die Bilanz nach der Sanierung.
- 3. Wie groß war der innere Wert einer Aktie vor der Zuzahlung? Wie groß ist er danach?

Insolvenz

5.28 Zahlungsunfähigkeit als Eröffnungsgrund

Die Auftragslage der **Firma Franz Dürrwächter OHG,** Herstellerin von Systemteilen für Stromverteilungen, hat sich in letzter Zeit erheblich verschlechtert. Zusätzlich wurde das Unternehmen von der Insolvenz zweier Großkunden getroffen, was zu einem Forderungsausfall in Höhe von 110 000 DM geführt hat. Eigene Zahlungsschwierigkeiten sind die unmittelbare Folge dieser Entwicklung. So können Lieferantenrechnungen nur noch nach Einräumung zusätzlicher Zahlungsziele beglichen werden. Die am Monatsende fälligen Lohn- und Gehaltsüberweisungen gehen den Arbeitnehmern teilweise bis zu 8 Wochen verspätet zu.

Bemühungen, weitere Gesellschafter aufzunehmen, sind bislang erfolglos geblieben. Die beiden Hausbanken sind auch nicht mehr bereit, weitere Überziehungskredite zu gewähren. Eine Aufnahme zusätzlicher langfristiger Kredite scheitert an fehlenden Kreditsicherheiten.

Vereinzelt sind Lieferanten bereits dazu übergegangen, ihre Forderungen auf dem Wege von Einzelvollstreckungsmaßnahmen einzutreiben.

Die zusammengefasste Zwischenbilanz der **Firma Franz Dürrwächter OHG** zeigt zum 30.05. d.J. folgendes Bild:

Zusammengefasste Bilanz der Franz Dürrwächter OHG (in DM)

Anlagevermögen	1 600 000	Eigenkapital:	
Umlaufvermögen:		Kapitalanteil Franz Dürrwächter	80 000
Vorräte	140 000	Kapitalanteil Heinz Dürrwächter	74 000
Forderungen	80 000	Fremdkapital:	
flüssige Mittel	40 000	Darlehensschulden	1 346 000
		Kontokorrentkredit	90 000
		Liefererverbindlichkeiten (sofort fällig)	270 000
	1 860 000		1 860 000

- 1. Prüfen Sie, ob in der vorliegenden Situation eine Sanierung möglich und sinnvoll ist.
- 2. Beurteilen Sie, ob es sich bei den Zahlungsschwierigkeiten des Unternehmens um ein längerfristiges Problem handelt.
- InsO §§ 16, 17 — 3. Entscheiden Sie, ob im vorliegenden Fall die Voraussetzungen für die Eröffnung eines Insolvenzverfahrens gegeben sind.

5.29 Überschuldung als Eröffnungsgrund

Die **Aachener Weberei AG** erstellt zum Ende des 3. Quartals folgende Zwischenbilanz:

Zusammengefasste Bilanz der Aachener Weberei AG (in TDM)

A. Anlagevermögen	300 000	A. Eigenkapital		
B. Umlaufvermögen	200 000	I. Gezeichnetes Kapital	250 000	
C. Nicht durch Eigenkapital gedeckter Fehlbetrag	50 000	II. Gewinnrücklagen	50 000	
		– III. Verlustvortrag	150 000	
		– IV. Jahresfehlbetrag	200 000	
			– 50 000	–
		B. Fremdkapital		550 000
	550 000			550 000

1. Welches Bilanzbild würde sich ergeben, wenn die **Aachener Weberei** in der Rechtsform eines Einzelunternehmens betrieben würde?

2. Wieviel % der Schulden könnten aus einem Verkauf aller Vermögensgegenstände des Anlage- und Umlaufvermögens beglichen werden, wenn die in der Bilanz ausgewiesenen Buchwerte den Marktpreisen entsprechen, also keine stillen Reserven enthalten?

3. Welche Pflicht hat der Vorstand der **Aachener Weberei AG** gegenüber den Aktionären, nachdem ihm vorstehende Zwischenbilanz vorgelegt wird? AktG § 92 (1)

4. Die **Aachener Weberei AG** kann ihren Zahlungsverpflichtungen derzeit gerade noch nachkommen.
   a) Prüfen Sie, ob dennoch eine Voraussetzung für die Eröffnung eines Insolvenzverfahrens vorliegt. InsO § 19
   b) Wer beantragt gegebenenfalls die Eröffnung des Insolvenzverfahrens für die **Aachener Weberei AG?** §§ 13, 15 AktG § 92 (2)

5. Warum ist die Regelung vernünftig, dass bei Personenunternehmen Überschuldung kein Insolvenzgrund ist?

5.30 Insolvenzverfahren

Kurt Müller betreibt in 92637 **Weiden** (Amtsgerichtsbezirk Weiden, Oberpfalz), Straubinger Straße 48, einen Fabrikationsbetrieb für Holzverpackungen.

Durch den wirtschaftlichen Zusammenbruch eines Großkunden hat er einen Forderungsausfall von 30 000 DM und kommt dadurch selbst in nachhaltige Zahlungsschwierigkeiten. Er schuldet **Geyer** 12 000 DM, **Scheibs** 15 000 DM, **Sauer** 9000 DM, **Dietrich** 44 000 DM und **Emerich** 10 000 DM.

Um Zwangsvollstreckungsmaßnahmen einzelner Gläubiger zuvor zu kommen stellt **Müller** Antrag auf Eröffnung des Insolvenzverfahrens. Er schließt sein Geschäft am 28.05. und stellt am gleichen Tag die Zahlungen ein.

Im **Straubinger Anzeiger** vom 05.06.19.. wird nachstehender Eröffnungsbeschluss öffentlich bekanntgemacht:

InsO §§ 27, 56

I. Über das Vermögen des **Kaufmanns Kurt Müller**, Straubinger Str. 48, **Weiden,** wird heute, den 05.06. .., vormittags 11.00 Uhr das Insolvenzverfahren eröffnet.

II. Zum Insolvenzverwalter wird Herr Rechtsanwalt
Dr. Hans Fröhlich, Weiden, ernannt.

III. Die erste Gläubigerversammlung zur Beschlussfassung über den Fortgang des Insolvenzverfahrens auf der Grundlage eines Berichts des Verwalters wird bestimmt auf dem 07.07. ..

IV. 1. Die Gläubiger werden aufgefordert, ihre Forderungen bis zum 25.06. .. beim Verwalter anzumelden.
2. Sie haben dem Verwalter unverzüglich mitzuteilen, welche Sicherungsrechte sie an beweglichen Sachen oder Rechten des Schuldners in Anspruch nehmen. Der Gegenstand, an dem das Sicherungsrecht beansprucht wird, die Art und der Entstehungsgrund des Sicherungsrechts sowie die gesicherte Forderung sind zu bezeichnen.

V. Der Prüfungstermin der Gläubigerversammlung über die angemeldeten Forderungen wird wie der Berichtstermin (siehe Punkt III) bestimmt auf den 07.07. ..

VI. Alle Personen, die eine zur Masse gehörige Sache im Besitz haben oder zur Masse etwas schuldig sind, werden aufgefordert, nicht mehr an den Schuldner zu leisten, sondern an den Verwalter.

Amtsgericht Weiden

InsO §§ 16, 17 ● 1. Welcher Grund hat in vorliegendem Falle zur Eröffnung des Insolvenzverfahrens geführt?

§§ 2, 3 ● 2. Wo hat **Müller** den Antrag zu stellen?

HGB §§ 130a, b GmbHG § 64 (1) AktG § 92 (2) InsO § 13 ● 3. Warum ist der Einzelkaufmann **Müller** – anders als z.B der Geschäftsführer einer GmbH – auch bei Vorliegen eines Eröffnungsgrundes gesetzlich nicht verpflichtet, einen Antrag auf Eröffnung des Insolvenzverfahrens zu stellen?

§ 14 ● 4. Wäre auch der Gläubiger **Geyer** berechtigt gewesen, die Eröffnung des Insolvenzverfahrens zu beantragen?

5. Der Gläubiger **Sauer** hat bereits vor Eröffnung des Insolvenzverfahrens von den Zahlungsschwierigkeiten des Kaufmanns **Kurt Müller** erfahren. Er versucht deshalb, im Rahmen einer Einzelzwangsvollstreckung bereits am 22.05. .. bei **Müller** zu pfänden.

● a) Welchen Vorteil verspricht er sich davon?

§§ 88, 89 ● b) Hat er Aussicht auf Erfolg?

§§ 30, 32 ● 6. Wie wird verhindert, dass ein Käufer nach Eröffnung des Insolvenzverfahrens von **Müller** noch gutgläubig dessen Haus erwirbt?

7. **Hans Emerich,** 94315 **Straubing,** Siemensstr. 58, hat aus Warenverkauf vom 01.04. eine Forderung in Höhe von 10 000 DM. Die Forderung war fällig am 01.05., wurde aber noch nicht bezahlt.

● Entwerfen Sie die Anmeldung dieser Forderung an das zuständige Amtsgericht.

8. Im Betrieb des **Müller** steht eine schon bar bezahlte, aber noch nicht montierte Absaugvorrichtung für Holzspäne mit Brikettierpresse. Ein Küchenmöbel-Studio mit Schreinerei ist interessiert, die Anlage mit einem Nachlass von 35% auf den Neupreis zu kaufen.

§§ 80, 97, 98, 99 ● Darf **Müller** die Absaugvorrichtung verkaufen?

§ 103 9. Der zum Insolvenzverwalter bestellte Rechtsanwalt **Dr. Hans Fröhlich,** 92637 **Weiden,** Archivstraße 29, stellt fest, dass das **Sägewerk Haspel,** 92637 **Weiden,** Industriestraße 84, laut Kaufvertrag vom 15. April noch 200 qm Holz zu liefern hat. Da genügend Aufträge vorhanden sind, will der Insolvenzverwalter den Produktionsbetrieb noch einige Monate weiterführen. Dafür wird das Holz benötigt. Der Preis ist günstig. Um auf Vertragserfüllung bestehen zu können, schreibt **Dr. Fröhlich** unverzüglich an **Haspel.**

● Schreiben Sie den Brief an Haspel.

§§ 174, 196, 197 ● 10. Nachdem **Dr. Fröhlich** die Insolvenzmasse verwertet hat (Aussonderungs-, Absonderungs- und Massegläubiger konnten voll befriedigt werden.), erörtert er der Gläubigerversammlung im Schlusstermin seinen Vorschlag für die Schlussverteilung. Dabei teilte er folgendes Ergebnis mit:

»Nach Verwertung der Vermögensgegenstände steht zur Befriedigung der Insolvenzforderungen in Höhe von 90 000 DM ein Betrag von 13 500 DM zur Verfügung.«

● a) Welche Insolvenzdividende kann er unter diesen Voraussetzungen auszahlen?

● b) Geyer hat eine Insolvenzforderung von 12 000 DM. Wie viel DM hat dieser Gläubiger als Insolvenzquote zu erhalten?

5.31 Berechnung und Verteilung der Insolvenzmasse

Über das Vermögen der **Bayreuther Spielwaren GmbH** wurde am 19.09. d.J. das Insolvenzverfahren eröffnet. In der Gläubigerversammlung vom 20.10. d.J. (Prüfungstermin) berichtet der Insolvenzverwalter über die wirtschaftliche Lage der Schuldnerin. Im Einzelnen kommt er zu folgendem Ergebnis:

gesamtes Vermögen:	1,9 Mio. DM	
darin enthalten:	unter Eigentumsvorbehalt gelieferte Waren	200 000 DM
	sicherungsübereignete Maschinen	300 000 DM

Von der Eröffnung bis zur Beendigung des laufenden Insolvenzverfahrens rechnet der Insolvenzverwalter mit weiteren Zahlungen für:

Löhne und Gehälter	200 000 DM
Gerichtskosten für das Insolvenzverfahren	180 000 DM

Nach Schätzung des Insolvenzverwalters könnten für die sicherungsübereigneten Maschinen im Rahmen einer Zwangsversteigerung 220 000 DM erzielt werden. Die dabei anfallenden Verwertungskosten werden auf 8 000 DM beziffert.

Die **Bayreuther Spielwaren GmbH** hat folgende Schulden:

1. Liefererverbindlichkeiten (ohne Sicherheiten) 4,0 Mio. DM
2. Bankschulden (gesichert durch Sicherungsübereignung) 0,3 Mio. DM
3. Verbindlichkeiten aus Ordnungs- und Zwangsgeldern 10 000 DM

1. Die Gläubigerversammlung hat im Berichtstermin beschlossen, dass das Unternehmen stillgelegt werden soll.
   - Wie hoch ist der voraussichtliche Betrag, der für eine Verteilung an die Gläubiger zur Verfügung steht (Insolvenzmasse)? InsO §§ 35 ff, 157
2. Kennzeichnen Sie in nachstehender Tabelle durch Einfügen der entsprechenden Ziffern, wie der jeweilige Sachverhalt im Insolvenzverfahren behandelt wird.

   ① Aussonderung (§ 47 InsO)
   ② abgesonderte Befriedigung(§ 49 ff InsO) } **Aus-, Absonderungsgläubiger**

   ③ Kosten des Insolvenzverfahrens (§ 54 InsO)
   ④ sonstige Masseverbindlichkeiten (§ 55 InsO) } **Massegläubiger (§ 53 InsO)**

   ⑤ persönliche Gläubiger des Schuldners (§ 38 InsO)
   ⑥ nachrangige Insolvenzgläubiger (§ 39 InsO) } **Insolvenzgläubiger (§ 38 InsO)**

Ein Lieferer hat Rohstoffe unter Eigentumsvorbehalt geliefert. Die Rohstoffe liegen noch am Lager.	
Eine Volksbank hat eine Forderung aus einem gewährten Kredit. Zu dessen Sicherung wurden Maschinen sicherungsübereignet.	
Eine Sparkasse hat eine Kreditforderung aus einer Kreditgewährung. Der Kredit wurde durch Eintragung einer Hypothek gesichert.	
Arbeitnehmer haben ihre Löhne und Gehälter für Arbeitsleistungen, die vor dem 19.09. d.J. (Eröffnungstermin für das Insolvenzverfahren) erbracht wurden, noch nicht erhalten.	
Arbeitnehmer erbringen Arbeitsleistungen auch **nach** Eröffnung des Insolvenzverfahrens.	
Gerichtskosten für das Insolvenzverfahren	
Noch abzuführende Lohn- und Kirchensteuer	
Forderungen der Insolvenzgläubiger für Zinsen, die in der Zeit nach Eröffnung des Insolvenzverfahrens entstanden sind	
Vergütungen und Auslagen des Insolvenzverwalters	
Liefererverbindlichkeiten	

3. Stellen Sie in übersichtlicher Form dar, in welcher Reihenfolge die Gläubiger der Bayreuther Spielwarenfabrik im Insolvenzverfahren befriedigt werden.
4. Berechnen Sie die Insolvenzquote.

5.32 Aussonderung – Absonderung – Aufrechnung – Anfechtung

Nach den Vorschriften der Insolvenzordnung kann ein Insolvenzgläubiger die Herausgabe von Gegenständen verlangen, an denen er ein Eigentumsrecht geltend machen kann **(Aussonderung** – § 47 InsO). Sind Gläubigerforderungen jedoch z.B. durch ein Pfandrecht gesichert, so kann lediglich die Befriedigung der Forderung aus der Verwertung des Pfandes (z.B. Versteigerung durch den Insolvenzverwalter) verlangt werden **(Absonderung** – §§ 49 ff InsO).

- Stellen Sie für folgende Fälle fest, wie der Insolvenzverwalter zu entscheiden hat:

1. Eine Bohrmaschine wurde zum Preis von 35 000 DM an den Schuldner unter Eigentumsvorbehalt geliefert. 14 000 DM sind bezahlt. Der Gläubiger fordert die Herausgabe. Der Insolvenzverwalter benötigt die Maschine noch zur vorläufigen Weiterführung der Produktion. (InsO § 103 (1))
   - Wie kann der Insolvenzverwalter erreichen, dass er die Maschine nicht herausgeben muss?
2. Bei einem Spediteur lagert eine Kiste mit Gasfeuerzeugen aus der Produktion des Insolvenzschuldners. Der Spediteur verweigert die Herausgabe, da er noch Frachtgebühren zu fordern hat.
   - (HGB § 441, InsO § 50 f) Wie soll sich der Insolvenzverwalter verhalten, wenn die Gasfeuerzeuge 1800 DM wert sind und die Frachtschuld (auch noch aus früheren Sendungen) 650 DM beträgt?
3. Die Kreissparkasse hat eine Forderung von 150 000 DM durch eine Grundschuld auf das Geschäftshaus gesichert, das einen Wert von 500 000 DM hat.
   - (§ 49) Was hat mit dem Geschäftshaus zu geschehen?
4. Bei der Kreissparkasse liegen Wertpapiere mit einem Tageswert von 30 000 DM als Sicherheit für einen Kredit in Höhe von 20 000 DM.
   - Was soll der Insolvenzverwalter unternehmen?
5. (§ 51) Ein Lieferer fordert die Herausgabe eines Lastkraftwagens im Werte von 80 000 DM, der zur Sicherung einer Forderung aus Warenlieferungen in Höhe von 60 000 DM sicherungsübereignet wurde.
   - Muss der Insolvenzverwalter den Wagen herausgeben?
6. Der Insolvenzschuldner hat eine Forderung aus Warenlieferungen an den Kunden **Geiger** in Höhe von 10 000 DM. **Geiger** hat für eine Gegenlieferung 16 000 DM vom Insolvenzschuldner zu fordern.
   Der Konkursverwalter hat die Quote auf 40% geschätzt.
   - (§ 94) Wieviel D-Mark seiner Forderungen muss **Geiger** abschreiben?
7. Der Insolvenzschuldner schenkte seiner Ehefrau 13 Monate vor Insolvenzeröffnung Schmuck im Werte von 5 000 DM.
   - (§ 134 (1)) Muss die Ehefrau den Schmuck an den Insolvenzverwalter herausgeben? (Die Eheleute leben im Güterstand der Zugewinngemeinschaft.)

5.33 Verbraucherinsolvenz – Schuldenbereinigungsplan

Friedhelm und **Gerda Karle** – beide 27 Jahre alt – haben vor 3 Jahren geheiratet. Herr **Karle** ist Industriekaufmann, seine Frau ist Schneiderin. Zur Finanzierung ihrer neuen Wohnungseinrichtung und eines Kleinwagens haben sie von der Hausbank ein Darlehen in Höhe von 40 000 DM aufgenommen. Als Berufstätige mit einem monatlichen Nettoeinkommen von 4200,00 DM konnten sie den Zins- und Tilgungsverpflichtungen von 400,00 DM/Monat ohne weiteres nachkommen.

Kleinere finanzielle Schwierigkeiten traten erstmals auf, als Frau **Karle** ihrem Beruf nicht mehr nachging, weil sie sich ganz den zwischenzeitlich geborenen Zwillingen widmen wollte. Während des vergangenen Jahres war **Friedhelm Karle** arbeitslos, weil das Unternehmen, in dem er 9 Jahre beschäftigt war, seine Tätigkeit aufgegeben hat. Vom Arbeitsamt bezog er in dieser Zeit Arbeitslosengeld in Höhe von 1820,00 DM im Monat. Das Arbeitslosengeld reichte Familie **Karle** nicht, um neben der Bestreitung des Lebensunterhalts auch noch die Schulden zu bedienen. Allein für Miete fallen monatlich 900,00 DM an. In dieser Situation hat sich die Familie durch Aufnahme verschiedener Kleinkredite immer weiter verschuldet. Zwischenzeitlich hat Herr **Karle** wieder einen Arbeitsplatz. Sein monatliches Nettoeinkommen in Höhe von 2905,00 DM reichte aber nicht, um allen eingegangenen finanziellen Verpflichtungen nachzukommen. Herr **Karle** wendet sich an den Steuerberater **Hess,** der ihm von der Verbraucher-Zentrale als Schuldnerberater genannt wurde. In einem ersten Gespräch bittet Herr **Hess** um Vorlage eines Verzeichnisses, aus dem die gesamten Schulden hervorgehen. Herr **Hess** erklärt, dass er zunächst versuchen werde, von den Gläubigern einen Teilverzicht auf deren Forderungen zu erreichen.

1. Unter welchen Voraussetzungen wird ein Gläubiger bereit sein, auf einen Teil seiner Forderungen gegenüber **Karle** zu verzichten? InsO § 286
2. Wegen der zwischenzeitlich aufgelaufenen Zinsen kennt Herr **Karle** die genaue Höhe seiner Verpflichtungen nicht. Sein Schuldnerberater **Hess** formuliert deshalb nachstehendes Schreiben, das **Karle** an seine Gläubiger schickt:

> ...
>
> **Betreff:** Schuldenregulierung – Forderungsaufstellung
>
> Sehr geehrte Damen und Herren,
> ich beabsichtige, in naher Zukunft beim Amtsgericht Freiburg einen Antrag auf Eröffnung eines Insolvenzverfahrens zu stellen. Zusammen mit dem Eröffnungsantrag muss ich dem Gericht u.a. einen Schuldenbereinigungsplan vorlegen. Zusätzlich bin ich verpflichtet, mit den Gläubigern auf der Grundlage dieses Planes eine außergerichtliche Einigung zu erzielen. Ich bitte Sie deshalb um eine detaillierte Kontenvorlage der bei Ihnen bestehenden Verbindlichkeiten. Aus der Aufstellung müssen die Hauptforderung, die Zinsen sowie eventuelle Kosten hervorgehen.
> Ich bitte daher um umgehende Zusendung der gewünschten Unterlagen, da dies die Grundlage für die angestrebte außergerichtliche gütliche Einigung ist.
>
> Mit freundlichem Gruß
>
> Friedhelm Karle

● a) Stellen Sie fest, ob das Schreiben den vom Gesetz geforderten Inhalt enthält. § 305 (2)

b) Ein Versandhaus, das der Familie Karle einen Ratenkredit gewährt hat, teilt in einem Schreiben mit, dass es diese Aufstellung nur gegen Kostenberechnung in Höhe von 28,50 DM erstellen wird.

● Überprüfen Sie, wer diese Kosten übernehmen muss. § 305 (2)

3. Nach einigen Wochen liegen alle Auskünfte der Gläubiger vor. Gemeinsam mit Herrn und Frau **Karle** überlegt der Schuldnerberater, in welcher Höhe das Ehepaar Karle den Gläubigern monatliche Zahlungen anbieten muss, damit für diese ein Anreiz besteht, einem Schuldenbereinigungsplan zuzustimmen. ZPO § 850 c

● In welcher Höhe sollten die monatlichen Zahlungen mindestens liegen?

4. Herr **Karle** wäre bereit, eine ihm zwischenzeitlich angebotene Aushilfsbeschäftigung für Buchhaltungsarbeiten in einem kleineren Handwerksbetrieb anzunehmen. Er würde dadurch jeden Monat zusätzlich zu seiner regelmäßigen Beschäftigung noch 600 DM netto verdienen. Für Zins und Tilgung der aufgelaufenen Schulden könnten so monatlich 1000 DM aufgebracht werden. Auf dieser Grundlage erstellt Schuldnerberater **Hess** einen Plan, in dem die Einkommenssituation der Familie **Karle** sowie die einzelnen Forderungen der Gläubiger ersichtlich sind. Den einzelnen Gläubigern wird folgender Zahlungsvorschlag unterbreitet:

Lfd. Nr.	Gläubiger/in (Kurzbezeichnung)	Gesamthöhe der Forderungen dieses Gläubigers/dieser Gläubigerin	monatliche Zahlungen	Dauer der Zahlungen
1.	Raiffeisenbank Vörstetten	32 000,00 DM	350,00 DM	7 Jahre
2.	Autohaus Blank	780,00 DM	25,00 DM	2 Jahre
3.	Versandhaus Rückert	1 218,00 DM	40,00 DM	2 Jahre
4.	Friseursalon Bärbel	112,00 DM	8,00 DM	1 Jahr
5.	Stadtwerke	340,00 DM	25,00 DM	1 Jahr
6.	Erfurter Bücherklub	128,00 DM	8,00 DM	1 Jahr
7.	Möbelhaus Kraft	18 400,00 DM	320,00 DM	4 Jahre
8.	Elektro Riemer	6 400,00 DM	150,00 DM	3 Jahre
9.	REAL Verbrauchermarkt	1 990,00 DM	74,00 DM	2 Jahre
	Summen	**61 368,00 DM**	**1 000,00 DM**	

Auf die dann noch offenen Forderungen sollen die Gläubiger verzichten.

- Welche Wirkungen für Schuldner und Gläubiger treten ein, wenn keiner der Gläubiger Einwendungen gegen den vorgeschlagenen Schuldenbereinigungsplan erhebt?

5. Die beiden Hauptgläubiger (Raiffeisenbank Vörstetten, Möbelhaus Kraft) sind mit dem Schuldenregulierungsvorschlag nicht einverstanden. Der Geschäftsführer des **Möbelhauses Kraft** versucht statt dessen, auf dem Wege einer Einzelvollstreckung die Forderung in Höhe von 18 400 DM einzutreiben.

ZPO § 89
- Prüfen Sie, ob während des außergerichtlichen Einigungsversuchs eine solche Maßnahme möglich ist.

§ 305
6. Nachdem der außergerichtliche Einigungsversuch gescheitert ist, stellt **Karle** einen Antrag auf Eröffnung eines Insolvenzverfahrens.

- Welche weiteren Unterlagen muss Herr **Karle** zusammen mit diesem Antrag an das Insolvenzgericht einreichen?

§ 307
7. Das Insolvenzgericht stellt den Gläubigern die entsprechenden Unterlagen zu und fordert sie auf, zu nachstehendem Schuldenbereinigungsplan innerhalb von 4 Wochen Stellung zu nehmen.

	Anlage 2 zum Eröffnungsantrag

Schuldenbereinigungsplan § 305 Abs. 1 Nr. 4 InsO

Allgemeiner Teil

Neben diesem Allgemeinen Teil besteht der Schuldenbereinigungsplan aus dem Besonderen Teil. Dort sind für jeden einzelnen Gläubiger/jede einzelne Gläubigerin die angebotenen besonderen Regelungen zur angemessenen Bereinigung der Schulden dargestellt.

Datum der aktuellen Fassung des Planes:	20. Sept. 99

	Genaue Bezeichnung der Schuldnerin oder des Schuldners
Vorname	Friedhelm
Name	Karle
Geburtsname	
Geburtsdatum	30.09.72
Straße	Elzacher Straße
Hausnummer	64
Postleitzahl	79279
Ort	Vörstetten

Gesamtübersicht über die vorgeschlagene Schuldenbereinigung					
Lfd. Nr.	Gläubiger/in (Kurzbezeichnung)	Gesamthöhe der Forderungen dieses Gläubigers/dieser Gläubigerin	Gesamthöhe des Tilgungsangebots im Besonderen Teil des Planes	Quote der Befriedigung des Gläubigers/ der Gläubigerin (%)	Endzeitpunkt der vorgeschlagenen Tilgung
1.	Raiffeisenbank Vörstetten	32 000,00 DM	28 000,00 DM	87,5	06
2.	Autohaus Blank	780,00 DM	650,00 DM	83,3	01
3.	Versandhaus Rückert	1 218,00 DM	950,00 DM	78,0	01
4.	Friseursalon Bärbel	112,00 DM	100,00 DM	89,2	00
5.	Stadtwerke	340,00 DM	280,00 DM	82,3	00
6.	Erfurter Bücherklub	128,00 DM	100,00 DM	78,1	00
7.	Möbelhaus Kraft	18 400,00 DM	15 500,00 DM	84,2	03
8.	Elektro Riemer	6 400,00 DM	5 500,00 DM	85,9	02
9.	REAL Verbrauchermarkt	1 990,00 DM	1 600,00 DM	80,4	01
	Summen	**61 368,00 DM**	**52 680,00 DM**	**85,8**	

Mit Ausnahme der Raiffeisenbank Vörstetten stimmen alle Gläubiger dem gerichtlichen Schuldenbereinigungsplan zu.

- Stellen Sie fest, welche Gläubiger an die Vereinbarungen aus dem Schuldenbereinigungsplan gebunden sind. ZPO § 309

- 8. Prüfen Sie, ob und gegebenenfalls auf welchem Weg **Karle** auch bei gescheiterter gerichtlicher Schuldenbereinigung noch eine Restschuldbefreiung erreichen kann. §§ 311, 287, 295

5.34 Insolvenzverfahren – Restschuldbefreiung

Karl Rauer – verheiratet, 3 Kinder – hat vor 4 Jahren im Freiburger Gewerbegebiet ein Fitness-Zentrum mit Kleingaststätte von der **Glottertäler Getränkevertrieb GmbH** gepachtet. Abgesehen von gelegentlich beschäftigten Thekenhilfen im Gaststättenbereich betreibt er die Anlage als Kleingewerbe allein. Bei seiner Hausbank nahm er ein Darlehen über 120 000 DM auf. Die Verpächterin gewährte ihm ein weiteres Darlehen in Höhe von 80 000 DM. Dafür musste er sich jedoch verpflichten, alle alkoholfreien Getränke von ihr zu beziehen.

Das Fitness-Zentrum lief zunächst gut. Die erwirtschafteten Überschüsse reichten für den Familienunterhalt und die Tilgung der Schulden aus. Die Situation änderte sich schlagartig, als in unmittelbarer Nachbarschaft ein Freizeitpark mit einem wesentlich größeren Angebot eröffnete. Die erzielten Überschüsse reichten kaum noch, um den Lebensunterhalt zu decken, die Tilgung der Schulden musste ausgesetzt werden, die Lieferantenrechnungen konnten nicht mehr bezahlt werden. Nach einiger Zeit des Stillhaltens und vergeblicher Mahnungen erwirkten die Hausbank sowie der **Glottertäler Getränkevertrieb** Vollstreckungsbescheide gegen Herrn **Rauer.** Die Bank forderte 90 000 DM (Darlehensrest zuzüglich aufgelaufener Zinsen), der Getränkevertrieb verlangte 68 000 DM. Eine Pfändung war erfolglos, weil der Gerichtsvollzieher keine pfändbaren Gegenstände fand. Herr **Rauer** musste daraufhin vor dem Amtsgericht eine eidesstattliche Versicherung über sein Vermögen leisten. Am 02. April d.J. beantragte er die Eröffnung des Insolvenzverfahrens.

- 1. Warum hat **Rauer** nicht gewartet, bis die Gläubiger das Insolvenzverfahren beantragt haben? InsO §§ 286, 287

§ 287 ● 2. Was muss Herr **Rauer** unternehmen, wenn er erreichen will, dass er von einem Teil seiner Verbindlichkeiten befreit wird?

● 3. Herr **Rauer** fügt seinem Antrag auf Eröffnung des Insolvenzverfahrens folgende Abtretungserklärung bei:

§ 287 (2) ZPO §§ 850 ff

»Für den Fall der gerichtlichen Ankündigung der Restschuldbefreiung trete ich meine pfändbaren Forderungen aus einem Dienstverhältnis oder an deren Stelle tretende laufende Bezüge für die Zeit von 7 Jahren nach Beendigung des Insolvenzverfahrens an einen vom Gericht zu bestimmenden Treuhänder ab.«

Nach Schließung des Fitness-Zentrums geht er einer neuen Beschäftigung nach und erhält einen Nettolohn von 3770,00 DM.

● Welcher Betrag verbleibt Rauer monatlich nach Abzug der pfändbaren Einkommensteile?

InsO §§ 289, 290

4. Bei der Firma **Lauftec GmbH** hat Herr **Rauer** 3 Monate vor Eröffnung des Insolvenzverfahrens ein Laufband für sein Fitness-Studio zum Preis von 22 000 DM gekauft. Damit wollte er wegen der rückläufigen Umsätze die Attraktivität seines Studios erhöhen. Im Schlusstermin beantragt der Geschäftsführer der **Lauftec GmbH,** dass Herrn **Rauer** die Restschuldbefreiung versagt wird, weil er in einer für das Unternehmen hoffnungslosen Situation noch unangemessen hohe Verbindlichkeiten einging.

● Prüfen Sie, ob das Insolvenzgericht dem Antrag des Geschäftsführers der Lauftec GmbH entsprechen wird.

5. Das Insolvenzgericht stellt in seinem Beschluss fest, dass Herr **Rauer** Restschuldbefreiung erlangt. Etwa 2 Jahre nach der Entscheidung über die Restschuldbefreiung erwirbt er aus der Erbmasse seiner zwischenzeitlich verstorbenen Eltern ein Barvermögen in Höhe von 30 000 DM.

§§ 291, 295 ● a) Stellen Sie fest, ob das erworbene Barvermögen ganz oder teilweise an den Treuhänder herausgegeben werden muss.

§§ 296, 303 ● b) Mit welchen Folgen muss Herr Rauer rechnen, wenn er die Erbschaft verschweigt?

§ 286 ● 6. Halten Sie es für richtig, dass lediglich natürliche, nicht aber juristische Personen (z.B. AG, GmbH) Restschuldbefreiung erlangen können?

6 Arbeits- und Sozialrecht

Personalauswahl und Arbeitsgestaltung

6.01 FALLSTUDIE: Personalauswahl[1]

Die Firma **PHARMACHEMIE** in 67059 **Ludwigshafen** (Rhein) stellt Arzneimittel, pharmazeutische Grundstoffe und Backhilfsmittel her. Durch die Einführung neuer Produkte und die Ausweitung der Produktion wurde der Umfang der Aufgaben des bisherigen Leiters der Gruppe »Einkauf von Verpackungsmitteln, Werbemitteln und Bürobedarf« so stark erweitert, dass die nach dem bestehenden Organisationsplan ihm zugewiesenen Aufgaben von ihm nicht mehr bewältigt werden können. Die Personalabteilung hat deshalb der Geschäftsleitung vorgeschlagen, das Aufgabengebiet des bisherigen Gruppenleiters aufzuteilen und im Bereich Einkauf eine neue Gruppenleiterstelle zu schaffen. Der neu einzustellende Gruppenleiter soll in der Einkaufsabteilung die Gruppe Verpackung übernehmen; das Aufgabenfeld des bisherigen Gruppenleiters soll auf den Einkauf von Werbemitteln und Bürobedarf beschränkt werden.

Die von der Geschäftsleitung genehmigte Stelle wird von der Personalabteilung in der Wochenzeitschrift »DIE ZEIT« und in der lokalen Tageszeitung »Die Rheinpfalz« ausgeschrieben.

Auf die Ausschreibung gehen 5 Bewerbungen ein, davon eine betriebsinterne.

Sie sollen über die Einstellung entscheiden. Dazu liegen Ihnen folgende Unterlagen vor (s. S. 118 ff.)

A Stellenbeschreibung der neuen Stelle,

B für jeden Bewerber ein Auswertungsbogen, der in der Personalabteilung aufgrund der vorgelegten Bewerbungsunterlagen ausgefüllt wurde. Für einige Bewerber liegen auch Beurteilungen vor, die aufgrund einer persönlichen Vorstellung des Bewerbers abgegeben wurden.

C Für den betriebsinternen Bewerber wurde aus Anlass der Bewerbung ein Beurteilungsbogen für Mitarbeiter erstellt.

1. Aufgrund der in der Personalabteilung vorgenommenen Vorauswahl erhalten die Bewerber **Dormann** und **Eisele** eine Absage.
   - Sind Sie mit dem Ergebnis der Vorauswahl einverstanden?
   Nehmen Sie zu jedem Fall einer Absage begründet Stellung.

2. Der Bewerber **Cihbart** hat seine Bewerbung mit der Begründung zurückgezogen, dass sich ihm bei seinem bisherigen Arbeitgeber überraschend die Gelegenheit geboten habe, zum Leiter der Einkaufsabteilung aufzusteigen.
   - Hätten Sie diesen Bewerber zu einem Vorstellungsgespräch eingeladen?

3. Welchen Bewerber würden Sie einstellen?

1 Grundlage für die Fallgestaltung: »Der Neue«, Fallstudie von Werner Dorsch und Eckhard Klett, Modellversuch des Ministeriums für Kultus und Sport, Baden-Württemberg. Mit Genehmigung des MKS Stuttgart.

BEWERBUNGEN INNENDIENST
»Auswertungsbogen«

PHARMACHEMIE
Personalabteilung

Name: Amberg
Vorname: Josef
Eingangsdatum: 28.10.97

Zeitung: Zeit
vom: 24.10.97
Bewerbung Nr.:
Stellenanzeige ☒
freie Bewerbung ○

Bewerbung für

Abteilung: Einkauf
Gruppe: Verpackung
Arbeitsplatz/Tätigkeit: Gruppenleiter

Alter: 32
Familienstand: verh.
Wohnsitz: Worms

Besonderheiten:
mobil? ja/~~nein~~

Berufliche Voraussetzungen

Schulabschluss:
○ Hauptschule
○ Mittlere Reife
☒ FHS-Reife
○ Abitur
○ Sonstiges

Studium:
FHS München Verfahrens-technik

Berufserfahrung:
○ abgeschlossene Berufsausbildung als Verpackungsmittel-mechaniker
○ Berufsjahre 7
○ Sonstige Kenntnisse Refa-Schein
○ Führungserfahrung als:

Zeugnisse: nicht vollständig, es fehlen:
– Qualität: 2
– Besonderheiten: Internatserziehung

Begründung der Berufswahl/des beschriebenen Stellenwechsels:
○ keine ☒ plausibel ○ nicht überzeugend

Anmerkung:

Gesamteindruck der eingereichten Unterlagen:
☒ gut ○ weniger gut ○ schlecht

Berufsweg in zeitlicher Reihenfolge:

1983–1985	Lehre, Cartonax Worms
1985–1989	Studium, München
1989–1992	Assistent des Produktionsleiters, Kartonfabrik Mönchsrat
1992–	Verpackungsmittelberater im Außendienst, CPM Kempten

PHARMACHEMIE
Vorstellung Personalabteilung

☒ Innendienst

○ Außendienst

Name: Amberg Vorname: Josef Geburtsdatum: 05.03.65

Beruf: Dipl.-Ing. (FHS)

Schwerpunkt: der Aus-/ Vorbildung: Verfahrenstechnik

Vorgesehene Tätigkeit: Gruppenleiter

Abteilung: Einkauf Gruppe: Verpackung

Beurteilung:

Der Bewerber ist sympathisch, wir hatten guten Kontakt. Er ist geschmackvoll gekleidet und wirkt gepflegt. Sein Auftreten war sehr selbstsicher. Er zeigte eine überdurchschnittliche Auffassungsgabe.

Beurteilung: überdurchschnittlich gut

Geeignet ☒ Nicht geeignet ○

Bemerkungen:

---

bitte ausfüllen und rasch zurücksenden an A PERSONAL

Vorstellung Fachbereich (Innendienst)

Vorstellung bei: Abteilungsleiter Rothe
Gruppenleiter Bühn

Beurteilung:

Berufliche Kenntnisse und Fertigkeiten:

Der Bewerber ist gelernter Verpackungsmittelmechaniker und zeigt sehr gute Fachkenntnisse auf allen erforderlichen Gebieten.

Persönlicher Eindruck:

Der Bewerber ist zurückhaltend, aber nicht unsympathisch. Er erfasst schnell das Wesentliche, ist gut gekleidet und tritt selbstsicher auf.

Gesamtbeurteilung:
Der Gesamteindruck ist über dem Durchschnitt.

geeignet ☒ ungeeignet ○

Bemerkung:

BEWERBUNGEN INNENDIENST
»Auswertungsbogen«

PHARMACHEMIE
Personalabteilung

Name:	Vorname:	Eingangsdatum:	
Bensold	Jürgen	30.10.97	
Zeitung:	vom:	Bewerbung Nr.:	Stellenanzeige ☒
Rheinpfalz	24.10.97		freie Bewerbung ○

Bewerbung für

Abteilung:	Gruppe:	Arbeitsplatz/Tätigkeit:
Einkauf	Verpackung	Gruppenleiter

Alter:	Familienstand:	Wohnsitz:
41	ledig	Lampertheim

Besonderheiten: mobil? ja/~~nein~~

Berufliche Voraussetzungen

Schulabschluss:
- ☒ Hauptschule
- ☒ Mittlere Reife
- ☒ FHS-Reife
- ○ Abitur
- ○ Sonstiges

Studium:

Berufserfahrung:
- ○ abgeschlossene Berufsausbildung als Industriekaufmann
- ○ Berufsjahre 26
- ○ Sonstige Kenntnisse Industriefachwirt IHK
- ○ Führungserfahrung als:

Zeugnisse: nicht vollständig, es fehlen:
- Qualität: 3,5
- Besonderheiten: Zeugnis des letzten Arbeitgebers enthält keine Angaben über Führung und Leistung

Begründung der Berufswahl/des beschriebenen Stellenwechsels:

☒ keine ○ plausibel ○ nicht überzeugend

Anmerkung:

Gesamteindruck der eingereichten Unterlagen:

○ gut ☒ weniger gut ○ schlecht

Berufsweg in zeitlicher Reihenfolge:

1973–1976 Lehre, C. F. Steinmeyr u. Co., Ludwigshafen

1976–1997 Sachbearbeiter, zuletzt Verkaufsleiter, C. F. Steinmeyr u. Co., Buchdruckerei Mannheim

PHARMACHEMIE
Vorstellung Personalabteilung

☒ Innendienst

○ Außendienst

Name: Bensold Vorname: Jürgen Geburtsdatum: 22.03.1956

Beruf: Verkaufsleiter, Industriefachwirt IHK

Schwerpunkt: der Aus-/ Vorbildung Industriekaufmann

Vorgesehene Tätigkeit: Gruppenleiter

Abteilung: Einkauf Gruppe: Verpackung

Beurteilung:

Gepflegtes Äußeres. Der Bewerber ist ungeheuer redegewandt und versucht bei jeder Gelegenheit, das Gespräch an sich zu ziehen. Er verspricht sehr viel und glaubt sich jeder Aufgabe gewachsen.

Beurteilung: Es war sehr schwierig, mit dem Bewerber in Kontakt zu kommen. Der Gesamteindruck war nicht ganz befriedigend.

Geeignet ○ Nicht geeignet ☒

Bemerkungen: Wir sind uns nicht sicher, ob sich der Bewerber der Gruppe anpassen und sie leiten kann.

bitte ausfüllen und rasch zurücksenden an A PERSONAL

Vorstellung Fachbereich (Innendienst)

Vorstellung bei: Abteilungsleiter Rothe
Gruppenleiter Bühn

Beurteilung:

Berufliche Kenntnisse und Fertigkeiten:

Der Bewerber zeigt sehr gute Kenntnisse im Bereich Druck und Papiererzeugnisse. Allerdings hat er kaum Erfahrung mit Pappe und Kunststoffen. Keine Kenntnisse sind vorhanden bei Glas- und Metallverpackungen

Persönlicher Eindruck:

Der Bewerber zeigt sich weltoffen und sehr selbstsicher. Er ist gut gekleidet und gepflegt. Er ist ungeheuer redegewandt und versichert, dass er sich fehlende fachliche Kenntnisse in kürzester Zeit aneignen könnte. Er habe noch vor keinem Problem kapituliert.

Gesamtbeurteilung: gut

geeignet ☒ ungeeignet ○

Bemerkung:

BEWERBUNGEN INNENDIENST
»Auswertungsbogen«

PHARMACHEMIE
Personalabteilung

Name:	Vorname:	Eingangsdatum:	
Cihbart	Herbert	29.10.97	
Zeitung:	vom:	Bewerbung Nr.:	Stellenanzeige ☒
Zeit	24.10.97		freie Bewerbung ○

Bewerbung für

Abteilung:	Gruppe:	Arbeitsplatz/Tätigkeit:
Einkauf	Verpackung	Gruppenleiter

Alter:	Familienstand:	Wohnsitz:
39	verh.	Darmstadt

Besonderheiten: mobil? ja/nein
Familie will noch 5 Jahre in Darmstadt bleiben.

Berufliche Voraussetzungen

Schulabschluss:	Studium:	Berufserfahrung:
○ Hauptschule ○ Mittlere Reife ○ FHS-Reife ☒ Abitur ○ Sonstiges	Betriebswirtschaftslehre Würzburg, München, Dipl.-Kfm.	○ abgeschlossene Berufsausbildung als Bankkaufmann ○ Berufsjahre 13 ○ Sonstige Kenntnisse ○ Führungserfahrung als: Einkaufsgruppenleiter

Zeugnisse: nicht vollständig, es fehlen:
- Qualität: gut
- Besonderheiten:

Begründung der Berufswahl/des beschriebenen Stellenwechsels:

○ keine ☒ plausibel ○ nicht überzeugend

Anmerkung: Erwartet Aufstieg zum Abteilungsleiter Einkauf

Gesamteindruck der eingereichten Unterlagen:

☒ gut ○ weniger gut ○ schlecht

Berufsweg in zeitlicher Reihenfolge:

1976–1978	Banklehre, Eurobank Darmstadt
1978–1983	Studium
1983–1985	Sachbearbeiter Verpackungsmitteleinkauf, Mertens Arzneimittel GmbH Darmstadt
1985–	Einkaufsgruppenleiter Verpackungsmittel Mertens Arzneimittel GmbH Darmstadt

PHARMACHEMIE

Beurteilungsbogen für Mitarbeiter im Angestelltenverhältnis

Mitarbeiter: Eisele, Gerhard

Tätig in unserem Unternehmen seit: 01.09.85

Tätig als: Sachbearbeiter

Abteilung: Einkauf Verpackungsmittel

Anlass der Beurteilung: interne Bewerbung für Gruppenleiter

Einzelmerkmale	Hauptmerkmale	Punktzahl 0/1/2/3/4	x	Gewichtung	=	Leistungswert
		Bitte die Punktzahl und den sich ergebenden Leitstungswert in das jeweilige Kästchen eintragen.				
1. Beurteilung der fachlichen Leistungen						
Grundwissen Spezialwissen Berufserfahrung Körperliche Geschicklichkeit	Fachkönnen	4	x	5	=	20
Konzentrationsvermögen Auffassungsgabe Urteilsvermögen Erinnerungsvermögen Planungs- und Dispositionsvermögen Erkennen von Prioritäten Einhalten von Zusagen und Termintreue Elastizität, Reaktionsvermögen Ideenreichtum, Erfindergabe	Konzentrations, Denk- und/oder Planungsvermögen	4	x	6	=	24
Sorgfalt, Genauigkeit, Vollständigkeit Wirksamkeit (Ergiebigkeit) der Arbeitsweise Belastbarkeit und Ausdauer Zielorientiertes wirtschaftliches Handeln Umsichtiges Handeln Diskretion Verhalten bezüglich Unfallverhütung	Arbeitsausführung	4	x	6	=	24
Mündliches Ausdrucksvermögen Schriftliches Ausdrucksvermögen Auftreten/Umgangsformen Einfühlungsvermögen Verhandlungsgeschick Allgemeinbildung	Kontaktvermögen	3	x	1,5	=	4,5
2. Beurteilung der Erfüllung der Mitarbeiterpflichten						
Sebstständigkeit im Handeln und Entscheiden Beraten des(r) Vorgesetzten und anderer Stellen Intensivieren und Einhalten des Delegationsbereiches Informieren des(r) Vorgesetzten und Querinformation Eigene Weiterbildung und Lernbereitschaft Positive Zusammenarbeit auf gleicher Ebene bzw. im Team	Erfüllung der Mitarbeiterpflichten	1	x	2,5	=	2,5
3. Beurteilung der Erfüllung der Vorgesetztenpflichten						
Gewährleisten des selbstständigen Handelns und Entscheidens der Mitarbeiter Festlegen der Einzelziele (Soils) und Prioritäten Informieren der Mitarbeiter Ablauf- (Stichproben-) und Erfolgskontrolle Mitarbeiterbeurteilung Weiterentwickeln und Fördern der Mitarbeiter Koordinieren im Sinne der Gesamtzielsetzung des Führungsbereiches	Erfüllung der Vorgesetztenpflichten	1	x	4	=	4
					Leistungswertsumme	79

Punkteskala

0	1
Den Anforderungen wird	
überwiegend nicht entsprochen	im wesentlichen entsprochen

2	3
Die Anforderungen werden	
leicht übertroffen	erheblich übertroffen

4
Die Anforderungen werden
sehr erheblich übertroffen

Besonderheiten:

Der Stelleninhaber konnte den Lieferantenkreis entsprechend den gesetzten Einzelzielen erweitern, jedoch hat sich im Beurteilungszeitraum ergeben, daß Herr Eisele nicht seinen Informationspflichten nachkommt und seinen Delegationsbereich nicht immer einhält.

BEWERBUNGEN INNENDIENST
»Auswertungsbogen«

PHARMACHEMIE
Personalabteilung

Name:	Vorname:	Eingangsdatum:	
Dormann	Veronika	30.10.97	
Zeitung:	vom:	Bewerbung Nr.:	Stellenanzeige ☒
Rheinpfalz	24.10.97		freie Bewerbung ○

Bewerbung für

Abteilung:	Gruppe:	Arbeitsplatz/Tätigkeit:
Einkauf	Verpackung	Gruppenleiter

Alter:	Familienstand:	Wohnsitz:
33	verh.	Frankenthal

Besonderheiten: mobil? ja/nein
Ehemann ist Sachbearbeiter in Abteilung Export

Berufliche Voraussetzungen

Schulabschluss:	Studium:	Berufserfahrung:
○ Hauptschule		○ abgeschlossene Berufsausbildung als Bürokaufmann
☒ Mittlere Reife		
○ FHS-Reife		
○ Abitur		○ Berufsjahre 14
○ Sonstiges		○ Sonstige Kenntnisse
		○ Führungserfahrung als:

Zeugnisse: nicht vollständig, es fehlen:

– Qualität: 2

– Besonderheiten:

Begründung der Berufswahl/des beschriebenen Stellenwechsels:

☒ keine ○ plausibel ○ nicht überzeugend

Anmerkung:

Gesamteindruck der eingereichten Unterlagen:

☒ gut ○ weniger gut ○ schlecht

Berufsweg in zeitlicher Reihenfolge:

1980–1982	Kfm. Ausbildung, C. Meyr u. Co. Büromöbel, Bad Dürkheim
1982–1983	Sachbearbeiter Versand dto.
1983–1991	Sachbearbeiter Einkauf, Müller GmbH, Eisenwaren, Frankenthal
1991–	nicht berufstätig

PHARMACHEMIE
Stellenbeschreibung

Name/Vorname:

Stellenbezeichnung: Leiter Einkauf Verpackung

Stellennummer:

Abteilung:
Einkauf

Vorgeordnete Stellen:
Leiter G Einkauf

Nachgeordnete Stellen:
- Sachbearbeiter – Packmittel Glas, Metall, Folien, Sonstiges
- Sachbearbeiter – Packmittel Kunststoff
- Sachbearbeiter – Packmittel Karton, Wellpappe
- Sachbearbeiter – Packmittel Papier
- Sachbearbeiter – Koordination
- Stenokontoristinnen der Gruppe

Genehmigt durch den Abteilungsleiter
Unterschrift/Datum

Vom Mitarbeiter zur Kenntnis genommen
Unterschrift/Datum

I. Ziel der Stelle

Ziel der Stelle ist, eine wirtschaftliche und effektive Beschaffung von Packmitteln für die Vertriebsbereiche Pharmazie, Grundstoffe und Backhilfsmittel sowie für die Exportgeschäfte sicherzustellen.

Verteiler ☐ Mitarbeiter ☐ Direkter Vorgesetzer ☐ Abteilungsleiter ☐ Personalabteilung

Name: Stellennummer:

II. Aufgaben, Kompetenzen und Verantwortung

1. Er leitet die Gruppe Verpackung II und die ihm nachgeordneten Mitarbeiter nach den »Grundsätzen für die zielorientierte Zusammenarbeit«.

2. Versorgungssicherung

   Er stellt die Versorgung mit Packmitteln für die Betriebsbereiche Pharmazie, Grundstoffe und Backhilfsmittel sowie für die Exportgeschäfte sicher.

3. Marktbeobachtung

   Er beobachtet und analysiert den Markt in Zusammenarbeit mit seinen Mitarbeitern und sichert eine wirtschaftliche Einkaufsdisposition unter Berücksichtigung betrieblicher Gegebenheiten und der Marktverhältnisse. Er berät die Bedarfsträger über die Möglichkeiten auf dem Beschaffungsmarkt und sucht zusammen mit den Bedarfsträgern laufend Möglichkeiten zur Reduzierung der Kosten.

4. Kaufverträge

   Er stellt gemäß der getroffenen Vereinbarungen die Abschlüsse von Kaufverträgen und deren Abwicklung sicher. Bei Reklamationen sorgt er für eine vertragsgerechte Erledigung in Abstimmung mit den Bedarfsträgern und Lieferanten.

5. Berichtswesen

   Er sichert die Erstellung der Monats- und Jahresberichte und Statistiken seiner Gruppe.

6. Erfahrungsaustausch

   Er führt innerhalb des Firmenverbandes einen ständigen Erfahrungsaustausch zur Förderung des Einkaufsergebnisses durch.

7. Vorratshaltung

   Er sichert die Steuerung der Lagerhaltung seiner Beschaffungsprodukte und überwacht die Durchführung im Hinblick auf ein kostengünstiges Verhältnis von Kapitalbindung und Versorgungssicherung.

8. Vorschriften

   Er sorgt für die Einhaltung und Anwendung der Vorschriften innerhalb seines Aufgabenbereiches. Er sichert die Einhaltung der Richtlinien nach dem »Handbuch der Beschaffung«.

9. Produkt- und Lieferantendaten

   Er sichert laufend die Erstellung der Datenblätter für A-Artikel. Er sichert die laufende Aktualisierung der Preise und Bedingungen.

10. Neueinführungen, Packungsumstellungen

    Er überwacht und überprüft die Vorbereitung für Neueinführungen von Erzeugnissen und Packungsumstellungen in seinem Bereich.

Name: Stellennummer:

III. Unbefristete Sonderaufgaben des Stelleninhabers

1. Er sorgt für die Einhaltung der Allg. Verpackungsrichtlinien bei den Lieferanten.
2. Er stellt die ordnungsgemäße Ausbildung von Industriekaufleuten in seiner Gruppe sicher.

IV. Besondere Beziehungen (extern, intern)

Im Rahmen seines Aufgabenbereiches unterhält er Kontakte zu:

1. A Pharmazie Fertigung, A Grundstoffe Fertigung, A Backhilfsmittel Fertigung, A Finanz- und Rechnungswesen
2. Nahestehende Gesellschaften im In- und Ausland.
3. Lieferanten
4. Bundesverband Materialwirtschaft und Einkauf, Frankfurt/Main

6.02 Formen der Arbeitsgestaltung: Arbeitswechsel – Arbeitserweiterung – Arbeitsbereicherung – (Teil-)autonome Arbeitsgruppen

Die **JUGENDMODE GmbH** stellt vor allem modische und hochwertige Bekleidung für Kinder und Jugendliche her. Dem Leiter der Personalabteilung sind überdurchschnittlich hohe Fehlzeiten aufgefallen, aus denen er auf eine gewisse Unzufriedenheit vor allem der Näherinnen mit ihrer Arbeit schließt. Er schlägt deshalb dem Leiter der Fertigungsabteilung vor, gemeinsam mit der Personalabteilung zu prüfen, ob es im Betrieb Möglichkeiten gibt, die äußeren Arbeitsbedingungen zu verbessern und damit die Arbeitszufriedenheit zu erhöhen.

In dem Unternehmen werden die Modelle von Mode-Designern entworfen. Nach einer Vorauswahl aus diesen Modellen durch die Betriebsleitung werden Muster hergestellt und auf Mode-Vorführungen der Kundschaft gezeigt. Aufgrund der Reaktionen der Kunden wird über die Produktionsaufnahme und die Stückzahl der Serie endgültig entschieden.

Die Herstellung der Kleider erfolgt am Fließband. Dabei führt jede Näherin eine Teilverrichtung aus, die nur wenige Minuten in Anspruch nimmt. Die Qualitätskontrolle erfolgt in einer besonderen Abteilung.

Einige Näherinnen beherrschen mehrere der am Band zu verrichtenden Teilarbeiten. Sie werden als Krankheits- oder Urlaubsvertreterinnen eingesetzt. Die Zuweisung des Arbeitsplatzes erfolgt durch die Betriebsmeister.

Die Nähmaschinen werden von Mechanikern gepflegt und eingestellt.

Der Personalleiter fordert den stellvertretenden Leiter der Personalabteilung auf, das Gespräch mit dem Leiter der Abteilung Fertigung schriftlich vorzubereiten. In dem Papier soll dargestellt werden, welche Möglichkeiten einer humaneren Arbeitsgestaltung bestehen. Dabei sollen folgende Formen der Arbeitsorganisation auf ihre Anwendbarkeit im vorliegenden Fall geprüft und miteinander verglichen werden:

Arbeitswechsel (job rotation):

Die Arbeitskräfte wechseln sich in vorgeschriebener oder selbstgewählter Reihenfolge bei unterschiedlichen Tätigkeiten so ab, dass jeder jede Arbeit im Wechsel ausführt.

Arbeitserweiterung (job enlargement):

Gleichartige Arbeitsaufgaben, die bisher von mehreren Arbeitskräften ausgeführt wurden, werden zusammengefasst und von einer Arbeitskraft erledigt.

Arbeitsbereicherung (job enrichment):

Verschiedenartige Arbeitsaufgaben (z.B. ausführende, dispositive und kontrollierende Tätigkeiten) werden zusammengefasst und von einer Arbeitskraft ausgeführt.

(Teil-)autonome Arbeitsgruppen:

Eine Gruppe von drei bis zehn Personen erstellt ein komplettes (Teil)produkt. Die Gruppe bestimmt hinsichtlich dieses (Teil-)produkts den Arbeitsablauf und die Arbeitsorganisation weitgehend selbst.

- Erstellen Sie eine stichwortartige Ausarbeitung für den Personalleiter, in der Sie die Anwendbarkeit der vorgeschlagenen Organisationsformen prüfen und auf ihre Vor- und Nachteile hinweisen.

6.03 Arbeitszeitgestaltung: Gleitende Arbeitszeit – Arbeitszeitordnung

Die **NORMA Norddeutsche Maschinenfabrik AG** fertigt Geräte in Klein- und Mittelserien (Losgrößen zwischen 50 und 500 Stück) sowie als Einzelfertigung nach Kundenwünschen. Die Erzeugnisse werden saisonal unterschiedlich nachgefragt. Dies führt in den Monaten Januar bis Mai und September/Oktober zu überdurchschnittlichem Arbeitsanfall (Arbeitsspitzen). In diesen Spitzenzeiten werden die gewerblichen Arbeitnehmer bis zu den arbeitsrechtlich zulässigen Grenzen mit Überstunden beschäftigt. Außerdem werden Aushilfskräfte eingesetzt. In den restlichen Monaten ist die Arbeitsauslastung unterdurchschnittlich.

In die Zeiten unterdurchschnittlichen Arbeitsanfalls wurden soweit wie möglich die Jahresurlaube gelegt. Die verbleibenden Arbeitskräfte wurden, soweit keine Aufträge vorlagen, in Kurzarbeit mit Instandhaltungs- und Wartungsarbeiten beschäftigt. Dieses Verfahren führte zu hoher Arbeitskräftefluktuation und zu Schwierigkeiten bei der Beschaffung von Arbeitskräften.

Die Geschäftsleitung beabsichtigt, die Organisation der Arbeitszeit zu verbessern. Die Arbeitszeit der einzelnen Arbeitnehmer soll dem schwankenden Arbeitsanfall möglichst weitgehend angepasst werden.

1. Die Geschäftsleitung schlägt dem Betriebsrat vor:

   Die für die gewerblichen Arbeitnehmer tarifvertraglich vereinbarte individuelle Arbeitszeit von 38,5 Wochenstunden soll nur im Durchschnitt eines Jahres erreicht werden. In Zeiten von Arbeitsspitzen soll die wöchentliche Arbeitszeit eines gewerblichen Arbeitnehmers 44 Stunden, die tägliche Arbeitszeit 10 Stunden nicht überschreiten. Die Arbeitnehmer können ein »Zeitguthaben« ansammeln, das bei einer täglichen Soll-Arbeitszeit von 7,5 Stunden bis zu 14 Tagen betragen kann. Dieses Zeitguthaben kann in den auftragsschwachen Zeiten durch freie Tage ausgeglichen werden. Der Jahresurlaub soll weiterhin in die auftragsschwachen Zeiten gelegt werden. Begründete Ausnahmen von dieser Regelung sollen nach Absprache mit den Vorgesetzten zugelassen werden.

   - Was würden Sie als Betriebsrat zu diesem Vorschlag sagen?

2. Für die nichtgewerblichen Arbeitnehmer schlägt der Betriebsrat vor, die bisher für den Beginn und das Ende der täglichen Arbeitszeit geltenden festen Zeitpunkte abzuschaffen und statt dessen Zeitspannen (sogen. Ein- und Ausgleitphasen) einzuführen. Der Beginn der täglichen Arbeitszeit soll zwischen 7.00 und 8.30 Uhr liegen, das Ende zwischen 16.00 und 17.30 Uhr. Die vereinbarte Dauer der täglichen Arbeitszeit von 7,5 Stunden muss innerhalb dieser Spannen eingehalten werden. Zeitguthaben oder Zeitschulden dürfen nicht entstehen.

   - Beurteilen Sie diesen Vorschlag.

3. In der **NORMA-AG** muss aufgrund neuer tarifvertraglicher Vereinbarungen eine Arbeitszeitverkürzung durchgeführt werden.

   - Wie kann bei Arbeitszeitregelungen, die Ein- und Ausgleitzeiten enthalten (Gleitzeitregelungen), in den Abteilungen die Zeit aufrechterhalten werden, in der sie betriebsbereit sind?

4. Die Unternehmensleitung schlägt vor, die vertraglich vereinbarte individuelle, regelmäßige wöchentliche Arbeitszeit auch der gewerblichen Arbeitnehmer durch Betriebsvereinbarung beweglich zu gestalten. Die gewerblichen Arbeitnehmer sollen lediglich innerhalb einer »Kernzeit« zur Anwesenheit verpflichtet sein, können aber innerhalb der Ein- und Ausgleitphasen Beginn und Ende ihrer Arbeitszeit nach Absprache mit den Arbeitsplatzkollegen selbst wählen. Soweit die sich so ergebenden Arbeitszeiten nicht mit den vertraglich vereinbarten übereinstimmen,

entstehen Arbeitszeitguthaben oder Arbeitsschulden. Diese können in der folgenden Woche mit der Regelarbeitszeit verrechnet werden, was auch zu freien Tagen führen kann.

- Welchen Vorteil hat dieser Vorschlag für die Arbeitnehmer, welchen für den Betrieb?
- Warum ist Absprache mit den Arbeitsplatzkollegen erforderlich?
- Warum muss der Umfang der verrechenbaren Arbeitszeit begrenzt werden?

6.04 Jobsharing

Die Elektroinstrumentefabrik **INTECH** beschäftigt vorwiegend Frauen, weil die Arbeitsaufgabe neben den in der Feinmechanik üblichen Qualifikationen Feingefühl und Fingerfertigkeit erfordert. In der Personalabteilung der **INTECH** wird vorgeschlagen, geeignete Arbeitsplätze mit zwei oder mehreren gleichqualifizierten Arbeitskräften zu besetzen.

Diese sollen gemeinsam für die Erfüllung der Aufgaben ihres Arbeitsplatzes verantwortlich sein und untereinander absprechen, wie sie sich die Arbeitszeit von mindestens 20 Stunden je Woche und Arbeitnehmer untereinander aufteilen.

- Beurteilen Sie diese Form der Arbeitszeitgestaltung (Jobsharing)
  a) vom Standpunkt des Betriebes,
  b) vom Standpunkt des Arbeitnehmers.

Arbeitsvertrag

6.05 Arbeitsvertrag: Abschluss – Vorstellungskosten – Handels- und Wettbewerbsverbot – Ordentliche Kündigung durch den Arbeitnehmer – Lohnfortzahlung

Der kaufmännische Angestellte Günther **Schnaitmann** will sich um die in der Zeitschrift »Handelsblatt« ausgeschriebene Stelle des Leiters der Finanzbuchhaltung in der Maschinenfabrik **Groß und Angstmann** bewerben.

Maschinenfabrik sucht für sofort oder zum 1. April

Leiter der Finanzbuchhaltung,

der gleichzeitig Stellvertreter des Leiters der Hauptbuchhaltung ist.

Wir legen Wert auf einen erfahrenen Bilanzbuchhalter, der bei Bewährung in wenigen Jahren für den altershalber ausscheidenden Stelleninhaber die Leitung der Hauptbuchhaltung übernimmt.

Groß und Angstmann GmbH, Maschinenfabrik, **Industriestr. 124, 55120 Mainz**

1. **Schnaitmann** hat einen tabellarischen Lebenslauf zusammengestellt, den er der Bewerbung beilegen will.

Lebenslauf

Angaben zur Person

Name:	**Günther** Ernst Schnaitmann
Geburtsdatum und -ort;	22.12.1959 in Essen
Eltern:	August Schnaitmann, Maschinenschlosser, Elsa Schnaitmann, geb. Salzer
Eheschließung:	01.05.1986 mit Andrea Schnaitmann, geb. Heller
Schulbildung	
Grundschule:	4 Jahre – 1966 bis 1970, Pestalozzi-Schule, Essen
Gymnasium:	9 Jahre – 1970 bis 1979, Hölderlin-Gymnasium, Essen
Berufsausbildung:	2 1/2 Jahre – 1979 bis 1982 Ausbildung als Industrie-Kaufmann bei der Maschinenfabrik Karl Frisch Frohnhauser Str. 106, 45144 Essen
Berufstätigkeit:	Ab Mai 1982 kaufmännischer Angestellter bei der Maschinenfabrik Karl Frisch in Essen, mit überwiegender Tätigkeit in der Buchhaltung Januar 1990 Wechsel zu Stahlbau Pense, Thyssenstr. 7, 45219 Essen, in einer Position mit breiterem Aufgabengebiet, überwiegend in der Nachkalkulation, bis heute in ungekündigter Stellung
Besondere Kenntnisse:	15.03.1988 – Bilanzbuchhalterprüfung vor der IHK Duisburg (Gesamtnote: sehr gut)

47053 Duisburg, 15. Januar 19.., Johanniterstr. 14 — *G.E. Schnaitmann*

a) Entwerfen Sie mit dem Datum vom 15.01. die Bewerbung Schnaitmanns.
Geben Sie als Referenz Herrn **Dipl.-Kaufmann Zeiher,** Abteilungsleiter bei der Werkzeugmaschinenfabrik Frisch an.

b) Welchem Zweck dient die Angabe einer Referenz?

c) Warum legt Schnaitmann nur Fotokopien der Zeugnisse bei?

2. **Schnaitmann** erhält von **Groß und Angstmann** folgenden Brief:

„Wir danken für Ihre Bewerbung und laden Sie zu einem persönlichen Gespräch mit unserem Personalchef, Herrn Gelger, am 25.01. zwischen 10 und 12 Uhr in unserem Verwaltungsgebäude ein.
Bitte bringen Sie Ihre Originalzeugnisse mit. Wenn Sie es wünschen, ist Herr Geiger nach Vereinbarung auch abends ab 17.30 Uhr zu sprechen."

a) Warum werden die Originalzeugnisse angefordert, obwohl die Fotokopien vorliegen?

b) Da in dem Einladungsschreiben zur persönlichen Vorstellung nichts über den Ersatz der Vorstellungskosten erwähnt wird, überlegt Schnaitmann, ob er rechtlich einen Anspruch auf Ersatz der ihm für die Vorstellung entstehenden Kosten hätte. BGB §§ 677, 683
Prüfen Sie die Rechtslage.

c) In dem Vorstellungsgespräch am 25.01. gibt Herr **Schnaitmann** die Zusage, am 01.04. die Arbeit aufzunehmen. Es wird ein Monatsgehalt von 7500 DM verein-

NachwG § 2 bart. **Schnaitmann** erhält am 30.01. zwei vom Arbeitgeber unterschriebene Ausfertigungen des Arbeitsvertrags, unterschreibt beide und sendet eine Ausfertigung an **Groß und Angstmann** zurück.

- Wann ist der Arbeitsvertrag zustandegekommen?

3. **Schnaitmann** kündigt das Arbeitsverhältnis bei seinem bisherigen Arbeitgeber **Stahlbau Pense,** Thyssenstr. 7, 45149 Essen.

- a) Entwerfen Sie mit dem Datum vom 20.02. den Kündigungsbrief.

BGB § 622 b) **Schnaitmann** gibt den Kündigungsbrief am 20.02. persönlich bei der Personalabteilung ab. Er hat mit der Firma **Stahlbau Pense** keine besondere Kündigungsfrist vereinbart.

- Wie lange ist **Schnaitmann** noch an seinen bisherigen Arbeitsvertrag gebunden?

c) Die Geschäftsleitung von **Stahlbau Pense** versucht, Herrn **Schnaitmann** zum Bleiben in der Firma zu bewegen.

- Mit welchen Folgen müsste **Schnaitmann** rechnen, wenn er die neue Stelle nicht antreten würde?

4. **Schnaitmann** hat die neue Stelle angetreten. In seinem Arbeitsvertrag mit der Firma **Groß und Angstmann** steht folgende Klausel:

> „Während der Dauer des Arbeitsverhältnisses gilt das gesetzliche Handels- und Wettbewerbsverbot. Der Arbeitnehmer verpflichtet sich, auch nach seinem Ausscheiden aus dem Arbeitsverhältnis das Wettbewerbsverbot noch 2 Jahre einzuhalten."

HGB §§ 1, 60
- Prüfen Sie, ob Schnaitmann aufgrund dieser Regelung noch folgende Tätigkeiten übernehmen dürfte:

a) Betrieb eines Verlags für die Fachzeitschrift »Der Bilanzbuchhalter«,

b) in den Abendstunden Buchhaltungsarbeiten für einen Supermarkt,

c) auf eigene Rechnung Universal-Heimwerkermaschinen importieren und verkaufen **(Groß und Angstmann** stellt auch solche Maschinen her),

§§ 60, 74 d) sofort nach dem Ausscheiden aus dem Arbeitsverhältnis bei **Groß und Angstmann** als Vollhafter in eine Werkzeugmaschinenfabrik gleicher Branche eintreten?

§§ 60, 61 BGB § 626
- 5. Was kann der Arbeitgeber unternehmen, wenn **Schnaitmann** gegen das Handels- und Wettbewerbsverbot verstößt?

6. Im Arbeitsvertrag **Schnaitmanns** wurde außerdem vereinbart:

> „Jeder Arbeitnehmer hat eine Kündigungsfrist von 1/4 Jahr, jeweils zum Quartalsende. Der Arbeitgeber kann jederzeit mit einer Frist von 2 Monaten kündigen."

BGB § 622
- Prüfen Sie, ob diese Vereinbarung mit **Schnaitmann** rechtlich zulässig ist.

7. **Schnaitmann** wird krank.

EntgeltFZG § 3
- Wie lange muss der Arbeitgeber während der Erkrankung Gehalt zahlen?

8. Ein junger Angestellter in der von **Schnaitmann** geleiteten Finanzbuchhaltung ist ein guter Fußballspieler. Er fehlt häufig einige Tage, weil er beim Fußballspiel erlittene Verletzungen auskurieren muss.

- Muss die Firma **Groß und Angstmann** für diese Fehlzeiten Gehalt zahlen?

Ausbildungsvertrag

6.06 Ausbildungsvertrag: Abschluss – Wesen des Ausbildungsverhältnisses – Pflichten des Auszubildenden und des Ausbilders – Haftung von Arbeitnehmern für Schäden – Kündigung Minderjähriger

Petra Schulz ist 15 Jahre alt und hat die Hauptschule mit gutem Erfolg abgeschlossen. Sie spricht in Begleitung ihrer Eltern bei der Großwäscherei und Reinigungsanstalt **Max Fehling** vor und fragt, ob sie dort eine kaufmännische Ausbildung zur Bürokauffrau beginnen könne. **Fehling** beschäftigt 30 Arbeitskräfte in seinem technischen Betrieb, 6 Angestellte im Büro und 1 kaufm. Auszubildenden im dritten Lehrjahr.

1. **Petra Schulz** erhält bei ihrer persönlichen Vorstellung sofort die Zusage, am 01.09. ihre kaufmännische Ausbildung beginnen zu können. Die Dauer der Ausbildung, die Höhe der Ausbildungsvergütung und die Dauer des Urlaubs werden sofort mündlich vereinbart.

   Die mündliche Vereinbarung erfolgte am 05.07.

   Am 10.07. holt sie vereinbarungsgemäß in ihrem Ausbildungsbetrieb den auf einem Vordruck der Industrie- und Handelskammer (IHK) schriftlich festgehaltenen Ausbildungsvertrag zur Unterschrift ab. Am 12.07. gibt sie den auch von ihren Eltern unterschriebenen Ausbildungsvertrag bei Fehling wieder ab.

   Am 15.08. wird das Ausbildungsverhältnis bei der IHK nach Überprüfung des Vertrags in das Verzeichnis der Berufsausbildungsverhältnisse eingetragen.

   Wann ist das Berufsausbildungsverhältnis rechtsgültig entstanden? BBiG § 3 ff.

2. In dem Ausbildungsvertrag wurde eine Probezeit von 2 Monaten vereinbart.

   a) Welchem Zweck dient diese Probezeit? § 13

   b) In welchem der folgenden Fälle und mit welchen Fristen hätte **Petra** das Recht, das Ausbildungsverhältnis auch nach Ablauf der Probezeit zu kündigen, ohne damit rechnen zu müssen, dass sie Schadenersatz leisten muss:

      (1) Sie will die kaufmännische Ausbildung in einem Einzelhandels-Fachgeschäft für Herrenwäsche fortsetzen. § 15 (2)

      (2) Sie will die Ausbildung zwar in der gleichen Branche, aber an einem anderen Ort fortsetzen, da ihre Eltern umgezogen sind. § 15 (2)

      (3) Sie will die Ausbildung im Wäschereibetrieb ihres Onkels fortsetzen.

      (4) Sie will die Ausbildungsstelle wechseln, weil sie $^1/_2$ Jahr lang überwiegend mit Botengängen beschäftigt wurde. §§ 6, 15

3. **Petra** beginnt ihre Ausbildung in der Großwäscherei **Fehling.**

   a) Am ersten Tag wird sie durch den gesamten Betrieb geführt. Danach wird sie beauftragt, die Fenster ihres Büroraumes zu putzen.

      Könnte **Petra** sich weigern, ohne die Pflichten aus dem Berufsausbildungsvertrag zu verletzen? § 6

   b) Am nächsten Tag erhält **Petra** einen blauen Arbeitskittel und wird angewiesen, bei der Wäscheannahme und -ausgabe zu helfen.

      Ist sie verpflichtet, als kaufmännische Auszubildende in einem Wäscherei-Reinigungsbetrieb diese Arbeit auszuführen?

   c) Die Leiterin der Annahmestelle fordert **Petra** auf, sich während der öfter die Hände zu waschen.

      Muss Petra diese Anweisung befolgen?

BGB § 823 d) Während der Mittagspause spielt Petra im Hof der Wäscherei mit anderen Auszubildenden Ball, obwohl dies ausdrücklich verboten ist. Dabei geht eine Scheibe zu Bruch. **Petra** hat den Ball geworfen.

● Muss sie die eingeworfene Scheibe bezahlen?

e) **Petra** soll eine moderne elektrische Schreibmaschine mit Display aus dem Büro des Herrn **Fehling** abholen, zu ihrem Arbeitsplatz bringen und dort gegen eine ältere Maschine austauschen. Dabei stolpert sie über das Kabel einer Rechenmaschine. Die Schreibmaschine wird stark beschädigt.

● Muss sie den Schaden ersetzen?

BBiG §§ 9, 15 4. Bei der Sachbearbeiterin für Lohn- und Gehaltsabrechnungen sieht **Petra** zufällig, was der Betriebsleiter des Reinigungsbetriebs verdient. Sie erzählt es einer Freundin.

● Darf sie das?

5. Petra hat am Donnerstag von 8 bis 13 Uhr Unterricht in der Kaufmännischen Berufsschule.

JArbSchG § 9 ● Könnte **Fehling** verlangen, dass sie die in der Berufsschule verbrachte Zeit nachholt, indem sie am »langen Donnerstag« bis 20.30 Uhr im Betrieb verbleibt?

BBiG § 12 6. **Petra** erkrankt und muss auf Anweisung des Arztes 14 Tage zu Hause bleiben.

Entgelt FZO § 3 ● Erhält sie auch in dieser Zeit ihre Ausbildungsvergütung?

7. **Petra** hat den Berufsausbildungsvertrag auf 3 Jahre abgeschlossen. Bereits nach $2^1/_2$ Jahren legt sie ihre Abschlussprüfung mit Erfolg ab und erhält am 15. Juni den Kaufmannsgehilfenbrief. Sie wird im Betrieb weiterbeschäftigt. **Petra** verlangt ab 15. Juni Gehalt statt Ausbildungsvergütung.

BBiG § 17 ● Muss **Fehling** Angestelltengehalt zahlen, wenn im Berufsausbildungsvertrag darüber nichts vereinbart ist?

BGB § 113 8. Wenige Tage vor ihrem 18. Geburtstag kündigt **Petra** ihr Arbeitsverhältnis ohne ihre Eltern zu fragen. Sie hat eine besser bezahlte Anstellung als Bürokauffrau in einem Spezialgeschäft für Teppich- und Ledermöbelreinigung gefunden.

● Ist die Kündigung rechtswirksam?

Arbeitsschutzgesetze

6.07 Kündigung des Arbeitsverhältnisses durch den Arbeitgeber: Kündigungsfristen – Kündigungsgründe – Kündigungsschutz – Abmahnung

Armbruster ist seit 8 Jahren als Buchhalter in der Firma **Heizungs- und Lüftungsbau Schaub** beschäftigt. In dem Unternehmen, das 45 Mitarbeiter beschäftigt, gibt es keinen Betriebsrat. Bereits im letzten Jahr ist **Armbruster** an sieben Tagen zu spät zur Arbeit erschienen. In den letzten 6 Wochen ist er erneut, ohne besonderen Grund, viermal zu spät zur Arbeit gekommen.

Schaub kündigt deshalb das Arbeitsverhältnis am 16.02. zum 30.04. dieses Jahres. **Armbruster** ist erstaunt. Er verweist darauf, dass es durch seine Verspätungen zu keinen Störungen im Betriebsablauf gekommen sei. Die Firmenleitung hätte ihn darauf hinweisen müssen, dass die Verspätungen künftig nicht mehr geduldet und arbeitsrechtliche Konsequenzen nach sich ziehen würden.

● 1. Prüfen Sie: Hat **Schaub** die gesetzliche Kündigungsfrist für eine ordentliche Kündigung eingehalten?

2. Ist der häufige verspätete Arbeitsantritt **Armbrusters** ein Grund, der grundsätzlich den Anforderungen des § 1 Abs. 1 KSchG zur sozialen Rechtfertigung einer Kündigung entspricht? KSchG § 1

3. Nehmen Sie Stellung zu dem Einwand **Armbrusters,** die Kündigung sei unwirksam, weil die Firmenleitung ihn nicht früher schon auf die arbeitsrechtlichen Konsequenzen seines Verhaltens hingewiesen habe.

4. Entwerfen Sie ein Formschreiben, das in allen ähnlich gelagerten Fällen von Verspätungen beim Arbeitsbeginn durch Einsetzen der individuellen Daten als Abmahnung verwendet werden kann.

5. **Schaub** prüft, ob er das Arbeitsverhältnis mit **Armbruster** gem. § 626 BGB aus wichtigem Grund fristlos kündigen kann.
   Ist eine Kündigung aus diesem Grunde möglich?

6.08 Betriebsbedingte Kündigung – Sozialauswahl

Friedrich Bareis ist seit 20 Jahren in der Werkzeugmaschinenfabrik **Hahn und Kohler OHG** als Hilfsarbeiter beschäftigt. **Hahn und Kohler** stellen vor allem Holzverarbeitungsmaschinen her. **Bareis** war 16 Jahre in der Abteilung Großmaschinen beschäftigt, in der Maschinen für den gewerblichen Einsatz in holzverarbeitenden Betrieben hergestellt werden. Seit 4 Jahren ist er in der Abteilung für Kleingeräte beschäftigt, die Maschinen und Geräte für Heimwerker produziert.

Die Abteilung für Großmaschinen ist gut beschäftigt. Gegen die starke Konkurrenz auf dem Heimwerkermarkt kann das Unternehmen aber nicht bestehen und schließt deshalb die Abteilung, die Kleinmaschinen herstellt. Allen Arbeitnehmern dieser Abteilung wird gekündigt. Der Betriebsrat, der ordnungsgemäß angehört wurde, hat keine Stellungnahme abgegeben.

1. **Bareis** ist der Meinung, die Stilllegung der Abteilung »Kleingeräte« sei nicht notwendig gewesen. Er will mit dieser Begründung gegen die Kündigung beim Arbeitsgericht Klage erheben. Vorher holt er bei der Gewerkschaft Rechtsberatung ein.
   Welchen Rat wird er erhalten? KSchG § 1 §§ 1, 3, 4

2. **Bareis** ist 42 Jahre alt, verheiratet und hat drei noch schulpflichtige Kinder. Er ist der Meinung, dass die Kündigung vor ihm dem Hilfsarbeiter Dahlmann hätte ausgesprochen werden müssen. Dieser ist 45 Jahre alt, erst 12 Jahre im Betrieb und hat nur für ein Kind zu sorgen. Die Tätigkeit, die **Dahlmann** gegenwärtig verrichtet, hat **Bareis** früher viele Jahre lang selbst ausgeübt. **Bareis** beantragt beim Arbeitsgericht die Feststellung, dass die ihm gegenüber ausgesprochene Kündigung unwirksam ist, weil bei der Auswahl soziale Gesichtspunkte nicht ausreichend berücksichtigt worden seien.
   Hat er Recht?

6.09 Arbeitszeitschutz

Es ist heute kaum noch vorstellbar, unter welch harten Bedingungen noch zu Beginn des 19. Jahrhunderts gearbeitet wurde. Überall in der Welt, vor allem in Deutschland, wurden inzwischen Gesetze erlassen, um menschenwürdige Arbeitsbedingungen zu sichern und die Ausbeutung des arbeitenden Menschen zu verhindern.

In den Spinnereien wurde täglich 14 – 16 Stunden fast ohne Pause gearbeitet, auch an Samstagen und mitunter sogar sonntags. Die Arbeiter schlangen das Essen während der Arbeit stehend hinunter. In Hutmachereien z.B. mussten junge Mädchen während der Saison oft 18 Stunden arbeiten. Manchmal hatten sie innerhalb von 24 Stunden nur 2 Stunden Zeit zum Schlafen. Um Zeit zu sparen, setzte man ihnen sogar das Essen klein geschnitten vor.

In der Bundesrepublik verhindert heute das Arbeitszeitgesetz solche Zustände.

1. Ein Arbeiter, 22 Jahre alt, möchte in seinem Betrieb täglich möglichst lange arbeiten, um sich bald ein Auto kaufen zu können.

ArbZG § 3 ● a) Prüfen Sie anhand des Arbeitszeitgesetzes, ob der Arbeitgeber durch Einzelarbeitsvertrag die Arbeitszeit auf 60 Stunden je Woche verlängern kann. Eine tarifliche Regelung besteht nicht.

● b) Halten Sie die gesetzliche Regelung für zweckmäßig?

2. In einem Betrieb wird samstags nicht gearbeitet.

● Wieviel Stunden regelmäßige werktägliche Arbeitszeit lässt das Arbeitszeitgesetz für einen Arbeiter zu, wenn keine besondere tarifliche Vereinbarung besteht?

3. Der Arbeiter hat in der Mittagsschicht von 14 bis 22 Uhr gearbeitet.

§ 5 ● Wann darf seine nächste Arbeitsschicht frühestens beginnen?

4. Der Arbeitgeber will in den Monaten November und Dezember wegen des Weihnachtsgeschäfts insgesamt 25 Tage 10 Stunden täglich arbeiten lassen. Während des Jahres hat der Betrieb regelmäßig 40 Stunden in der 5-Tage-Woche gearbeitet.

§ 7 ● Erlaubt das Arbeitszeitgesetz diese Beschäftigung?

6.10 Jugendarbeitsschutz

In den Kohle- und Eisenbergwerken arbeiteten zu Beginn des 19. Jahrhunderts schon Kinder von 4 Jahren ab. Die meisten waren etwa 8 Jahre alt. Die Kinder arbeiteten täglich 14 – 16 Stunden. Es gibt Berichte, dass in Einzelfällen die Kinder von den Aufsehern nackt aus dem Bett geholt und unter Schlägen, mit den Kleidern unterm Arm, in die Fabrik gejagt wurden. Dort wurde ihnen der Schlaf mit Schlägen vertrieben.

Das Jugendarbeitsschutzgesetz verhindert heute die gesundheitsgefährdende Beschäftigung von Jugendlichen.

1. Ein Jugendlicher von 17 Jahren hat bis 20 Uhr gearbeitet.

JArbSchG § 13 ● Wann darf er am nächsten Morgen frühestens beschäftigt werden?

§ 9 2. Ein Auszubildender hat an einem Berufsschultag 5 Unterrichtsstunden zu je 45 Minuten.

● Muss er nach Ende des Unterrichts noch in den Betrieb?

§ 19 3. Ein Jugendlicher wird am 14. Juni 18 Jahre alt und tritt am 10. Juni seinen Urlaub an.

● Welchen Urlaubsanspruch hat er?

§ 23 ● 4. Darf ein 15-Jähriger täglich $8^1/_2$ Stunden am Fließband beschäftigt sein, wenn im Betrieb samstags arbeitsfrei ist?

6.11 Kündigungsschutz: ungleiche Kündigungsfristen – Besonders geschützte Personenkreise (Betriebsrat, werdende Mütter, Schwerbeschädigte)

Das Arbeitsrecht kennt keinen Anspruch darauf, dass ein Arbeitsplatz nicht verloren gehen kann. Trotzdem ist die Kündigung eines Arbeitnehmers nicht in die schrankenlose Freiheit des Arbeitgebers gestellt. Ohne gesetzliche Kündigungsschutzregelungen war es im 19. Jahrhundert z.B. möglich und üblich, dass den Arbeitnehmern ohne besonderen Grund fristlos gekündigt werden konnte, die Arbeitnehmer selbst aber eine Kündigungsfrist von einer Woche einzuhalten hatten.

Heute wird in der Bundesrepublik Deutschland jeder Arbeitnehmer durch das Kündigungsschutzgesetz und verschiedene andere Gesetze vor willkürlicher Kündigung geschützt.

● 1. Prüfen Sie, ob die folgende Vereinbarung gültig wäre:

Ein Angestellter hat eine Kündigungsfrist von 6 Wochen, der Arbeitgeber von 4 Wochen, jeweils zum Monatsende. BGB § 622

2. Ein Arbeitnehmer hat im letzten Jahr an 163 Tagen, im vorletzten Jahr an 91 Tagen und im Jahr davor an 142 Tagen wegen Erkrankung der Atmungsorgane gefehlt.

Fehlzeiten in diesem Umfang traten schon in den ersten Jahren der Beschäftigung auf. Nach dem Gutachten eines Arztes ist mit einer Besserung nicht zu rechnen.

Dem Arbeitnehmer, der ununterbrochen 10 Jahre lang im Betrieb beschäftigt war, wird gekündigt. Er klagt beim Arbeitsgericht und beantragt die Feststellung, dass die Kündigung gem. § 1 KSchG sozialwidrig und damit unwirksam ist. KSchG § 1 BGB § 626 KSchG § 15

● Wie würden Sie entscheiden?

3. Das Betriebsratsmitglied **Appenzeller** ist Einkäufer in der **Schmuckwarengroßhandlung Schilling OHG.** Trotz einer früheren Abmahnung kauft er bei günstiger Gelegenheit für eigene Rechnung Schmuckstücke ein und verkauft sie in seinem Bekanntenkreis weiter. Aus diesem Grund wurde ihm fristlos gekündigt. HGB § 60

● Ist die fristlose Kündigung des Betriebsratsmitglieds **Appenzeller** rechtlich zulässig?

4. Frau **Hiller** ist als Bürokauffrau im **Heizungs- und Lüftungsbau Schaub** beschäftigt. Sie meldet sich 2 Tage krank. Dem Arbeitgeber wird bekannt, dass sie an diesen beiden Tagen im Reisebüro ihres Schwagers ihre tatsächlich kranke Schwester vertreten hat. **Schaub** kündigt fristlos, obwohl er weiß, dass Frau **Hiller** schwanger ist. BGB § 626 MuSchG § 9

Frau **Hiller** widerspricht der Kündigung sofort mit dem Hinweis auf ihre Schwangerschaft.

● Ist die Kündigung wirksam?

5. Die **Elektronik GmbH** stellt vor allem Drucker, Scanner und Fotokopiergeräte her. In kleinerem Umfang hat sie bisher auch noch die Wartung medizinischer Geräte in Krankenhäusern und Arztpraxen übernommen. Da sie diesen Geschäftszweig völlig aufgibt, sollen einige Arbeitnehmer entlassen werden, für deren Kenntnisse und Fähigkeiten es keine geeigneten Arbeitsplätze mehr gibt. Unter den zu entlassenden Arbeitnehmern ist auch der Angestellte **Gutmann,** 38 Jahre alt, 4 Jahre im Betrieb, der zu 50% schwerbehindert ist. SchwbG § 15

● Prüfen Sie, ob **Gutmann** gekündigt werden kann.

6.12 Gesundheits- und Unfallschutz

In den Fabriken mussten früher die Maschinen vom Arbeiter in seiner Freizeit geputzt werden, wenn die Maschinen stillstanden. Da die Arbeiter sich von ihrer knappen Freizeit nichts nehmen lassen wollten, putzten sie häufig die laufenden Maschinen während der Arbeitszeit. Dabei kam es zu vielen Unfällen. Dem Verstümmelten wurde höchstens der Arzt bezahlt. Was nachher mit ihm geschah und wovon er sich ernährte, darum kümmerte sich niemand.

Die Gewerbeordnung und die Vorschriften der Berufsgenossenschaften sollen heute derartige Missstände verhüten.

SGB VII § 14

1. In einem Betrieb der metallverarbeitenden Industrie hängen große Dauerplakate:
   »Beim Schweißen Schutzbrille tragen«
   »Nicht unter schwebende Last treten«
   - Auf wessen Weisung musste der Unternehmer diese Plakate anbringen?
2. Ein Akkordarbeiter arbeitet an einer Stanzmaschine. Nachdem er das Blech unter die Stanze geschoben hat, muss er 2 Bedienungsknöpfe betätigen. Dann senkt sich zuerst ein Schutzgitter. Dann erst wird gestanzt. Danach hebt sich das Schutzgitter und der Arbeiter kann eine neue Tafel Blech einschieben. Die Bedienungsknöpfe sind so weit voneinander entfernt, dass sie nicht mit einer Hand bedient werden können. Der Akkordarbeiter schließt den Bedienungsknopf für die rechte Hand entgegen strengen Betriebsanweisungen kurz.
   - a) Was will der Akkordarbeiter damit erreichen?
   - b) Wer kann den Betriebsinhaber zwingen, Maschinen mit Schutzeinrichtungen zu versehen?
   - §§ 152 ff. c) Welchen Anreiz gibt die Berufsgenossenschaft den Arbeitgebern, für Unfallverhütung zu sorgen?
3. § 7 Der Akkordarbeiter hat mit der rechten Hand eine Tafel Blech eingeschoben, während sich das Schutzgitter schon senkte. Da er die Hand nicht mehr rechtzeitig zurückziehen konnte, wurde sie von der Stanze erfasst. Die rechte Hand musste amputiert werden.
   - Von wem erhält der Verletzte Rente?

Mitbestimmung

6.13 Betriebsrat: Wahl und Zusammensetzung – Jugendvertretung

Die Firma **Herde & Wannewetsch, OGH, Maschinenbau,** beschäftigt 600 Arbeitnehmer.

BetrVG § 14

1. Auf einer Versammlung der Belegschaft erstattet der Betriebsrat Bericht über seine Tätigkeit. Auf Grund des Berichts wird die Entlastung des bisherigen Betriebsrats vorgeschlagen. Durch Hand heben wird der gesamte bisherige Betriebsrat wiedergewählt. Der Arbeiter **Arnold,** der sich der Stimme enthalten hat, will die Wahl anfechten.
   - Wie kann er die Anfechtung begründen?
2. § 14 Bei der ordnungsgemäßen Betriebsratswahl ist der Angestellte **Sauer** krank. Er beauftragt einen Arbeitskollegen, die Stimme für ihn abzugeben.
   - Darf der Wahlvorsitzende das zulassen?

3. Prüfen Sie, ob ein 15-jähriger Auszubildender bei der Betriebsratswahl seine Stimme abgeben kann. BetrVG § 7

4. In der Firma **Herde & Wannewetsch** wählen die Angestellten und die Arbeiter in getrennten Wahlgängen. Der Betrieb beschäftigt unter den 600 Mitarbeitern 56 Jugendliche unter 18 Jahren, 64 Angestellte, darunter 4 Prokuristen, und 480 Arbeiter.
   a) Warum wählen Angestellte und Arbeiter ihre Vertreter getrennt? §§ 10, 15
   b) Der Betriebsrat besteht nach § 9 BetrVG aus 9 Mitgliedern.
   Wieviel davon stellen die Arbeiter und wieviel die Angestellten? §§ 5, 7, 9, 10

5. Im Betrieb sind 20 ausländische Arbeitnehmer über 18 Jahre beschäftigt. Sie wollen bei der Betriebsratswahl ihre Stimme abgeben.
   Dürfen sie das?

6. Der Angestellte **Hartmann** ist seit 5 Monaten bei **Herde & Wannewetsch** beschäftigt. In dem Unternehmen, in dem er früher beschäftigt war, war er ein bewährtes Betriebsratsmitglied.
   Seine Arbeitskollegen schlagen ihn zur Wahl vor.
   a) Warum ist er nach dem Betriebsverfassungsgesetz nicht wählbar? § 8
   b) Halten Sie diese Regelung für vernünftig?

7. Die Jugendlichen der Firma **Herde & Wannewetsch** wollen eine Jugendvertretung wählen. **Noll** ist 23 Jahre alt. § 61 (2)
   Kann er sich für 2 Jahre als Jugendvertreter wählen lassen?

8. Die italienischen Arbeitnehmer wollen einen ihrer Landsleute in den Betriebsrat wählen, der schon 2 Jahre im Betrieb beschäftigt ist. § 8
   Kann er gewählt werden?

9. Der Arbeiter **Weizmann** lehnt eine Kandidatur für den Betriebsrat ab. Er sagt, dass er durch seine Tätigkeit im Betriebsrat als Arbeiter im Gegensatz zu den Angestellten einen zu großen Einkommensverlust habe. § 37 (2)
   Ist der Einwand **Weizmanns** berechtigt?

6.14 Mitbestimmung in wirtschaftlichen Angelegenheiten – Mitbestimmungsmodelle – Sozialplan

Die **Süddeutsche Maschinenbau AG (SÜMAG)** (1800 Beschäftige) mit Sitz in **Mannheim** hat eine Mehrheitsbeteiligung an der **Verpackungsmaschinen GmbH Duisburg** erworben, die bisher in reinem Familienbesitz war. Die **Verpackungsmaschinen GmbH** verlor dabei ihre eigene Rechtspersönlichkeit und ist jetzt nur noch ein Zweigwerk der **SÜMAG.** Kurze Zeit nach der Übernahme hat der Vorstand der **SÜMAG** beschlossen, die Fertigstellung der Spezialmaschinen zur Verpackung von Schokolade und Kaugummi von **Duisburg** nach **Mannheim** zu verlegen. Davon betroffen sind 120 der insgesamt 600 Arbeitnehmer der ehemaligen **Verpackungsmaschinen GmbH.** Die verunsicherten Arbeitnehmer fordern vom Betriebsrat die Einberufung einer Betriebsversammlung zur Information über die Situation.

1. Auf einer Betriebsversammlung im Werk **Duisburg** wird der Betriebsrat aufgefordert, darüber zu berichten, ob er wirklich alle Möglichkeiten genutzt hat, den Verkauf der GmbH an die **SÜMAG** zu verhindern. Die geplante Verlegung von Teilen der Produktion nach **Mannheim** sei doch allgemein bekannt gewesen. BetrVG § 106
   Stellen Sie die rechtlichen Möglichkeiten dar, die dem Betriebsrat der **Verpackungsmaschinen GmbH** zur Verfügung standen.

2. Nach dem Zusammenschluss der **Verpackungsmaschinen GmbH** mit der **SÜMAG** sind die Belegschaftsmitglieder der ehemaligen GmbH jetzt Arbeitnehmer der **Süddeutschen Maschinenbau AG** mit insgesamt 2400 Beschäftigten.

BetrVG §§ 76, 77 MitbestG §§ 1, 7, 33

● Stellen Sie dar, wie sich durch den Zusammenschluss die Möglichkeiten der Mitbestimmung in wirtschaftlichen Angelegenheiten für die Belegschaftsmitglieder geändert hat, die vor dem Zusammenschluss

   a) Arbeitnehmer der **SÜMAG** waren,

   b) Arbeitnehmer der **Verpackungsmaschinen GmbH** waren.

3. Die **SÜMAG** will tatsächlich die Fabrikation von Spezialmaschinen zur Verpackung von Schokolade und Kaugummi nach **Mannheim** verlagern.

● Welche Möglichkeiten haben die Arbeitnehmer, dagegen etwas zu unternehmen?

4. Der neugebildete Gesamt-Betriebsrat fordert die Aufstellung eines Sozialplans für die 120 Arbeitnehmer des Werks **Duisburg,** deren Arbeitsplatz bedroht ist. Der Betriebsratsvorsitzende stellt den Entwurf des Betriebsrats (s. unten) auf einer Betriebsversammlung des Werkes **Duisburg** vor und erläutert ihn.

   Einzelne Arbeitnehmer aus dem Kreis der Betriebsversammlung bringen vor, dass ihre besondere Situation in dem Entwurf des Sozialplans nicht genügend berücksichtigt sei.

● Überprüfen Sie die nachfolgend aufgeführten Einwendungen a) bis f). Machen Sie einen Vorschlag für die Ergänzung oder Korrektur des Entwurfs, wenn Sie die Einwendungen für berechtigt halten.

   a) Ein Arbeitnehmer verweist auf ein körperliches Leiden. Es sei ihm deshalb nicht zumutbar, täglich an einen anderen Arbeitsort als **Duisburg** zu fahren. Die **SÜMAG** besitzt noch je ein Werk in **Düsseldorf** und **Essen.**

   b) Eine Teilzeitbeschäftigte arbeitet 5 Stunden am Tag. Schon wegen der erhöhten Fahrtkosten sei ihr ein Wechsel des Arbeitsortes auch in der nächsten Umgebung **Duisburgs** nicht zumutbar.

   c) Ein anderer Arbeitnehmer weist darauf hin, dass der Textentwurf des Sozialplans es auch zulassen würde, einem bisher voll beschäftigten Arbeitnehmer einen Teilzeitarbeitsplatz zuzuweisen.

   d) Ein Arbeitnehmer ist Vorstand des örtlichen Tennisclubs. Er fordert eine Absicherung, dass in einem solchen Fall ein Arbeitsplatzwechsel an einen anderen Standort nicht zumutbar sei.

   e) Mehrere Arbeitnehmer fragen an, ob der Personalrat es als zumutbar ansehe, wenn ein anderer Arbeitsplatz angeboten wurde, der in seiner Bewertung unter dem bisherigen Arbeitsplatz liegt.

   f) Außerdem wird gefordert, dass bei der Bestimmung des Abfindungsbetrags der Familienstand berücksichtigt wird.

Entwurf einer Betriebsvereinbarung

zwischen

dem Vorstand der Süddeutschen Maschinenbau AG Mannheim

und

dem Betriebsrat am Standort Duisburg

SOZIALPLAN

Zur Milderung der wirtschaftlichen Nachteile, die den Arbeitnehmern in Folge der geplanten Verlegung von Teilen der Fertigung vom Werk Duisburg in das Werk Mannheim entstehen können, wird der nachstehende Sozialplan vereinbart.

1. Geltungsbereich

Dieser Sozialplan gilt

1.1 Räumlich
für den Standort Duisburg

1.2 Persönlich
für alle Mitarbeiter am Standort Duisburg mit folgenden Ausnahmen:

a) Leitende Angestellte im Sinne des § 5 Abs. 3 BetrVG;

b) Arbeitnehmer, denen aus Gründen gekündigt wird, die in ihrer Person oder ihrem Verhalten liegen, und deren Kündigung deshalb sozial gerechtfertigt ist;

c) Arbeitnehmer, denen aus einem Grunde, der eine fristlose Kündigung rechtfertigt, gekündigt werden kann;

d) Arbeitnehmer, die aufgrund eigener Kündigung ausscheiden.

1.3 Zeitlich und sachlich
für alle Versetzungen und Kündigungen, die nach der Unterzeichnung durch die Vertragsparteien bis zum … ausgesprochen bzw. veranlasst werden und die im Zusammenhang mit der Verlegung von Teilen der Fertigung von Duisburg nach Mannheim stehen.

2. Arbeitsplatzangebot

2.1 Die SÜMAG wird sich intensiv darum bemühen, den betroffenen Arbeitnehmern einen anderen, vergleichbaren Arbeitsplatz anzubieten. Soweit das am Standort Duisburg nicht möglich ist, wird die SÜMAG versuchen, Arbeitsplätze an anderen SÜMAG-Standorten anzubieten.

2.2 Im Falle einer Versetzung an einen anderen SÜMAG-Standort finden die SÜMAG-Richtlinien über Versetzungen Anwendung.

3. Zumutbarkeit des Arbeitsplatzwechsels

Die Frage der Zumutbarkeit eines Arbeitsplatzangebots ist in Abstimmung mit dem Betriebsrat zu entscheiden.

4. Kündigungsschutz

Arbeitnehmern, die im Rahmen der Maßnahmen einen neuen Arbeitsplatz annehmen, kann während der ersten 6 Monate seit ihrer Versetzung nicht wegen dringender betrieblicher Erfordernisse gekündigt werden.

Wird eine betriebsbedingte Kündigung innerhalb von 12 Monaten nach dem ursprünglichen Versetzungstermin ausgesprochen, so sind die Bestimmungen dieses Sozialplans anzuwenden.

5. Kündigung und Abfindungszahlung

5.1 Arbeitnehmern, denen die SÜMAG keinen anderen Arbeitsplatz anbieten kann oder die einen angebotenen zumutbaren Arbeitsplatz nicht annehmen, wird unter Einhaltung der gesetzlichen, tariflichen oder einzelvertraglichen Kündigungsfristen gekündigt.

5.2 Die in Ziff. 5.1 gekündigten Arbeitnehmer erhalten eine Abfindungszahlung, es sei denn, dass sie einen von der SÜMAG angebotenen zumutbaren Arbeitsplatz nicht angenommen haben.

5.3 Berechnung der Abfindung
Die Abfindung beträgt pro vollendetem Jahr der Betriebszugehörigkeit für

Arbeitnehmer im Alter bis zu 29 Jahren	DM 1000
Arbeitnehmer im Alter von 30 bis 39 Jahren	DM 1300
Arbeitnehmer im Alter von 40 bis 49 Jahren	DM 1700
Arbeitnehmer im Alter von 50 Jahren und mehr	DM 2000
Die Mindestabfindung beträgt	DM 5000.

5.4 Die Auszahlung der Abfindung erfolgt mit der letzten Lohn- oder Gehaltszahlung vor Beendigung des Arbeitsverhältnisses, wenn der betroffene Arbeitnehmer vorher eine Ausgleichsquittung mit folgendem Text unterzeichnet hat:

„Ich bestätige, dass mein Arbeitsverhältnis mit der Firma SÜMAG durch fristgemäße Kündigung zum … beendet wird. Ich erkläre ferner, dass mir nach Eingang der letzten Lohn-/Gehaltszahlung sowie des nach dem Sozialplan zustehenden Abfindungsbetrags aus der Beendigung meines Arbeitsverhältnisses keinerlei Ansprüche mehr zustehen und dass ich das Fortbestehen des Arbeitsverhältnisses nicht mehr geltend machen kann."

6. Nebenleistungen

6.1 Arbeitnehmer, die gem. Ziff. 5 einen Anspruch auf Zahlung einer Abfindung haben und bis zu ihrem Ausscheiden oder bis zu einem Zeitraum von längstens 12 Monaten nach ihrem Ausscheiden ein Dienstjubiläum begehen würden, erhalten bei ihrem Ausscheiden einen zusätzlichen Abfindungsbetrag in Höhe des an sich üblichen Jubiläumsgeldes.

6.2 Arbeitnehmer, die von der SÜMAG eine Wohnung gemietet haben, müssen diese nicht schon bis zu ihrem Ausscheiden aus der Firma räumen. Es gelten vielmehr die gesetzlichen Kündigungsfristen für Mietverhältnisse, wobei die Kündigung des Mietverhältnisses erst nach Beendigung des Arbeitsverhältnisses ausgesprochen wird.

Entsprechendes gilt für Mitarbeiter, die von der SÜMAG ein Kleingartengelände gepachtet haben.

7. Allgemeines

7.1 Bei der Durchführung der Maßnahmen finden die §§ 99 und 102 BetrVG Anwendung.

7.2 Änderungen und Ergänzungen dieser Betriebsvereinbarung bedürfen der Schriftform.

7.3 Diese Betriebsvereinbarung tritt nach Unterzeichnung durch den Betriebsrat und den Vorstand der SÜMAG in Kraft.

Duisburg, den...

Betriebsrat

Süddeutsche Maschinenbau
Aktiengesellschaft Mannheim

6.15 ROLLENSPIEL: Betriebsratssitzung – Entlassung wegen Krankheit

Betriebsratssitzung: Entlassung wegen Krankheit

Gerhard Wegmann, 48 Jahre alt, ist seit 19 Jahren bei der Firma »Eurotrans« beschäftigt. Das Unternehmen führt europaweit Gütertransporte durch und hat eine eigene Abteilung Möbelspedition. Dem Unternehmen ist ein Omnibusunternehmen angeschlossen, das auch Urlaubsreisen organisiert und über ein eigenes Reisebüro vermarktet.

In dem Unternehmen werden insgesamt 160 Arbeitnehmer beschäftigt.

Gerhard Wegmann war zunächst in der Abteilung Möbelspedition als Hilfsarbeiter beschäftigt. Er hatte bei Möbeltransporten Möbel ein- und auszuladen und, falls dies von den Kunden verlangt wurde, Ein- und Auspackarbeiten auszuführen.

Nach etwa 4-jähriger Betriebszugehörigkeit konnte er immer öfter wegen Rückenschmerzen die körperlich schwere Arbeit eines Möbelträgers nicht mehr verrichten. Im 5. Jahr seiner Betriebszugehörigkeit wurde ihm deshalb eine leichtere Tätigkeit als Hilfskraft in der Kfz-Werkstatt zugewiesen. Auch in dieser leichteren Tätigkeit musste er sich in den letzten 10 Jahren immer häufiger wegen starker Rückenschmerzen krank melden. In den letzten 3 Jahren fehlte er z.B. 90 Tage, 170 Tage, 200 Tage.

Die Geschäftsleitung will ihm deshalb wegen häufiger Erkrankung fristgerecht kündigen und legt diese Entscheidung dem Betriebsrat zur Zustimmung vor.

Der **Betriebsrat** setzt sich wie folgt zusammen:

A Betriebsratsvorsitzender, Bus-Fahrer in der Abteilung Personentransport

B Speditionskauffrau in der Abteilung Gütertransport. Sie ist eine Nachbarin der Familie **Wegmann** und mit Frau **Wegmann** zusammen in der gleichen Frauen-Gymnastikgruppe des örtlichen Sportvereins.

C Chefsekretärin des Abteilungsleiters Personentransport

D Meister in der Kfz-Werkstatt

E Hilfsarbeiter in der Kfz-Werkstatt. Da das Unternehmen keine Arbeitsplatzreserven beschäftigt, steht er immer dann unter stark erhöhtem Arbeitsdruck, wenn **Wegmann** wegen Krankheit fehlt.

Der Betriebsratsvorsitzende hat zu einer Betriebsratssitzung eingeladen. Einziger Tagesordnungspunkt: Entlassung unseres Kollegen **Wegmann** wegen häufiger Krankheit.

- Führen Sie die Betriebsratssitzung durch und stimmen Sie über diesen Tagesordnungspunkt ab.

Arbeitsgerichtsbarkeit

6.16 Streitigkeiten aus dem Arbeitsverhältnis

Im 19. Jahrhundert war der Arbeiter im Betrieb rechtlos und der Willkür des Arbeitgebers ausgesetzt. In den Bergwerken wurde den Arbeitern der Lohn meist je Kufe[1] berechnet. War in der Kufe mehr als ein gewisses Quantum Grus, dann wurde nicht nur für die ganze Kufe kein Lohn gezahlt, sondern damit war auch noch eine Strafe verbunden. Dabei hing das vor allem von der Beschaffenheit der Kohleflöze und kaum von der Arbeit des Arbeiters ab. Für arbeitsrechtliche Streitfälle sind heute Arbeitsgerichte aufgrund des Arbeitsgerichtsgesetzes zuständig.

1. Der Streitwert in einem arbeitsrechtlichen Verfahren wegen Lohnforderung beträgt 650 DM. ArbGG § 8 (1)
   - Bei welcher Instanz der Arbeitsgerichtsbarkeit ist die Klage einzureichen?
2. Kann sich der Arbeitnehmer durch einen Gewerkschaftsvertreter vor diesem Gericht vertreten lassen? § 11
3. Kann der Arbeitnehmer auch ohne Vertreter und Beistand vor diesem Gericht erscheinen? § 11
4. Welchen Vorteil hat ein Arbeitnehmer, wenn er von einem Beauftragten seiner Gewerkschaft beraten und vertreten wird?

Entlohnungsverfahren

6.17 Zeitlohn – Faktoren der Berechnung

Nachstehende Tabellen (unvollständig) sind einem Tarifvertrag zwischen der IG-Metall und dem Arbeitgeberverband entnommen. Die Richtsätze für den Ecklohn sind besonders hervorgehoben (Lohngruppe VII, Altersklasse 21, Ortsklasse I).

Ecklohn ist der Lohn, den ein Arbeiter einer bestimmten Altersklasse (21 Jahre), in einer bestimmten Lohngruppe (Leistungsgruppe) und einer bestimmten Ortsklasse erhält. Aufgrund des Ecklohnes werden dann nach Richtsätzen des Mantel-Tarifvertrages für sämtliche Lohngruppen, Alters- und Ortsklassen die Lohntabellen für Zeit- und Akkordlöhne berechnet.

[1] Kufe = Kübel, Bottich

Lohngruppe	I	II	III	IV	V	VI	**VII**	VIII	IX	X
% des Ecklohnes	72,5	76	80	85	90	95	**100**	110	120	133
Lohngruppenfaktor	0,725						**1**			

Altersklasse	bis 16	16	17	18	19	20	**21**	22
% der Altersklasse 21	60	70	80	85	90	95	**100**	105
Altersklassenfaktor							**1**	

Ortsklasse	**I**	II
% der Ortsklasse I	**100**	97
Ortsklassenfaktor	**I**	

- 1. Berechnen Sie für jede
  - a) Lohngruppe den Lohngruppenfaktor,
  - b) Altersklasse den Altersklassenfaktor,
  - c) Ortsklasse den Ortsklassenfaktor.
- 2. a) Ermitteln Sie den Stundenlohn eines 18-jährigen Zeitlohn-Arbeiters der Lohngruppe IX in der Ortsklasse II, wenn der Ecklohn 18 DM beträgt, nach folgender Formel:

  Stundenlohn =
  Ecklohn × Lohngruppenfaktor × Altersklassenfaktor × Ortsklassenfaktor
- b) Welche Faktoren dieser Rechnung dienen einer leistungsgerechten, welche einer sozialgerechten Entlohnung?
- c) Wieviel D-Mark Wochenlohn brutto erhält der Arbeiter, wenn er 45 Stunden gearbeitet hat und davon für 8 Stunden eine Überstundenvergütung von 25% erhält?
- 3. a) Berechnen Sie den Zeitlohn, den ein 21-jähriger Arbeiter (Lohngruppe IX, Ortsklasse II) erhält, wenn er 45 Stunden gearbeitet hat, davon 8 Stunden als Überstunden.
- b) Halten Sie es für richtig, dass er für die gleiche Arbeit und die gleiche Arbeitszeit mehr Lohn erhält als der 18-jährige Arbeiter?

Lösungsblatt

6.18 Akkordlohn – Normalleistung

In einem Unternehmen soll die Entlohnung bei der Herstellung einer Welle von Zeitlohn auf Akkordlohn umgestellt werden. Ein Arbeiter mit Normalleistung stellte bisher im Zeitlohn 4 Stück je 60-Minuten-Stunde her.

Als Mindestlohn soll den Akkordarbeitern der Tariflohn von 18,00 DM je Stunde garantiert werden. Hierauf wird ein Akkordzuschlag von 20% gewährt. Der Grundlohn des Akkordarbeiters beträgt demnach 21,60 DM je Stunde.

Von der Arbeitsvorbereitung wurde die Vorgabezeit zur Herstellung eines Stücks auf 25 Minuten einer 100-Minuten-Stunde (Dezimalminuten) festgelegt.

- 1. Überprüfen Sie, ob die Arbeitsvorbereitung mit der Festlegung einer Vorgabezeit von 25 Dezimalminuten je Stück die Anforderung an einen Arbeiter mit Normalleistung verändert hat.

- 2. Wieviel Stück muss ein Arbeiter im Durchschnitt je Stunde mindestens herstellen, damit er je Stunde mehr verdient als vor der Umstellung auf Akkordlohn?
  Vor der Umstellung erhielt der Akkordarbeiter den Tariflohn von 18,00 DM je Stunde.
- 3. Halten Sie es für angebracht, dass ein Arbeiter, der im Akkordlohn Normalleistung erbringt, schon einen höheren Stundenlohn hat als ein vergleichbarer Arbeiter im Zeitlohnsystem?

4. Das Unternehmen berechnet den Akkordlohn nach der Methode des Zeitakkords.
   a) Ein Arbeiter hat in einer Arbeitswoche (37 Stunden) 184 Wellen hergestellt.
   - Welche Wochenarbeitszeit (in Dezimalminuten) wird ihm vergütet?
   - b) Welcher Geldbetrag wird ihm auf die anzurechnende Dezimalminute bezahlt (Minutenfaktor)?
   - c) Welchen Gesamtlohn erhält er für die abzurechnende Arbeitswoche?
   - d) Um welchen Betrag ist in dieser Arbeitswoche sein effektiver Stundenverdienst höher als vorher im Zeitlohn?

- 5. a) Vergleichen Sie die Entwicklung der Lohnkosten je Stück für die Herstellung einer Welle nach Einführung des Akkord-Lohnsystems mit dem Verlauf der Lohn-Stückkosten im Zeitlohn. Füllen Sie dazu eine Tabelle nach dem folgenden Muster aus.

	Zeitlohn		Akkordlohn	
je Stunde hergestellte Stückzahl	Stundenverdienst	Lohnkosten je Stück	Stundenverdienst	Lohnkosten je Stück
1	18,00 DM	18,00 DM	21,60 DM	21,60 DM
2	18,00 DM	9,00 DM	21,60 DM	10,80 DM
8				

- b) Stellen Sie die Entwicklung der Lohnkosten grafisch dar. Verwenden Sie dazu ein Koordinatensystem.

- 6. Beurteilen Sie die Einführung des Akkordlohnes vom Standpunkt der Arbeitnehmer und vom Standpunkt des Unternehmens.

6.19 Gruppenakkord

Eine Montagegruppe von 5 Facharbeitern ist an der Erstellung eines Fertighauses beteiligt. Nach 3 Tagen erhalten sie im Gruppenakkord zusammen 6500 DM.

- 1. Wieviel D-Mark erhält jeder der 5 Arbeiter A, B, C, D und E
  a) bei gleicher Arbeitszeit und gleichen Akkordrichtsätzen,
  b) bei gleicher Arbeitszeit und verschiedenen Akkordrichtsätzen,
  (A = 20,40 DM, B = 19,20 DM, C = 18,80 DM, D = 18,00 DM, E = 16,80 DM),
  c) bei verschiedenen Arbeitszeiten und gleichen Akkordrichtsätzen,
  (A = 25 Std., B = 27 Std., C = 23 Std., D = 26 Std., E = 19 Std.)
  d) bei verschiedenen Arbeitszeiten (siehe c) und verschiedenen Akkordrichtsätzen (siehe b)?
- 2. Nennen Sie Gründe für die verschiedenen Akkordrichtsätze bei dieser Montagegruppe.

6.20 Prämienlohn

In einer Automobilfabrik sind an einer Karosseriepresse 5 Arbeiter beschäftigt. In der Stunde bearbeiten sie zusammen im Durchschnitt 120 Karosseriebleche.

Die Arbeiter wurden bisher im Zeitlohn beschäftigt. Ihr Stundenlohn betrug 18 DM. Die Kosten einer Maschinenstunde (Abschreibung, Zins, Energie, Wartung) betragen 900 DM.

In der Automobilfabrik soll die Produktion um 10% erhöht werden. Technisch macht es keine Schwierigkeiten, die Leistung der Presse um 10% zu steigern. Die Kosten je Maschinenstunde steigen dabei so unerheblich, dass sie bei der Berechnung außer Betracht bleiben können.

Das Unternehmen beabsichtigt, durch Gewährung einer Prämie für die Arbeit an der Presse die Arbeitsgeschwindigkeit zu erhöhen. Für jedes Karosserieblech, das von der Arbeitsgruppe je Stunde über 120 Stück hinaus produziert wird, soll je Blech und Mann eine Prämie von 0,25 DM gezahlt werden. Als Höchstgrenze für die Prämie soll je Mann und Stunde der Betrag von 3 DM festgelegt werden.

- 1. Warum wird als Höchstgrenze für die Prämie je Mann und Stunde gerade der Betrag von 3 DM festgelegt?
- 2. Wie wirkt die Prämie auf die Fertigungskosten (Lohn und Maschinenkosten) eines Karosserieblechs, wenn die angestrebte Erhöhung der Arbeitsgeschwindigkeit erreicht wird?
- 3. Wie hoch muss die Prämie sein, wenn der Arbeitgeber den Vorteil der durch die Prämie erreichten Erhöhung der Arbeitsproduktivität ganz an die Arbeitnehmer weitergeben will?

6.21 Analytische Arbeitsbewertung – Gewinnbeteiligung

Alle folgenden Aufgaben und Probleme sollen mit Hilfe der Unterlagen aus der »Tarifvereinbarung über die analytische Arbeitsbewertung für die Metallindustrie in Rheinland-Pfalz« bearbeitet werden (siehe Folgeseite).

1. Ein **Facharbeiter** war bisher in der Arbeitswertgruppe 06 (14 Punkte) eingestuft. Bei seiner Arbeit war er bisher weder Nässe noch Gasen oder Dämpfen ausgesetzt.

   Der **Facharbeiter** soll jetzt in einer anderen Werkstatt arbeiten. Für diese Arbeit soll ihm die Höchstpunktzahl für die Umwelteinflüsse Nässe, Gase und Dämpfe zugebilligt werden. Alle übrigen Gesichtspunkte werden wie bei seiner bisherigen Arbeit eingeschätzt.

   Eine **Hilfskraft** der Arbeitswertgruppe 03 (7 Punkte) wechselt mit ihm an den neuen Arbeitsplatz.

   Für die Arbeitswertgruppe 06 wird ein Stundenlohn von 12,00 DM angesetzt.

   - a) Um wieviel DM erhöht sich der Stundenlohn des Facharbeiters durch die Berücksichtigung der Umwelteinflüsse Nässe, Gase und Dämpfe?
   - b) Um wieviel DM erhöht sich der Stundenlohn der Hilfskraft durch die Berücksichtigung der Umwelteinflüsse Nässe, Gase und Dämpfe?
   - c) Wie ist es zu erklären, dass die Berücksichtigung der Umwelteinflüsse Nässe, Gase und Dämpfe beim Facharbeiter zu einem höheren Lohnzuschlag führt als bei der **Hilfskraft,** obwohl diese Umwelteinflüsse bei beiden mit 4 Punkten bewertet werden?

2. Halten Sie es für berechtigt, dass die aktiven Merkmale in dem Beurteilungsschema stärker berücksichtigt werden als die passiven?

3. Urteilen Sie auf der Grundlage der Vereinbarung über die analytische Arbeitsbewertung für die Metallindustrie in Rheinland-Pfalz, ob die in dem folgenden Text enthaltene sozialistische Kritik an der Entlohnung nach analytischer Arbeitsbewertung berechtigt ist.

   »Die analytische Arbeitsbewertung enthält Elemente der vollständigen Unterordnung unter das Diktat der kapitalistischen Unternehmer. So ist zum Beispiel die Punktfestsetzung oft mit einer offenen oder versteckten »Persönlichkeitsbewertung« nach den Kriterien des Kapitals verbunden. In offener Form geschieht dies, wenn Zusatzpunkte für »Verhalten gegenüber Vorgesetzten«, »Disziplin«, »Pünktlichkeit«, »Erhaltung des Arbeitsfriedens« oder dergleichen gegeben werden. In diesem Falle kann derjenige Arbeiter honoriert werden, der seiner Klassenposition zuwiderhandelt, sich zum Beispiel als Streikbrecher betätigt. Sind solche Positionen nicht vorhanden, was durch den Widerstand der Gewerkschaften meistens der Fall ist, so verbleibt doch immer die Möglichkeit, dem Unternehmer genehme Arbeiter durch großzügige Punktvorgabe, etwa für »Verantwortung«, zu korrumpieren.[1]

4. Beurteilen Sie die folgende Behauptung:

   »Bei sorgfältiger analytischer Arbeitsbewertung ergibt sich der gerechte Lohn. Eine Gewinnbeteiligung der Arbeitnehmer ist dann nicht mehr angebracht.«

Auszug aus:
Tarifvereinbarung über die analytische Arbeitsbewertung für die Metallindustrie in Rheinland-Pfalz.

I. Allgemeine Erläuterungen und Bestimmungen

1. An die Ausführung jeder Arbeit werden gewisse Anforderungen gestellt. Die Summe der Anforderungen, die eine Arbeit an den Arbeitsausführenden stellt, ergibt die Arbeitsschwierigkeit. Die Bestimmung dieser Arbeitsschwierigkeit auf der Grundlage der menschlichen Normalleistung ist Gegenstand der Arbeitsbewertung. Die Anforderungen beziehen sich auf Merkmale körperlicher und nicht körperlicher Art. Erst die analytische Betrachtung der Arbeit nach diesen Anforderungen ermöglicht es, die bei den einzelnen Arbeitsvorgängen in der Höhe wechselnden Anforderungen in ihrer Gesamtheit richtig zu beurteilen. Die Analyse zwingt, im Gegensatz zur reinen Beispielmethode (Katalogmethode), sich Klarheit darüber zu verschaffen, ob und in welcher Höhe die einzelnen Anforderungsarten zu berücksichtigen sind, wobei sich auch wertvolle Erkenntnisse für die beste Gestaltung des Arbeitsvorganges ergeben können.
2. Die Einführung der analytischen Arbeitsbewertung erfolgt durch Betriebsvereinbarung, in der u.a. die vorgesehene Methode näher zu bezeichnen ist. Die Betriebsvereinbarung ist von den Tarifpartnern als Zeichen ihrer Zustimmung durch Unterschrift zu bestätigen.
3. Es wird eine betriebliche, paritätisch besetzte Arbeitsbewertungskommission gebildet. Sie setzt sich aus je zwei Vertretern der Geschäftsleitung und der Arbeitnehmer zusammen. Die Vertreter der Geschäftsleitung werden durch diese, die Vertreter der Arbeitnehmer durch den Betriebsrat bestimmt. Mindestens einer der Arbeitnehmervertreter soll dem Betriebsrat angehören und sachkundig sein.

   Der Arbeitsbewertungskommission obliegt die Auswahl sowie die Erstellung eines repräsentativen Querschnittes der betrieblich erforderlichen Beispiele und ihre Bewertung.

   Die Arbeitsbewertungskommission wird ferner bei Meinungsverschiedenheiten über die erfolgte Einstufung zum Zwecke der Verständigung tätig. Sollte eine Einigung nicht erzielt werden, so regelt sich das weitere Verfahren nach den §§ 12 Ziffer 2 letzter Satz und 27 des Manteltarifvertrages.
4. Im Zusammenhang mit der Bewertung ist insbesondere zu berücksichtigen:
   a) Bei der Bewertung ist nur von den an die Arbeitsausführung gestellten sachlichen Anforderungen ohne Rücksicht auf die ausführende Person auszugehen. Persönlichkeitswerte oder individuelle Leistungsfaktoren bleiben also bei der Bewertung unberücksichtigt.

[1] Alfred Lemmnitz: Der Arbeitslohn im Kapitalismus, Berlin (Ost) 1973

b) Bei Einzelarbeiten (Einzelaufgaben), die z.B. im Leistungslohn (Akkord) durchgeführt werden, ist jeweils der einzelne Arbeitsvorgang, wie er durch eine Akkordvorgabe begrenzt wird, zu bewerten *(Arbeitsbewertung).*

c) Überall da, wo die Arbeit (oder Arbeitsaufgabe) nicht aus einer Summe gleichartiger Arbeitsvorgänge besteht, sondern wo sie einen Bereich oft sehr verschiedenartiger Arbeitsvorgänge umfasst, tritt an Stelle der Einzelbewertung die Gesamtbewertung *(Arbeitsbereichsbewertung).* Hierbei sind die Gegebenheiten und Anforderungen des Arbeitsplatzes oder des Arbeitsbereiches zu berücksichtigen. Bei der Festlegung des Arbeitsbereiches ist von den überwiegend anfallenden Arbeiten auszugehen. Arbeiten dieser Art werden im allgemeinen im Zeitlohn ausgeführt (z.B. Transport, Hilfs-, Lager- und Versandarbeiten, Reparaturschlosser-, Modellschreiner-, Betriebshandwerker- und Werkzeugmacherarbeiten, Pförtner- und Wächtertätigkeiten).

VIII. Punktsummen-Schlüssel

(Zuordnung der Arbeitswerte zu Arbeitswertgruppen)

Zwecks Beschränkung der möglichen Zahl entstehender Differenzierungen sind aus betrieblichen Zweckmäßigkeitsgründen die bei der Bewertung gefundenen Arbeitswerte zu Gruppen, sogenannten Arbeitswertgruppen, zusammenzufassen. Es wurden **12 Arbeitswertgruppen** mit gleicher Bandbreite (Punktzuordnung pro Gruppe) wie folgt vereinbart:

Arbeitswert-gruppe	Punkt-zuordnung	Arbeitswert-gruppe	Punkt-zuordnung
01	0,5 bis 2,5	07	15,5 bis 17,5
02	3,0 bis 5,0	08	18,0 bis 20,0
03	5,5 bis 7,5	09	20,5 bis 22,5
04	8,0 bis 10,0	10	23,0 bis 25,0
05	10,5 bis 12,5	11	25,5 bis 27,5
06	13,0 bis 15,0	12	28,0 bis 30,0

IX. Arbeitswertgruppen-Lohnbildung und Arbeitswertgruppen-Schlüssel

Arbeitswertgruppen-Schlüssel

Für die Errechnung der Arbeitswertgruppenlöhne gilt danach folgender Schlüssel:

Arbeitswert-gruppe	Steigerungsfaktor (Arbeitswert-gruppen-Faktor)	Arbeitswert-gruppe	Steigerungsfaktor (Arbeitswert-gruppen-Faktor)
01	1,0000	07	1,4123
02	1,0512	08	1,5053
03	1,1099	09	1,6053
04	1,1750	10	1,7117
05	1,2471	11	1,8256
06	1,3268	12	1,9460

X. Funktionslinie der Steigerungsfaktoren

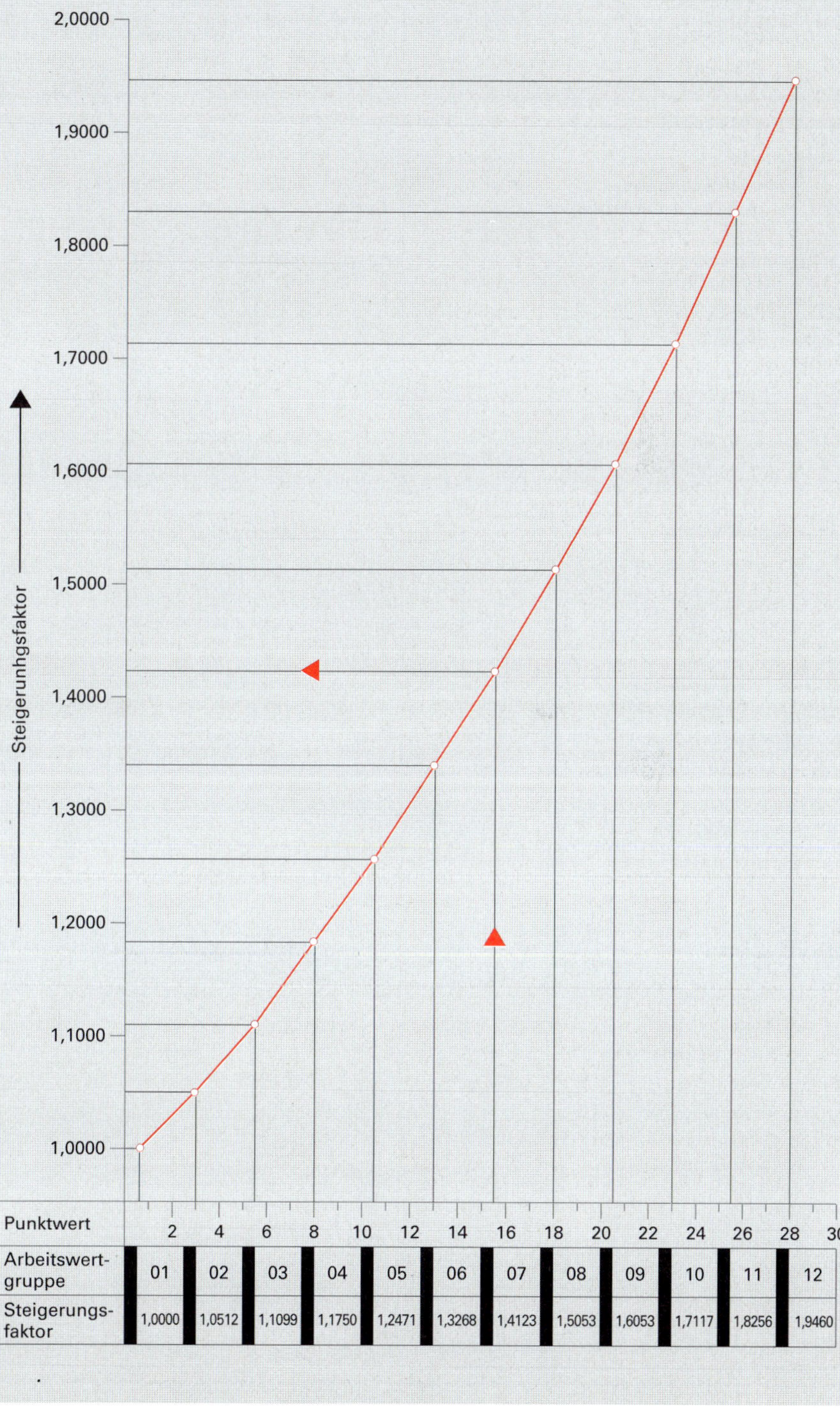

Punktwert	2	4	6	8	10	12	14	16	18	20	22	24 26 28 30
Arbeitswert-gruppe	01	02	03	04	05	06	07	08	09	10	11	12
Steigerungs-faktor	1,0000	1,0512	1,1099	1,1750	1,2471	1,3268	1,4123	1,5053	1,6053	1,7117	1,8256	1,9460

Anlage 1a:

Übersicht der Gewichtung der Anforderungsarten

Anforderungsart	Höchstpunktzahl	Prozentuales Gewichtsverhältnis: gesamt (aktive und passive Merkmale)	nur aktive Merkmale	nur passive Merkmale
A) Aktive Merkmale				
I. Können:				
a) Arbeitskenntnisse (Ausbildung, Erfahrung, Denkfähigkeit)	9	13,53	21,95	
b) Geschicklichkeit (Handfertigkeit, Körpergewandtheit)	5	7,52	12,20	
II. Verantwortung:				
a) für die eigene Arbeit (Betriebsmittel und Erzeugnisse)	7	10,53	17,07	
b) für die Arbeit anderer	3	4,51	7,32	
c) für die Sicherheit anderer	3	4,51	7,32	
III. Arbeitsbelastung:				
a) geistige Belastung				
1. Belastung der Sinne und Nerven (Aufmerksamkeit)	5 } 8	7,52 } 12,03	12,20 } 19,52	
2. Belastung durch Denktätigkeit (Nachdenken)	3	4,51	7,32	
b) muskelmäßige (körperliche) Belastung	6	9,02	14,63	
B) Passive Merkmale				
IV. Umgebungseinflüsse				
a) Schmutz (Verschmutzung)	3	4,51		11,76
b) Staub	2	3,00		7,84
c) Öl	1,5	2,25		5,88
d) Temperatur	3	4,51		11,76
e) Nässe	2	3,00		7,84
f) Gase, Dämpfe	2	3,00		7,84
g) Lärm	2,5	3,75		9,80
h) Erschütterung	2	3,00		7,84
i) Blendung oder Lichtmangel	1	1,50		3,92
k) Erkältungsgefahr	1,5	2,25		5,88
l) hinderliche Schutzkleidung	2	3,00		7,84
m) Unfallgefahr	3	4,51		11,76
ges.	66,5	99,.94 = ~ 100%	100,1 = ~ 100%	99,96 = ~ 100%
Verhältnis der aktiven zu den passiven Merkmalen	41 : 25,5	61,55 : 38,35		

Tarifparteien und Arbeitskampf

6.22 Koalitionsfreiheit – Organisationsprinzipien der Gewerkschaft – Tariffähigkeit – Tarifvertrag – Günstigkeitsprinzip – Allgemeinverbindlichkeitserklärung

Reinhard Becker ist geprüfter Küchenmeister. Er wird am 01.04. des Jahres von der **Gebr. Häberle OHG, Metalldrückerei,** als Chef der Werksküche, die 120 Belegschaftsmitglieder zu verpflegen hat, eingestellt. Beim Einstellungsgespräch wurden ihm ein Bruttogehalt von 4200 DM und 28 Tage Urlaub angeboten. Da für ihn ein höheres Gehalt viel mehr Bedeutung habe als ein längerer Urlaub macht er den Vorschlag, das Bruttogehalt zu erhöhen und den Urlaub zu kürzen. Im Arbeitsvertrag wird daraufhin ein Bruttogehalt von 4500 DM festgelegt, dafür aber nur 26 Tage Urlaub.

Das Unternehmen ist Mitglied im Arbeitgeberverband.

1. Vom Betriebsratsvorsitzenden, der ihn als Gewerkschaftsmitglied anwerben will, erfährt **Becker,** dass ihm nach dem gültigen Lohntarifvertrag ein Bruttogehalt von 4600 DM zustehen würde. Nach der Urlaubsregelung im Manteltarifvertrag hätte er allerdings nur Anspruch auf 24 Urlaubstage.

   ● a) Warum werden die Regelungen zum Lohn und die den Urlaubsanspruch betreffenden Vereinbarungen in zwei unterschiedlichen Tarifverträgen (Lohn- und Manteltarifvertrag) festgelegt?

   ● b) Welche weiteren Regelungen neben dem Urlaubsanspruch könnten im Manteltarifvertrag enthalten sein?

2. **Becker** überlegt sich, ob er in die IG Metall eintreten soll.

   ● a) Kann der Tarifvertrag der IG Metall mit dem Arbeitgeberverband Metall für **Becker** gültig sein, obwohl er kein Metallfacharbeiter ist? TVG § 3

   ● b) Haben die Mindestregelungen des Tarifvertrags für **Becker** auch dann Gültigkeit, wenn er kein Gewerkschaftsmitglied ist?

3. ● **Becker** ist in die IG Metall eingetreten. Kann er unter Berufung auf den Tarifvertrag vom Arbeitgeber 4600 DM Bruttolohn verlangen, unter Berufung auf den Einzelarbeitsvertrag aber weiterhin 26 Tage Urlaub beanspruchen? § 4 (3)

4. Der Tarifvertrag der IG Metall mit dem Arbeitgeberverband Metall wurde für allgemein verbindlich erklärt. **Becker** ärgert sich, weil jetzt alle Arbeitnehmer, die nicht Mitglied der Gewerkschaft sind, als Trittbrettfahrer in den Genuss der von der Gewerkschaft erstrittenen tarifrechtlichen Mindestregelungen kommen. Er meint, die Gewerkschaft solle bei den nächsten Tarifverhandlungen darauf hinwirken, dass folgende Regelung in den Tarifvertrag aufgenommen wird: GG Art. 9 (3)

   »Die Arbeitgeber verpflichten sich die tarifvertraglichen Regelungen nur Gewerkschaftsmitgliedern zugute kommen zu lassen.«

   ● Beurteilen Sie den Vorschlag.

5. Becker ist auch Mitglied der »Vereinigung der Küchenmeister, Baden-Württemberg e.V«. Der Berufsverband hat 600 Mitglieder und stellt sich vor allem die Aufgabe, das Ansehen der Berufsbezeichnung »Küchenmeister« zu fördern und zu erhalten. Selbstständige Gastwirte mit der Meisterprüfung, die Mitglied des Verbandes sind, dürfen an der Außenfront ihrer Gaststätte ein vom Berufsverband zur Verfügung Art. 9 (3)

gestelltes Hinweisschild mit dem Landeswappen anbringen: »Mitglied des Verbandes der Küchenmeister, Baden-Württemberg e.V.«

Bei der nächsten Jahresversammlung des Verbandes stellt **Becker** die besondere Interessenlage der als Arbeitnehmer beschäftigten Küchenmeister dar. Er vertritt die Meinung, dass die Tarifverträge der Industriegewerkschaften die besonderen Interessen dieses Berufsstandes nicht berücksichtigen. Er fordert deshalb den Vorstand auf, als Tarifvertragspartner aufzutreten und für die Berufsgruppe der Küchenmeister eigene Tarifverträge abzuschließen.

- Beurteilen Sie den Vorschlag.

6.23 Gewerkschaftlich organisierter Streik – wilder Streik – Rechtsfolgen des Streiks – Friedenspflicht – Schlichtung – Aussperrung

Nach einer Abstimmung aller organisierten Arbeitnehmer (Urabstimmung) ruft die IG Metall in Sachsen Arbeitnehmer in ausgesuchten Unternehmen der Metallindustrie zum Streik auf, um höhere Löhne zu erzwingen.

1. Der Tarifvertrag ist bereits ausgelaufen. In der **Elektromotorenfabrik EMO AG** wird gestreikt. Die gesamte Produktion steht still.

- a) Muss der Arbeitgeber den streikenden Arbeitnehmern den Lohn weiter zahlen?

b) Der Arbeitnehmer **Andres,** der nicht Gewerkschaftsmitglied ist, möchte trotz des Streiks arbeiten. Der Arbeitgeber lehnt das mit der Begründung ab, dass er für **Andres** keine sinnvolle Beschäftigung habe.

- Muss der Arbeitgeber an den arbeitswilligen **Andres** auch während der Streiktage Lohn zahlen?

- c) Hat der Arbeitgeber das Recht, den streikenden Arbeitnehmern wegen Arbeitsverweigerung zu kündigen?

2. Der Streik dauert schon 4 Tage an. Die **Fermo GmbH** in **Leipzig,** die Rasenmäher herstellt, bezieht die Elektromotoren von der **Emo AG.** Sie muss die Produktion einstellen, weil ihr geringer Lagervorrat an Elektromotoren erschöpft ist.

- a) Muss die **FERMO AG** an die Arbeitnehmer, die sie nicht beschäftigen kann, weiter Lohn zahlen?

- b) Warum beschränkt die Gewerkschaft ihre Kampfmaßnahmen zunächst auf wenige Betriebe?

3. Nachdem der Streik schon einige Tage andauert, gibt es zahlreiche Arbeitnehmer der **EMO AG,** vor allem unter den Nichtorganisierten, die weiter arbeiten wollen. Die Zahl der arbeitswilligen Arbeitnehmer würde ausreichen, um wenigstens die Produktion kleiner Elektromotoren wieder aufzunehmen. In der **EMO AG** hat sich ein Streikrat gebildet, in dem diese Situation besprochen wird. Ein Mitglied des Streikrats macht folgenden Vorschlag: Wir bilden vor dem Werkstor eine dichte Menschenkette. Ein Streikbrecher müsste dann schon Gewalt anwenden um durch diese Absperrung in das Werksgelände zu kommen.

- a) Warum verlieren die nichtorganisierten Arbeitnehmer häufig früher die Streikbereitschaft, obwohl sie den gleichen Nutzen von den erkämpften tarifvertraglichen Regelungen erwarten können?

- b) Beurteilen Sie den im Streikrat eingebrachten Vorschlag.

4. Der Streik dauert schon 14 Tage. Zahlreiche Abnehmer der von der Gewerkschaft für den Streik ausgesuchten Betriebe (wie z.B. die **EMO AG)** müssen ihre Produktion einstellen, weil ihnen zum Einbau benötigte Teile fehlen; Zulieferer (z.B. ein Unternehmen, das Spulen für Elektromotoren an die **EMO** liefert) müssen ihre Produktion einstellen, weil ihre Produkte von den bestreikten Unternehmen nicht abgenommen werden können.

   ● a) Würden Sie es richtig finden, wenn in diesem Fall der Staat das Recht hätte, einen angemessenen Lohn festzusetzen und den Streik für beendet zu erklären (Zwangsschlichtung)?

   ● b) Gibt es in der Bundesrepublik Deutschland die Zwangsschlichtung?

5. Vom Arbeitgeberverband werden zwei Großbetriebe ausgesucht, in denen die Arbeitnehmer von der Arbeit ausgeschlossen werden und denen die Lohnzahlung verweigert wird (Aussperrung).

   ● Halten Sie die Aussperrung für ein notwendiges und gerechtfertigtes Mittel des Arbeitskampfes?

6. Der Arbeitskampf wird mit dem Abschluss eines Tarifvertrags beendet. Vereinbart wird eine Lohnerhöhung von 4% bei einer Laufzeit von 14 Monaten. Schon nach 6 Monaten stellt sich heraus, dass der Geldwertverlust mit 6% weit höher liegt, als dies bei den Tarifverhandlungen angenommen wurde. Die Gewerkschaft fordert den Arbeitgeberverband auf, vorzeitige Tarifverhandlungen aufzunehmen. Dies lehnt der Arbeitgeberverband ab.

   Die Basis der Industriegewerkschaft fordert deshalb von der Gewerkschaftsführung, den Arbeitgebern zur Erzwingung von Verhandlungen Streik anzudrohen.

   ● Beurteilen Sie den Vorschlag.

7. In der **EMO AG** findet ein Arbeitnehmer den Gehaltszettel eines leitenden Angestellten. Er erkennt daraus, dass der Angestellte eine Jahreserfolgsprämie von 95% eines Monatslohns erhalten hat. Den Arbeitnehmern war aber in diesem Jahr nur eine Erfolgsprämie von 75% ausgezahlt worden. Mit Windeseile spricht sich das im Betrieb herum. Die Arbeitnehmer legen sofort ihre Arbeit nieder. Selbst der Betriebsratsvorsitzende wird völlig überrascht. Die Geschäftsleitung kündigt den Rädelsführern sofort wegen Arbeitsverweigerung. Die Arbeitnehmer halten das für unerlaubt. Als Entgegnung auf einen Streik sei nur Aussperrung der gesamten Belegschaft möglich.

   ● Wer hat Recht?

Sozialversicherung

Lösungsblatt

6.24 Sozialversicherung – gesetzliche Krankenversicherung – private Krankenversicherung – Pflegeversicherung

Der Personalsachbearbeiter der Firma **Rohrleitungsbau Schaub & Co.** war im Urlaub. Nach seiner Rückkehr hat er einige Fälle zur Krankenversicherung zu prüfen.

1. Frau **Schupp** wurde in Abwesenheit des Personalsachbearbeiters eingestellt; sie verdient 4200 DM brutto monatlich. Versehentlich wurde sie nicht bei der **Allgemeinen Ortskrankenkasse (AOK)** angemeldet. 10 Tage nach Arbeitsantritt erkrankt Frau **Schupp** und muss ins Krankenhaus. SGB V §§ 5, 6, 173, 186, 198

   ● Warum muss die **AOK** trotz unterlassener Anmeldung die Arzt- und Krankenhauskosten zahlen?

2. Gleichzeitig mit Frau **Schupp** wurde der **Dipl.-Kfm. Klett** eingestellt. Es ist seine erste Arbeitsstelle. Sein Einkommen liegt über der Grenze, die für die Versicherungspflicht in der Krankenkasse gilt. Auch er wurde nicht angemeldet. Wegen einer Erkältungskrankheit muss er einen Arzt aufsuchen.

SGB V §§ 6, 9, 188 ● Muss die **AOK** die Arztkosten bezahlen?

3. Firma **Schaub** stellt als Facharbeiter den Schlosser **Striebel** ein, der bisher selbstständig eine Schlosserei betrieben hat. **Striebel** verdient monatlich brutto 4500 DM. Er wird sofort zur **AOK** angemeldet.

§§ 5, 173 a) **Striebel** hat ein chronisches Gallenleiden.
● Dürfte die **AOK** mit dieser Begründung die Aufnahme verweigern?

● b) Würde es den Prinzipien der Sozialversicherung entsprechen, wenn die **AOK** die Erstattung der Kosten für Leiden ablehnen würde, die bei Eintritt in die Kasse schon bestehen?

● c) Wie würde sich eine private Krankenversicherung verhalten?

4. Der kaufmännische Angestellte **Klötzel** verdient monatlich 6900 DM brutto. Er erhält einen Prospekt des privaten Krankenversicherers »**Krankenversicherungsverein Süddeutscher Ring**« (siehe S. 155).

● a) Prüfen Sie anhand des Prospekts, ob Herr **Klötzel** (36 Jahre alt) durch einen Beitritt zum **Süddeutschen Ring** Vorteile gegenüber einer Mitgliedschaft in der **AOK** hätte.

Herr Klötzel ist verheiratet und hat zwei Kinder (4 und 7 Jahre alt). Seine Frau (34 Jahre alt) ist nicht berufstätig. Sein 7-jähriger Sohn **Georg** leidet an einer chronischen Bronchitis. Die zuständige **AOK** hat einen Beitragssatz von 14%. Beitragsbemessungsgrenze (1999): West 6375 DM, Ost 5400 DM. Die Gegenüberstellung soll in einer Tabelle nach dem folgenden Muster erfolgen.

	gesetzliche Krankenversicherung **Informationsquelle: SGB V**	**private Krankenversicherung** **Informationsquelle: Prospekt »Süddeutscher Ring« (siehe S. 155)**
Höhe des Beitrags	§§ 220, 221	
Versicherung der Familienmitglieder	§ 10	
Leistungsausschluss bei »alten Leiden«	§ 5	
Leistungsumfang **ambulante Heilbehandlung** **stationäre Heilbehandlung** **zahnärztliche Behandlung** **Krankengeld**	 § 27 § 39 §§ 28 – 30 § 44 ff.	
Vorfinanzierung der Kostenregulierung	§§ 291, 294	

§ 6 b) Arbeitnehmer über einem gewissen Bruttoeinkommen (Beitragsbemessungsgrenze) sind in der gesetzlichen Krankenversicherung nicht pflichtversichert.
● Halten Sie dies für gerechtfertigt?

5. Der kaufmännische Angestellte **Klarenberger** ist durch eine Gehaltserhöhung für die soziale Krankenversicherung versicherungsfrei geworden. Bis zu diesem Tag war er 12 Jahre ununterbrochen Pflichtmitglied der **AOK.** Er erkundigt sich, ob er jetzt aus der **AOK** ausscheiden muss.

§ 9 (1) ● a) Hat Herr Klarenberger das Recht der freiwilligen Weiterversicherung?

● b) Warum wäre es ungerecht, wenn ältere Versicherte nach langjähriger Mitgliedschaft aus der **AOK** ausscheiden müssten?

6. **Dipl.-Ing. Rauh** hat sein Studium gerade beendet. Er wird mit einem Anfangsgehalt eingestellt, das über der Versicherungspflichtgrenze liegt. Rauh fragt den Personalsachbearbeiter, ob er der **AOK** beitreten kann.

SGB IV § 9 (1) ● a) Ist **Rauh** bei der **AOK** versicherungsberechtigt?

SGB XI § 1 ● b) Prüfen Sie, ob **Rauh** Beiträge zur Pflegeversicherung zahlen muss, wenn er statt der gesetzlichen einer privaten Krankenversicherung beitritt.

● c) Halten Sie eine Versicherungspflicht bei der Pflegeversicherung auch in den Fällen für angebracht, wenn ein ausreichender Krankenversicherungsschutz besteht?

7. **Fabricius,** der bei **Rohrleitungsbau Schaub & Co** als Schweißer beschäftigt ist, hat sich mit Herzbeschwerden krank gemeldet. Er wurde zur Untersuchung und Beobachtung in ein Krankenhaus eingeliefert. Auf der Personalkarte ist festgehalten, dass er in den letzten 12 Monaten vor dieser Krankmeldung 15 Wochen, in dem Jahr zuvor 10 Wochen und im vorletzten Jahr 15 Wochen wegen Herz- und Kreislaufbeschwerden zu Hause bleiben musste. In den letzten 7 Monaten hat er auf Grund seiner Herzerkankung insgesamt 6 Wochen Lohnfortzahlung vom Arbeitgeber erhalten.

SGB V §§ 27, 39 ● a) Erstattet die **AOK** trotz der häufigen Erkrankung von **Fabricius** noch die Kosten der vollstationären Behandlung (ärztliche Behandlung, Krankenpflege, Versorgung mit Arzneimitteln, Unterkunft und Verpflegung)?

§§ 291, 294 ● b) Von wem fordert das Krankenhaus die Zahlung der Kosten an?

§ 39 (4) c) Von der Krankenhausverwaltung werden **Fabricius** 12 DM Kostenbeteiligung je Aufenthaltstag in Rechnung gestellt. **Fabricius** findet das unsozial.
● Nehmen Sie Stellung.

Entgelt FZG § 3 ● d) Hat **Fabricius** Anspruch auf Lohnfortzahlung während seines Krankenhausaufenthaltes?

SGB V §§ 44, 48, 49 ● e) Hat **Fabricius** während seines Krankenhausaufenthaltes Anspruch auf Krankengeld?

6.25 Gesetzliche Rentenversicherung – Lebensversicherung zur Deckung der Versorgungslücke – Sparen als Daseinsvorsorge

Dipl.-Kfm. Pfeiffer hatte nach Abschluss seines Studiums seine erste Arbeitsstelle im Büro des Steuerberaters und Wirtschaftsprüfers **Dr. Heller** angetreten. Er war zunächst versicherungspflichtig sowohl in der gesetzlichen Kranken- als auch in der gesetzlichen Rentenversicherung. Nach einem Jahr Einarbeitungszeit bekommt er eine Gehaltserhöhung und ist nicht mehr krankenversicherungspflichtig.

SGB VI § 1 ● 1. Prüfen Sie, ob **Pfeiffer** damit auch in der Rentenversicherung nicht mehr versicherungspflichtig ist.

2. **Pfeiffer** wird von dem Versicherungsvertreter **Hausch** angerufen, bei dem er auch seine Hausrat- und seine Kraftfahrzeugversicherung abgeschlossen hat. **Hausch** möchte mit ihm einen Gesprächstermin vereinbaren. Er will **Pfeiffer** davon überzeugen, dass die gesetzliche Rentenversicherung nicht ausreicht, um im Alter oder bei Erwerbsunfähigkeit seinen gewohnten Lebensstandard zu sichern. Er schlägt vor, die nach seiner Meinung erkennbare Versorgungslücke mit einer privaten Lebensversicherung abzudecken.

§§ 63 ff. Zur Vorbereitung auf das Gespräch mit **Hausch** informiert sich **Pfeiffer** im Sozialgesetzbuch VI § 63 (6) und §§ 64 – 68 über die Formel, nach der die Renten der gesetzlichen Rentenversicherung berechnet werden. Er notiert sich das Ergebnis seiner Nachforschungen:

Monatsrente (MR) =
Persönliche Entgeltpunkte (EP) x Rentenartfaktor (Raf) x Aktueller Rentenwert (aRw)

EP: Wer genau so viel verdient wie der Durchschnitt, erhält je Versicherungsjahr 1 Punkt. Wer mehr als der Durchschnitt verdient, erhält je Versicherungsjahr entsprechend mehr Punkte. Grundlegend ist aber immer nur das beitragspflichtige Entgelt, das wegen der Beitragsbemessungsgrenze niedriger sein kann als das tatsächliche Entgelt. (§ 70 SGB VI).5 Versicherungsjahre als Arbeitnehmer, 30 Versicherungsjahre als Selbstständiger, überdurchschnittlicher Verdienst, schätzungsweise 60 Entgeltpunkte.

Raf: Damit werden die Rentenarten nach dem Grund der Rentengewährung unterschieden. wegen Alters: 1,0; wegen Berufsunfähigkeit 0,6667; wegen Erwerbsunfähigkeit 1,0. (SGB VI, § 67)

aRW: Wird jährlich neu festgelegt und richtet sich nach der Veränderung des durchschnittlichen Nettoentgelts des letzten Jahres vor der Rentenberechnung. Ab 01.01.2001 wir zusätzlich noch die Veränderung der durchschnittlichen Lebenserwartung der 65-jährigen berücksichtigt, sofern nicht bis zu diesem Zeitpunkt durch ein Gesetz etwas anderes geregelt ist. Rente berücksichtigt Entwicklung des Einkommensniveaus! (SGB VI, § 68). Aktueller Rentenwert 1999: 47,65 DM

a) **Pfeiffer** ist 35 Jahre alt. Mit Hilfe der Rentenformel will er schätzen, welche Altersrente er aus der gesetzlichen Rentenversicherung zu erwarten hätte.
   Wieviel Entgeltpunkte könnte **Pfeiffer** erreichen, wenn er in 35 Versicherungsjahren immer genau so viel verdient hätte, wie alle Versicherten im Durchschnitt?

b) Führen Sie die Berechnung nach der Rentenformel durch für den Fall einer Altersrente nach 35 Versicherungsjahren mit 60 erreichten Entgeltpunkten.

c) Berechnen Sie: In welcher Höhe könnte **Pfeiffer** mit einer Rente rechnen, wenn er wegen Krankheit bereits im 58. Lebensjahr erwerbsunfähig würde und dann erst 50 Entgeltpunkte erreicht hätte?

3. Pfeiffer stellt fest, dass tatsächlich eine Versorgungslücke besteht, obwohl er bei seinen Berechnungen davon ausgegangen ist, dass er in der überwiegenden Zeit seines Berufslebens mehr als der Durchschnitt der versicherungspflichtigen Erwerbstätigen verdient.
   Wie lässt sich das Entstehen der Versorgungslücke erklären? SGB VI § 157

4. **Pfeiffer** will die Versorgungslücke schließen. Der Versicherungsvertreter **Hausch** legt bei seinem Besuch ein Prospekt des von ihm vertretenen **Münchener Lebensversicherungsvereins** vor (siehe S. 158). Er ist bereit, monatlich 600 – 650 DM für eine zusätzliche private Lebensversicherung aufzuwenden, die nach Vollendung des 60. Lebensjahres ausgezahlt werden soll.

   a) Über welche Versicherungssumme kann die Lebensversicherung abgeschlossen werden?

   b) Welche monatliche Rente würde er erhalten, wenn er bei Fälligkeit der Versicherungssumme von seinem Rentenwahlrecht Gebrauch machen würde?

   c) **Pfeiffer** weist **Hausch** im Gespräch darauf hin, dass bis zum Eintreten des Versicherungsfalles das allgemeine Einkommensniveau so gestiegen sein kann, dass auch die private Zusatzversorgung nicht ausreicht, um ihm im Ruhestand seinen gewohnten Lebensstandard zu sichern. Er fragt: »Warum kann denn Ihre Gesellschaft nicht eine Anpassung an die Einkommensentwicklung gewähren, wenn es die gesetzliche Rentenversicherung kann?«
      Was würden Sie antworten?

5. **Pfeiffer** legt die Prüfung als Steuerberater ab und macht sich selbstständig.

   a) Prüfen Sie, ob **Pfeiffer** auch als Selbständiger in der gesetzlichen Rentenversicherung automatisch weiterhin versichert ist. §§ 1, 2

   b) Pfeiffer beschäftigt in seinem Büro zunächst eine Schreibkraft, die noch schulpflichtige Kinder zu versorgen hat und deshalb nach persönlicher Absprache nur stundenweise im Büro erscheint. Die Schreibkraft ist wöchentlich regelmäßig weniger als 15 Stunden beschäftigt und erhält dafür monatlich nie mehr als 600 DM.
      Muss **Pfeiffer** für die Schreibkraft Versicherungsbeiträge zur gesetzlichen Kranken- und Rentenversicherung abführen? § 5 (2) SGB IV § 8

Münchener Lebensversicherungsverein
Prinzregentenstraße 97 81677 München

Nicht jeder Wurf gelingt ...

... der Zufall spielt gern ein boshaftes Spiel.

Meinen Sie nicht auch, dass man daher nichts dem Zufall überlassen sollte, wenn es um Ihre Familie oder Ihren Lebensabend geht?

Sie sind gut beraten, wenn Sie eine Lebensversicherung beim Münchener Lebensversicherungsverein abschließen. Eine Lebensversicherung des Münchener Lebensversicherungsvereins gewährleistet für den Fall Ihres vorzeitigen Todes Versicherungsschutz ohne Wartezeit für Ihre Familie.

Das schönste aber wäre, Sie bleiben lange gesund und bekommen selbst die Versicherungssumme zum vereinbarten Zeitpunkt.

Was kostet eine Lebensversicherung?

	Jahres**beiträge** für 1 000 DM Versicherungssumme (Männer)						
	Versicherungsdauer in Jahren						
Eintrittsalter	5	10	15	20	25	30	35
30	197,00	91,09	56,19	39,10	29,22	23,02	18,98
35	197,08	91,29	56,59	39,65	30,03	24,11	20,45
40	197,42	91,83	57,35	40,80	31,52	26,08	23,11
45	198,14	92,99	58,92	42,79	34,12	29,57	27,62

Für Frauen sind die Beiträge noch günstiger.

Kapital- oder Rentenversicherung? Was ist vorteilhafter?

Diese Überlegung entfällt bei unserer Kapitalversicherung mit Rentenwahlrecht.

Die Rente wird an jedem Monatsersten gezahlt, solange der Versicherte lebt. Nach seinem Tode wird sie in Höhe von 60% an die Ehefrau weitergezahlt, so lange diese lebt. Die Rente wird jedoch mindestens 5 Jahre in voller Höhe gezahlt.

Alter des Mannes bei Rentenbeginn	Jahresbetrag der **Rente** für je 1 000 DM fälliges Kapital (Versicherungssumme)
60	59,47
65	63,26
70	67,88

Zur Versicherungssumme kommt die **Gewinnbeteiligung.** Sie ist langfristig nicht vorhersehbar und kann deshalb nicht garantiert werden. Wenn die 1997 festgestellten Gewinnanteile während der gesamten Vertragsdauer unverändert bleiben, verdoppelt sich die Versicherungsleistung durch die Gewinnbeteiligung in etwa 31 Jahren.

6. Ein Bekannter **Pfeiffers** macht ihm den Vorschlag, statt monatlich Beiträge für eine Lebensversicherung zu zahlen, das Geld selbst zu sparen. Bei geschickter Anlage habe er im Rentenalter mit Zins und Zinseszins mehr zur Verfügung, als ihm die Versicherung zahle. **Pfeiffer** ist verheiratet und hat 2 noch schulpflichtige Kinder.

● Wie beurteilen Sie den Vorschlag, Versichern durch Sparen zu ersetzen?

6.26 Arbeitslosenversicherung – Arbeitslosengeld – Arbeitslosenhilfe

● 1. Prüfen Sie, ob in den folgenden Fällen Beitragspflicht zur Arbeitslosenversicherung besteht:

AFG § 168 a) Ein Arbeitnehmer verdient monatlich 4600 DM brutto.

b) Ein Abteilungsdirektor hat einen Bruttolohn von 8500 DM.

SGB IV § 7 c) Ein Auszubildender im ersten Ausbildungsjahr erhält monatlich eine Ausbildungsvergütung von 850 DM.

d) Ein Handelsvertreter verdient monatlich regelmäßig zwischen 4800 DM und 5200 DM.

2. Ein kaufmännischer Angestellter ist seit 5 Jahren ununterbrochen beitragspflichtig zur Arbeitslosenversicherung beschäftigt. Wegen betrieblicher Umstellungen wird er entlassen und findet nicht sofort wieder eine Beschäftigung. Er besitzt eine Eigentumswohnung, für die er eine Monatsmiete von 1200 DM erhält.

- a) Hat der Arbeitnehmer Anspruch auf Leistungen aus der Arbeitslosenversicherung? AFG § 104
  b) Der Arbeitnehmer erkrankt während seiner Arbeitslosigkeit. Nach Beendigung seines Arbeitsverhältnisses hat er keinen Vertrag mit einer privaten Krankenversicherung abgeschlossen. § 155
- Prüfen Sie, ob er gegen Krankheit versichert ist.

3. Ein Arbeitnehmer war 10 Jahre lang ununterbrochen beitragspflichtig zur Arbeitslosenversicherung beschäftigt. Er erkrankt. Da die Wiedererlangung der Arbeitsfähigkeit nicht abzusehen ist, beenden Arbeitgeber und Arbeitnehmer den Arbeitsvertrag im Einvernehmen.
   - Hat der Arbeitnehmer Anspruch auf Unterstützungsleistungen durch das Arbeitsamt? § 100
4. Ein Berufskraftfahrer bezog 312 Tage Arbeitslosengeld. Danach ist sein Anspruch auf Arbeitslosengeld erschöpft. Er hat kein sonstiges Einkommen.
   - Prüfen Sie, von welcher Stelle er danach eine Sozialunterstützung beziehen kann. § 134
5. Ein Arbeitnehmer ist seit 12 Jahren in einer Automobilfabrik beschäftigt. Der Betrieb wird bestreikt. Da er nicht Mitglied der Gewerkschaft ist, erhält er auch keine Streikunterstützung. Er ist arbeitswillig, kann aber von dem Betrieb nicht beschäftigt werden, da der Streik die gesamte Produktion stilllegt.
   - Der Arbeitnehmer hat kein sonstiges Einkommen. Erhält er eine finanzielle Unterstützungsleistung vom Arbeitsamt? § 116
6. Ein Student der Soziologie arbeitet in den Semesterferien regelmäßig als Hilfsarbeiter in einer chemischen Fabrik. Er befürchtet, nach Abschluss seines Studiums zunächst einige Zeit arbeitslos zu sein. Deshalb erkundigt er sich, ob er in der befürchteten Situation Leistungen der Sozialversicherung erhalten würde. Geben Sie ihm Auskunft auf folgende Fragen:
   - a) Hat er aus seiner Tätigkeit als Werkstudent Anspruch auf Arbeitslosengeld oder Arbeitslosenhilfe? § 169b
   - b) Könnte er freiwillig der Arbeitslosenversicherung beitreten, wenn er als Werkstudent nicht versicherungspflichtig wäre?

6.27 Gesetzliche Unfallversicherung

1. Ein Arbeiter auf dem Prüffeld einer Pumpenfabrik fällt in einen nicht abgedeckten, leeren Wassergraben. Er bricht sich ein Bein. SGB VII §§ 2, 7 ff.
   - Wer trägt Krankenhauskosten und Krankengeld?
2. Der technische Direktor einer Metallwarenfabrik wird in der Blechstanzerei von einem Elektrokarren angefahren. Ein Arm bleibt für immer steif. Der Direktor hat ein Monatseinkommen von 9500 DM. §§ 2, 26, 56
   - Hat der Direktor Anspruch auf Ersatz der Krankenkosten aus der Sozialversicherung?
3. Ein Arbeiter fährt mit seinem Mofa von der Arbeit nach Hause. Er stürzt wegen Glatteis und wird von einem folgenden Lastwagen überfahren. Im Krankenhaus muss ihm ein Bein amputiert werden. Der Arbeiter fordert von der zuständigen Berufsgenossenschaft Ersatz der Krankenhauskosten, eine laufende Rente und Ersatz des Sachschadens am Mofa. §§ 8, 26
   - Erhebt er die Ansprüche mit Recht?
4. ● Was will die Berufsgenossenschaft mit dem Beitragsnachlass bei unterdurchschnittlicher Unfallquote erreichen? §§ 1, 152, 162
5. ● Welche Maßnahmen ergreift die Berufsgenossenschaft zur Unfallverhütung? §§ 14, 17

7 Beschaffung und Lagerhaltung (Materialwirtschaft)

Ablauf des Beschaffungsvorgangs

7.01 Datenflussplan für den Beschaffungsvorgang

Ein Metall verarbeitender Betrieb hat vor der Umstellung auf EDV u.a. folgende handschriftlich auszufüllenden Karteikarten und Formulare für die Organisation des Beschaffungswesens benutzt:

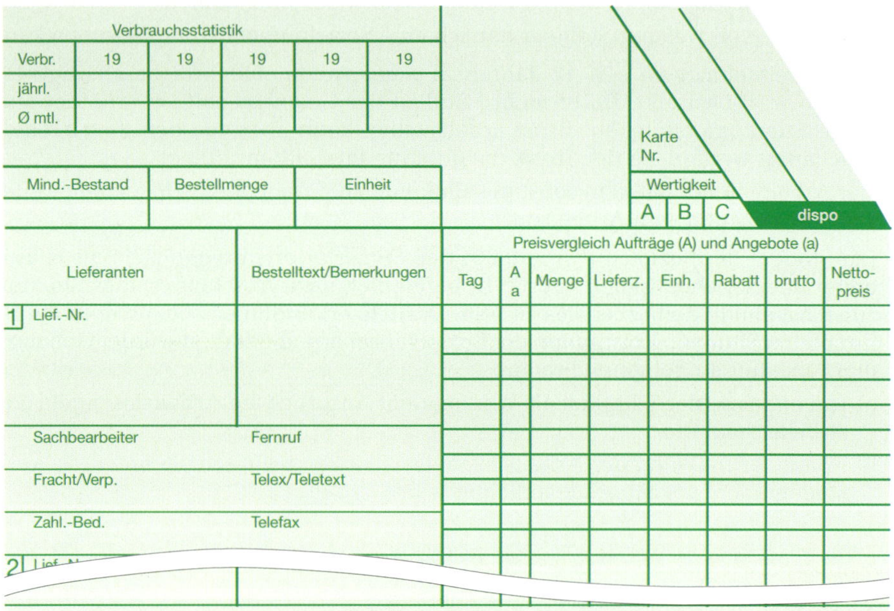

Artikel-Stammkarte / Form 02511

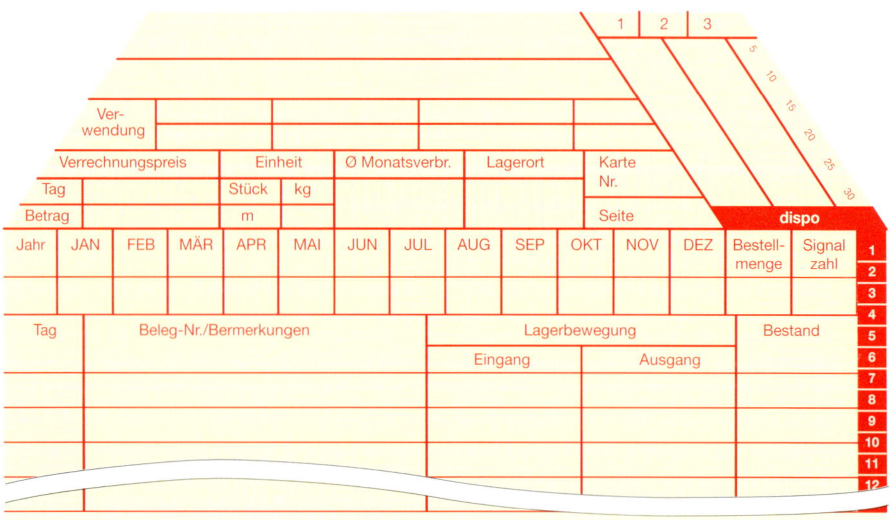

Lager-Bestandskarte

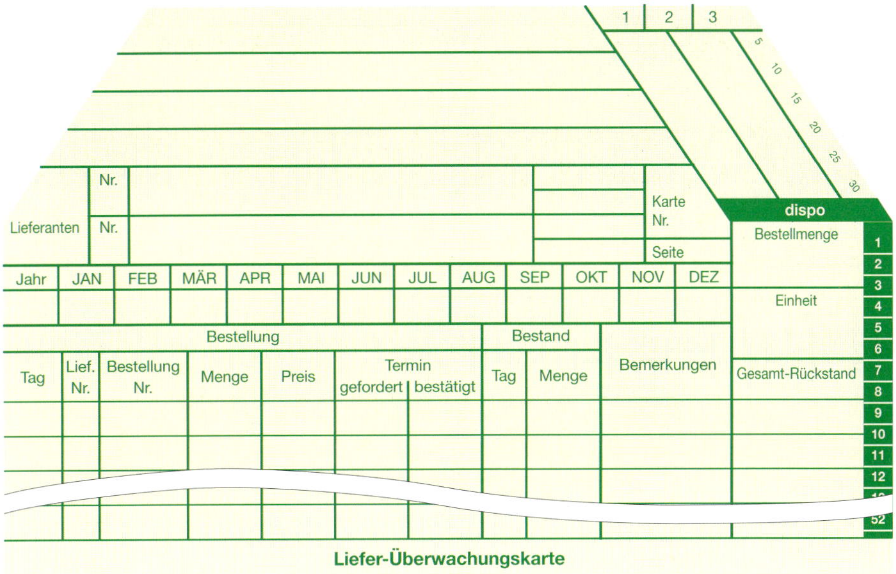
1
2
3
5
10
15
20
25
30
Lieferanten
Nr.
Nr.
Karte
Nr.
Seite
dispo
Bestellmenge
Einheit
Gesamt-Rückstand
1
2
3
4
5
6
7
8
9
10
11
12
52
Jahr
JAN
FEB
MÄR
APR
MAI
JUN
JUL
AUG
SEP
OKT
NOV
DEZ
Bestellung
Bestand
Tag
Lief. Nr.
Bestellung Nr.
Menge
Preis
Termin
gefordert
bestätigt
Tag
Menge
Bemerkungen
Liefer-Überwachungskarte

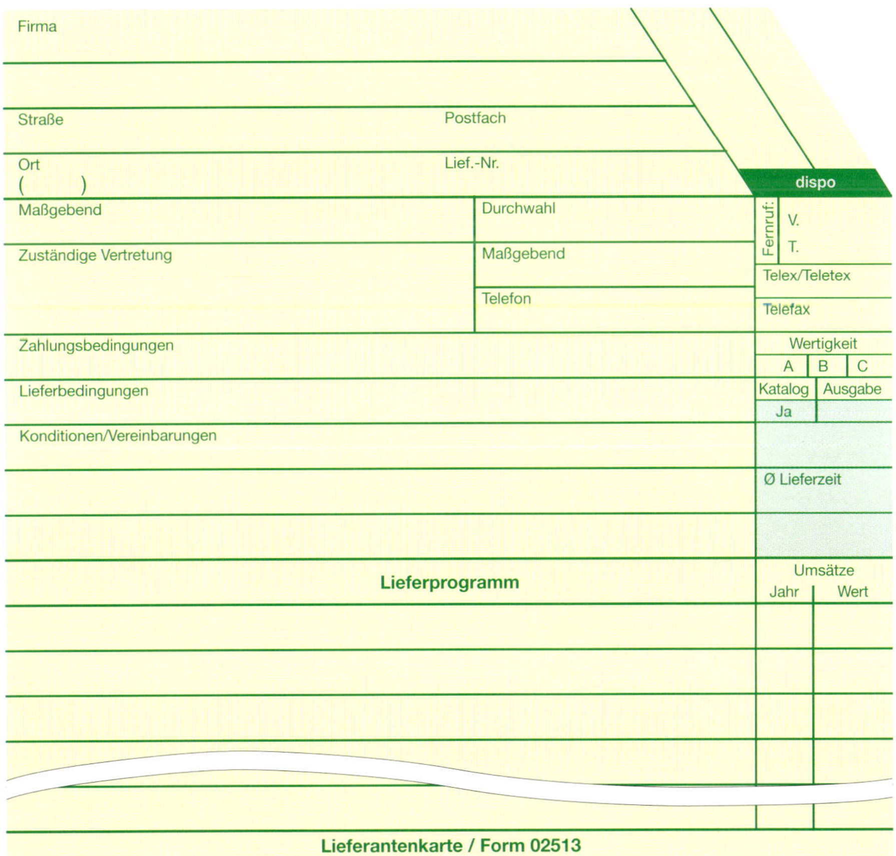
Firma
Straße
Postfach
Ort
(   )
Lief.-Nr.
dispo
Maßgebend
Durchwahl
Fernruf:
V.
T.
Zuständige Vertretung
Maßgebend
Telex/Teletex
Telefon
Telefax
Zahlungsbedingungen
Wertigkeit
A
B
C
Lieferbedingungen
Katalog
Ausgabe
Ja
Konditionen/Vereinbarungen
Ø Lieferzeit
Lieferprogramm
Umsätze
Jahr
Wert
Lieferantenkarte / Form 02513

Eingangsmeldung vom ______ 19 ___ Eingangsstelle ______ № 016035

Lieferant, Ort

angeliefert durch

Verpackung bleibt im Hause

geht zurück

Verpackungszustand | Schaden gemeldet | Fracht | Rollgeld

Bestellung Nr.	Pos.	Bezeichnung	Artikel-Nummer	Liefermenge	St, m, kg	Gütekontrolle Befund.	Fehlstück	Gutstück

Anlagen: Packzettel, Lieferschein, Frachtbrief, Rechnung

erstellt	Menge geprüft	Güte geprüft	Einkauf	AV/Betrieb	Kartei
am	am	am	am	am	am
von	von	von	von	von	von

Bedarfs Meldung an Einkauf Abteilung ______ von Abteilung ______ für Auftrag ______ № 015051

Pos.	Menge	St. m kg	Bezeichnung, Gütevorschrift Verwendung, Lieferant	Artikel-Nr.	Preis	Monats-Verbrauch	Verfügb. Bestand	Termin	Bestellung Menge	Bestell-Nr.

erstellt	geprüft	genehmig	Gesamtbestellwert in DM	Bemerkungen, Anfragen, Bestellung bei
am	am	am		
von	von	von		

Überweisungsauftrag/Zahlschein-Kassenbeleg

Sparkasse Überall **123** 546 **78**

(Name und Sitz des Beauftragten Kreditinstituts) (Bankleitzahl)

Datum Unterschrift für nachstehenden Auftrag

Empfänger: Name, Vorname/Firma (max. 27 Stellen)

Konto-Nr. des Empfängers Bankleitzahl

bei (Kreditinstitut)

Betrag: DM, Pf

Verwendungszweck – z.B. Kunden-Referenznummer – (nur für Empfänger) max. 2 Zeilen à 27 Stellen)

noch Verwendungszweck

Auftraggeber/Einzahler: Name (max. 27 Stellen)

Konto-Nr. des Auftraggebers Betragswiederholung: DM, Pf (Ausfüllung freigestellt) 18

Mehrzweckfeld x Konto-Nr. x Betrag x Bankleitzahl x Text

12354678⑀ 20⑁

Bitte dieses Feld nicht beschriften und nicht bestempeln

Bank-Verlag Köln 46.801 So (09/88) BG 8.95

Schreibmaschine: normale Schreibweise! **Handschrift:** Blockschrift in GROSSBUCHSTABEN und dabei Kästchen beachten!

Nach der Einführung eines EDV-Programms zur Abwicklung des Beschaffungsvorgangs ergibt sich folgender Datenflussplan:

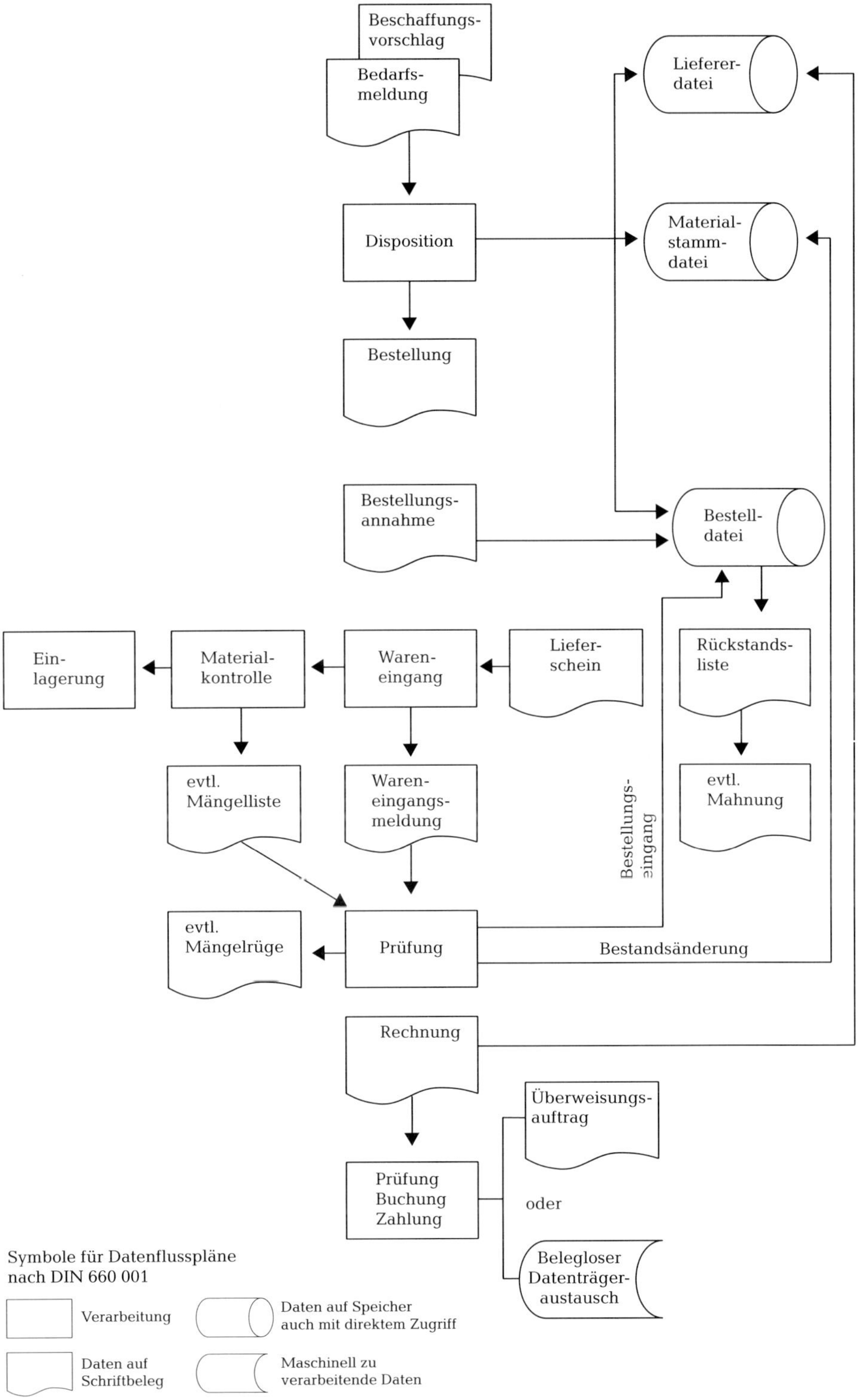

- 1. Erläutern Sie den Ablauf des Beschaffungsvorgangs anhand des Datenflussplans.

- 2. Stellen Sie fest, durch welche EDV-Ausdrucke und Dateien die vorher benutzten Formulare und Karteikarten jeweils ersetzt wurden.

- 3. Welche Daten werden in der
  a) Materialstammdatei
  b) Liefererdatei
  gespeichert?

- 4. Auf welche Datei muss zugegriffen werden, wenn der Einkäufer sich eine Liste der in der nächsten Woche fälligen Lieferungen ausdrucken lassen will?

- 5. Wie kann festgestellt werden, ob ein Lieferer den vereinbarten Liefertermin überschritten hat?

Kosten der Materialwirtschaft

7.02 Einstandspreis der Beschaffungsmenge – Unmittelbare (bestellmengenabhängige) und mittelbare (bestellmengenunabhängige, bestellfixe) Beschaffungskosten

1. Ein Betrieb der Autozuliefererindustrie stellt u.a. Lichtmaschinen her. Die dazu benötigten Ankerwellen werden bei einem auf fein- und elektromechanische Kleinteile spezialisierten Betrieb beschafft.

Daten:

Grundpreis (Listenpreis)	100 DM je Einheit
Bestand zu Beginn der Planperiode:	3 000 Einheiten
geplanter Schlussbestand:	2 000 Einheiten
erwarteter Bedarf der Planperiode:	18 000 Einheiten

Liefer- und Zahlungsbedingungen:	Fracht 1% vom Bareinkaufspreis		
	Verpackung 20 DM je 100 Einheiten,		
	bei Zahlung innerhalb von 8 Tagen 3% Skonto,		
	Rabatte:	2 000 – 6 000 Einheiten	5%
		6 001 – 25 000 Einheiten	10%
		25 001 – 50 000 Einheiten	15%

Die Liquiditätslage lässt einen Skontoabzug zu.

Die Planperiode entspricht einem Monat.

- Ermitteln Sie den Einstandspreis der Ankerwellen für die nächste Planperiode.

2. Nachstehende Kosten entstehen im Zusammenhang mit der Beschaffungsfunktion:

Briefporto, Mietkosten, Transportversicherung (wird in Prozent des Einkaufswertes berechnet), Verpackung, Personalkosten, Rechnungspreis der Rohstoffe, Abschreibungen, Importzoll, Büromaterial.

- Ordnen Sie diese Kostenarten nach mittelbaren (bestellmengenunabhängigen bzw. bestellfixen) und unmittelbaren (bestellmengenabhängigen) Beschaffungskosten.

7.03 Lagerkostenarten – Lagerzins

Radio-Bär in **Kitzingen (Main)** verkaufte in den letzten Monaten des vergangenen Jahres Farbfernsehgeräte in folgenden Stückzahlen:

im September	10 Geräte
im Oktober	14 Geräte
im November	17 Geräte
im Dezember	25 Geräte

Ende August dieses Jahres hat das Unternehmen 80 Stand-Farbfernsehgeräte auf Lager. Von **Elektro-Schall GmbH, Erlangen,** erhält **Radio-Bär** folgendes Sonderangebot:

Elektro-Schall GmbH
Erlangen

ELEKTRO-SCHALL GmbH · Bahnhofstraße 27 · 91054 Erlangen

Radio-Bär
Würzburger Str. 5

97318 Kitzingen

Ihr Zeichen/Ihre Nachricht vom	unser Zeichen/unsere Nachricht vom	☎ (09 31) 8 45 39	Erlangen
	f-ws	Durchwahl-Nr.	20..-08-25

Betreff
Sonderangebot

Sehr geehrte Damen und Herren,

einer unserer Großabnehmer ist zahlungsunfähig geworden. Wir mussten Fernsehgeräte zurücknehmen, die wir unter Eigentumsvorbehalt geliefert haben.

Als einem unserer langjährigen Kunden bieten wir Ihnen von den zurückgenommenen Geräten einen Posten von

100 Elektro-Schall Farbfernsehgeräte
T 214 59 cm Bildröhre, mit Fuß

mit einem Sonderrabatt von 25 % vom Listenpreis an.

Falls wir von Ihnen innerhalb von 8 Tagen keine Nachricht erhalten, nehmen wir an, dass Sie an unserem Angebot nicht interessiert sind.

Mit freundlichen Grüßen

Elektro-Schall GmbH

ppa. Schaller
Schaller

1. a) Schätzen Sie für die Zeit vom 01.09. bis zum 31.12. d. J. den Bedarf, wenn Herr **Bär** mit einer Absatzsteigerung von ca. 50% gegenüber dem gleichen Zeitraum des Vorjahres rechnet.

   b) Welche Fehlmenge würde sich in dem Zeitraum vom 01.09. bis 31.12. ergeben, wenn er keine Neubestellung vornehmen würde?

   c) Welche Nachteile können sich für das Unternehmen durch Fehlmengen ergeben?

2. Würden Sie von dem Angebot der **Elektro-Schall GmbH** Gebrauch machen? (Für die Bezahlung der Geräte steht ein ausreichender Bankkredit zur Verfügung.)
   Begründen Sie Ihre Entscheidung.

3. Die Gewinn- und Verlustrechnung der **Firma Radio-Bär** weist folgende Aufwandsarten auf:

   Löhne, Gehälter, soziale Aufwendungen, Miete, Sachkosten für Geschäftsräume (Heizung, Beleuchtung, Reinigung), Werbung, Zinsaufwendungen, Abschreibungen auf Geschäftsausstattung, sonstige Geschäftskosten (Postkosten, Büromaterial), Versicherungen.

   a) Welche dieser Aufwandsarten können auch durch die Lagerung der Ware verursacht worden sein?

   b) Prüfen Sie für jede Aufwandsart, die durch die Lagerung der Ware verursacht worden sein kann (s. 3. a), ob sie durch die Lagereinrichtung, Lagerverwaltung oder Lagervorräte entsteht.

4. Ein Geschäftsfreund des Herrn **Bär** sagt im Gespräch, dass bei ihm der Zins für das im Lager angelegte Kapital keine Rolle spiele, weil er keine Kredite benötige.
   Wie beurteilen Sie diese Behauptung?

7.04 Lagerkostensatz

In einem Betrieb der Textilindustrie bemängelt der Leiter des Rechnungswesens, dass die Lagerhaltung zu hohe Kosten verursache. Um dies nachzuweisen, hat er zunächst folgende Daten der letzten vier Jahre zusammengestellt.

Jahr	Lagerkosten in DM	durchschnittlicher Lagerbestand in DM	Lagerkostensatz
1	152 000	800 000	19,0%
2	270 000	1 500 000	18,0%
3	340 000	2 000 000	17,0%
4	297 500	1 700 000	17,5%

1. Ermitteln Sie die Formel zur Berechnung des Lagerkostensatzes.
2. Beurteilen Sie die Entwicklung der Lagerkosten und des Lagerkostensatzes.
3. Im 3. Jahr waren die Lagerkapazitäten vollständig ausgelastet.

   a) Wie lässt es sich erklären, dass beim Rückgang des durchschnittlichen Lagerbestandes im 4. Jahr die Lagerkosten weniger stark gesunken sind als der durchschnittliche Lagerbestand?

   b) Ermitteln Sie, welche der folgenden Kosten im 4. Jahr dazu beigetragen haben können, dass der Lagerkostensatz trotz Verringerung des durchschnittlichen Lagerbestandes gestiegen ist:
   - Abschreibungen auf das Lagergebäude,
   - Zinsen für die Finanzierung des Lagergebäudes,
   - Kosten durch Schwund und Verderb,
   - Zinsen für das in den Lagervorräten investierte Kapital,
   - Gehalt des Lagerverwalters,
   - Versicherungsprämie für den Lagerbestand.

7.05 Fehlmengenkosten

Die **Mobiltec GmbH** stellt verschiedene Autozubehörteile her, darunter auch fertig montierte Scheibenwischer. Neben einem großen Automobilwerk bezieht auch der Ersatzteilgroßhandel große Stückzahlen dieses Scheibenwischers bei der **Mobiltec GmbH.** Die leicht austauschbaren Wischerblätter der Scheibenwischer werden außerdem paarweise an Tankstellen, Heimwerkermärkte und Fachabteilungen großer Kaufhäuser geliefert. Bei den Wischerblättern beträgt die Tagesproduktion für alle Abnehmer zusammen 1000 Stück bzw. 500 Paar.

Durch ein Versäumnis bei der Materialbeschaffung fehlt plötzlich das für die Wischerblätter benötigte Gummi. Gleichwertiger Ersatz lässt sich kurzfristig nicht beschaffen. Die Geschäftsleitung entschließt sich daher, für 5 Tagesproduktionen auf Gummi höherer Qualität auszuweichen, das innerhalb von 3 Tagen in der erforderlichen Menge verfügbar ist. Dadurch verteuert sich aber jedes Wischerblatt um 0,50 DM. Während der Beschaffungszeit von 3 Tagen muss die Produktion von Wischerblättern eingestellt werden. Das verursacht Stillstandskosten in Höhe von 8000 DM, da nicht alle Arbeitskräfte und Maschinen während dieser Zeit anderweitig eingesetzt werden können.

Der Liefervertrag mit dem Automobilwerk sieht vor, dass die Scheibenwischer zweimal wöchentlich (dienstags und donnerstags) zwischen 8.00 Uhr und 10.00 Uhr in Mengen von je 3000 Stück geliefert werden müssen. Für den Fall nicht rechtzeitiger Lieferung hat sich die **Mobiltec GmbH** zur Zahlung einer Konventionalstrafe in Höhe von 5000 DM für jeden Tag der Verzögerung verpflichtet. Ab dem vierten Tag des Lieferungsverzugs erhöht sich die Konventionalstrafe auf 10 000 DM täglich.

Die Liefervereinbarungen mit dem Handel sehen keine derartigen Vertragsstrafen vor. Die **Mobiltec GmbH** geht aber davon aus, dass ihr bisher gutes Image als pünktlicher und vertragstreuer Lieferer durch die Verzögerung gelitten hat und die Händler jetzt aus Sicherheitsgründen verstärkt auch Wischerblätter der Konkurrenz in ihr Sortiment aufnehmen werden. Bei der **Mobiltec GmbH** wird aufgrund dieser vermuteten Händlerreaktion mit einem entgangenen Gewinn in Höhe von 20 000 DM gerechnet.

- Ermitteln Sie die Summe der Fehlmengenkosten, wenn unterstellt wird, dass der 3-tägige Produktionsausfall innerhalb der nächsten Tage durch Mehrproduktion ausgeglichen werden kann und die Lieferung trotz der längeren Lieferfrist von den Kunden abgenommen wird.

7.06 Lieferbereitschaftsgrad (Servicegrad) – Fehlmengenkosten

Ein Baustoffhändler möchte aus Konkurrenzgründen jederzeit sofort lieferfähig sein. Um dieses Ziel zu erreichen, sorgt er bei allen Artikeln am Monatsanfang für entsprechend hohe Lagerbestände, indem er die Anfangsbestände des entsprechenden Vorjahresmonats um einen Sicherheitsbestand von 15% erhöht.

Aufgrund dieser Lagerhaltungspolitik ergibt sich im ersten Halbjahr bei Betonplatten folgende Bestandsentwicklung:

Monat	Täglich sofort lieferbare Mengen (durchschnittlicher Lagerbestand pro Tag)	Durchschnittliche Nachfrage pro Tag
Januar	50	30
Februar	40	30
März	40	35
April	120	100
Mai	180	160
Juni	150	130
Durchschnitt	**580/6 = 96,66**	**485/6 = 80,83**

- 1. Berechnen Sie den durchschnittlichen Lieferbereitschaftsgrad (Servicegrad) im ersten Halbjahr nach folgender Formel:

$$\text{Lieferbereitschaft (Servicegrad)} = \frac{\text{sofort lieferbare Mengen}}{\text{insgesamt nachgefragte Mengen}} \times 100$$

2. Ein Betriebsberater weist den Händler auf die hohen Lagerkosten hin, die diese Lagerhaltungspolitik verursacht. Er legt ihm zur Veranschaulichung folgende Grafik vor:

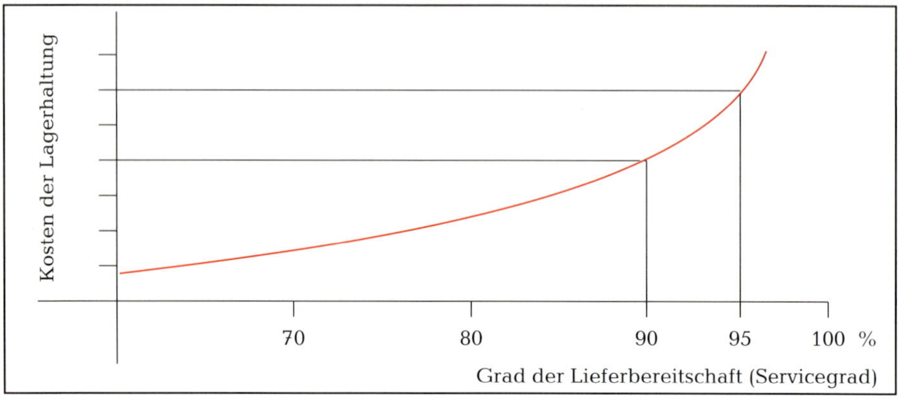

- Erläutern Sie die dargestellten Zusammenhänge.

3. Der Baustoffhändler hat aus Kostengründen seine Lagerhaltungspolitik geändert und auf eine ständige Lieferfähigkeit verzichtet. Für das zweite Halbjahr ergibt sich als Folge davon für Betonplatten folgende Bestandsentwicklung:

Monat	Täglich sofort lieferbare Mengen (durchschnittlicher Lagerbestand pro Tag)	Durchschnittliche Nachfrage pro Tag
Juli	130	150
August	80	90
September	150	160
Oktober	120	130
November	150	160
Dezember	60	70
Durchschnitt	**690/6 = 115**	**760/6 = 126,66**

- Berechnen Sie den durchschnittlichen Lieferbereitschaftsgrad (Servicegrad) für das zweite Halbjahr.

4. Im Dezember bestellte ein Großkunde überraschend 400 Betonplatten zur kurzfristigen Lieferung. Der Hersteller, von dem der Großhändler die Betonplatten normalerweise bezieht, kann aber vor Anfang des nächsten Jahres diesen zusätzlichen Auftrag nicht ausführen. Um den Großkunden nicht zu verlieren, beschafft sich der Baustoffhändler die erforderliche Menge bei einem anderen Hersteller. Dort sind die Platten aber ca. 5% teurer. Außerdem muss der Baustoffhändler die Platten mit seinem eigenen LKW am Werk abholen.

- Erläutern Sie anhand dieser Situation und des nebenstehenden Schaubildes, welches Risiko ein Absinken des Lieferbereitschaftsgrades (Servicegrades) mit sich bringt. Nennen Sie Beispiele für die möglicherweise anfallenden Kosten.

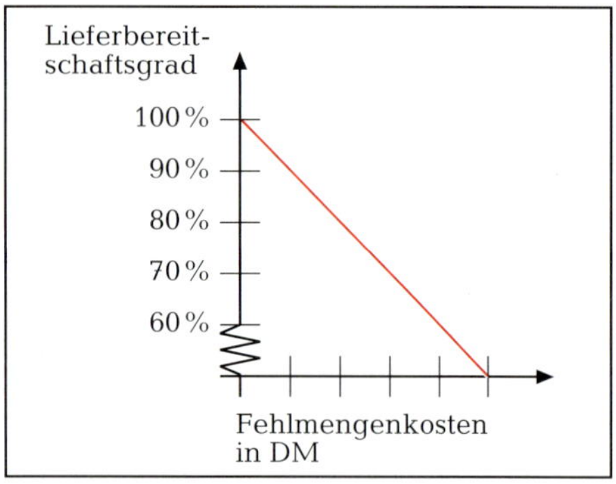

7.07 Eigenfertigung oder Fremdbezug (Make or Buy) – Schlanke Produktion (Lean Production)

Lösungsblatt

Ein Automobilwerk verfolgt nach dem Vorbild der japanischen Automobilindustrie die Strategie der sog. »Schlanken Produktion« (Lean Production). Dazu soll u.a. die Fertigung mehr auf das eigentliche Hauptprodukt konzentriert und die Herstellung einzelner Bauteile verstärkt den Zulieferern überlassen werden. Wesentliche Ziele sind dabei

- kostengünstige Produktion bei hoher Qualität,
- kurze Lieferzeiten,
- flexibles und schnelles Reagieren auf Kundenwünsche.

Ein bestimmtes Modell aus der Produktionspalette des Automobilwerkes ist wahlweise mit einem Vier- oder Fünfganggetriebe lieferbar. Bisher wurden beide Getriebearten im Werk selbst hergestellt. Aufgrund gestiegener Nachfrage, die sich insbesondere auf das Modell mit Fünfganggetriebe bezieht, sind die vorhandenen Kapazitäten für die Getriebefertigung in absehbarer Zeit erschöpft. Das Unternehmen steht daher vor der Entscheidung, zusätzliche Produktionsanlagen für die Getriebeherstellung einzurichten (Eigenfertigung) oder die Vierganggetriebe künftig bei einem Zulieferer in Auftrag zu geben (Fremdbezug). Bisher bezieht das Automobilwerk bereits mehr als die Hälfte aller benötigten Einzelteile von Zulieferern. Die Fertigungstiefe des Betriebes liegt somit unter 50%.

1. Für den Beschaffungsbereich bedeutet die Strategie der »Schlanken Produktion« u.a. eine weitere Verringerung der Fertigungstiefe, vermehrten Zukauf von vormontierten Teilen, Verringerung der Zahl der Zulieferer.
   - ● a) Nennen Sie Vor- und Nachteile, die eine solche Verringerung der Fertigungstiefe für den Automobilhersteller mit sich bringen kann.
   - ● b) Welche Voraussetzungen müssen im Bereich der Beschaffung vorliegen, damit die geplante Verringerung der Fertigungstiefe für den Automobilhersteller sinnvoll ist?

2. Ein Zulieferer, mit dem der Automobilhersteller in zufriedenstellender Weise bereits eng zusammenarbeitet, bietet die Vierganggetriebe in der erforderlichen Qualität zum Stückpreis von 4000 DM an. Bei Eigenfertigung würden monatliche Fixkosten in Höhe von 4 Mio. DM und variable Kosten in Höhe von 3000 DM je Stück anfallen. Monatlich werden ca. 5000 Getriebe benötigt.
   - ● a) Was ist für das Automobilwerk in dieser Situation kostengünstiger: *Make or Buy?*
   - ● b) Bestimmen Sie rechnerisch und grafisch die »kritische Menge«, ab der die Eigenfertigung günstiger als der Fremdbezug ist.
   - ● c) Würde sich die Entscheidung ändern, wenn der Zulieferer bereit wäre, bei einer monatlichen Mindestabnahme von 4000 Stück 10% Rabatt zu gewähren?

3. Bei Fremdbezug der Getriebe erfolgt die Lieferung *just-in-time*, d.h. der Zulieferer ist vertraglich verpflichtet, die Getriebe genau zum benötigten Zeitpunkt zu liefern. Andernfalls wird eine hohe Konventionalstrafe fällig. Die bisher für die Lagerung der Vierganggetriebe benutzten Lagerkapazitäten würden somit bei Fremdbezug der Getriebe frei. Hat dieser Umstand Einfluss auf die Entscheidung *Make or Buy?*

4. Bei der bisherigen Eigenfertigung der Getriebe wurde ständig der halbe Monatsbedarf (= 2500 Stück) als Sicherheitsbestand wegen möglicher Produktionsausfälle auf Lager gehalten. Bei Fremdbezug wird hingegen vom Lieferer die pünktliche Lieferung garantiert, sodass sich ein Sicherheitsbestand erübrigt.
   - a) Wie hoch sind die monatlichen Lagerkosten für den Sicherheitsbestand, wenn mit einem Lagerkostensatz von 20% gerechnet wird und die Lagerbestände zu ihren variablen Herstellkosten bewertet werden?

- b) Überlegen Sie, wie sich die Berücksichtigung dieser Lagerkosten auf die Entscheidung *Make or Buy* auswirkt.
- c) Überprüfen Sie Ihre Überlegungen durch rechnerischen Nachweis, indem Sie die Änderungen ermitteln, die sich bei Berücksichtigung der Lagerkosten gegenüber den Lösungen von 2a) und 2c) ergeben.

Bedarfsplanung

7.08 Bedarfsermittlung – Bedarfsarten (Primärbedarf – Sekundärbedarf – Zusatzbedarf – Bruttobedarf – Nettobedarf – Beschaffungsbedarf)

Ein Hersteller von elektrischen Grillgeräten rechnet damit, im nächsten Jahr (Planungsperiode 1) 1600 Grillgeräte absetzen zu können. Die Grillgeräte eignen sich auch zum Einsatz im Freien. Für diesen Zweck werden sie wahlweise mit einem fahrbaren Untergestell, auf das sich das Grillgerät montieren lässt, angeboten. Erfahrungsgemäß kaufen die Kunden in etwa der Hälfte aller Fälle zusätzlich ein solches Fahrgestell.

Der Hersteller hat zu Beginn der Planungsperiode 150 Grillgeräte und 75 Untergestelle auf Lager. Er plant 1500 Grills und 750 Untergestelle zu produzieren. Die für den Antrieb der Grillgeräte notwendigen Elektromotoren sowie die Räder für die Untergestelle (4 Stück je Gestell) bezieht das Unternehmen als fertige Teile. Zu Beginn der Planungsperiode sind noch 50 Elektromotoren und 200 Räder am Lager. Am Ende der Planungsperiode soll aus Sicherheitsgründen der Bestand an Elektromotoren 120 Stück und der Bestand an Rädern 240 Stück betragen.

Zunächst will der Hersteller den Bedarf an Motoren und Rädern für die Planungsperiode ermitteln (= **Bedarfsplanung**), bevor er dann in einem nächsten Schritt im Rahmen der **Beschaffungsplanung** die einzelnen Liefermengen und Lieferzeitpunkte festlegt sowie die entsprechenden Lieferer auswählt.

1. Unter **Primärbedarf** wird die Zahl der in der Planungsperiode herzustellenden Endprodukte verstanden.
   - Wie groß ist im vorliegenden Fall der Primärbedarf an Grillgeräten und Fahrgestellen?
2. Der **Sekundärbedarf** bezieht sich auf die im Endprodukt enthaltenen Einzelteile. Für ein Einzelteil wird der Sekundärbedarf ermittelt, indem der Bedarf an Endprodukten (Primärbedarf) mit der Menge des Einzelteiles, die für eine Einheit des Endprodukts nötigt ist, multipliziert wird.

   Sekundärbedarf eines Einzelteils = Bedarf an Endprodukten (Primärbedarf) × Menge des Einzelteils, die je Endprodukt benötigt wird

   - Wie hoch ist der Sekundärbedarf für Motoren und Räder?
3. Erfahrungsgemäß benötigt der Hersteller 10% des Sekundärbedarfs bei Motoren und Rädern als Ersatz- und Austauschteile (= **Zusatzbedarf).** Dieser Zusatzbedarf wird bei der Ermittlung der **Bruttobedarfs** wie folgt berücksichtigt:

   Sekundärbedarf
   \+ Zusatzbedarf
   = Bruttobedarf

   - Berechnen Sie den Bruttobedarf für Motoren und Räder.
4. Wie viele Motoren und Räder muss die Einkaufsabteilung aufgrund der Bedarfsplanung beschaffen (= **Nettobedarf** bzw. **Beschaffungsbedarf)**?

5. Stellen Sie für die Planungsperiode die Anfangsbestände, die Zu- und Abgänge und die Endbestände von Motoren und Rädern mengenmäßig in Konten dar.

6. Die Bedarfsplanung soll fortgeschrieben werden. Für die Planungsperiode 2 wird mit einem Verkauf von 2000 Grillgeräten gerechnet. Außerdem wird ein Lagerbestand von 350 Geräten angestrebt. Der Lagerbestand an Elektromotoren soll auf 250 Stück erhöht werden.

   a) Berechnen Sie den Nettobedarf (Beschaffungsbedarf) für die Elektromotoren.

   b) Wie würde sich der Nettobedarf (Beschaffungsbedarf) für die Elektromotoren in der Planungsperiode 2 ändern, wenn
      - einerseits 50 der am Lager befindlichen Motoren bereits für einen Sonderauftrag reserviert sind und das Lager bald verlassen **(Vormerkbestand)**,
      - andererseits 100 Motoren bereits bestellt sind und ihre Lieferung innerhalb von 3 Wochen zugesagt ist **(Bestellbestand)**?

7. Stellen Sie die Berechnung des Nettobedarfs (Beschaffungsbedarfs) formelmäßig unter Verwendung folgender Größen dar: Sekundärbedarf, Zusatzbedarf, Bruttobedarf, anfänglicher Lagerbestand, Sicherheitsbestand, Vormerkbestand, Bestellbestand.

7.09 Plangesteuerte (programmgebundene) Bedarfsermittlung – Gozintograph – Direktbedarfsmatrix – Gesamtbedarfsmatrix – Baukastenstückliste[1]

Lösungsblatt

Die **Süß- und Backwarenfabrik SÜBA GmbH** stellt u.a. auch Spritzgebäck her, das in handelsüblichen Verpackungseinheiten (Tüten) von 500 g als »Bunte Mischung« zur Weihnachtssaison auf den Markt gebracht wird. Eine Tüte »Bunte Mischung« enthält 4 verschiedene Sorten Spritzgebäck.

Für 1 Stück der Sorte 1 (S1) werden folgende Mengeneinheiten (= Gramm) Mehl, Zucker, Fett und Stärke benötigt:

Sorte 1 (S1)			
Rohstoff R1: 2,5 ME (Mehl)	Rohstoff R2: 1,25 ME (Zucker)	Rohstoff R3: 1,5 ME (Fett)	Rohstoff R4: 0,75 ME (Stärke)

Für 1 Stück der Sorte 2 (S2) wird 1 Stück der Sorte S1 teilweise mit 1 Einheit (= 1 Gramm) Schokoladen-Fettglasur (= Rohstoff R5) überzogen.

Sorte 2 (S2)	
1 ME der Sorte 1 (S1)	Rohstoff R5: 1 ME (Schokoladen-Fettglasur)

Für 1 Stück der Sorte 3 (S3) wird 1 Stück der Sorte S1 mit einer 1 Einheit (= 1 Gramm) einer in Glukosesirup gelösten Fruchtmischung (= Rohstoff R 6) beträufelt.

Sorte 3 (S3)	
1 ME der Sorte 1 (S1)	Rohstoff R6: 1 ME (gelöste Fruchtmischung)

[1] Vgl. dazu auch Aufgabe 8.12 Erzeugnisgliederung – Stücklisten

Für 1 Stück der Sorte 4 (S4) werden je ein Stück der Sorte S1 und S2 zusammengefügt und durch 2 Einheiten (= 2 Gramm) Schokoladen-Fettglasur (= Rostoff R5) zusammengehalten.

Sorte 4 (S4)		
1 ME Sorte 1 (S1)	1 ME Sorte 2 (S2)	Rohnstoff R5: 2 ME (Schokoladen-Fettglasur)

Eine 500 g Tüte »Bunte Mischung« (= Erzeugnis E1) enthält im Durchschnitt je 20 Stück der Sorten S1, S2 und S3 und 6 Stück der Sorte S4.

Im Frühjahr hat der Süßwarengroßhandel 100 000 Tüten »Bunte Mischung« für die Vorweihnachtszeit bestellt. Die Planung des Rohstoffbedarfs für diesen Auftrag wird nach dem **Gozinto-Verfahren**[1] vorgenommen.

- 1. Zeigen Sie die Zusammensetzung des Erzeugnisses E1 »Bunte Mischung« mit Hilfe eines **Gozinto-Graphen,** indem Sie eine Darstellung nach folgendem Muster vervollständigen. *(Die Knoten des Graphen stellen die Rohstoffe und Zwischenprodukte dar. An den Pfeilen werden die jeweiligen Bedarfsmengen angegeben.)*

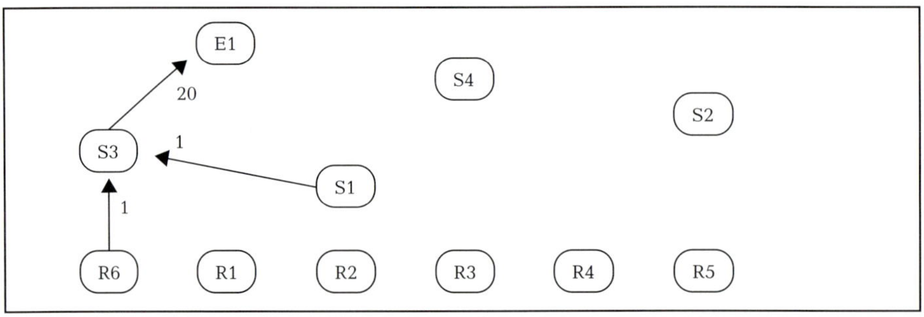

2. Die **Direktbedarfsmatrix** gibt an, welche Mengen von Rohstoffen und Zwischenprodukten **direkt** (unmittelbar) in eine nächst übergeordnete Einheit eingehen.
- Vervollständigen Sie für das vorliegende Beispiel eine solche Direktbedarfsmatrix nach folgendem Muster:

nach von	R1	R2	R3	R4	R5	R6	S1	S2	S3	S4	E1
R1	0	0	0	0	0	0					
R2	0	0	0	0	0	0					
R3	0	0	0	0	0	0					
R4	0	0	0	0	0	0					
R5	0	0	0	0	0	0					
R6	0	0	0	0	0	0					
S1	0	0	0	0	0	0	0				
S2	0	0	0	0	0	0		0			
S3	0	0	0	0	0	0			0		
S4	0	0	0	0	0	0				0	
E1	0	0	0	0	0	0	0	0	0	0	0

- 3. Welche Informationen liefert eine Direktbedarfsmatrix, wenn sie
  a) zeilenweise
  b) spaltenweise
  gelesen wird ?

[1] Benannt nach einem imaginären italienischen Mathematiker Zepartzat Gozinto. Drückt man diesen Namen in Englisch aus (»the part that goes into«), so gibt der erfundene Namen den Inhalt des Gozinto-Graphen an.

4. Eine Baukastenstückliste zeigt, aus welchen **unmittelbar untergeordneten** Zwischenprodukten (Baugruppen), Einzelteilen und Rohstoffen das Erzeugnis (Fertigprodukt) und die einzelnen Zwischenprodukte (Baugruppen) bestehen.

Erstellen Sie für das Erzeugnis »Bunte Mischung« (= E1) und die 4 Spritzgebäcksorten (= Zwischenprodukte S1, S2, S3, S4) auf der Basis der Direktbedarfsmatrix eine Baukastenstückliste nach folgendem Muster:

E1		S1		S2		S3		S4	
Teile-Nr.	ME	Teile-Nr.	ME	Teile-Nr.	ME	Teile-Nr.	ME	Teile-Nr.	ME

5. Die **Gesamtbedarfsmatrix** gibt an, welche Mengen von Rohstoffen und Zwischenprodukten **insgesamt** für das Erzeugnis (Fertigprodukt) benötigt werden.

Vervollständigen Sie für das vorliegende Beispiel eine solche Gesamtbedarfsmatrix nach folgendem Muster:

nach / von	R1	R2	R3	R4	R5	R6	S1	S2	S3	S4	E1
R1	1	0	0	0	0	0					
R2	0	1	0	0	0	0					
R3	0	0	1	0	0	0					
R4	0	0	0	1	0	0					
R5	0	0	0	0	1	0					
R6	0	0	0	0	0	1					
S1	0	0	0	0	0	0	1				
S2	0	0	0	0	0	0		1			
S3	0	0	0	0	0	0			1		
S4	0	0	0	0	0	0				1	
E1	0	0	0	0	0	0	0	0	0	0	1

6. Welche Informationen liefert eine Gesamtbedarfsmatrix, wenn sie

a) zeilenweise, b) spaltenweise

gelesen wird?

7. Ermitteln Sie,

a) wie viel Tonnen der einzelnen Rohstoffe R1 bis R6 (1 ME Rohstoff = 1 Gramm),

b) wie viel Stück der einzelnen Sorten S1 bis S4

für die Herstellung von 100 000 Tüten »Bunte Mischung« benötigt werden.

8. Welche Voraussetzungen müssen erfüllt sein, um – wie im vorliegenden Fall – eine plangesteuerte (programmgebundene) Bedarfsermittlung durchführen zu können?

9. Welche Vorteile bietet diese Art der Bedarfsermittlung gegenüber verbrauchsgebundenen Prognoseverfahren?

7.10 Prognose des Materialbedarfs – Soll-Ist-Abweichung

Die **Mobiltec GmbH** stellt u.a. Zierleisten und Stoßstangen aus Kunststoff für Autos her. Wöchentlich müssen 2000 Türleisten für einen bestimmten Autotyp an einen Automobilhersteller geliefert werden. Daher wird je Woche eine neue Serie gefertigt. Für eine Türleiste werden erfahrungsgemäß 1,5 kg eines Kunststoffgranulats benötigt. Um bei den Spritzmaschinen das richtige Mischungsverhältnis einzustellen und die Kunststoffpressen genau zu justieren, ist jedesmal ein Testlauf nötig, sodass die ersten 30 Leisten einer Serie nicht verkäuflich sind. Nach diesem Testlauf wird noch mit einem Ausschuss von 5% gerechnet.

- 1. Wie groß muss die Auflage einer jeden Serie einschließlich Testlauf sein, um wöchentlich die 2 000 Türleisten liefern zu können?
- 2. Auf wieviel kg pro Woche beläuft sich der prognostizierte Bedarf an Kunstoffgranulat im Zusammenhang mit der Herstellung der Türleisten?
- 3. Bei der letzten Serie wurde festgestellt, dass 3300 kg des Kunststoffgranulats benötigt werden. Worauf kann diese Soll-Ist-Abweichung zurück zu führen sein?

Beschaffungsplanung

Planung des Beschaffungszeitpunktes

7.11 Meldebestand – Mindestbestand –Fehlmengenkosten – Eiserner Bestand (Sicherheitsbestand)

Der durchschnittliche Absatz eines Baustoff-Großhändlers an Zement beträgt vom 1. Oktober bis 31. März 200 Tonnen täglich. Der Zement wird auf dem Wasserweg angeliefert und trifft jeweils 12 Tage nach Abgang der Bestellung ein (der Monat ist mit 30 Tagen zu rechnen).

- 1. Bei welchem Lagerbestand muss der Großhändler bestellen, damit er bis zum letzten Tag der Lieferfrist lieferfähig ist? Setzen Sie dabei voraus, dass Lieferung und Absatz wie erwartet erfolgen.

2. Am 5. Januar abends wird der Bestand von 2400 Tonnen erreicht. Es wird sofort neue Ware bestellt. Vom 11. bis 15. Januar je einschließlich ist jedoch der Wasserweg zugefroren, weshalb sich die Lieferung um diese Zeit verzögert.

- a) Ab wann und wie lange kann der Baustoffgroßhändler nicht mehr liefern?
- b) Welche Nachteile erwachsen ihm daraus?
- c) Wie hoch hätte sein Bestand sein müssen, um auch unter diesen Umständen noch lieferfähig zu sein?
- d) Welche nicht vorhersehbaren Ursachen können außerdem zur Lieferunfähigkeit führen?

e) Künftig will der Großhändler für unvorhergesehene Fälle einen zusätzlichen, für 8 Tage ausreichenden Bestand halten.

- Bei welchem Lagerbestand muss er künftig bestellen?

7.12 Meldebestand – Höchstbestand – Bestellzeitpunkt – Bestellintervall

Ein Baustoff-Großhandelsbetrieb hat einen Tagesabsatz von 150 Tonnen Zement. Der Zement trifft regelmäßig 14 Tage nach Abgang der Bestellung ein. Der Großhändler will einen eisernen Bestand für 6 Tage haben.

- 1. Ermitteln Sie den Meldebestand.
- 2. Fassen Sie die Berechnung des Meldebestandes in einer Formel zusammen.

3. Die nachstehende Grafik zeigt den geplanten Verlauf des Lagerbestandes.
   Ermitteln Sie daraus so genau wie möglich folgende Daten: Mindestbestand – Höchstbestand – Meldebestand – Bestellmenge – Bestellzeitpunkt – Bestellintervall (Reichweite der Bestellmenge).

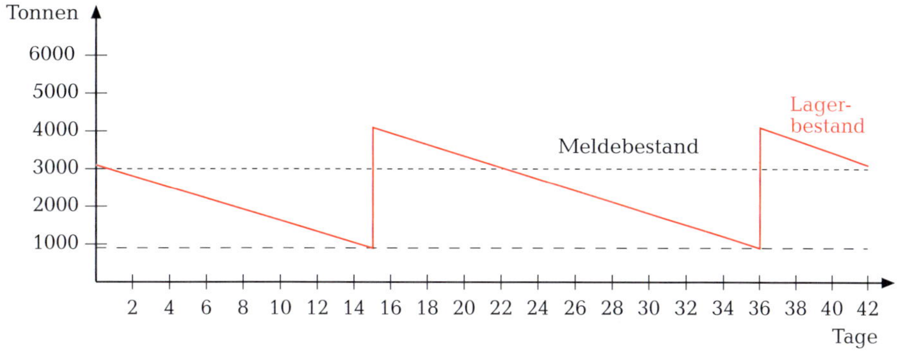

7.13 Ermittlung des Bestellzeitpunktes (Bestellpunktverfahren) – Berücksichtigung von Fehlmengen

Eine Großhandlung hat an einem bestimmten Artikel einen Tagesbedarf von 25 Stück. Die Lieferzeit des Herstellers beträgt 7 Tage vom Tag der Bestellungsabsendung an. Die optimale Bestellmenge wurde mit 400 Stück ermittelt. Es wird eine ständige Lieferfähigkeit (Servicegrad 100%) angestrebt. Dazu dient u.a. ein Sicherheitsbestand (eiserne Reserve), der für 6 Tage ausreichen soll. Derzeit ist der Lagerhöchstbestand erreicht.

1. Ermitteln Sie a) den Meldebestand,
   b) den Höchstbestand,
   c) das Bestellintervall (Reichweite des Höchstbestandes).

2. Stellen Sie die Bestandsentwicklung grafisch in einem Koordinatensystem dar und überprüfen Sie die Ergebnisse von 1. anhand der Grafik (y-Achse: Bestand [Stück], x-Achse: Zeit [Tage]).

3. Aufgrund der hohen Lagerkosten entschließt sich der Großhändler, auf den Sicherheitsbestand zu verzichten. Er nimmt bewusst in Kauf, nicht immer rechtzeitig liefern zu können. Die durch die Fehlmengen (Verzugsmengen) entstehenden Verzugskosten sind nach seinen Berechnungen geringer als die Lagerkosten für den Sicherheitsbestand und die ständige Lieferfähigkeit. Der Großhändler will sich aus Kostengründen mit einem Servicegrad von 75% begnügen.

a) Überlegen Sie, welche der unter 1. ermittelten Größen sich durch diese Entscheidung ändern. In welche Richtung werden sich diese Größen ändern (Abnahme oder Zunahme)? Begründen Sie Ihre Aussage.

b) Überprüfen Sie Ihre Überlegungen durch rechnerischen Nachweis.

c) Stellen Sie die Bestandsentwicklung unter Berücksichtigung der Verzugsmengen grafisch in einem Koordinatensystem dar und überprüfen Sie die Ergebnisse von 3 b) anhand der Grafik (y-Achse: Bestand [Stück], x-Achse: Zeit [Tage]).

4. a) Überlegen Sie, wie sich die Ergebnisse von 1. und 3. ändern, wenn die Großhandlung einen Mindest-Servicegrad von 85% festlegen würde.
   b) Überprüfen Sie Ihre Überlegungen durch rechnerischen Nachweis.

5. Erläutern Sie die Zusammenhänge zwischen Servicegrad und Meldebestand, Höchstbestand und Bestellintervall (Reichweite der Bestellmenge).

Planung der Beschaffungsmenge (Optimale Bestellmenge)

Lösungsblatt

7.14 Optimale Bestellmenge: tabellarische, grafische und formelmäßige Ermittlung

Der Assistent der Geschäftsleitung einer Reutlinger Textilmaschinenfabrik soll den Zusammenhang zwischen Beschaffungskosten und Lagerkosten untersuchen, um daraus die günstigste Bestellmenge für die einzelnen Werkstoffe zu ermitteln.

Die Untersuchung führt er am Werkstoff Z 3042 durch.

Folgende Voraussetzungen und Daten werden der Untersuchung zugrunde gelegt:

- Die jährliche Beschaffungsmenge wird in gleichbleibende Bestellmengen aufgeteilt.
- Die Einstandspreise sind von der Bestellmenge und vom Bestellzeitpunkt unabhängig.
- Das Fertigungsverfahren ermöglicht einen gleichbleibenden Lagerabgang.
- Aufgrund von Vereinbarungen mit der Lieferfirma ist sichergestellt, dass zum Zeitpunkt des Aufbrauchs des Lagerbestandes immer die neue Lieferung eintrifft.
- Als durchschnittlicher Lagerbestand in Stück wird jeweils die halbe Bestellmenge angenommen.
- Mittelbare Beschaffungskosten (bestellfixe Kosten) je Auftrag: 40 DM
- Jahresbedarf: 1000 Einheiten
- Einstandspreis je Mengeneinheit: 12,50 DM
- Lagerkostensatz: 16%

1. Mit Hilfe des nachstehenden Tabellenmusters sollen Sie folgendes Problem lösen:

   ● Bei welcher Bestellmenge ist die Summe aus Beschaffungskosten und Lagerhaltungskosten, bezogen auf eine Mengeneinheit, am niedrigsten?

Alternative Bestellmengen	Anzahl der Bestellungen im Jahr	Durchschnittlicher Lagerbestand in DM	Lagerkosten im Jahr (DM)	Bestellfixe Kosten im Jahr (DM)	Summe bestellfixe Kosten und Lagerkosten	Unmittelbare Beschaffungskosten (Menge × Einstandspreis) (DM)	Gesamte Kosten der Materialwirtschaft im Jahr (DM)	Kosten der Materialwirtschaft je Einheit (DM)
1	2	3	4	5	6	7	8	9
50	20	312,50	50,00	800,00	850,00	12 500,00	13 350,00	13,35
100	10	625,00	100,00	400,00	500,00	12 500,00	13 000,00	13,00
125								
200								
250								
500								
1000								

● 2. Überprüfen Sie Ihr Ergebnis von Aufgabe 1, indem Sie die nachfolgend dargestellten Kostenkurven in ein Koordinatensystem übertragen und die Summe aus bestellfixen Kosten und Lagerkosten (Spalte 6) als Kurve grafisch darstellen.

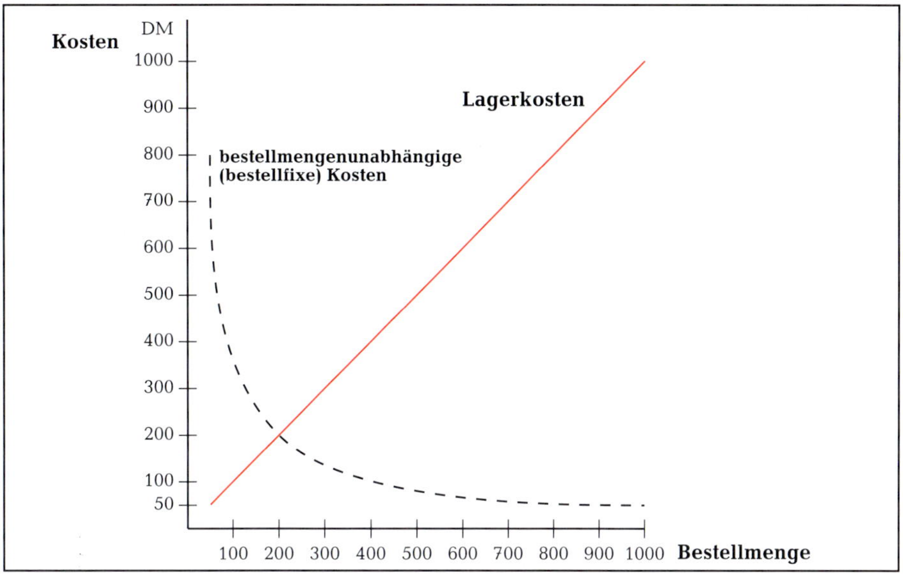

3. Die Berechnung der optimalen Bestellmenge kann auch mit Hilfe der folgenden mathematischen Formel erfolgen:

$$\text{Optimale Bestellmenge} = \sqrt{\frac{200 \times \text{bestellfixe Kosten je Bestellung} \times \text{Jahresbedarf}}{\text{Einstandspreis je Mengeneinheit} \times \text{Lagerkostensatz}}}$$

- Ermitteln Sie die optimale Bestellmenge für den Werkstoff Z 3042 unter Verwendung der oben dargestellten Formel.

- 4. a) Überprüfen Sie die Voraussetzungen, die für die Berechnung der optimalen Bestellmenge angenommen wurden, auf ihre Praxisnähe.
- b) Halten Sie die Berechnung der optimalen Bestellmenge unter Annahme dieser Voraussetzungen für eine brauchbare betriebliche Entscheidungshilfe?

7.15 Optimale Bestellmenge: Mengenrabatt – Kapazitätsbeschränkung des Eigenlagers

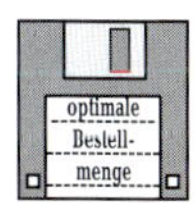

Eine Reifengroßhandlung bezieht von einem bestimmten Reifenhersteller jährlich ca. 6000 Reifen. Der Einkaufspreis der Reifen liegt im Durchschnitt bei 100 DM je Stück. Zusammen mit einer Transportkostenpauschale, die der Hersteller bei jeder Lieferung in Rechnung stellt, betragen die bestellfixen Kosten 450 DM. Die Großhandlung rechnet mit einem Lagerkostensatz von 15%, der die Kosten der Lagerhaltung und die Zinsen für das im Lager gebundene Kapital abdeckt.

1. Die Reifengroßhandlung möchte die Gesamtkosten der Beschaffung möglichst gering halten.

- a) Entscheiden Sie, wie oft die Großhandlung während des Jahres bestellen und wie viele Reifen sie dabei jedesmal anfordern soll (optimale Bestellmenge).
- b) Wie hoch sind im vorliegenden Fall die Gesamtkosten der Beschaffung für das ganze Jahr?

- c) Begründen Sie anhand der tabellarischen und grafischen Lösung, warum bei der Ermittlung der optimalen Bestellmenge im vorliegenden Fall der Einkaufspreis der Reifen keine Rolle spielt und es ausreicht, lediglich die bestellfixen Kosten und die Lagerkosten bei der Berechnung zu berücksichtigen.

2. Aus Konkurrenzgründen ist der Reifenhersteller bei sonst gleichen Bedingungen im nächsten Jahr bereit, einen Mengenrabatt entsprechend folgender Rabattstaffel zu gewähren:

Mindestmenge	Durchschnittspreis je Stück (DM)
1	100
1000	90
1500	80

- a) Überlegen Sie, wie sich die Gewährung von Mengenrabatten auf die optimale Bestellmenge auswirken kann.
- b) Welche Kosten sind jetzt – im Vergleich zu 2. – zusätzlich zu berücksichtigen?
- c) Entscheiden Sie, wie oft die Reifengroßhandlung jetzt während des Jahres bestellen und wie viele Reifen sie dabei jedesmal anfordern soll (optimale Bestellmenge).
- d) Wie hoch sind im vorliegenden Fall die Gesamtkosten der Beschaffung für das ganze Jahr?
- e) Erläutern Sie die Besonderheit, die der Verlauf der Lagerkostenkurve und der Gesamtkostenkurve im vorliegenden Fall aufweist.

3. Weil die Reifengroßhandlung ihr Sortiment erweitert und andere Autozubehörteile in ihr Angebot aufgenommen hat, reicht ihre Lagerkapazität nur noch für 1200 Reifen. Ein Fremdlager steht nicht zur Verfügung.

- a) Überlegen Sie, wie sich diese Kapazitätsbeschränkung des Lagers auf die optimale Bestellmenge auswirken kann.
- b) Entscheiden Sie, wie oft die Großhandlung jetzt während des Jahres bestellen und wie viele Reifen sie dabei jedesmal anfordern soll (optimale Bestellmenge).
- c) Wie hoch sind im vorliegenden Fall die Gesamtkosten der Beschaffung für das ganze Jahr?
- d) Worauf sind die – im Vergleich zu 2d) – höheren Gesamtkosten zurückzuführen?

7.16 Optimale Bestellmenge einer Weinhandlung: Mengenrabatt – Inanspruchnahme eines Fremdlagers – Verzugsmengen – Optimaler Servicegrad

Ein Weinhändler aus Bremen führt in seinem Sortiment auch pfälzische Weine. Er kann von dieser Weinsorte täglich 30 Flaschen bzw. monatlich 150 Kartons zu je 6 Flaschen absetzen.

Um Beschaffungskosten zu sparen, lässt er jede neue Lieferung durch einen Mitarbeiter direkt bei der Winzergenossenschaft abholen. Die Entfernung zwischen Bremen und der Kellerei der Winzergenossenschaft beträgt 500 km. Die Beschaffung dauert 2 Tage. Für diese Zeit muss jeweils ein Lkw gemietet werden.

Die Autovermietung bietet folgende Fahrzeugtypen zur Auswahl an:

Fabrikat	Tagesgrundpreis (DM)	km Preis (DM)	Diesel je 100 km (l)	Ladekapazität (Zahl der Kartons)
DB 207D	75,00	0,35	12	500
DB 409 D	110,00	0,50	15	800
MAN 8.150	150,00	0,75	20	1 250
DB 814	200,00	0,90	23	1 700

Der Preis für Dieselkraftstoff beträgt derzeit 1,00 DM je Liter.

Die für pfälzische Weine vorgesehene Abteilung im Lager des Weinhändlers reicht für 800 Kartons. Um sowohl diese Lagerkapazität als auch den Laderaum des gemieteten Lkws vom Typ DB 409 D voll auszulasten, wurden bisher bei jeder Bestellung 800 Kartons geordert.

Als Zins- und Lagerkostensatz nimmt er 20% p.a., bezogen auf den Wert des durchschnittlichen Lagerbestandes, an.

Dem Weinhändler werden bei Selbstabholung durchschnittlich 35 DM je Karton von der Winzergenossenschaft in Rechnung gestellt.

1. Der Weinhändler geht davon aus, dass die bisherige Bestellmenge von 800 Kartons, bei der sowohl die Lager- als auch die Transportkapazitäten voll ausgenutzt werden, am kostengünstigsten ist. Für die bisherige Bestellpolitik hat er nach der Formel

   ∅ Lagerbestand in DM × Lagerkostensatz + Zahl der Bestellungen × bestellfixe Kosten

   Lager- und bestellfixe Kosten in Höhe von 4 757,50 DM ermittelt.

   ● Überprüfen Sie die Auffassung des Weinhändlers, indem Sie die optimale Bestellmenge ermitteln. Ziehen Sie dabei auch die Möglichkeit in Betracht, einen kleineren Lkw (DB 207 D) mit einer Ladekapazität von 500 Kartons einzusetzen.

2. Die Winzergenossenschaft gewährt dem Weinhändler neuerdings einen Mengenrabatt entsprechend folgender Staffel:

Mindestabnahme (Zahl der Kartons)	∅ Preis je Karton (DM)
1	35,00
1000	31,50
1500	30,00

   ● a) Ermitteln Sie die optimale Bestellmenge und die dabei anfallenden Kosten unter Berücksichtigung der Rabattstaffel und der beschränkten Lagerkapazität.

   b) Für den Fall, dass das Eigenlager des Weinhändlers nicht ausreicht, besteht die Möglichkeit, ein Fremdlager in Anspruch zu nehmen. Die dafür anfallenden Kosten betragen 30% p.a., bezogen auf den Wert des durchschnittlichen Fremdlagerbestandes (= Lagerkostensatz für das Fremdlager).

   ● Wie verändert sich die optimale Bestellmenge, und welche Kosteneinsparung ergibt sich ggf. gegenüber 2.a)?

3. Aufgrund der Ausweitung des Sortiments steht künftig nur noch Lagerraum für 500 Kartons pfälzischen Weines zur Verfügung. Die Möglichkeit, ein Fremdlager in Anspruch zu nehmen (vgl. 2.b)) besteht nach wie vor.

   ● Prüfen Sie, ob es unter diesen Umständen kostengünstiger ist, auf das Fremdlager zu verzichten und unter Einsparung von Transportkosten lediglich 500 Kartons zu beschaffen.

4. Nach einer Sortimentsbereinigung steht wieder Lagerraum für 800 Kartons pfälzischen Weines zur Verfügung. Darüber hinaus besteht weiterhin die Möglichkeit, das Fremdlager zu den bisherigen Bedingungen zu nutzen. Da der Weinhändler sich zwischenzeitlich auf andere Weinsorten spezialisiert hat, ist er aber bereit, bei pfälzischem Wein auf eine ständige Lieferfähigkeit zu verzichten und seine Kunden

teilweise auf eine spätere Lieferung zu vertrösten (Verzugsmengen). Die durch diese Verzugsmengen entstehenden Kosten schätzt er auf 40% p.a., bezogen auf den Wert der durchschnittlichen Verzugsmengen (= Verzugskostensatz).

- a) Ermitteln Sie die optimale Bestellmenge und vergleichen Sie die sich dabei ergebenden Kosten mit den Ergebnissen von 2.b).

b) Da der Weinhändler Zweifel an der Genauigkeit des von ihm ermittelten Verzugskostensatzes hat, möchte er seinen *Servicegrad* – bei sonst gleichen Bedingungen wie unter 4.a) – keinesfalls unter 80% sinken lassen.

- Vergleichen Sie die sich bei diesem Mindest-*Servicegrad* ergebenden Kosten mit den Ergebnissen von 2.b) und 4.a).

Plan- und Interaktionsspiele zur Beschaffungsplanung

7.17 PC-INTERAKTIONSSPIEL DISPO 1: Beschaffungsplanung bei bekannten, aber schwankenden Bedarfsmengen

Der Bedarf einer Großhandlung bei einem bestimmten Artikel unterliegt saisonalen Schwankungen. Es wird mit folgender Verteilung des Jahresbedarfs von 1465 Stück auf die einzelnen Monate gerechnet:

Monat	01	02	03	04	05	06	07	08	09	10	11	12
Bedarf	140	130	120	110	100	90	100	115	125	135	145	155

Die Belieferung der Kunden erfolgt am Monatsanfang, sodass die Bedarfsmenge des jeweils aktuellen Monats keine Lagerkosten verursacht. Werden Bedarfsmengen für künftige Monate im voraus bestellt und auf Lager genommen, betragen die Lagerkosten 1,20 DM je Stück und Monat. Unabhängig von der Bestellmenge fallen bei jeder Bestellung fixe Kosten in Höhe von 200 DM an. Am Jahresanfang sind keine Lagerbestände vorhanden. Die Lieferung erfolgt ohne Zeitverzug sofort nach Bestellung. Die Großhandlung möchte jederzeit lieferfähig sein (Servicegrad 100%).

Als Leiter der Einkaufsabteilung stehen Sie am Jahresanfang vor der Aufgabe, die optimalen Bestellmengen und Bestellzeitpunkte für das kommende Jahr zu planen.

1. Spielrunde: Ausgangssituation

- Entscheiden Sie zu Beginn eines jeden Monats, wie viel Stück des Artikels bestellt werden sollen.

  Legen Sie noch vor der ersten Entscheidung eine Strategie fest, nach der Sie bei den Bestellentscheidungen vorgehen wollen.

- Vergleichen Sie am Jahresende die bei Ihren Entscheidungen angefallenen Gesamtkosten mit den Kosten, die bei der vom Computer ermittelten optimalen Lösung entstehen.

  In welchen Monaten haben Sie Fehlentscheidungen getroffen? Analysieren Sie die Ursachen.

2. Spielrunde: Unveränderte Bestell- und Lagerkosten bei veränderten Bedarfsmengen

Lassen Sie die Zahl der Planungsperioden sowie die Bestell- und Lagerkosten unverändert.

- Lassen Sie die erwarteten monatlichen Bedarfsmengen vom Computer nach dem Zufallsprinzip ermitteln.
- Entscheiden Sie zu Beginn eines jeden Monats, wie viel Stück des Artikels bestellt werden sollen.

- Vergleichen Sie am Jahresende die bei Ihren Entscheidungen angefallenen Gesamtkosten mit den Kosten, die bei der vom Computer ermittelten optimalen Lösung entstehen. Falls Ihre Lösung von der optimalen Lösung abweicht: Stellen Sie fest, in welchen Monaten Sie Fehlentscheidungen getroffen haben. Lag den Fehlentscheidungen ein Rechenfehler oder eine falsche Bestellstrategie zugrunde?
- Erläutern Sie, welche Einflussgrößen bei den monatlichen Entscheidungen berücksichtigt werden müssen, um die optimale Lösung zu erreichen.

3. Spielrunde: Veränderte Bestell- und Lagerkosten und veränderte Bedarfsmengen

- Legen Sie die Zahl der Planungsperioden sowie die Bestell- und Lagerkosten fest und geben Sie die Daten ein.
- Lassen Sie die erwarteten monatlichen Bedarfsmengen vom Computer nach dem Zufallsprinzip ermitteln.
- Entscheiden Sie zu Beginn eines jeden Monats, wie viel Stück des Artikels bestellt werden sollen.
- Vergleichen Sie Ihre Lösung mit der optimalen Lösung des Computers und analysieren Sie die Abweichungen.

7.18 PC-INTERAKTIONSSPIEL DISPO 2: Beschaffungsplanung bei ungewissen Bedarfsmengen

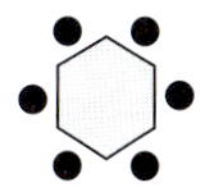

Eine Großhandlung hatte bei einer bestimmten Ware im vergangenen Jahr einen Bedarf von 3680 Stück, der sich auf die einzelnen Monate wie folgt verteilte:

Monat	01	02	03	04	05	06	07	08	09	10	11	12
Bedarf	200	375	480	150	410	250	120	115	350	370	420	440

Die Belieferung der Kunden erfolgt am Monatsanfang, sodass die Bedarfsmengen des jeweils aktuellen Monats keine Lagerkosten verursacht. Werden Bedarfsmengen für künftige Monate im voraus bestellt und auf Lager genommen, betragen die Lagerkosten 2,50 DM je Stück und Monat. Die Fehlmengenkosten für den Fall, dass der Lagerbestand zur Deckung des Bedarfs nicht ausreicht (Verlustmengen), betragen 7,50 DM je Stück und Monat. Unabhängig von der Bestellmenge fallen bei jeder Bestellung fixe Kosten in Höhe von 500 DM an.

Am Jahresanfang sind keine Lagerbestände vorhanden. Die Lieferung erfolgt ohne Zeitverzug sofort nach Bestellung. Aufgrund der Absatzstatistiken wird damit gerechnet, dass die Nachfrage in den einzelnen Monaten des laufenden Jahres um maximal 30% von der Nachfrage in den entsprechenden Monaten des letzten Jahres abweicht.

Als Leiter der Einkaufsabteilung haben Sie jeweils am Monatsanfang die Entscheidung zu treffen, ob und wie viel Stück bestellt werden sollen.

1. Spielrunde: Ausgangssituation

- Entscheiden Sie für einen Planungszeitraum von 12 Monaten zu Beginn eines jeden Monats, wie viel Stück des Artikels bestellt werden sollen.

Nach Eingabe der Bestellmenge erfahren Sie vom Computer die tatsächliche Nachfrage des jeweiligen Monats.

Legen Sie noch vor der ersten Entscheidung eine Strategie fest, nach der Sie bei den Bestellentscheidungen vorgehen wollen.

Der Computer macht ebenfalls einen Bestellvorschlag, der auf einem statistischen Verfahren zur Bedarfsvorhersage (Absatz – Prognosemodell) beruht.

- Stellen Sie am Jahresende fest, ob Ihre eigenen Entscheidungen oder die Bestellvorschläge des Computers zu einer kostengünstigeren Lösung geführt haben.
- Vergleichen Sie Ihre Bestellstrategie mit der des Computers.

2. Spielrunde: Unveränderte Bestell- und Lagerkosten bei veränderten Absatzmengen des Vorjahres

- Lassen Sie die Zahl der Vergangenheits- und Planungsperioden sowie die Bestell- und Lagerkosten unverändert.
- Lassen Sie die Bedarfsmengen für die letzten 12 Monate vom Computer nach dem Zufallsprinzip ermitteln.
- Entscheiden Sie zu Beginn eines jeden Monats, wie viel Stück des Artikels bestellt werden sollen.
- Stellen Sie am Jahresende fest, ob Ihre eigenen Entscheidungen oder die Bestellvorschläge des Computers zu einer kostengünstigeren Lösung geführt haben.
- Vergleichen Sie Ihre Bestellstrategie mit der des Computers.
- Es ist durchaus möglich, dass Ihre Entscheidungen zu einem kostengünstigeren Ergebnis führen als der Vorschlag des Computers. Wie ist das zu erklären?

3. Spielrunde: Veränderte Bestell- und Lagerkosten und veränderte Absatzzahlen des Vorjahres

- Legen Sie die Zahl der Vergangenheits- und Planungsperioden sowie die Bestell- und Lagerkosten fest und geben Sie die Daten ein.
- Lassen Sie die Bedarfsmengen für die vergangenen Perioden vom Computer nach dem Zufallsprinzip festlegen.
- Entscheiden Sie zu Beginn eines jeden Monats, wie viel Stück des Artikels bestellt werden sollen.
- Vergleichen Sie Ihre Bestellstrategie mit der des Computers. Lassen sich aus dem Vergleich Fehler bei der eigenen Bestellstrategie erkennen?
- Vergleichen Sie die Lösung des Computers mit der optimalen Lösung, die sich ergibt, wenn nachträglich die Bestellmengen auf der Grundlage der jetzt bekannten tatsächlichen Absatzmengen festgelegt werden.

  Warum ist es sehr unwahrscheinlich, dass der Computer unter den in allen 3 Spielrunden gegebenen Bedingungen diese optimale Lösung je erreicht?

7.19 PLANSPIEL: Beschaffungsplanung und Lagerhaltung bei der Getränkehandlung LEMCO

Sie sind Geschäftsführer eines Abholmarktes für Erfrischungsgetränke. Das Handelsgeschäft wird unter der Firmenbezeichnung **LEMCO** (Lemonade & Cola) **GmbH** betrieben. In Ihrem Sortiment führen Sie auch das Erfrischungsgetränk **ZITRUS.**

Die Spieldauer beträgt 10 Perioden. Jede Spielperiode entspricht dem Zeitraum einer Woche.

Zu Beginn jeder Periode (Woche) muss die Lager- und Bestellpolitik für das Erfrischungsgetränk **ZITRUS** festgelegt werden. Dazu sind folgende Entscheidungen zu treffen:

1. Soll das Erfrischungsgetränk ZITRUS erneut bestellt werden?
2. Für den Fall, dass eine Bestellung aufgegeben werden soll:
   Wie viele Kisten sollen bestellt werden?

Ihr Ziel ist es, unter Beachtung der Lieferfähigkeit die Lager- und Beschaffungskosten möglichst gering zu halten und einen möglichst hohen Gewinn zu erzielen.

Ausgangssituation bei der LEMCO GmbH

1. Beschaffung

Der Abfüllbetrieb bietet Ihnen für das Erfrischungsgetränk ZITRUS (Kasten mit 12 Fl. à 1 Liter) folgende Rabattstaffel an:

Abnahmemenge	Preis je Kasten (DM)
1 – 199 Kästen	8,00
200 – 399 Kästen	7,00
400 – 699 Kästen	6,00
700 und mehr	5,00

Die Lieferfrist beträgt eine Woche. Die in der ersten Woche bestellten Kästen stehen somit erst zu Beginn der zweiten Woche zum Verkauf zur Verfügung.

Bei jeder fristgerechten Bestellung (Lieferzeit 1 Woche) fallen noch in derselben Woche Bestellkosten in Höhe von 50 DM an.

Reicht der Lagerbestand zur Befriedigung der Nachfrage nicht aus, können Sie eine Eilbestellung aufgeben. In diesem Fall liefert der Abfüllbetrieb bei einer Mindestabnahme von 100 Kästen sofort aus, sodass Sie noch in derselben Woche liefern und den Nachfrageüberhang decken können. Bei einer solchen Eilbestellung stellt der Abfüllbetrieb jedoch einheitlich 10 DM je Kasten in Rechnung. Außerdem fallen für jeden Eilauftrag Bestell- und Lieferkosten in Höhe von 200 DM an.

Wird auf die Erteilung von Eilaufträgen verzichtet, sind die aufgrund der eingeschränkten Lieferfähigkeit entgangenen Aufträge dieser Woche verloren; es entstehen Verlustmengen. Eine Nachlieferung in der nächsten Woche ist ausgeschlossen. In einem solchen Fall muss damit gerechnet werden, dass Sie auf Dauer einige Stammkunden, deren Nachfrage Sie nicht befriedigen konnten, an die Konkurrenz verlieren. Um den möglichen Umsatzeinbußen vorzubeugen, müssen Sie in einem solchen Fall zusätzliche Werbemaßnahmen ergreifen. Die dafür anfallenden Kosten betragen 1 DM für jeden nicht gelieferten Kasten. Diese Kosten fallen in der folgenden Woche an und sind unumgänglich.

Der Bestand zu Beginn der ersten Woche beträgt 500 Kästen mit einem Einstandspreis von 6 DM je Kasten.

2. Lager

Die Lagerkosten betragen wöchentlich 2 DM je Kasten, bezogen auf den durchschnittlichen Lagerbestand der Woche.

$$\text{Lagerkosten (DM)} = \frac{\text{Anfangsbestand (Kästen)} + \text{Endbestand (Kästen)}}{2} \times 2$$

3. Absatz

Die wöchentliche Absatzmenge ist stark witterungs- und saisonabhängig. Außerdem spielt die Preisgestaltung der Konkurrenz eine Rolle. Aus Ihrer Umsatzstatistik ist jedoch zu ersehen, dass in einer Woche i.d.R. nicht weniger als 250 Kästen und nicht mehr als 500 Kästen verkauft werden können. Außerdem lässt die Umsatzstatistik den Schluss zu, dass die Absatzmenge der nächsten Woche maximal um 30% von der Absatzmenge der laufenden Woche abweicht. Eine Absatzmenge von 380 Kästen in der gerade abgelaufenen Woche würde damit beispielsweise bedeuten, dass in der folgenden Woche mindestens 266 Kästen (– 30%) und höchstens 494 Kästen (+ 30%) verkauft werden.

4. Verkaufspreis

Der Verkaufspreis beträgt einheitlich für jeden Kasten 10 DM und wird nicht verändert.

5. Verwaltungskosten

In jeder Woche fallen anteilige Verwaltungskosten in Höhe von 100 DM an.

6. Ergebnisermittlung

Für die Ergebnisermittlung ist der Wareneinsatz (Umsatz zu Einstandspreisen) zu berechnen. Aufgrund des Mengenrabatts gibt es unterschiedliche Einstandspreise (5 DM, 6 DM, 7 DM, 8 DM oder – bei Eillieferung – 10 DM). Daher erfolgt die Bewertung des Wareneinsatzes und der Lagerbestände zu gewogenen Durchschnittspreisen:

$$\text{durchschnittlicher Einstandspreis der laufenden Woche} = \frac{\left(\begin{matrix}\text{Anfangsbestand}\\ \text{der Woche}\\ \text{(Kästen)}\end{matrix} \times \begin{matrix}\text{durchschnittlicher}\\ \text{Einstandspreis}\\ \text{der Vorwoche}\end{matrix}\right) + \left(\begin{matrix}\text{erhaltene Lieferung}\\ \text{der Woche}\\ \text{(Kästen)}\end{matrix} \times \begin{matrix}\text{Einstandspreis}\\ \text{je Kasten}\end{matrix}\right) + \left(\begin{matrix}\text{erhaltene Eillieferung}\\ \text{der Woche}\\ \text{(Kästen)}\end{matrix} \times 10\right)}{\text{Anfangsbestand + Liefermenge (einschl. Eillieferungen)}}$$

Ermittlung des Wareneinsatzes (Umsatz zu Einstandspreisen):

Wareneinsatz = Verkaufte Menge (Kästen) × durchschnittlicher Einstandspreis der lfd.Woche

Spielablauf

1. Entscheidungsprozess

- Entscheiden Sie zu Beginn einer jeden Woche (Spielrunde), ob und ggf. wie viele Kästen ZITRUS Sie bestellen wollen.
- Tragen Sie die Bestellmenge in das Entscheidungsblatt ein.
- Tragen Sie ein, ob Sie im Bedarfsfall einen Eilauftrag erteilen wollen oder nicht.
- Tragen Sie ab der zweiten Spielperiode auch den von Ihnen ermittelten Gewinn/Verlust der vorangegangenen Woche als Kontrolle für den Spielleiter in das Entscheidungsblatt ein.
- Geben Sie das ausgefüllte Entscheidungsblatt beim Spielleiter ab.

2. Auswertung durch den Spielleiter

- Der Spielleiter ermittelt, wie viele Kästen ZITRUS Sie in der laufenden Woche absetzen können.[1]
- Vom Spielleiter erhalten Sie das ausgefüllte Entscheidungsblatt zurück.

3. Ergebnisermittlung

- Ermitteln Sie mit Hilfe des Ergebnisblatts 1 (Lagerbestände – Lagerkosten – Wareneinsatz) und des Ergebnisblatts 2 (Ergebnisrechnung) das Wochenergebnis (Gewinn/Verlust).
- Berücksichtigen Sie die Erfahrungen und Ergebnisse dieser Spielrunde bei der nächsten Entscheidungsfindung.

---

1 Für den Spielleiter steht ein Computerprogramm (Bestell-Nr. 88013) zur Verfügung. Damit wird die Nachfrage durch Zufallszahlen ermittelt. Außerdem wird mit diesem Programm die Berechnung und Auswertung der Ergebnisse unterstützt.

Das Planspiel kann auch ohne Spielleiter und Computerprogramm durchgeführt werden. Dazu ist wie folgt zu verfahren:

Zu Beginn jeder Spielrunde (Woche) entscheiden die einzelnen Gruppen über die Bestellmenge für das Erfrischungsgetränk ZITRUS und tragen das Ergebnis in das Entscheidungsblatt ein. Danach wird die Absatzmenge nach dem Zufallsprinzip mit Hilfe dreier Würfel ermittelt. Nach einem Wurf wird die Summe der geworfenen Punkte mit dem Faktor 2 multipliziert. Das Ergebnis gibt die Nachfrageveränderung in % gegenüber der Vorwoche an (z.B. (5 + 3 + 4) × 2 = 24%). Ist die ermittelte Prozentzahl größer als 30% (beim Wurf von drei Sechsen), beträgt die Änderung trotzdem nur 30%. Durch einen Wurf mit einem Würfel wird danach ermittelt, ob der Absatz zu- oder abnimmt (z.B. gerade Zahl = Zunahme, ungerade Zahl = Abnahme).

4. Auswertung am Ende des Spiels

Während der zehn Spielrunden haben die konkurrierenden Gruppen Entscheidungen mit dem Ziel getroffen, das bestmögliche Ergebnis zu erzielen. Am Spielende sollen die Gewinn- und Kostenentwicklung der einzelnen Unternehmen in tabellarischer und/oder grafischer Form verglichen und die Ursachen für abweichende Ergebnisse festgestellt werden.

Entscheidungsblatt

Lösungsblatt

(Muster! Sie erhalten vom Spielleiter einen Vordruck.) Unternehmen Nr. ...

1. Tragen Sie Ihre Bestellmenge für die Lieferung in der nächsten Woche ein.

Woche	1	2	3	...	10
Bestellmenge (Kästen)					

2. Tragen Sie ein, ob Sie im Falle zu geringer Lagerbestände einen Eilauftrag erteilen wollen. Geben Sie danach das ausgefüllte Entscheidungsblatt beim Spielleiter ab.

Woche	1	2	3	...	10
Eilauftrag (Ja/Nein)					

3. Der Spielleiter trägt hier die Absatzmenge ein und gibt Ihnen dann das Entscheidungsblatt zurück.

Woche	1	2	3	...	10
Absatzmenge (vom Spielleiter ermittelt)					

4. Tragen Sie als Kontrolle für den Spielleiter ab der zweiten Woche das von Ihnen ermittelte Ergebnis (Gewinn/Verlust) der Vorwoche ein.

Woche	1	2	3	...	10
Gewinn/Verlust in DM					

Ergebnisblatt 1

Lösungsblatt

Lagerbestände – Lagerkosten – Wareneinsatz Unternehmen Nr. ...

Woche	1	2	3		10
Nachfrage (Kästen) (wird vom Spielleiter festgelegt)					
Anfangsbestand (AB) = EB aus der Vorwoche (Kästen)	500				
+ Liefermenge (= Bestellmenge der Vorwoche)	0				
+ Eillieferung (Kästen)					
= Angebotsmenge	500				
– Absatzmenge (= Nachfragemenge, aber max. Angebotsmenge)					
(Lager) Endbestand (EB) (Kästen)					
Fehlmengen (Kästen)					
Lagerkosten (DM) (AB + EB) / 2 × 2,00					
durchschnittlicher Einstandspreis (DM)					
Wareneinsatz (DM)					

Ergebnisblatt 2

Ermittlung des Periodenergebnisses (in DM) Unternehmen Nr. …

Woche	1	2	3	…	10
Umsatzerlöse					
Wareneinsatz					
+ Bestellkosten für fristgerechte Bestellung					
+ zusätzliche Bestellkosten für Eilbestellung					
+ Werbekosten (= Fehlmenge der Vorwoche × 1)					
+ Lagerkosten					
+ Verwaltungskosten					
= Gesamtkosten					
Ergebnis (+ = Gewinn; – = Verlust)					
Summe der Wochenergebnisse					

Angebotsvergleich und Liefererauswahl

7.20 Angebotsvergleich anhand des Einstandspreises

Die **Microtec GmbH** stellt elektronische Steuerungsgeräte her. Für ein neu entwickeltes Gerät wird ein bestimmtes Bauteil benötigt, das von einem Zulieferer bezogen werden muss. Die **Microtec GmbH** holt daher folgende drei Angebote ein:

Angebot 1: Mayer KG

Stückpreis 22 DM; 5% Mindermengenzuschlag bei Bestellung von weniger als 200 Stück, Mengenrabatt von 5% ab 1000 Stück, Lieferung frei Haus, 2% Skonto bei Zahlung innerhalb von 14 Tagen

Angebot 2: Electronics GmbH

Stückpreis 23 DM, Mengenrabatt von 15% ab 1000 Stück, Verpackungskosten je 100 Stück 10 DM, Lieferung frei Haus

Angebot 3: Unisys GmbH

Stückpreis 25 DM, Mengenrabatt von 20% ab 1000 Stück, bei Bestellmengen unter 500 Stück Fracht- und Verpackungskostenpauschale in Höhe von 100 DM, 3% Skonto bei Zahlung innerhalb von 14 Tagen

Hinsichtlich Qualität und Liefererverhalten (Pünktlichkeit, Kulanz etc.) bestehen keine Unterschiede zwischen den drei Anbietern.

● 1. Da noch ungewiss ist, wie viel Bauteile die **Microtec GmbH** monatlich benötigt, soll der Einstandspreis pro Stück unter Ausnutzung von Skonto für folgende alternativen Beschaffungsmengen ermittelt werden: 100 Stück, 500 Stück und 1000 Stück. Benutzen Sie dazu eine Tabelle nach folgendem Muster:

	Mayer KG			**Electronics GmbH**			**Unisys GmbH**		
Bestellmenge	100	500	1000	100	500	1000	100	500	1000
Stückpreise									
Listenpreis									
– Rabatt									
+ Zuschläge									
= Zieleinkaufspreis									
– Skonto									
= Bareinkaufspreis									
+ Verpackung									
+ Transport									
= Einstandspreis									

2. Die **Microtec GmbH** entscheidet sich nicht für diejenige Bestellmenge, bei der der Einstandspreis am niedrigsten ist. Welche Gründe kann das haben?

7.21 FALLSTUDIE[1]: Angebotsvergleich und Liefererauswahl – Entscheidungsbewertungstabelle

Lösungsblatt

Ein Büromaschinen- und Computergroßhändler möchte sein Sortiment mit Personal-Computern der oberen Preisklasse abrunden. Er geht davon aus, dass er monatlich 50 Computer in diesem Marktsegment absetzen kann. Es liegen Angebote von drei Herstellern vor, mit denen bereits Geschäftsbeziehungen bei Computern anderer Größenklassen bestehen. Die Lieferbedingungen der drei Herstellerangebote lauten folgendermaßen:

1. Angebot: Simquick (Deutschland)

Mindestmenge: 10 Stück; Stückpreis 6000 DM; je 10 Stück Verpackungskosten in Höhe von 100 DM, 10 % Rabatt ab 40 Stück

2. Angebot: Compair (Japan)

Mindestmenge 50 Stück; Stückpreis 5400 DM frei Haus; bei Bezahlung innerhalb von 10 Tagen 2% Skonto

3. Angebot: Olinetto (Italien)

Stückpreis 5300 DM; je 10 Stück wird eine Verpackungs- und Transportkostenpauschale von 100 DM berechnet.

Der Leiter der Einkaufsabteilung beauftragt seinen Assistenten, die bisherigen Erfahrungen mit den drei Lieferern in einem Bericht zusammenzufassen und darin auch andere Informationen, die für die Entscheidungsfindung von Wichtigkeit sein können, aufzunehmen. Im folgenden sind Auszüge aus diesem Bericht wiedergegeben.

Simquick (Deutschland)

Die Abwicklung der bisherigen Lieferungen erfolgte zur vollen Zufriedenheit. Liefertermine werden genau eingehalten und die Lieferfristen sind sehr kurz. Die Qualität wird mit »gut« bewertet, was auch Untersuchungen der Stiftung Warentest bestätigt haben. Das Design ist etwas bieder, aber funktional. Bei berechtigten

[1] Die Fallstudie ist angelehnt an: Ministerium für Kultus und Sport Baden-Württemberg, Modellversuch Fallstudien und Planspiele (FLAPS): »Entscheidung Abraham« von E. Liebhardt und G. Portune, Stuttgart 1979. Mit Genehmigung des MKS Stuttgart.

Reklamationen erfolgt eine kurzfristige Garantieabwicklung. Alle Ersatzteile sind stets vorrätig und werden kurzfristig geliefert. Die technische Beratung ist einwandfrei.

Der Hersteller genießt auf dem deutschen Markt ein gutes Image, obwohl seine Marktstellung etwas schwächer als die der beiden ausländischen Konkurrenten ist. Das dem Handel zur Verfügung gestellte Prospektmaterial des Herstellers ist allerdings wenig informativ. Gezielte Werbemaßnahmen, die auf den Endverbrauch ausgerichtet sind, werden vom Hersteller nur in geringem Umfang durchgeführt.

Compair (Japan)
Die deutsche Niederlassung dieses japanischen Herstellers ist mit deutschsprachigen Fachleuten, die technisch versiert sind und eine gute Beratung leisten, besetzt. Reklamationen werden großzügig und äußerst kulant abgewickelt. Ersatzteile sind in Deutschland stets vorrätig und werden kurzfristig geliefert. Der Hersteller hat in Deutschland bei mehreren seiner Produkte eine bedeutende Marktstellung und ein gutes Image. Speziell für die Computer der oberen Preisklasse plant der Hersteller innerhalb der nächsten 6 Monate einen intensiven Werbefeldzug, da er in diesem Marktsegment bisher in Deutschland noch nicht so stark vertreten ist. Dem Handel wird informatives Prospekt- und Werbematerial zur Verfügung gestellt.

Die Produkte weisen eine anerkannt gute Qualität auf. Das Design ist auffallend und ansprechend. Die Bestellungen werden ausschließlich über die deutsche Niederlassung abgewickelt und wurden bisher zufriedenstellend ausgeführt. Die Lieferzeiten sind etwa doppelt so lang wie bei dem deutschen Anbieter. Die zugesagten Liefertermine werden aber immer pünktlich eingehalten.

Olinetto (Italien)
Der Hersteller kann, obwohl er ausschließlich Produktionsstätten in Italien hat, kurzfristig liefern. Die Qualität der Produkte ist gut. Im Vergleich zu den anderen Anbietern ist Olinetto aber für sein hervorragendes und ausgefallenes Design bekannt. Der Hersteller hat in Deutschland eher das Image eines »Billiganbieters«. Er verfügt aufgrund seiner Preisgestaltung über eine bedeutende Marktstellung.

Bei der Abwicklung der Bestellungen treten gelegentlich Sprachschwierigkeiten und damit zusammenhängende Falschlieferungen auf. Reklamationen werden hingegen von einem deutschsprachigen Kundendienst bearbeitet, der auch die technische Beratung einwandfrei vornimmt. Die Garantieabwicklung erfolgt aber manchmal etwas schleppend und mit vielen Rückfragen. Ersatzteile haben eine lange Lieferfrist. Außerdem können die vereinbarten Liefertermine aufgrund gelegentlicher Streiks manchmal nicht eingehalten werden. Von der Werbeabteilung des Herstellers ist bekannt, dass sie um aktive Verkaufspolitik bemüht ist und den Händlern hervorragende Unterstützung gewährt. Auch die Endverbraucher werden durch intensive Werbemaßnahmen vom Hersteller direkt angesprochen.

Auf der Basis des vorliegenden Berichts will der Leiter der Einkaufsabteilung der Geschäftsführung einen Vorschlag machen, bei welchem Lieferer die Computer künftig bezogen werden sollen. Der aus den Angeboten ermittelbare Einstandspreis soll dabei zunächst eine untergeordnete Rolle spielen und nur dann als zusätzliche Entscheidungshilfe herangezogen werden, wenn sonst keine eindeutige Lösung gefunden werden kann.

Vorgehensweise:[1]

1. Aus dem **Bericht** werden geeignete Kriterien ausgewählt, anhand derer die drei Hersteller verglichen werden können (z.B. Lieferzeit, Garantieabwicklung, Qualität usw.). Die Kriterien werden in die erste Spalte der Entscheidungsbewertungstabelle eingetragen.
2. Die ausgewählten Kriterien werden nach ihrer Bedeutung mit Gewichtungspunkten (W) von 1 bis 10 in der zweiten Spalte der Entscheidungsbewertungstabelle versehen.
   Dabei müssen nicht alle Gewichtungspunkte von 1 bis 10 vergeben werden. Es können auch mehrere Kriterien gleiche Punktzahlen aufweisen.

[1] Vgl. dazu auch Aufgabe
5.01 FALLSTUDIE: Standortwahl eines Unternehmens – Entscheidungsbewertungstabelle

3. Die Ausprägung der einzelnen Kriterien bei den drei Herstellern wird in den Spalten B mit Punkten von 0 bis 3 bewertet. Dabei ist folgende Bewertungstabelle zu benutzen:

sehr gute Ausprägung (sehr hoher Nutzen)	*= 3 Bewertungspunkte*
gute Ausprägung (hoher Nutzen)	*= 2 Bewertungspunkte*
mäßige Ausprägung (geringer Nutzen)	*= 1 Bewertungspunkt*
schwache oder keine Ausprägung (kein Nutzen)	*= 0 Bewertungspunkte*

4. Die Gewichtungspunkte (W) werden mit den Bewertungspunkten (B) multipliziert. Für jeden Hersteller ist die Summe aus den Ergebnissen W × B zu ermitteln.

		Simquick		Compair		Olinetto	
Entscheidungskriterien	W	B	G = W × B	B	G = W × B	B	G = W × B
1.							
2.							
usw.							
Summe							

Aus den vorliegenden Angeboten wird jeweils der Einstandspreis je Stück ermittelt. Dabei ist eine Bestellmenge von 50 Stück zugrunde zu legen und davon auszugehen, dass der Großhändler den Skontoabzug nutzt.

	Simquick	Compair	Olinetto
Bestellmenge	50 Stück	50 Stück	50 Stück
Stückpreise			
Listenpreis			
– Rabatt			
+ Zuschläge			
= Zieleinkaufspreis			
– Skonto			
= Bareinkaufspreis			
+ Verpackung			
+ Transport			
= Einstandspreis			

ABC-Analyse als Hilfsmittel der Beschaffungsplanung

7.22 ABC-Analyse als Grundlage für Wirtschaftlichkeitsuntersuchungen im Bereich der Lagerhaltung

Lösungsblatt

Bei der **Schneider GmbH**, einem Holz verarbeitenden Betrieb, konnten in letzter Zeit des öfteren Aufträge nicht termingerecht fertiggestellt werden. Teilweise war das dadurch bedingt, dass benötigte Holzfurniere nicht in ausreichender Menge am Lager waren und erst mit Verspätung beschafft werden konnten. Dem Einkaufsleiter, Herrn **Mayer,** wird daraufhin von der Geschäftsleitung vorgehalten, die Materialbestellungen nicht rechtzeitig vorgenommen zu haben. Herr **Mayer** betont demgegenüber, er habe lediglich die Anordnung der Geschäftsleitung befolgt, die Lagerbestände so niedrig wie möglich zu halten, um dadurch Kapitalbindung und Lagerkosten zu verringern. Außerdem seien die Lagerbestandslisten, die ihm für seine Bestellungen zur Verfügung stehen, nicht immer auf dem neuesten Stand. Die eigentliche Ursache sieht der Einkaufsleiter aber darin, dass er und die ihm in seiner Abteilung zugeteilte Hilfskraft mit der Abwicklung der gesamten Materialbeschaffung (u.a. Marktbeobachtung, Liefererauswahl, Verhandlungsführung, Bestellungen, Termin- und Qualitätskontrolle) zeitlich überfordert seien. Insbesondere die termingerechte Beschaffung der vielfältigen Kleinmaterialien (Leisten, Schrauben, Nägel, Dübel, Klebstoff etc.) nehme so viel Zeit in Anspruch, dass kaum Möglichkeiten bestünden, sich intensiv mit der Beschaffung der Holzfurniere zu befassen. Nachdem die Geschäftsleitung deutlich gemacht hat, dass an eine personelle Ausweitung der Einkaufsabteilung durch einen zusätzlichen Mitarbeiter nicht zu denken ist, wird Herr **Mayer** beauftragt zu prüfen, bei welchen Materialien möglicherweise durch eine Rationalisierung des Beschaffungsvorganges Zeit eingespart werden kann.

Grundlage für die Überprüfung der Materialarten soll eine ABC-Analyse sein. Dazu werden zunächst alle Lagergüter in eine absteigende Rangfolge in Abhängigkeit von ihrem Jahresverbrauchswert gebracht und dann den drei Gruppen A, B und C zugeteilt. Von den Gütern mit den höchsten Jahresverbrauchswerten werden so viele der Gruppe A zugeordnet, bis ihr Anteil zusammen 75% des Gesamtverbauchswertes ausmacht. Von den nächsten Materialarten werden so viele der Gruppe B zugeordnet, bis ihr Anteil zusammen 20% des Gesamtverbrauchswertes beträgt. Zur Gruppe C gehören die restlichen Güter, deren Anteil am Gesamtverbrauchswert sich zusammen auf 5% beläuft.

Zur Durchführung der ABC-Analyse stellt der Einkaufsleiter auf der Basis der Zahlen aus dem letzten Jahr zunächst für 10 der zahlreichen Lagergüter folgende Tabelle zusammen:

Lagergüter	Mengenmäßiger Verbrauch im letzten Jahr (Stück je handelsüblicher Mengeneinheit)	Preis pro Mengeneinheit (DM)	Jahresverbrauchswert	%-Anteil am Gesamtverbrauchswert	Rangordnung (nach dem %-Anteil) am Gesamtverbrauchswert (DM)
Pressspanplatten	30 000	6,75	202 500	9,0%	4
Sperrholzplatten	30 000	6,00	180 000	8,0%	5
Kunststofffurnier	16 500	15,00	247 500	11,0%	3
Metallschienen	3 000	6,75	20 250	0,9%	10
Schrauben (Kartons)	4 500	15,00	67 500	3,0%	6
Eichefurnier	30 000	33,00	990 000	44,0%	1
Mahagonifurnier	6 000	75,00	450 000	20,0%	2
Metallrollen	3 000	8,75	24 750	1,1%	8
Klebstoff (Gebinde)	12 000	3,75	45 000	2,0%	7
Beschläge	15 000	1,50	22 500	1,0%	9
Summe			**2 250 000**	**100,0%**	

● 1. Ermitteln Sie nach dem Schema des folgenden Tabellenmusters die A-, B- und C-Güter.

Lagergut, geordnet nach der Größe des Verbrauchswertes	Wert des Verbrauchs im Jahr (DM)	Verbrauchswert in % des Gesamtverbrauchswertes	Summierte (kumulierte) Verbrauchswerte in %	Gruppe

2. Auf der Basis der Zahlenwerte aus der Tabelle erstellt der Einkaufsleiter folgende Grafik:

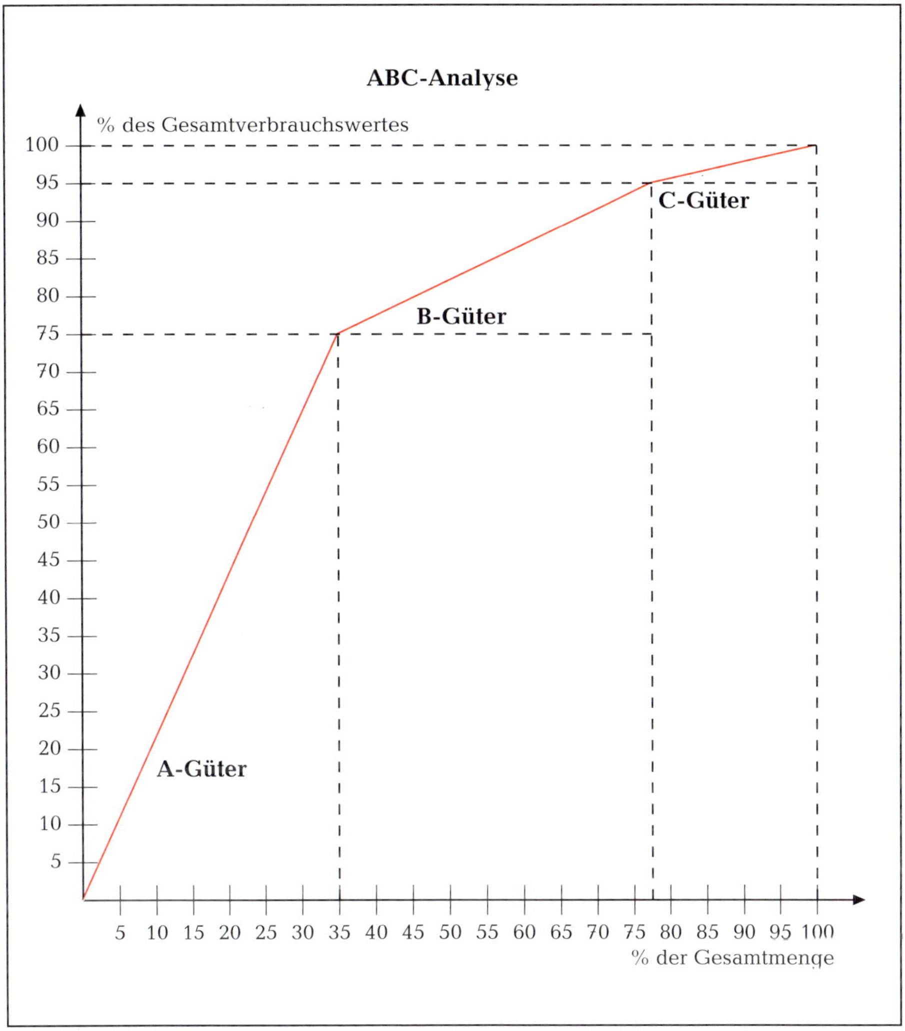

- Interpretieren Sie die Ergebnisse der ABC-Analyse anhand der Tabelle und der Grafik.
- 3. Erläutern Sie, inwieweit die ABC-Analyse als Grundlage für die Lösung der Beschaffungsprobleme bei der **Schneider GmbH** dienen kann und welche Maßnahmen ergriffen werden sollten.

7.23 ABC-Analyse als Grundlage für Entscheidungen im Beschaffungsbereich – Portfolio-Analyse

Lösungsblatt

In einem Industriebetrieb soll die Materialbeschaffung neu organisiert werden. Der Betrieb benötigt für seine Produktion mehrere Hundert verschiedene Materialarten. Die folgende Tabelle stellt einen kleinen Auszug aus der gesamten Materialliste dar und wurde auf der Basis der Einkaufsstatistik des Vorjahres erstellt.

Nr.	Materialart	Verbrauch Menge pro Jahr	Bezugspreis je Stück
1	Unterlegscheiben	100 000	0,05
2	Schrauben/Muttern	40 000	0,07
3	Scharniere	8 000	0,15
4	Dichtungen	30 000	0,15
5	Schellen	5000	0,20
6	Halterungen	2 000	1,60
7	Gleitringe	12 000	3,50
8	Zahnräder	700	20,00
9	Wellen	3 500	40,00
10	Lagerböcke	350	80,00
11	Kupplungen	50	600,00
12	Antriebe	5	2 000,00

Die Materialarten 1 bis 12 sollen nach abnehmenden Verbrauchswerten geordnet und in die Gruppen A, B und C eingeteilt werden. Dabei gelten folgende Zuordnungskriterien:

Gruppe A: Materialien mit den höchsten Verbrauchswerten, die zusammen bis zu 75% des Gesamtverbrauchswertes ausmachen.

Gruppe B: Materialien mit mittleren Verbrauchswerten, die zusammen bis zu 20% des Gesamtverbrauchswertes ausmachen.

Gruppe C: Materialien mit den niedrigsten Verbrauchswerten, die zusammen bis zu 5% des Gesamtverbrauchswertes ausmachen.

● 1. Ordnen Sie die 12 Materialarten den drei Gruppen A, B und C zu.

2. »Die ABC-Analyse beruht auf der Erkenntnis, dass häufig relativ geringe Materialmengen einen großen Anteil am Gesamtwert der Materialien haben.«

● Überprüfen Sie diese Aussage für den vorliegenden Fall, indem Sie den mengenmäßigen Anteil der einzelnen Gruppen ihrem wertmäßigen Anteil in folgender Form gegenüber stellen:

Gruppe	Anteil an der Gesamtmenge (%)		Anteil am Gesamtverbrauch (%)	
	je Gruppe	insgesamt	je Gruppe	insgesamt
A				
B				
C				

● 3. Stellen Sie die Ergebnisse der ABC-Analyse auf der Basis der unter 2. erstellten Tabelle grafisch dar. Benutzen Sie dabei die Abbildung in Aufgabe 7.22 als Vorlage.

● 4. Welche Änderung ergibt sich bei der ABC-Analyse, wenn statt der bisherigen Dichtungen die gleiche Menge qualitativ hochwertigerer Dichtungen mit einem Einstandspreis von 1,00 DM je Stück verwendet wird?

● 5. Auf der Basis der ABC-Analyse trifft die Unternehmensleitung folgende Maßnahmen. Beurteilen Sie, für welche der drei Materialgruppen die Maßnahme jeweils gilt und begründen Sie Ihre Meinung.

a) Die Materialien werden nur vom Leiter der Materialwirtschaft oder von erfahrenen Einkäufern disponiert.

b) Konditionen und Preise der Materialien sind ständig dem zuständigen Einkaufsleiter zur Prüfung vorzulegen. Außerdem ist die Marktanalyse und die Marktbeobachtung für diese Materialien zu intensivieren.

c) Die Einkaufsverantwortung für die Materialien kann auf Sachbearbeiterebene (mittelmäßig qualifizierte Mitarbeiter) delegiert werden.

d) Die Materialien werden in größeren Mengen auf Vorrat bestellt (= hohe Sicherheitsbestände). Der Materialbedarf wird dabei aus dem Verbrauch in der Vergangenheit abgeleitet (verbrauchsgesteuerte Disposition).

e) Die Eingangsrechnungen für die Materialien werden schnellstens zur Zahlung angewiesen.

f) Die Bestellmengen der Materialien werden möglichst klein gewählt. Nach Möglichkeit ist die Beschaffung erst dann vorzunehmen, wenn die Materialien tatsächlich für die Produktion benötigt werden (fertigungssynchrone Beschaffung).

g) Sofern nicht langfristige Lieferverträge bestehen, sind vor jeder Bestellung mindestens drei Angebote einzuholen.

h) Die Materialien werden nur gegen Materialentnahmeschein aus dem Lager abgegeben.

i) Die Materialien werden unkontrolliert gelagert, sodass Mitarbeiter die Materialien eigenständig und ohne Nachweis entnehmen können.

6. Obwohl die Unternehmensleitung eine ABC-Analyse hat durchführen lassen und die unter 5. genannten Änderungen in der Beschaffungsorganisation vorgenommen wurden, kommt es eines Tages zum Produktionsstillstand, weil ein dringend benötigtes Teil aus der C-Gruppe nicht am Lager ist und kurzfristig nicht beschafft werden kann.

   a) Der Leiter der Produktionsabteilung weist darauf hin, dass das betreffende Teil vor der Umorganisation im Beschaffungsbereich immer in ausreichender Menge am Lager verfügbar gewesen sei. Er behauptet, die ABC-Analyse und die daraus abgeleiteten Maßnahmen seien die Ursache für das aufgetretene Problem. Nehmen Sie dazu Stellung.

   b) Wie könnten derartige Probleme künftig vermieden werden, ohne die aus der ABC-Analyse abgeleiteten Maßnahmen rückgängig zu machen?

7. Es wird vorgeschlagen, die Materialien nicht nur nach ihrem wert- und mengenmäßigen Verbrauch zu ordnen, wie dies im Rahmen der ABC-Analyse geschieht, sondern zusätzlich auch eine Einteilung nach dem Betriebsrisiko (= Bedeutung der einzelnen Materialien für den Produktionsprozess) bzw. nach dem Beschaffungsrisiko (= Möglichkeit einer kurzfristigen Beschaffung) vorzunehmen. Dazu soll die untenstehende Darstellung (Portfolio-Analyse) benutzt werden:

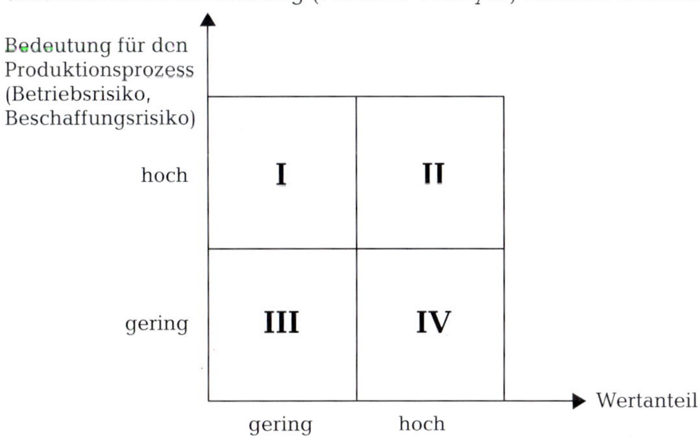

   a) Welchem Feld ist die unter 6. erwähnte Materialart aus der Gruppe C zuzuordnen, deren Fehlen zum Produktionsstillstand geführt hat?

   b) Welchem Feld sind die Kupplungen zuzuordnen?

   c) Welchen Feldern sind die Materialien zuzuordnen, für die folgende Beschaffungsstrategien gelten?

Beschaffungsstrategien

Strategie A: Routinebeschaffung

Bei den Werkstoffen handelt es ich um billige Massenware mit geringem Anteil am Gesamtwert der verbrauchten Werkstoffe. Einige Beschaffungsaktivitäten können rationalisiert werden (z.B. Bestellvorgang), andere können ganz entfallen (z.B. Angebotsvergleich, Qualitätskontrolle). Insgesamt kann die Beschaffung in regelmäßigen Abständen routinemäßig vorgenommen werden. Aus Rationalisierungsgründen ist es u.U. sinnvoll, sich auf einen Lieferer zu konzentrieren, da diese Werkstoffe kaum Preis- und Qualitätsdifferenzen bei verschiedenen Lieferern aufweisen.

Strategie B: Ausnutzung von Marktchancen und Wettbewerbsdruck auf dem Beschaffungsmarkt

Bei den Werkstoffen handelt es sich um leicht zu beschaffende, genormte Werkstoffe, die einen hohem Anteil am Gesamtwert der verbrauchten Werkstoffe aufweisen. Der Wechsel von einem Lieferer zum anderen ist leicht möglich und zuweilen sinnvoll, um aufgrund von Angebotsvergleichen Marktchancen auf dem Beschaffungsmarkt auszuschöpfen. Es sollte versucht werden, die Marktmacht als Nachfrager auszunutzen (aggressive Einkaufspolitik) und z.B. Lagerhaltung und Qualitätskontrolle auf den Lieferer abzuwälzen.

Strategie C: Sicherheitsbeschaffung

Es handelt sich um uneinheitliche, technisch anspruchsvolle, nicht genormte Werkstoffe mit geringem Anteil am Gesamtverbrauchswert, aber großer Bedeutung für den Produktionsablauf. Um einen Produktionsstillstand zu vermeiden, müssen Sicherheitsbestände am Lager gehalten werden. Wegen ihres Charakters als Spezialteile ist ein häufiger und kurzfristiger Liefererwechsel nicht sinnvoll. Vielmehr sollte versucht werden, langfristige Lieferverträge abzuschließen und eine Partnerschaft mit einem oder wenigen Lieferern aufzubauen (Liefererpflege).

Strategie D: Kooperation mit Lieferern

Es handelt sich um technisch anspruchsvolle Werkstoffe mit großem Anteil am Gesamtwert der verbrauchten Werkstoffe. Die Herstellung und Beschaffung kann nur in enger technischer Zusammenarbeit zwischen Lieferer und Kunden erfolgen (z.B. Spezialanfertigungen nach Kundenwünschen). Wettbewerbsdenken, Preisdruck und Ausübung von Nachfragemacht scheiden aus, weil es sich um qualitativ hochwertige Produkte handelt, für die nur einer der besten Lieferer in Frage kommt.

Wirtschaftlichkeit der Lagerhaltung

7.24 Durchschnittlicher Lagerbestand – Umschlagshäufigkeit – Lagerdauer – Lagerzinsen – Lagerzinssatz

Ein Büromaschinen-Großhändler hat für den **Kleinoffsetdrucker Rotafix H/7/66** folgende Lagerkarte:

Artikel: **Meldebestand: 10 Stück**		**Kleinoffsetdrucker Rotafix** Nr. H/7/66 **Höchstbestand:** 30 Stück	
Tag	**Eingang**	**Ausgang**	**Bestand**
01.01.			10
19.01.	5		15
07.02.		7	8
15.03.	9		17
02.04.		12	5
29.04.		4	1
04.05.	4		5
02.06.		3	2
29.06.	15		17
12.08.		4	13
08.09.	20		33
22.09.		11	22
01.10.		12	10
15.10.	28	3	35
19.10.		16	19
01.11.		8	11
02.11.	21		32
19.11.		18	14
01.12.		8	6
07.12.	27	7	26
16.12.		8	18
31.12			18

● 1. Stellen Sie die einzelnen Monatsendbestände fest.

● 2. Berechnen Sie den durchschnittlichen Lagerbestand unter Einbeziehung des Januar-Anfangsbestandes.

● 3. Berechnen Sie die Umschlagshäufigkeit für den Kleinoffsetdrucker Rotafix H/7/66.

4. Aus der Lagerkarte für Spezialpapier für Offsetdruck ergibt sich eine Umschlagshäufigkeit von 50.
● Wie erklären Sie sich den Unterschied zu dem Ergebnis aus der Lagerkarte für Kleinoffsetdrucker?

● 5. Wie viele Tage bleiben Kleinoffsetdrucker und Spezialpapier für Offsetdruck durchschnittlich auf Lager (1 Jahr = 360 Tage)?

6. Den Warenkonten des Unternehmens sind für das vergangene Jahr folgende Jahreszahlen zu entnehmen:

Anfangsbestand:	99 000 DM
Schlussbestand:	135 000 DM
Wert der eingekauften Ware:	724 000 DM
Umsatzerlöse:	820 000 DM

Die Lagerbestände im vergangenen Jahr betrugen in DM:

1.1	31.1.	28.2.	31.3.	30.4.	31.5.	30.6.
99 000	103 500	111 000	112 500	106 500	99 000	85 500

31.7.	31.8.	30.9.	31.10.	30.11.	31.12.	
73 500	69 000	78 000	105 000	117 000	135 000	

a) Ermitteln Sie den Wareneinsatz.

b) Berechnen Sie die Umschlagshäufigkeit und die durchschnittliche Lagerdauer. Erklären Sie den Unterschied gegenüber den Ergebnissen von Aufgabe 5.

c) Drücken Sie in einer Formel aus, wie sich mit Hilfe des Wareneinsatzes die Umschlagshäufigkeit errechnen lässt.

7. Ein Fachblatt für den Bürobedarfs-Großhandel gibt für die Branche die Umschlagskennzahl 8,5 als typisch für die Umschlagshäufigkeit an.

Vergleichen Sie den Branchendurchschnitt mit dem unter 6. b) errechneten Wert. Welche betrieblichen Ursachen sind für die Abweichung vom Branchendurchschnitt denkbar?

8. Der Büromaschinen-Großhändler will die Zinsen für das im Lager investierte Kapital für das ganze Sortiment und die einzelnen Warengruppen ermitteln. Er rechnet dabei mit einem Jahreszinssatz von 6%.

a) Wie hoch sind die Zinsen für das ganze Sortiment während eines Jahres?

b) Wie hoch sind die Zinsen für das ganze Sortiment während der durchschnittlichen Lagerdauer (= Lagerzinsen je Lagerumschlag)?

c) Mit wie viel DM Lagerzinsen müsste der Fachhändler für ein Kleinoffsetgerät rechnen, das er für 5000 DM eingekauft hat und das bei ihm bis zum Verkauf ein Jahr lagert?

d) Für Kleinoffsetgeräte wurde eine durchschnittliche Lagerdauer von 40 Tagen errechnet.
Wie viel DM Lagerzinsen verursacht das in einem Gerät investierte Kapital von 5000 DM?

e) Wie viel % des Einstandspreises betragen die Lagerzinsen bei einer durchschnittlichen Lagerdauer von 40 Tagen und einem Jahreszinssatz von 6%? (= Berechnung des Lagerzinssatzes).

f) Drücken Sie die Berechnung des Lagerzinssatzes in einer Formel aus.

7.25 Lagerumschlag – Zinsen

Ein Brancheninformationsdienst für den Einzelhandel weist für das vergangene Kalenderjahr folgende Zahlen aus:

Branche	Lagerumschlagshäufigkeit
Lebensmittel	15
Textil	2,5
Uhren und Schmuck	1,0

1. Berechnen Sie für jede dieser Branchen die durchschnittliche Lagerdauer.
2. Worauf sind diese Unterschiede zurückzuführen?
3. Wie wirken sich eine Erhöhung des Melde- bzw. des Mindestbestandes (= Sicherheitsbestandes) auf die Umschlagshäufigkeit aus?
   Begründen Sie Ihre Antwort.
4. Wie unterscheiden sich
   a) Warenabsatz, b) Wareneinsatz c) Warenumsatz?
5. Eine Lebensmitteleinzelhandlung wies im letzten Jahr eine Lagerumschlagshäufigkeit von 10 auf. Der durchschnittliche Lagerbestand betrug 400 000 DM.
   Wie viel DM Zinsen sind dieser Einzelhandlung durch die Abweichung vom Branchendurchschnitt entstanden, wenn mit einem Jahreszinssatz (Zinskostensatz) von 6% gerechnet wird?

7.26 Lagerkennzahlen und Sortimentsgestaltung in einem Handelsbetrieb

Lösungsblatt

In einer Großhandlung stehen die in der folgenden Tabelle ausgewiesenen Bestands- und Einkaufsdaten zur Verfügung

1. Ermitteln Sie für die fünf Warengruppen und das gesamte Sortiment
   - den durchschnittlichen Lagerbestand,
   - die Umschlagshäufigkeit,
   - die durchschnittliche Lagerdauer,
   - den Lagerzinssatz und die Lagerzinsen je Umschlag bei einem Jahreszinssatz von 10%.

Bestände und Einkäufe in 1000 DM						
Warengruppe	**1**	**2**	**3**	**4**	**5**	**Summe (1 – 5)**
Bestand 01.01.2000	140	95	70	60	40	405
Bestand 30.06.2000	160	80	65	150	120	575
Bestand 31.12.2000	180	110	90	90	50	520
Einkäufe 2000	900	600	450	300	220	2470
∅ Umschlags-häufigkeit der Branche	7,0	5,6	5,2	4,0	3,2	5,0

2. Erläutern Sie die Zusammenhänge zwischen
   - der Umschlagshäufigkeit und der durchschnittlichen Lagerdauer,
   - der Umschlagshäufigkeit und dem Lagerzinssatz,
   - dem durchschnittlichen Lagerbestand und den Lagerzinsen je Umschlag.

3. Welche betrieblichen Ursachen kann die Abweichung der Umschlagshäufigkeit vom Branchendurchschnitt haben?

4. Die Geschäftsleitung möchte das Sortiment straffen. Es wird vorgeschlagen, die beiden Warengruppen mit der geringsten Umschlagshäufigkeit aus dem Sortiment zu streichen und die absatzpolitischen Maßnahmen auf die Warengruppe mit der höchsten Umschlagshäufigkeit zu konzentrieren.

   Beurteilen Sie, ob eine solche Entscheidung auf der Basis der bisher verfügbaren Informationen gerechtfertigt ist.

5. Als Alternative zu einer Sortimentsbereinigung (vgl. 4) werden folgende Überlegungen angestellt:

   Der Gewinnzuschlag bei der Warengruppe 4 mit der geringsten Umschlagshäufigkeit soll von bisher 15% auf 10% gesenkt werden. Dadurch würde die Umschlagshäufigkeit voraussichtlich auf 4,5 steigen. Gleichzeitig erhöhen sich aber in diesem Fall die dieser Warengruppe zurechenbaren Handlungskosten von bisher 55 TDM auf 70 TDM.

   Vergleichen Sie für die Warengruppe 4
   - die durchschnittliche Lagerdauer,
   - den Lagerzinssatz,
   - den kalkulierten Gewinn

   vor und nach der Senkung des Gewinnzuschlags. Beurteilen Sie die Ergebnisse im Hinblick auf die Zielsetzung einer Gewinnerhöhung.

7.27 Kostenvergleich Eigenlager/Fremdlager – Kritische Lagermenge

In einer Großhandlung soll ermittelt werden, ob Eigen- oder Fremdlagerung kostengünstiger ist. Für die Eigenlagerung stehen aus der Buchhaltung folgende Jahreszahlen zur Verfügung:

Kalkulatorische Miete	100 000 DM
Abschreibung auf die Lagereinrichtung	30 000 DM
Gehälter und sonstige fixe Kosten	60 000 DM
variable Lagerkosten je Stück	1,60 DM

Ein gewerblicher Lagerhalter bietet die Lagerung für 3,50 DM je Stück an.

- 1. Ermitteln Sie,
  a) welche Form der Lagerhaltung bei einer durchschnittlichen Lagermenge von 80 000 Stück pro Jahr. vorteilhafter ist,
  b) bei welchem durchschnittlichen Lagerbestand pro Jahr die kritische Lagermenge liegt.
- 2. Überprüfen Sie die Ergebnisse zu 1. in grafischer Form

7.28 Lagerlose Fertigung – Just-in-time-System (JIT) – Lagerarten – Logistik

1. In den Geschäftsberichten eines Pkw-Herstellers finden sich folgende Angaben (in Mio. DM)

Jahr	Vorräte an Roh-, Hilfs- und Betriebsstoffen		Bezogene Roh-, Hilfs- und Betriebsstoffe
	AB 01.01.	EB 31.12.	
1988	140	137	3 000
2000	180	190	10 000

- Berechnen Sie für 2000 und 1998 die durchschnittliche Lagerdauer und die Zinsen für das im Beschaffungslager gebundene Kapital. Der Kalkulationszinsfuß beträgt 10%.

2. Die Änderungen der Lagerdauer und der Lagerzinsen (vgl. 1.) sind u.a. darauf zurückzuführen, dass der Automobilhersteller in der Zwischenzeit bei bestimmten Autoteilen zu einer fertigungssynchronen und somit lagerlosen Beschaffung übergegangen ist. Dieses Beschaffungsverfahren ist Teil der auch in anderen Unternehmensbereichen verfolgten *Just-in-time*-Strategie (JIT). Damit ist die Anlieferung des richtigen Materials mit richtiger Qualität in richtiger Reihenfolge zur richtigen Zeit am richtigen Ort ohne Zwischenlagerung gemeint. Ziel dieser Strategie ist es, die Lagerkosten zu senken und eine möglichst kurze Durchlaufzeit für die Herstellung eines Pkws zu erreichen.
   - a) Für welche Autoteile (z.B. Bremsbeläge, Lichtmaschine, Radio, Sitze, Reifen, Bremsleitungen, Schrauben, Kabel, Zündkerzen usw.) ist Ihrer Meinung eine fertigungssynchrone Beschaffung nach dem JIT-Prinzip empfehlenswert? Begründen Sie Ihre Auswahl.
   - b) Zu welcher Materialgruppe im Rahmen der ABC-Analyse gehören die von Ihnen vorgeschlagenen Autoteile?

   c) Bei einigen der JIT-fähigen Autoteile hat der Pkw-Hersteller die Reichweite des Lagerbestandes von einem halben Monat (1988) auf einen halben Tag (2000) verringert.
   - Welche Vor- und Nachteile ergeben sich daraus für den Pkw-Hersteller?

d) Ziel der fertigungssynchronen Beschaffung nach dem JIT-Prinzip ist nicht die Verlagerung von Kosten auf den Lieferer, sondern die Kostenvermeidung zum Nutzen von Lieferer und Abnehmer.

- Welche Voraussetzungen müssen für diese Kostenvermeidung erfüllt sein?
- Welche Vor- und Nachteile ergeben sich daraus für den Lieferer?

e) Es wird behauptet, dass die möglichen Kostensenkungen zugunsten von Lieferer und Abnehmer mit einer Zunahme der sog. sozialen Kosten, die betriebswirtschaftlich nicht erfasst werden, einhergehen.

- Nehmen Sie zu dieser Behauptung Stellung.

3. Der Automobilhersteller hat im Zusammenhang mit der fertigungssynchronen Beschaffung auch sog. Konsignationsläger eingerichtet. Bei solchen Lägern stellt der Kunde das Lager und der Lieferer die Vorräte zur Verfügung. Die Lagerverwaltung wird häufig von einem speziellen Service-Unternehmen übernommen, das auch Kommissionär sein kann.

- Welche Vorteile können solche Läger für den Pkw-Hersteller und seine Lieferer haben?

4. Bei einigen Vorräten, für die der Pkw-Hersteller ein eigenes Lager unterhält (z.B. Ersatzteile für Produktionsanlagen), wurde vom Festplatzsystem zum Freiplatzsystem (chaotische Lagerhaltung) übergegangen.

- Erläutern Sie die Unterschiede zwischen diesen beiden Lagermethoden.
- Welche Voraussetzungen müssen für die Anwendung des Freiplatzsystems erfüllt sein?

5. Aufgabe der betrieblichen Logistik ist es, alle Lager-, Transport- und Bearbeitungsvorgänge im Betrieb sowie zwischen Lieferern und Kunden so aufeinander abzustimmen, dass ein reibungsloser Material- und Informationsfluss unter größtmöglicher Vermeidung von Lagerbeständen an Werkstoffen, Halbfertigerzeugnissen und Fertigerzeugnissen garantiert wird.

Als Maßstab für den Erfolg von Logistik und JIT-Strategie in einem Unternehmen wird die Kennzahl

$$\text{Umschlagshäufigkeit} = \frac{\text{Jahresumsatz}}{\text{Summe aller Vorräte}}$$

vorgeschlagen.

- a) Erläutern Sie den Unterschied dieser Kennzahl zu der bei 1. ermittelten Umschlagshäufigkeit.
- b) Die Geschäftsberichte des Pkw-Herstellers weisen folgende Daten aus (in Mio. DM):

Jahr	Summe aller Vorräte	Umsatzerlöse
1988	595	5 000
2000	1 250	15 000

- Ermitteln Sie die Umschlagshäufigkeiten der gesamten Vorräte für die Jahre 1988 und 2000.
- c) Ermitteln Sie für beide Jahre die Kennzahlen

$$\frac{360}{\text{Umschlagshäufigkeit}}$$

und erläutern Sie die Ergebnisse.

- d) Ermitteln Sie bei einem Kalkulationszinsfuß von 10% für beide Jahre die Höhe der Zinskosten, die dem Pkw-Hersteller durch das gebundene Kapital entstanden sind.

6. Erläutern Sie anhand der Situation auf dem Absatzmarkt, warum das JIT-Prinzip in den letzten Jahren besonders in der Automobilindustrie erfolgreich angewandt werden konnte.

Welche Probleme ergeben sich demgegenüber beispielsweise beim Einsatz dieses Prinzips im Textilgroß- und -einzelhandel?

Wechselwirkungen und Zielkonflikte im Bereich der Materialwirtschaft

Lösungsblatt

7.29 Vernetzungsdiagramm zur Materialwirtschaft – Zielkonflikte

1. Das folgende Vernetzungsdiagramm zeigt Zusammenhänge und Abhängigkeiten zwischen verschiedenen Einflussfaktoren aus dem Bereich der Materialwirtschaft.

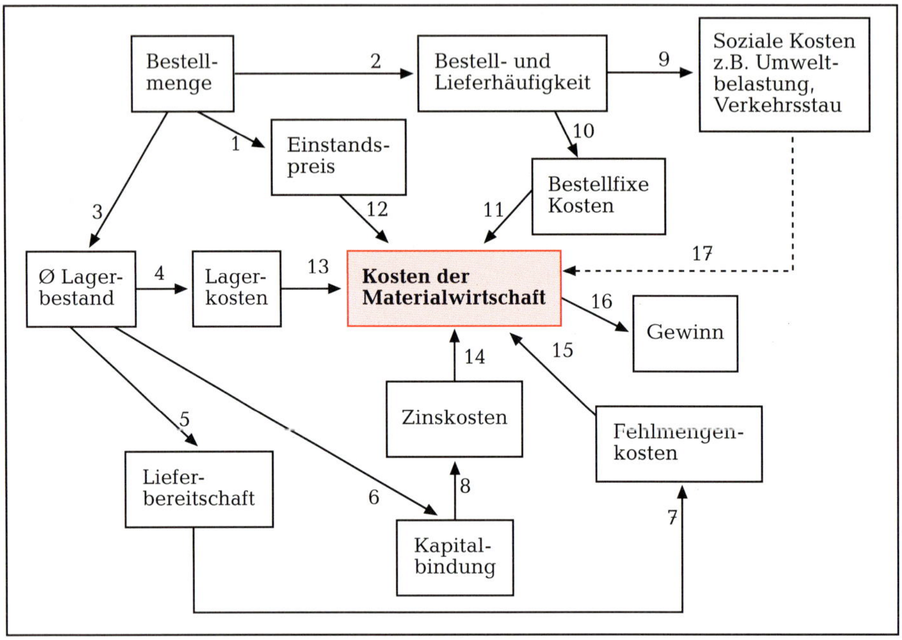

Die Pfeile haben folgende Bedeutung: Die Größe, von der der Pfeil ausgeht, beeinflusst die Größe, auf die der Pfeil zeigt. Dabei können zwei Wirkungsrichtungen unterschieden werden:

1. Gleichgerichtete (verstärkende) Wirkungen (je mehr – desto mehr bzw. je weniger – desto weniger) werden durch ein Pluszeichen (+) symbolisiert.
2. Entgegengesetzte (abschwächende) Wirkungen (je mehr – desto weniger bzw. je weniger – desto mehr) werden durch ein Minuszeichen (–) symbolisiert.

Beispiel für Pfeil 1:
Zusammenhang: Wenn der Lieferer Mengenrabatt gewährt, beeinflusst die Bestellmenge den Einstandspreis
Entgegengesetzte Wirkungsrichtung: Je größer die Bestellmenge, desto geringer der Einstandspreis (–)

- Erläutern Sie alle durch Pfeile dargestellten Abhängigkeiten und geben Sie für jeden Pfeil auch die Wirkungsrichtungen entsprechend der oben erläuterten Regel an.

2. Welcher Zielkonflikt ist Veranlassung für die Ermittlung der optimalen Bestellmenge?

3. Bei einem Kauf auf Abruf wird vereinbart, dass der Käufer innerhalb einer bestimmten Abrufsfrist frei bestimmen kann, wann die Lieferung erfolgen soll. Dabei kann es sich auch um Teillieferungen handeln. Bei der *just-in-time*-Beschaffung

werden diese Abrufe automatisch von einem Montagesteuerungssystem vorgenommen und direkt an die angeschlossene EDV-Anlage des Lieferers übertragen. Es wird behauptet, ein derartiger Kauf auf Abruf trage zur Lösung des Konflikts zwischen den Zielen **Senkung der Lagerkosten und hohe Lieferbereitschaft** bei.

● Nehmen Sie zu dieser Aussage Stellung, indem Sie den Kauf auf Abruf unter Kostengesichtspunkten beurteilen.

4. Bei einem Streckengeschäft wird die Ware nicht an den Besteller, sondern direkt an dessen Kunden geliefert.

Es wird behauptet, durch ein Streckengeschäft ließen sich die Kosten der Materialwirtschaft senken.

● Nennen Sie Kosten, die sich durch ein Streckengeschäft möglicherweise verringern lassen.

5. Das folgende Diagramm zeigt eine mögliche Auswirkung des *just-in-time*-Konzepts.

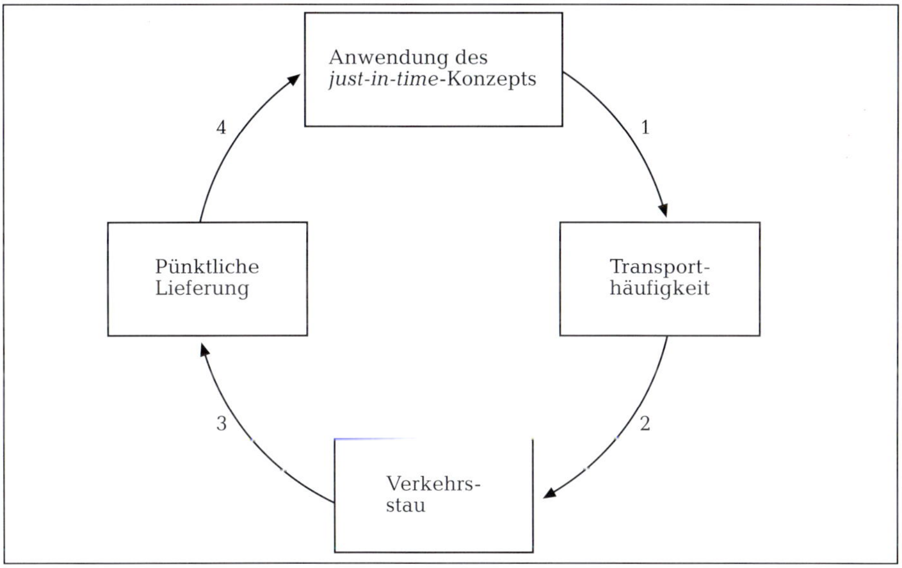

a) Entsprechend dem Vernetzungsdiagramm von Nr. 1 sind die Abhängigkeiten durch Pfeile dargestellt.

● Geben Sie mit einem Plus- oder Minuszeichen für jeden Pfeil die Wirkungsrichtung an (Pluszeichen bei gleichgerichteter bzw. verstärkender Wirkung: je mehr – desto mehr, Minuszeichen bei entgegengesetzter bzw. abschwächender Wirkung: je mehr – desto weniger).

b) Im vorliegenden Fall wird das Element »Anwendung des just-in-time-Konzepts« durch sich selbst beeinflusst. Solche Wirkungsketten, bei denen Elemente Auswirkungen auf sich selbst haben, heißen »**Rückkopplungskreisläufe**«. Führt die Vermehrung eines Elementes zu seiner eigenen Vermehrung (je mehr – desto mehr) wird von positiver, andernfalls von negativer Rückkopplung gesprochen.

● Ermitteln Sie anhand des Diagramms, um welche Art von Rückkopplung es sich im vorliegenden Fall handelt.

c) Bei negativen Rückkopplungen wird die Wirkung eines Elementes durch sich selbst eingeschränkt oder aufgehoben (je mehr – desto weniger).

- Zeigen Sie anhand des Diagramms, dass das *just-in-time*-Konzept aufgrund der Folgewirkungen seine eigene Anwendungsmöglichkeit behindert und damit den Keim seiner eigenen Unwirksamkeit in sich trägt.

7.30 Berücksichtigung umweltpolitischer Ziele in der Materialwirtschaft

1. Die folgenden Zielbeziehungen werden als »magisches Dreieck der Materialwirtschaft« bezeichnet.

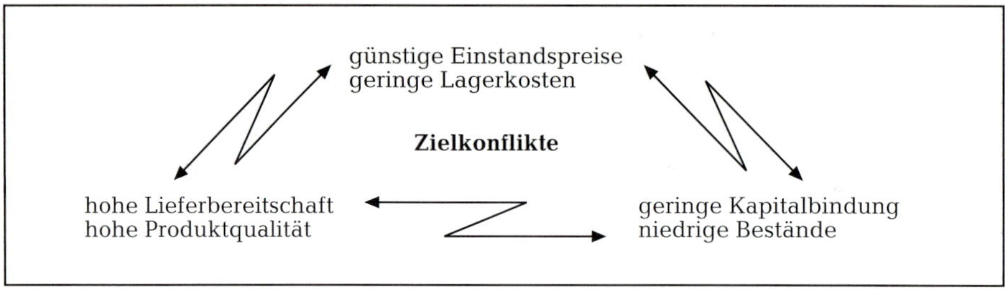

- a) Was soll mit der Bezeichnung »magisch« in diesem Zusammenhang ausgesagt werden?
- b) Erläutern Sie die dargestellten Zielkonflikte.

2. Es wird gefordert, die rein wirtschaftlichen Ziele der Materialwirtschaft um die folgenden umweltpolitischen Ziele zu erweitern:[1]

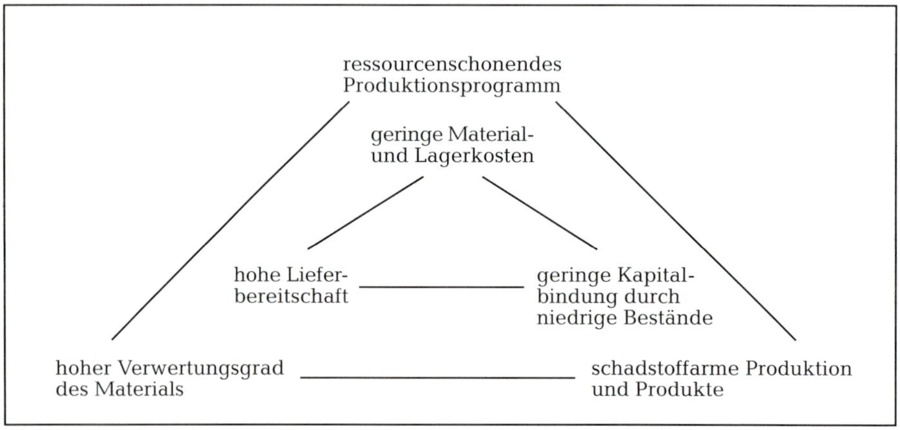

- Erläutern Sie die umweltpolitischen Ziele anhand von Beispielen.

3. »Die Materialwirtschaft umfasst alle unternehmenspolitischen Maßnahmen der Planung, Durchführung und Kontrolle der Materialbeschaffung, Materiallagerung, Materialverteilung und Materialentsorgung«.[2]

[1] Vgl. F. Blom, Ökologische Materialwirtschaft, in: Umweltschutz, Gewinn für die Zukunft, hrsg. vom Förderkreis Umwelt future e.V., Lengerich 1988, S. 9 ff.

[2] G. Oeldorf, K. Olfert, Materialwirtschaft, 6. Aufl., Ludwigshafen 1993, S. 19

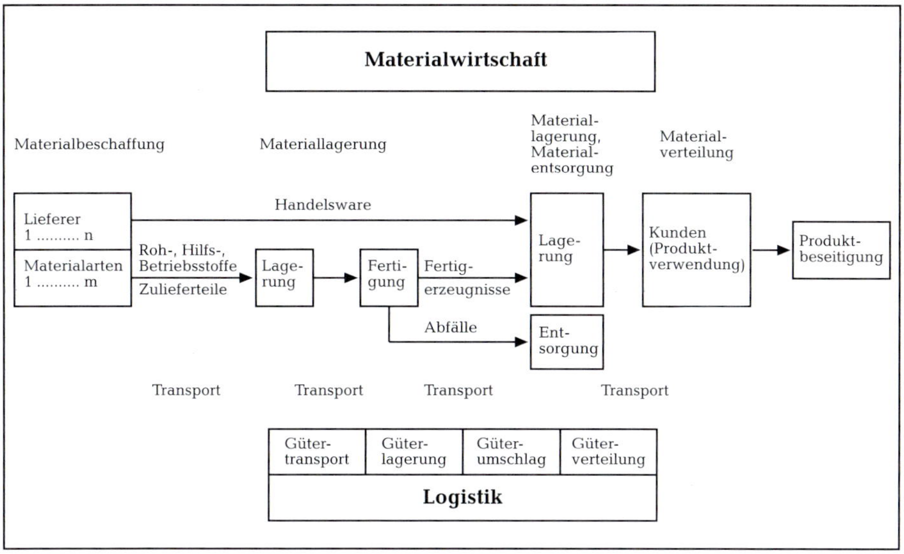

- Zeigen Sie anhand von Beispielen auf, wie in den einzelnen Bereichen der Materialwirtschaft und Logistik umweltpolitische Ziele berücksichtigt werden können.

4. Bei einer Beschaffung nach dem *just-in-time*-Prinzip steigt aufgrund der »permanenten Zulieferung« die Anzahl der Transporte drastisch an. Häufig weisen dabei die Lade- und Transportkapazitäten nur geringe Auslastung auf. Wegen der relativ kleinen Liefermengen eignet sich der Schienentransport nicht. Vielmehr kommt nur der LKW-Transport in Frage. Das Material- und Werkstofflager des Käufers wird damit zu einem »rollenden Lager« auf der Straße. Soweit es sich bei diesen jit-Gütern um umweltgefährdende Chemikalien handelt, können auf diese Weise u.U. sogar gesetzlich festgelegte Umweltschutzanforderungen, wie sie für Anlagen zur Lagerung umweltgefährdender Stoffe bestehen, umgangen werden.

   »Wer trägt letztlich die Kosten für die modernen Formen der Lagerhaltung: Lager auf Rädern – just in time? Die Vergesellschaftung der betrieblichen Lagerkosten stellt eine erhebliche Kostenverfälschung dar: Wettbewerbsverzerrung und gravierende Umweltbelastung!«[1]

- a) Welcher Zielkonflikt wird in dem Zitat angesprochen?
- b) Nehmen Sie dazu Stellung.

[1] Landeszentrale für politische Bildung Baden-Württemberg. Wirtschaftsethik, Heft 4/93 der Zeitschrift Politik und Unterricht, Stuttgart 1993, S. 41

8 Betriebliche Leistungserstellung

Grundlagen der betrieblichen Leistungserstellung[1]

Lösungsblatt

8.01 Betriebliche Funktionsbereiche – Grundphasen des betrieblichen Leistungsprozesses

Das folgende Schaubild zeigt in allgemeiner Form den Leistungsprozess in einem Industriebetrieb:

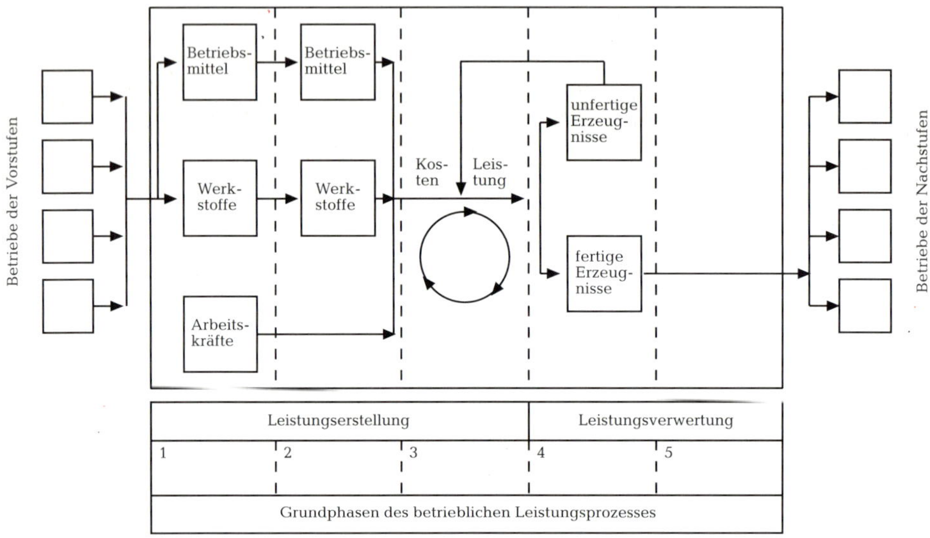

- 1. Ordnen Sie den Ziffern 1 bis 5 die folgenden Phasen zu:
  - a) Fertigung
  - b) Einsatzlager
  - c) Beschaffung
  - d) Absatzlager
  - e) Absatz
- 2. Erläutern Sie die im Schaubild dargestellten fünf Phasen des betrieblichen Leistungsprozesses am Beispiel einer Margarinefabrik (Bild S. 205).
- 3. Wodurch unterscheidet sich der betriebliche Leistungsprozess in einem Industriebetrieb von dem in einem
  - a) Handelsbetrieb,
  - b) Reisebüro,
  - c) Transportbetrieb,
  - d) Bankbetrieb,
  - e) Versicherungsbetrieb,
  - f) Steuerberatungsbüro,
  - g) Bauunternehmen?

  Benutzen Sie für Ihre Lösung eine Tabelle nach folgendem Muster:

---

[1] Zum Begriff der Leistungserstellung vgl. Aufgabe **1.04 Begriff und Arten betrieblicher Leistungserstellung – Betriebstypen**

Art des Betriebes	Beschaffung durch die Einkaufs-abteilung[1)]	Einsatzlager	Fertigung	Ausführung von Dienst-leistungen	Absatzlager	Absatz
Industrie	Werkstoffe (Roh-, Hilfs- und Betriebs-stoffe, Einzel-teile)	Werkstoffe	Erzeugnisse (Waren)	–	Fertig- und Halbfertig-erzeugnisse	Verkauf und Auslieferung von Erzeug-nissen
Handel	?	?	?	?	?	?
usw.	?	?	?	?	?	?

1) Ohne Beschaffung von Betriebsmitteln (Grundstücke, Maschinen), Arbeitskräften und Kapital.

Betriebliche Produktionsfaktoren und ihre Kombination

8.02 Einteilung betrieblicher Produktionsfaktoren

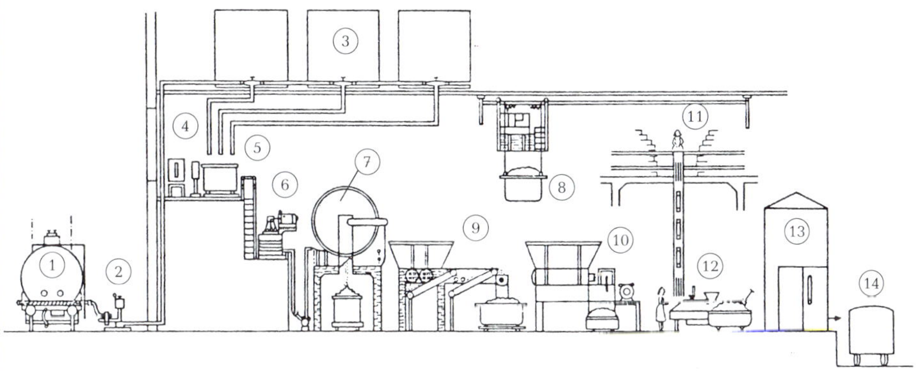

1 Rohwareneingang
2 Pumpe zum Entleeren der Kesselwagen
3 Öltanks
4 Butterfarbe und Zutatenlager
5 Mischbottich
6 Rührmaschine
7 Kühltrommel
8 Transportkran
9 Multiplex-Knetmaschine
10 Endzusammenstellung der Mischung in der Mischmaschine
11 Kartonsteckerei
12 Packmaschine
13 Kühlhaus
14 Abtransport der Ware

Vorstehendes Bild zeigt den Produktionsprozess am Beispiel der Margarine.

1. Stellen Sie anhand des Bildes fest,
   - a) welche Betriebsmittel eingesetzt werden,
   - b) welche Werkstoffe in die Produktion eingehen,
   - c) wo im Fertigungsprozess der Margarinefabrik unfertige Erzeugnisse entstehen.
2. Welcher weitere elementare Produktionsfaktor wird neben Betriebsmitteln und Werkstoffen zur Produktion eingesetzt?

- 3. Fertigen Sie eine Übersicht nach folgendem Muster an.

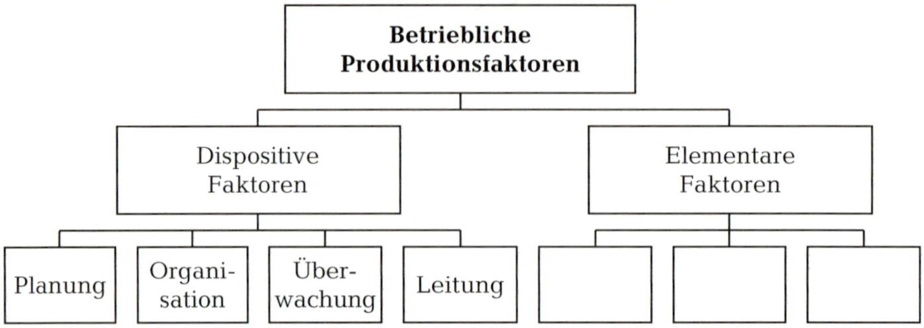

- 4. Zeigen Sie an Beispielen aus der Margarineproduktion den Unterschied zwischen ausführender Arbeit und dispositiver Arbeit.

8.03 Kombination der Produktionsfaktoren – Substitution – Minimalkostenkombination – Rationalisierung

Eine Möbelfabrik hat die Möglichkeit, verschiedene Fertigungsverfahren bei unterschiedlichem Einsatz von Arbeitskräften und Maschinen anzuwenden. Die folgende Produktionstabelle zeigt die Mengen an Möbeln, die bei verschiedener Kombination der Faktoren Arbeit und Kapital (Maschinen) produziert werden können.

Einheiten Arbeit	Zahl der Möbelstücke						
5	0	32	60	80	110	120	
4	0	30	45	65	80	88	
3	0	20	32	40	48	56	
2	0	15	20	30	40	50	
1	0	10	15	20	25	30	
0	0	0	0	0	0	0	
	0	1	2	3	4	5	Einheiten Maschinen

- 1. Die Möbelfabrik möchte täglich 30 Möbelstücke herstellen. Mit welchen Kombinationen der Produktionsfaktoren ist das möglich?

2. Der Lohn für eine Einheit Arbeit beträgt 100 DM, während sich die Kosten für die Nutzung der Maschinen auf 120 DM je Einheit belaufen.
- Entscheiden Sie, mit welcher Faktorkombination die Möbelfabrik die 30 Möbelstücke herstellen soll (Minimalkostenkombination).

3. Die Löhne steigen auf 125 DM je Einheit Arbeit, während die Maschinenkosten unverändert bleiben.
- a) Mit welcher Faktorkombination wird die Möbelfabrik künftig die Tagesproduktion von 30 Möbelstücken herstellen?
- b) Erläutern Sie am vorliegenden Beispiel die Aussage: »Rationalisierung entspricht einem Handeln nach dem ökonomischen Prinzip!«

Planung des Fertigungsprogramms

8.04 Planung des Fertigungsprogramms – Zusammenhang zwischen Produktion und Absatz

Die **SPORTTEX GmbH** stellt u.a. Skianzüge, Bademäntel und Freizeitanzüge her. Für diese Erzeugnisse liegen für das kommende Jahr bereits jetzt folgende Aufträge vor:

Erzeugnisse \ Kunden	A	B	C
Skianzüge	2 000 Stück 37. KW[1]	5 000 Stück 34. KW	3 000 Stück 40. KW
Bademäntel	12 000 Stück 40. KW	18 000 Stück 5. KW	10 000 Stück 42. KW
Freizeitanzüge	14 000 Stück 11. KW	22 000 Stück 20. KW	24 000 Stück 35. KW

[1] KW = Kalenderwoche

Das Fertigungsprogramm eines Industriebetriebes lässt sich in Form einer Matrix folgendermaßen darstellen:

Erzeugnisse \ Termine	T_1	T_2	T_3		T_n
E_1	$Menge_{11}$	$Menge_{12}$	$Menge_{13}$	$Menge_{1...}$	$Menge_{1n}$
E_2	$Menge_{21}$	$Menge_{22}$	$Menge_{23}$	$Menge_{2...}$	$Menge_{2n}$
E_3	$Menge_{31}$	$Menge_{32}$	$Menge_{33}$	$Menge_{3...}$	$Menge_{3n}$
	$Menge_{...1}$	$Menge_{...2}$	$Menge_{...3}$	$Menge_{... ...}$	$Menge_{...n}$
E_m	$Menge_{m1}$	$Menge_{m2}$	$Menge_{m3}$	$Menge_{m4}$	$Menge_{mn}$

● 1. Erstellen Sie auf der Basis der bereits vorliegenden Aufträge das vorläufige Fertigungsprogramm für das kommende Jahr nach folgendem Muster:
(Der Einfachheit halber sind die Produktionstermine auf 4 Stichtage zum jeweiligen Quartalsende beschränkt.)

Erzeugnisse \ Termine	bis 31.03. (13. KW)	bis 30.06 (26. KW)	bis 30.09 (39. KW)	bis 31.12. (52. KW)	Summe
Skianzüge					
Bademäntel					
Freizeitanzüge					

● 2. Über welche wesentlichen Entscheidungen hinsichtlich des Fertigungsprogramms gibt eine derartige Matrix Auskunft?

3. Die folgenden Abbildungen stellen Möglichkeiten dar, wie die Fertigungsmengen an schwankende Absatzmengen angepasst werden können.

● Erläutern Sie die Vor- und Nachteile der einzelnen Anpassungsverfahren sowie deren Voraussetzungen.

a) Fertigung synchron zum Absatz

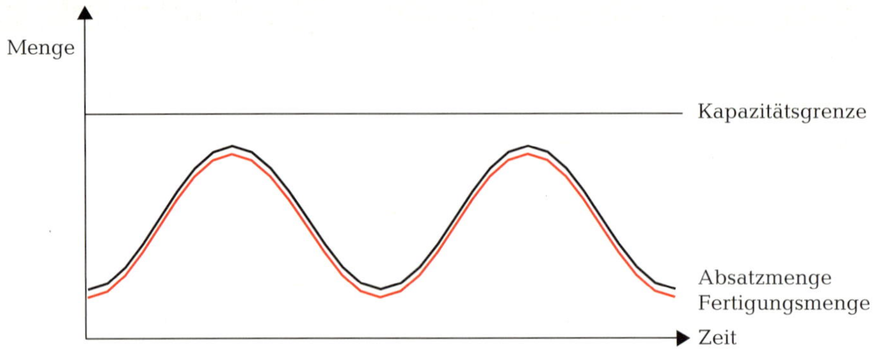

b) Gleichmäßige Kapazitätsauslastung

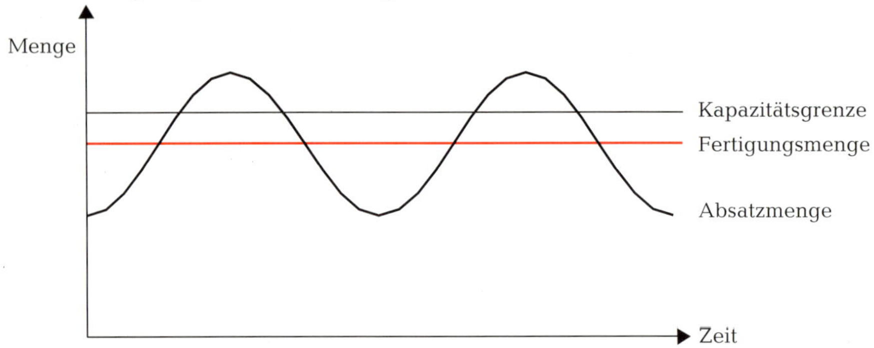

c) Stufenweise Anpassung

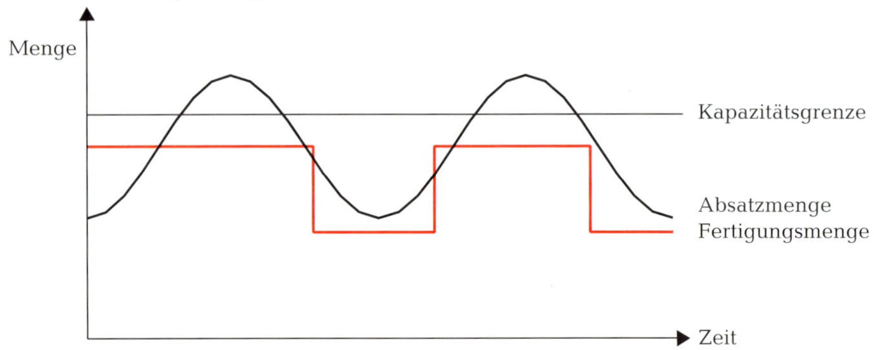

d) Aufnahme zusätzlicher Erzeugnisse

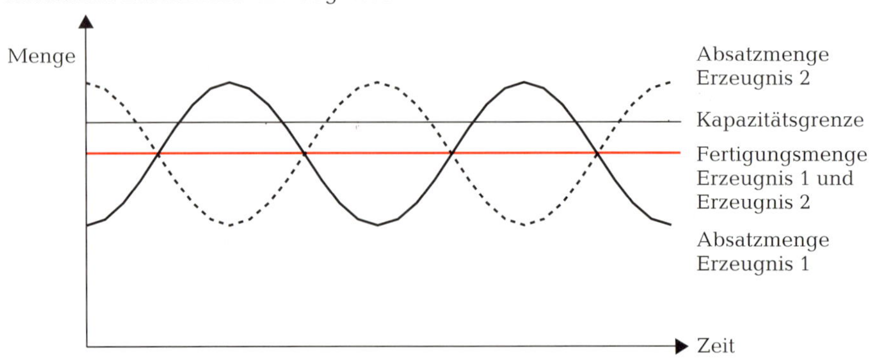

Fertigungsverfahren[1]

8.05 Werkstattfertigung – Innerbetrieblicher Standort – Fließfertigung (Reihenfertigung)

Lösungsblatt

Die Schlosserei **Gebr. Schneider OHG,** in der ursprünglich alle Maschinen und Arbeitsplätze in einer einzigen Werkstatt untergebracht waren, hat sich in den letzten Jahren aufgrund zunehmender Menge und Vielfalt der Kundenaufträge zu einem mittelständischen Betrieb der Metallbranche entwickelt. In diesem Zusammenhang mussten auch die Betriebsgebäude laufend erweitert und die einzelnen Werkstattbereiche nach und nach ausgelagert werden. Dazu wurden auf dem Betriebsgelände mehrere Teilbetriebe errichtet, in denen Arbeitsplätze und Maschinen mit gleichartiger Arbeitsverrichtung zusammengefasst sind (z.B. Dreherei, Bohrerei, Fräserei, Schleiferei, Lackiererei). Die Werkstücke müssen zur Bearbeitung zu den einzelnen Spezialwerkstätten transportiert werden. Das ursprüngliche Werkstattgebäude dient heute als Zwischenlager und Montagehalle.

Die räumliche Anordnung der Werk- und Lagerstätten, wie sie sich im Laufe der Zeit entwickelt hat, ist aus dem folgenden Lageplan ersichtlich. Die Entfernungen zwischen benachbarten Gebäuden sind jeweils gleich groß. Das gilt auch für die diagonale Verbindung benachbarter Gebäude (z.B. zwischen Materiallager und Fräserei).

Im Rahmen von geplanten Rationalisierungsmaßnahmen erwägen die **Gebr. Schneider** folgende Alternativen:

Alternative I

Die bisherige Produktvielfalt soll aus Gründen der Risikostreuung beibehalten werden. Im Zuge einer Neuverteilung der einzelnen Werk- und Lagerstätten auf die vorhandenen neun Gebäude möchte die Betriebsleitung aber versuchen, die innerbetrieblichen Transportwege möglichst klein zu halten. Um einen Überblick zu gewinnen, wird zunächst die Häufigkeit ermittelt, mit der Werkstücke durchschnittlich pro Tag von einer Werkstatt zu einer anderen transportiert werden müssen. Dabei stellt sich auch heraus, dass die Transportkosten fast ausschließlich von der Entfernung und kaum von der Menge bzw. vom Gewicht der Werkstücke abhängig sind. Die durch den Transport zwischen den Werkstätten verursachten Kosten belaufen sich bei zwei unmittelbar benachbarten Gebäuden auf 5 DM, bei zwei nicht direkt benachbarten Gebäuden auf 10 DM. Das Ergebnis der Untersuchungen ist in der folgenden Materialflussmatrix wiedergegeben.

---

[1] Vgl. dazu auch die Aufgabe 6.01 Formen der Arbeitsgestaltung: Arbeitswechsel – Arbeitserweiterung – Arbeitsbereicherung – (teil-)autonome Arbeitsgruppen

Durchschnittliche Transporthäufigkeiten pro Tag zwischen einzelnen Lager- und Werkstätten										
Nach / Von	Material-lager	Stanzerei	Dreherei	Bohrerei	Fräserei	Schlei-ferei	Lackie-rerei	Zw.lager Montage	Fertig-lager	Σ
Material-lager		12					4			16
Stanzerei			12							12
Dreherei				4	6		2			12
Bohrerei						10				10
Fräserei				10						10
Schlei-ferei							10	8	4	22
Lackie-rerei			3	6				2	7	18
Zw.lager Montage									8	8
Σ		12	15	20	6	10	16	10	19	

1. Schlagen Sie eine Verteilung der einzelnen Werk- und Lagerstätten auf die neun Gebäude vor, bei der die Transportkosten geringer sind als bei der vorliegenden Verteilung. Vergleichen Sie dazu die Transportkosten vor und nach der Umorganisation.

   Zur Feststellung der Transporthäufigkeiten zwischen den einzelnen Gebäuden und der sich daraus ergebenden Transportkosten kann eine Matrix nach folgendem Muster benutzt werden (Kommunigramm):

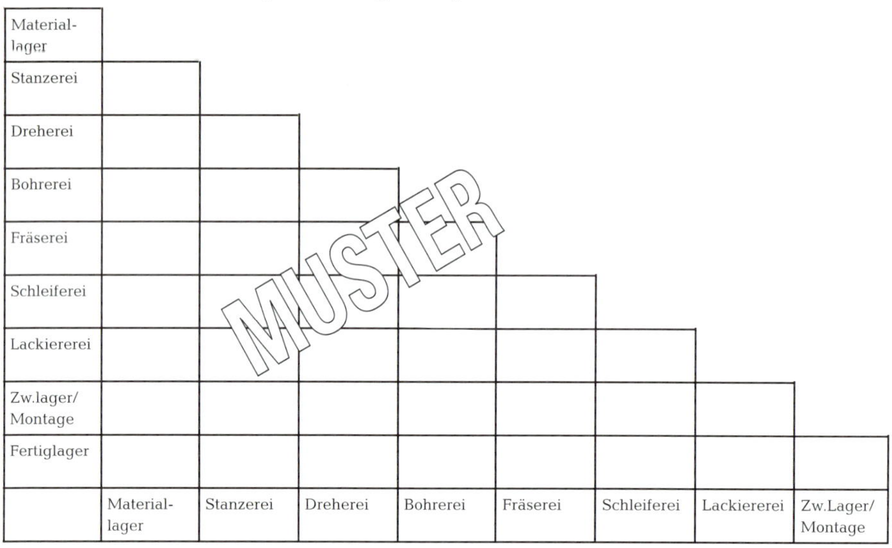

Alternative II

Es wird erwogen, auf die bisherige Produktvielfalt zu verzichten und die Herstellung aus Rationalisierungsgründen auf solche Produkte zu konzentrieren, die einen annähernd gleichen Bearbeitungsgang erfordern. Es hat sich herausgestellt, dass für mehrere der bisherigen Produkte eine Bearbeitung in folgender Reihenfolge typisch ist:

Materiallager → Stanzen → Drehen → Fräsen → Drehen → Bohren → Vorschleifen → Nachbohren → Fräsen → Schleifen → Lackieren → Montage → Fertiglager

2. Zeichnen Sie diese Fertigungsfolge in den ursprünglichen Lageplan nach obigem Muster ein, indem Sie die einzelnen Gebäude durch entsprechende Linien und Pfeile verbinden.

3. Eine Überprüfung der Transportzeiten und Transportkosten hat ergeben, dass auch bei Realisierung von Alternative II jeder Transport zwischen zwei benachbarten Gebäuden 5 DM und zwischen nicht benachbarten Gebäuden 10 DM kosten würde.

- Prüfen Sie, ob die von Ihnen für Alternative I vorgenommene Verteilung der einzelnen Werk- und Lagerstätten noch verbessert werden kann, wenn die Alternative II realisiert und die Transportkosten möglichst gering gehalten werden sollen.

4. Bei einer Umorganisation im Rahmen von Alternative II nach dem Prinzip der Reihenfertigung würden die Maschinen und Arbeitsplätze entsprechend dem folgenden Fertigungsablauf angeordnet:

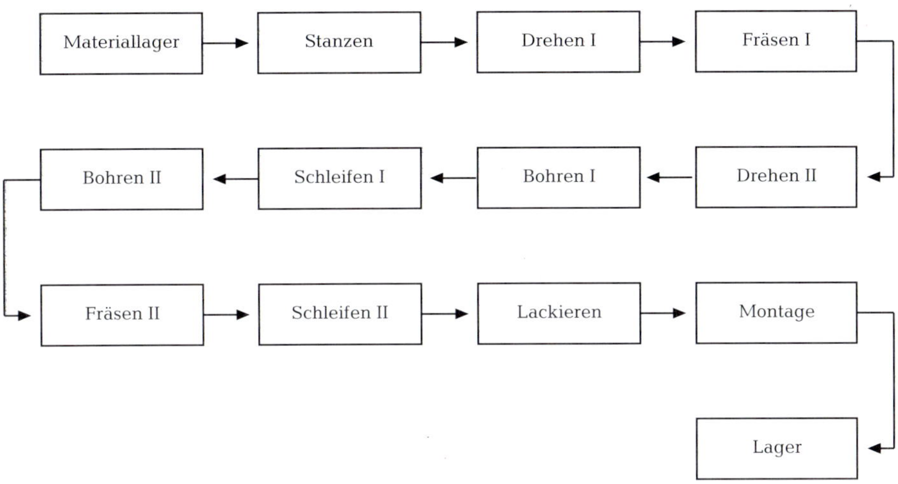

- Erläutern Sie am vorliegenden Beispiel Merkmale und Voraussetzungen der
  a) Werkstattfertigung,
  b) Reihenfertigung.

8.06 Organisationsformen der Fertigung – Fertigungstypen

Lösungsblatt

- 1. Ordnen Sie folgende Organisationsformen der Fertigung den Abbildungen 1 bis 4 zu:
  a) Werkstattfertigung
  b) Reihenfertigung
  c) Fließbandfertigung
  d) Transferstraße (automatische Fertigung)

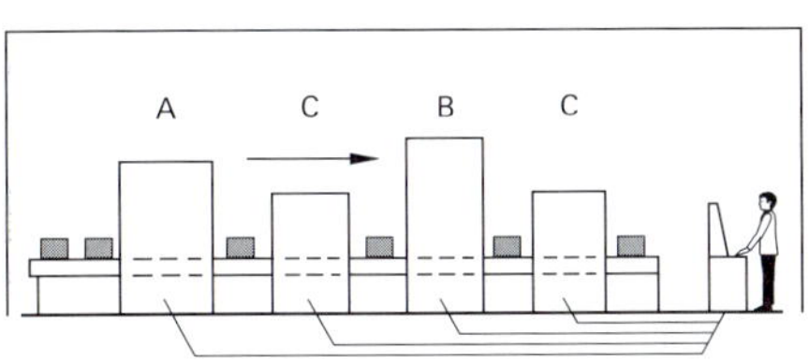

Abb. 1

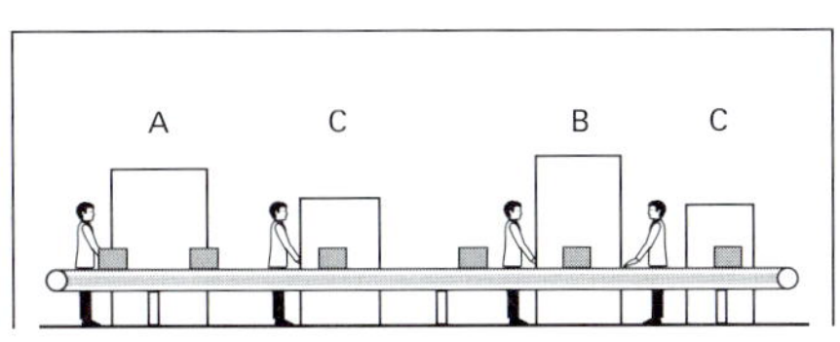

Abb. 2

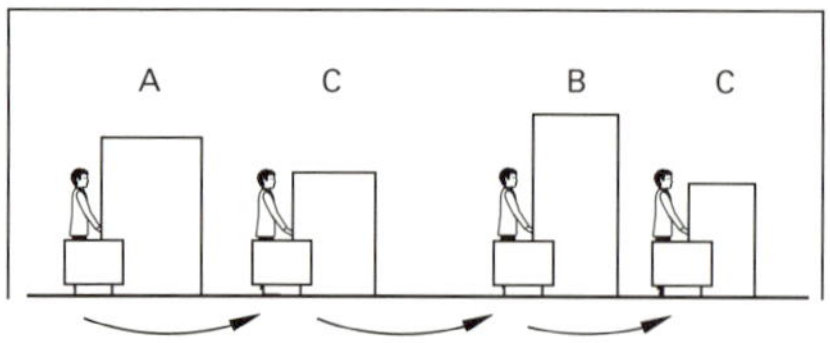

Abb. 3

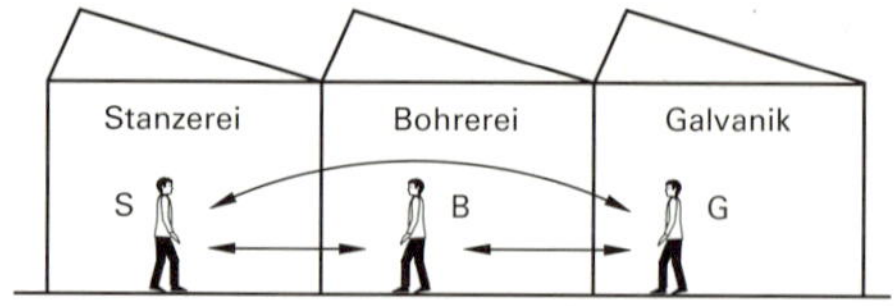

Abb. 4

Quelle: REFA, Methodenlehre des Arbeitsstudiums, Teil 3, München 1972, S. 186

2. Vergleichen Sie Werkstatt- und Fließfertigung[1] anhand der in der ersten Spalte der folgenden Tabelle wiedergegebenen Merkmale. Versehen Sie dazu die Tabellenfelder mit den Ausprägungsmerkmalen »hoch«, »niedrig/gering« oder »trifft nicht zu«. Begründen Sie Ihre Zuordnung.

Werkstattfertigung

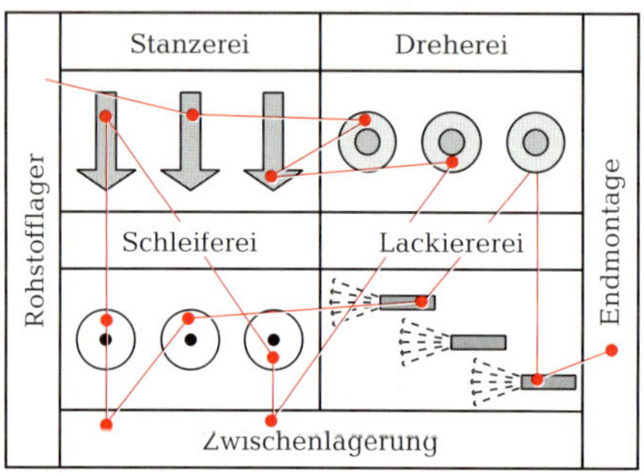

Abb. 5

Reihenfertigung/Fließfertigung

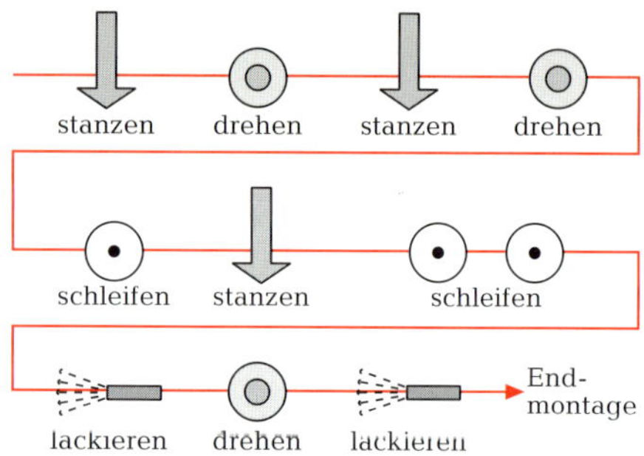

Abb. 6

Organisationsform	**Werkstatt-fertigung**	**Fließ-fertigung**
Merkmale		
Durchlaufzeiten		
Transportkosten		
Lagerkosten		
Investitionsbedarf		
Anpassungsfähigkeit an Marktveränderungen		
Anpassungsmöglichkeit bei Beschäftigungsschwankungen		
Übersichtlichkeit des Produktionsprozesses		
Störanfälligkeit		
Stückkosten		
Belastung der Mitarbeiter durch monotone Arbeit		
Qualifikation der Mitarbeiter		
Lohnkosten		
Fehlerquote/Ausschuss		
Anwendbarkeit der Divisionskalkulation		
Verwendung von Spezialmaschinen		
Arbeitsproduktivität		

[1] Der Begriff Fließfertigung wird hier als Oberbegriff zu Reihen- und Fließbandfertigung benutzt. Zuweilen wird dieser Begriff aber auch gleichbedeutend mit Reihen-, Straßen- oder Linienfertigung verwendet.

3. Nach der Häufigkeit der Leistungswiederholung lassen sich folgende Fertigungstypen unterscheiden:
   - **Einzelfertigung:** Herstellung einer einzelnen Einheit eines Produkts, meist als Sonderanfertigung auf Bestellung (z.B. Staudamm)
   - **Mehrfachfertigung:** mit den Unterformen Massen-, Sorten- und Serienfertigung

     Massenfertigung: Herstellung des **gleichen** Produkts auf gleichen Produktionsanlagen in **sehr großer Stückzahl** (z.B. Zigaretten)

     Serienfertigung: Herstellung einer **begrenzten Stückzahl verschiedenartiger** Produkte. Die Produkte setzen sich aus vielen Einzelteilen zusammen und erfordern unterschiedliche Fertigungsgänge. Bei Serienwechsel ist deshalb eine **Umrüstung** der Produktionsanlagen nötig (z.B. verschiedene Autotypen).

     Sortenfertigung: Herstellung einer größeren Stückzahl von Produkten, die in der Art ihrer Fertigung und der verwendeten Rohstoffe so **eng verwandt** sind, dass es sich um **Varianten derselben Produktart** handelt. Die Produkte unterscheiden sich lediglich hinsichtlich Qualität, Geschmack, Abmessung o.ä. voneinander. Im Gegensatz zur Serienfertigung können verschiedene Sorten auf denselben Produktionsanlagen **ohne größere Umrüstung** nacheinander produziert werden (z.B. Bier: Pils und Export).

● Ordnen Sie die folgenden Produkte einem dieser Fertigungstypen zu, indem Sie in einer Tabelle nach folgendem Muster das entsprechende Tabellenfeld ankreuzen. Begründen Sie Ihre Zuordnung.

Fertigungstypen / **Produkte**	**Einzel-fertigung**	**Mehrfachfertigung**		
		Massen-fertigung	**Sorten-fertigung**	**Serien fertigung**
Herrenanzüge unterschiedlicher Qualität und Größe				
verschiedene Autotypen				
Elektrizität, Gas				
Bücher				
Benzin				
Teppiche				
Zigaretten				
Glühbirnen				
Bier				
Schrauben				
Schnitte				
Staudamm				
Papier				
Möbel				
Radios				

4. Hinsichtlich der Organisationsformen der Fertigung lässt sich neben Werkstatt- und Fließfertigung auch die Gruppenfertigung unterscheiden. Die **Gruppenfertigung** (Inselfertigung) stellt eine Kombination des Fließ- und Werkstattprinzips dar. Unterschiedliche Maschinen und Arbeitsplätze werden dabei in Gruppen zusammengefasst. Innerhalb dieser Gruppen ist der Fertigungsablauf nach dem Prinzip der Fließfertigung organisiert. Die einzelnen Maschinen- und Arbeitsplatzgruppen werden auch als **Fertigungsinseln** (Fließinseln) bezeichnet.

Gruppenfertigung

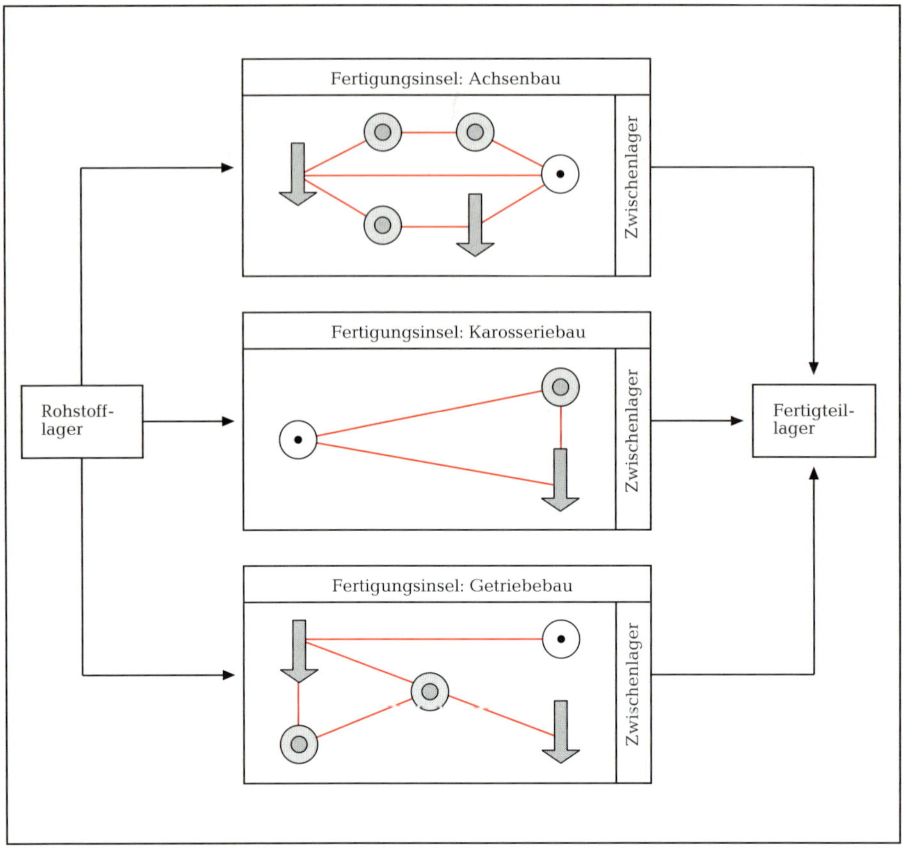

- Überprüfen Sie anhand einer Tabelle nach folgendem Muster, welche Organisationsform der Fertigung für welche Fertigungstypen besonders geeignet ist. Begründen Sie Ihre Aussagen.

Fertigungstypen / Organisationsformen	Einzelfertigung	Mehrfachfertigung (Sorten-, Serien-, Massenfertigung)
Werkstattfertigung		
Fließfertigung (Reihen-, Fließband-, Transferfertigung)		
Gruppenfertigung		

8.07 Arbeitszerlegung – Arbeitsproduktivität

Der amerikanische Ingenieur Frederick Taylor (1856 – 1915) wies um die Jahrhundertwende darauf hin, dass die Serienproduktion am kostengünstigsten organisiert werden kann, wenn die Arbeit in möglichst kleine Teilaufgaben zerlegt wird. Diese Vorstellung setzte der Automobilfabrikant Henry Ford 1908 erstmals in die Praxis um.

„So war es mit der Montage der Kolbenstange. Selbst nach dem alten System nahm der Vorgang nur drei Minuten in Anspruch – schien also gar keiner besonderen Beachtung wert. Es standen dafür zwei Bänke mit insgesamt achtundzwanzig Mann zur Verfügung: in einem neunstündigen Arbeitstag setzten sie, alles in allem, 175 Kolbenstangen zusammen – das heißt, sie brauchten genau drei Minuten, fünf Sekunden pro Stück. Eine Kontrolle gab es nicht, und viele Kolbenstangen mussten von der Motormontage als unbrauchbar zurückgewiesen werden.

Der ganze Vorgang ist überaus einfach. Der Arbeiter zog den Stift aus dem Kolben heraus, ölte ihn, schob die Stange an ihre Stelle und den Stift durch Stange und Kolben hindurch, zog die eine Schraube an und die andere auf, und die Sache war erledigt.

Der Vorarbeiter unterzog den ganzen Vorgang einer genauen Untersuchung, vermochte aber nicht zu entdecken, weshalb er ganze drei Minuten beanspruchte. Er analysierte daher die verschiedenen Bewegungen mit einer Stoppuhr und fand, dass bei einem neunstündigen Arbeitstag vier Stunden mit dem Hinundhergehen vergingen. Die Arbeiter gingen nicht etwa fort, aber sie mußten sich hin und her bewegen, um ihr Material heranzuholen und das fertige Stück beiseite zu schieben. Während des ganzen Vorganges hatte jeder Arbeiter acht verschiedene Handgriffe zu verrichten. Der Vorarbeiter entwarf einen neuen Plan, indem er den ganzen Vorgang in drei Verrichtungen zerlegte, brachte an der Bank einen Schlitten an, stellte drei Mann an jeder Seite auf und einen Aufseher an das eine Ende. Statt dass ein Mann sämtliche Handgriffe tat, verrichtete er jetzt nur den dritten Teil, – nur so viel, als möglich war, ohne sich hin und her zu bewegen.

Die Arbeitsgruppe wurde von achtundzwanzig auf vierzehn herabgesetzt. Die Rekordleistung der achtundzwanzig Mann waren 175 Stück pro Tag gewesen. Heute bringen sieben Mann bei achtstündiger Arbeitszeit 2600 Stück pro Tag heraus."

Henry Ford, Erfolg im Leben, München 1963

- 1. Um wieviel Prozent ist die Ergiebigkeit der Arbeit (Arbeitsproduktivität) in dem von H. Ford geschilderten Beispiel gestiegen?
- 2. Welches sind die Ursachen für die Steigerung der Arbeitsproduktivität?
- 3. Welche Auswirkungen hatte diese Arbeitsorganisation auf die Situation der Arbeiter in diesem Betrieb?

4. Die Fließbandarbeit führte zu einer erheblichen Produktionssteigerung. Bei handwerklicher Montage war für das berühmte Ford Modell »T« (Tin Lizzy) eine Produktionszeit von 738 Minuten je Stück nötig. Durch die Fließbandarbeit wurde die Herstellung in 7885 Teilarbeiten zerlegt. Der Zeitbedarf für die Fertigstellung eines Autos verringerte sich dadurch auf 93 Minuten. Zwischen 1909 und 1926 konnte der Stückpreis von 950 US-$ auf 290 US-$ gesenkt werden.

- Worauf ist diese Preissenkung zurückzuführen?

8.08 Fließfertigung (Reihenfertigung, Fließbandfertigung, Transferstraße)

Die **Süddeutschen Pumpen- und Turbinenwerke (SPT)** beziehen die Spiralgehäuse für den von ihr hergestellten Pumpentyp TK 74 von einer Gießerei. Um das Pumpengehäuse montagefertig zu machen, müssen folgende Arbeitsgänge ausgeführt werden:

a) Drehen,	4 Minuten
b) Bohren,	6 Minuten
c) Gewinde schneiden,	8 Minuten
d) Fräsen,	2 Minuten

Die Gewinde können erst geschnitten werden, wenn die entsprechenden Löcher gebohrt sind. Im übrigen gibt es keine technischen Gründe für die Festlegung der Reihenfolge der Bearbeitungsgänge.

- 1. Stellen Sie 6 technisch mögliche Anordnungen für die Bearbeitungsgänge dar.

2. Die Bohrer müssen nach etwa 20 Maschinenstunden aus der Bohrmaschine ausgewechselt werden, die Drehstähle nach etwa 8 Stunden. Die Drehstähle sind erheblich billiger als die Bohrer und können nachgeschliffen werden. Die Bohrer werden geschont, wenn der Drehvorgang dem Bohren vorausgeht.

- Machen Sie einen Vorschlag für die Anordnung der Bearbeitungsgänge, der diesen wirtschaftlichen Gesichtspunkt berücksichtigt. Die Stillstandszeiten der Maschinen bei dem Auswechseln der Werkzeuge (etwa 30 sec.) sind wirtschaftlich ohne Bedeutung.

3. Die von der Gießerei bezogenen Pumpengehäuse werden auf einer Transferstraße (= automatische Fertigung) montagefertig bearbeitet. Ein Arbeiter spannt dazu die Rohgehäuse ein, die dann über eine elektronisch gesteuerte Fertigungsstraße den einzelnen Maschinen (Drehmaschine, Bohrmaschine, Gewindeschneider, Fräse) zugeführt und ohne menschliche Eingriffe bearbeitet werden.

- Untersuchen Sie an diesem Beispiel, welche Vor- und Nachteile die Fließfertigung auf einer Transferstraße gegenüber der Fließfertigung als Reihen- oder Fließbandfertigung hat.

8.09 Übergang von der Fließbandarbeit zur Gruppenarbeit in der Automobilindustrie

Der amerikanische Ingenieur Frederick W. Taylor (1856 – 1915) wies um die Jahrhundertwende darauf hin, dass die Serienproduktion am kostengünstigsten organisiert werden kann, wenn die Arbeit in möglichst kleine Teilaufgaben zerlegt wird. Diese Vorstellung setzte Henry Ford 1908 erstmals in die Praxis um. Die Fließbandarbeit ging tatsächlich mit Produktionssteigerungen bei sinkenden Stückkosten einher.

Die handwerkliche Montage des Ford »Model T« erforderte zunächst 728 Minuten pro Stück. Diese Zeit verringerte sich am Fließband auf 93 Minuten. Der Preis eines Autos konnte daraufhin zwischen 1909 und 1926 von 950 $ auf 290 $ gesenkt werden. Während Opel im Jahre 1924 als eines der ersten Automobilunternehmen in Deutschland die Fließbandarbeit einführte, hielt Daimler-Benz noch länger an der handwerklichen Werkstattorganisation fest. In den folgenden Jahrzehnten wurde die Fließbandfertigung immer weiter perfektioniert. Nach dem zweiten Weltkrieg setzte sich dieses Fertigungsverfahren auch in der gesamten deutschen Automobilindustrie durch. Aufgrund der Tatsache, dass es bald keine Seltenheit mehr war, dass ein Arbeiter am Tag 2000- bis 5000-mal den gleichen Handgriff tun musste, zeigten sich aber auch bald die Grenzen der Fließbandfertigung. Die Unzufriedenheit und geringe Motivation der Fließbandarbeiter verursachten einen häufigen Arbeitskräftewechsel mit entsprechenden Qualitätseinbußen. Gesundheitsstörungen schlugen sich in einem hohen Krankenstand nieder. Vor diesem Hintergrund wurde Mitte der 70-er Jahre im Zusammenhang mit einem von der Regierung finanziell geförderten Programm zur Humanisierung der Arbeitswelt in verschiedenen deutschen Automobilbetrieben Versuche zur Einführung von Gruppenarbeit gemacht. Vielfach gingen damit aber Produktionseinbußen, erhöhte Kosten und gruppendynamische Probleme einher. Seit Anfang der 90-er Jahre wird diese Arbeitsform jedoch nach japanischem Vorbild in allen deutschen Opel-Werken konsequent angewandt. Andere deutsche Automobilhersteller sind diesem Beispiel inzwischen gefolgt.

Lesen Sie den nachstehenden Bericht über die neuen Arbeitsformen bei Opel und beantworten Sie folgende Fragen:

1. Welche wesentlichen Merkmale wies die Arbeitsorganisation vor der Einführung der Gruppenarbeit auf?
2. Welche Neuerungen gegenüber der bisherigen Arbeitsorganisation gehen mit der Gruppenarbeit einher?
3. Welche Wirkungen für die Arbeitszufriedenheit und die Beziehungen der Arbeiter untereinander werden von der Gruppenarbeit erwartet?
4. Welche neuen Anforderungen werden durch die Gruppenarbeit an die Arbeiter gestellt?
5. Welche Wirkungen für Produktivität und Produktqualität erwartet die Betriebsleitung von der Guppenarbeit?

»Herrscht jetzt Anarchie?«

Wahrhaft Revolutionäres geschieht derzeit in allen deutschen Opel-Werken. Der Konzern führt, als erstes deutsches Automobilunternehmen, Gruppenarbeit ein. Das gewaltige Experiment soll die Produktivität in den Fabriken gewaltig steigern und die Qualität der Arbeit erhöhen. Doch die Umstellung fällt allen Beteiligten schwer.

In diesem Backsteinbau wird, Tag für Tag, aus einem Menschen ein Roboter. Die Hände greifen sich zwei Benzinleitungen, sie senken sich. Die Leitungen tauchen in Schmierseife ein. Die Arme drehen sich. Die Leitungen rutschen durch eine Öse. Die Hände greifen sich wieder zwei Benzinleitungen.

Die Hände sind nicht aus Stahl, der Arbeiter ist kein Roboter. Er heißt Slawomir Obertowski, ist gelernter Kfz-Mechaniker. Vor dem jungen Polen zieht, zwischen 5.45 Uhr und 14 Uhr, das Fließband Blechkarossen von Opel vorbei.

Seit Wochen schon verrichtet er diese Arbeit. Und er müsste, Woche für Woche, auch künftig Leitungen montieren. Bis zum Urlaub und danach von neuem.

Nun aber soll alles ganz anders werden. Obertowski und 13 Kollegen können, an einem Freitag vormittag, ihre Arbeitswelt verändern. »Die Leute wollen eine andere Aufteilung der Arbeit«, sagt sein Kollege Frank Rau. Und dann teilen die Bandarbeiter ihre Arbeit neu ein.

»Ich meine, am ersten Tag muss der Bremsschlauch sein, am zweiten die kurze Leitung, dann wäre die lange Leitung dran...«

»Also zwei Tage Leitungen geht nicht. Ich hab' nicht so lange Arme wie du. Ich muss mich ganz schön strecken. Das geht gewaltig aufs Kreuz.«

Die Zusammenkunft hat einen Namen – Gruppengespräch. Es ist ein typisches Element der neuen Zeit, die gegenwärtig in allen deutschen Opel-Werken anbricht: Als erste Automobilfirma des Landes stellt Opel die gesamte Produktion um.

Louis Hughes, der amerikanische Vorstandschef bei Opel, übertreibt kaum, wenn er sagt: »Die Gruppenarbeit wird für Beschäftigte und Unternehmen. für Gewerkschaften und Arbeitgeber vergleichbare Auswirkungen haben wie einst die Einführung des Fließbandes.«

Zum erstenmal entscheiden die Arbeiter selbst, wie sie arbeiten. Warum sollen sie tagelang fingerdicke Leitungen in Plastikhalterungen stecken? Die Männer können sich abwechseln. »Also dann machen wir doch einen Tag Vormontage und einen Tag Bremsschlauch dazwischen.«

Für Frank Rau und seine Kollegen ist die Gruppenarbeit eine gewaltige Umstellung. Für ihren Meister gewiss auch. Bis vor kurzem bestimmte er, wie die Arbeit seiner Männer aufgeteilt wird, alle hörten auf sein Kommando. Jetzt haben ihn die Arbeiter nicht einmal zum Gruppengespräch eingeladen. (...)

Vorstandsmitglied Enderle, bei Opel für die Produktion verantwortlich, wirkt nicht wie ein Sozialreformer. Wenn er über Gruppenarbeit spricht, geht es auch um humane Arbeitsplätze. Enderle redet aber vor allem über Produktivität und Qualität und über Fehlzeiten. (...)

»Wir sagen dem Arbeiter auf die Sekunde und den Millimeter genau, was er zu tun hat. Aber keiner weiß so gut wie der Mann am Band, wie die Arbeit vielleicht besser oder schneller erledigt werden könnte.« (...)

Für Vorstand Enderle liegt da »ein ungeheures Potential brach«. Das hat er natürlich ausgelotet, bevor nun die gesamte Produktion auf Gruppenarbeit umgestellt wird.

Die Produktivität steigt, der Krankenstand sinkt, die Zahl der Verbesserungsvorschläge verdoppelt oder verdreifacht sich. Das sind Erkenntnisse aus den Pilotprojekten bei Opel. Genaueres mag Enderle nicht sagen. Die Konkurrenz soll nicht zu viele Details erfahren.

Aus lauter Einzelarbeitern am Band werden Gruppen von 8 bis 15 Leuten gebildet. Das Arbeitsziel bleibt gleich. 360 Wagen müssen fertig sein bis 14 Uhr, wenn die Spätschicht übernimmt.

Bislang hieß das für einen wie Obertowski: 360-mal Benzinleitungen einsetzen. Nun muss seine Gruppe dafür sorgen, dass 360 Wagen Benzinleitungen und Bremsschläuche, Lenkhebel und Automatikleitungen bekommen, dass in der Vormontage Halterungen und Klipse aufgesteckt werden. Wie sie die Arbeit untereinander aufteilt, bleibt der Gruppe überlassen. »Sie sollten mal sehen«, sagt Hildmann, »was das für eine Kreativität freisetzt.« (. . .)

Obertowski ist nicht mehr der Mann für die Benzinleitung. Der junge Pole hat die Arbeiten vor und hinter seinem Platz gelernt, damit er sich demnächst mit den Kollegen abwechseln kann. Und dabei ist den Bandarbeitern einiges aufgefallen, was bislang offenbar noch kein Ingenieur und kein Fertigungstechniker entdeckte.

Die Holzkisten mit Material, die an ihrem Bandabschnitt stehen, sind viel zu groß. Sie nehmen nur Platz weg, obwohl nie so viele Leitungen und Schläuche für eine Schicht gebraucht werden. Also fordern die Arbeiter: weniger Vorräte, kleinere Behälter.

Aufgefallen sind die großen Kisten Obertowski und Kollegen zuvor sicher auch schon. Doch warum soll sich einer, der nur für ein paar Handgriffe eingesetzt wird. Gedanken um Vorratslager machen? Mit wem soll er darüber reden und wann?

Mitunter wächst das Selbstbewusstsein der Arbeiter nun schon in einem Maße, dass die strenge Hierarchie der Fabrik gehörig durcheinander gewirbelt wird. Mancher Meister, mancher Ingenieur hat das schon zu spüren bekommen.

»Wir sind keine Bandochsen«, sagen die Arbeiter. Sie wollen mitentscheiden, wie die Arbeit verrichtet wird.

Bei Frank Raus Gruppe kamen immer wieder Reklamationen an. Die Verdampferleitung sprang aus den Halterungen. Früher hätte der Meister seine Leute aufgefordert, nicht so schlampig zu arbeiten.

Die Arbeiter setzten sich zusammen und überlegten, warum die Leitung herausspringt. Einfaches Ergebnis: Sie ist zu stark gekrümmt und kann nicht halten.

Zum nächsten Gruppengespräch luden sie die Fachleute vom Technischen Entwicklungs-Zentrum ein, die für die Produktion der Leitungen verantwortlich sind. Und dann verschafften die Bandarbeiter den Ingenieuren ein denkwürdiges Erlebnis.

Die Fachleute legten ihre Zeichnungen und Berechnungen auf den Tisch, nach denen alles bestens passt. Frank Rau gab nicht nach »Die Herren mit Schlips und Kragen mussten mit ans Band gehen. Und dort erkannten die studierten Experten den Unterschied zwischen Zeichnung und Realität. Nun wollen sie die Leitungen ändern.

Erste Erfahrungen aus Halle K 40 stimmen Enderle sehr optimistisch. Rund 50 Meter von dem Band entfernt, an dem Frank Rau und seine Gruppe arbeiten, bessern Reparateure kleine Fehler an den kompletten Fahrzeugen aus. Auf den Inspektionskarten, die hinter den Scheibenwischern hängen, sind merklich weniger Fehler angekreuzt.

Nun machen sich die Reparaturleute bereits Gedanken, ob einige von ihnen vielleicht Opfer der Gruppenarbeit werden. Vor Monaten noch mussten sie bei den gleichen Produktionszahlen Überstunden fahren. Jetzt können sie pünktlich nach Hause gehen. Und was ist, wenn die Autos demnächst mit noch weniger Fehlern vom Band laufen?

Gruppenarbeit als Jobkiller?

»Niemand verliert seinen Arbeitsplatz bei Opel«, verspricht Peter Enderle, »wenn Mitarbeiter dafür sorgen, dass die Produktivität oder Qualität steigt.«

aus: Der Spiegel, Nr. 32, vom 5.8.1991, S. 92 – 97

8.10 Übergang von starrer Fertigung (Transferlinie) zum flexiblen Fertigungssystem (FFS) – Computer Integrated Manufacturing (CIM)

Bei der **WEMA GmbH,** einem mittelständischen Unternehmen, das sich auf die Herstellung von Werkzeugen und Werkzeugmaschinen spezialisiert hat, treten Absatz- und Produktionsschwierigkeiten auf. Ursache dafür sind Veränderungen auf dem Absatzmarkt. Immer mehr Kunden geben anstelle der bisher in Großserien gefertigten Produkte Spezialanfertigungen mit geringen Stückzahlen in Auftrag. Gleichzeitig drängen die Kunden auf immer kürzere Lieferfristen. Die Geschäftsleitung beauftragt ein Ingenieurbüro, das bisherige Fertigungsverfahren zu überprüfen und Lösungsvorschläge zu entwickeln.

Bei der Analyse der Ist-Situation stellen die Betriebsberater folgende Zusammenhänge fest:

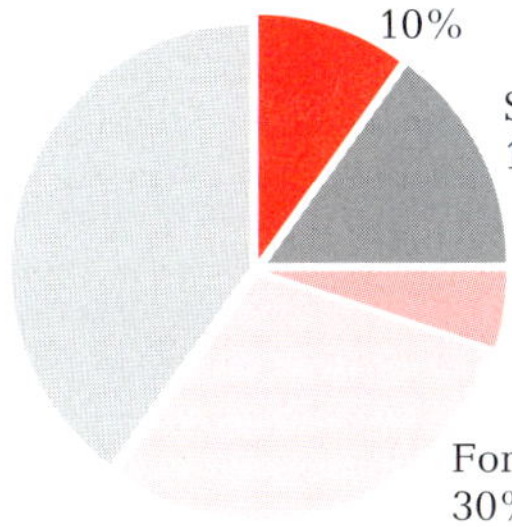

Durchschnittliche Durchlaufzeit je Auftrag (100%)	
Bearbeitungszeit 10%	Lager, Transport, Rüst- und Wartezeiten, Material- und Informationsstau 90%

1. Welches Problem wird aus den dargestellten Zusammenhängen deutlich?
2. Die Betriebsberater legen zur Erläuterung der von ihnen vorgeschlagenen Änderungen folgende Gegenüberstellung vor:

Merkmale verschiedener Fertigungsverfahren	
bisher	zukünftig
möglichst weitgehende Arbeitsteilung	möglichst geringe Arbeitsteilung
Fertigung in Losen (optimale Losgröße)	kleine oder keine Lose, flexibel automatisiert (Fertigung in beliebiger Reihenfolge)
hohe Stückzahlen (Massenproduktion)	große Vielfalt der Produkte Variantenvielfalt)
auslastungsorientierte Fertigung	bedarfsgerechte, markt- und kundenorientierte Fertigung
»Bring-System« hintereinandergeschaltete Fertigung	»Hol-System« überlappende Fertigung
minimale Ausführungszeit je Arbeitsgang	minimale Ausführungszeit je Auftrag
maximale Ausbringung je Zeitperiode	maximale Auslastung je Zeitperiode
manuell aufbereitete und geschriebene Informationen	Kopplung und Verknüpfung des Material- und Informationsflusses durch Rechnerunterstützung, Planung und Steuerung des Produktionsablaufs durch Mensch-Rechner-Interaktion

Erläutern Sie anhand dieses Merkmalkatalogs wesentliche Voraussetzungen und Ziele des vorgeschlagenen Fertigungssystems.

3. Zur weiteren Veranschaulichung des von ihnen vorgeschlagenen flexiblen Fertigungssystems legen die Betriebsberater der WEMA-Geschäftsleitung folgendes Informationsmaterial vor:

Flexible und transparente Fertigungstrukturen

... Eine Fertigungsstruktur muss ... die Eigenschaft haben, sich mit minimalem Aufwand in kurzer Zeit neuen Gegebenheiten anzupassen. Diese Systemeigenschaft, die man als Flexibilität der Produktion bezeichnet, wird in der technischen Unternehmensplanung heute stets dort verlangt, wo der Markt kundenspezifische Produkte fordert, die zudem noch einer hohen Innovationsgeschwindigkeit unterliegen. Daraus lässt sich ein direkter Zusammenhang von Markt und Flexibilität der Produktion ableiten. Die Art des Marktes bestimmt den Flexibilitätsgrad der Produktion.

Die Realisierung flexibler Fertigungsstrukturen ist kein technisches Problem, sondern ein wirtschaftliches, da Steigerung von Flexibilität und Produktivität der Betriebsmittel tendenziell gegenläufige Zielrichtungen sind. So weisen beispielsweise Transferlinien eine hohe Produktivität, aber eine geringe Flexibilität auf. Umgekehrt verhält es sich bei einer CNC-Universal-Maschine, die gegenüber derTransferlinie eine weitaus höhere Flexibilität, aber eine geringere Produktivität besitzt.

Um kleine Lose wirtschaftlich fertigen zu können, muss ein zwischen den Extremen liegendes Optimum angestrebt werden. Der Weg hierzu führt zu flexibel automatisierten Fertigungssystemen, die gleichzeitig hohe Flexibilität und hohe Produktivitat gewährleisten. Während sich Transferlinien und CNC-Maschinen durch verschiedene Maschinenkonzepte unterscheiden, basieren Fertigungssysteme auf universellen CNC-Maschinen.

Die hohe Produktivität wird dadurch erreicht, dass das Bearbeitungssystem um Automatisierungskomponenten erweitert wird und diese Fertigungssysteme durch automatisierten Materialfluss miteinander sowie mit anderen Produktionseinrichtungen, wie z.B. Lagern, verknüpft werden. Zu den wichtigsten Automatisierungskomponenten zählen:

- On-line-Datenverbindung mit anderen Informationssystemen,
- automatisierte Werkstückhandhabung,
- automatisierter Werkstücktransport,
- automatisierte Werkzeughandhabung,
- automatisierter Werkzeugtransport,
- Prozessüberwachung,
- automatisches Messen und Prüfen,
- Simulation des Fertigungsprozesses.

Quelle: Handelsblatt vom 07.06.1988

Fertigungssysteme

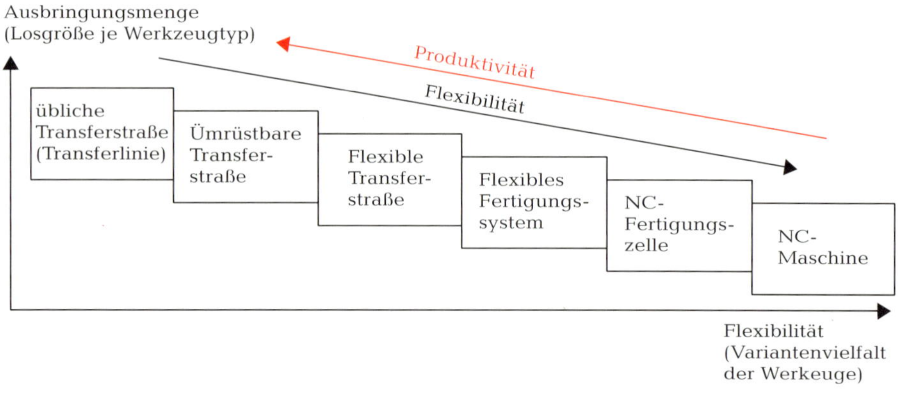

Begriffserläuterung:

NC/CNC-Technik: NC(Numerical Control – Numerische Steuerung) und CNC (Computer Numerical Control – Numerische Computer Steuerung) sind Techniken zur Automatisierung von Werkzeugmaschinen.

Flexible Fertigungszellen (NC-Fertigungszellen): Hochgradig automatisierte Einzelmaschinen, auf denen die komplette Bearbeitung von Werkstücken mit einem Höchstmaß von Flexibilität möglich ist. Aufgrund einer integrierten Werkstück- und Werkzeugwechseleinrichtung wird die programmgesteuerte Bearbeitung verschiedener Werkstücke in beliebiger Reihenfolge möglich.

Auf einer **NC-Maschine** können demgegenüber zwar auch einzelne Bearbeitungsvorgänge an Werkstücken automatisch vorgenommen werden. Für die Komplettbearbeitung ist es jedoch i.d.R. nötig, die Werkstücke zu Lasten der Durchlaufzeit auf unterschiedlichen NC-Maschinen auf- und abzuspannen.

Flexibles Fertigungssystem: Besteht aus mehreren NC-Maschinen bzw. NC-Fertigungszellen, die durch ein automatisches Transportsystem (Fließband) miteinander verbunden sind. Zwischen den Fertigungseinrichtungen findet ein frei programmierbarer Materialfluss statt. Der Arbeitsprozess wird durch einen Rechner gesteuert und überwacht. Dadurch ist es möglich, verschiedene Werkstücke in beliebiger Reihenfolge ohne nennenswerte Verzögerungen durch Umrüstvorgänge zu bearbeiten. Der in der Werkstattfertigung übliche zeitaufwendige Werkzeugwechsel wird weitgehend automatisiert,

Flexible Transferstraße: Besteht aus mehreren NC-Maschinen die durch ein automatisches Transportsystem (Fließband) miteinander verbunden sind. Der Transport des Fertigungsmaterials erfolgt taktweise, wobei eine Abweichung vom gewählten Materialfluss nicht vorgesehen ist. Eine Umrüstung zur Bearbeitung anderer Werkstücke ist bei Stillstand der Anlage verhältnismäßig schnell möglich. Anwendung: Großserienfertigung bei engem Produktionsprogramm.

- Warum ist das von den Betriebsberatern vorgeschlagene flexible Fertigungssystem zur Lösung des in der Ausgangssituation beschriebenen Konflikts zwischen rationeller Serienproduktion (Massenfertigung) und kundenorientierter Variantenvielfalt am besten geeignet?

- 4. Um die Absatzmöglichkeiten zu verbessern, möchte die **WEMA GmbH** die Produktvielfalt und die Produktvarianten erhöhen. In der folgenden Grafik ist die voraussichtliche Entwicklung der Stückkosten für diesen Fall dargestellt.

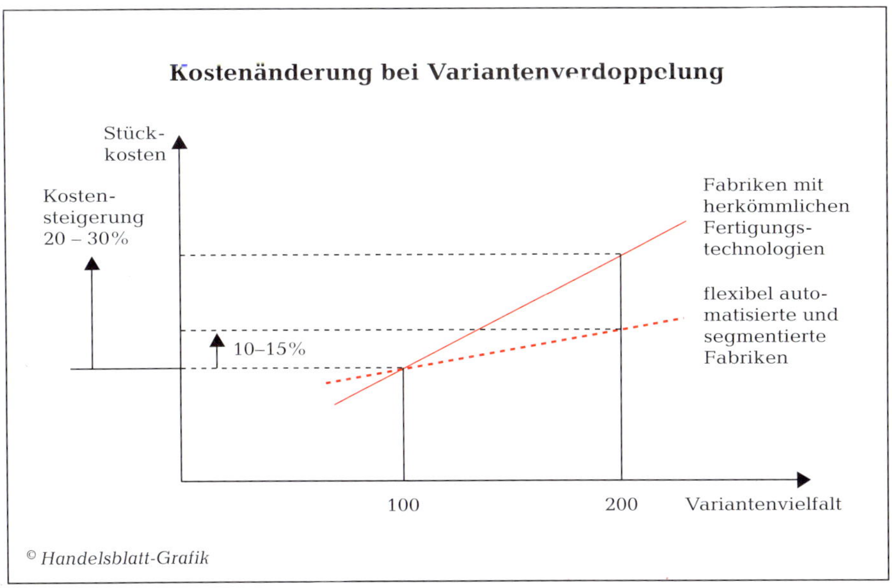

Lösungs-blatt

Fabrik mit Zukunft

Komponenten der rechnergesteuerten Produktion

CIM Computer Integrated Manufacturing

Mit CIM werden objektorientierte Informationen an vielen Stellen geschaffen, gespeichert, aktualisiert und verantwortet. Es ist ein wechselseitiger Zugriff gegeben. CIM ist ein Infomations-, Kommunikations- und Navigationswerkzeug

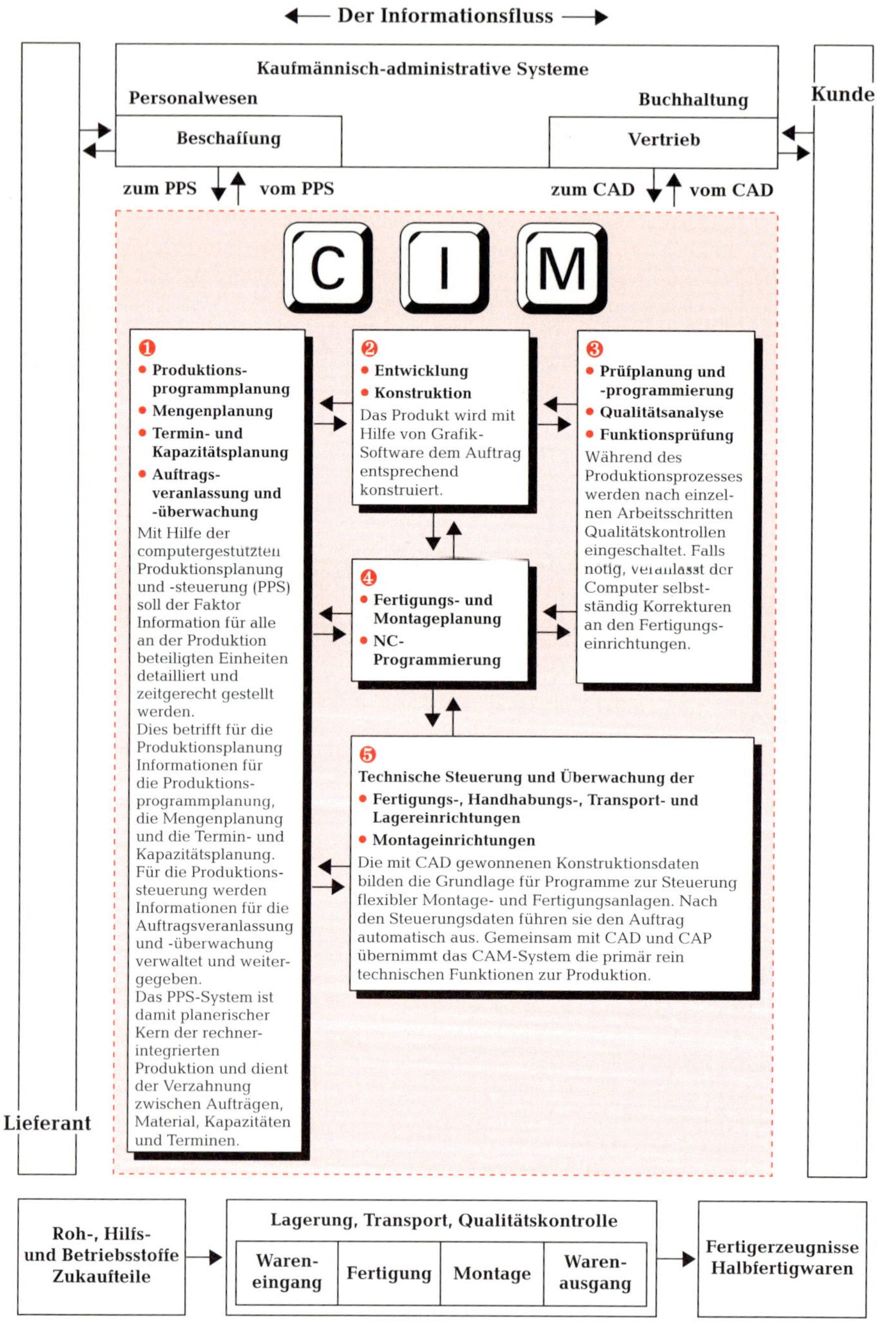

Ursprungsdaten: Sàndor Vajna, Jürgen Schlingensiepen; Wörterbuch der C-Technologien, Heidelberg 1990
Insitut der deutschen Wirtschaft Köln

- Erläutern Sie, warum bei einer Erhöhung der Variantenvielfalt

  a) die Stückkosten sowohl bei starren als auch bei flexiblen Fertigungssystemen steigen,

  b) die Stückkostensteigerungen bei flexiblen Fertigungssystemen geringer sind als bei starren.

5. In ihrem Gutachten weisen die Betriebsberater darauf hin, dass das von ihnen vorgeschlagene flexible Fertigungssystem Teil eines technischen Entwicklungsprozesses ist, an dessen Ende die verschiedenen computergesteuerten Teilbereiche eines Betriebes (z.B. Entwicklung/Konstruktion, Produktionsplanung/-steuerung, Fertigung) so miteinander verbunden werden können (»Vernetzung von Insellösungen«), dass eine weitgehend automatische Fertigung eines variablen Produktionsprogramms möglich wird. Der derzeitige Entwicklungsstand dieses als *Computer Integrated Manufacturing* (CIM) bezeichneten künftigen Systems wird an nebenstehendem Schaubild erläutert:

CIM-Bausteine

CAD: Computer Aided Design

Entwicklung und Konstruktion am Bildschirm (Entwurf, Zeichnung, Stücklisten)

CAP: Computer Aided Planing

Planung der Arbeitsabläufe und -termine (Fertigungsvorbereitung, Arbeitspläne, Montagepläne, Maschinenbelegungspläne)

CAM: Computer Aided Manufacturing

Steuerung und Überwachung der Betriebsmittel im Rahmen des Fertigungsprozesses (u.a. Steuerung von Arbeitsmaschinen, Transport- und Lagersystemen)

CAQ: Computer Aided Quality Insurance

Qualitätssicherung, Fehlererfassung und -beseitigung durch laufende Aufzeichnung von qualitätsbedeutsamen Daten

PPS: Produktionsplanung und -steuerung

Organisation des Datenflusses zwischen der Produktion und den übrigen CIM-Bausteinen,

Planung von Mengen, Terrninen und Kapazitäten

Stammdatenverwaltung

- Ordnen Sie den Feldern mit den Nummern 1 bis 5 in der Abbildung den jeweiligen CIM-Baustein zu.

6. Zum Vergleich erläutern die Betriebsberater die Stufen der herkömmlichen Produktentwicklung anhand des folgenden Schaubildes:

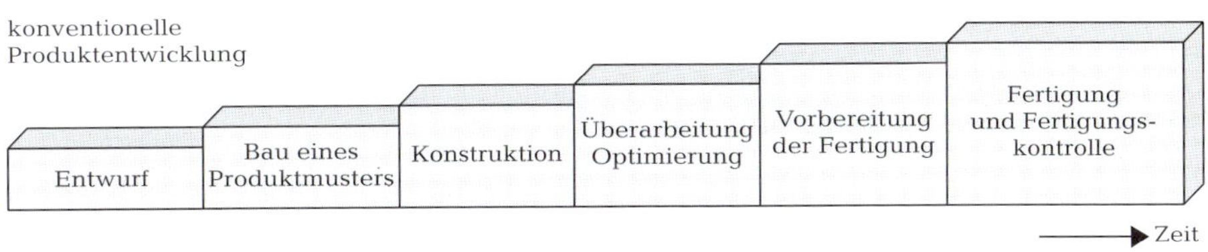

- Ordnen Sie diese Stufen den entsprechenden CIM-Bausteinen zu.

7. Den Zusammenhang zwischen betriebswirtschaftlichen und technischen Funktionen einzelner CIM-Bausteine erläutern die Betriebsberater anhand des folgenden Schaubildes:

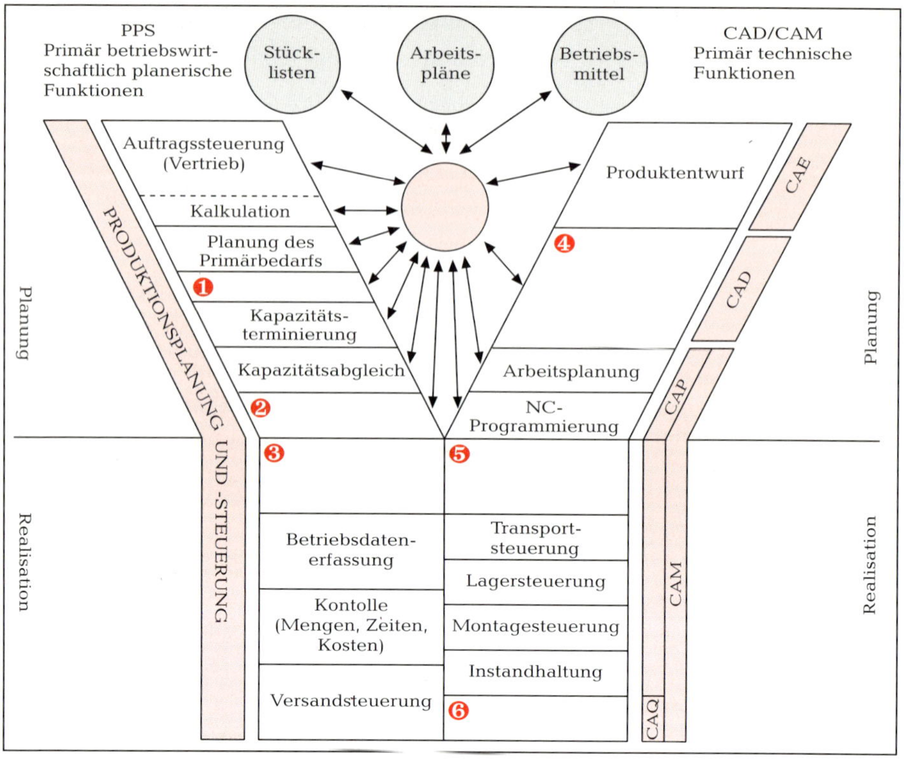

Abb. nach A.W. Scheer, Der computergesteuerte Industriebetrieb, Berlin 1990

- Ordnen Sie den Feldern mit den Nummern 1 bis 6 folgende Funktionen zu:
  a) Qualitätssicherung,
  b) Auftragsfreigabe,
  c) Materialwirtschaft,
  d) Fertigungssteuerung,
  e) Steuerung von NC-Maschinen und Robotern,
  f) Konstruktion.

Lösungsblatt

8.11 Lean Production in der Automobilindustrie

Wissenschaftler des amerikanischen Forschungsinstituts **MIT (Massachusetts Institute of Technologie)** haben Ende der 80er Jahre 90 Automobilwerke in 17 Ländern untersucht. Dabei wurden nachfolgende Ergebnisse ermittelt (siehe Seite 225, oben):[1]

- 1. Versuchen Sie anhand des Zahlenvergleichs zu belegen, dass die Bezeichnung ***Lean Production*** (= schlanke Produktion) für das in japanischen Werken angewandte Fertigungsverfahren gerechtfertigt ist.

2. »Während der Schwerpunkt von CIM (Computerintegrated Manufacturing) auf der computerunterstützten Produktionsplanung und -steuerung liegt, liegt das Geheimnis von Lean Production in der Arbeitsorganisation.«

- Versuchen Sie, anhand des Zahlenvergleichs Hinweise auf die unterschiedliche Arbeitsorganisation in japanischen und amerikanischen bzw. europäischen Automobilwerken zu finden.

1 Vgl. J.P. Womack u.a., Die zweite Revolution in der Autoindustrie, 4. Aufl., Frankfurt/M., New York 1992

Durchschnittswerte pro Automobilwerk	Japanische Werke in Japan	Japanische Werke in den USA	Amerikanische Werke (USA)	alle europäischen Werke
Leistung				
Fertigungsstunden pro Fahrzeug	16,8	21,2	25,1	36,2
Montagefehler pro 100 Fahrzeuge	60,0	65,0	82,3	97,0
Entwicklungszeit für ein neues PKW-Modell in Monaten	46,2		60,4	57,3
Raumbedarf				
Fläche (qm/Auto/Jahr)	0,5	0,8	0,7	0,7
Reparaturfläche zur Behebung von Montagefehlern in % der Montagefläche	4,1	4,9	12,9	14,4
Lagerdauer in Tagen für 8 ausgewählte Teile	0,2	1,6	2,9	2,0
Arbeitskräfte				
Mitarbeiter in Arbeitsgruppen in % der Gesamtbelegschaft	69,3	71,3	17,3	0,6
Zahl der Lohngruppen	12	9	67	15
Job Rotation (Flexibilität/Mobilität der Arbeitskräfte durch Arbeits(platz)wechsel) (0 = nie; 4 = häufig)	3,0	2,7	0,9	1,9
Verbesserungsvorschläge pro Mitarbeiter	61,6	1,4	0,4	0,4
Anlernzeit neuer Mitarbeiter in Stunden	380,3	370,0	46,4	173,3
Abwesenheit in % aller Mitarbeiter	5,0	4,8	11,7	12,1
Beschaffungswesen				
Anzahl der Zulieferer pro Werk	170	238	509	442
Anzahl der just-in-time-Zulieferung in Prozent aller Zulieferteile	45,0	35,4	14,8	7,9

3. Ordnen Sie die unten stehenden Merkmale in einer Tabelle nach folgendem Muster den unterschiedlichen Produktionsweisen in der Automobilindustrie zu:

	Massenproduktion nach tayloristischem[1] Muster (»Fordismus«[2])	Lean Production (»Toyotismus«[3])
Fertigungsverfahren		
Grad der Arbeitsteilung		
Arbeitsumfang und Arbeitsbedingungen		
Qualifikation der Arbeitskräfte		
Qualitätskontrolle und -sicherung		
Prinzip der Materialwirtschaft		

Fertigungsverfahren

1) große Stückzahlen mit wenigen Produktvarianten
2) kleinere Serien mit häufigem Werkzeugwechsel
3) Variantenvielfalt
4) hohe Flexibilität von Werkzeugen und Maschinen, kurze Rüstzeiten
5) möglichst wenig Werkzeugwechsel
6) Fließband mit Einheitstakt

1 F.W. Taylor (1856 – 1915), amerikanischer Ingenieur, auf den die arbeitsteilige Fließbandarbeit zurück geht.

2 H. Ford (1863 – 1947), amerikanischer Autokonstrukteur und Industrieller; gründete 1903 die Ford-Motor-Company.

3 TOYOTA, japanischer Automobilkonzern.

Grad der Arbeitsteilung

7) in Arbeitssegmente unterteiltes Fließband mit Taktzeiten, wobei jedem Arbeitssegment jeweils eine Arbeitsgruppe von 5 bis 10 Mitarbeitern zugeordnet ist

8) möglichst weitgehende Arbeitsteilung mit starrer und strenger Taktvorgabe am Fließband

9) eindeutige Zuordnung von Mitarbeiter und Arbeitsplatz

10) Delegation von Verantwortung

11) Teamarbeit

12) wenige Hierarchiestufen, kurze Informationswege

13) Hierarchie durch Trennung von Hand- und Kopfarbeit; dadurch Bürokratisierung und lange Informationswege

Arbeitsumfang und Arbeitsbedingungen

14) keine wechselnden Arbeitsanforderungen

15) Gruppenprinzip mit Job Rotation, hohe Arbeitseinsatzflexibilität

16) ständige Wiederholungen bestimmter Arbeitsvorgänge

17) Monotonie mit der Folge geringer Motivation und starker gesundheitlicher Belastungen

Qualifikation der Arbeitskräfte

18) schnelle Einarbeitung auch bei ungelernten Arbeitskräften auf niedrigem Qualifikationsniveau

19) hohe Qualifikationsanforderungen an alle Mitarbeiter

Qualitätskontrolle und -sicherung

20) ständige Qualitätssicherung und strenges Qualitätsmanagement

21) Vertretbare Fehlerquoten werden in Kauf genommen.

22) »Null-Fehler-Strategie« durch systematische Fehlerermittlung/-analyse: auftretende Mängel werden sofort – wenn nötig durch Bandstopp – und möglichst eigenverantwortlich durch die Gruppe auf ihre letztendliche Ursache zurückgeführt und behoben.

23) Kontinuierlicher Verbesserungsprozess (KVP, Kaizen) der dazu führt, dass die Produktqualität laufend steigt, Nacharbeiten am Produkt immer seltener werden und der Produktionsprozess kaum noch unterbrochen werden muss.

Prinzip der Materialwirtschaft

24) Bringprinzip

25) Just-in-time-Steuerung auf allen Fertigungsstufen, Holprinzip

4. Die Arbeitsorganisation in Form von Gruppenarbeit verlängert erfahrungsgemäß die Fertigungszeiten. Trotzdem liegen die Fertigungszeiten bei Lean Production, bei der die Gruppenarbeit zentraler Bestandteil ist, erheblich unter denen bei herkömmlicher Fertigung.

- Wie ist das zu erklären?

5. Mit Lean Production geht auch eine zunehmende Verringerung der Fertigungstiefe einher, da immer mehr Bauteile (z.B. einbaufertige Türen einschließlich Fenstern, Außenspiegel, Lackierung etc.) nicht mehr selbst hergestellt, sondern von Zulieferern bezogen werden (Outsourcing).

- Wie ist es zu erklären, dass trotzdem die Zahl der Zulieferer bei Lean Production erheblich kleiner ist als bei herkömmlicher Fertigung?

6. Ein wesentliches Element von Lean Production ist das Just-in-time-Prinzip.
   - Erläutern Sie anhand der nebenstehenden Zeitungsmeldung, wieso dieses Prinzip möglicherweise die Durchsetzung von Lean Production behindert.
7. Verschiedentlich werden die Arbeitsbedingungen bei Lean Production in japanischen Automobilwerken kritisiert. Was Befürworter als »kreative Spannung« bezeichnen, wird von Kritikern als »Management-by-Stress« angesehen, da die Mitarbeiter ständig einem gerade noch erträglichen Stress ausgesetzt seien und die Verbesserungsvorschläge der Belegschaft dazu benutzt würden, das Arbeitstempo zu erhöhen und Arbeitsplätze wegzurationalisieren. Tatsächlich sah sich TOYOTA inzwischen gezwungen, die Arbeitsbedingungen teilweise zu ändern.
   - Fassen Sie die wichtigsten Änderungen und deren Ursachen, die in dem folgenden Interview angesprochen werden, zusammen.

Just-in-time vor dem Ende

Die Industrie muss sich auf das Ende des Just-in-time-Systems einstellen. Das von den Japanern übernommene Logistiksystem werde für deutsche Unternehmen »noch in den verbleibenden Jahren dieses Jahrhunderts« aus Gründen des Umweltschutzes nicht mehr praktizierbar sein, erklärte Akio Miyabayashi, Präsident von Minolta Europa, während eines Strategieforums der Universität Stuttgart. In nicht mehr verantwortbarem Maße verursache das ständige Pendeln der Lastwagen zwischen Zulieferern und Herstellern Verkehrsstaus und Luftverschmutzung.

Just-in-time, auch unter dem japanischen Schlagwort »Kanban« bekannt geworden, galt bislang in weiten Teilen der Industrie als entscheidende Kostensenkungsstrategie, vor allem um die Lagerkosten drastisch zu reduzieren.

WirtschaftsWoche Nr. 13/26.03.1993, S. 9

Gespräch mit Professor Koishi Shimizu, Universität Okayama, über die neue Produktionsphilosophie bei Toyota

Die »Lean production« ist Toyota zu mager geworden

BERLIN. Seit die Begriffe »Just-in-time« und »Lean production« aus Japan in die Bundesrepublik herüberschwappen, weil japanische Unternehmen, namentlich in der Autoindustrie, mit diesen Prinzipien überaus erfolgreich sind, dünnen die deutschen Hersteller ihre Belegschaften aus und glauben, damit Produktivitätsrückstände wettmachen zu können. Toyota, Japans führender Autohersteller, geht derweil neue Wege. »Humanisierung der Arbeitswelt« steht dort inzwischen im Mittelpunkt. Professor Koishi Shimizu (44), Professor an der Universität Okayama, hat die Japanische Autoindustrie unter die Lupe genommen. Unser Korrespondent Jörg Buteweg sprach mit ihm.

Warum geht Toyota vom Prinzip »Lean production« ab?

Shimizu: Mit einem Wort: Die Produktion war zu mager geworden. Man braucht, um im Bild zu bleiben, mehr »Fett«.

Was bedeutet das?

Shimizu: Weniger Druck auf die Arbeiter am Band, eine andere Arbeitsorganisation und ein attraktiveres, weniger drückendes System der Entlohnung. Das bedeutet nicht, den völligen Verzicht auf »Lean production«.

Wo liegen die Gründe, dass Toyota ein erfolgreiches System der Fertigung aufgibt?

Shimizu: Gegen Ende der achtziger Jahre bekam Toyota, wie alle japanischen Autohersteller im Boom der »bubble economy«, die Arbeitskräfteknappheit zu spüren. Einerseits hatten die Autohersteller Schwierigkeiten, genügend qualifizierte Kräfte zu rekrutieren, denn die Geburtenrate sinkt. Andererseits führten die harten Arbeitsbedingungen zu hoher Fluktuation, vor allem bei jungen Arbeitern.

Wie hat Toyota darauf reagiert?

Shimizu: Management und Gewerkschaft haben sich auf eine Reihe von Veränderungen in den Arbeitsbeziehungen verständigt, um die Arbeit attraktiver zu machen. Man kann das unter dem Begriff »Humanisierung der Arbeit« zusammenfassen.

Wie lassen sich die neuen Prinzipien beschreiben?

Shimizu: Zum technologischen Aspekt: Im alten Toyotismus wurde ohne Puffer produziert. Wenn es an einer Stelle Schwierigkeiten gab, musste das ganze Band angehalten werden. Im neuen Automobilwerk Kyushu ist das Band aufgeteilt in etwa zehn Minibänder mit Puffern dazwischen. Man verzichtet also auf die »Fertigung ohne Lager«.

Aber Puffer sind doch totes Kapital!

Shimizu: Das hängt von der Größe der Puffer ab. Im Kyushu liegt zwischen jedem Miniband ein Puffer von fünf Karossen. Das gibt mehr Flexibilität. Wenn man für jeden Arbeitstakt eine Minute ansetzt, bedeuten die beiden Puffer in der Montage maximal zehn Minuten zusätzliche Zeit. Wie die Erfahrung bei Toyota zeigt, lassen sich 95 Prozent der auftretenden Fehler in fünf Minuten beseitigen. Derweil geht an den anderen Minibändern die Arbeit weiter. Mit schnellerer Arbeit kann die Gruppe an dem betreffenden Miniband die verlorene Zeit wieder einholen. Dadurch ist das neue Konzept effizienter als das alte.

Welche Konsequenzen hat das für die Arbeitsorganisation?

Shimizu: Die Veränderungen sind für japanische Begriffe revolutionär. Für jedes Miniband ist eine Arbeitsgruppe verantwortlich. Dank der Puffer kann diese Gruppe beispielsweise eine 10- oder 15-minütige Gesprächspause einlegen, um den kontinuierlichen Verbesserungsprozess (Kaizen) voranzutreiben, ohne die anderen Arbeitsgruppen zu stören. Die Vollmacht, das Band so lange anzuhalten, liegt beim Chef dieser Gruppe. Außerdem arbeitet in jeder Gruppe mindestens eine junge Frau mit. Das heißt, die Arbeitsbedingungen sind wesentlich angenehmer geworden. Stellen Sie sich vor: In den alten Fabriken standen ausschließlich kräftige, junge Männer an den Montagebändern.

Wer ist für die Qualität verantwortlich?

Shimizu: Die Gruppe als Ganzes. Jedes Miniband hat eine Stelle für Qualitätskontrolle und Nachbesserungen. Traditionell lag bei Toyota dagegen die Betonung auf der Sicherung der Qualität am einzelnen Arbeitsplatz. Die Qualität hing im großen und ganzen davon ab, ob sie ihre Arbeit exakt ausführten sowie von der Qualitätskontrolle durch eine ganze Reihe von Technikern nach der Montage. Indem man die Zahl der Qualitätskontrolleure verringert und zugleich die Arbeit der Werker am Band erleichtert, ermöglicht die neue Arbeitsorganisation bessere Qualität. Tatsächlich werden 98 Prozent der Wagen ohne Nachbesserungen ausgeliefert.

Wonach richtet sich die Bezahlung?

Shimizu: In Kyushu setzt sich das Gehalt aus zwei Komponenten zusammen, dem Grundgehalt (80 Prozent) und der Bezahlung nach Qualifikation (40 Prozent). Das Grundgehalt bestimmt sich nach der Dauer der Zugehörigkeit zum Unternehmen und der Kompetenz. Die Produktivität der Fertigung spielt keine Rolle mehr bei der Gehaltsfindung.

Verzichtet man auf Effizienz, weil entsprechende Anreize fehlen?

Shimizu: Nein. Aber die Schwerpunkte sind verschoben. Der hohe Anteil den die Produktivität an der Bezahlung hatte, bot einen starken Anreiz für Verbesserungsaktivitäten (Kaizen), um die Zahl der Arbeitsgänge zu verringern, damit auch die Zahl der Beschäftigten und so die Produktivität zu erhöhen. Das hat die Arbeit im Laufe der Zeit sehr intensiviert, führte zu der hohen Fluktuation und hat die Beschäftigten am Ende ausgepumpt. Schließlich hat man verstanden: Das Prinzip »Just-in-time« darf nicht auf Menschen angewendet werden.

In Kyushu werden Anreize auf andere Art gesetzt. Die Gruppe setzt sich selbst Ziele für Verbesserungen bei Qualität, Verringerung der Produktionskosten und Produktivität. Das Management bewertet, inwieweit diese Ziele erreicht wurden. Das Ergebnis spiegelt sich in den Bonuszahlungen wider, die alle sechs Monate ausgeschüttet werden und ebenso, wenn der Qualifikationsbestandteil am Lohn erhöht wird.

Planung des Fertigungsablaufs – Fertigungssteuerung

8.12 Erzeugnisgliederung und Stücklisten

Lösungsblatt

Ein Metall verarbeitender Betrieb stellt u.a. Blechbehälter der unten abgebildeten Art her. Die beiden Schalen werden durch zwei Scharniere mit insgesamt vier Nieten zusammen gehalten. Ein Scharnier besteht aus zwei Scharnierbändern und einem Zylinderstift. Die Herstellung der Schalen und Scharnierbänder erfolgt im Betrieb selbst. Die Zylinderstifte und Nieten werden dagegen von einem Zulieferer bezogen.

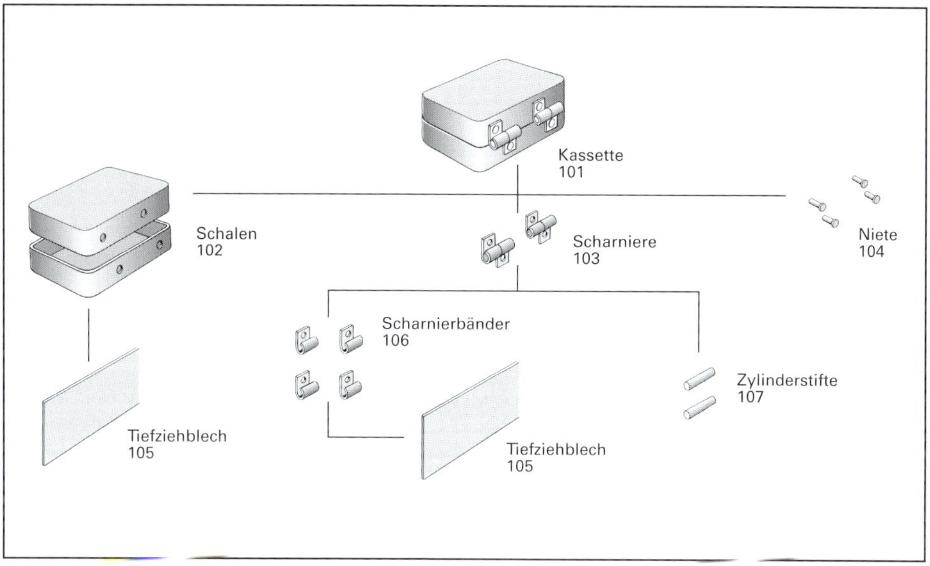

1. Ein **Erzeugnis** (E) ist ein gebrauchsfertiger oder verkaufsfähiger Gegenstand und kann sich aus Baugruppen (G) und/oder Einzelteilen (T) zusammensetzen. Eine **Baugruppe** besteht aus mindestens zwei Einzelteilen. **Einzelteile** sind Gegenstände, die nicht ohne Zerstörung zerlegbar sind. Ihr Ausgangsmaterial ist der **Rohstoff** (R). Der Begriff **Teil** wird als Sammelbegriff für Erzeugnisse, Baugruppen, Einzelteile und Rohstoffe verwendet.

- Ermitteln Sie, aus welchen Baugruppen, Einzelteilen und Rohstoffen das Erzeugnis »Blechbehälter« besteht.

2. Die **Erzeugnisstruktur** (Erzeugnisgliederung) zeigt in **grafischer** Form den inneren Aufbau eines Erzeugnisses.

- Vervollständigen Sie die aus der Konstruktionszeichnung abgeleitete **Erzeugnisstruktur** nach folgendem Muster (siehe nächste Seite), indem Sie in die Kästen jeweils Bezeichnung, Menge, Mengeneinheit und Nr. des Erzeugnisses, der Baugruppen, der Einzelteile und der Rohstoffe eintragen.

Hinweis: *Die Mengenangaben beziehen sich immer auf* ***eine*** *Mengeneinheit des jeweils direkt übergeordneten Teils.*

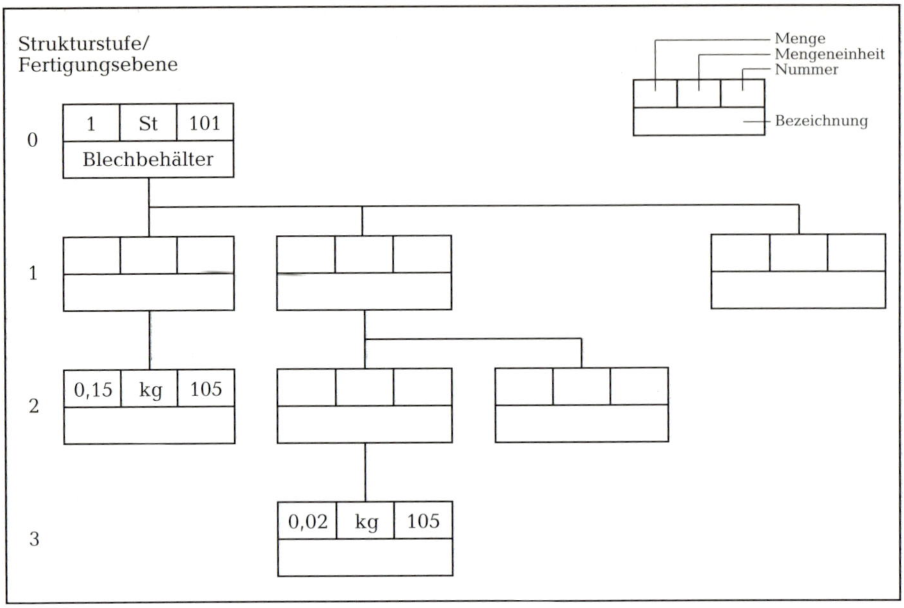

3. Eine **Stückliste** ist die **tabellarische** Darstellung des Aufbaus eines Erzeugnisses. Die **Mengenstückliste** ist die einfachste Stücklistenform. Sie enthält die Mengen aller Einzelteile eines Erzeugnisses. Häufig werden zusätzlich auch die Mengen der Baugruppen und Rohstoffe aufgeführt. Jedes Teil wird nur einmal mit der Menge aufgeführt, mit der es insgesamt in das Erzeugnis eingeht.

- Erstellen Sie für den Blechbehälter die Mengenstückliste (mit Einzelteilen, Baugruppen und Rohstoffen) nach folgendem Muster:

Mengenstückliste			
Teile-Nr.: **101**		Bezeichnung: **Blechbehälter**	
Teile-Nr.	Bezeichnung	Menge	Mengeneinheit

- 4. Welchem Zweck kann eine derartige Mengenstückliste dienen?

5. Eine **Strukturstückliste** beinhaltet alle Baugruppen, Einzelteile und Rohstoffe eines Erzeugnisses und zeigt die Zusammensetzung eines Erzeugnisses über alle Fertigungsstufen in tabellarischer Form. Sie entspricht in ihrem Informationsgehalt der Erzeugnisstruktur (vgl. Aufg. 1). Die Mengenangaben beziehen sich i.d.R. – wie bei der Erzeugnisstruktur – jeweils auf eine Mengeneinheit des **übergeordneten** Teils.

- Erstellen Sie die Strukturstückliste für den Blechbehälter nach folgendem Muster:

Strukturstückliste								
Teile-Nr.: **101**						Bezeichnung: **Blechbehälter**		
Fertigungsebene					Teile-Nr.	Bezeichnung	Menge	Mengeneinheit

6. Erläutern Sie Zweck und Aussagekraft einer derartigem Strukturstückliste.

7. Eine **Baukastenstückliste** enthält **nur** die zu einem Erzeugnis, einer Baugruppe oder einem Einzelteil gehörenden Teile der **nächst tieferen** Fertigungsstufe. Um ein Erzeugnis darzustellen, das aus mehreren Fertigungsstufen besteht, bedarf es daher mehrerer Baukastenstücklisten. Die Mengenangaben beziehen sich auf das im Stücklistenkopf genannte Teil.

● Erstellen Sie die Baukastenstückliste für das Erzeugnis »Blechbehälter« und die einzelnen Baugruppen nach folgendem Muster:

	Baukastenstückliste			
	Teile-Nr.: **101**		Bezeichnung: **Blechbehälter**	
Stufe	Teile-Nr.	Bezeichnung	Menge	Mengeneinheit
1	102	Schale	2	St
1	103	Scharnier	2	St
1	104	Niet	4	St

	Baukastenstückliste			
	Teile-Nr.: **103**		Bezeichnung: **Scharnier**	
Stufe	Teile-Nr.	Bezeichnung	Menge	Mengeneinheit

	Baukastenstückliste			
	Teile-Nr.: **102**		Bezeichnung: **Schale**	
Stufe	Teile-Nr.	Bezeichnung	Menge	Mengeneinheit

	Baukastenstückliste			
	Teile-Nr.: **106**		Bezeichnung: **Scharnierband**	
Stufe	Teile-Nr.	Bezeichnung	Menge	Mengeneinheit

● 8. Erläutern Sie die Aussagekraft einer derartigen Baukastenstückliste im Vergleich mit einer Mengen- bzw. Strukturstückliste.

9. In der betrieblichen Praxis werden Stücklisten meistens im Rahmen von EDV-Programmen zur Produktionsplanung und -steuerung (PPS-Programme) erfasst und verwaltet. Dabei wird lediglich eine der drei Stücklisten (Mengen-, Struktur-, Baukastenstückliste) in einer Datenbank gespeichert. Durch programminterne Verknüpfungen lassen sich die beiden anderen Stücklisten daraus erstellen.

● Welche der drei Stücklisten wird Ihrer Meinung nach üblicherweise mittels EDV gespeichert und verwaltet? Begründen Sie Ihre Antwort.

10. In folgenden Funktionsbereichen wird u.a. auf Stücklisten zurückgegriffen:
- Konstruktion
- Arbeits-/Fertigungsplanung
- Beschaffung
- Lager
- Rechnungswesen

● Für welche Aufgaben und Tätigkeiten in den genannten Funktionsbereichen können Stücklisten wichtige Informationen liefern?

8.13 Arbeitsplan – Auftragszeit nach REFA – Zeitakkord

Ein Metall verarbeitender Betrieb stellt u.a. Blechbehälter her (vgl. Abb. auf S. 231). Für die Anfertigung der dazu benötigten Schanierbänder (Teile Nr. 106) wurde in der Abteilung Arbeitsvorbereitung folgender Arbeitsplan erstellt.

Arbeitsplan für die Teilefertigung								
Fertigteil-Nr. 106		**Fertigteil-Benennung** Scharnierband	**Zeichnungs-Nr.** 100106			**Mengenbereich:** 1 bis 100		
Ausgangsteil-Nr. 105		**Ausgangsteil-Benennung** Tiefziehblech	**Werkstoff/Rohform/Abmessung** St 1403/Tafelblech 1,5 dick			**Ersteller:** Ro		**Datum:** 11.11...
AVG-Nr.	Arbeitsvorgangstext		Kosten-stelle	Arbeits-platz-Nr.	Werkzeug/ Vorrichtung	Rüstzeit (min.)	Zeit je Einheit (min.)	Lohn-gruppe
10	Blechstreifen auf 25 × 60 zuschneiden		200	210	300106	10	1	04
20	Blechstreifen ankippen		600	610	301106	15	1	05
30	Blechstreifen rollen		600	620	302106	15	2	05
40	Ø 3,6 bohren und entgraten		300	310	303106			

● 1. Welcher Zusammenhang besteht zwischen Stückliste und Arbeitsplan?

2. Neben Konstruktionszeichnung und Stückliste stellt der Arbeitsplan die wichtigste Arbeitsunterlage für die Fertigung dar. Erläutern Sie die Bedeutung des Arbeitsplanes, indem Sie folgende Fragen beantworten:

● a) Worüber gibt der Arbeitsplan Auskunft?

● b) Wofür werden die im Arbeitsplan enthaltenen Angaben benötigt?

● 3. Wie lange ist der Arbeitsplatz 210 durch das Zuschneiden der Scharnierbänder belegt, wenn ein Auftrag über 200 Blechbehälter ausgeführt werden soll und die im Arbeitsplan angegebenen Sollzeiten eingehalten werden?

4. Für den Arbeitsplatz 310 (bohren und entgraten) wurden durch Arbeitszeitstudien bei Normalleistung eine Rüstgrundzeit von 8 Min. und eine Ausführungsgrundzeit von 1 Min. festgestellt. Außerdem sind folgende Zeitzuschläge zu berücksichtigen:
- 15% Zeitzuschlag für unvorhergesehene Störungen beim Einrichten und Vorbereiten der Bohrmaschine (Rüstverteilzeit)
- 10% Zeitzuschlag für unvorhergesehene Störungen des Arbeitsablaufs (Auftragsverteilzeit)
- nach einer Stunde Arbeitszeit 6 Min. Pause (Erholungszeit)

● Ermitteln Sie die im Arbeitsplan fehlenden Rüst- und Stückzeiten für den Arbeitsplatz 310 (bohren und entgraten).

● 5. Für die Herstellung von 1 Stück Scharnierband sind entsprechend dem Arbeitsplan vier Arbeitsvorgänge (AVG Nr. 10, 20, 30 und 40) nötig. Ermitteln Sie die Auftragszeit für die Herstellung von 800 Scharnierbändern unter der Annahme, dass die Vorbereitung, Einrichtung und Wiederherstellung der vier Arbeitsplätze nicht nacheinander, sondern gleichzeitig erfolgt.

● 6. Wie viele Scharnierbänder können bei Normalleistung in einer Stunde am Arbeitsplatz 310 (bohren und entgraten) bearbeitet werden? (Rüstzeiten bleiben unberücksichtigt.)

7. Herr Maier arbeitet am Arbeitsplatz 310 im Einzelakkord. Er erreicht einen Leistungsgrad von 120%.

● Wie viele Scharnierbänder kann Herr Maier bei einer Arbeitszeit von 7,5 Stunden pro Tag bearbeiten?

8. Herr Maier ist in Lohngruppe 7 eingestuft und erhält gemäß Tarifvertrag einen Grundlohn von 19,80 je Stunde sowie einen Akkordzuschlag von 15%.
   - a) Wie viel verdient Herr Maier pro Tag bei der Bearbeitung der Scharnierbänder?
   - b) Um wie viel DM liegt der tatsächliche Stundenverdienst von Herrn Maier über dem Grundlohn?

9. Der Mitarbeiter Schulze schneidet Blechstreifen am Arbeitsplatz 210 zu. Er erhält einen Grundlohn von 17 DM sowie einen Akkordzuschlag von 20%. An einem Arbeitstag mit 7,5 Stunden hat er 168,30 DM verdient.

   Berechnen Sie den Leistungsgrad von Herrn Schulze.

8.14 Losgröße – Losgrößenabhängige und losgrößenunabhängige Kosten

Lösungsblatt

Ein Verleger kann aus Erfahrung damit rechnen, dass von dem in seinem Verlagsprogramm ausgewiesenen Titel »Rechtsfragen des Alltags« im Jahr 12 000 Stück verkauft werden. Der Absatz verteilt sich völlig gleichmäßig auf die Monate des Jahres.

Von einer Druckerei hat er folgendes Angebot:

> Wir berechnen für jede Auflage, unabhängig von deren Höhe, 2000 DM fix für Vorbereitungsarbeiten zum Druck. Für das Drucken und Binden eines Exemplars fallen zusätzlich 5,00 DM je Stück an.

1. Der Verleger erwägt, für die erste Auflage die voraussichtliche Absatzmenge eines Jahres drucken zu lassen.

   Er stellt folgende Berechnung auf:

	Kosten für den Druck des Jahresbedarfs von 12 000 Stück
Kosten für die Druckvorbereitung	2 000 DM
Druckkosten (einschließlich Material)	60 000 DM
Zins- und Lagerkosten	3 100 DM
Summe der Kosten	65 100 DM

   - a) Wie viele Bücher sind in diesem Fall durchschnittlich am Lager?
   - b) Wie viel DM sind durchschnittlich im Lager gebunden, wenn die Lagerbestände mit ihren Herstellkosten bewertet werden?
   - c) Als Zins- und Lagerkostensatz werden 10% angesetzt.
     Weisen Sie nach, wie das Ergebnis von 3100 DM Zins- und Lagerkosten zustande kommt.
   - d) Wie hoch sind die Stückkosten für ein Buch?

2. Der Verleger überlegt, ob es kostengünstiger ist, den Jahresbedarf in 2 Auflagen (Losen) von je 6000 Stück drucken zu lassen.

   Wie hoch sind die Stückkosten für ein Buch? Vergleichen Sie das Ergebnis mit dem Ergebnis von Nr. 1. d) und begründen Sie den Unterschied.

3. Vergleichen Sie in einer Tabelle nach dem folgenden Muster die Kosten für den Jahresbedarf von 12 000 Stück, wenn bei einer Auflage 6000 Stück, 12 000 Stück oder 24 000 Stück gedruckt werden.

0	Jahresbedarf: 12 000 Stück			
1	Losgröße Stück	6000 (Halbjahresbedarf)	12 000 (Jahresbedarf)	24 000 (Zweijahresbedarf)
2	Anzahl der Lose pro Jahr	2	1	0,5
3	variable Kosten je Stück DM (Material, Lohn)			
4	variable Herstellkosten je Los DM (*1* × *3*)			
5	Kosten der Druckvorbereitung je Los (Rüstkosten) DM			
6	Gesamte Herstellkosten je Los DM (*4* + *5*)			
7	variable Herstellkosten für den Jahresbedarf DM (*0* × *3*)			
8	Kosten der Druckvorbereitung (Rüstkosten) für den Jahresbedarf DM (*2* × *5*)			
9	Gesamte Herstellkosten für den Jahresbedarf DM (*7* + *8*)			
10	Zins- und Lagerkostensatz %			
11	Durchschnittlich im Lager gebundenes Kapital pro Jahr DM (*50% von 6*)			
12	Zins- und Lagerkosten DM (*10* × *11*)			
13	Gesamtkosten des Jahresbedarfs DM (*9* + *12*)			
14	Kosten je Stück des Jahresbedarfs DM (*13* : *0*)			

- 4. Welche der in den Zeilen 3, 5 und 12 der Tabelle ausgewiesenen Kosten sind von der je Auflage hergestellten Stückzahl (= Losgröße) abhängig, welche sind davon unabhängig?
- 5. Ermitteln Sie anhand der Tabelle, wie sich bei einem Jahresbedarf von 12 000 Stück mit zunehmender Losgröße die Druckvorbereitungskosten (Rüstkosten) einerseits und die Zins- und Lagerkosten andererseits entwickeln.
- 6. Zwischen welchen beiden Stückzahlen liegt im vorliegenden Fall die optimale Losgröße?

Lösungsblatt

8.15 Tabellarische, grafische und formelmäßige Ermittlung der optimalen Losgröße

Die Strickwarenfabrik **MODETEX GmbH** stellt Pullover, Westen und Jacken in verschiedenen Ausführungen für mehrere Textilversandhäuser her. Die Aufträge der Versandhäuser gehen jeweils im Frühjahr und Herbst ein. Die Vertragsbedingungen sehen vor, dass die Auslieferung nach Anlauf der Produktion stetig in gleich großen Teilmengen zu erfolgen hat. Die verschiedenen Strickwarensorten werden auf denselben Maschinen gefertigt.

Um die Lieferbedingungen einhalten und gleichzeitig Lagerkosten sparen zu können, wird im Rahmen der Fertigungsvorbereitung für jede Strickwarensorte die insgesamt herzustellende Auftragsmenge in mehrere gleich große Teilmengen (Fertigungslose) aufgeteilt. Die Aufträge für die verschiedenen Strickwarensorten werden also nicht nacheinander in vollem Umfang, sondern in Teilmengen mit Unterbrechungen ausgeführt (Intervallfertigung). Ist die Teilmenge einer bestimmten Sorte (z.B. Pullover) fertiggestellt, erfolgt die Umrüstung der Strickmaschinen für die Herstellung einer anderen Sorte (z.B. Jacken oder Westen). Durch diesen ständigen Wechsel gelingt es der Strickwarenfabrik, die Strickmaschinen während des ganzen Jahres zu annähernd 100% auszulasten und gleichzeitig ihren Lieferverpflichtungen gegenüber den verschiedenen Versandhäusern für das gesamte Sortiment fristgemäß nachzukommen. Allerdings entstehen bei jedem Sortenwechsel Kosten für Umrüstung, Neueinstellung und Probeläufe der Strickmaschinen (Rüstkosten).

Für die Pulloverherstellung liegen der Fertigungsvorbereitung folgende Zahlen vor:

Erteilte Auftragsmenge: 50 000 Stück

Rüstkosten je Fertigungslos: 500 DM

Herstellkosten je Stück: 40 DM

Lagerkostensatz: 20%

Die Lagerkosten werden vom durchschnittlichen Lagerbestand, der zu Herstellkosten bewertet wird, berechnet.

- 1. Erstellen Sie eine Tabelle nach folgendem Muster

Losgröße in Stück	Zahl der Fertigungslose	Rüstkosten (DM)	durchschnittlicher Lagerbestand (DM)	Lagerkosten (DM)	Summe (Rüst- + Lagerkosten) (DM)
500	100	50 000	10 000	2 000	52 000
1 000					
1 500					
2 000					
2 500					
3 000					
3 500					
4 000					
4 500					
5 000					

- 2. Stellen Sie anhand der Tabelle fest, bei welcher Losgröße die Summe aus Rüstkosten und Lagerkosten am geringsten ist.
- 3. Stellen Sie die Entwicklung der Rüstkosten, der Lagerkosten und der Summe aus Rüst- und Lagerkosten grafisch dar.
- 4. Stellen Sie anhand der Grafik die optimale Losgröße fest.
- 5. Überprüfen Sie die Lösung von Nr. 2 und Nr. 4. mit Hilfe der folgenden Formel:

$$\text{Optimale Losgröße} = \sqrt{\frac{200 \times \text{Periodenbedarf} \times \text{Rüstkosten}}{\text{Herstellkosten je Stück} \times \text{Lagerkostensatz}}}$$

- 6. Fassen Sie Voraussetzungen zusammen, unter denen das von Ihnen ermittelte Ergebnis für die betriebliche Praxis brauchbar ist.

8.16 Optimale Losgröße bei Serien- und Sortenfertigung

Ein Reifenhersteller führt mit verschiedenen Automobilkonzernen Verhandlungen über Lieferverträge für drei Lkw-Reifensorten. Die Automobilkonzerne haben alle ihre Produktion soweit wie möglich auf eine lagerlose Fertigung *(just-in-time-Logistik)* umgestellt, sodass der Reifenhersteller gezwungen wäre, die für die jeweiligen Lkw-Serien benötigten Reifen kontinuierlich anzuliefern. Das würde eine annähernd gleichmäßige Abnahme des Lagerbestandes bei den einzelnen Reifensorten bedeuten.

Mit den vorhandenen Produktionsanlagen können neben den drei Reifensorten noch weitere Sorten gefertigt werden. Allerdings sind beim Wechsel von einer Reifensorte zur anderen Maschinenumstellungen, Neueinrichtungen und Testläufe nötig. Dadurch entstehen jeweils Rüstkosten in unterschiedlicher Höhe.

Als Vorbereitung für die weiteren Verhandlungen mit den Lkw-Herstellern soll in der Abteilung *Fertigungsvorbereitung* ermittelt werden, in welcher Auflagenhöhe (Losgröße) die drei Reifensorten am kostengünstigsten nacheinander produziert werden können. Auf der Basis dieser Ergebnisse soll bei den Verhandlungen versucht werden, eine zeitliche und mengenmäßige Abstimmung zwischen den von den Lkw-Herstellern geplanten Fahrzeugserien und der Produktion der jeweils benötigten Reifensorten durchzusetzen. Nur bei einer solchen optimalen Produktionsplanung besteht aus der Sicht des Reifenherstellers die Möglichkeit, die durch die Abwälzung der Lagerkosten vom Hersteller auf den Lieferer entstehende Kostenbelastung aufzufangen.

Den Mitarbeitern aus der Fertigungsvorbereitung stehen für die drei Reifensorten folgende Daten zur Verfügung:

Reifensorte	SX 10	MZ 35	RS 70
Jahresproduktion/-absatz (Stück)	26 000	12 000	9 000
Umrüstungskosten bei Sortenwechsel insgesamt (DM)	5 500	8 000	11 000
Herstellkosten je Stück (DM)	710,00	853,00	880,00

Es wird angenommen, dass die Herstellkosten proportional zur Produktionsmenge verlaufen. Die Zins- und Lagerkosten werden mit 10% vom durchschnittlich gebundenen Lagerbestand (zu Herstellkosten bewertet) angesetzt. Dabei wird von einem gleichmäßigen Verkauf der Erzeugnisse ausgegangen.

1. Innerhalb der Abteilung Fertigungsvorbereitung werden bei den Vorüberlegungen zunächst folgende Alternativen diskutiert:
   a) Der Jahresbedarf jeder der drei Reifensorten wird in zwei gleich großen Partien gefertigt.
   b) Der Jahresbedarf jeder der drei Reifensorten wird in vier gleich großen Partien gefertigt.

   Welcher der beiden Vorschläge ist kostengünstiger?

2. Welcher Zusammenhang besteht zwischen der Größe der Partien (Losgröße), den Lagerkosten und den Rüstkosten?

3. Im weiteren Verlauf der Beratungen wird vorgeschlagen, für die Ermittlung der Zahl der Partien und deren Größe die von der theoretischen Betriebswirtschaftslehre ermittelte Losgrößenformel zu verwenden:

$$\text{Optimale Losgröße} = \sqrt{\frac{200 \cdot \text{Jahresbedarf} \cdot \text{Rüstkosten}}{\text{Herstellkosten je Stück} \cdot \text{Lagerkostensatz}}}$$

   a) Ermitteln Sie nach dieser Formel die optimale Losgröße für jede der drei Reifensorten.

- b) Für die optimale Produktionsplanung ist nicht nur die Losgröße, sondern auch die Reihenfolge, in der die einzelnen Sorten produziert werden, bedeutsam. Entscheiden Sie, in welcher Reihenfolge die drei Reifensorten während des Jahres produziert werden sollen. Vergleichen Sie die dabei insgesamt anfallenden Rüst- und Lagerkosten mit den bei 1.a) und 1.b) ermittelten Ergebnissen.
- c) Welche Voraussetzungen müssen gegeben sein, damit die mittels der Formel gefundenen Ergebnisse für den Betrieb brauchbar sind?

4. Als Alternative zu den Lieferverträgen mit den Automobilkonzernen wird auch folgender Sachverhalt diskutiert:

Verschiedene Reifengroßhandlungen haben Interesse an Lieferverträgen gezeigt. Aus Sortimentsgründen erstreckt sich der Bedarf aber auf insgesamt sechs Reifensorten. Dabei soll die Lieferung in zwei Gruppen erfolgen, wobei jede Reifengruppe drei Sorten mit gleicher Stückzahl umfasst. Die parallele Produktion der Reifen in gleichen Losgrößen auf verschiedenen Maschinen ist ohne Schwierigkeiten möglich, da die Produktionsanlagen entsprechend ausgerichtet sind und alle Reifensorten annähernd die gleichen Durchlaufzeiten benötigen. Durch entsprechende Gestaltung der Liefertermine könnte eine gleichmäßige Verteilung von Produktion und Lieferung über die Planungsperiode erreicht werden.

Für die beiden Reifengruppen, die jeweils aus drei Sorten bestehen, liegen folgende Angaben vor:

Gruppe 1: Jahresbedarf 7 500 Stück je Sorte

Reifensorte	SX 10	MZ 35	RS 70
Umrüstungskosten bei Sortenwechsel insgesamt (DM)	5 500	8 000	11 000
Herstellkosten je Stück (DM)	710,00	853,00	880,00

Gruppe 2: Jahresbedarf 7 500 Stück je Sorte

Reifensorte	LS 25	KR 90	MX 50
Umrüstungskosten bei Sortenwechsel insgesamt (DM)	4 000	5 000	6 000
Herstellkosten je Stück (DM)	550,00	650,00	750,00

Die Zins- und Lagerkosten werden mit 10% vom durchschnittlich gebundenen Kapital (Wert des durchschnittlichen Lagerbestandes) angesetzt. Bei den genannten Produktionsmengen sind die Kapazitäten zu 100% ausgelastet.

- a) Ermitteln Sie für beide Reifengruppen die optimale Losgröße, wenn die drei Sorten einer Gruppe jeweils parallel gefertigt werden.
- b) Entscheiden Sie, in welcher Reihenfolge die beiden Reifengruppen während des Jahres produziert werden sollen.

5. Welche Argumente sprechen aus der Sicht des Reifenherstellers für und welche gegen den Abschluss der Lieferverträge mit den Lkw-Produzenten bzw. den Reifengroßhandlungen?

8.17 Reihenfolgeplanung – Probleme der optimalen Losgröße

Im Rahmen der Fertigungsvorbereitung wird in der Strickwarenfabrik **MODETEX GmbH** für die verschiedenen Strickwarensorten (Pullover, Jacken, Westen) jeweils die optimale Losgröße ermittelt (vgl. Aufg. 8.15). Dabei ergeben sich allerdings folgende Probleme:

1. Es hat sich herausgestellt, dass die Höhe der Rüstkosten beim Sortenwechsel u.a. davon abhängig ist, in welcher Reihenfolge die einzelnen Sorten gefertigt werden. Die Umstellung der Strickmaschinen von Jacken auf Westen (= ärmellose Jacken) verursacht beispielsweise geringere Rüstkosten als die Umstellung von Westen auf Pullover. Je nach Reihenfolge fallen folgende Rüstkosten an.

von / nach	Pullover	Jacken	Westen
Pullover	–	600 DM	700 DM
Jacken	500 DM	–	300 DM
Westen	600 DM	400 DM	–

- Ermitteln Sie die optimale Reihenfolge für die Herstellung der drei Sorten.

2. Als optimale Losgröße wurden für Pullover 2500 Stück und für Westen 1500 Stück ermittelt. Die Herstellung von 2500 Pullovern dauert aber so lange, dass zwischenzeitlich die Lagerbestände an Westen erschöpft sind und die Lieferung eingestellt werden muss.

- Welche Entscheidung soll der Mitarbeiter in der Fertigungsvorbereitung nach Ihrer Meinung treffen?

Lösungsblatt

8.18 Zeitlicher Ablaufplan: Maschinenbelegungsplan – Balkendiagramm

Ein Metall verarbeitender Betrieb stellt u.a. Werkstücke her, die aus drei Einzelteilen (X, Y, Z) zusammengebaut werden. Zur Herstellung dieser Einzelteile werden drei verschiedene Maschinen (M1, M2, M3) benötigt. Jedes Einzelteil beansprucht jede der drei Maschinen in folgender Reihenfolge und mit folgender Zeitdauer:

Einzelteil X: zuerst M1 (1 Stunde), dann M2 (2 Stunden), dann M3 (3 Stunden)
Einzelteil Y: zuerst M1 (1 Stunde), dann M3 (1 Stunde), dann M2 (3 Stunden)
Einzelteil Z: zuerst M2 (3 Stunden), dann M1 (2 Stunden), dann M3 (1 Stunde)

1. Nachdem in letzter Zeit wiederholt Liefertermine nicht eingehalten werden konnten, soll die Produktionszeit verkürzt und die Auslastung der Maschinen verbessert werden. Dazu wird zunächst der Ist-Zustand auf der Basis des folgenden Maschinenbelegungsplanes analysiert:

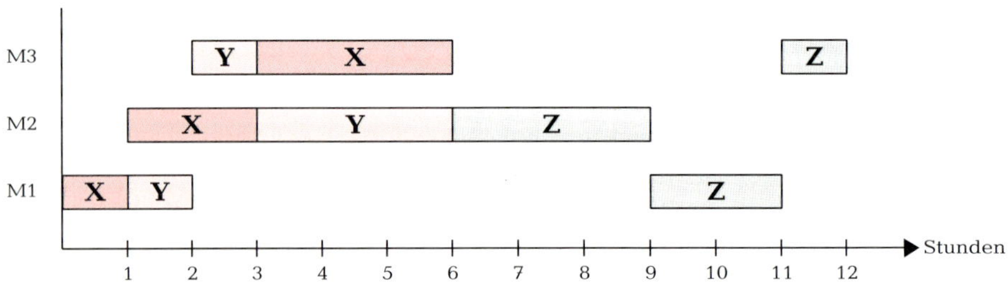

- a) Wie lang ist die Bearbeitungszeit für jedes der drei Einzelteile?
- b) Wie lange dauert es bei dem gegenwärtigen Verfahren, bis die drei Einzelteile fertiggestellt sind (Gesamtdurchlaufzeit)?
- c) Welche Maschine wird am meisten beansprucht?
- d) Wie hoch ist die Stillstandszeit jeder der drei Maschinen?

2. Es soll ein Verbesserungsvorschlag gemacht werden, um durch eine Veränderung der Reihenfolge die Gesamtdurchlaufzeit zu verkürzen.
   - a) Erstellen Sie einen Maschinenbelegungsplan, der dieser Forderung gerecht wird.
   - b) Um wie viel Stunden konnte die Gesamtdurchlaufzeit verkürzt werden?
   - c) Wie hoch ist jetzt die Stillstandszeit jeder der drei Maschinen?

3. Für drei andere Werkstücke (W1, W2, W3) ist folgende Bearbeitung erforderlich:

   W1: 3 Tage M1, 7 Tage M2, 4 Tage M3

   W2: 6 Tage M3, 6 Tage M1

   W3: 2 Tage M1, 4 Tage M3, 3 Tage M2

   Stellen Sie anhand eines Maschinenbelegungsplanes dar, wann die Werkstücke frühestens fertig sein können.

8.19 Netzplan (Einführung): Terminplanung – Gesamtpuffer – Kritischer Weg

Lösungsblatt

Die Spielzeugfabrik **Storz** hat sich auf die Herstellung von Lehrspielzeug spezialisiert. Die Vertreterberichte zeigen, dass bei den Kunden starkes Interesse an einem Spiel besteht, das Kenntnisse und Erkenntnisse aus dem Bereich der Wirtschaft vermittelt.

Die Geschäftsleitung entschließt sich, ein solches Spiel als Brettspiel auf den Markt zu bringen. Sie beruft deshalb eine Besprechung mit den Leitern der Abteilungen Werbung, Zeichenbüro, Fertigung, Vertrieb und Rechnungswesen ein.

Der Leiter der Werbeabteilung soll feststellen, wann er mit der Vorbereitung der Werbung fertig sein kann. Für die Werbevorbereitung und die ihr vorausgehenden Vorgänge sind folgende Zeiten geschätzt worden:

Marktanalyse 30 Tage, Gesamtentwurf des Brettspiels 14 Tage, Detailzeichnungen (Einzelzeichnungen) 8 Tage, Werbevorbereitung 10 Tage. Mit der Marktanalyse und dem zeichnerischen Entwurf soll sofort begonnen werden.

1. Erstellen Sie eine Vorgangstabelle nach folgendem Muster und tragen Sie in die Spalten 1 – 3 die der Werbevorbereitung vorausgehenden Vorgänge und ihre Dauer ein.

1	2	3	4	5	6	7	8	9	10	11
Nr.	Vorgang Bezeichnung	Dauer in Tagen	Vorgänger	Nachfolger	frühester Anfangs-zeitpunkt FAZ	frühester End-zeitpunkt FEZ	spätester Anfangs-zeitpunkt SAZ	spätester End-zeitpunkt SEZ	Gesamtpuffer GP	Freier Puffer FP
1	Entscheidung	1								
2	Marktanalyse	30								
3										
4										
5	Werbevorbereitung	10								

2. Der Werbeleiter stellt die Abhängigkeiten der vor Beginn der Werbevorbereitung zu erledigenden Vorgänge nach dem Prinzip des Netzplans dar.

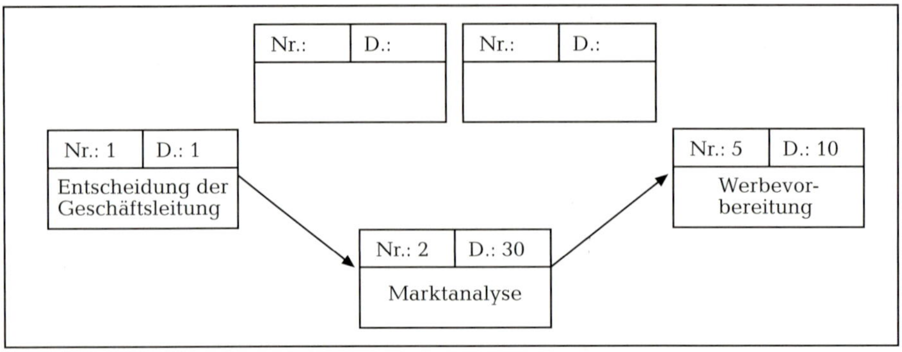

- Erstellen Sie nach obigem Muster den Netzplan und ergänzen Sie diesen durch die Vorgänge Gesamtentwurf und Detailzeichnung.

- 3. Tragen Sie in die Vorgangsliste zu jedem Vorgang in die Spalte 4 die Nummer des Vorgangs ein, der unmittelbar vorausgegangen sein muss, und in die Spalte 5 die Nummer des Vorgangs, der unmittelbar nachfolgt.

  Beachten Sie dabei, dass ein Vorgang auch mehrere unmittelbare Vorgänger bzw. Nachfolger haben kann.

4. Ein Vorgang kann erst beginnen, wenn der vorhergehende beendet ist. Der Tag, an dem mit dem Gesamtentwurf begonnen werden kann, wird als »früheste Anfangszeit (FAZ)« über die linke obere Ecke des Vorgangsknotens geschrieben; der Tag, an dem der Vorgang beendet ist, wird als »frühester Endzeitpunkt (FEZ)« über die rechte obere Ecke des Knotens gesetzt.

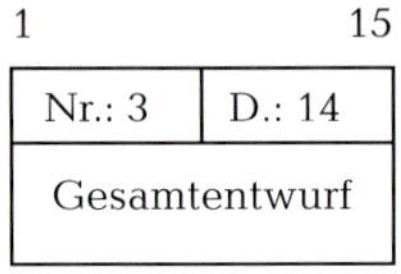

- Ergänzen Sie den Netzplan in dieser Weise.
- 5. Am wievielten Tag kann die Werbevorbereitung frühestens beendet sein?
- 6. Tragen Sie die frühesten Anfangs- und Endzeitpunkte in die Spalten 6 und 7 der Vorgangstabelle ein.

7. Der Zeitpunkt, an dem ein Vorgang spätestens anfangen muss, wird als »spätester Anfangszeitpunkt (SAZ)« unter die linke untere Ecke des Vorgangsknotens gesetzt, der »späteste Endzeitpunkt (SEZ)« des Vorgangs unter die rechte untere Ecke. Der Vorgangsknoten »Detailzeichnung« hat dann folgendes Aussehen:

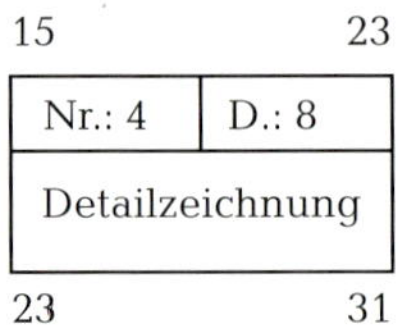

- Wie wurden SAZ und SEZ bestimmt?
- 8. Setzen Sie für alle Vorgänge die SAZ und SEZ in den Netzplan ein.
- 9. Tragen Sie die SAZ und SEZ in die Spalten 8 und 9 der Tabelle ein.

10. Der »Gesamtpuffer« eines Vorgangs ist die Differenz zwischen spätestem und frühestem Anfangszeitpunkt und damit natürlich auch zwischen spätestem und

frühestem Endzeitpunkt eines Vorgangs. Er zeigt eine Zeitreserve innerhalb eines Vorganges.

- Errechnen Sie für jeden Vorgang des Projekts Brettspiel dessen Gesamtpuffer.
- Tragen Sie die Ergebnisse in die Spalte 10 der Vorgangstabelle ein.

11. Der Gesamtpuffer gibt die Zeit an, um die ein Vorgang verlängert werden kann, ohne dass sich am Endtermin des **gesamten** Projektes etwas ändert. Der »freie Puffer« gibt hingegen die Zeit an, um die sich ein einzelner Vorgang verzögern kann, ohne dass einer seiner Nachfolger aus seiner frühesten Anfangszeit verdrängt wird. Über diese Zeitreserve kann bei einem Vorgang ohne Rücksicht auf die Vorgänger oder Nachfolger frei verfügt werden. Der »freie Puffer« entspricht der Differenz aus FAZ des frühesten Nachfolgers und FEZ seines Vorgängers. Er zeigt die Zeitreserve eines Vorganges zu seinen unmittelbaren Nachfolgern.

- Errechnen Sie für jeden Vorgang des Projekts Brettspiel den freien Puffer und tragen Sie diesen in die Spalte 11 der Vorgangstabelle ein.

12. Vorgänge, bei denen der Gesamtpuffer gleich 0 ist, haben gleichzeitig auch einen »freien Puffer« von 0. Diese Vorgänge werden als kritisch bezeichnet. Alle Vorgänge, für die dies zutrifft, ergeben zusammen den »kritischen Weg« (critical path) eines Projektes.

- Ziehen Sie die Pfeile, die den »kritischen Weg« des vorliegenden Netzplanes darstellen, farbig nach.

13. Welche Folgen haben Zeitverzögerungen bei kritischen Vorgängen für den Zeitplan des Gesamtprojektes?

8.20 Terminplanung mittels Netzplan – Gesamtpuffer – Kritischer Weg

Lösungsblatt

Die Produktion eines neuen Brettspiels der **Spielzeugfabrik Storz** hat als Voraussetzung die Fertigstellung der Detailzeichnungen. Aufgrund der Detailzeichnungen (Zeitbedarf 3 Tage) werden die Stücklisten geschrieben. Dazu werden weitere 3 Tage benötigt. Erst nach Fertigstellung der Stücklisten kann mit der Arbeitsvorbereitung, der Materialbeschaffung und der Kalkulation begonnen werden.

Der Zeitbedarf beträgt für die Arbeitsvorbereitung 10 Tage, für die Materialbeschaffung 30 Tage und für die Kalkulation 2 Tage.

Die Einzelfertigung kann erst nach Beendigung dieser Arbeiten beginnen und benötigt 12 Tage. Der Zusammenbau der geplanten ersten Serie dauert 1 Tag. Die Fertigung ist mit der Kontrolle der fertigen Spiele abgeschlossen. Für die Kontrolle wird 1 Tag benötigt.

1. Erstellen Sie eine Vorgangsliste von der Detailzeichnung bis zur Kontrolle nach folgendem Muster:

Vorgang		Dauer in Tagen	Vorgänger	Nachfolger	frühester Anfangs- End- zeitpunkt		spätester Anfangs- End- zeitpunkt		Gesamtpuffer
Nr.	Bezeichnung				FAZ	FEZ	SAZ	SEZ	GP
1	Detailzeichnung	3	–	2	0	3			
2									
3									
4									
5									
6									
7									
8									

2. Zeichnen Sie den Netzplan.
3. Errechnen Sie die Gesamtpuffer und zeichnen Sie den kritischen Weg ein.

Lösungsblatt

8.21 Netzplan eines komplexen Projekts

Die Geschäftsleitung der Spielzeugfabrik Storz will aus den Angaben der beteiligten Abteilungen den kritischen Weg für das Projekt Brettspiel feststellen.

Sie geht von folgender Vorgangsliste aus:

1	2	3	4	5	6	7	8	9	10
Vorgang Nr.	Bezeichnung	Dauer in Tagen	Vorgänger	Nachfolger	frühester Anfangs- End- zeitpunkt		spätester Anfangs- End- zeitpunkt		Gesamtpuffer
					FAZ	FEZ	SAZ	SEZ	GP
1	Entscheidung	1	–	2, 3					
2	Marktanalyse	25	1	13					
3	Gesamtentwurf	12	1	4					
4	Detailzeichnung	7	3	5					
5	Stücklistenerstellung	3	4	6, 7, 8					
6	Kalkulation	2	5	9					
7	Materialbeschaffung	25	5	9					
8	Arbeitsvorbereitung	8	5	9					
9	Einzelteilfertigung	10	6, 7, 8	10					
10	Zusammenbau	1	9	11					
11	Kontrolle	1	10	12					
12	Lagerbildung	4	11	15					
13	Werbevorbereitung	8	2	14					
14	Werbekampagne	30	13	15					
15	Auswertung	1	12, 14	–					

- 1. Erstellen Sie einen Terminplan in Form eines Balkendiagramms.
- 2. Erstellen Sie den Netzplan.
- 3. Nach wieviel Arbeitstagen ist das Brettspiel frühestens fertig, wenn alle Termine eingehalten werden?
- 4. Angenommen, mit den Konstruktionsarbeiten wird am 6. April 20.. begonnen. Erstellen Sie unter Verwendung des nachfolgenden Kalenderauszugs eine Terminliste, in der den Arbeitstagen für die fünfzehn Vorgänge die jeweiligen frühesten Anfangszeiten (FAZ), frühesten Endzeiten (FEZ), spätesten Anfangszeiten (SAZ) und frühesten Endzeiten (SEZ) zugeordnet werden.

Kalenderauszug für 20..

• = kein Arbeitstag

	April					Mai					Juni				
Mo		6	13•	20	27		4	11	18	25	1•	8	15	22	29
Di		7	14	21	28		5	12	19	26	2	9	16	23	30
Mi	1	8	15	22	29		6	13	20	27	3	10	17	24	
Do	2	9	16	23	30		7	14	21•	28	4	11•	18	25	
Fr	3	10•	17	24		1•	8	15	22	29	5	12	19	26	
Sa•	4	11	18	25		2	9	16	23	30	6	13	20	27	
So•	5	12	19	26		3	10	17	24	31	7	14	21	28	

8.22 FALLSTUDIE[1]: Terminplanung – Balkendiagramm – Maschinenbelegungsplan – Netzplan

Die **GRECO GmbH** ist ein Metall verarbeitender Betrieb, der sich in letzter Zeit auf die Herstellung von Sportpokalen spezialisiert hat. Wegen der erheblichen Nachfrage, sind die Produktionskapazitäten weitestgehend ausgelastet. Am Mittwoch, den 23. Juni, ruft der Handelsvertreter für den Bezirk Frankfurt beim Verkaufsleiter der **GRECO GmbH,** Herrn **Weiß,** an und teilt ihm mit, dass die äußerst günstige Gelegenheit bestehe, mit dem Deutschen Fußballbund (DFB) ins Geschäft zu kommen. Der DFB möchte 2000 Pokale vom abgebildeten Typ »Herkules« bestellen. Die Lieferung muss aber spätestens bis Ende Juli erfolgen. Die Auftragsbestätigung wird noch innerhalb dieser Woche erwartet. Der Verkaufsleiter ist sich nicht sicher, ob der Auftrag so kurzfristig noch eingeplant werden kann. Er sagt aber dem Handelsvertreter zu, alle Möglichkeiten auszuschöpfen, um den DFB als Kunden zu gewinnen.

Auszug aus dem GRECO-Fabrikkalender 19..

Mai			Juni			Juli			August		
Woche		Arbeits-tag Nr.	Woche		Arbeits-tag Nr.	Woche		Arbeits-tag Nr.	Woche		Arbeits-tag Nr.
	1 Sa										
	2 So									1 So	
	3 Mo	094								2 Mo	156
	4 Di	095		1 Di	114					3 Di	157
19	5 Mi	096	23	2 Mi	115				32	4 Mi	158
	6 Do	097		3 Do	116		1 Do	134		5 Do	159
	7 Fr	098		4 Fr	117		2 Fr	135		6 Fr	160
	8 Sa			5 Sa			3 Sa			7 Sa	
	9 So			6 So			4 So			8 So	
	10 Mo	099		7 Mo	■		5 Mo	136		9 Mo	161
	11 Di	100		8 Di	118		6 Di	137		10 Di	162
20	12 Mi	101	24	9 Mi	119	28	7 Mi	138	33	11 Mi	163
	13 Do	102		10 Do	120		8 Do	139		12 Do	164
	14 Fr	103		11 Fr	121		9 Fr	140		13 Fr	165
	15 Sa			12 Sa			10 Sa			14 Sa	
	16 So			13 So			11 So			15 So	
	17 Mo	104		14 Mo	122		12 Mo	141		16 Mo	166
	18 Di	105		15 Di	123		13 Di	142		17 Di	167
21	19 Mi	106	25	16 Mi	124	29	14 Mi	143	34	18 Mi	168
	20 Do	107		17 Do	■		15 Do	144		19 Do	169
	21 Fr	108		18 Fr	125		16 Fr	145		20 Fr	170
	22 Sa			19 Sa			17 Sa			21 Sa	
	23 So			20 So			18 So			22 So	
	24 Mo	109		21 Mo	126		19 Mo	146		23 Mo	171
	25 Di	110		22 Di	127		20 Di	147		24 Di	172
22	26 Mi	111	26	23 Mi	128	30	21 Mi	148	35	25 Mi	173
	27 Do	■		24 Do	129		22 Do	149		26 Do	174
	28 Fr	112		25 Fr	130		23 Fr	150		27 Fr	175
	29 Sa			26 Sa			24 Sa			28 Sa	
	30 So			27 So			25 So			29 So	
	31 Mo	113		28 Mo	131		26 Mo	151		30 Mo	176
				29 Di	132		27 Di	152		31 Di	177
			27	30 Mi	133	31	28 Mi	153			
							29 Do	154			
							30 Fr	155			
							31 Sa				
20*		1**	20*		2**	22*		–	22*		–

* Anzahl der Arbeitstage, ** zu bezahlende Feiertage, ■ Feiertag

[1] Die Aufgabenstellung basiert auf der Fallstudie von H. Dreher, W. Schaub, B. Marchetti, »Pokale für den Deutschen Fußballbund (DFB)« aus dem Modellversuch Fallstudien und Planspiele (FLAPS) des Ministeriums für Kultus und Sport Baden-Württemberg. Mit Genehmigung des MKS Stuttgart.

Vereinfachter Arbeitsplan Pokal Typ »Herkules«

Fertigungslos: Stück: Auftragsnummer:

Lfd. Nr.	Arbeitsgänge	Masch.-Nr.	Maschinen	Rüstzeit Min.	Ausführungszeit je Stück Sekunden	Gesamtauftragszeit Min.	Std.	Tage (1 Tag = 8 Std.)
1	Entscheidung, Kalkulation						8	1
	Baugruppe, Plakette Auftragsnummer 167/1							
2	1. Plakette stanzen	10	Stanzmaschine	80	12,0			
3	2. Plakette prägen	11	Hydraulische Presse	30	13,5			
4	3. Am Unterteil Gewinde andrehen	12	Drehautomat	20	57,0			
5	4. Kegel andrehen	12	Drehautomat	20	57,0			
6	5. Unterteil von der Stange abstechen	12	Drehautomat	10	28,5			
7	6. Unterteil an Plakette anlöten	13	Lötvorrichtung	10	28,5			
8	7. Plakette lackieren (goldfarben)	14	Spritzanlage	40	42,0			
	Baugruppe Deckel Auftragsnummer 167/II							
9	1. Deckel ausstanzen und lochen	10	Stanzmaschine	80	12,0			
10	2. Deckel tiefziehen	11	Hydraulische Presse	30	13,5			
11	3. Deckel lackieren (hellgrün)	14	Spritzanlage	10	28,5			
	Baugruppe Pokalzylinder mit Boden Auftragsnummer 167/III							
12	1. Pokalzylinder absägen	15	Metallkreissäge	10	28,5			
13	2. Zylinder sicken (Rundung eindrücken)	16	Sickenmaschine	30	13,5			
14	3. Boden ausstanzen	10	Stanzmaschine	30	13,5			
15	4. Boden einlöten	13	Lötvorrichtung	40	42,0			
16	5. Zylinder lackieren (dunkelgrün)	14	Spritzanlage	40	42,0			
17	Montage, Verpacken, Versand	17	Versand	–	–		16	2,0

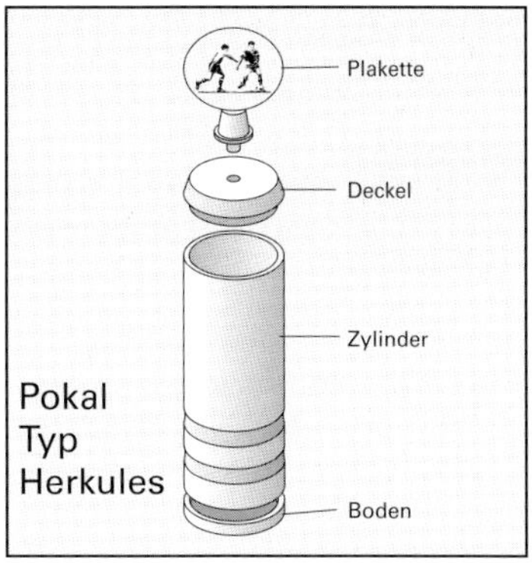

Herr **Weiß** setzt sich unverzüglich mit dem Leiter der Fertigungsabteilung, Herrn **Kling,** in Verbindung und erläutert ihm die Sachlage. Herr **Kling** bittet sofort Herrn **Henkel** von der Arbeitsvorbereitung zu sich.

Kling: »Herr **Henkel,** können wir noch einen Auftrag des DFB über 2000 Pokale vom Typ Herkules mit Liefertermin Ende Juli unterbringen? Es wäre für uns äußerst wichtig, den DFB als neuen Kunden zu gewinnen.«

Henkel: »Das wird schwierig sein. Bis Mitte nächster Woche sind ohnehin alle Maschinen fast vollständig ausgelastet.

An den 22 Arbeitstagen im Juli müssen wir die Aufträge Nr. 158 bis 166 fertigstellen. Wegen der Betriebsferien im August muss die Auslieferung dieser Aufträge unbedingt bis Ende Juli erfolgen. Allerdings besteht der Pokal »Herkules« ja aus mehreren Einzelteilen, die erst bei der Endmontage zusammengefügt werden und die man daher parallel und unabhängig voneinander herstellen kann. Das erleichtert die Sache etwas. Vielleicht lässt sich doch noch die eine oder andere Lücke im Maschinenbelegungsplan finden.«

Kling: »Herr **Henkel,** Sie haben ja schon mehrfach bewiesen, wie man durch geschickte Terminplanung Unmögliches möglich machen kann. Wenn es für die Auftragsannahme überhaupt eine Möglichkeit gibt, werden Sie diese mit Sicherheit finden. Erläutern Sie mir bitte morgen anhand des Terminplans und des Maschinenbelegungsplans, zu welchem Ergebnis Sie gekommen sind. Falls wir den Auftrag tatsächlich annehmen können, reichen Sie mir den Netzplan bitte in den nächsten Tagen nach.«

Hinweis: *Die entsprechenden Formularvordrucke (Balkendiagramm, Maschinenbelegungsplan, Netzplan) befinden sich als Kopiervorlagen im Arbeitsheft.*

Maschinenbelegungsplan mit Auftragsnr. für Juli 19..

Nr. der Arbeitstage lt. Fabrikkalender ⇒	132	133	134	135	136	137	138	139	140	141	142	143
Kalendertage (Datum) ⇒	29.06.	30.06.	01.07.	02.07.	05.07.	06.07.	07.07.	08.07.	09.07.	12.07.	13.07.	14.07.
Nr. **Maschine/Abteilung**												
00 Entscheidung, Planung, Kalkulation												
10 Stanzmaschine	162	162					165	165			166	166
11 Hydraulische Presse	158						163	163			164	164
12 Drehautomat	161	161	162	162								
13 Lötvorrichtung	160	160	161	161	162	162	162	162	163	163		
14 Spritzanlage		158	160	160	161	161			162	162		
15 Metallkreissäge	162	162	163	163	164	164					165	165
16 Sickenmaschine	161	161	162	162	163	163	164	164				
17 Versandabteilung	157	157	158	158	159	159	160	160	160	160	161	161

Nr. der Arbeitstage lt. Fabrikkalender ⇒	144	145	146	147	148	149	150	151	152	153	154	155
Kalendertage (Datum) ⇒	15.07.	16.07.	19.07.	20.07.	21.07.	22.07.	23.07.	26.07.	27.07.	28.07.	29.07.	30.07.
Nr. **Maschine/Abteilung**												
00 Entscheidung, Planung, Kalkulation												
10 Stanzmaschine	166	166										
11 Hydraulische Presse	165	165	166	166								
12 Drehautomat					166	166						
13 Lötvorrichtung							166	166	166	166		
14 Spritzanlage	163	164										
15 Metallkreissäge	165	165	166	166								
16 Sickenmaschine			165	165	166	166						
17 Versandabteilung	161	161	162	162	163	163	164	164				165

Fertigungskontrolle

Lösungsblatt

8.23 Wirtschaftllichkeit der Qualitätskontrolle – »Null-Fehler-Strategie« – Qualitätsmanagement – Produkthaftung

In einem Industriebetrieb, in dem Stanzteile aus Kunststoff und Metall hergestellt werden, fallen im Zusammenhang mit der Qualitätsüberwachung **Prüfkosten** für die stichprobenartige Kontrolle der angelieferten Materialien, die Überwachung des Produktionsprozesses und die Endkontrolle an. Trotz dieser Prüfmaßnahmen kommt es immer wieder vor, dass einzelne Teile Fehler aufweisen. Dabei können verschiedene Arten von **Fehlerkosten** entstehen. Werden die fehlerhaften Produkte bei der Endkontrolle bemerkt, werden sie entweder ausgesondert (Ausschuss) oder nachgebessert. Zuweilen kommt es auch vor, dass fehlerhafte Produkte den Betrieb verlassen und Kosten für die von den Kunden in Anspruch genommenen Garantiezusagen oder gesetzlichen Gewährleistungsansprüche entstehen.

Der Betrieb sucht die unter Kostengesichtspunkten optimale Fehlerquote. Dazu liegen aufgrund der bisherigen Erfahrungen folgende Zahlen vor:

Fehlerquote (%)	Kosten der Qualitätskontrolle (Prüfkosten) in DM	Fehlerkosten in DM
0	75 000	0
2	25 000	4 000
4	12 500	8 000
6	8 335	12 000
8	6 250	16 000
10	5 000	20 000

- 1. Ermitteln Sie für jede der ausgewiesenen Fehlerquoten die Kostensumme aus Prüf- und Fehlerkosten.
- 2. Begründen Sie die Entwicklung der Prüf- und Fehlerkosten sowie der Kostensumme bei zunehmender Fehlerquote.
- 3. Stellen Sie den Verlauf der Prüf- und Fehlerkosten sowie der Kostensumme grafisch dar.
  Mengenachse (X-Achse): 10 cm; 1 cm = 0,5% Fehlerquote
  Wertachse (Y-Achse): 15 cm; 1 cm = 5000 DM Kosten
- 4. Ermitteln Sie anhand der Grafik die kostenminimale Fehlerquote.
- 5. Der Industriebetrieb möchte sein Produktionsprogramm erweitern und auch Zulieferteile für die Automobilindustrie herstellen. Zu diesem Zweck nimmt der Geschäftsführer an einem vom **Verband der Automobilindustrie (VdA)** organisierten Seminar zum Thema »Qualitätsmanagement« teil. In diesem Rahmen wird das für die Qualitätssicherung zuständige Vorstandsmitglied eines Automobilkonzerns, dessen Fahrzeuge nach einer TÜV-Statistik die wenigsten Mängel aufweisen, nach Ursachen für diesen Erfolg gefragt. Seine Antwort:

  »Unser Qualitätsmanagement-System heißtTQM (Total Quality Management). Das ist eine umfassende Qualitätsstrategie, die alle Bereiche des Unternehmens vom Kunden über die eigenen Mitarbeiter bis hin zu den Zulieferern umfasst. Alle unsere Zulieferer müssen beispielsweise die seit 1993 in der EU verbindlichen Qualitätssicherungsnormen (ISO[1]-Normen 9000 ff.) erfüllen. Unseren besten Lieferanten verleihen wir den *Qualitäts-Oscar.* Das wichtigste Gebot bei der Qualitätssicherung heißt für uns: **Null-Fehler-Strategie.** Die Ermittlung einer kostenminimalen Fehlerquote kann für uns aus verschiedensten Gründen kein Ziel sein.«

- Welche Gründe könnte das Vorstandsmitglied gemeint haben?

[1] ISO: International Organization for Standardization

- 6. Prüfen Sie, ob ein Zulieferer von Bremsbelägen haftet, wenn aufgrund fehlerhafter Bremsbeläge ProdHaftG §§ 1 (1), 4 (1), 10, 11
  a) Sachschäden
  b) Personenschäden
  bei Benutzung eines Autos entstehen.

Rationalisierung der Fertigung

8.24 Normung – Typung – Spezialisierung – Baukastensystem

- Entscheiden Sie, ob es sich bei den nachfolgenden Beispielen um Normung, Typung, Spezialisierung oder um die Anwendung des Baukastensystems handelt.

1. Eine Schreinerei hat bisher auf Bestellung nach den Angaben der Kunden alle Arten Möbel hergestellt. Jetzt nimmt sie nur noch Aufträge für die Herstellung von Ladeneinbauten entgegen.
2. Eine Landmaschinenfabrik will ihr Lagerwesen rationalisieren. Deshalb wird dem Konstruktionsbüro vorgeschrieben, dass es nur noch Flachstähle bestimmter Abmessungen zur Verwendung vorsehen darf.
3. In einer Automobilfabrik wird der Motor vom Typ VX1600 in verschiedene Automodelle eingebaut.
4. Die ISO (International Standards Organization) mit Sitz in Genf bemüht sich, die Abmessungen von Schrauben in der ganzen Welt zu vereinheitlichen.
5. Ein Unternehmen hat bisher seine Fertighäuser nach den persönlichen Wünschen des Bauherrn in Holzbauweise hergestellt. Um wettbewerbsfähiger zu sein, beschränkt sich die Firma darauf, nur noch vier Grundausführungen nach ihren eigenen Entwürfen anzubieten.
6. Eine Kraftfahrzeugreparaturwerkstatt in einer ländlichen Gegend hat bisher alle Wagentypen repariert.
   Sie wird VW-Vertragswerkstatt und repariert nur noch Volkswagen.
7. Ein Polster- und Tapeziergeschäft hat bisher Polstermöbel nach den Angaben seiner Kunden handwerklich hergestellt. Jetzt verlegt es sich auf die serienmäßige Herstellung von Polstermöbeln.

[1] Vgl. dazu auch die Aufgaben

4.03 Berechnung der Wirtschaftlichkeit

4.04 Produktivität – Wirtschaftlichkeit – Rentabilität

9 Absatz

Marketing als Konzept marktorientierter Unternehmensführung

9.01 Marketing – Käufermarkt – Produktmanagement – Matrixorganisation

Ein Unternehmen der Textilindustrie sucht über nachstehende Zeitungsanzeige eine Dame als Produktmanagerin:

> Wir sind ein namhaftes Unternehmen der Textilbranche. Unsere Betriebe sind modern ausgestattet und gut finanziert. Der Hauptsitz liegt im süddeutschen Raum.
>
> Der Aufgabenbereich Marketing ist durch den Wandel vom Verkäufer- zum Käufermarkt ständig im Wachsen. Wir suchen für den Absatzbereich Damenkonfektion eine
>
> **PRODUKTMANAGERIN**
>
> Diese Position beinhaltet für den genannten Produktbereich vor allem die Produktpolitik, Marktanalysen und -prognosen, Werbung, Verkaufsförderung, Schulung und Information des Verkaufspersonals, Abstimmung der Marketingkonzeption mit anderen Abteilungen und Übernahme der Ergebnisverantwortung.
>
> Wir suchen eine Dame mit Hochschul- oder Fachhochschulstudium (Fachrichtung Absatz).
>
> Eine umfassende kaufmännische mehrjährige praktische Tätigkeit, auch im Vertrieb – möglichst in einem Mittelbetrieb –, ist unabdingbare Voraussetzung. Export- und Importkenntnisse sind von Vorteil.
>
> Englischkenntnisse sind erwünscht, Branchenkenntnisse nicht unbedingt erforderlich.
>
> Das ideale Alter liegt zwischen 27 und 35 Jahren.
>
> Verhandlungsgeschick und konzentriertes Arbeiten werden eine rasche Eingliederung in ein aufgeschlossenes Team erleichtern und eine volle Persönlichkeitsentfaltung ermöglichen. Die Stelle ist den Anforderungen entsprechend dotiert.
>
> Der Arbeitsort liegt in einer reizvollen Landschaft mit hohem Wohn- und Freizeitwert.
>
> Senden Sie bitte Ihre vollständigen Bewerbungsunterlagen (mit handgeschriebenem Lebenslauf und Lichtbild) unter Z 149832 an Südkurier, Postfach 246, 86002 Augsburg.

● 1. Erläutern Sie den in der Stellenanzeige erwähnten Wandel vom Verkäufer- zum Käufermarkt.

2. Nach Beschaffung und Produktion ist der **Absatz** die letzte **Phase** des betrieblichen Leistungsprozesses. Dabei kommt darauf an, die erzeugten Produkte am Markt anzubieten und zu verkaufen. In diesem Zusammenhang sind u.a. Entscheidungen über Sortimentsbildung, Verpackung, Lagerung und Transport zu treffen. Als **Marketing** wird demgegenüber ein Grundsatz unternehmerischer Führung bezeichnet, der **alle Phasen** des betrieblichen Leistungsprozesses umfasst. Demnach sollen unternehmerische Entscheidungen in allen Phasen (Beschaffung, Produktion, Absatz) auf gegenwärtige und zukünftige Märkte ausgerichtet sein (= Führung des gesamten Unternehmens vom Markt her).

● Welche Formulierungen und Aufgabenbeschreibungen in der Stellenanzeige deuten auf einen solchen Marketingbegriff hin?

3. In der Stellenanzeige wird als eine Aufgabe der Produktmanagerin die Abstimmung der Marketingkonzeption mit anderen Abteilungen erwähnt.

● Stellen Sie anhand des auf der folgenden Seite abgebildeten Organigramms fest, mit welchen Abteilungen die Produktmanagerin die Marketingkonzeption abstimmen muss.

4. Aus dem nachfolgend dargestellten Organigramm ist auch die Einbindung der Stelle des Produktmanagers in die Organisationsstruktur des Unternehmens ersichtlich.

● Welche Schwierigkeiten könnten bei dieser Organisationsstruktur für die Produktmanagerin bei der Wahrnehmung ihrer Aufgaben (Durchsetzung einer Marketingkonzeption für Damenkleidung) auftreten?

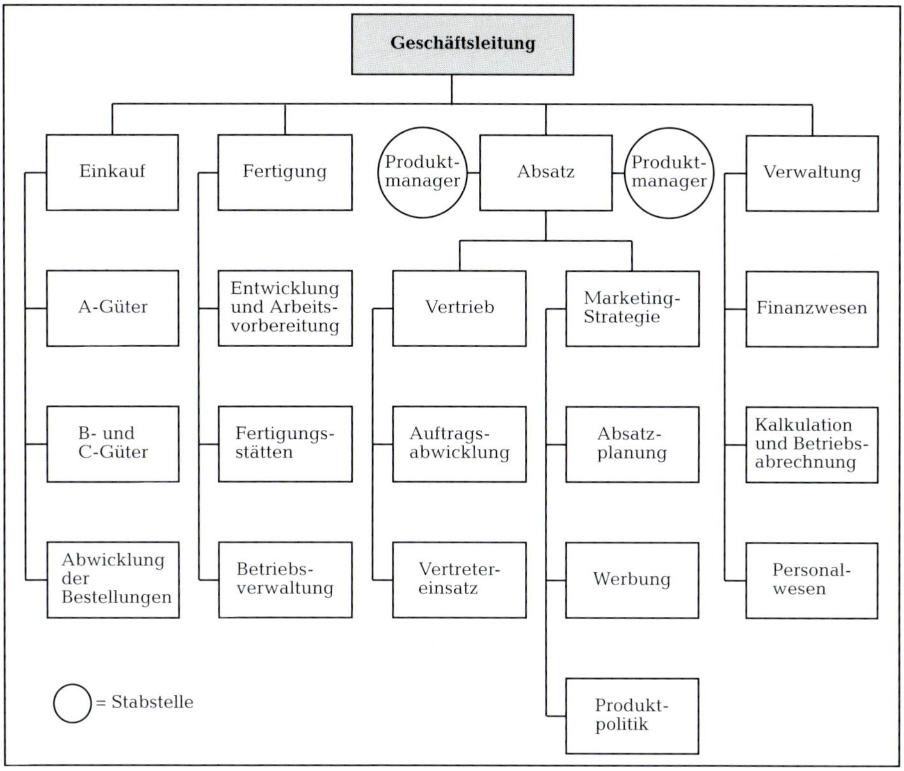

5. Als Lösung der bei der vorliegenden Organisationsstruktur zu erwartenden Probleme bietet sich die organisatorische Einbindung von Produktmanagern in Form einer Matrixorganisation (Abb. unten) an.

● Erläutern Sie die Vorteile dieser Organisationsform im Hinblick auf die in der Stellenanzeige erwähnten Aufgaben eines Produktmanagers.

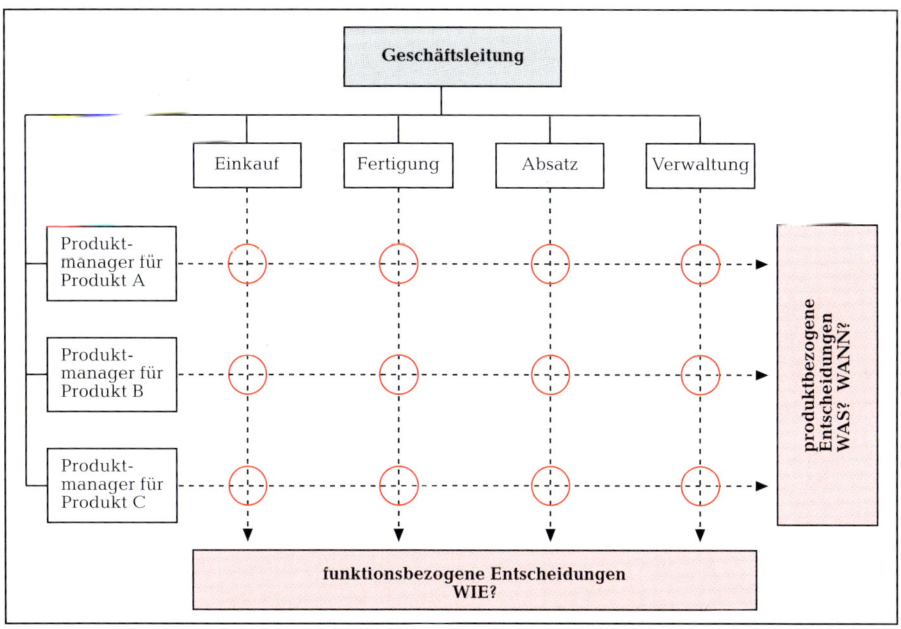

Marktforschung und Absatzplanung

9.02 FALLSTUDIE: Absatzorientierte Standortwahl – Methoden der Marktforschung – Konkurrenz- und Nachfrageanalyse

Lösungsblatt

Ein Unternehmen des Fotofachhandels betreibt eine Ladenkette und beabsichtigt, weitere **Fachgeschäfte für Fotoartikel** zu eröffnen.
Die **Geschäftsleitung** erwartet von Ihnen eine begründete Stellungnahme zu der geplanten Neueröffnung einer Filiale in der Gemeinde **Dobertal.** Dazu liegen folgende Informationen und Materialien vor:

Standort
Dobertal liegt ungefähr 25 km von der Landeshauptstadt (ca. 600 000 Einwohner) entfernt. Es besteht eine sehr gute Straßen- und S-Bahn-Verbindung zur Landeshauptstadt. Das vorgesehene Ladenlokal mit 55 m^2 Verkaufsfläche und 20 m^2 Nebenräumen liegt am Rande der einzigen verkehrsberuhigten Zone im Ortskern. In unmittelbarer Nachbarschaft gibt es mehrere Einzelhandelsfachgeschäfte aus verschiedenen Branchen (Buchhandel, Schreibwaren, Textil, Blumen). Auf dem 200 m entfernten Marktplatz wird regelmäßig ein gut besuchter Wochenmarkt abgehalten. Insgesamt verspricht die Lage eine ausreichende Passantenfrequenz, um neben einer Stammkundschaft auch Laufkunden gewinnen zu können. Die Parkmöglichkeiten in unmittelbarer Nähe des geplanten Standortes sind allerdings knapp und mit Parkuhren (maximale Parkdauer 30 Min.) ausgestattet.

Konkurrenzsituation
Ca. 300 m vom geplanten Standort entfernt befindet sich eine Drogerie, die Filme und Billig-Kameras verkauft sowie Entwicklungsaufträge für ein auswärtiges Fotolabor annimmt. Auch in einem ungefähr gleich weit entfernten SB-Lebensmittelmarkt werden Filme verkauft und Fotoaufträge angenommen. Das nächste Einkaufszentrum mit einer Fotoabteilung liegt an einer Umgehungsstraße der Landeshauptstadt und ist mit dem Auto in ca. 15 Min. zu erreichen. Die meisten Fotoartikel werden von den Einwohnern aus Dobertal in der Landeshauptstadt gekauft. Die Werbung des dort ansässigen Fotohandels erreicht über die Tageszeitungen die Interessenten in Dobertal.

Nachfragesituation
Die Bevölkerungsentwicklung (Wohnbevölkerung und Erwerbstätige der Wohnbevölkerung) geht aus den statistischen Veröffentlichungen der Gemeinde Dobertal (vgl. Materialien Nr. 2) hervor. Die relativ geringe Zahl der Erwerbstätigen ist einerseits auf die überdurchschnittliche Zahl kinderreicher Familien und andererseits auf die zahlreichen Rentnerhaushalte zurückzuführen. Außerdem hat die Arbeitslosigkeit durch die Schließung mehrerer ortsansässiger Betriebe in den letzten Monaten deutlich zugenommen. Der Fremdenverkehr als wichtige Einnahmequelle in dem ansonsten strukturschwachen Raum um Dobertal soll nach Plänen der Gemeinde weiter gefördert und ausgebaut werden. Außerdem lässt die Erschließung von Bauland für zusätzliche Wohnhäuser in den nächsten Jahren eine stärkere Zuwanderung aus der Landeshauptstadt erwarten.
Ca. 60% der Erwerbstätigen haben ihren Arbeitsplatz in oder in unmittelbarer Nähe der Landeshauptstadt. Die von der Gemeinde Dobertal veröffentlichte Einwohnerstatistik wies im letzten Jahr insgesamt 5600 Ein- und Mehrpersonenhaushalte aus. Davon entfielen ca. 2000 Haushalte auf Rentner, Sozialhilfeempfänger und Arbeitslose. Von den übrigen Haushalten verfügen schätzungsweise 40% über ein höheres und 60% über ein mittleres Haushaltseinkommen. Es ist damit zu rechnen, dass die Einwohner von Dobertal auch nach Eröffnung der Filiale zumindest anfangs noch die Hälfte ihres Bedarfs an Fotoartikeln in der nahe gelegenen Landeshauptstadt decken.

Hinweis: *Ein Lösungsschema zur Ermittlung des voraussichtlichen Jahresumsatzes bei Fotoartikeln in Dobertal befindet sich als Kopiervorlage im Arbeitsheft.*

Materialien:

Nr. 1: Auszug aus einem Merkblatt des Deutschen Industrie- und Handelstages zur Standortwahl[1]

Standort

Alle reden zuerst vom Geld. Das ist sicherlich für die Existenzgründung auch eine wichtige Voraussetzung. Dabei sollten Sie aber die Standortwahl keinesfalls vernachlässigen. Denn die beste Finanzierung nützt Ihnen nichts, wenn der Standort vor allem im Einzelhandel nicht stimmt. Der Standort ist mitentscheidend dafür, wieviel Kunden Ihr Geschäft aufsuchen. Deshalb sollten Sie die Standortfrage besonders gründlich erforschen. Eine Prüfung muss sein! Worauf ist dabei zu achten? Nachstehend finden Sie einen Fragenkatalog. Wenn Sie die Fragen genau geprüft und beantwortet haben, sehen Sie schon klarer.

Nr.	Frage	ja	nein
1.	Liegt Ihr Standort in einer Fußgängerzone bzw. ist eine solche dort geplant? Gleiches gilt für verkehrsberuhigte Zonen.		
2.	Ist Ihr Standort für Kunden mit öffentlichen Verkehrsmitteln zu erreichen?		
3.	Gibt es in der Nähe genügend Parkmöglichkeiten?		
4.	Gibt es in der Nähe Ihres geplanten Standortes Geschäfte anderer Branchen mit regem Kundenzulauf?		
5.	Wird in der Nähe Ihres geplanten Standortes ein Wochenmarkt durchgeführt?		
6.	Sind in der direkten Nachbarschaft Betriebe anderer Branchen, die mit ihrem Sortiment Ihr Warenangebot ergänzen?		
7.	Gibt es im Umkreis von 100 Metern ein Spezialkaufhaus o.ä. mit dem Angebotsschwerpunkt Ihrer Branche und erkennbaren Angebotslücken?		
8.	Ist im Umkreis von 10 bis 15 Autofahrt-Minuten ein Verbrauchermarkt, Fachmarkt, ein SB-Warenhaus oder ein Einkaufszentrum?		
9.	Liegt Ihr künftiger Standort in einem künftigen Sanierungsgebiet?		
10.	Liegt Ihr Standort mehr als 200 Meter von einem Warenhaus entfernt?		
11.	Gibt es in einer Entfernung von mehr als 200 Metern eine Zusammenballung von mindestens 3 Betrieben Ihrer Branche?		
12.	Ist in der Nähe ein Wettbewerber Ihrer Branche mit vergleichbarem Sortiment und eindeutig besserer Standortlage?		
13.	Gibt es eine andere Geschäftslage in Ihrer Umgebung, die eine eindeutig bessere Standortqualität aufweist?		
14.	Ist in einer anderen Geschäftsstraße eine Fußgängerzone geplant?		

Sofern Sie die Fragen 1 – 7 bejahen, sollten diese mit einem positiven Merkmal versehen werden. Treffen die Fragen 8 – 14 zu, sind hierfür negative Hinweise zu verwenden. Sie können so im Vergleich selbst feststellen, ob Ihr geplanter Standort überwiegend positiv oder negativ zu bewerten ist. Die Gewichtung dieser Fragen kann noch präzisiert werden, indem Sie je nach Bedeutung für jede Frage bis zu 3 Punkte vergeben.

---

[1] Deutscher Industrie- und Handelstag (DIHT), Tips zur Unternehmensführung, Existenzgründung, Merkblatt: Standort, Bonn 1995

Nr. 2: Auszüge aus Statistiken der Gemeinde Dobertal

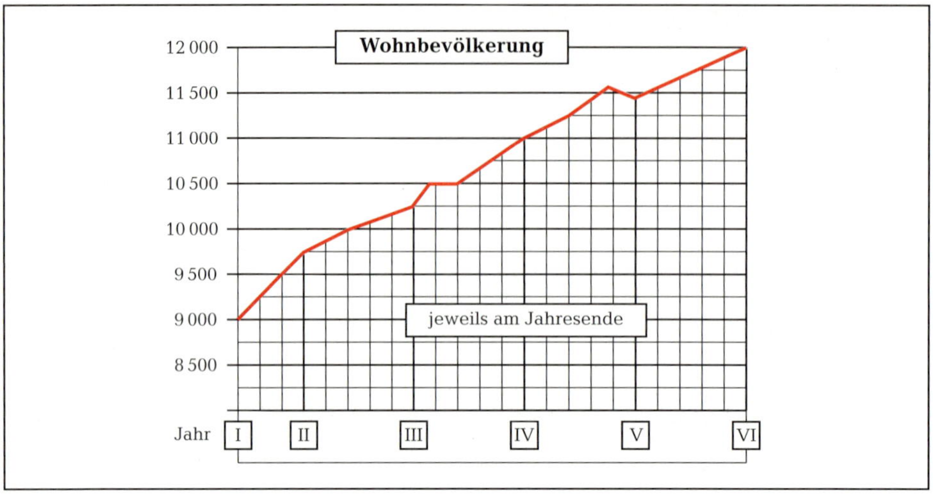

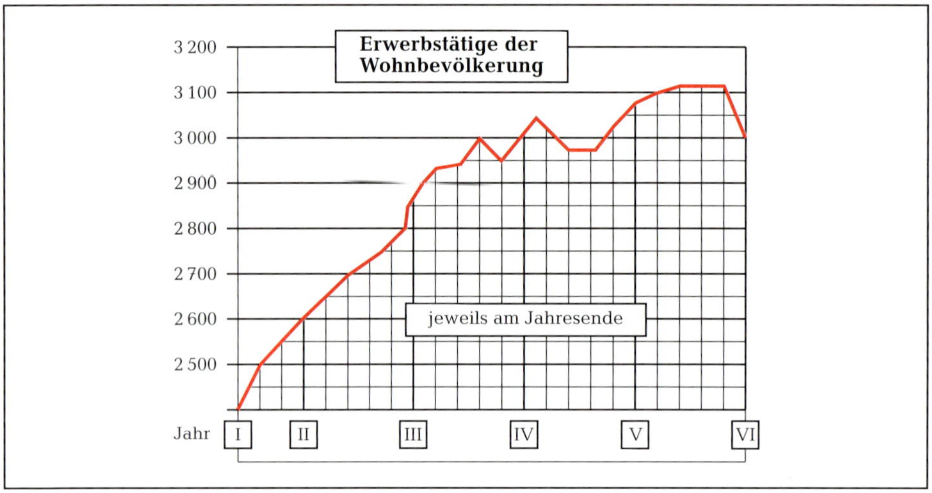

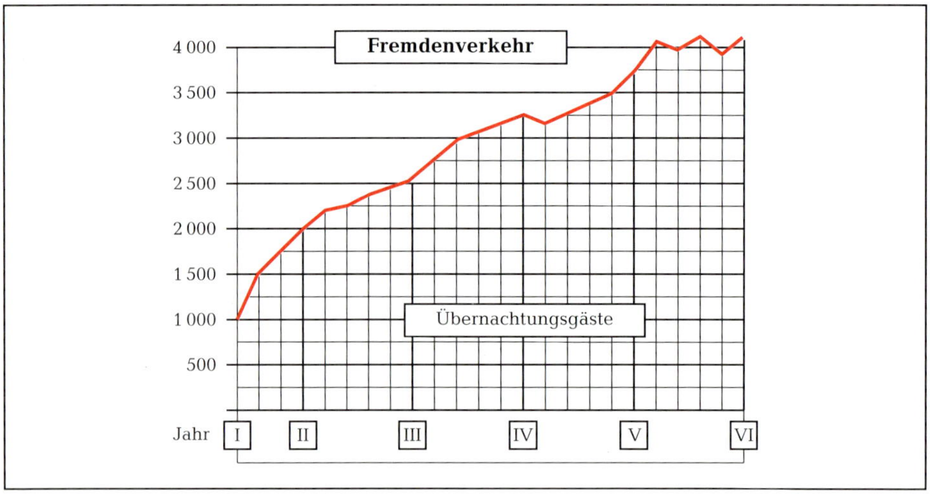

Nr. 3: Auszüge aus dem Statistischen Jahrbuch[1]

Im Zusammenhang mit der Einkommens- und Versorgungssituation privater Haushalte werden vom Statistischen Bundesamt folgende **Haushaltstypen** unterschieden:

Haushaltstyp 1	Haushaltstyp 2	Haushaltstyp 3
2-Personen-Haushalte von Renten- und Sozialhilfe-empfängern mit geringem Einkommen	4-Personen-Haushalte von Angestellten und Arbeitern mit mittlerem Einkommen	4-Personen-Haushalte von Beamten und Angestellten mit höherem Einkommen
Hierbei handelt es sich überwiegend um ältere Ehepaare, deren Haupteinkommensquellen Übertragungen vom Staat (Renten und Pensionen) und vom Arbeitgeber sind.	Hierbei handelt es sich um Ehepaare mit 2 Kindern, davon mindestens 1 Kind unter 15 Jahren. Ein Ehepartner soll als Angestellte(r) oder Arbeiter/-in tätig und alleiniger Einkommensbezieher sein.	Hierbei handelt es sich um Ehepaare mit 2 Kindern, davon mindestens 1 Kind unter 15 Jahren. Ein Ehepartner soll als Beamter/Beamtin oder Angestellte(r) und der Hauptverdiener der Familie sein.

Einnahmen und Ausgaben ausgewählter privater Haushalte im Berichtsjahr

	Haushaltstyp 1	Haushaltstyp 2	Haushaltstyp 3
Haushaltsbruttoeinkommen je Haushalt und Monat	2 878 DM	7 052 DM	10 814 DM
Haushaltsnettoeinkommen je Haushalt und Monat	2 709 DM	5 299 DM	8 310 DM
Ausgabefähiges Einkommen bzw. Einnahmen je Haushalt und Monat	2 776 DM	5 725 DM	9 006 DM
Aufwendungen für Freizeitgüter je Haushalt und Monat	312 DM	847 DM	1 301 DM
davon entfielen auf Foto- und Kinogeräte einschl. Filmen u.ä.	4 DM	21 DM	32 DM

Ausstattung ausgewählter privater Haushalte mit ausgewählten langlebigen Gebrauchsgütern im Berichtsjahr

	Haushaltstyp 1	Haushaltstyp 2	Haushaltstyp 3
Fotoapparat	79,1%	98,4%	99,7%
Pocket-Kamera	30,8%	43,2%	50,9%
Spiegelreflexkamera	15,1%	51,0%	72,0%
Andere Fotoapparate	54,1%	60,2%	58,3%
Videokamera	8,1%	35,6%	35,9%
Diaprojektor	27,3%	30,6%	55,0%

Nr. 4: Auszüge aus einem Rundschreiben des Branchendienstes »Fotofachhandel«

Der Branchendienst »Fotofachhandel« teilte in seinem letzten Rundschreiben mit, dass im vergangenen Jahr im Fotoeinzelhandel durchschnittlich folgende Umätze erzielt worden sind:

Umsatz je m^2 Geschäftsfläche: 7 750 DM
Umsatz je m^2 Verkaufsfläche: 12 750 DM

[1] Statistisches Jahrbuch 1998 für die Bundesrepublik Deutschland, Wiesbaden 1998, ab 21.1, 21.2, 21.6

9.03 Absatzplanung: Absatzstrategische Alternativen – Absatzrisiko

Die Verkaufsabteilung eines Unternehmens der Getränkeindustrie will für das kommende Geschäftsjahr für die drei Erzeugnisse des Unternehmens einen Absatzplan erstellen.

Die ersten drei Stufen der Absatzplanung sind abgeschlossen:

I. Allgemeine wirtschaftliche Entwicklung

Auf Grund konjunkturpolitischer Maßnahmen der Bundesregierung besserte sich das Konjunkturklima durchgreifend. Die Produktion ist inzwischen in vielen Bereichen wieder kräftig angestiegen. Allerdings wurde die Produktion zunächst ohne zusätzliche Arbeitskräfte gesteigert.

II. Branchenentwicklung

Trotz der Rezession, welche der Planungsperiode vorausging, ist der Umsatz in der Getränkeindustrie in den letzten vier Jahren stetig um durchschnittlich 5% jährlich gestiegen. Mit dem in der Rezession entwickelten Preisbewusstsein der Verbraucher muss aber weiterhin gerechnet werden. Im Kampf um den Abnehmer wird deshalb die Preispolitik eine erhebliche Rolle spielen.

III. Absatzpolitische Aktivitäten

Die Verkaufsabteilung geht bei ihrer Entscheidung über die absatzpolitischen Aktivitäten von den Daten aus, die tabellarisch auf S. 257 dargestellt sind.

● 1. Wie erklären Sie sich, dass die Verkaufsleitung
- bei der Erstellung des Absatzplanes der Alternative 2 unterstellt, dass der Absatz des Produktes A steigt, jedoch der Absatz von B zurückgeht,
- in der Alternative 3 nicht von einer Substitution von B durch A ausgeht?

● 2. a) Stellen Sie fest, welche der absatzpolitischen Alternativen den höchsten Gesamtgewinn verspricht.

● b) Welche Risiken entstehen für das Unternehmen, wenn sich die Verkaufsleitung für die bei 2.a) ermittelte Alternative entscheidet?

Produkt- und Sortimentspolitik

9.04 Produktpolitik: Produktinnovation – Produktvariation – Produktdifferenzierung – Produktdiversifikation – Produkteliminierung

Im Rahmen der Produktpolitik werden u.a. folgende Maßnahmen unterschieden:

a) **Produktinnovation:** Entwicklung und Einführung völlig neuer Produkte und Techniken, die bisher noch von keinem anderen Unternehmen angeboten wurden (Marktneuheit).[1]

b) **Produktvariation:** Veränderung von Eigenschaften eines bereits auf dem Markt eingeführten Produkts (z.B. Qualität, Aussehen, Technik, Material o.ä.).

[1] Zuweilen wird auch dann von Produktinnovation gesprochen, wenn es sich um Produkte handelt, die zwar für das Unternehmen neu sind (Unternehmensneuheit), aber von Konkurrenzunternehmen schon angeboten werden. In diesem Fall ist der Begriff Produktinnovation der Oberbegriff zu Produktdifferenzierung und Produktdiversifikation.

Tabelle zu 9.03

Kosten, Kapazität	Erzeugnisse		
	Orangenfruchtsaft (A)	**Grapefruitsaft (B)**	**Mineralwasser (C)**
variable Kosten je 100 Stück 0,7-*l*-Flaschen (proportional mit Gesamtausbringung)	30 DM	50 DM	20 DM
Fixe Kosten im Jahr (ohne Kosten der Werbung)	250 000 DM	200 000 DM	200 000 DM
Kapazität des Produktionsapparates im Jahr in 0,7-*l*-Flaschen	400 000 Flaschen	300 000 Flaschen	400 000 Flaschen
Erhöhung der fixen Kosten bei einer zusätzlichen Produktion von jeweils 50 000 Flaschen	35 000 DM	32 000 DM	30 000 DM
Werbeausgaben im Vorjahr **insgesamt** 50 000 DM			

A = Orangenfruchtsaft B = Grapefruitsaft C = Mineralwasser	Absatzpolitische Alternativen											
	Alternative 1: gegenüber dem Vorjahr unveränderte absatzpolitische Maßnahmen			**Alternative 2:** Preissenkung A Absatzsteigerung A Absatzsteigerung C			**Alternative 3:** Erhöhung der Ausgaben für Werbung			**Alternative 4:** Kombination Alternative 2 + 3		
	A	**B**	**C**	**A**	**B**	**C**	**A**	**B**	**C**	**A**	**B**	**C**
Absatzerwartung in Stück	300 000	250 000	350 000	360 000	230 000	360 000	400 000	350 000	370 000	450 000	325 000	360 000
Preis je 0,7-*l*-Flasche ohne Umsatzsteuer (DM)	1,25	1,60	0,95	1,10	1,60	0,95	1,25	1,60	0,95	1,10	1,60	0,95
Werbung (DM)	50 000			50 000			150 000			150 000		

c) **Produktdifferenzierung:** Aufspaltung eines bereits am Markt eingeführten Produkts in verschiedene Ausführungen.

d) **Produktdiversifikation:** Aufnahme von neuen Produkten ins Produktionsprogramm, die bisher nur von anderen Unternehmen angeboten wurden.

Horizontale Diversifikation: Erweiterung des Produktionsprogramms um Produkte, die in Zusammenhang mit den bisherigen Produkten stehen.

Vertikale Diversifikation: Erweiterung des Produktionsprogramms um Produkte aus vor- oder nachgelagerten Wirtschaftsstufen.

Laterale Diversifikation: Erweiterung des Produktionsprogramms um Produkte, die für das Unternehmen völlig neu sind und in keinem technischen oder wirtschaftlichen Zusammenhang mit den bisherigen Produkten stehen.

e) **Produkteliminierung:** Entfernung von Produkten aus dem Produktionsprogramm.

- Ordnen Sie die folgenden Beispiele den produktpolitischen Maßnahmen a) bis e) zu.

1. Ein Motorradhersteller nimmt auch Musikinstrumente in sein Produktionsprogramm auf.
2. Ein Fahrradhersteller verkauft seine Produkte unter verschiedenen Namen und zu unterschiedlichen Preisen sowohl an den Fachhandel als auch an große Handelsketten.
3. Erstmals wird auf dem Automobilmarkt ein 3-Liter-Auto angeboten.
4. Ein Margarinehersteller bietet unterschiedliche Margarinesorten für den Brotaufstrich als Back- und Bratenfett und als Diät-Margarine an.
5. Ein Fernsehhersteller stellt die Produktion von Schwarz-Weiß-Geräten ein.
6. Ein Stahlunternehmen kauft ein Softwarehaus.
7. Eine Fleischkonservenfabrik betreibt eine Schweinemästerei.
8. Eine Bierbrauerei stellt auch alkoholfreie Erfrischungsgetränke her.
9. Eine Bank vermittelt auch Versicherungen.
10. Der Markenname eines Waschmittels wird nach einer Qualitätsverbesserung mit dem Zusatz »Super 2000« versehen.
11. Eine Brauerei bietet ihr Bier in Fässern, in Mehrwegflaschen und in Dosen an.
12. Ein bestimmter Autotyp wird 2-türig und 4-türig angeboten.
13. Ein Buch wird als Leinenausgabe und als Taschenbuch angeboten.
14. Aufgrund gesetzlicher Vorschriften stellt ein Automobilwerk nur noch PKW mit geregeltem Katalysator her.
15. Ein Fußballclub verkauft auch Fan-Artikel.
16. Einem Batteriehersteller ist es gelungen, die Schadstoffe in den Batterien erheblich zu verringern.
17. Eine Papierfabrik nimmt auch Recyclingpapier in ihr Produktionsprogramm auf.
18. Der Markenname Coca-Cola wird durch den Namen Coke ergänzt.
19. Ein Arzneimittelhersteller bietet Medikamente mit den gleichen Wirkstoffen in Tabletten und in Tropfenform an.

9.05 Produktlebenszyklus

Ein Hersteller von Foto- und Filmgeräten hat bei einem seiner Produkte für die Zeit von der Produktentwicklung bis zu seinem Ausscheiden aus dem Markt folgende Entwicklung festgestellt:

Jahr	1	3	5	7	9	11
Abgabepreis an den Fachhandel (DM)	–	1 000	900	800	650	500
Absatzmenge	–	10 000	35 000	75 000	70 000	40 000
Umsatz (in Mio. DM)	–	10	31,5	60	45,5	20

Die grafische Darstellung dieser Umsatzentwicklung zeigt den **Produktlebenszyklus** in idealtypischer Form.

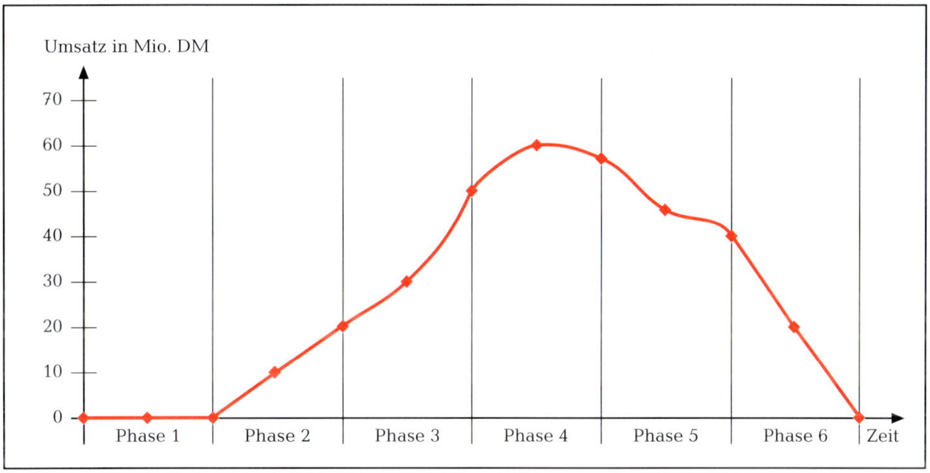

1. Ordnen Sie den Phasen 1 bis 6 an der Zeitachse folgende Bezeichnungen zu:
   a) Marktsättigung
   b) Reife
   c) Rückgang (Degeneration)
   d) Forschung und Entwicklung
   e) Wachstum
   f) Einführung

2. Die Zahlen der Tabelle lassen den Einsatz eines bestimmten absatzpolitischen Instruments erkennen.

   Welche Gründe könnten das Unternehmen jeweils in den einzelnen Phasen veranlasst haben, diese absatzpolitische Maßnahme zu ergreifen?

3. Durch welche absatzpolitischen Maßnahmen aus den Bereichen
   a) Produktpolitik und
   b) Werbepolitik

   könnte der Produktlebenszyklus in den einzelnen Phasen beeinflusst werden?

4. Wie können sich die unter 3. genannten Maßnahmen auf Kosten und Gewinn auswirken?

- 5. Überprüfen Sie, ob die Phasen des Produktlebenszyklus in der oben dargestellten idealtypischen Form auch für die folgenden Produkte zutreffen:
  a) Personenwagen: VW-Käfer
  b) Plattenspieler
  c) Erfrischungsgetränk: Coca-Cola
  d) Super-8-Filmkamera
  e) Waschmittel: Persil
  f) Schmerzmittel: Aspirin
  g) Computerspielzeug: Game Boy
  h) Klebstoff: Uhu
  i) Gesellschaftsspiel: Mensch ärgere Dich nicht

9.06 Produktionsprogramm – Sortimentsbreite und Sortimentstiefe – Diversifikation – Produktplanung – Deckungsbeitragsrechnung

Die Möbelschreinerei **Anton Storz, Murrhardt/Württemberg,** ist Hersteller von
- Einbau-Wohnmöbeln in Einzelfertigung
- Standard-Stühlen und -Tischen
- Serienteilen für Kinderzimmermöbel
- Lagerregalen für Betriebe und Privathaushalte in drei Grundtypen.

Neben seiner Möbelschreinerei betreibt **Storz** einen Möbeleinzelhandel, in dem er auch vom Hersteller bezogene Möbel und Polstergarnituren verkauft.

In letzter Zeit sind die Aufträge für Lagerregale zurückgegangen. **Storz** plant deshalb, sein Produktionsprogramm und evtl. sein Handelssortiment zu verändern.

1. **Storz** liest in der Zeitung, dass sich die Spielwarenbranche in den Bereichen Hobby, Basteln, Modellbau und Fitnessgeräte Hoffnungen auf eine starke Umsatzbelebung macht. Er überlegt deshalb, ob er in sein Produktionsprogramm ein neues, aus Holz herzustellendes Sportgerät aufnehmen kann.
   - Welche Vorteile hat die mit der Aufnahme der Sportgeräte in das Produktionsprogramm eintretende Diversifikation gegenüber einer größeren Breite oder Tiefe des Möbelsortiments?

2. **Storz** entschließt sich, ein Spiel- und Sportgerät in sein Produktionsprogramm aufzunehmen. Das neue Produkt soll unter der Bezeichnung VELOBIL vertrieben werden. Die Kapazität der Fertigungsanlagen soll zunächst nicht erweitert werden. Da aber die Nachfrage nach Lagerregalen rückläufig ist, wird überlegt, ob die VELOBIL-Herstellung an die Stelle der Produktion der Lagerregale treten kann.

   Storz will von den drei Regal-Grundtypen R 01, R 02 und R 03 vorläufig nur einen Typ aus dem Produktionsprogramm herausnehmen.
   - Nennen Sie Gründe, welche **Storz** veranlassen, zunächst nur einen Regaltyp aus seinem Produktionsprogramm herauszunehmen.

3. Für die Entscheidung, welcher Regaltyp aus dem Produktionsprogramm herausgenommen werden soll, stehen folgende Daten zur Verfügung. Die Angaben beziehen sich auf den letzten Monat und können auch für die nächste Zukunft als zutreffend angenommen werden.

	Typ R 01	Typ R 02	Typ R 03
Absatzmenge	100 Stück	100 Stück	100 Stück

	Typ R 01	Typ R 02	Typ R 03
Verkaufspreis je Stück	360 DM	520 DM	621 DM
Materialkosten je Stück	44 DM	62 DM	92 DM
Lohnkosten je Stück	66 DM	95 DM	138 DM
Sonstige Kosten je Stück (Hilfsstoffe, Energie, Abschreibung, Zinsen, Instandhaltung, Verwaltung, Vertrieb usw.)	187 DM	267 DM	391 DM
Selbstkosten je Stück	297 DM	424 DM	621 DM
Gewinn je Stück	63 DM	96 DM	0 DM

	Typ R 01	Typ R 02	Typ R 03
Verkaufspreis je Stück	360 DM	520 DM	621 DM
variable Kosten je Stück	222 DM	317 DM	464 DM
Deckungsbeitrag je Stück	138 DM	203 DM	157 DM

Auf die Regalherstellung entfielen im letzten Monat Fixkosten in Höhe von 33 900 DM.

- Welchen Regaltyp würden Sie auf Grund dieser Informationen künftig nicht mehr weiterproduzieren? Begründen Sie Ihre Entscheidung.

9.07 Absatzpolitische Entscheidungen auf der Grundlage der Deckungsbeitragsrechnung

In einem Industriebetrieb soll über das Produktionsprogramm entschieden werden. Folgende Informationen stehen zur Verfügung (Monatswerte):

Produkt	Absatz (Stück)	Verkaufspreis je Stück (DM)	variable Kosten je Stück (DM)
Modell A	300	200,00	150,00
Modell B	800	300,00	230,00
Modell C	500	400,00	350,00
Modell D	400	450,00	300,00
Modell E	200	600,00	650,00
Modell F	100	700,00	400,00

Die monatlichen Fixkosten betragen 150 000 DM.

- 1. Ermitteln Sie für jedes Produkt den
  - Umsatz,
  - Deckungsbeitrag,
  - umsatzbezogenen Deckungsbeitrag in % (Deckungsbeitrag je Produkt · 100/Umsatz je Produkt).
- 2. Ordnen Sie die Produkte entsprechend dem ABC-Prinzip
  - nach fallenden Umsätzen,
  - nach fallenden Deckungsbeiträgen,
  - nach fallenden umsatzbezogenen Deckungsbeiträgen (%).

3. Der Industriebetrieb beabsichtigt, geeignete absatzpolitische Maßnahmen auf die zwei erfolgversprechendsten Produkte mit dem Ziel zu konzentrieren, die Absatzmenge dieser beiden Produkte um jeweils 100 Stück zu steigern. Es wird damit gerechnet, dass sich aufgrund dieser Maßnahmen die variablen Kosten um jeweils 15% erhöhen. Da für die Produktionsausweitung zusätzliche Maschinen angeschafft werden müssen, steigen gleichzeitig die monatlichen Fixkosten um 5% (sprungfixe Kosten).

- Zugunsten welcher beiden Produkte würden Sie sich entscheiden? Überprüfen Sie die Auswirkungen Ihrer Entscheidung durch einen Vergleich des nach Durchführung der absatzpolitischen Maßnahmen zu erreichenden Gewinns mit dem in der Ausgangslage erzielten Gewinn.

4. Der Industriebetrieb beabsichtigt, im Zusammenhang mit den bei 3. erwähnten Maßnahmen das Produktionsprogramm auf vier Produkte zu straffen. Dadurch können (sprung-) fixe Kosten abgebaut und die fixen Kosten auf 140 000 DM reduziert werden.

- Auf welche beiden Produkte soll Ihrer Meinung nach in Zukunft verzichtet werden, wenn der Betrieb einen möglichst hohen Gewinn erzielen möchte?

  Überprüfen Sie die Auswirkungen Ihrer Entscheidung, indem Sie den nach Straffung des Produktionsprogramms zu erreichenden Gewinn mit dem nach Durchführung der absatzpolitischen Maßnahmen (s. 3.) erzielten Gewinn vergleichen.

Betriebliche Preispolitik

Lösungsblatt

9.08 Preisbildung bei vollkommener Konkurrenz: Angebot – Nachfrage – Markt – Gleichgewichtspreis

1. Auf einer Warenbörse erhält der Makler folgende Aufträge:

Angebot: 120 000 kg bestens

Nachfrage:

Nachfrager	Menge	Preis
A	10 000 kg	limit (höchstens) 4,40 DM je kg
B	30 000 kg	limit (höchstens) 5,00 DM je kg
C	20 000 kg	limit (höchstens) 4,60 DM je kg
D	40 000 kg	limit (höchstens) 4,90 DM je kg
E	50 000 kg	limit (höchstens) 4,70 DM je kg

- a) Welcher Preis bringt Angebot und Nachfrage zum Ausgleich?

  Zur Lösung können Sie eine Tabelle folgenden Musters benützen.

Preis für 1 kg DM	Angebot in 1 000 kg	Nachfrage in 1 000 kg					
		A	B	C	D	E	insgesamt
4,40							
4,60							
4,70							
4,90							
5,00							

MUSTER

- b) Zwischen welchen Grenzen müsste der Preis vom Makler festgesetzt werden, wenn das Angebot 130 000 kg statt 120 000 kg betragen würde?

2. An einem anderen Börsentag erhält der Makler folgende Aufträge:

Angebot:
30 000 kg bestens
10 000 kg limit 4,50 DM je kg
40 000 kg limit 4,60 DM je kg
20 000 kg limit 4,80 DM je kg
50 000 kg limit 5,10 DM je kg

Nachfrage:
40 000 kg billigst
30 000 kg limit 4,40 DM je kg
20 000 kg limit 4,60 DM je kg
20 000 kg limit 4,80 DM je kg
20 000 kg limit 4,90 DM je kg
10 000 kg limit 5,00 DM je kg.

- Überprüfen Sie anhand der für die Marktsituation gegebenen Daten die Behauptung: »Der Börsenpreis ist der Preis, bei dem die größte Menge umgesetzt wird.«

Zur Lösung kann eine Tabelle nach folgendem Muster hilfreich sein:

Preis in DM je kg	Angebot	Nachfrage	umgesetzte Menge
4,40			
4,50			
4,60			
4,80			
4,90			
5,00			
5,10			

3. Im Wirtschaftsteil der Zeitungen wird im Bericht über die Warenbörsen meist u.a. die Notierung folgender Waren veröffentlicht:

NE-Metalle: Blei, Zink, Zinn, Kupfer, Gold;

Landesprodukte: Kaffee, Zucker, Baumwolle, Weizen.

- Warum sind diese Waren für den börsenmäßigen Handel besonders geeignet?

9.09 Betriebliche Preispolitik bei vollständiger und unvollständiger Konkurrenz

1. Die **Panther-Fahrzeugbau AG** stellt Mofas mit Benzinmotor her. Auf dem Markt herrscht ein starker Wettbewerb. Wenn die **Panther AG** einen Preis fordern würde, der über dem Preis der Konkurrenz liegt, müsste sie damit rechnen, innerhalb kürzester Zeit ihren gesamten Absatz zu verlieren.

Die Konkurrenz hat ein neues Modell auf den Markt gebracht, das jetzt mit Elektrostarter für den Benzinmotor und 3-Gang-Schaltung ausgestattet ist. Das neue Modell wird im Einzelhandel zu dem empfohlenen Verkaufspreis von 2500 DM angeboten. Um mitzuhalten, will die **Panther AG** ein Modell mit gleicher Ausstattung auf den Markt bringen.

Die Vorkalkulation ergibt folgende Daten: zusätzliche Fixkosten 500 000 DM; variable Kosten je Stück (proportional) 900 DM.

In Anpassung an den Preis der Konkurrenz soll das neue Modell zu dem psychologischen Preis von 2480 DM auf den Markt kommen.

Die **Panther AG** vertreibt ihre Mofas ohne Einschaltung des Großhandels direkt an den Einzelhandel. Dem Einzelhandel müssen auf den empfohlenen Verkaufspreis 40% Rabatt gewährt werden, damit er das Produkt in sein Sortiment aufnimmt.

- Welche Absatzmenge muss überschritten werden, damit Gewinn erzielt wird?

2. Der **Panther-Fahrzeugbau AG** ist die Entwicklung einer neuartigen Batterie für Elektro-Mofas gelungen. Sie ist damit in der Lage, Elektro-Mofas herzustellen, die den auf dem Markt eingeführten Konkurrenzprodukten technisch deutlich überlegen sind.

Technische Merkmale der Batterie	**Konkurrenzprodukt**	**Neuentwicklung der Panther AG**
Gewicht	4,6 kg	3 kg
Reichweite	20 km	40 km
Ladezeit	2,5 Std.	1,5 Std.

Das Unternehmen will die Produktion von Elektro-Mofas aufnehmen. Die für die Produktion der Elektro-Mofas (jährlich) anfallenden Fixkosten werden auf 3 000 000 DM geschätzt, die variablen Kosten je Stück (proportional) auf 1000 DM.

Der Einzelhandelsrabatt soll wie bei den Benzinmotor-Mofas 40% betragen.

Im Rahmen der Absatzplanung werden in der **Panther-Fahrzeugbau AG** preispolitische Überlegungen angestellt. Eine Markterkundung hat ergeben, dass nach einer Einführungsphase mittelfristig folgender Zusammenhang zwischen dem Preis des Produkts und der Absatzmenge besteht:

empfohlener Einzelhandels-verkaufspreis (DM)	4 334	4 167	4 000	3 834	3 667	3 500	3 334	3 167	3 000	2 834	2 667
Absatzmenge (Stck)	2 000	2 500	3 000	3 500	4 000	5 000	5 800	6 500	7 100	7 600	8 000

In der Geschäftsleitung des Unternehmens werden folgende Ansatzpunkte für die Preisfestlegung diskutiert:

A Orientierung an der Konkurrenz

Der Preis wird an den Preis für Elektro-Mofas angepasst, den die Konkurrenz gegenwärtig für ihr Produkt verlangt. Von dem neuen Produkt soll zunächst nur ein Modell auf den Markt gebracht werden (3-Gang-Schaltung, Rücktrittbremse). Für ein Modell mit dieser Ausstattung verlangt die Konkurrenz 2600 DM.

B Orientierung an den Kosten

Die Verkaufsleitung rechnet damit, auch bei intensiver Werbung im ersten Jahr nur 3000 Stück an ökologisch motivierte Käufer verkaufen zu können, bei denen die Höhe des Preises nicht einen entscheidenden Grund für ihre Kaufentscheidung darstellt. Der Preis soll die (Voll-)Kosten bei dieser Produktionsmenge decken und eine Umsatzrendite von 20% erbringen.

C Orientierung am Nachfrageverhalten

Es wird der Preis festgesetzt, der auf Grundlage der Nachfrageanalyse den höchsten Gewinn verspricht.

- Beurteilen Sie die drei preispolitische Konzeptionen.

Für Ihre Überlegungen können Sie die folgende Übersichtstabelle benutzen:

empfohlener Einzelhandelspreis (DM) 1	Absatzmenge (Stück) 2	Fabrikabgabepreis (40 % Rabatt) 3	fixe Kosten je Stück (DM) 4	variable Kosten je Stück (DM) 5	Gesamtkosten je Stück (DM) 6	Stückgewinn (DM) 7	Gesamtgewinn (DM) 8
4 334	2 000	2 600	1 500,00	1 000	2 500,00	100,00	200 000
4 167	2 500	2 500	1 200,00	1 000	2 200,00	300,00	750 000
4 000	3 000	2 400	1 000,00	1 000	2 000,00	400,00	1 200 000
3 834	3 500	2 300	857,14	1 000	1 857,14	442,86	1 550 010
3 667	4 000	2 200	750,00	1 000	1 750,00	450,00	1 800 000
3 500	5 000	2 100	600,00	1 000	1 600,00	500,00	2 500 000
3 334	5 800	2 000	517,24	1 000	1 517,24	482,76	2 543 126
3 167	6 500	1 900	461,53	1 000	1 461,63	438,47	2 850 055
3 000	7 100	1 800	422,53	1 000	1 422,53	377,47	2 680 037
2 834	7 600	1 700	394,73	1 000	1 394,73	305,27	2 320 052
2 667	8 000	1 600	375,00	1 000	1 375,00	225,00	1 800 000

Lösungsblatt

9.10 Preispolitik eines Monopolisten – Marktsegmentierung – Preisdifferenzierung

Die **Deutsche Fahrzeug AG** (DEFAG) will ein neu entwickeltes Dreiliter-Auto auf den Markt bringen. In der Unternehmensleitung soll über den Preis entschieden werden, mit dem die Neukonstruktion auf dem Markt im Raume der Europäischen Union eingeführt werden soll. Der Entscheidung liegt folgende Annahme über das wahrscheinliche Verhalten der Käufer zugrunde:

Preis (in Tsd. DM)	33	32	31	30	29	28	27	26	25	24	23	22	21
Absatzmenge (in Tsd. Stück)	43,5	46	49	53	58	64	70	75	80	83	85	87	89
Umsatzerlös (in Mio. DM)													
Gesamtkosten (in Mio. DM)													
Gewinn (in Mio. DM)													

Für die Produktion fallen fixe Kosten in Höhe von 600 Mio. DM an. Die variablen Kosten für die Produktion eines Autos betragen (proportional) 15 000 DM.

1. a) Bei welchem Preis wird der größtmögliche Gewinn erzielt?
   b) Wie ist es zu erklären, dass der größtmögliche Gewinn nicht mit der Absatzmenge erzielt wird, mit der das Umsatzmaximum erreicht wird?

2. In England erfolgt der Vertrieb über die selbstständige Handelsorganisation **British DEFAG** und nachgeordnete Vertragshändler. Der Vorstand der **British DEFAG** erhebt Einwendungen gegen einen einheitlichen für Gesamteuropa geltenden Verkaufspreis. Damit würde das besondere Käuferverhalten in England nicht berücksichtigt. Dort würde ein Dreiliter-Auto erst bei einem Preis unter 30 000 DM verstärkt nachgefragt. Er schlägt deshalb vor, den europäischen Markt in die Teilmärkte England und Resteuropa aufzuteilen und für jeden Teilmarkt einen besonderen Preis festzulegen. Der für England geltende Preis müsse niedriger sein als der für Resteuropa.

   Die Preisfestlegung für jeden der Teilmärkte solle so erfolgen, dass jeweils der Preis gewählt wird, bei dem der Überschuss des Umsatzerlöses über die variablen Gesamtkosten (Produktionsmenge × 15 000 DM) am größten ist.

   Nach England werden rechtsgesteuerte Autos geliefert. Die Mehrkosten für diese Sonderausführung sind unerheblich.

   Bei den Überlegungen wird davon ausgegangen, dass sich der Gesamtabsatz in Europa wie folgt auf die Absatzgebiete England und restliches Europa verteilt:

Preis (in Tsd. DM)	33	32	31	30	29	28	27	26	25	24	23	22	21
Absatzmenge im Raume der EU (Tsd. Stück)	43,5	46	49	53	58	64	70	75	80	83	85	87	89
davon: Absatzmenge in England (Tsd. Stück)	3,5	4	5	7	10	14	18	22	26	28	29	30	31
davon: Absatzmenge in Resteuropa (Tsd. Stück)	40	42	44	46	48	50	52	53	54	55	56	57	58

	Markt England				Markt Resteuropa				Markt Europa (insgesamt)			
1	2	3	4	5	6	7	8	9	10	11	12	13
Preis (Tsd. DM)	Absatzmenge England (Tsd. Stück)	Umsatzerlös England (Mio. DM) Sp. 1 × Sp. 2	variable Gesamtkosten für Produktion England (Mio. DM) Sp. 2 × 15 000	Deckungsbeitrag Produktion England (Mio. DM) Sp. 3 – Sp. 4	Absatzmenge Resteuropa (Tsd. Stück)	Umsatzerlös Resteuropa (Mio. DM) Sp. 1 × Sp. 6	variable Gesamtkosten Produktion Resteuropa Sp. 6 × 15 000	Deckungsbeitrag Produktion Resteuropa (Mio. DM) Sp. 7 – Sp. 8	Absatzmenge Europa insges. (Tsd. Stück)	Umsatzerlös Europa insges. (Mio. DM) Sp. 10 × Sp. 1	variable Gesamtkosten f.d. gesamte Produktionsmenge (Mio. DM) Sp. 10 × 15 000	Deckungsbeitrag insges. (Mio. DM) Sp. 11 – Sp. 12
33	3,5	?	52,5	63	40	1320	600	720	43,5	1435,5	652,5	783
32	4	128	?	68	42	1344	630	714	46	1472	690	782
31	5	155	75	?	44	1364	660	704	49	1519	735	784
30	7	210	105	105	46	1380	690	690	53	1590	795	795
29	10	290	150	140	48	1392	720	672	58	1682	870	812
28	14	392	210	182	50	1400	750	650	64	1792	960	832
27	18	486	270	216	52	1404	780	624	70	1890	1050	840
26	22	572	330	242	53	1378	795	583	75	1950	1125	825
25	26	650	390	260	54	1350	810	540	80	2000	1200	800
24	28	672	420	252	55	1320	825	495	83	1992	1245	747
23	29	667	435	232	56	1288	840	448	85	1955	1275	680
22	30	660	450	210	57	1254	855	399	87	1914	1305	609
21	31	651	465	186	56	1176	840	336	89	1869	1335	534

- a) Berechnen Sie die in der Tabelle S. 266 fehlenden Werte.
- b) Stellen Sie aus der Tabelle S. 266 fest, bei welchem Preis sich auf dem ungeteilten europäischen Markt der größte Deckungsbeitrag ergibt.

  Überprüfen Sie, ob der größte Deckungsbeitrag bei dem Preis erzielt wird, bei dem nach dem Ergebnis der Aufgabe 1.a) auch der größtmögliche Gewinn erzielt wird.
- c) Bei welchem Preis (in DM) ist auf dem englischen Markt der Überschuss des Umsatzerlöses über die variablen Gesamtkosten (Deckungsbeitrag) am größten? Welcher Gesamtgewinn wird bei diesem Preis erzielt?
- d) Bei welchem Preis wird auf dem Markt Resteuropas der größtmögliche Deckungsbeitrag erzielt? Welcher Gesamtgewinn wird bei diesem Preis erzielt?
- e) Prüfen Sie, ob sich der Gesamtgewinn durch die Aufteilung in zwei Teilmärkte (gegenüber 1.a) erhöht.
- f) Nehmen Sie Stellung zu der Frage, ob eine Preisdifferenzierung zwischen dem französischen Markt und dem Markt Resteuropas ebenso erfolgreich sein könnte.

9.11 Kostenanalyse als Instrument der Absatzpolitik

Lösungsblatt

Ein Industriebetrieb, der im Bereich der Unterhaltungselektronik tätig ist, kann bei voller Kapazitätsauslastung vierteljährlich 2000 Stück eines Radiorecorders herstellen. Die derzeitige Kapazitätsauslastung liegt nur bei 1000 Stück pro Quartal. Der Verkaufspreis beträgt 500 DM. Die durchschnittlichen variablen Kosten je Stück (DVK) belaufen sich auf 180 DM, die totalen fixen Kosten (TFK) auf 220 000 DM. Da die Geschäftsleitung die derzeitige Gewinnsituation als unbefriedigend ansieht, lässt sie von einem Marktforschungsinstitut die Absatzmöglichkeiten für den Radiorecorder bei unterschiedlicher Preisgestaltung ermitteln.

Das Marktforschungsinstitut kommt hinsichtlich der Zusammenhänge zwischen Preis und Absatzmenge zu folgendem Ergebnis:

Preis (DM)	mögliche Absatzmenge (Stück)
500	1 000
400	2 000
340	3 000
290	4 000
240	5 000
210	6 000
190	7 000

Eine Ausdehnung der Produktionskapazität über die derzeitige maximale Ausbringungsmenge von 2000 Stück hinaus ist möglich. Allerdings muss die Kapazitätserweiterung aus technischen Gründen jeweils mindestens 2000 Stück betragen. Die (sprung-) fixen Kosten entwickeln sich für diesen Fall wie folgt:

Kapazität (Stück)	fixe Kosten (DM))
bis 2 000	220 000
bis 4 000	250 000
bis 6 000	300 000
über 6 000	350 000

- 1. Zu welchem Preis sollte der Radiorecorder Ihrer Meinung nach künftig angeboten werden? Begründen Sie Ihre Entscheidung. Berücksichtigen Sie bei Ihrer Entscheidung Beschäftigungsgrad, Deckungsbeitrag, Gewinnschwelle, Umsatz und Gewinn für die einzelnen Preis-/Mengenkombinationen. Stellen Sie zu diesem Zweck in einem Koordinatensystem nach dem folgenden Muster für die angegebenen Absatzmengen die gesamten (totalen) Kosten (TK), die gesamten Fixkosten (TFK), den Umsatz (U) und den Gewinn (G) dar.

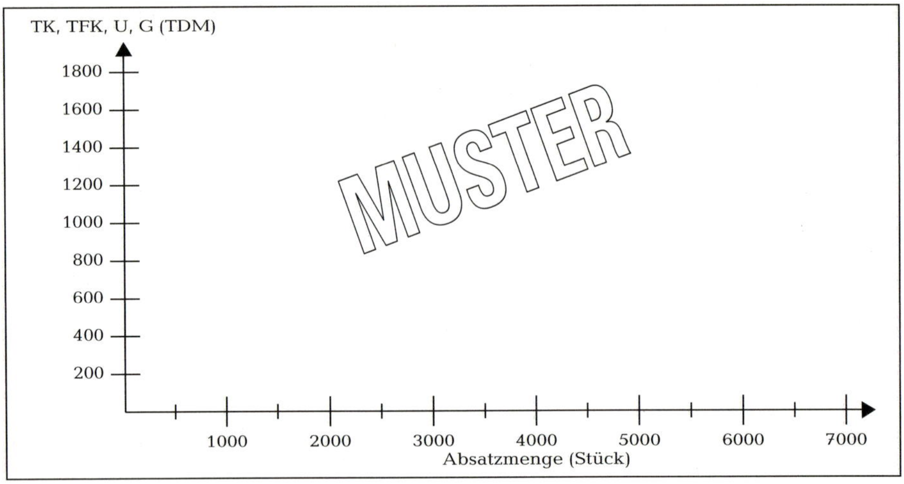

- 2. Stellen Sie den vom Marktforschungsinstitut ermittelten Zusammenhang zwischen Preis und Absatzmenge in Form einer Preis-Absatzkurve in einem Koordinationssystem nach dem folgenden Muster grafisch dar.

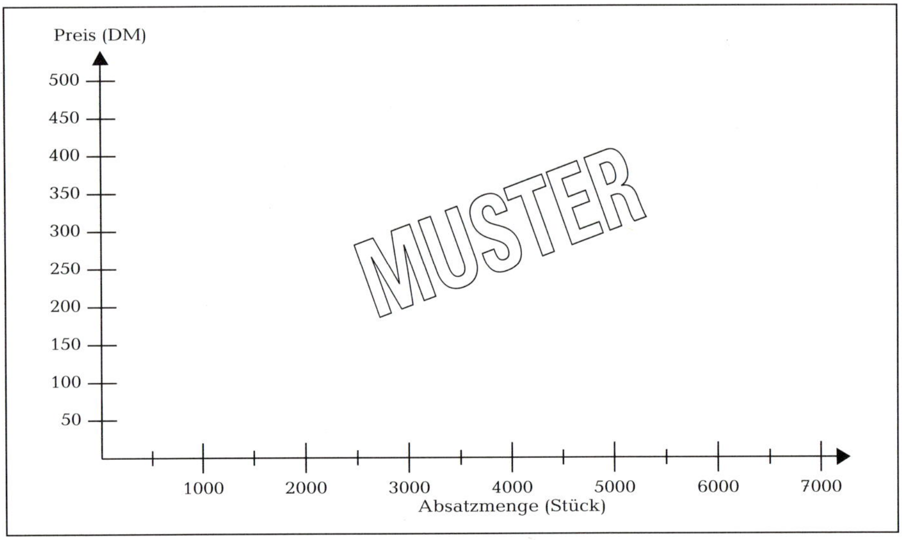

- 3. Ermitteln Sie für die einzelnen Preis-/Mengenkombinationen die Preiselastizität der Nachfrage[1], wenn der Hersteller den Preis von 500 DM auf 400 DM, von 400 DM auf 340 DM usw. senkt. Untersuchen Sie dabei den Zusammenhang zwischen der Höhe der Preiselastizität und dem Ausmaß der Umsatzveränderungen, die durch die jeweiligen Preissenkungen ausgelöst wird.

- 4. Erläutern Sie, mit welchen absatzpolitischen Maßnahmen ein Anbieter auf Veränderungen der Preiselastizität reagieren könnte,
  a) wenn die Nachfrage elastischer wird,
  b) wenn die Nachfrage unelastischer wird.

---

[1] Direkte Preiselastizität der Nachfrage = $\frac{\text{Änderung der Nachfragemenge nach Gut A} \cdot \text{in \%}}{\text{Änderung des Preises für Gut A} \cdot \text{in \%}}$

Die direkte Preiselastizität der Nachfrage ist in der Regel negativ, da Preissenkungen zu Erhöhungen der Absatzmenge führen. Um einen positiven Wert für die direkte Preiselastizität zu erhalten, wird das Ergebnis mit (–1) multipliziert.

5. Das Marktforschungsinstitut hat in seinem Bericht dargestellt, dass nach seinen Untersuchungen der Absatz durch verstärkte Markenartikelwerbung auch ohne Preisveränderungen gesteigert werden könnte. Bei einem zusätzlichen Werbeaufwand von 150 000 DM könnte nach Einschätzung des Instituts bei einem Marktpreis von 340 DM die Produktionsmenge der voll ausgelasteten Kapazität von 4000 Stück abgesetzt werden.
   Wäre dieser zusätzliche Werbeaufwand lohnend?

9.12 PLANSPIEL MINIMAX: Produktionsplanung und Preispolitik bei der MINIMAX GmbH (MINI-Planspiel mit GewinnMAXimierung)

Sie sind Geschäftsführer eines Unternehmens, das sich auf die Montage von elektronischen Messgeräten spezialisiert hat. Auf dem von Ihnen belieferten Absatzmarkt stehen Sie in Konkurrenz zu zwei bis fünf weiteren Unternehmen, die gleichartige Produkte anbieten. Die Spieldauer beträgt vier Perioden. Jede Periode entspricht dem Zeitraum von drei Monaten, d.h. einem Quartal.

In jeder Periode sind folgende Entscheidungen zu treffen:

1. Wie viele elektronische Messgeräte sollen in Ihrem Unternehmen hergestellt werden?
2. Zu welchem Verkaufspreis sollen die Messgeräte von Ihrem Unternehmen angeboten werden?

Ihr Ziel ist es, einen möglichst hohen Gewinn zu erzielen. Der Wettbewerb findet auf einem unvollkommenen Markt statt. Wenn der von Ihnen festgelegte Verkaufspreis über dem der Konkurrenten liegt, verlieren Sie daher nicht alle, sondern nur einen Teil Ihrer Kunden.

Ausgangssituation

1. Produktion und Kosten

Für Material und Montage der Messgeräte entstehen variable Kosten in Höhe von 100 DM je Stück. Daneben fallen jedes Quartal unabhängig von der Produktionsmenge für Miete, Verwaltung usw. (fixe) Kosten in Höhe von 20 000 DM an.

Die maximale Produktionsmenge beträgt 1500 Stück pro Quartal.

2. Absatzentwicklung

Für das kommende Jahr werden für den von Ihnen und Ihren Konkurrenten belieferten Absatzmarkt insgesamt folgende Absatzmengen prognostiziert:

1. Quartal	2. Quartal	3. Quartal	4. Quartal
2000 Stück	3000 Stück	4000 Stück	2000 Stück

Die Verteilung dieser Gesamtnachfrage auf dem Markt (Marktnachfrage) auf die beteiligten Unternehmen wird durch den von Ihnen für die Perioden jeweils festgelegten Verkaufspreis (Angebotspreis) bestimmt. Sobald dem Spielleiter der Preis gemeldet wurde, den Sie für die laufende Spielperiode festgelegt haben, erfahren Sie die von Ihrem Unternehmen zu diesem Preis erzielbare Absatzmenge. Aufträge, die von einem Unternehmen wegen mangelnder Lieferfähigkeit nicht ausgeführt werden können, gehen verloren. Der tatsächliche Gesamtabsatz kann also geringer als die prognostizierte Absatzmenge sein.

3. Preise

Der Angebotspreis darf nicht mehr als 300 DM betragen und muss durch 10 ohne Rest teilbar sein. Über die bisherige Preisgestaltung liegen keine Erfahrungen vor.

4. Lager
Nicht verkaufte Produkte erhöhen den Lagerbestand und stehen für den Verkauf im nächsten Quartal zur Verfügung. Die Lagerbestände werden mit den variablen Herstellkosten in Höhe von 100 DM je Stück bewertet. Die Lagerkosten betragen 10% vom Wert des durchschnittlichen Lagerbestandes im jeweiligen Quartal.
Zu Beginn des 1. Quartals beträgt der Lagerbestand 0.

5. Ergebnisermittlung
Die Ermittlung des Periodenergebnisses (Gewinn bzw. Verlust) erfolgt mit Hilfe von Ergebnisblatt 1 (Bestandsrechnung) und Ergebnisblatt 2 (Erfolgsrechnung).

Der Gewinnsteuersatz beträgt bei einem Gewinn

von 1 DM	bis 9 999 DM	0%
von 10 000 DM	bis 19 999 DM	10%
von 20 000 DM	bis 29 999 DM	20%
von 30 000 DM	bis 39 999 DM	30%
von 40 000 DM	bis 49 999 DM	40%
von 50 000 DM	und mehr	50%

Spielablauf

1. Entscheidungsprozess
- Entscheiden Sie zu Beginn eines jeden Quartals über Angebotspreis und Angebotsmenge.
- Tragen Sie die beiden Werte in das Entscheidungsblatt ein.
- Tragen Sie ab der zweiten Spielrunde auch den von Ihnen ermittelten Gewinn/Verlust der vergangenen Periode als Kontrolle für den Spielleiter ein.
- Geben Sie das ausgefüllte Entscheidungsblatt beim Spielleiter ab.

2. Auswertung durch den Spielleiter
- Der Spielleiter ermittelt, welche Absatzmenge Ihr Unternehmen bei dem gewählten Verkaufspreis erzielt hat.[1]
- Außer der Absatzmenge trägt der Spielleiter auch die Preise, die Ihre Konkurrenten in der vergangenen Periode verlangt haben, in das Entscheidungsblatt ein.
- Vom Spielleiter erhalten Sie das ausgefüllte Entscheidungsblatt zurück.

3. Ergebnisermittlung
- Ermitteln Sie mit Hilfe des Ergebnisblatts 1 (Bestandsrechnung) und des Ergebnisblatts 2 (Erfolgsrechnung) das Netto-Quartalsergebnis (Gewinn/Verlust).
- Berücksichtigen Sie die Erfahrungen und Ergebnisse dieser Spielrunde bei der nächsten Entscheidungsfindung.

4. Auswertung am Ende des Spiels
Während der vier Spielperioden haben die konkurrierenden Unternehmen Entscheidungen mit dem Ziel getroffen, das bestmögliche Ergebnis zu erzielen. Am Spielende sollen daher die Preis-, Umsatz-, Marktanteil-, Gewinn- und Kostenentwicklungen der einzelnen Unternehmen in tabellarischer und/oder grafischer Form verglichen und die Ursachen für abweichende Ergebnisse festgestellt werden.

Aufgabe zur Auswertung des Planspiels
Die Zusammenhänge und Abhängigkeiten zwischen einzelnen betriebswirtschaftlichen Größen, die im Rahmen des Planspiels von Bedeutung sind, lassen sich in Form eines Vernetzungsdiagramms nach folgendem Muster darstellen.

---

1 Für den Spielleiter steht ein Computerprogramm zur Verfügung. Damit wird ein Marktmodell simuliert und die Verteilung der Gesamtnachfrage auf dem Markt auf die einzelnen Unternehmen in Abhängigkeit vom Preisverhältnis vorgenommen. Außerdem wird mit diesem Programm die Auswertung der Ergebnisse unterstützt.
Ohne Computerprogramm kann der Spielleiter die Marktanteile der beteiligten Unternehmen bei vier konkurrierenden Unternehmen z.B. nach der im Lösungsbuch angegebenen Regel festlegen.

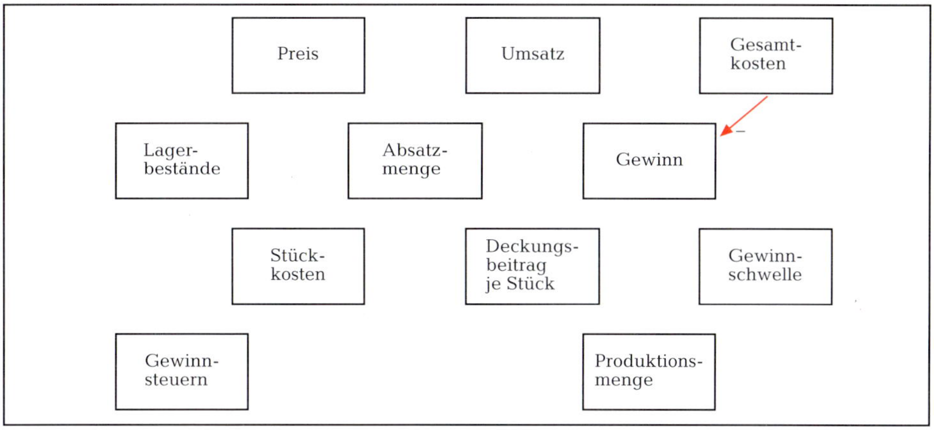

- Bestimmen Sie anhand der Ihnen vorliegenden Planspieldaten solche Größen, die in direkter Beziehung zueinander stehen (z.B. Gesamtkosten und Gewinn).
- Verbinden Sie diese Größen im Rahmen des Vernetzungsdiagramms so miteinander, dass von der beeinflussenden Größe ein Pfeil auf die beeinflusste Größe zeigt.
- Versehen Sie die Pfeilspitzen
  - mit einem Pluszeichen, wenn es sich um eine gleichgerichtete (= verstärkende) Wirkungsrichtung (je mehr – desto mehr bzw. je weniger – desto weniger) handelt,
  - einem Minuszeichen, wenn es ich um eine entgegengesetzte (= abschwächende) Wirkungsrichtung (je mehr – desto weniger bzw. je weniger – desto mehr) handelt.
- Überprüfen Sie die im Vernetzungsdiagramm dargestellten Zusammenhänge anhand der Planspieldaten.
- Berücksichtigen Sie im Vernetzungsdiagramm zusätzlich noch die absatzpolitischen Instrumente Werbung und Qualitätsverbesserung.

Entscheidungsblatt (Muster) Unternehmen Nr. …

1. Tragen Sie Ihre Preis-/Mengenentscheidungen ein. Geben Sie danach das ausgefüllte Entscheidungsblatt beim Spielleiter ab.

Quartal	1	2	3	4
Verkaufspreis (DM) (max. 300 DM)				
Produktionsmenge (max. 1 500 Stück)				

2. Der Spielleiter trägt hier die von Ihnen erzielte Absatzmenge ein.

Quartal	1	2	3	4
Absatzmenge in Stück				

3. Der Spielleiter trägt hier die Preise Ihrer Konkurrenten aus der letzten Periode ein

Quartal	1	2	3	4
Preis Unternehmen 1				
Preis Unternehmen 2				
Preis Unternehmen 3				
Preis Unternehmen 4				
Preis Unternehmen 5				
Preis Unternehmen 6				

4. Tragen Sie als Kontrolle für den Spielleiter ab der zweiten Periode das von Ihnen errechnete Netto-Quartalsergebnis des vergangenen Quartals ein.

Quartal	1	2	3	4
Nettogewinn/ Nettoverlust in DM				

Ergebnisblatt 1 (Bestandsrechnung) Unternehmen Nr. ...

Quartal	1	2	3	4
Anfangsbestand (AB) (Stück)	0			
+ Produktionsmenge (max. 1500 Stück)				
= Angebotsmenge				
– Absatzmenge (höchstens Angebotsmenge)				
= Endbestand (EB) (Stück)				
durchschnittlicher Lagerbestand in DM (AB + EB)/2 × 100				

Ergebnisblatt 2 (Ermittlung des Periodenergebnisses in DM) Unternehmen Nr. ...

Quartal	1	2	3	4
Umsatzerlöse				
+ Bestandserhöhung bzw. – Bestandsminderung				
= Gesamtleistung				
variable Produktionskosten				
+ fixe Kosten				
+ Lagerkosten (10 % vom durchschnittlichen Lagerbestand in DM)				
= Gesamtkosten				
Quartalsergebnis (Gewinn/Verlust)				
– Gewinnsteuern				
= Nettogewinn/ Nettoverlust				
Summe der Nettoquartalsergebnisse				

9.13 PLAN- UND STRATEGIESPIEL STRATOLIGO: Anbieterverhalten auf einem oligopolistischen Markt – Kartellbildung

Spieldauer:
10 Perioden (ca. 60 Minuten)

Teilnehmer:
4 Oligopolisten, die ein gleichartiges Gut anbieten

Ziel:
Gewinnmaximierung

Spielbeschreibung und Vorbereitung

Produktions- und Absatzmengen:
Alle vier Unternehmen sind in gleicher Weise mit Produktionsmitteln ausgestattet. Aus technischen Gründen gibt es für jedes Unternehmen in jeder Periode nur zwei alternative Produktions- und Absatzmengen. In jedem Unternehmen muss daher eine Entscheidung für eine der beiden folgenden Strategien getroffen werden:

Strategie A = Produktion und Absatz in Höhe von 5100 Stück
Strategie B = Produktion und Absatz in Höhe von 2900 Stück

Kosten:
Hinsichtlich der Produktionskosten gilt für alle Unternehmen in allen Perioden:

Fixkosten: 600 000 DM pro Periode
Variable Kosten: 100 DM je Stück

Preis:
Der Absatzpreis ist stark von der insgesamt angebotenen Menge und damit von der jeweils gewählten Strategie der vier Unternehmen abhängig. Wenn **alle** Unternehmen die Strategie A wählen und ihre Kapazitäten voll auslasten, ergibt sich ein Gesamtangebot von 20 400 Stück (= 4 × 5100 Stück). Diese Angebotsmenge kann zu einem Preis von 200 DM je Stück abgesetzt werden (vgl. Tabelle 1). Wird das Angebot jedoch verknappt, indem ein oder mehrere Unternehmen die Strategie B wählen, lässt sich ein höherer Preis durchsetzen. Wählen **alle** Unternehmen die Strategie B, ergibt sich ein Gesamtangebot von 11 600 Stück (= 4 × 2900 Stück). In diesem Fall lässt sich ein Preis von 400 DM je Stück erzielen (vgl. Tabelle 1).

1. Ermitteln Sie anhand von Tabelle 1 für die verschiedenen Strategiekombinationen die jeweilige Angebotsmenge.

Gewinn/Verlust:

2. Ermitteln Sie anhand von Tabelle 1 für die verschiedenen Strategiekombinationen den Gewinn/Verlust eines einzelnen Unternehmens.
   Bedienen Sie sich dazu folgender Formel:
   Gewinn = Umsatz – Kosten
   Gewinn = Preis × Menge – (Fixkosten + var. Stückkosten × Menge)
   Gewinn = Preis × Menge – (600 000 DM + 100 DM × Menge)
   Der Gewinnsteuersatz beträgt 50%

Hinweis:
Bei manueller Auswertung durch den Spielleiter kann der Einfachheit halber auf die Berücksichtigung von Gewinnsteuern verzichtet werden. Das Computerprogramm unterstellt jedoch einen Gewinnsteuersatz von 50% und lässt gleichzeitig einen Verlustvortrag zu.

Beispiel:

Ergebnis U1 in P1:	– 90 000 DM Verlust
Ergebnis U1 in P2:	+ 420 000 DM Gewinn vor Steuern
Ergebnis U1 in P2 nach Verlustvortrag:	+ 310 000 DM Gewinn vor Steuern
Ergebnis U1 in P2 (Steuersatz 50%)	+ 155 000 DM Gewinn nach Steuern

Nutzenzuwachs/Nutzenentgang der Konsumenten:
Es gelten folgende Zusammenhänge:

Je höher der Preis,
desto höher ist der Gesamtgewinn aller Unternehmen,
desto geringer ist der Nutzen für die Konsumenten
und umgekehrt.

Der Einfachheit halber wird angenommen, dass sich der in jeder Periode durch die Veränderung des Markpreises entstehende Nutzenentgang/Nutzenzuwachs für die Konsumenten wie folgt ergibt:

Saldo aus Periodengewinnen und -verlusten aller vier Unternehmen (ohne Berücksichtigung von Steuern und Vertragsstrafen) mit umgekehrtem Vorzeichen.

Beispiel:

Unternehmen	U 1	U 2	U 3	U 4	Konsumentennutzen
Periodenergebnis TDM	– 90	– 90	– 90	– 90	+ 360

3. Ermitteln Sie anhand von Tabelle 1 den Konsumentennutzen für die verschiedenen Strategiekombinationen.

Mögliche Verhaltensweisen der Oligopolisten:
Wenn **alle** Unternehmen Strategie A wählen und ihre Produktionskapazitäten voll auslasten, führt das zu einem niedrigen Preis von 200 DM je Stück. In dieser Situation erzielen die Konsumenten den größtmöglichen Nutzen. Für **alle** Unternehmen entsteht jedoch ein Verlust (ruinöse Konkurrenz).

Die Unternehmen können einen höheren Preis durchsetzten und Gewinne erzielen, wenn sie ihre Produktionsmengen einschränken. Voraussetzung dafür, dass alle Unternehmen einen Gewinn erzielen, ist dass **alle** Unternehmen Strategie B wählen und somit darauf verzichten, ihre Kapazitäten voll auszulasten (Zuteilung von Produktionsmengen, Quotenkartell).

Für das **einzelne** Unternehmen kann es jedoch günstiger sein, sich nicht an eine solche Kooperationsvereinbarung zur Produktionsmengenbeschränkung zu halten. Ein einzelnes Unternehmen hat nämlich – je nach Verhalten der übrigen Unternehmen – die Möglichkeit, bei voller Kapazitätsauslastung (Strategie A) seinen Gewinn noch zu steigern (vgl. Tabelle 1).

Spielablauf/Entscheidungsprozess

1. Entscheidung
Entscheiden Sie sich in Ihrer Gruppe in jeder Periode für Strategie A oder Strategie B. Die Bedenkzeit beträgt 1 Minute. Tragen Sie Ihre Entscheidung (A oder B) in die Entscheidungstabelle ein. Geben Sie das ausgefüllte Entscheidungsblatt beim Spielleiter ab.

2. Absprachen
In den Perioden 3, 5, 8 und 10 besteht die Möglichkeit, Verhandlungen zur Bildung eines Quotenkartells (= Absprachen zur gemeinsamen Verfolgung von Strategie B) mit den übrigen Unternehmen aufzunehmen. Die Verhandlungszeit beträgt höchstens 3 Minuten. In diesen Perioden werden die Gewinne/Verluste wie folgt vervielfacht:

3. Periode: 1fach
5. Periode: 3fach
8. Periode: 5fach
10. Periode: 10fach

Die zusätzlichen Gewinne sind durch Preissteigerungen aufgrund erhöhter Nachfrage, die zusätzlichen Verluste durch Produktionsstillegung und Bußgelder des Kartellamtes bedingt.

Wenn sich in einer der Verhandlungsperioden (Perioden 3, 5, 8 und 10) ein oder zwei Unternehmen vertragsbrüchig verhalten und entgegen der Vereinbarung die Strategie A wählen, erfolgt eine Bestrafung. In diesem Fall wird angenommen, dass die Marktmacht der zwei oder drei vertragstreuen Unternehmen groß genug ist, um gegen das bzw. die vertragsbrüchige(n) Unternehmen Vertragsstrafen in folgender Höhe durchzusetzen:

3. Periode: 100 000 DM je vertragsbrüchigem Unternehmen
5. Periode: 300 000 DM je vertragsbrüchigem Unternehmen
8. Periode: 500 000 DM je vertragsbrüchigem Unternehmen
10. Periode: 1 000 000 DM je vertragsbrüchigem Unternehmen

Die Vertragsstrafen mindern den Gewinn nach Steuern bzw. erhöhen den Verlust.

3. Auswertung durch den Spielleiter

Der Spielleiter trägt die Entscheidungen der übrigen Unternehmen in die vier Entscheidungstabellen ein und ermittelt für alle Unternehmen den Gewinn/Verlust sowie den Nutzen für die Konsumenten. Diese Beträge werden vom Spielleiter in die Ergebnistabellen eingetragen. Die Entscheidungs- und Ergebnistabellen werden vom Spielleiter an die Gruppen zurückgegeben.

Tabelle 1: Gewinn und Verlust bei unterschiedlichen Strategiekombinationen in TDM

Nr.	Strategie-kombi-nationen	Gesamt-angebot (Stück)	Markt-preis je Stück (DM)	Gewinn je Unter-nehmen vor Steuern (DM)	Gewinn Unter-nehmen nach Steuern (DM)	Verlust je Unter-nehmen (DM)	Konsumenten-nutzen (DM)
1	4 mal A		200	– – –	– – –		
	0 mal B			– – –	– – –		
2	3 mal A		220			– – –	
	1 mal B			– – –	– – –		
3	2 mal A		250			– – –	
	2 mal B			– – –	– – –		
4	1 mal A		300			– – –	
	3 mal B			– – –	– – –		
5	0 mal A		400	– – –	– – –	– – –	
	4 mal B					– – –	

Tabelle 2: Entscheidungs- und Ergebnistabelle

Runde	Zeit (Min)	Beratung	Entscheidung Unternehmen				kumulierte Gewinne/Verluste nach Steuern/Strafen (TDM)				Konsumenten-nutzen (TDM)
			1	2	3	4	U 1	U 2	U 3	U 4	
1	10	intern									
2	1	intern									
3	3 1	extern intern									
4	1	intern									
5 Bonus/ Malus 3fach	3 1	extern intern									
6	1	intern									
7	1	intern									
8 Bonus/ Malus 5fach	3 1	extern intern									
9	1	intern									
10 Bonus/ Malus 10fach	3 1	extern intern									

Werbepolitik

9.14 Werbeetat – Auswahl von Werbeträgern – Zeitschriftenwerbung

Lösungsblatt

Ein Waschmittelhersteller hat ein neues Feinwaschmittel auf den Markt gebracht. Dafür soll im kommenden Quartal intensiv geworben werden.

1. Im folgenden ist das Ergebnis einer repräsentativen Umfrage wiedergegeben. Die Tabelle zeigt, anhand welcher Kriterien in Unternehmen üblicherweise die Höhe des Werbeetats ermittelt wird.

Wie die Praxis den Werbeetat ermittelt

Kriterien für die Etatfestsetzung	Häufigkeit der Verwendung				
	ausschließlich %	vorwiegend %	manchmal %	selten %	gar nicht %
Prozent vom Umsatz	6	23	14	10	47
Prozent vom Gewinn/ Deckungsbeitrag	2	9	18	13	58
im Verhältnis zum Marktanteil	2	14	21	13	50
Höhe des Werbeetats der Konkurrenz	–	3	11	14	71
Marktziele, die mit der Werbung erreicht werden sollen	21	47	21	5	5
auf der Basis der verfügbaren finanziellen Mittel	18	35	20	5	22
andere Kriterien	5	8	12	4	71

- Welche der genannten Kriterien erscheinen Ihnen am geeignetsten, um im vorliegenden Fall die Höhe des Werbeetats für das neue Feinwaschmittel festzulegen?

2. Die Höhe des Werbeetats für Anzeigenwerbung wird für das kommende Quartal auf 320 000 DM festgelegt. Mit diesem Betrag soll wiederholt in mehreren Frauenzeitschriften und Illustrierten geworben werden. Es ist vorgesehen, die Anzeigen jeweils in drei aufeinander folgenden Ausgaben der ausgewählten Zeitschriften zu wiederholen. Für die in Frage kommenden Zeitschriften liegen folgende Daten vor:

Nr.	Zeitschrift	Preis für 1/1 Seite (vierfarbig) in DM	Tausenderpreis (gesamte Leserschaft) in DM[1]	Anteil der Zielgruppe (Hausfrauen) an der gesamten Leserschaft in %
1	Frauenjournal	25 000	156,25	90
2	Britta	76 000	237,50	80
3	Carmen	48 000	141,18	75
4	Heim und Haus	46 000	92,00	55
5	Neue Mode	35 000	109,38	70

[1] $\text{Tausenderpreis} = \dfrac{\text{Preis pro Anzeigenseite} \times 1000}{\text{Zahl der Leser pro Ausgabe}}$

- Berechnen Sie für die einzelnen Zeitschriften die Gesamtzahl der Leser pro Ausgabe. *(Rundung auf volle Tausend)*

- 3. In welchen Zeitschriften sollen die drei Anzeigen jeweils erscheinen?

  Legen Sie für Ihre Entscheidung den Preis für 1000 Leserkontakte bezogen auf die Zielgruppe »Hausfrauen« (= Tausenderpreis der Zielgruppe »Hausfrauen«) zugrunde.

4. Nach der Einführungsphase, die u.a. auch durch intensive Werbung in Funk und Fernsehen unterstützt wurde, hat das neue Feinwaschmittel bereits einen beachtlichen Marktanteil erreicht. Es soll jetzt darüber entschieden werden, ob die Anzeigenwerbung auch auf eine der überregionalen Boulevardzeitungen ausgedehnt werden soll. Dafür stehen die beiden Zeitungen A und B zur Auswahl:

Zeitung	tägliche Auflage (Stück)	Kosten für eine mehrtägige Werbekampagne (1/3 Seite schwarz/weiß)	Leser je Ausgabe	Anteil der Zielgruppe (Hausfrauen) an der gesamten Leserschaft
A	1 Mio.	240 000 DM	2,5 Mio.	60 %
B	1 Mio.	200 000 DM	2,2 Mio.	50 %

Wenn die Werbung in Zeitung A erfolgt, wird damit gerechnet, dass 40% der möglichen Kunden (Hausfrauen) tatsächlich im nächsten Quartal ein Paket des Feinwaschmittels zusätzlich kaufen. Für Zeitung B wird dieser Anteil auf 50% geschätzt.

Das Feinwaschmittel wird durchschnittlich zum Preis von DM 2,50 je Paket an den Handel abgegeben. Die variablen Kosten je Stück betragen 1,00 DM je Paket.

● Weisen Sie in Form einer Tabelle nach folgendem Muster rechnerisch nach, ob sich die zusätzliche Anzeigenwerbung in einer der beiden Boulevardzeitungen im nächsten Quartal lohnt. Entscheiden Sie gegebenenfalls auch, ob die Anzeigen in Zeitung A oder in Zeitung B erscheinen sollen.

	Zeitung A	Zeitung B
Zahl der lesenden Hausfrauen		
zusätzliche Absatzmenge im nächsten Quartal		
zusätzlicher Umsatz im nächsten Quartal		
– zusätzliche variable Kosten im nächsten Quartal		
– zusätzliche Kosten für die Anzeigenwerbung im nächsten Quartal		
– zusätzlicher Deckungsbeitrag im nächsten Quartal		

9.15 FALLSTUDIE: Werbeplan – Werbeetat – Werbeträger – Werbekosten – Streuzeit[1]

Lösungsblatt

Die **Bike Trade GmbH** mit Sitz in Berlin ist auf den Import von Fahrrädern und deren Vertrieb an Fachgeschäfte und Fachabteilungen von Verbrauchermärkten spezialisiert. Seit einiger Zeit führt das Unternehmen Verhandlungen mit dem japanischen Fahrradhersteller **Hirioko Ltd.** über den Import des neu entwickelten Faltradmodells FLEXIBIKE. Damit wäre gleichzeitig auch das Alleinvertriebsrecht für die Bundesrepublik Deutschland verbunden.

[1] Die Aufgabenstellung beruht auf: Ministerium für Kultus und Sport Baden-Württemberg, Modellversuch Fallstudien und Planspiele (FLAPS), »Disco-Roller« (H. Braitmaier, P. Heilemann), Stuttgart 1979; mit Genehmigung des MKS Stuttgart

Das von der **Hirioko Ltd.** neu entwickelte Faltrad kann mit wenigen Handgriffen fahrtüchtig und verkehrssicher gemacht werden. Trotz des gegenüber herkömmlichen Falträdern erheblich reduzierten Gewichts werden dennoch die höchsten Sicherheitsansprüche hinsichtlich der Stabilität von Rahmen und Gabel erfüllt. Das Rad verfügt über eine Nabenschaltung mit 7 Gängen. Ein besonderer Mechanismus sorgt dafür, dass das Rad extrem platzsparend zusammenklappbar ist. Die aus wasserdichtem und reißfestem Material bestehende Schutzhülle kann gleichzeitig als Tragetasche verwendet werden und ermöglicht es, das zusammengeklappte Rad bequem über der Schulter oder auf dem Rücken zu tragen. Auf diese Weise kann das Rad auch problemlos in Bahnen und Bussen mitgenommen werden. Außerdem passt es in jeden Kofferraum.

In Japan findet das neue Modell insbesondere in den städtischen Ballungsgebieten großen Absatz. Einerseits wird es dort häufig in Kombination mit dem privaten PKW für die Wege vom Parkhaus zur City und zurück genutzt. Andererseits erfreut es sich auch bei den Benutzern öffentlicher Verkehrsmittel großer Beliebtheit, um in kürzester Zeit die Strecken von und zur nächsten Bahn- und Busstation zurückzulegen. Die japanischen Erfahrungen zeigen, dass die Falträder in erster Linie in Kombination mit anderen Verkehrsmittel für die Wege von und zu den innerstädtischen Einkaufs- und Arbeitsstätten benutzt werden.

Die Geschäftsleitung der **Bike Trade GmbH** rechnet damit, die neuen Falträder auch in der Bundesrepublik Deutschland u.a. wegen des knappen Parkraums in den Innenstädten und des Trends zur autofreien City erfolgreich vertreiben zu können.

»Das könnte ein echter Renner werden«, meint der Geschäftsführer der **Bike Trade GmbH** bei einer Mitarbeiterbesprechung der Marketingabteilung. »Vorläufig ist in diesem Marktsegment kein bedeutender Konkurrent in Sicht. Die bisher auf dem deutschen Markt angebotenen Falträder sind gegenüber dem Modell FLEXIBIKE hoffnungslos veraltet. Wenn wir es geschickt anpacken, können wir hier binnen kürzester Zeit eine unangefochtene Marktstellung erobern. Entscheidend ist die Einführungswerbung.

Meine Damen und Herren von der Marketingabteilung, hier sind Sie gefordert: Ab sofort besteht Ihre Aufgabe in der **Planung unserer Einführungswerbung für FLEXIBIKE.** Die Japaner bieten uns Werbematerial an, das wir dem Einzelhandel zur Verfügung stellen können. Das brauchen Sie also nicht zu planen. Wir haben vereinbart, dass wir uns an dem für den Einzelhandel bestimmten Werbematerial mit ca. 10% unseres Werbeetats beteiligen. Die restlichen 90% stehen Ihnen für die Planung der Werbemaßnahmen unseres Hauses zur freien Verfügung. Die Höhe des für das erste Jahr geplanten Werbeetats liegt noch nicht endgültig fest. Auch diesbezüglich erwarte ich Ihre begründeten Vorschläge.

Ich habe Ihnen für Ihre Aufgabe bereits einige **Materialien** mitgebracht. Unser japanischer Partner hat für den dortigen Markt, wo das FLEXIBIKE erfolgreich vertrieben wird, eine Marktstudie in Auftrag gegeben. Ein von uns konsultiertes Markforschungsinstitut aus Frankfurt hat diese Studie zusammengefasst und um Anmerkungen hinsichtlich der deutschen Verhältnisse in diesem Marktsegment ergänzt. Auch wenn die Kaufmotive und Käufereigenschaften der japanischen Kunden nicht ohne weiteres auf deutsche Verhältnisse übertragen werden können, so sind die Ergebnisse dieser Studie doch sehr informativ für uns. Da für die Bundesrepublik wenig aussagefähiges Zahlenmaterial für dieses Marktsegment vorliegt, sollten Sie sich bei der Analyse der Zielgruppe trotz der damit verbundenen Unsicherheit zunächst auf die beigefügten japanischen Ergebnisse und die Aussagen des Marktforschungsinstituts stützen. Das statistische Material hilft Ihnen, die japanischen Ergebnisse auf den deutschen Markt zu übertragen und die mögliche Nachfrage nach FLEXIBIKE in der Bundesrepublik Deutschland zu ermitteln. Neben einer Analyse des Werbeetats für unsere Kinder- und Jugendräder aus dem letzten Jahr, die Ihnen als Muster dienen soll, stelle ich Ihnen auch die Preislisten der wichtigsten Werbeträger zur Verfügung. Sollten Sie noch Unterlagen oder Informationen benötigen, wenden Sie sich bitte an mich.«

- Packen Sie es an!

Materialien 1

Marktstudie für **FLEXIBIKE**
im Auftrag der **HIRIOKO Ltd.**

Auswertung, Zusammenfassung und Kommentierung unter Berücksichtigung bundesrepublikanischer Verhältnisse durch **MAFO GmbH, Frankfurt**

1. Allgemeine Hintergrundinformationen

Während es in den 60-er und 70-er Jahren in der Bundesrepublik ein nennenswertes Angebot an Falträdern verschiedener Hersteller gab, sind die Absatzzahlen für diesen Fahrradtyp seitdem kontinuierlich zurückgegangen. Sie stagnieren seit mehreren Jahren bei 40 000 produzierten Einheiten pro Jahr. Dabei handelt es sich vornehmlich um Spezialmodelle, die in kleinen Stückzahlen hergestellt werden und durchschnittlich zu einem Ladenverkaufspreis von 1000 DM angeboten werden. Gegenwärtig werden Falträder in Deutschland vorrangig bei beengtem Stauraum für Urlaubs- und Freizeitzwecke (z.B. Mitnahme in Wohnwagen, Wohnmobilen und Booten) gekauft. Da aber für die Bundesrepublik wenig aussagefähiges Zahlenmaterial für dieses Marktsegment vorliegt, müssen wir uns vornehmlich auf die Ergebnisse einer Marktstudie aus Japan stützen, wo FLEXIBIKE mit großem Erfolg vertrieben wird. Dabei erscheint uns von besonderer Bedeutung, die potentiellen Käufer durch gezielte Werbemaßnahmen über die Verwendungs- und Einsatzmöglichkeiten des technisch hochentwickelten FLEXIBIKE zu informieren. Unter dieser Voraussetzung gehen wir davon aus, dass es mittelfristig möglich ist, die Wertschätzungen der Käufer in der Bundesrepublik für dieses Produkt auf das japanische Niveau anzuheben.

2. Zielgruppe

Die japanischen Erfahrungen zeigen, dass die Anschaffung von FLEXIBIKE nicht personen-, sondern haushaltsbezogen erfolgt. Dabei ist der Anteil der Einpersonenhaushalte an der Gesamtzahl der Haushalte, die ein FLEXIBIKE kaufen, verschwindend gering. Da das FLEXIBIKE bei Bedarf von verschiedenen Haushaltsmitgliedern genutzt wird, verfügen auch die Mehrpersonenhaushalte so gut wie nie über mehr als ein FLEXIBIKE. Die Bezugsgröße für unsere Marktprognose ist daher nicht die Zahl Personen, die für den Kauf von FLEXIBIKE in Frage kommt, sondern die Zahl der Haushalte. Die japanische Untersuchung belegt, dass in allen befragten Haushalten, die ein FLEXIBIKE erworben haben, bereits mindestens ein anderes Fahrrad sowie ein PKW vorhanden waren. Bei den Käufern handelt es sich vorzugsweise um städtische Haushalte aus Gemeinden mit mehr als 100 000 Einwohnern und einer männlichen Bezugsperson (Haushaltsvorstand) im Alter zwischen 25 und 65 Jahren. Das Haushaltsnettoeinkommen beträgt – auf deutsche Verhältnisse umgerechnet – mehr als 4000 DM monatlich. Auch wenn die Übertragung dieser Ergebnisse auf deutsche Verhältnisse mit einer gewissen Unsicherheit behaftet ist, kann doch davon ausgegangen werden, dass sich Kaufmotiv und Merkmale der japanischen Käufer nicht wesentlich von der Zielgruppe in der Bundesrepublik unterscheiden. Es ist davon auszugehen, dass das Markvolumen in Deutschland für FLEXIBIKE bei 25% der nach den japanischen Erfahrungen als mögliche Nachfrager auftretenden Haushalte liegt. In Japan ist bisher ein Sättigungsgrad (= erreichter Prozentanteil am geschätzten Marktvolumen) von 30% innerhalb von 3 Jahren erreicht worden. In Deutschland erscheint im ersten Jahr ein Sättigungsgrad von 10% erreichbar, sofern der Abgabepreis an den Einzelhandel bei ca. 1000 DM liegt und mit den im Einzelhandel üblichen Handlungskostenzuschlägen kalkuliert wird.

3. Werbekonzept

Da es sich bei FELXIBIKE hinsichtlich des anvisierten Verwendungszwecks um ein neues Produkt handelt, muss in erster Linie der Endverbraucher umworben werden. Es kommt darauf an, den Endverbraucher durch geeignete Werbemaßnahmen über die möglichen Einsatz- und Verwendungsmöglichkeiten dieses technisch hochwertigen Produkts zu informieren und ihn von der Zweckmäßigkeit zu überzeugen. Die Werbung des Einzelhandels kann in diesem Fall vorläufig nur flankierend sein. Erst wenn das Produkt von den Verbrauchern verlangt wird, wird der Einzelhandel bereit sein, verstärkt zu werben.

Für die Verteilung der Werbeeinsätze im Zeitablauf (Streuzeit) sind folgende Informationen von Bedeutung: Die japanischen Erfahrungen haben gezeigt, dass FLEXIBIKE insbesondere im letzten Wintermonat und im Frühjahr erworben wurde. In den Sommer- und Herbstmonaten war die Nachfrage dagegen jeweils abnehmend. Für Deutschland ist zu erwarten, dass sich die Nachfrage im Jahresverlauf stetiger als beispielsweise bei Kinder- und Jugendfahrrädern entwickelt. Die typischen Oster- und Weihnachtsspitzen dürften bei FELXIBIKE weniger ausgeprägt sein.

Materialien 2

Ausgewählte Daten aus dem Statistischen Jahrbuch für die Bundesrepublik Deutschland

Private Haushalte nach Gemeindegrößeklassen und Haushaltsgröße (in 1000)

Gemeinden mit ... bis unter ... Einwohnern	Privathaushalte insgesamt	davon Einpersonen-haushalte	Bevölkerung in Privathaushalten	Personen je Haushalt Ø
unter 5 000	5 800	1 441	14 776	2,55
5 000 bis 20 000	8 148	2 330	19 694	2,42
20 000 bis 100 000	9 172	3 000	20 738	2,26
100 000 und mehr	13 110	5 608	26 220	2,0
Insgesamt	36 230	12 379	81 428	2,5

Private Haushalte nach Altergruppen, Familienstand der Bezugsperson und Haushaltsgröße (in 1000)

Alter d. Bezugspers. v. ...bis unter... Jahren	Insgesamt	Einpersonen-haushalte	Insgesamt	Einpersonen-haushalte
	Insgesamt		darunter mit weiblicher Bezugsperson	
unter 25	1 694	1 087	774	546
25 bis 45	13 098	3 629	2 971	1 354
45 bis 65	12 603	2 718	2 557	1 556
65 und mehr	8 835	4 945	4 653	4 225
Insgesamt	36 230	12 378	10 956	7 681

Private Haushalte nach monatlichem Haushaltsnettoeinkommen und Haushaltsgröße (in 1000)

Privathaushalte mit ... Personen	Insgesamt	Mit einem monatlichen Haushaltsnettoeinkommen von ... bis unter ... DM					Sonstige Haushalte (ohne Angaben)
		unter 1 000	1 000 bis 2 500	2 500 bis 4 000	4 000 bis 7 500	7 500 und mehr	
1	12 379	1 941	7 256	1 918	523	86	655
2 und mehr	23 851	215	4 558	7 782	7 572	1 460	2 264
Insgesamt	36 230	2 156	11 814	9 700	8 095	1 546	2 919

Im Zusammenhang mit der Einkommens- und Versorgungssituation privater Haushalte werden vom Statistischen Bundesamt folgende Haushaltstypen unterschieden:

Haushaltstyp 1	Haushaltstyp 2	Haushaltstyp 3
2-Personen-Haushalte von Renten- und Sozialhilfeempfängern mit geringem Einkommen	4-Personen Haushalte von Angestellten und Arbeitern mit mittlerem Einkommen	4-Personen-Haushalte von Beamten und Angestellten mit höheren Einkommen
Hierbei handelt es sich überwiegend um ältere Ehepaare, deren Haupteinkommensquellen Übertragungen vom Staat (Renten und Pensionen) und vom Arbeitgeber sind.	Hierbei handelt es sich um Ehepaare mit 2 Kindern, davon mindestens 1 Kind unter 15 Jahren. Ein Ehepartner soll als Angestellte(r) oder Arbeiter/-in tätig und alleiniger Einkommensbezieher sein.	Hierbei handel es sich um Ehepaare mit 2 Kinderen, davon mindestens 1 Kind unter 15 Jahren. Ein Ehepartner soll Beamter/Beamtin oder Angestellte(r) und der Hauptverdiener in der Familie sein.

Ausstattung ausgewählter privater Haushalte mit ausgewählten langlebigen Gebrauchsgütern

	Haushaltstyp 1	Haushaltstyp 2	Haushaltstyp 3
Personenkraftwagen	63,6%	97,3%	97,9%
Fahrrad	62,8%	94,0%	96,8%

Materialien 3

Analyse des Werbeetats **Produkt: Kinder- und Jugendfahrräder: 19..**

1. **Umsatz** 40 000 000 DM
2. **Werbeetat** 2 000 000 DM (= 5% vom Umsatz)
3. **Vertriebsweg** Facheinzelhandel, Fachabteilungen der Kaufhäuser
4. **Verteilung des Werbeetats**

4.1 Zielgruppen der Werbung

90% Einzelhandel; 10% vermutete Käufer (Eltern von Kindern und Jugendlichen)

4.2 Streuzeit des Etats

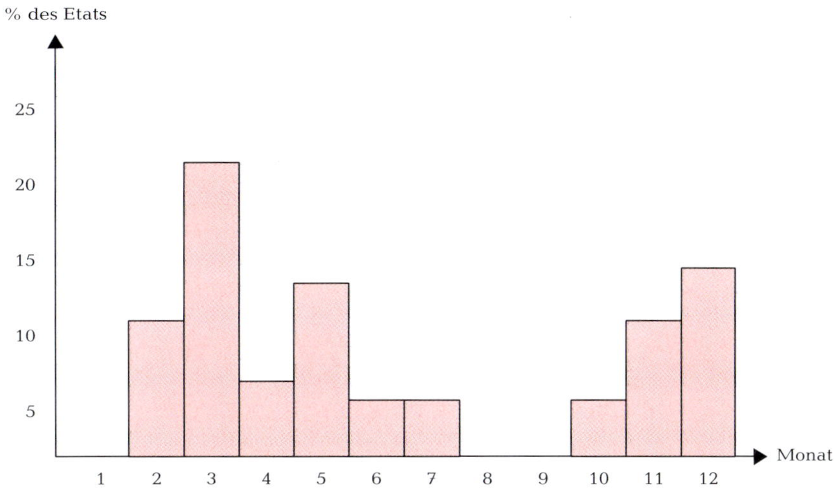

4.3 Werbemittel

Handprospekte (über Einzelhandel)
Verkaufshilfen/Dekorationsmaterial für Einzelhandel
Mitfinanzierung der Kinowerbung des Einzelhandels (Dias)
Mitfinanzierung der Einzelhandelswerbung in Tageszeitungen

Materialien 4: Preislisten wichtiger Werbeträger

1. Fernsehwerbung

Produktion und Ausstrahlung eines Fernseh-Spots für das Produkt FLEXIBIKE lt. Angebot der EUROPA Film + Werbung GmbH, Frankfurt

Werbeidee:

Ein Paar in mittlerem Alter packt auf einem Parkplatz am Stadtrand 2 Flexibike-Tragetaschen mit zusammengeklappten Flexibikes aus dem PKW-Kofferraum, schultert die Tragetaschen und besteigt beschwingt eine Straßenbahn in Richtung Innenstadt. Für den Zuschauer ist der Inhalt der Tragetaschen bis zu diesem Zeitpunkt nicht erkenntlich. Lediglich die Aufschrift »FELXIBIKE« auf den Tragetaschen gibt einen Hinweis und weckt Neugierde. Am Ziel baut das Paar die beiden Räder mit wenigen Handgriffen zusammen und radelt dynamisch beschwingt zum Shopping durch die City. Der Film endet mit der Texteinblendung »Flexibel mit FLEXIBIKE«.

Sendelänge: 20 Sekunden in Farbe

Produktionskosten:

Produktionskosten für den Werbespot einschließlich 8 Kopien für 4 Sendeanstalten (je Sender 2 Kopien): 40 000 DM

Streuungsvorschlag:
Streuung schwerpunktmäßig in ARD, ZDF, RTL und SAT1. Während eines Monats sollten mindestens 5 Termine in mindestens 3 Sendern belegt werden. Diese Sendehäufigkeit hat sich bei Untersuchungen als Mindestgröße erwiesen, wenn die Kampagne Aussicht auf Erfolg haben soll.

Werbekosten je Minute

ARD	140 000 DM	RTL	60 000 DM
ZDF	120 000 DM	SAT 1	40 000 DM

2. Rundfunkwerbung

Produktionskosten: je Rundfunk-Spot: ca. 2000 DM

Werbekosten je Minute:
Öffentlich-rechtlicher Sender: bis zu 10 000 DM (je nach Ausstrahlungsgebiet)
Privatsender: bis zu 6000 DM (je nach Ausstrahlungsgebiet)

3. Anzeigen in Zeitungen und Zeitschriften

Produktionskosten: Anzeigen: 2500 DM je 100 000 Stück
Beilagen: ab 10 000 DM je 100 000 Stück

Werbeträger	Auflage	Preis je Seite ca. (in DM ohne MwSt)	Erscheinungsweise
Tageszeitungen 1/1 Seite schwarz/weiß			
Tageszeitung lokal und regional	je nach Ortsgröße	10 000	täglich
Tageszeitung überregional (z.B. FAZ, Die Welt, TAZ, Süddeutsche, Frankfurter Rundschau)	bis zu 600 000	bis zu 60 000	täglich
Bundesweite Boulevardzeitungen (z.B. Bild)	bis zu 3 300 000	bis zu 350 000	täglich
Sonntagzeitungen 1/1 Seite scharz/weiß			
Welt am Sonntag	300 000	70 000	sonntags
Bild am Sonntag	2 000 000	90 000	sonntags
Zeitschriften und Magazine 1/1 Seite vierfarbig (einfarbig bzw. 1/2 Seite etwa 1/2 Preis)			
Das Neue Blatt	1 100 000	40 000	wöchentlich
Bravo	1 600 000	48 000	wöchentlich
Mädchen	300 000	16 000	14-täglich
Freundin	1 200 000	48 000	14-täglich
Brigitte	1 600 000	76 000	wöchentlich
Spiegel	1 100 000	70 000	wöchentlich
Focus	800 000	65 000	wöchentlich
Stern	1 800 000	100 000	wöchentlich
Bunte	1 500 000	65 000	wöchentlich
Gong	1 200 000	36 000	wöchentlich
Hör Zu	3 500 000	130 000	wöchentlich
Sport-Illustrierte	150 000	15 000	monatlich
auto-motor-sport	500 000	45 000	monatlich
motorrad	300 000	23 000	monatlich
ADAC-Motorwelt	7 500 000	165 000	monatlich
Diverse Fachzeitschriften für Umwelt, Natur, Freizeitgestaltung, Radfahrer, Bootsfahrer, Camper usw. 1/1 Seite vierfarbig			
Fachzeitschriften	30 000 bis 250 000	durchschnittlich 30 000	monatlich
Lokale Werbezeitungen 1/1 Seite schwarz/weiß			
Lokale Anzeigenblätter	je nach Ortsgröße	3 500	wöchentlich
Beilagen zu Zeitungen und Zeitschriften (Teilauflagen sind möglich)			
Zeitungen/Zeitschriften		je 1 000 Stück ca. 400 DM (inkl. Postgebühren)	je nach Trägermedium

4. Plakatwerbung

Produktionskosten: Großfläche, vierfarbig ab 20 000 DM je 1000 Stück
Werbekosten: Großfläche 14 Tage je Stelle 200 DM

5. Werbebrief

Produktionskosten: ca. 0,50 DM je Brief
Werbekosten: Adressenliste pro Zielgruppe ca. 150 DM je 1000 Adressen zuzüglich Porto für Infopost (z.Zt. 0,45 DM je Werbebrief).

6. Kinowerbung

Produktionskosten: Breitwand-Dia (farbig) ab 500 DM; Filmspot ab 40 000 DM (wie TV)
Werbekosten: 60 Sek.-Filmspot je Kino je Woche ca. 1000 DM
20 Sek. Dia-Standzeit mit Ton je Kino je Woche ca. 150 DM

9.16 ROLLENSPIEL: Werbung und Bedürfnisse

Rollenspiel Pro und Contra:
Soll unnütze und geschmacklose Werbung, die Verbraucher nur zu sinnlosem oder gar schädlichem Konsum verführt, verboten werden?

Rollen:

Moderator

Er hat die Aufgabe,
- die Fragestellung vorzutragen und zu erläutern,
- die Reihenfolge des Ablaufs festzulegen, den Beteiligten das Wort zu erteilen und auf die Einhaltung der Redezeit zu achten,
- vor Beginn der Diskussionsrunde und nach Beendigung der Diskussionsrunde eine Abstimmung über die Frage beim Publikum durchzuführen und das Ergebnis bekanntzugeben,
- am Ende der Diskussionsrunde festzustellen, ob durch die Diskussionsrunde Umstimmungen im Publikum bewirkt wurden. Er fordert je eine Person, die vor der Diskussion mit ja, jetzt aber mit nein abstimmt und eine Person, die vor der Diskussion mit nein, jetzt aber mit ja stimmt, zu einer Begründung ihrer Meinungsänderung auf.

Pro-Anwalt

Aufgaben:
- Er stellt zu Beginn der Diskussionsrunde die Grundposition derer dar, die die gestellte Frage bejahen.
- Er befragt den von der Gegenpartei gestellten Sachverständigen und seinen eigenen Sachverständigen im »Zeugenstuhl«.
- Zum Ende der Diskussionsrunde fasst er die Meinung seiner Gruppe noch einmal zusammen.

Contra-Anwalt

Aufgaben:
- Er stellt zu Beginn der Diskussionsrunde die Grundposition derer dar, die die gestellte Frage verneinen.
- Er befragt den von der Gegenpartei gestellten Sachverständigen und seinen eigenen Sachverständigen im »Zeugenstuhl«.
- Zum Ende der Diskussionsrunde fasst er die Meinung seiner Gruppe noch einmal zusammen.

Sachverständiger Pro:

Der Sachverständige ist Chefredakteur einer Zeitschrift, die sich vor allem mit Umweltfragen befasst.

- Er bereitet sich darauf vor, auf die Fragen des gegnerischen Anwalts Antworten zu geben die das Publikum für seine Pro-Haltung gewinnen könnten.
- Er legt in einer Aussprache mit dem Pro-Anwalt die Fragen fest, die ihm gestellt werden und bereitet sich auf ihre Beantwortung vor.

Sachverständiger Contra:

Der Sachverständige ist Geschäftsführer des Verbandes der Deutschen Werbeindustrie.

- Er bereitet sich darauf vor, auf die Fragen des gegnerischen Anwalts Antworten zu geben, die das Publikum für seine Contra-Haltung gewinnen könnten.
- Er legt in einer Aussprache mit dem Contra-Anwalt die Fragen fest, die ihm gestellt werden, und bereitet sich auf ihre Beantwortung vor.

Distributionspolitik: Absatzmethoden, Absatzorganisation und Transport

9.17 Absatzmethoden: Einzelhandel – Großhandel

Die Erzeugnisse der **Uhrenfabrik Chronos-AG** werden in 8000 Einzelhandelsgeschäften geführt. Bisher wurden die Einzelhändler direkt beliefert.

1. Im Rahmen von Rationalisierungsmaßnahmen soll untersucht werden, ob durch Zwischenschaltung des Großhandels die Gesamtkosten gesenkt werden können.

   Prüfen und begründen Sie, ob in den folgenden Abteilungen durch diese Änderung des Absatzweges Arbeitskosten eingespart werden können.

   Entwicklung, Arbeitsvorbereitung, Fertigung, Kalkulation, Fertigwarenlager, Werbung, Verkauf, Versand und Fuhrpark, Buchhaltung, Mahnabteilung, Statistik.

2. Beurteilen Sie die Zwischenschaltung des Großhandels
   a) vom Standpunkt der Uhrenfabrik
   b) vom Standpunkt eines Einzelhändlers mit kleinem Uhrenumsatz.

3. »Der Großhandel ist überflüssig und verteuert lediglich die Ware.«

   Nehmen Sie zu dieser Behauptung Stellung.

Lösungsblatt

9.18 Absatz durch Reisende oder Handelsvertreter – Absatzkontrolle

Die Möbelschreinerei **Storz** will als neues Produkt das Sportgerät VELOBIL herstellen.

Nach der Phase der Produktgestaltung werden zu Testzwecken 50 Geräte hergestellt und im eigenen Möbelhaus verkauft, das an einer Bundesstraße steht.

Der Test führt zu einem positiven Ergebnis. Deshalb soll der Verkauf zunächst innerhalb eines begrenzten Absatzgebietes gestartet werden. **Storz** will wissen, wie viele Vertreter er für den Absatz des VELOBILS in dem geplanten Gebiet einsetzen müsste. Für die Entscheidungsfindung hat er folgende Informationen:

Gesamtumsatz des Betriebes pro Jahr in Mio. DM	Anzahl der Betriebe	Erwünschte Besuchszahl je Betrieb im Jahr	Gesamtzahl der erforderlichen Vertreterbesuche
bis 1	93	6	
bis 1,5	32	10	
über 1,5	4	15	
	129		

Ein Vertreter, der gleichzeitig auch für andere Spielwaren- und Sportartikelhersteller arbeitet, könnte im Jahr ungefähr 600 Besuche bei Betrieben machen, die für den Verkauf des VELOBILS in Frage kommen. Ein Reisender, der ausschließlich für **Storz** tätig ist, könnte hingegen das Absatzgebiet alleine bearbeiten.

1. a) Stellen Sie fest, wie viele Vertreter zur Bearbeitung dieses Absatzgebietes notwendig wären.

   b) Wie erklären Sie sich, dass einige Betriebe sechs Mal, andere fünfzehn Mal besucht werden sollen?

2. **Storz** rechnet anfangs mit einem monatlichen VELOBIL-Umsatz zwischen 22 000 DM und 32 000 DM.

   Storz überlegt sich, ob er einen reisenden Angestellten oder mehrere Vertreter auf Provisionsbasis für die Bearbeitung des Absatzgebietes einsetzen soll.

   Ein Reisender erhält ein Monatsgehalt von 4000 DM brutto, außerdem gleichbleibende Vertrauensspesen in Höhe von 1600 DM für die Reisekosten. Ein Vertreter erhält 20% Provision vom Umsatz.

   a) Von welchem Monatsumsatz an lohnt sich der Einsatz eines Reisenden anstelle eines Handelsvertreters?

   b) Tragen Sie auf der senkrechten Achse eines Koordinatensystems die Kosten (1 cm = 1000 DM) und auf der waagerechten Achse die Umsätze (1 cm = 5000 DM) ein.
   Zeichnen Sie in das Schaubild die vom Umsatz unabhängigen Kosten des Reisenden in Höhe von 5600 DM und die umsatzabhängigen Kosten des Vertreters (bis zu Umsätzen von 50 000 DM) ein.
   Prüfen Sie, ob die zeichnerische Lösung mit Ihrer rechnerischen übereinstimmt.

   c) Der Reisende verlangt anstelle seiner Vertrauensspesen von 1600 DM eine Umsatzprovision von 10%.
   Zeichnen Sie in ein Koordinatensystem mit der gleichen Einteilung wie in b) wiederum die Kosten des Reisenden und die Kosten des Vertreters ein.
   Bestimmen Sie aus der Zeichnung den Umsatz, bei dem sich unter diesen Bedingungen der Einsatz eines Reisenden zu lohnen beginnt.
   Kontrollieren Sie Ihre Lösung rechnerisch.

3. **Storz** übernimmt den Vertrieb eines weiteren Sportgerätes.
   In der Absatzstatistik finden sich nach einigen Jahren folgende Zahlen:

	VELOBIL: Preis je Stück: 150 DM			**Sportgerät:** Preis je Stück: 250 DM			**VELOBIL + Sportgerät**		
Jahr	Absatz	Umsatz DM	Gewinn DM	Absatz	Umsatz DM	Gewinn DM	Gesamtumsatz DM	Gesamtgewinn DM	Gewinn in % des Umsatzes (Umsatz-Rentabilität)
1	3 000	450 000	150 000	2 000	500 000	50 000	950 000	200 000	21,05 %
2	2 900	435 000	145 000	2 500	625 000	62 500	1 060 000	207 500	19,58 %
3	2 800	420 000	140 000	3 000	750 000	75 000	1 170 000	215 000	18,38 %
4	2 700	405 000	135 000	3 500	875 000	87 500	1 280 000	222 500	17,38 %
5	2 600	390 000	130 000	4 000	1 000 000	100 000	1 390 000	230 000	16,55 %

Veränderung in %		Von Jahr 1 auf 2	2 auf 3	3 auf 4	4 auf 5
VELOBIL	Umsatz	– 3 1/3 %	– 3,45 %	– 3,57 %	– 3,7 %
	Gewinn	– 3 1/3 %	– 3,45 %	– 3,57 %	– 3,7 %
Sportgerät	Umsatz	+ 25 %	+ 20 %	+ 16 2/3 %	+ 14,28 %
	Gewinn	+ 25 %	+ 20 %	+ 16 2/3 %	+ 14,28 %
Gesamt-	Umsatz	+ 11,58 %	+ 10,38 %	+ 9,4 %	+ 8,59 %
	Gewinn	+ 3,75 %	+ 3,61 %	+ 3,49 %	+ 3,48 %

- Wie erklären Sie sich die unterschiedliche Veränderung von Gesamtumsatz und Gesamtgewinn?

4. **Storz** führt diese Entwicklung auf den stärkeren Einsatz der Vertreter für das Sportgerät zurück.
   - a) Wie erklären Sie sich dieses Verhalten der Vertreter?
   - b) **Storz** schlägt seinen Vertretern aufgrund dieser Zahlen vor, die Vertreterprovision auf der Basis des mit dem Artikel zu erzielenden Gewinns zu berechnen.
   - Warum?

9.19 FALLSTUDIE: Reisende und Handelsvertreter im Vergleich – Entscheidungsbewertungstabelle

Lösungsblatt

Die **MEDTEC GmbH** produziert seit über 20 Jahren verschiedene Arten medizinischer Geräte. Hauptabnehmer sind Krankenhäuser und Arztpraxen. Die qualitativ hochwertigen Produkte werden ausschließlich über Reisende vertrieben. Aufgrund einer sich deutlich abzeichnenden *Gesundheitswelle* in der Bevölkerung sieht das Unternehmen jetzt auch zusätzliche Absatzmöglichkeiten für das neu entwickelte vollautomatische Blutdruck- und Pulsmessgerät »DIAGNOST de Luxe«. Das Gerät kann problemlos von medizinischen Laien bedient werden und ist für den Hausgebrauch bestimmt. Der Verkauf soll über Apotheken und Sanitätshäuser erfolgen. Aus einer von der **MEDTEC GmbH** in Auftrag gegebenen Marktstudie geht hervor, dass das Unternehmen bei einem Listenpreis von DM 150 und einen empfohlenen Ladenverkaufspreis von 229 DM mit einem jährlichen Umsatz zwischen 1,5 und 1,8 Mio. DM für das neue Produkt rechnen kann.

Die bisherige Zahl der Reisenden reicht nicht aus, um die neue Zielgruppe intensiv betreuen zu können. Die **MEDTEC GmbH** prüft in diesem Zusammenhang auch, ob der Vertrieb von »DIAGNOST de Luxe« möglicherweise über Handelsvertreter (Mehrfirmenvertreter) günstiger erfolgen kann, als durch den Einsatz zusätzlicher Reisender. Den Handelsvertretern soll eine Umsatzprovision von 10% gewährt werden. Die Reisenden erhalten ein monatliches Grundgehalt von 3500 DM brutto, monatliche Spesen von 500 DM sowie 1,5% Provision vom Umsatz. Außerdem fallen für einen Reisenden monatliche Nebenkosten (Arbeitgeberanteil zur Sozialversicherung, sonstige soziale Leistungen, Firmen-PKW) in Höhe von 1200 DM an. Es wird mit einer jährlichen Absatzmenge von 4000 Stück je Reisendem gerechnet.

Neben dem kostenmäßigen Vergleich sollen der Entscheidung auch andere Kriterien zugrunde gelegt werden. Dazu benutzt die **MEDTEC GmbH** eine Entscheidungsbewertungstabelle mit 8 Beurteilungskriterien.

- 1. Erstellen Sie eine Tabelle für die Entscheidungsfindung nach folgendem Muster, und treffen Sie eine Wahl zwischen Reisenden und Handelsvertretern.

Entscheidungsbewertungstabelle (Nutzwertanalyse)

Beurteilungskriterien	Wichtigkeit W	Absatzmittler			
		Reisender		Handelsvertreter	
		B	G = W×B	B	G = W×B
Verkaufsfähigkeit					
Einsatzbereitschaft/ Eigeninteresse					
Vertrautheit mit dem Produkt					
Kundenpflege/ Kundenbetreuung					
Steuerung und Kontrolle durch das Unternehmen					
Flexibilität hinsichtlich der Einsatzmöglichkeiten					
Marktkenntnis/ Marktbeobachtung					
Umfang des Sortiments/ Vertrieb von Komplementärartikeln					
Summe					
Rang					

Vorgehensweise zur Erstellung einer Entscheidungsbewertungstabelle[1]

(1) Gewichten Sie in der Entscheidungsbewertungstabelle die einzelnen Beurteilungskriterien nach der Bedeutung (Wichtigkeit), die sie für die anstehende Entscheidung der **MEDTEC GmbH** haben. Benutzen Sie dazu folgende Gewichtungstabelle:

Wichtigkeit	Gewichtungspunkte (W)
äußerst wichtig	5
sehr wichtig	4
wichtig	3
mäßig wichtig	2
unwichtig	1

Hinweis:

Es müssen nicht alle Punkte von 1 bis 5 vergeben werden. Beurteilungskriterien mit gleicher Wichtigkeit weisen gleiche Punktzahl auf:

(2) Prüfen Sie die Eignung von Reisenden bzw. Handelsvertretern für den vorliegenden Fall, indem Sie in der Entscheidungsbewertungstabelle die Beurteilungskriterien für jede der beiden Alternativen mit Hilfe nebenstehender Tabelle bewerten (B).

Bewertung der Beurteilungskriterien beim Einsatz von Reisenden bzw. Handelsvertretern	Punkte (B)
sehr hoher Nutzen (sehr gut)	3
hoher Nutzen (gut)	2
geringer Nutzen (befriedigend)	1
kein Nutzen (unbefriedigend)	0

(3) Bestimmen Sie für die beiden Alternativen (Reisende bzw. Handelsvertreter) den gewichteten Nutzen (G) aller Beurteilungskriterien, indem Sie die Wichtigkeit (W) und die Bewertung (B) für alle Beurteilungskriterien multiplizieren: G = W × B.

[1] Zur Vorgehensweise bei der Erstellung einer Entscheidungsbewertungstabelle vgl. auch die Hinweise bei Aufgabe 5.01

(4) Errechnen Sie den sog. Nutzwert jeder der beiden Alternativen, indem Sie die gewichteten Nutzen der Beurteilungskriterien (G) addieren.

(5) Bestimmen Sie die Alternative mit dem höchsten Nutzwert.

● 2. Wieviele Reisende müssten im vorliegenden Fall zur Erzielung des geplanten Jahresumsatzes eingestellt werden?

● 3. Ermitteln Sie jeweils für einen geplanten Jahresumsatz von 1,5 Mio. DM und 1,8 Mio. DM die Kosten, die der Einsatz von Reisenden bzw. Handelsvertretern verursachen würde.

● 4. Treffen Sie eine Entscheidung, ob die **MEDTEC GmbH** für den Vertrieb des Produkts »DIAGNOST de Luxe« Reisende oder Handelsvertreter einsetzen soll.

9.20 Spediteur und Frachtführer

Die Möbelfabrik **Dominus, Hannover,** beauftragt den **Spediteur Maurer,** Möbel nach Mannheim zu bringen und an die Adresse des **Möbelhauses Siegel** auszuliefern. **Maurer** beauftragt das ihm als zuverlässig bekannte **Transportunternehmen Neuhaus** mit dem Transport.

HGB § 453 ff. ● 1. Darf **Maurer** ein Transportunternehmen nach seiner Wahl mit dem Transport beauftragen, ohne bei dem Auftraggeber nachzufragen?

§ 407 ff. 2. Der Fahrer des **Transportunternehmens Neuhaus** handelt fahrlässig, sodass einige Möbelstücke äußerlich erkennbar beschädigt ankommen. **Siegel** reklamiert sofort, protokolliert die Schäden und lässt sich die schadhafte Anlieferung vom dem Fahrer durch Unterschrift bestätigen.

● a) Bei wem muss **Siegel** seinen Anspruch auf Schadenersatz geltend machen?

● b) Prüfen Sie, ob die **Möbelfabrik Dominus** Schadenersatzansprüche geltend machen kann
   - gegenüber dem **Spediteur Maurer,**
   - gegenüber dem **Transportunternehmer Neuhaus.**

3. **Maurer** stellt der Möbelfabrik die mit dem Frachtführer **Neuhaus** vereinbarte Fracht und zusätzlich noch eine Provision in Rechnung.

§ 456 ● Muss die Möbelfabrik neben den Frachtgebühren auch noch eine Provision an den Spediteur zahlen?

9.21 Kostenvergleich: Eigener Fuhrpark – Fremdtransport – Fuhrparkleasing

Bei einem mittelständischen Metallbetrieb ist über folgende Transportalternativen für den Absatz der hergestellten Produkte zu entscheiden:

A. Anschaffung eines eigenen Fuhrparks

Dabei fallen folgende Kosten an: Fixe Kosten (Abschreibung, Versicherung, Steuern, Personalkosten, Garagenkosten usw.) 400 000 DM pro Jahr. Variable Kosten (Benzin, Öl, Reparaturen, Reifen): 25 DM je 1000 DM transportiertem Warenwert.

B. Fuhrparkleasing

Dabei fallen folgenden Kosten an:

Fixe Kosten (Leasingraten während der 3-jährigen Grundmietzeit, Versicherung, Steuern, Personalkosten, Garagenkosten usw.)
470 000 DM pro Jahr

Variable Kosten (Benzin, Öl, Reparaturen, Reifen): 25 DM je 1000 DM transportiertem Warenwert.

C. Fremdtransport durch Frachtführer

Die durchschnittlichen Kosten je 1000 DM transportiertem Warenwert betragen 50 DM.

Der zu transportierende Warenwert wird auf 10 Mio. DM pro Jahr geschätzt.

- 1. Welches ist im vorliegende Fall die kostengünstigste Transportalternative?
- 2. Ab wieviel DM transportiertem Warenwert ist eine andere Transportalternative kostengünstiger (= kritische Transportleistung)?
- 3. Nennen Sie außer den Kosten weitere Gesichtspunkte, die bei der zu treffenden Entscheidung berücksichtigt werden sollten.

Rechtliche Rahmenbedingungen der Marketingmaßnahmen

9.22 Wettbewerbsrecht und Marketing – Verbraucherschutz

- Beurteilen Sie folgende Fälle unter wettbewerbsrechtlichen Gesichtspunkten. Welche Rechte stehen dem Geschädigten gegebenenfalls zu?

1. Ein im Schaufenster eines Textilhauses ausgestelltes Damenkleid ist mit der Hälfte des üblichen Preises ausgezeichnet. Einer Kundin, die sich für das Kleid interessiert, wird mitgeteilt, das Kleid sei bereits verkauft. Kleider in vergleichbarer Qualität sind zu diesem Preis nicht vorrätig. UWG § 3
2. In einem Schuhgeschäft werden unmoderne Schuhe zur Hälfte des ursprünglichen Preises verkauft.
3. Im Schaufenster und in mehreren Zeitungsanzeigen kündigt ein Textilgeschäft an: § 8
   »Räumungsverkauf wegen Geschäftsaufgabe. Preisnachlässe bis zu 50%!«
   Anlass dieser Aktion ist die Übergabe des Geschäfts an den Sohn des bisherigen Inhabers. Das Geschäft wird vom Sohn unverändert weitergeführt.
4. Ein Lebensmittelmarkt wirbt in seinen Prospekten für französischen Rotwein mit dem Hinweis:
   »Nur noch wenige Kartons vorrätig. Abgabe nur in haushaltsüblichen Mengen.« § 3
   In Wirklichkeit sind noch umfangreiche Lagerbestände vorhanden.
5. Ein Teppichhändler mit einem mittelgroßen Lager wirbt in Zeitungsanzeigen. Dabei werden Fotos von großen Lagerhallen mit dem Hinweis *»Größtes Teppichlager im Raum Rhein-Hessen«* abgebildet. § 3
6. Ein Warenhaus wirbt für einen Kühlschrank mit dem Hinweis: *»Warum anderswo mehr bezahlen? Unverbindliche Preisempfehlung des Herstellers: 300 DM. Bei uns nur 250 DM!«*
7. Ein Nudelhersteller wirbt mit dem Hinweis: *»Anders als bei den Gäckle-Nudeln werden bei uns nur Frischeier für die Herstellung unserer Teigwaren verwendet.«* § 1

8. In einer Verbraucherzeitschrift wird folgendermaßen über das Testergebnis bei Teigwaren berichtet: »*Die Firma Gäckle verwendet bei der Herstellung ihrer Teigwaren Eipulver, die Firma Kummer dagegen Frischeier.*«

9. Ein Waschmittelhersteller wirbt für eines seiner Produkte mit dem Satz: »*Das strahlendste Weiß Ihres Lebens. Reiner geht's nicht.*«

RabattG §§ 1, 2

10. Ankündigung eines Einzelhändlers für Haushaltsgeräte: »*Bei Barzahlung gewähren wir allen Kunden 4% Skonto.*«

11. Auszug aus den Zahlungsbedingungen eines Lebensmittel-Großhändlers: »*Wir gewähren allen Wiederverkäufern bei Barzahlung 4% Skonto.*«

ZugabeVO § 1 (1), (2)

12. In einem Lebensmittelgeschäft erhält jeder Kunde beim Kauf von 2 Pfund Kaffee eine verzierte Kaffeedose.

13. Ein Einzelhändler in einer Fußgängerzone erstattet seinen Kunden bei Einkäufen ab einer bestimmten Höhe ganz oder teilweise die Fahrtkosten für Verkehrsmittel des öffentlichen Personennahverkehrs.

14. Ein Lebensmitteleinzelhändler gibt bei jedem Kauf an seine Kunden Sammelgutscheine aus, die ab einer bestimmten Zahl in ein Kaffeeservice eingetauscht werden können.

15. Ein Großhändler schickt seinen Kunden als Weihnachtsgeschenk ein Kaffeeservice.

PAngV § 1

16. Im Schaufenster eines Einzelhändlers sind die Preise wie folgt ausgezeichnet: »*Nettopreis + 16% MwSt.*«

17. Ein Großhändler verschickt an Wiederverkäufer einen Katalog, in dem es heißt: »*Alle Preise verstehen sich zuzüglich der gesetzlichen Umsatzsteuer.*«

18. In einer Gaststätte ist auf der Speisen- und Getränkekarte vermerkt: »*Alle Preise zuzüglich 10% Bedienung.*«

UWG § 1

19. Ein Hersteller von Erfrischungsgetränken versieht ohne Änderung der Rezeptur die Etiketten der Getränkeflaschen mit dem Aufdruck »*Bio-Getränk*«.

20. Ein Abfüllbetrieb für Mineralwasser versieht die Etiketten der Mehrwegflaschen mit dem Umweltzeichen »Blauer Engel«.
Die Umschrift lautet: »*Umweltfreundlich, weil Mehrwegflasche*«.

21. Eine Brauerei versieht ihre Getränkedosen mit dem »Grünen Punkt«.

§ 1

22. Frau **Schubert** wird durch die Post ein Paket mit Weihnachtskerzen zugestellt. Die beigefügte Rechnung lautet über DM 15. Frau Schubert hat bei dem Versender bisher nie irgendwelche Waren bestellt.

§ 1

23. Familie **Schäfer** hat an ihrem Briefkasten einen Aufkleber »*Bitte keine Werbung*« angebracht. Trotzdem werfen die Prospektverteiler verschiedener Einzelhandelsunternehmen aus der Umgebung immer wieder Werbematerial in den Briefkasten.

24. Frau **Beyer** nimmt an einem Preisausschreiben teil. Dazu muss sie ihr Alter, ihre Adresse und ein Lösungswort auf eine Postkarte schreiben und diese abschicken. Der Veranstalter hat die Adresse von Frau Beyer offensichtlich weiterverkauft. Denn kurz danach erhält sie mit der Post laufend Werbesendungen für verschiedenste Produkte, obwohl sie an ihrem Briefkasten ein Schild »*Bitte keine Werbung*« angebracht hat.

10 Investition, Finanzierung und Kreditsicherung

Investitionsplanung und Investitionsrechnung

10.01 Vergleich von Produktionsverfahren – Ersatz noch produktionsbereiter Anlagen

In einem Unternehmen ist eine Anlage vorhanden, deren Anschaffungskosten 300 000 DM, deren Buchwert 120 000 DM und deren Restnutzungsdauer 4 Jahre beträgt. Das Sachanlagevermögen wird in diesem Unternehmen linear abgeschrieben.

Wird die Anlage noch 4 Jahre genutzt, dann sind die Demontagekosten so groß wie der Schrotterlös.

Im Betrieb wird geprüft, ob diese Anlage durch eine moderne Anlage ersetzt werden soll. Die moderne Anlage würde Anschaffungskosten in Höhe von 360 000 DM verursachen und hätte eine voraussichtliche Nutzungsdauer von 10 Jahren. Die noch leistungsfähige alte Anlage müsste bei Anschaffung der modernen verschrottet werden. Der Schrotterlös übersteigt die Demontagekosten um 12 000 DM.

Mit der alten Anlage sind mit 36 000 DM Lohnkosten 20 000 Stück im Jahr herzustellen. Mit der modernen Anlage können mit 24 000 DM Lohnkosten 25 000 Stück hergestellt werden.

(Bei den folgenden Vergleichsrechnungen sollen Zinsen nicht berücksichtigt werden.)

- 1. Welche der beiden Anlagen arbeitet wirtschaftlicher?
  Der Betrieb kann auf Dauer jährlich 20 000 Stück verkaufen.
- 2. Halten Sie es unter dem Gesichtspunkt der Auswirkung auf die Kosten für richtig, in diesem Augenblick die alte Anlage durch die moderne zu ersetzen?
  Gehen Sie davon aus, dass der Betrieb auf Dauer 20 000 Stück je Jahr verkaufen kann.
- 3. Würden Sie die Anlage durch die moderne ersetzen, wenn der Betrieb auf Dauer jährlich 25 000 Stück verkaufen könnte?

10.02 Kostenvergleichsrechnung für eine Erweiterungsinvestition

Ein Unternehmen stellt von einem Produkt im Jahr 100 000 Stück her. Aufgrund einer Marktanalyse kommt die Unternehmensleitung zu dem Schluss, künftig 200 000 Stück absetzen zu können. Deshalb soll die Kapazität des Betriebes von 100 000 Stück auf 200 000 Stück im Jahr erweitert werden. Dabei wird geprüft, ob es vorteilhafter ist, von der bisherigen maschinellen Fertigung zu einer halbautomatischen überzugehen.

Bei den beiden Verfahren fallen folgende Kosten an:

	Maschinelle Fertigung	Halbautomatische Fertigung
Fixkosten pro Jahr	640 000,00	1 000 000,00
Variable Kosten je Stück	12,00	10,00
Erzielbarer Stückerlös	18,50	18,50

1. Welches ist das kostengünstigste Verfahren?
2. Überprüfen Sie, ob die von Ihnen unter 1. abgegebene Beurteilung noch zutrifft, wenn
   a) das Unternehmen im Jahresdurchschnitt wider Erwarten nur 140 000 Stück absetzen kann und deswegen nur diese Menge produziert;
   b) sich die variablen Kosten wegen Kostenerhöhungen auf dem Beschaffungsmarkt für beide Verfahren um 1,00 DM je Stück erhöhen bei einem Absatz von 200 000 Stück zu 18,50 DM Stückerlös;
   c) sich als Marktpreis für ein Stück nur 17 DM bei Absatz von 200 000 Stück erlösen lassen.
3. a) Welcher Mindestabsatz (kritische Menge) muss gesichert sein, damit die unter Aufgabe 1 getroffene Investitionsentscheidung noch richtig ist?
   b) Stellen Sie die Lösung in einem Koordinatensystem grafisch dar (Skizze).
4. Welche Annahmen liegen dem bei Aufgabe 1 angewendeten Modell des Kostenvergleichs für Investitionsentscheidungen zugrunde?

Lösungsblatt

10.03 Kostenvergleichsrechnung für eine Erweiterungsinvestition bei steigender Absatzentwicklung – Sensitivitätsanalyse

Die **Waiblinger Frischluft GmbH** hat sich auf die Herstellung von Kleinklimageräten spezialisiert. Mit diesen Geräten hat sie bisher vor allem Arztpraxen, medizinische Massagepraxen und Rechtsanwaltskanzleien ausgestattet. Zunehmend werden die Geräte auch von Privathaushalten abgenommen. Dem Unternehmen ist eine technische Fortentwicklung ihres bisher produzierten Kleinklimagerätes gelungen, das ihm Marktvorteile verschafft. Das neuentwickelte Gerät wurde unter der Markenbezeichnung »air cool« auf den Markt gebracht. Die Zeitschrift »TEST« hat »air cool« mit den entsprechenden Geräten von 10 Konkurrenten verglichen. Nur »air cool« wurde als »sehr gut« bezeichnet. Daneben wurde nur noch einmal das Prädikat »gut« vergeben. Alle anderen Konkurrenzprodukte waren nur »zufriedenstellend«.

Die **Waiblinger Frischluft GmbH** ist im Familienbesitz und wird von zwei Brüdern geführt. Die Geschäftsleitung ruft die Abteilungsleiter zu einer Lagebesprechung zusammen. Auf die günstige Situation soll mit Investitionen reagiert werden.

Der **Leiter der Verkaufsabteilung** berichtet, dass er aufgrund von Markterkundungen in den nächsten 5 Jahren mit der folgenden Absatzentwicklung für das neuentwickelte Gerät rechnet (Zahlen in Tsd):

Jahr 1	Jahr 2	Jahr 3	Jahr 4	Jahr 5
4	7	9	10	10

Voraussetzung sei, dass der technische Vorsprung gehalten werden könne. Dabei gehe er von einem Marktpreis von 5000 DM für ein Klimagerät aus.

Der **Leiter der Entwicklungsabteilung** berichtet, dass er zwar davon ausgehe, dass die Konkurrenz nicht schlafe. In seiner Abteilung sehe man aber schon wieder Möglichkeiten weiterer technischer Verbesserungen des Geräts. Auf den Zeitraum von 5 Jahren wage er die Prognose, dass ein technischer Vorsprung gehalten werden könne.

Daraufhin beschließt die **Geschäftsleitung,** die Kapazität zu erweitern und für die Produktion des Geräts »air cool« eigene Produktionsanlagen zu schaffen. Die bisher schon produzierten Kleinklimageräte sollen mit den alten Anlagen weiterproduziert und deutlich unter dem Preis für »air cool« verkauft werden. Die neuen Produktionsanlagen sollen schon des Risikos wegen in 5 Jahren abgeschrieben werden.

Drei Produktionsverfahren mit einer jeweiligen Kapazität von 10 000 Stück stehen zur Wahl:

Verfahren 1: Die fixen Kosten betragen 1,5 Mio. DM (jährlich), die variablen Kosten je Stück 3500 DM.

Verfahren 2: Fixe Kosten fallen in Höhe von 4 Mio. DM (jährlich) an; die variablen Kosten je Stück betragen 3000 DM.

Verfahren 3: Mit diesem Verfahren würde die Fertigung automatisiert. Die fixen Kosten betragen 9,8 Mio. DM (jährlich), die variablen Kosten je Stück nur noch 2200 DM.

Die Entscheidung über die Investitionen soll auf einer Besprechung der Geschäftsleitung mit den Abteilungsleitern erfolgen. Der **Leiter der Abteilung Rechnungswesen** wird beauftragt, die drei Verfahren unter Kostengesichtspunkten zu analysieren, auf der Abteilungsleitersitzung übersichtliches Material vorzulegen und dieses Material zu erläutern.

- Stellen Sie fest, welches Produktionsverfahren am kostengünstigsten ist und bereiten Sie das Referat zur Erläuterung des in der Sitzung vorzulegenden Materials vor.

Weisen Sie in dem Referat auch auf die Risiken hin, die dadurch entstehen, dass die Verfahrensauswahl auch auf der Einschätzung der Preis- und Absatzentwicklung durch die Verkaufsabteilung beruht.

Nehmen Sie eine Ergebnisveränderungsanalyse (Sensitivitätsanalyse) vor und zeigen Sie an Beispielen, welche Auswirkung auf die Kostensituation entsteht, wenn sich die Erwartungen der Verkaufsabteilung hinsichtlich der Kostenentwicklung, der zu erzielenden Preise und der erreichbaren Absatzmenge nicht erfüllen.

10.04 Gewinnvergleichsrechnung – Rentabilitätsvergleichsrechnung zweier Anlagen

Lösungsblatt

Für eine neu aufzunehmende Fertigung sollen die Einrichtungen ausgewählt werden, mit denen für die eingesetzten Finanzmittel die beste Verzinsung erwirtschaftet werden kann.

Zur Auswahl stehen zwei Aggregate mit folgenden Merkmalen:

	Aggregat A	Aggregat B
Anschaffungsausgabe	100 000,00 DM	60 000,00 DM
Nutzungsdauer in Jahren	4	5
Kalkulatorischer Zins in %	8	8
Sonstige Fixkosten (außer Abschreibungen)	11 000,00 DM	1 600,00 DM
Proportionale Kosten je Stück	10,00 DM	10,50 DM
Maximale Kapazität in Stück je Jahr	50 000	40 000

- 1. Welches der beiden Aggregate arbeitet am kostengünstigsten, wenn der ganze Ausstoß abgesetzt werden kann?
- 2. Wie hoch ist der mit den Anlagen A und B jeweils erzielte Gewinn, wenn sich der gesamte Ausstoß zu einem Stückpreis von 11 DM absetzen lässt?
- 3. Wie hoch verzinst sich das durchschnittlich gebundene Kapital bei Einsatz des Aggregats A, wie hoch bei Einsatz des Aggregats B?

4. Aufgrund der Marktforschungsdaten rechnet das Unternehmen mit einem Absatz von 40 000 Stück zu einem Stückpreis von 11 DM.

- Wie hoch verzinst sich das durchschnittlich gebundene Anlagekapital bei jedem der beiden Aggregate, wenn die Marktforschungsdaten zutreffen?

Lösungsblatt

10.05 Statische Amortisationsrechnung (pay-back-Methode; pay-off-Methode) – Gewinnvergleich

Ein Hersteller von modischer Damenoberbekleidung will einen Modeartikel zusätzlich in sein Sortiment aufnehmen. Da dieses Produkt auf den vorhandenen Produktionsanlagen nicht hergestellt werden kann, wäre zu dessen Produktion eine Erweiterungsinvestition erforderlich. Wegen der Gefahr einer schnellen Veralterung modischer Produkte will die Geschäftsleitung diese Investition jedoch nur dann vornehmen, wenn die im Investitionsobjekt angelegten Finanzmittel bereits nach 2 Jahren durch entsprechende Rückflüsse wieder als flüssige Mittel zur Verfügung stehen. Für die Entscheidung stehen folgende Daten zur Verfügung:

	Alternative I	**Alternative II**
Anschaffungsausgaben	100 000 DM	180 000 DM
Nutzungsdauer	5 Jahre	5 Jahre
Abschreibung	linear	linear
Restwert am Ende der Nutzungsdauer	0 DM	0 DM
aufgrund der Investition erzielbare Zusatzerlöse pro Jahr	252 000 DM	310 000 DM
gesamte jährliche Aufwendungen für die Zusatzproduktion (z.B. Material, Löhne, Strom etc.) aus der Investition einschließlich Abschreibungen	224 000 DM	290 000 DM

1. Die Geschäftsleitung will wissen, wann sie über die in dem jeweiligen Investitionsobjekt gebundenen Finanzmittel wieder verfügen kann (Amortisationszeit). Sie will das Ergebnis der Amortisationsrechnung zur Grundlage der Investitionsentscheidung machen.
   - a) Wie hoch ist der jährliche Rückfluss an liquiden Mitteln bei jeder der beiden Alternativen?
   - b) Nach welcher Zeit sind die jeweils investierten Mittel bei jedem der beiden Investitionsobjekte wieder zurückgeflossen, wenn der erwartete Zusatzgewinn tatsächlich erzielt wird?
   - c) Stellen Sie die Berechnungsweise formelmäßig dar.
   - d) Für welche Alternative würden Sie sich auf der Grundlage der Ergebnisse der Amortisationsrechnung entscheiden?
2. Welchen Gewinn/Verlust wird das Unternehmen aus jedem der beiden Investitionsobjekte voraussichtlich erzielen, wenn sich das neue Produkt
   - a) wie erwartet 2 Jahre,
   - b) entgegen der ursprünglichen Erwartungen 3 Jahre auf dem Markt hält?

   Gehen Sie davon aus, dass nach dieser Zeit die Produktion dieses Modeartikels eingestellt wird und kein Schrottwert für die Investitionsobjekte erzielbar ist.
3. In der Praxis wird die Amortisationsrechnung meistens ergänzend zu anderen Investitionsrechenverfahren angewandt.

   Welche Gründe könnten dafür ausschlaggebend sein?

10.06 Gewinn- und Rentabilitätsvergleich – Wiedergewinnungszeit

Ein Unternehmer hat ein Bereitschaftskapital von 600 000 DM in 6,5%-igen Schuldverschreibungen angelegt. Die Obligationen wurden mit 96% erworben und werden unverändert zu diesem Kurs gehandelt.

Das Unternehmen untersucht, ob es vorteilhafter ist diese 600 000 DM zur Beschaffung einer Betriebsanlage zu verwenden. Es wird angenommen, dass es möglich ist, den Jahresabsatz der im Unternehmen hergestellten Erzeugnisse von 200 000 Stück auf 250 000 Stück auszudehnen.

Bei der für die Produktionserweiterung erforderlichen Anlage sind folgende Daten von Bedeutung:

Anschaffungsausgabe	600 000 DM
Nutzungsdauer	5 Jahre
Jährliche Fixkosten der Anlage	200 000 DM
Die anfallenden variablen Kosten sind proportional	20 DM/Stück
Erzielbarer Marktpreis für das Produkt	25 DM/Stück

In den Fixkosten sind kalkulatorische Abschreibungen in Höhe von 60% der Anschaffungsausgaben enthalten. Alle anderen Kosten sind auch Auszahlungen und damit liquiditätswirksam.

1. Die Anleihe hat eine Gesamtlaufzeit von 10 Jahren und im Entscheidungszeitpunkt eine Restlaufzeit von 5 Jahren. Die Rückzahlung erfolgt zum Nennwert.

   ● Vergleichen Sie die Rentabilität der Anlage in Obligationen mit der Rentabilität der in Aussicht genommenen Betriebserweiterung.

● 2. a) Stellen Sie fest, in welchem Zeitraum die Anschaffungsausgabe für die geplante Erweiterungsinvestition über den mit ihr erzielten Einzahlungsüberschuss wieder in das Unternehmen zurückgeflossen ist.

   b) Die beiden Anlagealternativen sollen unter dem Gesichtspunkt der Wiedergewinnungszeit beurteilt werden.

   ● Welche Zeit (Restlaufzeit oder Gesamtlaufzeit) ist der Vergleichsrechnung zu Grunde zu legen?

● 3. Vergleichen Sie die Gewinnchancen der beiden Anlagealternativen.

● 4. Welche Anlagealternative halten Sie für vorteilhafter?

10.07 Zinseszinsformel – Aufzinsungsformel

Ein Berufskraftfahrer hat 40 000 DM auf einem Festgeldkonto bei der Bank angelegt. Dieses Geld bringt ihm 10% Zins. Er überlegt, ob es vorteilhaft ist, sich für das Geld einen Personenkraftwagen zu kaufen, um sich als Taxi-Unternehmer selbstständig zu machen.

● 1. Wie hoch ist sein Guthaben bei der Bank einschließlich Zins nach 1 Jahr?

2. Bezeichnen Sie das Guthaben bei der Bank mit K_0, den Zinsfuß p/100 mit i und das Guthaben einschließlich Zins mit K_1.

   ● Leiten Sie die Formel zur Berechnung von K_1 ab.

● 3. Nehmen Sie das Guthaben plus Zins nach 1 Jahr, und errechnen Sie daraus das Guthaben nach 2 Jahren.

4. Der Ausdruck $K_1 = K_0 \cdot K_0 i$ lässt sich umformen zu $K_0\ (1 + i)$.
   $(1 + i)$ ist in dieser Formel der Ausdruck für den Zins aus K_0.

   ● Wie lautet die analoge formelmäßige Darstellung des Guthabens nach 2 Jahren (K_2), wenn für K_1 der Ausdruck $K_0\ (1 + i)$ eingesetzt wird?

● 5. Wie lautet die Aufzinsungsformel für n Jahre?

● 6. Es soll geprüft werden, welche Anlagealternative vorteilhafter ist. Warum führt es nicht zu einem aussagekräftigen Ergebnis, Zins und Zinseszins der Geldanlage bei der Bank mit der Summe der während der Nutzungsdauer des Taxis erzielten Gewinne zu vergleichen?

10.08 Abzinsungsformel und Gegenwartswert

Ein Unternehmen plant eine Betriebserweiterung, die in 2 Jahren durchgeführt werden soll. Die Investitionskosten werden auf 2 420 000 DM geschätzt. Dazu soll festgestellt werden, in welcher Höhe zum jetzigen Zeitpunkt flüssige Mittel zinsbringend angelegt werden müssten. Mit dieser Maßnahme soll sichergestellt werden, dass der in 2 Jahren erforderliche Finanzbedarf aus der Kapitalanlage einschließlich der aufgelaufenen Zinsen gedeckt werden kann.

1. Aus der Aufzinsungsformel lässt sich der Gegenwartswert K_0 berechnen, wenn der Zukunftswert K_n und der Zinsfuß bekannt sind. Dazu wird die Aufzinsungsformel nach K_0 aufgelöst. In dieser Form wird sie Abzinsungsformel genannt.
   - ● a) Wie lautet die Abzinsungsformel?
   - ● b) Berechnen Sie mit Hilfe der Abzinsungsformel, wie hoch die verzinsliche Kapitalanlage sein muss, um in 2 Jahren 2 420 000 DM einschließlich Zins und Zinseszins zur Verfügung zu haben. Die durch die Kapitalanlage gebundenen Mittel werden zu 10% verzinslich angelegt.

● 2. Wieviel DM müssen heute angelegt werden, wenn die Investition erst in 4 Jahren durchgeführt werden soll und die Mittel zu 10% angelegt werden können?
Benutzen Sie zur Lösung die folgende Abzinsungstabelle:

Abzinsungsfaktoren $\left(AZF = \frac{1}{(1 + i)^n}\right)$

Jahre	Zinssätze			
(n)	8%	10%	11%	12% usw.
1	0,926	0,909	0,901	0,893
2	0,857	0,826	0,812	0,797
3	0,794	0,751	0,732	0,712
4	0,735	0,683	0,660	0,636
5	0,681	0,621	0,595	0,567
.	.	.	.	.
.	.	.	.	.

● 3. Warum müssen der Kapitalanlage weniger Mittel zugeführt werden, als für die geplante Erweiterungsinvestition erforderlich sind?

● 4. Wieviel DM müssen der Kapitalanlage zugeführt werden, wenn der Zinssatz 8% beträgt und die Erweiterungsinvestition in 4 Jahren durchgeführt werden soll?

10.09 Kapitalanlage – Sparformen – Zinseszinsrechnung – Rentenrechnung

Aus dem Werbeprospekt eines Versicherungsunternehmens für Lebensversicherungen:

Wir stellen uns der Kritik

Kapitalversicherung

Angenommen, ein Mann oder eine Frau schließt mit Alter 30 diese Versicherung bei uns ab, Dauer 30 Jahre, Endalter 60 Jahre, Tarif III.

Für einen Jahresbeitrag von 2400 DM garantieren wir als Versicherungssumme, fällig bei Tod, spätestens mit »60«

einem männl. Versicherten	**100 798 DM**
einer weibl. Versicherten	**103 986 DM.**

Hinzu kommt eine hohe Gewinnbeteiligung, die sich nach heutigem Stand zusammengefasst so darstellt:

Gesamtleistung bei Ablauf der Versicherung

	Mann	Frau
Versicherungssumme	100 798 DM	103 986 DM
Überschussbeteiligung	134 431 DM	138 183 DM
insgesamt	235 229 DM	242 169 DM

Versicherungskritiker behaupten: »Kapitalversicherungen bringen schlechte Renditen, darum lohnen sie nicht.«

Wie sieht es bei uns aus?

Im Beispiel stehen 30 Jahresbeiträgen von 2400 DM bei Ablauf 235 229 DM/242 169 DM gegenüber.
Wer diese Endbeträge auf andere Weise mit jährlichen Raten von 2400 DM erzielen will, muss sein Geld mit **6,84%** bzw. **6,99%** anlegen. Aber dann fehlt ihm noch der Versicherungsschutz: Die Kapitalversicherung stellt auch bei vorzeitigem Tod die volle Versicherungssumme bereit, nicht nur das bis dahin angesparte Guthaben.

1. Überprüfen Sie die angegebene Verzinsung der Kapitalanlage.
2. Wie hoch müssten die Jahresbeiträge sein, um die angegebenen Ablaufleistungen (Endbeträge) der Lebensversicherung bei den unter 1. ermittelten (überprüften) Zinssätzen bereits nach 15 Jahren zu erreichen? Begründen Sie die Unterschiede.
3. Welches Endkapital würde sich ergeben, wenn über
   a) 30 Jahre
   b) 15 Jahre

   jeweils am 01.01. ein Betrag von 2400 DM bei einem Geldinstitut angelegt und mit dem derzeitigen Zinssatz für Spareinlagen mit gesetzlicher Kündigungsfrist (z.B. 2,5%) verzinst würde? Begründen Sie die Unterschiede zu Aufgabe 1 und 2.
4. Welcher Betrag müsste jährlich vorschüssig angelegt werden, um bei 2,5% Zinseszinsen in
   a) 30 Jahren
   b) 15 Jahren

   ein Endkapital in der angegebenen Höhe (235 229 DM bzw. 242 169 DM) zu erhalten?
5. Welcher Betrag müsste als Einmalzahlung angelegt werden, um bei den unter 1. ermittelten (überprüften) Zinssätzen in
   a) 30 Jahren
   b) 15 Jahren

   ein Endkapital in der angegebenen Höhe (235 229 DM bzw. 242 169 DM) zu erhalten? Vergleichen Sie die Höhe der Einmalzahlung mit der Summe der Einzahlung bei Aufgabe 4, und begründen Sie den Unterschied.
6. Lebensversicherer und Banken werben häufig damit, dass sich das bei ihnen angelegte Kapital bereits nach wenigen Jahren verdoppelt oder sogar verdreifacht.

   Ermitteln Sie den Zeitraum, innerhalb dessen sich ein beliebiges Kapital (z.B. der bei 5. errechnete Anlagebetrag) verdoppelt bzw. verdreifacht, wenn das Kapital zu
   a) den unter 1. ermittelten (überprüften) Zinssätzen
   b) 2,5% mit Zinseszins angelegt wird.
7. Stellen Sie die bei 5. ermittelte Kapitalentwicklung grafisch dar.

   Diskutieren Sie den Kurvenverlauf auch vor dem Hintergrund, dass ähnliche Wachstums- oder Schrumpfprozesse (exponentielles Wachstum) u.a. in folgenden Bereichen vorkommen: Wirtschafts- und Bevölkerungswachstum, Rohstoffverbrauch, Umweltbelastung, Wachstum von Viren, Bakterien und Algen, Abbau von Radioaktivität, Wertminderung bei degressiver Abschreibung.

10.10 Dynamische Investitionsrechnung: Kapitalwertmethode

Ein Unternehmer hat aus den Gewinnen früherer Jahre 200 000 DM finanzielle Mittel in seinem Unternehmen angesammelt. Diese Mittel sind in festverzinslichen Wertpapieren angelegt und erzielen eine Rendite von 6%.

Der Unternehmer überlegt, ob er die angesammelten Mittel verwenden soll, um damit einen Automaten zu kaufen, der die Produktionskapazität erweitern würde.

1. Wieviel Gewinn muss der Unternehmer jährlich mit dem Automaten erzielen können, wenn die Investition vorteilhafter sein soll als die aus der Wertpapieranlage angesammelten finanziellen Mittel?
2. Warum wird der Unternehmer die Wertpapieranlage vorziehen, solange er aus dem Verkauf der mit dem Automaten hergestellten Produkte gleichmäßig jährlich nicht nennenswert mehr als 12 000 DM Gewinn erzielen kann?

3. Dem Unternehmer wird ein gebrauchter Automat angeboten, für den er als Anschaffungsausgabe 200 000 DM bezahlen muss. Dieser Automat hat eine voraussichtliche Restnutzungsdauer von 2 Jahren. Der landesübliche Zins beträgt im Zeitpunkt des Angebots 6%.

   Der Unternehmer schätzt, dass ihm aus der Verwertung der Leistungen des Automaten im ersten Jahr 106 000 DM, in zweiten Jahr 127 000 DM Einnahmeüberschüsse zufließen werden.

   - a) Wie groß ist der Gegenwartswert der Einnahmeüberschüsse des ersten Jahres?
   - b) Wie groß ist der Gegenwartswert der Einnahmeüberschüsse des zweiten Jahres?

4. Errechnen Sie die Differenz (den Kapitalwert) zwischen dem Gegenwartswert der Einnahmeüberschüsse und dem Gegenwartswert der Ausgabe für die Anschaffung des Automaten.

   Entscheiden Sie, ob die Investition für den Unternehmer vorteilhaft ist.

5. Errechnen Sie den Kapitalwert C_0 der Wertpapieranlage.

6. Was besagt ein Kapitalwert,

   a) der gleich 0 ist,

   b) der negativ ist,

   c) der größer als 0 ist?

7. Unter welchen Voraussetzungen kann die Kapitalwertmethode Entscheidungshilfe bei der Vornahme von Investitionen sein?

Lösungsblatt

10.11 Dynamische Investitionsrechnung: Methode des internen Zinsfußes

Ein Unternehmen verfügt derzeit über freie Liquidität in Höhe von 200 000 DM. Für die Verwendung dieser Mittel soll zwischen folgenden Alternativen entschieden werden:

1. Kauf von festverzinslichen Wertpapieren mit einer 6%-igen Verzinsung oder
2. Kauf einer gebrauchten Produktionsanlage (Restnutzungsdauer 2 Jahre).

Die geschätzten Einnahmeüberschüsse, die mit dieser Anlage erzielt werden können, betragen im 1. Jahr 106 000 DM und im 2. Jahr 127 000 DM.

1. Bestimmen Sie den Kapitalwert der Sachanlageinvestition bei einem Kalkulationszinsfuß von 5%.

2. Wie hoch ist der Kapitalwert, wenn ein Kalkulationszinsfuß von 15% zu Grunde gelegt wird?

3. Das Unternehmen will den Zinsfuß ermitteln, der zu einem Kapitalwert von 0 führt (= interner Zinsfuß).

   In welchem Bereich muss dieser Zinsfuß liegen?

4. Näherungsweise kann der interne Zinsfuß durch folgendes grafische Verfahren bestimmt werden: Es werden zwei Versuchszinsfüße gewählt (z.B. wie unter Ziffer 1 und Ziffer 2: 5% und 15%) und deren zugehörender Kapitalwert ermittelt. Dabei sind die Zinsfüße so zu wählen, dass ein Kapitalwert negativ und der andere positiv ist. Die beiden Kapitalwerte werden in ein Koordinatensystem (y-Achse = Kapitalwert, x-Achse = Kalkulationszinsfuß) eingetragen und durch eine Gerade miteinander verbunden. Der Schnittpunkt dieser Geraden mit der x-Achse (= Kalkulationszinsfuß) ergibt näherungsweise den internen Zinsfuß.

   Bestimmen Sie mit Hilfe des beschriebenen Verfahrens den internen Zinsfuß.

5. Für welche Investitionsalternative sollte sich die Geschäftsleitung des Unternehmens entscheiden?

6. Das Unternehmen arbeitet bei Rentabilitätsberechnungen von Investitionen mit einem Kalkulationszinsfuß von 8%.
   Welche Bedeutung kommt dem **internen Zinsfuß** zu, wenn dieser
   a) gleich dem Kalkulationszinsfuß
   b) kleiner als der Kalkulationszinsfuß,
   c) größer als der Kalkulationszinsfuß ist?

10.12 Dynamische Investitionsrechnung: Kapitalwertmethode – Annuitätenmethode – Methode des internen Zinsfußes

Dynamische Investitionsrechnung

Lösungsblatt

Ein Einzelhändler hat die Möglichkeit, in einem gemieteten Ladenlokal eine Filiale einzurichten. Der Mietvertrag ist auf 5 Jahre befristet. Für die Ladeneinrichtung muss eine Investitionssumme von 100 000 DM veranschlagt werden. Die jährlichen Auszahlungen sind gleichbleibend mit 200 000 DM anzusetzen. Bei den Einzahlungen wird folgende Entwicklung erwartet.

Jahr	1	2	3	4	5
Einzahlungen (DM)	150 000	200 000	250 000	300 000	300 000

Es ist damit zu rechnen, dass die Ladeneinrichtung nach Ablauf des Mietvertrages für 10 000 DM verkauft werden kann.

Beurteilen Sie mit Hilfe der
- Kapitalwertmethode,
- Annuitätenmethode,
- Methode des internen Zinsfußes,

ob die Investition von 100 000 DM zur Eröffnung der Filiale vorteilhafter ist als die Anlage des Betrages zu 8,5% in festverzinslichen Wertpapieren.

Erläutern Sie die Ergebnisse der einzelnen Beurteilungsverfahren.

Finanzplanung

10.13 Finanzierung – Investierung

Lösungsblatt

In nachstehender Bilanz sind zusammengefasst die Zahlen zweier Geschäftsjahre wiedergegeben:

Aktiva — zusammengefasste Bilanz einer AG (in Mio. DM) — Passiva

	Vorjahr	lfd. Jahr		Vorjahr	lfd. Jahr
Anlagevermögen:			**Eigenkapital:**		
Sachanlagen	28,0	39,0	I. gezeichnetes Kapital	10,0	14,0
Beteiligungen	2,0	3,0	II. Kapitalrücklage	2,0	2,8
			III. Gewinnrücklagen:		
Umlaufvermögen:			gesetzliche Rücklagen	1,0	1,2
Vorräte	12,0	17,0	andere Gewinnrücklagen	3,0	4,0
flüssige Mittel	2,0	3,0	**Fremdkapital**	28,0	40,0
	44,0	62,0		44,0	62,0

- 1. Stellen Sie aufgrund vorhergehender Zahlen in einer Übersicht nach folgendem Muster fest,
  - in welcher Höhe finanzielle Mittel aufgebracht und woher diese Mittel beschafft wurden (= Finanzierung)
  - wofür die Mittel verwendet wurden.

Mittelverwendung		**vereinfachte Bewegungsbilanz** Mittelherkunft	
Zunahme Anlagevermögen:		**Mittelbeschaffung von außen:**	
Sachanlagen	....	1. durch Anteilseigner	....
Beteiligungen	....	2. durch Dritte (Gläubiger)	....
Zunahme Umlaufvermögen			
Vorräte	....	**Mittelbeschaffung von innen:**	....
flüssige Mittel	....		
	________		________

MUSTER

- 2. In welcher Höhe wurden die aufgebrachten Mittel für Investitionen verwendet?

3. Der Gewinn- und Verlustrechnung des Unternehmens ist zu entnehmen, dass die Abschreibungen auf das Sachanlagevermögen im laufenden Geschäftsjahr 2 Mio. DM betrugen.

- Wie hoch waren im abgelaufenen Geschäftsjahr
  - die Bruttoanlageinvestitionen
  - die Vorratsinvestitionen
  - die Finanzinvestitionen
  - die Nettoinvestitionen?

Lösungsblatt

10.14 Kapitalbedarfsrechnung für einen Handelsbetrieb

Wilhelm Gerhard Beyer, 37 Jahre alt, ist gelernter Kaufmann und seit 12 Jahren in einer Eisenwarengroßhandlung beschäftigt. Er hat die Absicht, sich mit einem Eigenkapital von 100 000 DM selbstständig zu machen.

Beyer erfährt, dass in der großen Kreisstadt Bodental (35 000 Einwohner) ein Einzelhandelsgeschäft für Eisenwaren und Haushaltsartikel fehlt. Er will die Neugründung wagen und in sein Sortiment auch ein breites Angebot von Gartenmöbeln aufnehmen. Er konnte in einem Neubau in der Hauptstraße ein Ladengeschäft mieten. Der Vermieter fordert eine Sicherheitsleistung (Kaution) in Höhe von 12 000 DM.

Für die Ausstattung des Ladens (Theke, Registrierkasse, Regale usw.) benötigt **Beyer** nach seiner Schätzung 35 000 DM. Für die Anschaffung eines kleinen Kombi-Lieferwagens (gebraucht) hat er 30 000 DM bar zu zahlen. Beyer möchte wissen, ob und gegebenenfalls in welcher Höhe er einen Kredit beantragen muss.

Geschätzte Daten zur laufenden Geschäftstätigkeit:

Warenverkauf täglich zum Einstandspreis von 1200 DM mit einem Aufschlag von 45%.

Waren-Anfangsbestand am Gründungstag: 60 000 DM. Dies ist der angestrebte Lager-Höchstbestand. Die verkauften Waren werden so nachbestellt, dass jeweils nach 10 Verkaufstagen das Warenlager zu Beginn des 11. Tages wieder auf den Höchstbestand aufgefüllt wird.

Liefererziel:	7 Tage
Kundenziel (durchschnittlich):	4 Tage
Tägliche Geschäftsausgaben (ohne Miete):	200 DM
Miete für Geschäftsräume, am 1. jeden Monats im voraus:	4000 DM
Tägliche Privatentnahme:	200 DM

- 1. Stellen Sie dazu die Höhe des Kapitalbedarfs für die Unternehmensgründung und die ersten 20 Tage nach Aufnahme der Geschäftstätigkeit fest. Benutzen Sie dafür das Schema eines Finanzplans nach dem nachstehenden Muster (0 bezeichnet die Phase vor Aufnahme der Geschäftstätigkeit).

Finanzplan (Muster)

Tage / Bezeichnungen	Einzahlung (+) und Auszahlung (–) je Tag																				
	0	1	2	3	4	5	6	7	8	9	10	11	12	13	14	15	16	17	18	19	20
I. Einzahlungen																					
II. Auszahlungen Geschäftsausstattung																					
Kfz																					
Kaution																					
Wareneinkauf																					
Geschäftsausgaben (einschließlich Miete)																					
Privatentnahme																					
Summe der Auszahlungen																					
III. Mittelbedarf (–) Mittelfreisetzung (+) je Tag (I–II)																					
IV. Kumulierter Mittelbedarf																					

2. Auf den Tag entfallen in dem neu zu gründenden Unternehmen Abschreibungen in Höhe von 50 DM.
- Warum ist dieser Betrag in der Finanzplanung nicht zu berücksichtigen?
- 3. Berechnen Sie den Tagesgewinn und beurteilen Sie, ob die vorgesehenen Privatentnahmen angemessen sind.

10.15 Kapitalbedarfsrechnung für einen Fertigungsbetrieb

Lösungsblatt

Eine Brotfabrik, die bisher auch Feingebäck herstellte, will diesen Produktionszweig einstellen und in dem dadurch frei werdenden Betriebsgebäude die Nudelfabrikation aufnehmen. Zunächst sollen nur Bandnudeln hergestellt werden. Die Einrichtung eines Fertigungsbandes verursacht Anschaffungsausgaben in Höhe von 1 Mio. DM. Außerdem entstehen Anschaffungsausgaben für Trocknungskessel in Höhe von 100 000 DM, für Silos in Höhe von 80 000 DM sowie für eine Verpackungsmaschine in Höhe von 300 000 DM. Mit dieser Betriebseinrichtung können täglich 22 t Hartweizengries zu Bandnudeln verarbeitet werden.

Zunächst sollen täglich 22 t Hartweizengries verarbeitet werden; eine Tonne kostet 1400 DM. An Rohstoffen wird außerdem je Tonne verarbeitetem Hartweizengries für 600 DM Eizusatz benötigt.

Als Sicherheitsbestand (Eiserner Bestand) soll ein Vorrat an Rohstoffen gehalten werden, der die Produktion für drei Tage ermöglicht.

Nach einem Angebot einer Werbeagentur müssen für die Einführungswerbung 388 000 DM aufgebracht werden.

● 1. Wie hoch ist der einmalige Kapitalbedarf zur Herstellung der Betriebsbereitschaft?

2. Zur Schätzung des Kapitalbedarfs für die laufende Betriebstätigkeit liegen folgende Angaben vor:

Umsatzerlöse
Der tägliche Rückfluss aus Umsatzerlösen wird mit 60 000 DM angesetzt.

Dauer des Produktionsprozesses
Es wird geschätzt, dass der bezogene Hartweizengries, ebenso wie der Eizusatz, 5 Tage lagert, ehe die Rohstoffe in die Produktion gelangen.
Die Bandnudel-Linie wird innerhalb eines Tages durchlaufen. Danach trocknen die Nudeln 2 Tage im Zwischensilo. Anschließend werden sie verpackt. Die fertig verpackte Ware lagert 5 Tage, ehe sie in den Versand geht.

Zahlungsbedingungen
Mit der Bezahlung der verkauften Waren wird durchschnittlich 5 Tage nach Versand der Ware gerechnet.
Die Rohstofflieferer gewähren der Nudelfabrik ein Zahlungsziel von 14 Tagen, das in Anspruch genommen werden soll.

Betrag der täglich anfallenden Kosten

Materialkosten (insgesamt ausgabewirksam)		
Rohstoffe:	Hartweizengries (je t)	1 400 DM
	Eizusatz (bezogen auf 1 t Hartweizengries)	600 DM
Materialgemeinkosten (z.B. für Strom, Lagermiete, Lagerpersonal)		5 000 DM
Lohnkosten		
Fertigungslöhne (ausgabewirksam)		3 000 DM
Fertigungsgemeinkosten		2 400 DM
Darin sind Abschreibungen in Höhe von 400 DM enthalten.		
Verwaltungs- und Vertriebsgemeinkosten		10 500 DM
Darin sind nicht ausgabewirksamen Kosten (z.B. für Abschreibungen auf Geschäftsausstattung) in Höhe von 500 DM enthalten.		

● Stellen Sie die Entwicklung des Kapitalbedarfs für die Einrichtung der Nudelfabrikation und die laufende Betriebstätigkeit der ersten 20 Tage in einem Finanzplan nach dem folgenden Muster fest. Übernehmen Sie in das Schema des Finanzplans zunächst den unter 1. berechneten Kapitalbedarf für die Errichtung der Betriebsbereitschaft.

Finanzplan (Muster)

Auszahlungen für / Tag	1	2	...	20
Herstellung der Betriebsbereitschaft				
Laufende Betriebstätigkeit • Fertigungsmaterialkosten				
• Materialgemeinkosten		MUSTER		
• Fertigungskosten (Fertigungslöhne, Fertigungsgemeinkosten)				
• Verwaltungs- und Vertriebsgemeinkosten				
Summe (Tageskapitalbedarf)				
Kapitalbedarf des Vortages				
+ Auszahlungen des Tages				
– Rückfluss (Einzahlungen)				
Neuer Stand des Kapitalbedarfs				

- 3. Überprüfen Sie den im Finanzplan ermittelten Kapitalbedarf mittels einer Berechnung nach dem folgenden Tabellenmuster:

	Lagerdauer Material	Fertigungsdauer	Lager Fertigprodukte	Kundenziel	Liefererziel	Tage insgesamt	ausgabenwirksame Kosten je Tag	Summe der täglichen finanziellen Vorleistungen
Fertigungsmaterialkosten Materialgemeinkosten Fertigungskosten Verwaltungs- und Vertriebsgemeinkosten								
Ausgabewirksame Kosten für die laufende Betriebstätigkeit Ausgaben zur Herstellung der Betriebsbereitschaft								
(Höchst-)Kapitalbedarf (am 18. Tag)								

- 4. Entwickeln Sie aus der tabellarischen Berechnung (unter 3.) eine Formel zur Berechnung des Kapitalbedarfs für die laufende Betriebstätigkeit.

10.16 Finanzplanung – Finanzielles Gleichgewicht

Lösungsblatt

In einer Maschinenfabrik verursacht eine Investition eine Anschaffungsausgabe von 100 000 DM.

Das damit hergestellte Erzeugnis führt zu folgenden Kosten, die am gleichen Tag zu Ausgaben werden:

Erster Tag: 2000 DM, zweiter Tag: 1000 DM, dritter Tag: 1500 DM. Dieser Rhythmus wiederholt sich fortlaufend. Es kann stets nur 1 Stück bearbeitet werden.

Jeden vierten Tag wird ein neues Stück begonnen. Einen Tag nach Fertigstellung kann es in der Regel verkauft werden. Beim Verkauf eines Stückes fließen 4500 DM flüssige Mittel in das Unternehmen zurück.

- 1. Zeigen Sie die Entwicklung des Finanzmittelbedarfs für die ersten 7 Tage in einer Tabelle.
- 2. In welcher Höhe muss das Unternehmen Kredite aufnehmen um zahlungsfähig zu bleiben? Eigene Mittel sind in Höhe von 90 000 DM vorhanden.
- 3. Welche Änderungen im Finanzplan ergeben sich, wenn eine Verzögerung im Absatz von 6 Tagen eingeplant werden soll?
- 4. Welche Wirkung hat die Möglichkeit der Inanspruchnahme eines Lieferziels von 12 Tagen für die Finanzplanung?

  Die Materialkosten, für die Lieferziel in Anspruch genommen werden soll, betragen 4700 DM pro Tag.

10.17 Kurzfristiger Finanzplan

Lösungsblatt

Ein Fertigungsbetrieb in der Rechtsform einer AG soll auf die Herstellung eines neuen Artikels umgestellt werden. Die Geschäftsleitung will in einem Finanzplan darstellen, in welchem zeitlichen Verhältnis die dadurch verursachten Geldaus- und -eingänge stehen und ob sie die bisher gegebene Zahlungsbereitschaft (das finanzielle Gleichgewicht) beeinträchtigen.

Ausgangspunkt der Überlegungen ist folgende zusammengefasste vorläufige Bilanz:

Aktiva	**Bilanz des Unternehmens zum 31. Dez. d.J. in Tsd. DM**		Passiva
Anlagevermögen	1 000	Gezeichnetes Kapital	1 000
Roh-, Hilfs- und Betriebsstoffe	400	Verbindlichkeiten aus Lieferungen und Leistungen	1 300
Fertigerzeugnisse	200	Bilanzgewinn	51
Forderungen aus Lieferungen und Leistungen	600		
Bankguthaben	150		
Kasse	1		
	2 351		2 351

Monatliche Kosten der Herstellung des neuen Artikels (in DM):

Fertigungsmaterial	20 000
Fertigungslöhne	15 000
Materialgemeinkosten	10 000
Fertigungsgemeinkosten	40 000

Verwaltungs- u. Vertriebsgemeinkosten 15 000 (Sondereinzelkosten fallen nicht an).

Die Roh-, Hilfs- und Betriebsstoffe werden kontinuierlich sofort nach Eingang verarbeitet, also nicht gelagert.

In den Gemeinkosten sind als nicht ausgabewirksame Kosten nur Abschreibungen in Höhe von 15 000 DM enthalten.

Zahlungsmittelfluss:

Mit der Fertigung des neuen Artikels wird im Januar begonnen. Es wird damit gerechnet, dass alle Fertigerzeugnisse sofort abgesetzt werden können. Als Gewinn sollen 20% der Selbstkosten des Abrechnungszeitraumes erzielt werden. Die Kunden erhalten ein Zahlungsziel von 2 Monaten, sodass mit Zahlungseingängen aus der Neuproduktion erstmals im März zu rechnen ist.

Die Lieferer von Roh-, Hilfs- und Betriebsstoffen gewähren ein Zahlungsziel von 1 Monat.

Sowohl Kunden- wie Liefererzahlungsziele werden stets in Anspruch genommen.

Mit dem Eingang der in der Bilanz ausgewiesenen Forderungen kann wie folgt gerechnet werden: Januar 100 000 DM, Februar 300 000 DM, März 200 000 DM.

Von den in der Bilanz ausgewiesenen Verbindlichkeiten werden bezahlt:
Im Januar 200 000 DM, im Februar 600 000 DM und im März 500 000 DM.

Der in der Bilanz ausgewiesene Bestand an Fertigerzeugnissen kann im Januar und im Februar je zur Hälfte gegen sofortige Kasse abgesetzt werden. Die in der Bilanz ausgewiesenen Fertigerzeugnisse wurden zu Herstellkosten (ohne anteilige Verwaltungsgemeinkosten) bewertet. Bei der Kalkulation des Verkaufspreises ist mit 15% Verwaltungs- und Vertriebsgemeinkosten sowie mit 20% Gewinnzuschlag zu rechnen.

Alle Zahlungen werden über das Bankkonto abgewickelt.

1. Errechnen Sie den Stand des Bankkontos zum 30. April.
   Verwenden Sie dazu eine Aufstellung nach folgendem Muster:

Berechnungsgrundlage	Einzahlungen	Auszahlungen	Bankkonto
Stand des Bankkontos Anfang Januar:			150 000,00
Stand des Bankkontos Anfang Februar: . . usw.			

2. Welche Folgerungen muss die Geschäftsleitung aus den Ergebnissen des Finanzplans ziehen?

10.18 Langfristiger Finanzplan

Lösungsblatt

Für eine Möbelfabrik soll ermittelt werden, wie sich eine Sortimentserweiterung auf die Finanzstruktur des Unternehmens auswirkt. Deshalb wird ein Grundplan für die langfristige Finanzierung aufgestellt. Zu diesem Zweck wird eine Bestandsaufnahme aller verfügbaren bzw. bereits zugesagten Finanzmittel sowie aller vorhandenen Zahlungsverpflichtungen vorgenommen.

Zahlungsverpflichtungen:

Für bereits vorgenommene Investitionen sind im laufenden und im folgenden Jahr je 450 000 DM zu zahlen.

Der Erwerb einer Beteiligung zur Stärkung der Marktposition des Unternehmens steht bevor und wird im nächsten Jahr 500 000 DM erforderlich machen.

In den Vorräten sind in diesem und in den folgenden Jahren durchschnittlich 600 000 DM gebunden.

Für die Tilgung und Verzinsung der bereits laufenden Kredite müssen im laufenden Jahr 180 000 DM, im folgenden Jahr 80 000 DM und im übernächsten Jahr 30 000 DM bereitgestellt werden.

Zur Erledigung des laufenden Zahlungsverkehrs müssen durchschnittlich 5 Mio. DM jährlich verfügbar sein.

Der durchschnittliche Jahresgewinn aus dem bisherigen Sortiment in Höhe von 400 000 DM wird jeweils am Jahresende ausgeschüttet.

Die Sortimentserweiterung verursacht Anschaffungsausgaben in Höhe von 150 000 DM.

Von dem für die Sortimentserweiterung anfallenden monatlichen Fertigungsaufwand sind 272 000 DM Ausgaben.

Die Hausbank hat für die Sortimentserweiterung einen Kredit in Höhe von 140 000 DM zugesagt, der mit 10% zu verzinsen ist. Er würde mit Beginn des laufenden Jahres voll in Anspruch genommen.

Die Tilgung dieses Kredits soll in 2 aufeinander folgenden gleichen jährlichen Raten vorgenommen werden. Die erste Rate ist am Ende des nächsten Jahres fällig. Der Zins wird jährlich abgebucht.

Finanzierungsdeckung

Im Jahr werden aus dem Verkauf des bisherigen Sortiments im Durchschnitt 4 Mio. DM eingenommen. Mit diesen Einnahmen wird auch weiterhin gerechnet.

Das Unternehmen kann nach Ablauf der vereinbarten Kündigungsfrist zu Beginn des nächsten Jahres über Festgelder einschließlich Zinsen von 500 000 DM verfügen.

Aus dem Verkauf einer gebrauchten Produktionsanlage ist im laufenden Jahr ein Mittelzufluss in Höhe von 100 000 DM zu erwarten.

Aus Lieferkrediten stehen jährlich im Durchschnitt 300 000 DM zur Verfügung.

Die Hausbank hat von früher zugesagten Krediten in diesem Jahr 1,5 Mio. DM, im nächsten Jahr 2 Mio. DM und im übernächsten Jahr 1,5 Mio. DM auszuzahlen.

Der monatliche Absatz für die Sortimentserweiterung wird mit 300 Einheiten und einem Verkaufspreis von 1500 DM je Einheit geplant. Im Preis je Einheit sind 500 DM Gewinn enthalten, die jährlich ausgeschüttet werden. Mit dem Absatz soll mit dem Anfang des laufenden Jahres begonnen werden.

- Erstellen Sie den Finanzplan für 3 Jahre.

Verwenden Sie dazu eine Aufstellung nach folgendem Muster:

Auszahlungen	laufendes Jahr	nächstes Jahr	übernächstes Jahr
.			
.			
.			
Summe der Auszahlungen			

Einzahlungen	laufendes Jahr	nächstes Jahr	übernächstes Jahr
.			
.			
.			
Summe der Einzahlungen			
Überschuss/Fehlbetrag			

10.19 Cashflow

Eine Aktiengesellschaft des Lebensmittelgroßhandels benötigt einen Investitionskredit in Höhe von 1 Mio. DM, der mit 10% zu verzinsen ist. Er soll in 5 gleichen aufeinander folgenden Jahresraten getilgt werden. Die erste Tilgungsrate ist nach einjähriger Laufzeit fällig. Die Jahreszinsen werden zusammen mit den Tilgungsraten bezahlt.

Tilgung und Verzinsung sollen aus dem Cashflow, d.h. dem Teil der Umsatzerlöse eines Abrechnungszeitraumes bezahlt werden, der nicht zur Bezahlung der für den Betriebsprozess erforderlichen Güter und Dienste verwendet werden muss und im Unternehmen zurück behalten wird.

Das Unternehmen ist schuldenfrei.

● 1. Berechnen Sie, wieviel DM an flüssigen Mitteln nach Ablauf des ersten Jahres für Zins und Tilgung verfügbar sein müssen.

2. In der AG wurde die Erfolgsrechnung zur Vorbereitung der Entscheidung über die Kreditaufnahme wie folgt aufbereitet:

Aufwand		**Gewinn- und Verlustkonto**		Erträge
Aufwendungen		1 120 000	Umsatzerlöse	1 420 000
davon				
Abschreibungen	80 000			
Pensions-rückstellungen	44 000			
Jahresüberschuss		300 000		
		1 420 000		1 420 000

Verwendung	**Konto Jahresüberschuss**		Herkunft
Gewinnrücklagen	160 000	Gewinn- und Verlustkonto	300 000
Bilanzgewinn	140 000		
	300 000		300 000

Es kann davon ausgegangen werden, dass die Aktionäre auf die Ausschüttung des Bilanzgewinns verzichten.

- a) Berechnen Sie, wieviel DM der Umsatzerlöse dieses Abrechnungszeitraumes dem Unternehmen für die Tilgung und Verzinsung des Kredits zur Verfügung stehen.
- b) Berechnen Sie, wieviel Prozent der Umsatzerlöse als Cash-flow zu bezeichnen sind.
- c) Überlegen Sie, ob der Umsatz durch die geplante Neuinvestition gesteigert werden muss, um den Investitionskredit aus dem Cash-flow bedienen zu können. Gehen Sie dabei davon aus, dass die Relationen im G + V-Konto und im Konto Jahresüberschuss gleich bleiben.

Außenfinanzierung

Eigenfinanzierung – Beteiligungsfinanzierung

10.20 Eigenfinanzierung bei Einzelunternehmung und Kommanditgesellschaft

Das Testament eines Bauunternehmers bestimmt, dass seine gesamte Hinterlassenschaft auf seine drei Kinder wie folgt aufzuteilen ist:

Die Tochter erhält das gesamte Privatvermögen, die beiden Söhne erhalten je zur Hälfte das Baugeschäft. Die Summe der Vermögenswerte des Baugeschäfts beträgt 1 000 000 DM, die Darlehensschulden belaufen sich auf 400 000 DM. Da nur einer der Söhne das Bauhandwerk erlernt hat, soll dieser das Geschäft weiterführen. Seinem Bruder, der noch studiert, zahlt er 100 000 DM in bar aus. Dazu verwendet er sein gesamtes Privatvermögen. Zum Ausgleich des Restbetrages bietet ihm der studierende Bruder zwei Möglichkeiten an:

- Der Restbetrag verbleibt als Darlehen mit 10% Verzinsung auf 5 Jahre im Baugeschäft.
- Der Restbetrag wird als Kommanditanteil in das Baugeschäft eingebracht.

1. Stellen Sie die Übernahmebilanz für das Baugeschäft für jede der beiden Alternativen auf.

   (Das Vermögen ist nicht aufzugliedern. Auf der Passivseite soll ausgewiesen werden, welche Teile des Vermögens mit eigenen und welche mit fremden Mitteln finanziert wurden.)

2. Für welche Alternative würden Sie sich an Stelle des Sohnes entscheiden, der das Baugeschäft übernimmt?

3. Wieviel Prozent des gesamten Gründungskapitals sind Eigenkapital, wieviel Fremdkapital, wenn sich der Sohn für die KG-Gründung entscheidet?

4. Nach Berechnungen der Deutschen Bundesbank betrug im Jahre 1991 die durchschnittliche Eigenkapitalquote im westdeutschen Baugewerbe 5,0%[1].

   Wie beurteilen Sie vor diesem Hintergrund die bei 3. errechnete Eigenkapitalquote?

---

[1] Deutsche Bundesbank: Jahresabschlüsse westdeutscher Unternehmen 1971 – 1991, S. 103

10.21 Beteiligungsfinanzierung bei der AG: Kapitalerhöhung gegen Einlagen – Bezugsrecht – Vorzugsaktie – Kapitalrücklage – Bilanzkurs – Bookbuilding

Die **Kessel- und Apparatebau Aktiengesellschaft Dortmund** wurde vor 10 Jahren gegründet und erstellt deshalb auch nach Einführung der dritten Stufe der Europäischen Währungsunion vorläufig die Bilanz noch in DM. Ihre Aktien werden jedoch seit 1. Januar 1999 wie alle Aktien im Bereich der Europäischen Währungsunion an der Börse in EURO notiert. Die AG hat ein Grundkapital von 200 Millionen DM, das durch die Ausgabe von 40 Mio. Stückaktien aufgebracht wurde. Für eine Betriebserweiterung werden 60 Millionen DM zusätzliches Kapital benötigt. Vom Vorstand wird in der Hauptversammlung der Vorschlag gemacht, das Grundkapital im Verhältnis 4 (altes Grundkapital) : 1 (Zunahme des Grundkapitals) zu erhöhen. Ein Bankenkonsortium übernimmt alle aus der Kapitalerhöhung stammenden Aktien. Interessierte Anleger können in der Zeit vom 19. bis 25. Juni d. J. Kaufangebote innerhalb des Preisrahmens von 3,60 EURO bis 4,35 EURO abgeben. Gegenwärtig werden die Aktien der Gesellschaft für 4,60 EURO gehandelt.

● 1. Welche Aufgabe kommt dem Bankenkonsortium bei der Kapitalerhöhung zu?

● 2. Warum wurde für die Ausgabe der jungen Aktien kein fester Ausgabekurs, sondern eine Kursbandbreite festgesetzt (Bookbuilding-Verfahren)?

3. Nachdem alle Anleger ihre Kaufangebote abgegeben haben, setzt das Bankenkonsortium den Ausgabekurs auf 4,10 EURO fest.

● a) Um wieviel DM erhöht sich das Grundkapital?

● b) Wieviel DM flüssige Mittel fließen der **Kessel- und Apparatebau AG Dortmund** zu?

4. Die Aktiengesellschaft hat bisher 12% Dividende gezahlt.

● a) Wieviel DM wurden bisher ausgeschüttet?

b) Die AG will auch künftig den gleichen DM-Betrag (siehe 4.a) ausschütten. Soweit der Gewinn größer ist als der auszuschüttende Betrag, soll er der Gewinnrücklage zugeführt werden und damit der Selbstfinanzierung dienen.

● Wieviel Prozent Dividende kann die Gesellschaft künftig auf das erhöhte Grundkapital ausschütten?

AktG § 182 5. Ein Aktionär hatte vor der Kapitalerhöhung eine Beteiligung von 30% am Grundkapital der Gesellschaft.

● a) Hätte er allein die Kapitalerhöhung verhindern können?

● b) Mit wieviel Prozent wäre er am Grundkapital der Gesellschaft nach der Kapitalerhöhung beteiligt, wenn er keine jungen Aktien beziehen würde?

§ 186 ● c) Warum gibt das AktG dem Aktionär bei einer Kapitalerhöhung ein Recht auf den Bezug junger Aktien?

6. Der Börsenkurs von 4,60 EURO beträgt 180% des wertmäßigen Anteils einer Aktie am Grundkapital. Dies spiegelt im vorliegenden Fall gleichzeitig auch den Bilanzkurs (Eigenkapital in % des Grundkapitals) vor der Kapitalerhöhung wieder.

● a) Ermitteln Sie Grundkapital, Rücklagensumme, Eigenkapital und Bilanzkurs vor und nach der Kapitalerhöhung. Halten Sie die Ergebnisse nach folgendem Tabellenmuster fest.

	Grund-kapital	Rücklagen-summe	Eigen-kapital	Bilanz-kurs
Vor der Kapitalerhöhung	**200 Mio. DM**			**180%**
Nach der Kapitalerhöhung				

HGB § 272 (2) ● b) Auf welches Rücklagenkonto ist das für die jungen Aktien zu zahlende Agio zu buchen?

- c) Warum bezeichnet man die durch die Kapitalerhöhung eingetretene Veränderung des Bilanzkurses als »Verwässerung des Eigenkapitals«?
- d) Um wieviel DM erhält der Aktionär die junge Aktie gegenüber dem neuen Bilanzkurs billiger?
- e) Wieviel DM des Gewinns beim Bezug einer jungen Aktie entfallen auf eine alte Aktie (Rechnerischer Wert des Bezugsrechts)?
- f) Kontrollieren Sie das Ergebnis von e) durch eine Berechnung des Bezugsrechts.

Formel: $$B = \frac{K_a - K_n}{a/n + 1}$$

K_a = Kurs der alten Aktien
K_n = Kurs der »neuen« (jungen) Aktien
a = Anzahl der alten Aktien
n = Anzahl der jungen Aktien

7. Aktionär **Eichhorn,** der keine neue Aktien kaufen will, ist über den Kursrückgang als Folge der Kapitalerhöhung empört.
   Weisen Sie rechnerisch nach, dass er durch die Kapitalerhöhung keinen Vermögensnachteil erleidet.

8. Der Verwaltung der Gesellschaft liegt noch ein anderer Vorschlag vor: Erhöhung des Grundkapitals, jedoch mit der Einschränkung, dass die neuen Aktien nicht mit einem Stimmrecht ausgestattet sein sollen. Als Ausgleich für das fehlende Stimmrecht ist der Besitz der neuen Aktien mit einem Dividendenvorteil verbunden. Soweit Gewinn vorhanden, erhalten die Vorzugsaktien bei der Gewinnverteilung zunächst 12% Dividende, bevor der Restgewinn auf die Stammaktien verteilt wird.
   - a) Beurteilen Sie den Vorschlag vom Standpunkt eines Großaktionärs, der mangels flüssiger Mittel von seinem Bezugsrecht keinen Gebrauch machen kann.
   - b) Beurteilen Sie den Vorschlag vom Standpunkt der Geschäftsleitung der Gesellschaft.
   - c) Warum müssen Vorzugsaktien in der Bilanz gesondert ausgewiesen werden?

10.22 Genehmigtes Kapital

Die **Lebensmittelhandels-AG** hat ein Grundkapital von 50 Mio. DM. Sie plant, durch Übernahme bestehender Lebensmittelhandelsketten zu expandieren. Dafür will der Vorstand im geeigneten Augenblick die erforderlichen Finanzmittel verfügbar haben. Er möchte deshalb einen Beschluss der Hauptversammlung herbeiführen, der ihm den notwendigen Handlungsspielraum gibt.

1. Warum ist eine sofortige Kapitalerhöhung gegen Bareinlage für diesen Zweck nicht geeignet?

2. Der Vorstand möchte für die vorgesehene Expansion einen finanziellen Verfügungsrahmen von 25 Mio. DM schaffen. Er schlägt deshalb der Hauptversammlung vor, ihn zu ermächtigen, im Bedarfsfall das Grundkapital bis zum Nennbetrag von 20 Mio. DM durch Ausgabe neuer Aktien gegen Bareinlagen zu erhöhen. Die Festlegung der Ausgabebedingungen soll ihm überlassen bleiben.
   - a) Wie ist es zu erklären, dass der Vorstand das Grundkapital nur um 20 Mio. DM erhöhen will, obwohl er sich einen Verfügungsrahmen von 25 Mio. DM schaffen will?
   - b) Mit welchem Argument könnte der Vorstand seinen Vorschlag begründen, dass ihm die Ausgabebedingungen der neuen Aktien überlassen bleiben sollen? AktG §§ 202, 204 (1)

3. Die Hauptversammlung stimmt dem Vorschlag des Vorstandes zu.
   - Welche Mehrheit ist dafür erforderlich?

4. Der Vorstand benötigt zum Kauf einer Handelskette 10 Mio. DM. Zur Finanzierung will er aus dem genehmigten Kapital Aktien zum Kurs von umgerechnet 6,25 DM je 5 DM Nennwert ausgeben. Die bisher ausgegebenen Aktien lauten auf einen Nennwert von 50 DM.
   - a) Zu welchem Kurs (umgerechnet in DM) müssten die jungen Aktien ausgegeben werden, wenn man den bisherigen Nennwert beibehalten hätte und das angestrebte Verhältnis von Kurswert und Nennwert gelten soll?
   - b) Welche Absicht verfolgt der Vorstand mit der Festsetzung des Nennwerts der jungen Aktien auf 5 DM?
   - c) Welchem Gesamtnennwert entsprechen die auszugebenden jungen Aktien?

10.23 Kapitalerhöhung aus Gesellschaftsmitteln – Berichtigungsaktien

Die **Baumaschinen-AG** hat folgende Bilanz (zusammengefasst in Mio. DM):

Aktiva — **zusammengefasste Bilanz der Baumaschinen AG** — **Passiva**

Aktiva		Passiva	
Anlagevermögen:		**Eigenkapital:**	
Grundstücke und Gebäude	5,0	Grundkapital (gezeichnetes Kapital)	4,0
Maschinen, Geschäftsausstattung	6,0	Kapitalrücklage	0,2
Umlaufvermögen:		*Gewinnrücklagen:*	
Vorräte	1,5	1. gesetzliche Rücklage	0,6
Forderungen	2,5	2. andere Gewinnrücklagen	1,6
flüssige Mittel	0,1	Gewinnvortrag	0,01
		Fremdkapital:	
		Darlehensschulden	6,8
		Verbindlichkeiten geg. Lieferer	1,89
	15,1		15,1

Die Aktien werden mit 51 EURO je 50 EURO Nennwert gehandelt. Im letzten Geschäftsjahr wurden 20% Dividende auf das Grundkapital ausgeschüttet.

Der Vorstand weist in der Hauptversammlung darauf hin, dass sich ein niedrigerer Börsenkurs positiv auf den Handel der Baumaschinenaktie auswirken würde. Er schlägt deshalb vor, so viele Rücklagen der Gesellschaft in Grundkapital umzuwandeln, wie das Aktiengesetz zulässt.

AktG § 208

1. Wieviel DM Rücklagen der **Baumaschinen-AG** können in Grundkapital umgewandelt werden?

2. Die Hauptversammlung ist dem Vorschlag des Vorstandes gefolgt und hat die Kapitalerhöhung aus Gesellschaftsmitteln beschlossen.
   - a) Welches Bezugsverhältnis (Berichtigungsverhältnis) ergibt sich?
   - b) Stellen Sie die Bilanz nach der Durchführung der Kapitalerhöhung aus Gesellschaftsmitteln auf, wenn so viel Rücklagen in Grundkapital umgewandelt werden, wie nach dem Aktiengesetz möglich ist.

3. Berechnen Sie den Bilanzkurs vor und nach der Kapitalerhöhung aus Gesellschaftsmitteln.

4. Nach der Kapitalerhöhung soll der gleiche DM-Betrag an Dividende ausgeschüttet werden wie im vorausgegangenen Geschäftsjahr.
   - Wie hoch ist jetzt die Dividende in Prozent?

- 5. Berechnen Sie das in der AG vorhandene Eigenkapital vor und nach der Kapitalerhöhung und beurteilen Sie, ob es richtig ist, die Umwandlung von Rücklagen in Aktien als Ausgabe von »Gratisaktien« an die Altaktionäre zu bezeichnen.

- 6. a) Welcher Kurs (umgerechnet in DM) errechnet sich im Durchschnitt für eine Aktie nach der Kapitalerhöhung?
- b) Ermitteln Sie den Wert des Bezugsrechts (Berichtigungsabschlag).
- c) Stellen Sie fest, ob das vom Vorstand angestrebte Ziel, den Börsenkurs zu senken, erreicht wurde.
- d) Welche Vorteile verspricht sich der Vorstand von einem niedrigeren Börsenkurs?
- e) Welche andere Möglichkeit hätte bestanden, um die beabsichtigte Herabsetzung des Börsenkurses und die Steigerung des Handels mit der Baumaschinenaktie zu erreichen?

7. **Christa Mustermann** – Aktionärin der **Baumaschinen-AG** – erhält von ihrer Bank folgendes Schreiben:

BW **BADEN-WÜRTTEMBERGISCHE BANK** Aktiengesellschaft

DATUM: 12. Oktober 19..

Herr/Frau/Firma

Christa Mustermann
Hoffeldstr. 265

77933 Lahr

Depot-Nr.	Konto-Nr
70806400	494320654
Beleg-Nr.	8599

Ausgabe von BERICHTIGUNGSAKTIEN

der BAUMASCHINEN-AG

im Verhältnis 2 zu 1

Auf Grund Ihres Bestandes von

ST 39,00 BAUMASCHINEN-AG AKTIEN 942100

haben wir Ihnen gemäß obigen Verhältnis zustehenden

ST 19,500 BAUMASCHINEN-AG AKTIEN 942104

Ihrem Depot gutgeschrieben.

Die Gesellschaft bittet, alle Spitzenbeträge durch Zu- oder Verkauf auf- bzw. abzurunden. Unter Verwendung des anhängenden Vordrucks wollen Sie uns gegebenenfalls Ihre Entscheidung wissen lassen. Sofern wir innerhalb von 4 Wochen keine Weisung von Ihnen erhalten haben, werden wir das Teilrecht für Ihre Rechnung zum Verkauf aufgeben.

Mit freundlichen Grüßen

BADEN-WÜRTTEMBERGISCHE BANK AG

Diese Mitteilung wird nicht unterschrieben.

- a) Welchen Betrag muss Christa Mustermann aufwenden, wenn ihr »Spitzenbetrag« durch Zukauf abgerundet werden soll?
  (Hinweis: Verwenden Sie zur Lösung das Ergebnis von 6. b).)
- b) Wie verhält sich die **Baden-Württembergische Bank,** wenn **Christa Mustermann** auf das Schreiben nicht reagiert?

10.24 Kauf eigener Aktien – Kapitalerhöhung mit Ausschluss des Bezugsrechts

Vorstand und Aufsichtsrat der **SGL Carbon** haben der für den 23. April 1998 einberufenen Hauptversammlung vorgeschlagen, folgenden Beschluss zu fassen:

AktG § 71 (1) Zi 8

»Die Gesellschaft wird ermächtigt, bis zum 22. Oktober 1999 (18 Monate nach Beschlussfassung) eigene Aktien bis zu zehn vom Hundert des derzeitigen Grundkapitals zu erwerben. Der Kaufpreis für den Erwerb dieser Aktien darf fünf vom Hundert des Börsenkurses nicht unterschreiten und den Börsenkurs um nicht mehr als fünf vom Hundert überschreiten. Als maßgeblicher Börsenkurs im Sinne der vorstehenden Regelung gilt dabei der Mittelwert der Einheitskurse an der Frankfurter Wertpapierbörse während der letzten fünf Börsentage vor dem Erwerb der Aktien.

Der Vorstand wird ermächtigt, die erworbenen eigenen Aktien mit Zustimmung des Aufsichtsrates wieder zu veräußern. ...«

In der Begründung für die vorgeschlagene Beschlussfassung nennt der Vorstand vor allem folgende Gesichtspunkte:

Ⓐ Der Rückkauf eigener Aktien soll zu einer Stabilisierung der Kursnotierung eingesetzt werden.

Ⓑ Im Falle niedrigerer Fremdkapitalzinsen führt ein mit Fremdmitteln finanzierter Rückkauf eigener Aktien zu einer Verbesserung der Rentabilität des Eigenkapitals (Leverage-Effekt).

Ⓒ Der Rückkauf eigener Aktien stellt eine Alternative zur Dividendenzahlung mit steuerlichen Vorteilen für die Aktionäre dar.

● 1. Erläutern Sie, weshalb mit einem Rückkauf eigener Aktien die angegebenen Ziele erreicht werden können.

§ 71 b ● 2. Darf der Vorstand in künftigen Hauptversammlungen das Stimmrecht aus den erworbenen eigenen Aktien ausüben?

● 3. Welche Buchung wäre erforderlich, wenn die Aktiengesellschaft nach vorausgegangenem Beschluss der Hauptversammlung im kommenden Geschäftsjahr zunächst 100 000 eigene Aktien zu einem Stückkurs von 50 EURO durch Banküberweisung erwirbt?

Hinweis: *Kaufspesen bleiben unberücksichtigt.*

§ 71 (2) HGB § 272 (4) ● 4. Der Sprecher der Kleinaktionäre äußert in der Hauptversammlung Bedenken gegen den Erwerb eigener Aktien. Nach seiner Auffassung führt der Erwerb nicht zu einer Erhöhung, sondern zu einer Verringerung der Dividendenzahlungen, wenn die **SGL Carbon** im kommenden Geschäftsjahr eigene Aktien erwirbt.

● Beurteilen Sie, inwieweit die Bedenken des Sprechers berechtigt sind.

5. Auf der einberufenen Hauptversammlung soll nicht nur über den Kauf eigener Aktien, sondern auch über ein genehmigtes Kapital durch Ausgabe neuer Aktien gegen Einlagen (AktG § 202 ff) entschieden werden. In diesem Zusammenhang berichtet der Vorstand der Hauptversammlung weiter:

»Damit eine sich bietende günstige Kapitalmarktsituation ausgenutzt werden kann, wäre es von Vorteil, wenn die Hauptversammlung für die vorgesehene genehmigte Kapitalerhöhung einen Beschluss fasst, wonach das Bezugsrecht ausgeschlossen werden soll.«

- a) Mit welcher Mehrheit müsste die Hauptversammlung einen solchen Beschluss fassen? AktG § 186 (3)
- b) Welche Vorteile erhofft sich der Vorstand, wenn die Hauptversammlung den Beschluss wie vom Vorstand vorgeschlagen fasst?

6. Ein Großaktionär erhebt zu dem Vorschlag des Vorstandes folgenden Einwand:

   »*Wenn die Hauptversammlung den Ausschluss des Bezugsrechts beschließt, führt dies dazu, dass unsere bisherige Stimmrechtsquote in künftigen Hauptversammlungen nicht mehr gegeben ist. Damit wird unser Einfluss bei Abstimmungen geringer.*«

- Warum ist der Einwand des Großaktionärs nicht zutreffend?

10.25 Bedingtes Kapital – Belegschaftsaktien

Der Vorstand der **Chemie-AG** macht aus Anlass des hundertjährigen Firmenjubiläums in der Hauptversammlung den Vorschlag, die 20 000 Belegschaftsmitglieder am Unternehmen zu beteiligen. Die Hauptversammlung beschließt, an die Belegschaft einen Jubiläumsbonus in Form einer einmaligen Gewinnbeteiligung in Höhe von 2 Mio. DM auszuschütten. Der Beschluss sieht vor, dass jedes Belegschaftsmitglied die Möglichkeit hat, seinen Anteil an der Gewinnbeteiligung ganz oder teilweise zum Kauf von Aktien der **Chemie-AG** zu verwenden. Diese Aktien werden der Belegschaft zu 110 DM je 50 DM Nennwert angeboten. Der Börsenkurs beträgt umgerechnet 250 DM je 50 DM Nennwert.

- 1. Welche Vorteile hat die Ausgabe von Belegschaftsaktien gegenüber der Barausschüttung des Gewinnanteils für das Unternehmen?
- 2. Beurteilen Sie die beiden Möglichkeiten, über den Gewinnanteil zu verfügen, vom Standpunkt eines Arbeitnehmers.
- 3. a) Wer entscheidet aufgrund eines Hauptversammlungsbeschlusses darüber, ob und in welchem Maße das Kapital der **Chemie-AG** erhöht wird? AktG § 199
- b) Welche Bedingung muss gegeben sein, damit das Grundkapital der **Chemie-AG** erhöht werden kann? § 192 (2), (3)
- 4. Wie unterscheidet sich die bedingte von der genehmigten Kapitalerhöhung? §§ 192, 202

10.26 Kapitalerhöhung gegen Einlagen – Kapitalerhöhung aus Gesellschaftsmitteln

Lösungsblatt

Auf der Hauptversammlung einer AG werden zur Finanzierung von Erweiterungsinvestitionen in Höhe von 20 Mio. verschiedene Alternativen diskutiert. Das gezeichnete Kapital der AG beträgt bisher 50 Mio. DM, das ausgewiesene Eigenkapital 100 Mio. DM. Die Aktien (Nennwert 50 DM) werden derzeit an der Börse mit umgerechnet 220 DM gehandelt.

1. Der Vorstand schlägt eine Kapitalerhöhung gegen Einlagen um 5 Mio. DM vor. Der Ausgabekurs der jungen Aktien soll bei umgerechnet 150 DM liegen, wobei auf diese Aktien ein Drittel der erwarteten Dividende von 9 DM entfallen soll. Die restlichen Mittel sollen durch Fremdfinanzierung aufgebracht werden. Angenommen, dieser Vorschlag würde realisiert:

   ● a) Wieviel liquide Mittel würden der AG durch Kapitalerhöhung (ohne Berücksichtigung von Emissionskosten) zufließen? Wie verteilt sich dieser Betrag auf die Passivposten der Bilanz?

   ● b) Wie hoch wären Bezugsverhältnis, rechnerischer Mittelkurs und rechnerischer Wert des Bezugsrechts?

   ● c) Wie würde sich der Bilanzkurs ändern?

   ● d) Wie hoch müsste der Ausgabekurs (umgerechnet in DM) sein, wenn der gesamte Investitionsbedarf von 20 Mio. DM durch die vorgeschlagene Kapitalerhöhung gegen Einlagen um 5 Mio. DM (ohne Berücksichtigung von Emissionskosten) gedeckt werden soll?

   ● e) Überlegen Sie, wie sich bei dieser Finanzierung der rechnerische Mittelkurs und der rechnerische Wert des Bezugsrechts im Vergleich zu Aufgabe 1.b) entwickeln würde. Begründen Sie Ihre Antwort und überprüfen Sie Ihre Überlegungen rechnerisch.

2. Eine Gruppe von Großaktionären stellt folgende Alternative zur Diskussion: Kapitalerhöhung gegen Einlage um 4 Mio. DM bei einem Ausgabekurs der jungen Aktien von umgerechnet 195 DM. Zugleich wird eine Kürzung der Dividende auf 6 DM vorgeschlagen, wobei die jungen Aktien aber voll dividendenberechtigt sein sollen.

   ● a) Wieviel liquide Mittel würden der AG bei dieser Kapitalerhöhung (ohne Berücksichtigung von Emissionskosten) zufließen?
   Wie verteilt sich dieser Betrag auf die Passivposten der Bilanz?

   ● b) Wie hoch wären Bezugsverhältnis, rechnerischer Mittelkurs und rechnerischer Wert des Bezugsrechts?

   ● c) Wie würde sich der Bilanzkurs ändern?

   ● d) Wie hoch wäre im vorliegenden Fall der Ausgabekurs (umgerechnet in DM) zu wählen, wenn der AG durch die Kapitalerhöhung (um 4 Mio.) 20 Mio. DM zufließen sollen?

   ● e) Wie würden sich bei dieser Finanzierung der rechnerische Mittelkurs und der rechnerische Wert des Bezugsrechts ändern? Erläutern Sie diese Ergebnisse.

   ● f) Warum sind Großaktionäre in der Regel an einem hohen Bezugskurs interessiert?

3. Ein Sprecher der Kleinaktionäre lehnt beide Vorschläge ab. Er fordert, mit Hinweis auf die vorhandenen freien Rücklagen zunächst eine Kapitalerhöhung aus Gesellschaftsmitteln um 20 Mio. DM vorzunehmen. Die für die Investition notwendigen Mittel sollen danach durch eine Kapitalerhöhung gegen Einlagen in Höhe von 10 Mio. DM und durch die Ausgabe von Schuldverschreibungen beschafft werden. Für die Kapitalerhöhung gegen Einlage schlägt der Sprecher bei einem angenommenen Börsenkurs von umgerechnet 160 DM einen Ausgabekurs von umgerechnet 80 DM für die jungen Aktien vor.

   ● a) Wie hoch wären Berichtigungsverhältnis, Berichtigungsabschlag und rechnerischer Kurs bei der Kapitalerhöhung aus Gesellschaftsmitteln, wenn die Berichtigungsaktien
      - voll dividendenberechtigt sind,
      - einen Dividendennachteil von 3 DM aufweisen?

b) Überlegen Sie, wie sich der Bilanzkurs ändern würde. Begründen Sie Ihre Antwort und überprüfen Sie Ihre Überlegungen rechnerisch.

c) Wieviel liquide Mittel würden der AG durch die nachfolgende Kapitalerhöhung gegen Einlagen (ohne Berücksichtigung von Emissionskosten) zufließen? Wie verteilt sich dieser Betrag auf die Passivposten der Bilanz?

d) Wie hoch wären Bezugsverhältnis, rechnerischer Mittelkurs und rechnerischer Wert des Bezugsrechts bei dieser Finanzierung gegen Einlagen, wenn die jungen Aktien
- voll dividendenberechtigt sind,
- einen Dividendennachteil von 3 DM aufweisen?

e) Wie würde sich der Bilanzkurs gegenüber der Ausgangssituation und dem Ergebnis von b) ändern?

f) Warum sehen Kleinaktionäre in der Regel einen niedrigeren Bezugskurs als vorteilhaft an?

Fremdfinanzierung

10.27 Darlehensvertrag – Kreditwürdigkeitsprüfung bei einem Handelsbetrieb – Finanzierungskennzahlen

Peter Vogt ist Inhaber eines Drogeriemarktes. Einer seiner Lieferanten ist gezwungen, wegen umfangreicher Bauarbeiten sein Lager zu räumen. Er bietet seinem langjährigen Kunden **Peter Vogt** an, die noch am Lager befindlichen Waren 30% unter dem Listenpreis zu liefern. Da **Peter Vogt** in nächster Zukunft sein Sortiment vergrößern will, kommt ihm dieses Angebot sehr gelegen. Er beabsichtigt eine Bestellung in Höhe von 42 000 DM aufzugeben. Nach den Vertragsbedingungen wäre **Vogt** verpflichtet, die Ware sofort bei Lieferung zu bezahlen. **Vogt** verfügt jedoch nicht über die erforderliche Liquidität, zumal er Einkäufe in dieser Größenordnung zunächst nicht geplant hatte. Er wendet sich an seine Hausbank und bittet um Gewährung eines Darlehens in entsprechender Höhe.

1. Um über die Kreditgewährung entscheiden zu können, verlangt der Kreditsachbearbeiter die Vorlage der letzten Bilanz. **Vogt** legt folgende Bilanz vor:

Aktiva — Bilanz des Drogeriemarktes Peter Vogt (in DM) — Passiva

Aktiva		Passiva		
Grundstücke u. Gebäude	1 800 000	Eigenkapital		
Geschäftsausstattung	400 000	Vorjahr:	583 700	
Fahrzeuge	68 000	+ Gewinn (lfd. Jahr)	116 740	
Vorräte	54 000	– Privatentn. lfd. Jahr	84 000	616 440
Bankguthaben	8 000	langfristige Verbindlichkeiten		1 700 000
Kassenbestand	4800	kurzfristige Verbindlichkeiten		18 360
	2 334 800			2 334 800

Der Kreditsachbearbeiter wertet die Bilanzen von Bankkunden mit Hilfe der nachstehenden Kennzahlen aus:

Eigenkapitalquote:	$\frac{\text{Eigenkapital} \times 100}{\text{Gesamtkapital}}$	**Umsatzbedingte Liquidität:** (Liqu. 3. Grades)	$\frac{(\text{Flüss. Mittel}^1 + \text{Fo.} + \text{Vorräte}) \times 100}{\text{kurzfristige Verbindlichkeiten}}$
Barliquidität: (Liqu. 1. Grades)	$\frac{\text{flüssige Mittel}^1 \times 100}{\text{kurzfristige Verbindlichkeiten}}$	**Anlagendeckungsgrad:**	$\frac{\text{Eigenkapital}^2 \times 100}{\text{Anlagevermögen}}$
Einzugsbedingte Liquidität: (Liqu. 2. Grades)	$\frac{(\text{flüss. Mittel}^1 + \text{Forderungen}) \times 100}{\text{kurzfristige Verbindlichkeiten}}$	**Eigenkapitalrentabilität:**	$\frac{\text{Gewinn} \times 100}{\text{Eigenkapital}}$

1 Kasse, Bankguthaben, Schecks, Wechsel, börsengängige Wertpapiere

2 oder: (Eigenkapital + langfristiges Fremdkapital)

a) Errechnen Sie – soweit möglich – aus der vorliegenden Bilanz die Kennzahlen.

b) Beurteilen Sie, ob die errechneten Ergebnisse aus Sicht der Bank eine Kreditgewährung zulassen. ***Hinweis:*** Die Eigenkapitalquote beträgt im Branchendurchschnitt 20%.

2. Nachdem Drogist Vogt mit dem Bankangestellten Einigung hinsichtlich der Kreditkonditionen erzielt hat, wird nachstehendes Formular für einen Darlehensvertrag ausgefüllt:

Darlehensvertrag

Zur bankinternen Bearbeitung

Nr.

Darlehensnehmer (Name, Anschrift, Geburtsdatum)

Peter Vogt
Lange Rötterstr. 14a
68167 Mannheim
geb.: 16. Sept. 1949

Bank

Volksbank Mannheim-Seckenheim

Darlehensnehmer und Bank schließen folgenden Vertrag:

1 Höhe des Darlehens:
Die Bank stellt dem Darlehensnehmer ein Darlehen zur Verfügung in Höhe von DM 44.000

2 Verwendungszweck:

Erweiterung des Warensortiments

3 Konditionen:

3.1 Verzinsung: Das Darlehen ist ab dem Tag der Auszahlung mit 9 % jährlich zu verzinsen.

Dieser Zinssatz ist [x] variabel [ ] festgeschrieben bis zum ______.

Die Bank kann bei Erhöhungen des Marktzinses den Zinssatz – bei einer Zinsfestschreibung frühestens mit deren Ablauf – in angemessener Weise anheben; bei Senkungen des Martkzinses wird sie den Zinssatz – bei einer Zinsfestschreibung frühestens mit deren Ablauf – in angemessener Weise herabsetzen. Zinsanpassungen wird die Bank dem Darlehensnehmer mitteilen.
Bei einer Erhöhung des Zinssatzes kann der Darlehensnehmer den Darlehensvertrag innerhalb eines Monats nach Bekanntgabe der Änderung mit sofortiger Wirkung kündigen. Kündigt der Darlehensnehmer, so wird der erhöhte Zinssatz nicht zugrunde gelegt. Die Bank wird zur Abwicklung eine angemessene Zeit einräumen.

[x] Die Zinsen werden aus dem jeweiligen Darlehenssaldo berechnet.

[ ] Die Zinsen werden berechnet aus dem Darlehenssaldo jeweils zum ______; bis zum ersten auf die vollständige Auszahlung folgenden Stichtag werden die Zinsen aus dem jeweiligen Darlehenssaldo berechnet.

Die Zinsen sind fällig am letzten Tag eines jeden

[ ] Monats [x] Kalendervierteljahres [ ] Kalenderhalbjahres [ ] Kalenderjahres

3.2 Auszahlung: Das Darlehen wird zu einem Auszahlungskurs 98 % ausgezahlt.

Das Disagio wird verrechnet auf einen Zeitraum von ______ und beträgt DM 880

Es ist fällig: [x] in voller Höhe bei Auszahlung des Darlehens oder eines ersten Teilbetrages [ ] anteilig bei jeder Teilauszahlung [ ] unabhängig vom Tag der Auszahlung am ______

3.3 Bearbeitungsgebühr: Die einmalige, sofort fällige, nicht laufzeitabhängige Bearbeitungsgebühr beträgt 0,5 % vom Darlehensvertrag. DM ______

4 Nebenleistungen:

[ ] Jährlicher Verwaltungskostenbeitrag DM ______

[x] Bereitstellungsprovision von 1/2 % pro Monat auf den ab 1.10.d.J. nicht zur Auszahlung kommenden Betrag bis zur vollen Auszahlung jeweils fällig mit den Zinsen.

[ ] Einmalige Abstandsprovision von ______ % auf den endgültig nicht zur Auszahlung kommenden Darlehensteilbetrag. Den Vertragsparteien bleibt der Nachweis vorbehalten, ein Schaden sei wesentlich niedriger oder höher oder überhaupt nicht entstanden.

[ ] ______ DM ______
[ ] ______ DM ______

5 Darlehensrückzahlung: Das Darlehen ist wie folgt zurückzuzahlen:

5.1 ☐ in voller Höhe am [ ]

5.2 ☒ in Raten von DM [5.500 DM] jeweils fällig am [Quartalsende] erstmals am [31.12.d.J.]

Daneben sind in den Fällen 5.1 und 5.2 die Zinsen und Kosten zu den in 3.1 vereinbarten Fälligkeitsterminen zu zahlen.

5.3 ☐ in Höhe von [ ] % jährlich vom ursprünglichen Darlehensbetrag zzgl. der durch Tilgung ersparten Zinsen.

Demnach beträgt die Leistungsrate aus Zins, Tilgung und Kosten z.Zt. DM [ ].

jeweils fällig am [ ], erstmals am [ ]

in gleichbleibenden Raten.

5.4 ☐ für Zins und Tilgung sowie anfallende Kosten von DM [ ]

jeweils fällig am [ ], erstmals am [ ] mit vorrangiger Verrechnung auf Zinsen und Kosten.

Bei Zinsänderungen können die Leistungsraten in den Fällen von 5.3 und 5.4 entsprechend geändert werden. Die neuen Leistungsraten wird die Bank dem Darlehensnehmer mitteilen.

Soweit nichts anderes vereinbart wurde, werden die fälligen Beträge (z.B. Zinsen oder Leistungsraten) dem

Girokonto Nr. [7.82276.08] belastet.

6 Sicherheiten: Alle der Bank zustehenden Sicherheiten sichern alle bestehenden, künftigen und bedingten Ansprüche der Bank aus der Geschäftsverbindung mit dem Darlehensnehmer, soweit nicht im Einzelfall außerhalb dieses Vertrages etwas anderes vereinbart ist; dies gilt auch für hier nicht aufgeführte und aufgrund der Allgemeinen Geschäftsbedingungen haftende Sicherheiten.

Zusätzlich stellt der Darlehennehmer der Bank mit gesonderten Vereinbarungen noch folgende Sicherheiten:

Selbstschuldnerische Bürgschaft des Kaufmanns Lothar Karle (Lieferant des Drogeriemarktes Peter Vogt) in Düsseldorf.

Bei einer Verschlechterung oder erheblichen Gefährdung der Vermögenslage des Darlehensnehmers, eines Mithaftenden oder eines Bürgen oder bei einer Veränderung des Sicherungswerts der im Vertrag vorgesehenen zu bestellenden Sicherheiten, durch die das Risiko der ordnungsgemäßen Rückführung des Darlehens gegenüber dem Zustand bei Vertragsabschluss nicht unwesentlich erhöht wird, kann die Bank vom Darlehensnehmer die Bestellung zusätzlicher geeigneter Sicherheiten nach ihrer Wahl verlangen, auch wenn bisher keine Bestellung von Sicherheiten vereinbart war. Das gleiche gilt, wenn die Angaben über die Vermögensverhältnisse des Darlehensnehmers, eines Mithaftenden oder eines Bürgen sich nachträglich als unrichtig herausstellen. Das Darlehen kann erst in Anspruch genommen werden, wenn sämtliche Bedingungen erfüllt sind, die vorgesehenen Sicherheiten bestellt werden und die Bank deren Ordnungsmäßigkeit geprüft hat.

7 Weitere Darlehensbedingungen:

[ ]

Ergänzend gelten die **Allgemeinen Darlehensbedigungen** (ADB) und die **Allgemeinen Geschäftsbedingungen** (AGB) der Bank. Die ADB sind beigefügt. Die AGB können in den Geschäftsräumen der Bank eingesehen werden; auf Verlangen werden sie ausgehändigt.

Ort, Datum	Ort, Datum
Mannheim, 18. Sept.	Mannheim, 18. Sept. ....
Darlehensnehmer	Bank
Peter Vogt	Volksbank Mannheim-Seckenheim

Verbr KrG §§ 1, 4

a) Prüfen Sie, ob für das Zustandekommen dieses Darlehensvertrages Schriftform vorgeschrieben ist.

b) Der Bankangestellte schlägt die Vereinbarung eines variablen Zinssatzes (vgl. 3.1 Vertragsformular) vor.

Wie müsste sich künftig das Zinsniveau auf dem Kreditmarkt entwickeln, damit sich für **Vogt** aus dieser Vereinbarung Vorteile ergeben?

c) Weshalb wird eine Darlehenshöhe von 44 000 DM vereinbart, obwohl Waren lediglich für 42 000 DM gekauft werden sollen? (Vgl. Punkte 1, 3.2 und 3.3 Darlehensvertrag)

d) Punkt 4 des Darlehensvertrages enthält eine Vereinbarung über die Berechnung von Bereitstellungsprovision.

In welchem Fall muss **Vogt** eine Bereitstellungsprovision an die Bank zahlen? Halten Sie eine solche Vereinbarung für gerechtfertigt?

e) Nach welcher Zeit hat **Vogt** das Darlehen vollständig getilgt?

f) Welche Überlegungen waren für die Entscheidung hinsichtlich der Höhe der Tilgung und damit der Laufzeit des Darlehens bestimmend?

Lösungsblatt

10.28 Kapitalbedarf – Kreditarten – Kontokorrentkredit

Eine Werbeagentur schätzt, dass sich in den ersten 6 Monaten des kommenden Geschäftsjahres die Ein- und Auszahlungen (Angaben in TDM) wie folgt entwickeln werden:

Monate	Januar	Februar	März	April	Mai	Juni
Einzahlungen	6	21	57	66	90	96
Auszahlungen	90	30	63	69	135	54

1. Errechnen Sie den Kapitalbedarf für die einzelnen Monate.
2. Wie entwickelt sich der Kapitalbedarf **insgesamt** (kumulierter Kapitalbedarf) in diesem Zeitraum?
3. Zur Deckung des Kapitalbedarfs über einen Bankkredit werden 2 Alternativen diskutiert:

Alternative I: Inanspruchnahme eines Kredits in Höhe der Spitze des kumulierten Kapitalbedarfs. Dieser Kredit soll – je nach tatsächlichem Kapitalbedarf – den neuen Gegebenheiten halbjährlich angepasst werden (Fälligkeitsdarlehen).
Zinssatz: 9%
Auszahlung: 100%;

Alternative II: Einräumung einer Kreditlinie durch die Bank auf dem Kontokorrentkonto (Kontokorrentkredit) in Höhe des gesamten Kapitalbedarfs (Zinssatz: 12%).

a) Wie ist es zu erklären, dass die Bank für das Fälligkeitsdarlehen einen niedrigeren Zinssatz berechnet als für den Kontokorrentkredit?

b) Wie hoch ist die Zinsbelastung bei jeder Alternative?
Hinweis: Bei der Zinsberechnung nach Alternative II ist davon auszugehen, dass der Kredit jeweils zu Monatsbeginn in Anspruch genommen wird.

c) Warum kann im vorliegenden Fall die günstigste Kreditalternative nicht allein durch einen Vergleich der Zinsbelastung gefunden werden?

4. Arbeiten Sie anhand der in nachstehendem Tabellenmuster aufgeführten Kriterien die wesentlichsten Unterscheidungsmerkmale von Fälligkeitsdarlehen und Kontokorrentkredit heraus.

	Fälligkeitsdarlehen	**Kontokorrentkredit**
Auszahlung/Bereitstellung		
Höhe des Zinssatzes im Vergleich		
Tilgung		
Fälligkeit		

10.29 Schuldscheindarlehen – Ratentilgung – Einmaltilgung – Disagio

Lösungsblatt

Die **Halbleiter-AG** will den Maschinenpark erweitern. Dazu sollen Fremdmittel in Höhe von 2 Mio. DM aufgenommen werden.

Die Geschäftsleitung wendet sich an eine Versicherungsgesellschaft, bei der sie alle Betriebsversicherungen abgeschlossen hat. Die Versicherungsgesellschaft ist bereit, ein Darlehen über 2 Mio. DM gegen Ausstellung eines Schuldscheins durch die **Halbleiter-AG** zu gewähren. Der Kredit ist nach 5-jähriger Laufzeit in **einer** Summe zu tilgen. Die Zinsen in Höhe von 6% sind jeweils am Ende eines Kreditjahres an die Versicherungsgesellschaft zu überweisen. Die Kreditbedingungen sehen vor, dass der Kredit lediglich zu 98% ausgezahlt wird.

Die **Halbleiter-AG** könnte den Investitionskredit auch von ihrer Hausbank ohne Ausstellung eines Schuldscheins bekommen. Das Darlehen soll jährlich mit 20% getilgt werden. Der Zinssatz beträgt 6%, die Auszahlung des Darlehens erfolgt zu 100%.

- 1. Erstellen Sie für jede der beiden Finanzierungsalternativen eine Tabelle nach folgendem Muster:

1	**2**	**3**	**4**	**5**
Jahr	**Darlehensschuld**	**Zinsbetrag**	**Tilgungsbetrag**	**Gesamtbelastung**
1				
...				
...				
5				

- 2. Welche Gründe können das Unternehmen veranlassen, nicht die Alternative mit der geringeren Zinsbelastung zu wählen?
- 3. Warum reicht ein Vergleich der Ergebnisse aus den beiden Tabellen nicht aus, um die Frage nach der günstigsten Finanzierungsalternative zu entscheiden?
- 4. Berechnen Sie den Effektivzins des Schuldscheindarlehens.

10.30 Damnum (Disagio) – Ratentilgung

Lösungsblatt

Die **Maschinenbau-AG** nimmt zur Erweiterung ihres Lagerplatzes von einem Finanzmakler ein Darlehen in Höhe von 1,2 Mio. DM zu folgenden Konditionen auf:

Auszahlung 96% durch Bankscheck, Zins 6%, Tilgung jährlich mit 25% der Anfangsschuld, erstmals am Ende des zweiten Jahres, Maklergebühr 5‰ aus der Darlehenssumme, sonstige Kosten 18 000 DM.

Maklergebühr und sonstige Kosten sind bei Vertragsschluss durch Bankscheck zu begleichen. Das Aufnahme-Abgeld wird linear während der Laufzeit des Darlehens abgeschrieben.

- 1. Errechnen Sie die Gesamtrate für Tilgung und Verzinsung des Darlehens.
- 2. Berechnen Sie, mit wieviel Prozent das Darlehen effektiv zu verzinsen ist.
- 3. Verwenden Sie die Konten
  Geldverkehrskosten, Bank, aktiviertes Damnum, Darlehensschuld, Darlehenszinsaufwand, Abschreibung auf Disagio (Damnum),
  und verbuchen Sie
  a) den Abschluss des Darlehensvertrages (Kreditnebenkosten),
  b) die Auszahlung des Darlehens,
  c) die Zahlung von Zins und Tilgung und die Verteilung des Damnums in den ersten drei Jahren.

10.31 Effektivverzinsung bei (normierten, standardisierten) Ratenkrediten

Herr Maier benötigt für die Anschaffung eines Gebrauchtwagens 5000 DM. Er hat die Möglichkeit, dazu Mittel aus einem Festgeldkonto zu verwenden, für die er Guthabenzinsen in Höhe von 5% p.a. erhalten würde. Andererseits bietet die Bank ihm einen Konsumentenkredit über 5000 DM an, der in 8 Monatsraten zu tilgen ist. Für diesen Ratenkredit berechnet die Bank je Monat 0,4% Zinsen vom ursprünglichen Kreditbetrag sowie eine einmalige Bearbeitungsgebühr von 2%.

- Vergleichen Sie die beiden Finanzierungsalternativen anhand des Effektivzinses und geben Sie an, welche der beiden Möglichkeiten die günstigere ist.

10.32 Vergleich Leasing/Kreditfinanzierung – Effektivverzinsung bei Ratenkrediten

Ein Autohaus bietet beim Kauf eines Pkw mit einer unverbindlichen Preisempfehlung (Listenpreis) von 25 530 DM folgende Finanzierungsalternativen an:

Superkredit von der Volkswagenbank
Anzahlung: 5106 DM; 36 Monatsraten zu je 618,80 DM

Superleasing (inkl. Umsatzsteuer) von der ALD Autoleasing
Einmalige Mietsonderzahlung: 5106 DM,
36 Leasingraten zu je 302,68 DM,
geschätzter Restwert nach DAT (Deutsche Automobil Treuhand): 13 800 DM

- 1. Ermitteln Sie den Effektivzinssatz für die Kreditfinanzierung.
- 2. Ermitteln Sie den Effektivzinssatz für das vom Leasinggeber finanzierte Fremdkapital, indem sie folgende Überlegung anstellen:

  Listenpreis
  – Mietsonderzahlung
  – (abgezinster) Restwert
  = Fremdkapital (Kredit)

  Hinweis: Der Barwert des nach 36 Monaten fälligen Restwertes hängt von der Höhe des zu Grunde gelegten Kalkulationszinsfußes ab. Bei einem Kalkulationszinsfuß von 5% beträgt der Barwert beispielsweise 11 920,96 DM.

- 3. Welche Finanzierungsalternative ist die kostengünstigere?
- 4. Überlegen Sie, ob es für einen Privatmann neben den Finanzierungskosten auch andere Beurteilungskriterien für die Entscheidung zwischen Kredit- und Leasingfinanzierung geben kann.

10.33 Annuitätentilgung – Ratentilgung

Lösungsblatt

Ein Angestellter will bei seiner Bank ein Darlehen über 100 000 DM aufnehmen. Ihm ist daran gelegen, dass die Belastung aus Tilgung und Verzinsung während der Laufzeit des Darlehens gleich bleibt, d.h., er wünscht sich gleichbleibende Annuitäten.

In der Bank wird ihm als Zinssatz für das Darlehen 8% genannt. Es soll in 5 Jahren getilgt sein. Am Ende jedes Jahres ist eine Annuität fällig. Nach Eingabe von Zinssatz und gewünschter Laufzeit des Darlehens in den Computer errechnet das Programm eine jährliche Annuität in Höhe von 25 045,64 DM.

● 1. Erstellen Sie eine Tabelle nach folgendem Muster:

Jahr	Darlehensschuld (Anfang des Jahres)	Tilgung	Zins	Annuität
1				
2				
3				
4				
5				
Summen				

● 2. Wieviel DM hätte der Darlehensnehmer demnach insgesamt nach 5 Jahren gezahlt?

3. Dem Angestellten ist die errechnete jährliche Belastung in Höhe von 25 045,64 DM zu hoch. Er bittet daher seine Bank um eine Neuberechnung der Annuität auf der Grundlage einer nunmehr 10-jährigen Darlehenslaufzeit.

● Welche Annuität errechnet sich, wenn der Zinsfuß ebenfalls 8% beträgt?

Hinweis: Verwenden Sie zur Berechnung nachstehende Tabelle.

Tabelle zur Berechnung der Annuität

Laufzeit in Jahren	Zinssatz							
	1 %	2 %	3 %	4 %	5 %	6 %	7 %	8 %
1	1,01000	1,02000	1,03000	1,04000	1,05000	1,06000	1,07000	1,08000
2	0,50751	0,51505	0,52261	0,53020	0,53780	0,54544	0,55309	0,56077
3	0,34002	0,34675	0,35353	0,36035	0,36721	0,37411	0,38105	0,38803
4	0,25628	0,26262	0,26903	0,27549	0,28201	0,28859	0,29523	0,30192
5	0,20604	0,21216	0,21835	0,22463	0,23097	0,23740	0,24389	0,25046
6	0,17255	0,17853	0,18460	0,19076	0,19702	0,20336	0,20980	0,21632
7	0,14863	0,15451	0,16051	0,16661	0,17282	0,17914	0,18555	0,19207
8	0,13069	0,13651	0,14246	0,14853	0,15472	0,16104	0,16747	0,17401
9	0,11674	0,12252	0,12843	0,13449	0,14069	0,14702	0,15349	0,16008
10	0,10558	0,11133	0,11723	0,12329	0,12950	0,13587	0,14238	0,14903

4. Weisen Sie rechnerisch nach, dass sich der jährliche Tilgungsbetrag beim Annuitätendarlehen gegenüber dem Vorjahr jeweils um die »ersparten Zinsen« erhöht.

5. Dem Angestellten wird von der Bank angeboten, dass er das Darlehen auch in 5 gleichen Raten von je 20 000 DM zuzüglich Zins aus der jeweiligen Restschuld zurückzahlen kann.

● Wieviel DM zahlt er in diesem Falle insgesamt?

6. Worauf ist es zurückzuführen, dass sich trotz gleicher Laufzeit der beiden Darlehensformen eine unterschiedliche Gesamtbelastung ergibt?
7. Welcher Gesichtspunkt wird die Entscheidung des Angestellten für die eine oder andere Tilgungsform bestimmen?

Lösungsblatt

10.34 Annuitätendarlehen mit vorgegebener Anfangstilgung oder vorgegebener Laufzeit – Effektivverzinsung

Ein Bauherr erhält von seiner Bank folgendes Finanzierungsangebot:

Darlehenssumme:	200 000 DM
Zinssatz:	7,5% p.a.
Anfangstilgung:	1,5% p.a.
Auszahlung:	100%

Die jährliche Belastung aus Tilgung und Zinsen soll während der ganzen Laufzeit gleich bleiben (Annuität). Die Annuitäten sind jeweils am Jahresende fällig.

1. Welchen Betrag hat der Bauherr jährlich an die Bank zu zahlen?
2. Welchen Anteil an der Annuität haben Zinsen und Tilgung
   a) im 1. Jahr,
   b) im 10. Jahr?
3. Nach wieviel Jahren ist das Darlehen getilgt?
4. Wieviel Zinsen zahlt der Bauherr insgesamt während der gesamten Laufzeit an die Bank? Vergleichen Sie diesen Betrag mit der Darlehenssumme.
5. Angenommen, der Bauherr kann die Zinsen im Rahmen seiner Einkommensteuererklärung als Werbungskosten im Zusammenhang mit den Einkünften aus Vermietung und Verpachtung geltend machen.
   Welche Steuerersparnis erzielt er
   a) im 1. Jahr,
   b) im 10. Jahr,
   c) während der gesamten Laufzeit, wenn sein Grenzsteuersatz jeweils 30% beträgt?
6. Der Bauherr lässt sich auch Angebote unterbreiten, bei denen das Darlehen bereits nach 10 Jahren getilgt ist.
   a) Welchen Betrag hat der Bauherr in diesem Fall jährlich an die Bank zu leisten, wenn die übrigen Bedingungen der Ausgangssituation entsprechen?
   b) Wie hoch ist in diesem Fall die Steuerersparnis während der gesamten Laufzeit, wenn sein Grenzsteuersatz nach wie vor 30% beträgt? Erläutern Sie den Unterschied zum Ergebnis von 5.c).
7. Die Bank unterbreitet dem Bauherrn für das Darlehen mit 10-jähriger Laufzeit auch verschiedene Angebote, bei denen der Auszahlungssatz unter 100% liegt. Alle Angebote weisen aber einen einheitlichen Effektivzinssatz von ca. 7,5% auf.
   a) Erläutern Sie Sinn und Zweck eines solchen Disagios aus der Sicht des Kreditinstitut und des Schuldners.
   b) Ermitteln Sie mindestens drei verschiedene Kombinationen zwischen Disagio *(maximal 10%)* und Nominalzins, bei denen sich jeweils ein Effektivzins von ca. 7,5% ergibt.
   c) Überprüfen Sie, ob trotz gleichen Effektivzinses Unterschiede zwischen den Darlehensangeboten bestehen, wenn Steuerentlastung (Grenzsteuersatz 30%) und Barwerte (z.B. bei einem Kalkulationszinsfuß von 5%) berücksichtigt werden. Das Disagio soll im Jahr der Darlehensaufnahme in voller Höhe als Werbungskosten geltend gemacht werden.

8. Überprüfen Sie für die von Ihnen bei 7.b) ermittelten drei Angebote mit gleichem Effektivzinssatz, ob sich für den Darlehensnehmer ein Unterschied ergibt, wenn er bei einem Kalkulationszinsfuß von 5% bzw. 10% das Disagio
   a) im Jahr der Kreditaufnahme in voller Höhe als Werbungskosten steuerlich geltend machen kann (vgl. 5.),
   b) in der Steuerbilanz aktivieren und entsprechend der Kreditlaufzeit abschreiben muss?[1] Es wird eine lineare Abschreibung vorgenommen.

10.35 Annuitätendarlehen mit vorgegebener Laufzeit – Ratentilgung

Lösungsblatt

Eine GmbH nimmt ein Darlehen in Höhe von 500 000 DM bei einem Zinssatz von 6% und einer Rückzahlungsdauer von 8 Jahren auf.

1. Wie hoch ist die Annuität?
2. Wie hoch ist der Tilgungsbetrag
   a) im 1. Jahr,
   b) im 8. Jahr?
3. Wie hoch ist die Summe der zu zahlenden Zinsen?
4. Welche Körperschaftsteuerersparnis ergibt sich insgesamt für das Unternehmen beim gegenwärtigen Steuersatz für einbehaltene Gewinne[2], wenn die Zinsen einen betriebsbedingten Aufwand darstellen?
5. Wie würden sich die Ergebnisse von 3. und 4. ändern, wenn die Rückzahlungsdauer 15 Jahre beträgt?
6. Wie würden sich die Ergebnisse von 3. u. 4. ändern, wenn – bei sonst gleichen Bedingungen – anstelle des Annuitätendarlehens ein Darlehen mit Ratentilgung gewählt würde?

10.36 Vergleich verschiedener Darlehensformen

Lösungsblatt

Bei einem Industriebetrieb liegt ein Kreditbedarf in Höhe von 100 000 DM vor. Das Unternehmen rechnet mit einem pauschalen Gewinnsteuersatz von 60% und einem Kalkulationszinsfuß von 10%.

Es stehen folgende vier Darlehensformen zur Auswahl:

a) Darlehen mit Ratentilgung (Tilgung in gleichen Jahresraten und jährlicher Zinszahlung, bezogen auf die jeweilige Restschuld)
b) Annuitätendarlehen
c) Fälligkeitsdarlehen (Einmaltilgung am Ende der Laufzeit) mit jährlicher Zinszahlung
d) Fälligkeitsdarlehen (Einmaltilgung am Ende der Laufzeit) mit Zinseszinszahlung am Ende der Laufzeit.

---

[1] Bei der Ermittlung der Einkünfte aus Vermietung und Verpachtung (Überschuss der Einnahmen über die Werbungskosten) zählt das Disagio gem. einem BFH-Urteil zu den Geldbeschaffungskosten. Es ist wie die Schuldzinsen als Werbungskosten zu behandeln und kann u.U. im Jahr der Kreditaufnahme in voller Höhe steuermindernd geltend gemacht werden (EStG §§ 8, 9, 21).

Steuerpflichtige, die den Gewinn durch Vermögensvergleich ermitteln (EStG §§ 4, 5), müssen in der Steuerbilanz das Disagio aktivieren und entsprechend der Darlehenslaufzeit abschreiben (EStR 1990, Abschn. 37, Abs. 3).

[2] Seit 01.01.1994: 45%

1. Vergleichen Sie bei einer Laufzeit von 10 Jahren und einem Zinssatz von 10% die vier Darlehensformen hinsichtlich
   - des Zinsaufwandes,
   - der Steuerentlastung,
   - der Liquiditätsbelastung,
   - der Barwertsummen.
2. Stellen Sie
   a) die Entwicklung der Zinsen,
   b) die Entwicklung der Restschuld
   für die verschiedenen Darlehensformen im Zeitablauf grafisch dar
3. Ab welcher Höhe des Kalkulationszinsfußes ist das Darlehen mit Ratentilgung günstiger als alle anderen Darlehensformen?
4. Welche besonderen Umstände sind denkbar, die den Betrieb veranlassen könnten, nicht die kostengünstigste Darlehensform zu wählen?
5. Welche Änderung würde sich gegenüber der Ausgangssituation ergeben, wenn der pauschale Gewinnsteuersatz auf 30% sinken würde?
6. Welche Änderung würde sich gegenüber dem Ergebnis von 5. ergeben, wenn der Kalkulationszinsfuß auf 5% sinken würde?

10.37 Fremdfinanzierung: Vergleich Darlehen und Industrieobligation

Die **Industrie-AG** hat einen umfangreichen Auslandsauftrag übernommen. Die Geschäftsleitung schätzt, dass zur Ausführung Investitionen von 10 Mio. DM erforderlich sind. Die **Industrie-AG** will diese mit Fremdkapital finanzieren. Die Bilanz der **Industrie-AG** weist unbelasteten Grundbesitz in Höhe von 15 Mio. DM aus.

Die Hausbank hat sich zur Gewährung eines Darlehens zu folgenden Bedingungen bereit erklärt (siehe Formblatt auf den Seiten 322 und 323).

Im Vorstand wird geprüft, ob es nicht günstiger wäre, eine Anleihe mit folgender Ausstattung aufzulegen:

Anleihebetrag in Teilschuldverschreibungen von nom. 100, 1000 und 10 000 DM;	10 Mio. DM
Verzinsung	6% jährlich
Laufzeit	15 Jahre
Emissionskurs	98%
Rückzahlungskurs	101%
Tilgung in gleichen Jahresraten, beginnend nach fünfjähriger Laufzeit, erstmals am Ende des 6. Jahres.	
Emissionskosten	600 000 DM

1. Vergleichen Sie die beiden Finanzierungsmöglichkeiten vom Standpunkt der **Industrie AG.**

   Berücksichtigen Sie dabei folgende Gesichtspunkte:
   - Einflussnahme der Gläubiger,
   - Stabilität des Zinssatzes,
   - Genehmigungsverfahren.

Landesgirokasse

Landesgirokasse Postfach 386, 70173 Stuttgart

Landessparkasse-Girokasse
öffentliche Bank
Konigstraße 3–5, Postfach 386
70173 Stuttgart
Fernschreiber 07-23868
Aktienhandel 07-22743
Rentenhandel 07-22691
Auslandsgeschäft 07-23566

Telegramme Landesgirokasse
Bankleitzahl u. Kto-Nr. 600 501 01
für Kontoverbindungen
Landeszentralbank Stuttgart
Landesbank Stuttgart
Weitere Kontoverbindung
Postscheckamt Stuttgart
(BLZ 600 100 70) Kto. 8400-701

Girokonto Nr | Unser Zeichen (bitte angeben) | Datum | Vermittlung (07 11) 2 06 11 Durchwahl 20 61

Kreditangebot

Wir erlauben uns, Ihnen die Einräumung eines Kredits in in Höhe von DM 10.000.000,00
auf DM Zehn Mio. Deutsche Mark anzubieten.

Für das Kreditverhältnis sollen die nachstehenden Vereinbarungen Anwendung finden:

1 Laufzeit

Der Kredit wird bis auf weiteres – bis zum eingeräumt.

Für den Kredit wird folgende Rückzahlungsvereinbarung getroffen: Rückzahlbar in 10 gleichen Jahresraten beginnend nach fünfjähriger Laufzeit.

Unbeschadet der vorstehenden Vereinbarung sind Sie und wir berechtigt, den Kredit jederzeit ohne Einhaltung einer Frist zu kündigen.

2 Zinssatz

Für die von Ihnen im Rahmen des vereinbarten Kredits beanspruchten Beträge berechnen wir z.Z. einen Zinssatz von 6 % pro Jahr Daneben erheben wir eine Kreditprovision von 0,4 % pro Jahr aus dem zugesagten Kreditbetrag.

Unberührt von dieser Vereinbarung können wir diese Bedingungen aufgrund der Entwicklung am Geldmarkt jederzeit durch schriftliche Erklärung neu festsetzen

3 Besondere Vereinbarungen keine

4 Sicherstellung

Für den Kredit werden neben anderen (einzelvertraglichen oder Sicherheiten aufgrund unserer Allgemeinen Geschäftsbedingungen) folgende Sicherheiten gestellt:

Eintragung einer Grundschuld an erster Stelle in Höhe von 20 Mio. DM auf den Grundbesitz des Schuldners.

Die vorgenannten Sicherheiten dienen auch zur Sicherung aller weiteren Ansprüche die uns aus der Geschäftsverbindung mit Ihnen bereits zustehen oder künftig zustehen werden, sei es durch Kreditgewährung jeder Art oder durch Diskontierung von Wechseln sowie solcher Ansprüche die kraft Gesetzes oder Rechtsgeschäfte auf uns übergehen oder solche aus Wechseln die von Dritten hereingegeben werden, und zwar jeweils wegen Haupt- und Nebenansprüchen.

470 8/77 (3)

5 Kosten

Alle Kosten, welche aus diesem Kreditverhältnis entstehen oder schon entstanden sind, werden von Ihnen übernommen.

6 Gesamtschuldner

Treten mehrere Kreditnehmer auf, hatten sie als Gesamtschuldner.

7 Anderweitige Verpflichtungen

Wir gehen davon aus, dass Sie uns über alle von Ihnen anderweitig eingegangenen Kredit- und Bürgschaftsverpflichtungen bzw. über deren Veränderungen unterrichten und nicht ohne unser Wissen weitere wesentliche Verbindlichkeiten dieser Art eingehen.

Wenn Sie Dritten irgendwelche Sicherheiten zugestehen oder Ihren Grundbesitz veräußern oder belasten wollen, werden Sie vorher mit uns Kontakt aufnehmen.

8 Auskünfte und Bilanzen

Mit dem Zustandekommen des Kreditvertrages erklären Sie sich damit einverstanden, uns auf Wunsch jederzeit Auskunft über Sie, Ihr Unternehmen sowie Ihr Privatvermögen zu erteilen: Sie gestatten uns auch die Einsichtnahme in Ihre Geschaftsbücher und Unterlagen, Die Jahresbilanz mit Gewinn- und Verlustrechnung Ihres Betriebes werden Sie uns jeweils nach Fertigstellung testiert und unaufgefordert zusenden.

9 Erfüllungsort/Gerichtsstand

Erfüllungsort und Gerichtsstand ist für im Handelsregister eingetragene Kreditnehmer Stuttgart.

10 Allgemeine Geschäftsbedingungen

Ergänzend gelten unsere Allgemeinen Geschäftsbedingungen. Sie liegen in den Kassenräumen unserer Geschäftsstellen zur Einsichtnahme aus.

11 Annahme

An unser Angebot halten wir uns für einen Monat gebunden; danach erlischt es. Im Falle Ihres Einverständnisses bitten wir Sie, die beiliegende Durchschrift, wie vorgesehen, verbindlich unterzeichnet alsbald an uns zurückzusenden.

12 Inanspruchnahme

Der Kredit kann von Ihnen nach Eingang Ihrer Annahmeerklärung bei uns in Anspruch genommen werden – wenn sämtliche Sicherheitsurkunden – und die sonst benannten Unterlagen – ordnungsgemäß bei uns vorliegen. Solange dies nicht der Fall ist, sind wir berechtigt, von unserem Angebot bzw. dem zustande gekommenen Kreditvertrag zurückzutreten.

Wir verbinden mit unserem Kreditangebot den Wunsch nach einer weiteren vertrauensvollen Zusammenarbeit mit Ihnen und empfehlen uns

mit freundlichen Grüßen

Landesgirokasse

Anlagen

An die
Landesgirokasse
Postfach 386

70173 Stuttgart

Annahmeerklärung

Der Kredit wird wie angeboten angenommen.

Datum ____________________

Kreditnehmer ____________________

____

____

f.d.R,: Sachbearbeiter/Zweigstellenleiter

Mithaftungserklärung

Ich/Wir trete(n) sämtlichen Verbindlichkeiten des Kreditnehmers bei, die aus umstehender **Krediteinräumung, Wechseldiskontierungen** sowie aus **Kontaüberziehungen** gegenüber der Landesgirokasse bereits entstanden sind oder **künftig** entstehen werden. Soweit in Ziffer 4 des obigen Kreditvertrages von mir/uns geetellte Sicherheiten genannt sind, haften sie in dem dort angegebenen Umfang

Datum ____________________

1. ____________________

2. ____________________

3. ____________________

2. Geschäftsleitung und Aufsichtsrat der **Industrie-AG** entscheiden sich für die Auflegung einer Anleihe.
   Sie gehen von folgendem Tilgungsplan aus:

Jahresende	Zins- und Tilgungsleistungen			Anleiheschuld	Aufgeldschuld	Abschreibung des fiktiven Aktivums von 300 000,00 DM
	Tilgung	6% Zins	Aufgeld			
1. Jahr		600 000		10 Mio.	100 000	20 000
2. Jahr		600 000		10 Mio.	100 000	20 000
3. Jahr		600 000		10 Mio.	100 000	20 000
4. Jahr		600 000		10 Mio.	100 000	20 000
5. Jahr		600 000		10 Mio.	100 000	20 000
6. Jahr	1 Mio.	600 000	10 000	9 Mio.	90 000	20 000
7. Jahr	1 Mio.	540 000	10 000	8 Mio.	80 000	20 000
8. Jahr	1 Mio.	480 000	10 000	7 Mio.	70 000	20 000
9. Jahr	1 Mio.	420 000	10 000	6 Mio.	60 000	20 000
10. Jahr	1 Mio.	360 000	10 000	5 Mio.	50 000	20 000
11. Jahr	1 Mio.	300 000	10 000	4 Mio.	40 000	20 000
12. Jahr	1 Mio.	240 000	10 000	3 Mio.	30 000	20 000
13. Jahr	1 Mio.	180 000	10 000	2 Mio.	20 000	20 000
14. Jahr	1 Mio.	120 000	10 000	1 Mio.	10 000	20 000
15. Jahr	1 Mio.	60 000	10 000	–	–	20 000
		6 300 000				300 000

- a) Weisen Sie rechnerisch das Zustandekommen des Aufgeldes nach.
- b) Weisen Sie rechnerisch das Zustandekommen des fiktiven Aktivums nach.
- c) Wie heißt der Buchungssatz für die Emission der Anleihe und die Begleichung der Emissionskosten?
  Verwenden Sie dazu folgende Konten: Konto der Obligationäre, fiktives Aktivum, Emissionskosten, Anleiheschuld, Aufgeldschuld, Bank, Anleihezinsaufwand.
- d) Wie heißen die Buchungssätze, die sich aus den Anleiheverpflichtungen am Ende des 8. Jahres ihrer Laufzeit ergeben?

3. Welches Ziel verfolgt die **Industrie-AG,** wenn sie für die Anleihe die Deckungsstockfähigkeit, die Lombardfähigkeit und die Mündelsicherheit anstrebt?

4. Im Prospekt für die Anleihe soll die Effektivverzinsung angegeben werden.
   - a) Wieviel DM muss dem Käufer einer Obligation von nom. 100 DM in der Gesamtlaufzeit der Anleihe aus Agio und Disagio gezahlt werden?
   - b) Warum darf die Summe aus Agio und Disagio nicht zu den 6 DM Jahreszins addiert werden, wenn die jährliche Gesamtbelastung für nom. 100 DM der Anleihe errechnet werden soll?
   - c) Berechnen Sie den Effektivzins (Bruttorendite).

10.38 Emission von Schuldverschreibungen: Übernahme und Unterbringung – Konsortium

Die **Ferrit-AG** hat zur Finanzierung dringender Investitionen die Auflegung einer Anleihe in Höhe von 90 Mio. DM beschlossen.

1. Der Vorstand verhandelt mit der Hausbank, der **CONTINENTAL-Bank AG,** wegen der Emission der Schuldverschreibung. Die Hausbank soll die Anleihe in voller Höhe von 90 Mio. DM zum Kurs 98% fest übernehmen.

Sie beabsichtigt, die Anleihe zu einem Kurs von 99% auf dem Kapitalmarkt zu verkaufen.

- a) Welchen Vorteil hätte die **Ferrit-AG** bei fester Übernahme der Anleihe durch die Bank,
- b) welche Chancen und Risiken hätte dabei die Bank?

BGB § 705

2. Die Hausbank erklärt sich wegen ihrer Liquiditätslage und der Situation am Kapitalmarkt außerstande, die Anleihe allein zu übernehmen. Sie bringt jedoch zu diesem Zweck ein Bankenkonsortium unter ihrer Führung zusammen, d.h., mehrere Banken vereinbaren, mit der **CONTINENTAL-Bank AG** vorübergehend zusammen zu arbeiten, um die Schuldverschreibungen zu platzieren.

- Welche Gesellschaftsform hat ein Konsortium?

3. Auch das Konsortium ist zunächst nur bereit, die Emission kommissionsweise zu besorgen. Der Vorstand der **Ferrit-AG** hat jedoch in Verhandlungen erreicht, dass das Konsortium ein Drittel der Schuldverschreibungen zum Kurs von 98% fest übernimmt und auf den Rest eine Option erhält. Damit hat es für den Fall, dass seine Kunden mehr Papiere kaufen sollten, als das fest übernommene Drittel ausmacht, das Recht, weitere Schuldverschreibungen zum Kurs von 98% von der **Ferrit-AG** anzufordern.

- a) Welchen Vorteil hätte es dem Konsortium gebracht, wenn es die Schuldverschreibungen nur kommissionsweise übernommen hätte?
- b) Welchen Vorteil bietet ihm das Optionsrecht gegenüber der festen Übernahme?

4. Die Mitglieder des Konsortiums legen die Anleihe zur Zeichnung auf. Sie fordern ihre Kunden durch Zeitungsanzeigen und Prospekte zum Kauf der Schuldverschreibungen auf. Interessenten sollen Zeichnungsscheine unterschrieben bei ihrer Bank einreichen.

   Während der Zeichnungsfrist werden für 100 Mio. DM Schuldverschreibungen gezeichnet.

- a) Warum ist das Konsortium nicht verpflichtet, allen Zeichnern die von ihnen gezeichnete Schuldverschreibungssumme zu verschaffen?
- b) Muss jeder Zeichner die von ihm gezeichneten Schuldverschreibungen abnehmen?

10.39 Wandelschuldverschreibung – Umfinanzierung

Die Investitionsplanung einer **Maschinenbau-AG** ist langfristig ausgerichtet. Die Ungewissheit der konjunkturellen Entwicklung verunsichert die traditionellen Käufer von Aktien. Deshalb schlägt der Vorstand der **Maschinenbau-AG** der Hauptversammlung vor, eine Wandelanleihe aufzulegen.

- 1. Warum wählt der Vorstand der **Maschinenbau-AG** diesen Weg der Kapitalbeschaffung, statt das Grundkapital zu erhöhen?
- 2. Warum können Wandelanleihen mit einer niedrigeren Verzinsung ausgestattet werden als gewöhnliche Anleihen?
- 3. Berechnen Sie, welche Mittel der **Maschinenbau-AG** zufließen, wenn in der ersten Umtauschphase Wandelschuldverschreibungen von nom. 16 Mio. DM, in der zweiten von nom. 10 Mio. DM und in der dritten von nom. 4 Mio. DM umgetauscht werden.

4. Wandelobligationen können entweder mit Umtauschrecht in Aktien (Konversionsanleihe) ausgestattet sein oder ein Bezugsrecht auf Aktien (Optionsanleihe) gewähren.

- a) Welche Art der Wandelanleihe liegt hier vor?
- b) Untersuchen Sie die Finanzierungswirkung dieser beiden Arten der Wandelanleihe.

10.40 Leasing und Kreditkauf im Vergleich – Entscheidungsbewertungstabelle

Lösungsblatt

Paul Werner betreibt in 77694 **Kehl** ein Unternehmen, das die Belieferung von Betrieben der Gastronomie mit frischen Fischprodukten zum Gegenstand hat. Die Verkaufsfahrer des Unternehmens belieferten bislang lediglich Hotels und Gaststätten auf der rechtsrheinischen Seite. **Paul Werner** hat beschlossen, seine Verkaufstätigkeit auf das grenznahe Elsass auszudehnen. Dazu ist es erforderlich, 3 Kühlfahrzeuge – Anschaffungskosten je 100 000 DM, Nutzungsdauer 4 Jahre – anzuschaffen.

Einer Ausgabe des Handelsblattes entnimmt er folgende Anzeige:

> IHR KAPITAL SOLL ARBEITEN UND NICHT MIT IHREM FAHRZEUG SPAZIEREN FAHREN.
>
> LMB LEASING GmbH
>
> Huyssenallee 78 · 45128 Essen Tel.: 02 01/45 45-180 · Fax 02 01/45 45-170

1. Beschreiben Sie die Finanzierungsalternativen, auf die vorstehende Anzeige aufmerksam macht.

2. **Paul Werner** steht vor der Frage, die 3 Fahrzeuge zu kaufen oder zu leasen. Da er in jüngster Vergangenheit ein neues Kühllager gebaut hat, ist er darauf angewiesen im Falle des Kaufs in voller Höhe einen Kredit aufzunehmen.

   Seine Hausbank macht ihm ein Kreditangebot mit folgenden Konditionen: Kreditsumme: 300 000 DM, Laufzeit 4 Jahre, Tilgung in gleichen Jahresraten, beginnend am Ende des ersten Jahres; Zinssatz 8% p.a.

   Das Angebot der **LMB Leasing GmbH** für die 3 Fahrzeuge lautet:

   Grundmietzeit: 3 Jahre; innerhalb dieser Zeit ist der Vertrag nicht kündbar,

   Leasingraten: 35 000 DM vierteljährlich nachschüssig während der Grundmietzeit; danach ist ein Kauf der 3 Kühlfahrzeuge zum Gesamtpreis von 75 000 DM möglich;

   Vergleichen Sie Aufwand und Liquiditätsbelastung der beiden Finanzierungsalternativen

   a) während der Grundmietzeit,

   b) während der gesamten Nutzungsdauer,

   wenn die Fahrzeuge linear abgeschrieben werden.

   Begründen Sie, welche Finanzierungsart Ihnen günstiger erscheint.

   Hinweis: Erstellen Sie jeweils eine Übersicht nach folgenden Mustern:

   Leasing:

Jahr	Leasingraten	Aufwand	Liquiditätsbelastung
1			
...			
...			

   Kreditfinanzierung:

Jahr	Kredit (Jahresanfang)	Tilgung	Zins	Abschreibung	Summe Aufwand	Liquiditätsbelastung
1						
...						
...						
...						

- 3. Warum reichen die in den Tabellen ermittelten Ergebnisse allein nicht aus, um eine endgültige Finanzierungsentscheidung zu treffen?
- 4. Welche Auswirkungen auf Aufwand und Liquiditätsbelastung ergeben sich im Falle der Kreditfinanzierung, wenn die Hausbank bereit ist, den Kredit bei sonst gleichen Bedingungen auf eine Laufzeit von 3 Jahren zu gewähren? Verwenden Sie zur Lösung obiges Tabellenmuster zur Kreditfinanzierung.

5. Als Entscheidungshilfe für die Wahl einer der beiden Finanzierungsformen soll folgende Entscheidungsbewertungstabelle[1] benutzt werden:

Kriterium	Wichtigkeit	Leasing		Kreditkauf	
	W	Nutzen B	Gewichteter Nutzen G = W × B	Nutzen B	Gewichteter Nutzen G = W × B
Liquiditätsbelastung					
Aufrechterhaltung von Kreditspielraum					
Übernahme des Investitionsrisikos					
Anpassung an aktuelle Modellentwicklungen					
Summe					

MUSTER

- Treffen Sie auf der Grundlage der in der Entscheidungstabelle ermittelten Ergebnisse eine Finanzierungsentscheidung. Begründen Sie die von Ihnen vorgenommene Punktezuteilung auf die einzelnen Kriterien in der Spalte »Wichtigkeit«.
- 6. **Paul Werner** entscheidet sich für die Leasingfinanzierung. Welche Gründe könnten ihn zu dieser Entscheidung veranlasst haben?

10.41 Analyse einer Vergleichsrechnung: Leasing oder Kauf eines Pkw

Ein Privatmann erhält von der **Leasing- und Handelsgesellschaft Schwaben mbH,** der Tochtergesellschaft eines großen Kfz.-Händlers, den »Leasing-Spiegel«. Darin ist die untenstehende Vergleichsrechnung zwischen Leasing und Kauf eines Pkw abgedruckt.

- Ist diese Vergleichsrechnung auch für einen Privatmann zutreffend?

	Kauf					Leasing		
1	2	3	4	5	6	7	8	9
Jahr	Anschaffungskosten	Verwaltungskosten	Afa (20% p.a.)	Steuerminderung d. AfA und Verwaltungskosten = 50% v. 3 + 4	Gesamtausgaben am jeweiligen Jahresende (kumuliert) (2 + 3 – 5)	Mietzahlungen	Steuerminderung d. Leasing (50% v. 7)	Gesamtausgaben am jeweiligen Jahresende (7 – 8)
1	30 000	180	6 000	3 090	27 090	10 800	5 400	5 400
2		198	6000	3 099	24 189	10 800	5 400	10 800
3		218	6 000	3 109	21 298	10 800	5 400	16 200
	30 000	596	18 000	9 298	21 298	32 400	16 200	16 200

[1] Zur Vorgehensweise bei Erstellung einer Entscheidungsbewertungstabelle vgl. Aufgabe 5.01

Vergleich Kauf – Leasing					
10	11	12	13	14	15
Liquiditäts-plus bzw. -minus bei Leasing (6 – 9)	Zinsgewinne aus frei-gestelltem Kapital aus Vorjahr (15)	Freigestelltes Kapital (10 + 11)	Erwartete Nettorendite in % des freigestellten Kapitals	Zinsgewinn des frei-gestellten Kapitals in DM (13 × 12)	Zinsgewinn kumulativ (Vorjahre 14 + lfd. Jahr 14)
21 690	0	21 690	8	1 735	1 735
13 389	1 735	15 124	8	1 210	2 945
5 098	2 945	8 043	8	643	3 588
					3 588

Berechnungsbasis: 30 000 km/Jahr; angenommener Grenzsteuersatz für gewinnabhängige Steuern: 50%;

zu Spalte 4: AfA-Satz 20% (betriebsgewöhnliche Nutzungsdauer für Pkw und Kombifahrzeuge 5 Jahre)

10.42 Kontokorrentkredit – Wechselkredit

Der Südfrüchte-Importeur **Carlos Schultz** erhält ein Angebot über eine Sendung Orangen für 20 000 DM frei Lager des Verwenders. Der Rechnungsbetrag kann gegen ein 3-Monats-Akzept oder bar innerhalb von 10 Tagen mit 2% Skonto beglichen werden.

Schultz nimmt das Angebot an, weil er die gesamte Sendung noch am selben Tag an die **Früchteverwertungs-GmbH** weiterverkaufen kann. Diese fordert ein Zahlungsziel von 60 Tagen bei unveränderter Preisstellung.

Schultz glaubt, dass sich das Geschäft für ihn lohnt, obwohl er den Rechnungsbetrag nicht verfügbar hat. Ihm steht aber ein Kontokorrentkredit bei seiner Bank zu einem Sollzins von 8% zur Verfügung. Freie Mittel kann er jederzeit zu 5% anlegen.

- Untersuchen Sie, ob es für Schultz vorteilhafter ist,

1. mit einem 3-Monats-Akzept bei einem Diskontsatz von 6% oder
2. bar mit 2% Skonto zu zahlen.

10.43 Forderungsabtretung (Zesssion) – Factoring

Die 18-jährige **Tanja Meister** hat sich am 10.09. d.J. bei der **Fahrschule Traut** zum Führerscheinkurs angemeldet. Noch am gleichen Abend nimmt sie am Fahrschulunterricht teil. Bei der Anmeldung erhält sie von der Fahrschule folgenden Kostenvoranschlag:

Grundbetrag (theoretischer Unterricht)	*360 DM*
Lehrmaterial (Fragebogen)	*30 DM*
Fahrstunde (45 Min.)	*48 DM*
Überlandfahrt/Autobahnfahrt/Nachtfahrt (45 Min)	*65 DM*
Vorstellung zur Prüfung Theorie: 50 DM – Praxis: 150 DM	*200 DM*
Wiederholungsprüfung Theorie: 50 DM – Praxis: 150 DM	*200 DM*

1. **Tanja Meister** schließt mit der Fahrschule einen Vertrag ab.
   - Welche Verpflichtungen hat sie daraus übernommen?

2. Wie ist es zu erklären, dass **Tanja Meister** die folgende Rechnung von der **DATA*PART*** und nicht von der **Fahrschule Traut** erhält?

DATA*PART*

Im Namen Ihrer
Fahrschule Traut
Am Bachholz
99094 Erfurt

DATA*PART* Postfach 710 12527 Berlin

Frau
Tanja Meister
Haageweg 37
99096 Erfurt

Rechnung

Kunden-Nummer	Rechnungsnummer	Rechnungsdatum	Seite
077539-95038	000075	30. Sept. ..	01
*** Bitte bei Anfragen und Schriftverkehr unbedingt angeben ***			

Datum	Fahrzeit/ Menge	Bezeichnung	Klasse	Einzelpreis	Gesamtpreis DM
19.09. ..	1,0	Lehrmaterial/Fragebogen		30,00	30,00
19.09. ..	1,0	Grundbetrag Kl. 3	03	360,00	360,00

UST-Satz	**0 %**	**7 %**	**16 %**
Netto-Betrag DM		28,04	310,35
Umsatzsteuer DM		1,96	49,65
Netto-Betrag EURO		14,34	156,68
Umsatzsteuer EURO		1,00	25,38

Zahlungen mit schuldbefreiender Wirkung sind ausschließlich an die DATA*PART* EDV-Consulting und Factoring GmbH zu leisten!

Gesamtbetrag
DM 390,00
EURO 199,40

Postanschrift	**Hausanschrift**	**Telefon/Telefax**	**Bankverbindung**	**Geschäftsführer**	**Sitz + Amtsgericht**
DATA*Part* EDV-Consulting und Factoring GmbH Postfach 710 12527 Berlin	DATA*Part* EDV-Consulting und Factoring GmbH Luisenstr. 12 12557 Berlin	Tel.: 0 30/1 22 34 Fax: 0 30/12 34-09	Kreissparkasse Berlin Konto 38 908 BLZ 603 800 40	Michael Knauer Matthias Wipfler	Berlin HRB 4298

3. **Fahrlehrer Traut** wurde durch nachstehende Anzeige im Handelsblatt auf die **DATA*PART*** aufmerksam:

Umsatz = Liquidität

Außenstände werden zu Liquidität. Mit 100 Prozent Delkredereschutz

DATA*PART* Consulting und Factoring GmbH

Die **DATA*PART* EDV-Consulting und Factoring GmbH** überweist an die **Fahrschule Traut** nicht den gesamten eingezogenen Rechnungsbetrag.
   - Mit welchen Leistungen der **DATA*PART*** lässt sich ein Abschlag rechtfertigen?

4. **Fahrlehrer Traut** beabsichtigt, seine Fahrschule mit neuen Möbeln auszustatten. Dazu muss er einen Kredit in Höhe von 40 000 DM aufnehmen. Ein Kreditsachbearbeiter der **Berliner Volksbank** schlägt vor, diesen Kredit durch eine Forderungsabtretung (Zession) zu sichern. Die Bank ist darüber hinaus zu dieser Kreditgewährung nur bereit, wenn der Wert der abgetretenen Forderungen mindestens 120 % der Kreditsumme beträgt.

   - a) Stellen Sie in einer Übersicht die wesentlichen Unterschiede zwischen Factoring und Kreditgewährung gegen Zession gegenüber.
   - b) Warum verlangt die **Berliner Volksbank,** dass der Wert der abgetretenen Forderungen 120% der Kreditsumme beträgt?

Innenfinanzierung

10.44 Offene Selbstfinanzierung einer Einzelunternehmung

Hans Isele ist Betreiber eines Sportartikelgeschäftes. Die zusammengefasste Bilanz für das vergangene Geschäftsjahr weist folgende Werte aus:

Aktiva — **zusammengefasste Bilanz (in DM)** — **Passiva**

Aktiva		Passiva		
Anlagevermögen		**Eigenkapital**		
(Grundstücke, Gebäude,		Best. 01.01. lfd. Jahr	1 400 000	
Geschäftsausstattung)	1 480 000	– Privatent. lfd. Jahr	96 000	
Umlaufvermögen		+ Gewinn lfd. Jahr	224 000	1 528 000
Waren	210 000	**Fremdkapital**		196 000
flüssige Mittel (Kasse, Bankguth.)	34 000			
	1 724 000			1 724 000

1. Berechnen Sie, um welchen Betrag sich das Vermögen des Sportartikelgeschäftes während des vergangenen Geschäftsjahres verändert hat (Investierung), wenn **Hans Isele** dem Sportgeschäft weder zusätzliches Fremdkapital noch zusätzliches Eigenkapital von außen zugeführt hat.

2. Unter welcher Voraussetzung ist es möglich, dass sich das Vermögen eines Unternehmens vergrößert, ohne dass die dafür erforderlichen Mittel von außen (z.B. durch Unternehmenseigner, Bank) zugeführt werden?

3. Nachdem die Höhe des Gewinns für das vergangene Geschäftsjahr endgültig feststeht, bittet Herr **Isele** seinen Buchhalter, ihm den bislang nicht entnommenen Gewinn in bar auszuzahlen. Der Buchhalter weist darauf hin, dass dies ohne nachteilige Wirkung für das Unternehmen derzeit nicht möglich ist.

   Welche Gründe sprechen aus der Sicht des Buchhalters gegen eine vollständige Gewinnentnahme?

4. Nach Auskunft einer Anlageberaterin seiner Bank kann **Herr Isele** derzeit bei einer Anlage in festverzinsliche Wertpapiere eine Rendite von 8% erzielen. Andererseits kann bei der derzeitigen Ertragslage des Unternehmens davon ausgegangen werden, dass die Rentabilität des Eigenkapitals gleich bleibt.

   Entscheiden Sie, ob Herr **Isele** seine Gewinne möglichst entnehmen und in festverzinslichen Wertpapieren anlegen sollte oder ob er sie weiterhin in seinem Unternehmen belassen soll.

10.45 Offene Selbstfinanzierung einer AG: Jahresüberschuss – Bilanzgewinn – Rücklagen

1. Die **zusammengefasste** Gewinn- und Verlustrechnung der **Messtechnik AG** zeigt am Ende des 1. Geschäftsjahres folgendes Bild:

Aufwand	**zusammengefasste Gewinn-**	**und Verlustrechnung (in DM)**	**Ertrag**
Summe Aufwendungen	7 500 000	Summe Erträge	9 193 000

   a) Wie groß ist der Jahresüberschuss?

   b) Wie würde im Falle einer Einzelunternehmung der Buchungssatz für den Abschluss des Gewinn- und Verlustkontos lauten?

   c) Warum darf das Gewinn- und Verlustkonto einer AG nicht auf das Konto »gezeichnetes Kapital« (= Grundkapital) abgeschlossen werden?

2. Nachstehender Bilanz**auszug** vor der Durchführung des Jahresabschlusses zeigt die Zusammensetzung des Eigenkapitals:

Aktiva	**vorläufiger Bilanzauszug (in DM)**		**Passiva**
		gezeichnetes Kapital	10 000 000
Vermögen . . .	...	Kapitalrücklagen	500 000
. . .			

   a) Welcher Zusammenhang besteht zwischen dem Ausgabekurs der Aktien (Nennbetrag 5 DM) in Höhe von umgerechnet 5,25 DM/Stück und der in der Bilanz ausgewiesenen Kapitalrücklage in Höhe von 500 000 DM?

   AktG § 150 (2) b) Errechnen Sie den Betrag, den die **Messtechnik AG** aus dem Jahresüberschuss des ersten Jahres einbehalten muss (offene Selbstfinanzierung) und nicht als Dividende an die Aktionäre ausschütten darf.
   Wie hoch ist der maximale Dividendensatz (volle Prozent, abgerundet)?

   HGB § 266 (3) c) Erstellen Sie den Bilanzauszug zum Ende des Geschäftsjahres, wenn der verbleibende Teil des Jahresüberschusses im kommenden Geschäftsjahr an die Aktionäre als Dividende ausgeschüttet werden soll.

   d) Wie hoch ist das Eigenkapital nach der Gewinnverwendung?

3. Wegen der angespannten Liquiditätslage im 1. Geschäftsjahr wollte der Vorstand der **Messtechnik AG** eine möglichst geringe Dividende ausschütten.

   AktG § 58 (2) a) Welche weiteren Beträge könnten Vorstand und Aufsichtsrat aus dem Jahresüberschuss des ersten Geschäftsjahres zur offenen Selbstfinanzierung (Gewinnthesaurierung) verwenden?

   HGB § 266 (3) b) Erstellen Sie den Bilanzauszug, wenn Vorstand und Aufsichtsrat von ihrem Recht Gebrauch machen, den größtmöglichen Teil des Jahresüberschusses einzubehalten.

10.46 Finanzwirtschaftliche Bewegungsbilanz (Finanzierungsbild) – Rücklagenpolitik – Arten der Finanzierung

Für den Lagebericht zum Jahresabschluss einer Aktiengesellschaft soll der Abschnitt Finanzierung vorbereitet werden. Folgende Daten stehen zur Verfügung (in Mio. DM):

AKTIVA	Jahr 1	Jahr 2	Mittel-herkunft	Mittel-verwendung
I. Anlagevermögen				
Unbebaute Grundstücke	100	100		
Gebäude	800	750		
Betriebseinrichtungen	1 600	1 350		
Finanzanlagen	2 500	3 000		
II. Umlaufvermögen				
Vorräte	1 200	1 300		
Forderungen	1 800	2 100		
Flüssige Mittel	500	700		
Bilanzsumme	8 500	9 300		
PASSIVA				
Gezeichnetes Kapital	1 700	2 000		
Gewinnrücklagen	2 100	2 300		
Rückstellungen	1 800	1 600		
Verbindlichkeiten	2 750	3 200		
Bilanzgewinn	150	200		
Bilanzsumme	8 500	9 300		

Abschreibungen im Jahr 2:
- auf Gebäude 10
- auf Betriebseinrichtungen 190

Es ist davon auszugehen, dass die Aktionäre in beiden Jahren auf eine Ausschüttung des Bilanzgewinns verzichten.

1. a) Stellen Sie für jede Position fest, ob die Veränderung von Jahr 1 auf Jahr 2 eine Mittelherkunft oder eine Mittelverwendung anzeigt.

   b) Weisen Sie durch Erstellung einer Bewegungsbilanz nach folgender Struktur nach, dass die Summen aus Mittelverwendung und Mittelherkunft einander entsprechen.

   Bewegungsbilanz

Mittelverwendung	Mittelherkunft
Vermehrung der Aktiva Verminderung der Passiva	Verminderung der Aktiva Vermehrung der Passiva

2. Gliedern Sie die Summe der Mittelherkunft in
   - Beteiligungsfinanzierung,
   - offene Selbstfinanzierung,
   - Fremdfinanzierung und
   - Finanzierung durch Umschichtung.

3. Nehmen Sie zu der Behauptung Stellung, dass Rücklagenbildung als Finanzierungsinstrument der Grundkapitalerhöhung vorzuziehen sei, weil sie nicht mit Dividendenanspruch verbunden ist.

4. Die unbebauten Grundstücke wurden auf Grund zwingender gesetzlicher Bewertungsvorschriften mit 100 Mio. DM bilanziert, obwohl der Tageswert schon seit langem 140 Mio. DM beträgt.

   Wie ändert sich bei Berücksichtigung dieses Sachverhalts die Gesamtsumme der Mittelherkunft und welcher Finanzierungsart ist die Differenz zuzuordnen?

5. Wie beurteilen Sie eine Unternehmenspolitik, die auch ohne gesetzlichen Zwang Vermögensgegenstände bewusst wegen der damit verbundenen Finanzierungswirkung unter ihrem tatsächlichen Wert ansetzt?

10.47 Stille Selbstfinanzierung

Die Firma **Franz Winterhalter OHG** stellt Geschirr- und Gläserspülmaschinen für gewerbliche Verwender (Gaststätten, Kantinen etc.) her. Nachdem vor 3 Jahren der Produktionsbereich vollständig modernisiert wurde, folgt nunmehr auch die Verwaltung nach. Nach Fertigstellung des neuen Verwaltungsgebäudes im Januar d.J. wurden die Büroräume neu eingerichtet. U.a. wurden verschiedene Bürostühle, Personalcomputer sowie ein für Kurierdienste verwendeter VW-Golf an Betriebsangehörige verkauft. Verkaufspreise sowie Buchwerte (zum 31.12. d.Vj.) einiger Vermögensgegenstände sind nachstehender Tabelle zu entnehmen.

	Verkaufspreise (ohne UST)	**Buchwerte zum 31.12 des Vorjahres**
VW-Golf	22 000 DM	siehe Anlagekartei
6 Bürostühle	200 DM/Stuhl	je 1 DM

EStG § 6 (2) ● 1. Wie ist es zu erklären, dass die Bürostühle zu einem Buchwert von jeweils 1 DM in der Bilanz stehen, obwohl sie erst im Juni des vergangenen Jahres angeschafft wurden?

● 2. Wie lautet der Buchungssatz beim Verkauf der 6 Bürostühle (USt-Satz: 16%)?

3. Der Steuerberater der **Franz Winterhalter OHG** hat für das Unternehmen einen Gewinnsteuersatz von 50% ermittelt.

● Errechnen Sie, welche steuerlichen Wirkungen mit einem Verkauf der Bürostühle verbunden sind.

4. Der Auszubildende **Kurt Kugler,** der den Verkaufsvorgang bucht, stellt gegenüber dem zuständigen Buchhalter folgende Behauptung auf: »Die für das Unternehmen nachteiligen steuerlichen Wirkungen wären nicht eingetreten, wenn man die Bürostühle linear abgeschrieben hätte. Dann wäre nämlich der Restbuchwert zum Zeitpunkt des Verkaufs erheblich höher«.

§ 7 (1) ● a) Stellen Sie fest, ob lineare Abschreibung möglich gewesen wäre.

● b) Welcher Restbuchwert hätte sich im Falle der linearen Abschreibung ergeben, wenn die Stühle 3 Jahre nach deren Anschaffung (dreimalige Abschreibung) verkauft werden? (Anschaffungskosten je Stuhl: 790 DM, Nutzungsdauer 10 Jahre).

● c) Wie hoch wäre in diesem Falle der Veräußerungsgewinn/-verlust aus dem Stuhlverkauf gewesen?

● d) Überprüfen Sie, ob der Auszubildende **Kugler** mit seiner Behauptung Recht hat.

5. Der Buchhalter erklärt dem Auszubildenden **Kugler,** dass die Inanspruchnahme erhöhter Abschreibungen mit einer »geräuschlosen« Finanzierungswirkung verbunden ist, die dem Unternehmen »zinslos« Mittel zur Verfügung stellt.

● Beschreiben Sie die angesprochene Finanzierungswirkung.

6. Die Anlagekartei für den verkauften VW-Golf enthält folgende Informationen (s. Seite 337, oben):

§ 7 (1), (2) ● a) Erklären Sie, was mit der Abschreibungsart »geometrisch-degressiv/linear« (vgl. Zeile AfA-Art in der Anlagekarte) gemeint sein könnte.
Welches Ziel verfolgt die **Franz Winterhalter OHG** mit dieser Abschreibung?

● b) Stellen Sie fest, wie hoch die von der **Franz Winterhalter OHG** gebildeten stillen Reserven in diesem Falle sind.

Anlagekartei (Karte Nr. 53)

Bezeichnung des Gegenstandes:	VW-Golf
Standort:	Garage I (Industriestraße)
Inventar-Nr.:	7413
Anschaffungs- bzw. Herstellungstag:	14. April 1994
Nutzungsdauer in Jahren:	5
AfA-Art:	geometrisch-degressiv/ linear

	DM	**Abschreibung kumuliert DM**	**Buchwert DM**
Anschaffungs-/Herst.-Kosten	35 600,00		
– **Abschreibung** 1994	10680,00	10680,00	24920,00
– **Abschreibung** 1995	7476,00	18156,00	17444,00
– **Abschreibung** . . .			

7. Die **Franz Winterhalter OHG** hat im vergangenen Jahr für die Mensa einer süddeutschen Universität einen Geschirrspüler geliefert, bei dem innerhalb der Garantiezeit ein Schlauch geplatzt ist. An Gebäude und Einrichtung der Mensa ist dadurch ein Wasserschaden entstanden, der von einem Sachverständigen auf 30 000 DM geschätzt wurde. Der Schaden kann erst im nächsten Jahr beseitigt werden.

   ● a) Welche Auswirkungen hat dieser Schadensfall auf den Jahresabschluss der **Franz Winterhalter OHG,** wenn eine Schadensregulierung durch eine Versicherung ausgeschlossen ist? HGB § 249 (1)

   Wie ist gegebenenfalls zu buchen?

   b) Im August des laufenden Jahres sind die Reparaturarbeiten abgeschlossen. Die Summe aller eingegangenen Rechnungen beläuft sich auf 18 200 DM.

   ● Wie ist im laufenden Geschäftsjahr zu buchen, wenn der angegebene Betrag an die Universitätsverwaltung überwiesen wird?

   ● c) Beschreiben Sie, zu welchen Finanzierungswirkungen dieser Schadensfall bei der **Franz Winterhalter OHG** geführt hat.

● 8. Fassen Sie zusammen, aufgrund welcher Maßnahmen bei der **Franz Winterhalter OHG** eine stille Selbstfinanzierung erfolgte.

10.48 Kreislauf der Abschreibung – Kapitalfreisetzungseffekt

Die **Karlsruher Solarfabrik** hat vor 3 Jahren die Produktion von Solarmodulen aufgenommen. Die in der Startphase erforderlichen Anlageinvestitionen haben zu einem hohen Kapitalbedarf geführt, der zu einem großen Teil über Bankkredite finanziert wurde. Trotz stetig wachsender Nachfrage wurden zwischenzeitlich keine weiteren Investitionen vorgenommen.

Nachstehend zusammengefasste Gewinn- und Verlustrechnung gibt über das erzielte Jahresergebnis des 3. Geschäftsjahres Aufschluss:

Aufwendungen	Gewinn- und Verlustrechnung (in DM)		Erträge
Personalaufwand	2 400 000	Umsatzerlöse	8 200 00
Abschreibungen	1 100 000		
Materialaufwand	2 600 000		
Zinsen	600 000		
sonstige Aufwendungen (z.B. Strom, Energie u.a.)	400 000		
Gewinn	1 100 000		
	8 200 000		8 200 000

1. Die Zahlungsbedingungen der Karlsruher Solarfabrik lassen ausschließlich Barzahlung zu. Ein Verkauf der Solaranlagen führt demnach unmittelbar zu einer Erhöhung der flüssigen Mittel des Unternehmens.

- Welcher Betrag an flüssigen Mitteln war erforderlich, um die Aufwendungen des laufenden Geschäftsjahres zu begleichen, wenn die Solarfabrik grundsätzlich bar bezahlt?

2. Das Unternehmen beabsichtigt, eine Erweiterungsinvestition in Höhe von 800 000 DM vorzunehmen.

- Prüfen Sie anhand des vorliegenden Zahlenmaterials, ob dies ohne die Aufnahme eines Kredits und ohne die Zuführung zusätzlicher Eigenmittel möglich ist, wenn der Gewinn a) einbehalten,
  b) ausgeschüttet wird.

3.

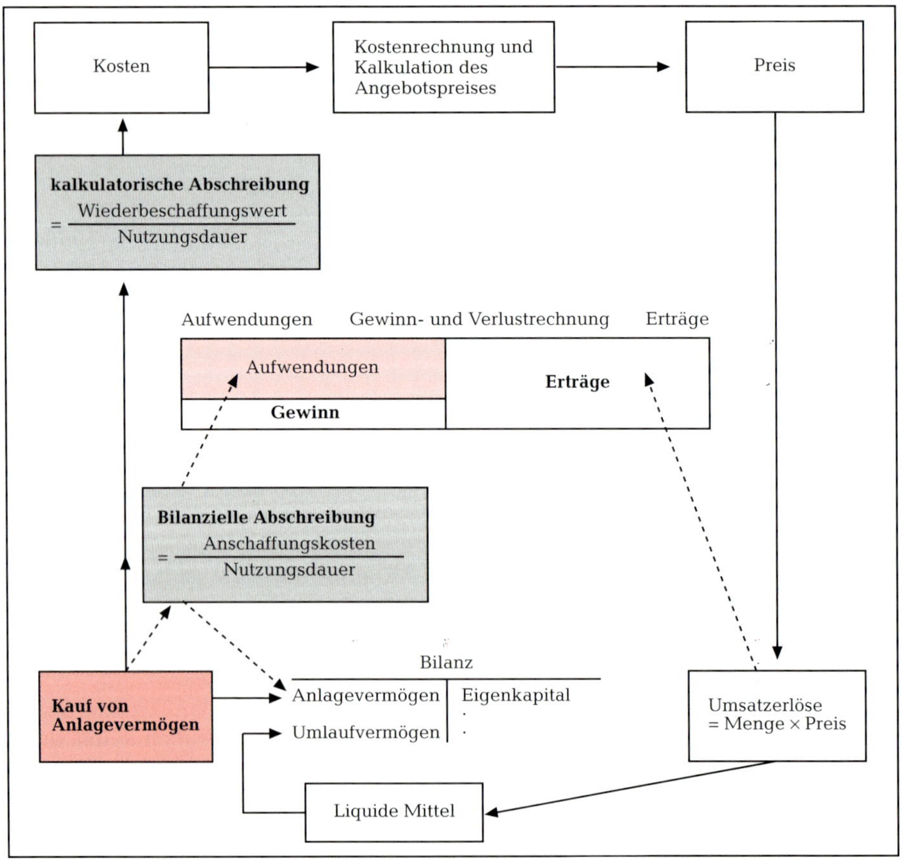

Die **Solarfabrik** kauft im nächsten Jahr eine neue Produktionsanlage für 100 000 DM. Die Nutzungsdauer beträgt 5 Jahre. Die Abschreibung soll linear vorgenommen werden. Es wird von konstanten Wiederbeschaffungspreisen ausgegangen, sodass Anschaffungswert und Wiederbeschaffungswert der Produktionsanlage gleich hoch (100 000 DM) sind. Die Preise, die die Solarfabrik am Markt erzielt, sind so hoch, dass nicht nur sämtliche Kosten gedeckt sind, sondern darüber hinaus Gewinn erzielt wird.

- Ermitteln Sie anhand des vorhergehenden Schaubildes, das den Kreislauf der Abschreibungen zeigt, in welcher Höhe durch die Anschaffung der neuen Produktionsanlage im ersten Jahr
  a) Aufwendungen,
  b) Kosten,
  c) Erträge,
  d) liquide Mittel aus Abschreibungsrückflüssen entstanden sind.

4. Welche Änderungen ergeben sich im Vergleich zu Nr. 3, wenn ein Wiederbeschaffungswert für die Produktionsanlage in Höhe von 110 000 DM zugrunde gelegt wird?

5. Angenommen, der Gewinn soll in voller Höhe ausgeschüttet werden. In welcher Höhe stünden der Solarfabrik im 1. Jahr dann noch liquide Mittel aufgrund der Abschreibungen zur Verfügung?

6. Wie würde sich das Ergebnis von 5. ändern, wenn die bilanziellen Abschreibungen nicht linear, sondern degressiv mit einem Abschreibungssatz von 30% vorgenommen würden?

7. Es wird behauptet, die bilanziellen Abschreibungen würden als »Ausschüttungssperre« wirken, indem sie dafür sorgen, dass liquide Mittel, die sonst als Gewinn versteuert und ausgeschüttet würden, im Unternehmen verbleiben.
   - Überprüfen Sie diese Behauptung.
   Ermitteln Sie dazu anhand des Zahlenbeispiels aus Nr. 3 die Gewinnänderung, die sich ergeben würde, wenn die bilanzielle Abschreibung in der GuV nicht vorgenommen würde.

10.49 Finanzierung aus Abschreibungen: Abschreibungsrückfluss und Investition – Kapazitätserweiterungseffekt

Lösungsblatt

Ein Unternehmen wird bei seiner Gründung mit 10 gleichen Maschinen ausgestattet. Jede Maschine kostet 20 000 DM und hat eine Lebensdauer von 5 Jahren. Die Abschreibung erfolgt linear ohne Berücksichtigung eines Schrottwertes. Aufgrund der Marktsituation soll die Kapazität des Unternehmens in den folgenden Jahren ausgeweitet werden. Sobald aus Abschreibungsrückflüssen die notwendigen Mittel vorhanden sind, soll zu Beginn des folgenden Jahres eine neue Maschine gekauft werden. Das Unternehmen verkauft nur gegen bar und arbeitet mit Gewinn.

1. Zeigen Sie die Entwicklung bis zum Beginn des 6. Jahres in einer Tabelle nach folgendem Muster:

Jahresanfang			Jahresende				Anfang Folgejahr	
Jahr	Ma.-zahl	Σ Anschaffungswerte	Abschreibung	Σ Restwerte	liquide Mittel	Maschinen Abgang	Zugang	liquide Mittel (Rest)
1								
2								
3								
4								
5								
6								

2. Beweisen Sie aus der Tabelle, dass die Abschreibung die Summe des in der Bilanz ausgewiesenen Vermögens nicht verändert.

3. Mit einer Maschine können im Jahr 100 000 Stück hergestellt werden.
   Stellen Sie dar, wie sich die Kapazität des Betriebs infolge der ständigen Reinvestition der zurückgeflossenen Abschreibungsbeträge von Jahr zu Jahr verändert hat.

4. Wieviel Stück könnte der Betrieb mit den zu Beginn des Jahres 1 vorhandenen Maschinen in der Gesamtnutzungszeit der Maschinen insgesamt herstellen?

5. Erklären Sie, warum durch Reinvestition der Abschreibungsrückflüsse die Kapazität eines Unternehmens vergrößert wird.

6. Formulieren Sie die Erkenntnisse, die Sie aus den Ergebnissen zu den Aufgaben 1 – 4 für Voraussetzungen und Wirkungen der Reinvestition von Abschreibungserlösen ziehen können.

Lösungsblatt

10.50 Finanzierung von Investitionen aus Abschreibungsrückflüssen: Gesamtkapazität – Periodenkapazität

Ein Omnibusbetrieb ist bei seiner Gründung mit 10 Kleinbussen ausgestattet. Die Anschaffungskosten für einen Bus betragen 100 000 DM. Die betriebsgewöhnliche Nutzungsdauer beläuft sich auf 4 Jahre. Während dieser Zeit wird mit einer Fahrleistung von 200 000 km je Bus gerechnet, die sich gleichmäßig auf die Nutzungsdauer verteilt. Die Busse werden linear vom Anschaffungswert abgeschrieben. Die Umsatzerlöse decken sämtliche Kosten. Aufgrund zunehmender Aufträge zur Schülerbeförderung erweist sich in den kommenden Jahren eine Ausweitung des Wagenparks als nötig. Daher werden liquide Mittel in Höhe der Abschreibungen zu Beginn des neuen Jahres für den Kauf weiterer gleichartiger Kleinbusse verwendet. Die Anschaffungskosten der Busse bleiben konstant.

1. Ermitteln Sie für die ersten 10 Jahre die wert- und mengenmäßige Entwicklung des Wagenparks und erläutern Sie, warum sich durch die Investition von Abschreibungsrückflüssen die Zahl der Busse erhöht.

2. Stellen Sie die mengenmäßige Entwicklung des Wagenparks (Zahl der Busse) grafisch dar (y-Achse: Maschinenzahl, x-Achse: Jahre).

3. Geben Sie an, um wieviel Prozent sich der Wagenpark gegenüber der Erstausstattung jeweils verändert hat:

	4. Jahr	5. Jahr	6. Jahr	10. Jahr
Kapazitätszuwachs in % gegenüber der Erstausstattung				

4. Weisen Sie anhand der bei Aufgabe 1. ermittelten Zahlen nach, dass sich infolge der aus Abschreibungsrückflüssen finanzierten Erweiterungsinvestition zwar der Wagenbestand und damit die Transportkapazität in den einzelnen Jahren (Periodenkapazität), nicht aber die Substanz des Betriebes und damit die Transportleistung während der gesamten Lebensdauer der Busse (Gesamtkapazität) erhöht hat.

5. Angenommen, aufgrund der günstigen Marktsituation soll eine durch Investition der Abschreibungsrückflüsse einmal erreichte Transportkapazität nicht mehr verringert werden. Wann und warum ergeben sich in diesem Fall zusätzliche Finanzierungsprobleme?

10.51 Kapazitätserweiterungseffekt (Lohmann-Ruchti-Effekt): Bedingungen und Ausmaß der Kapazitätserweiterung

Finanzierung aus Abschreibungen

Lösungsblatt

1. Ein Industriebetrieb ist bei seiner Gründung mit 10 gleichen Maschinen mit einer jährlichen Produktionskapazität von je 1000 Mengeneinheiten (ME) ausgestattet. Der Anschaffungswert jeder Maschine beträgt 20 000 DM. Die betriebsgewöhnliche Nutzungsdauer beläuft sich auf 10 Jahre. Die Maschinen werden linear vom Anschaffungswert abgeschrieben. Dies entspricht auch dem Verlauf der Wertminderung. Die Umsatzerlöse decken sämtliche Kosten und gehen bar ein. Liquide Mittel in Höhe der Abschreibungen werden zu Beginn des neuen Jahres für den Kauf weiterer gleichartiger Maschinen verwendet. Die Anschaffungskosten der Maschinen bleiben konstant.

a) Ermitteln Sie für die ersten 20 Jahre die wert- und mengenmäßige Entwicklung des Maschinenbestandes.

b) Stellen Sie die mengenmäßige Entwicklung des Maschinenbestandes grafisch dar (y-Achse: Maschinenzahl, x-Achse: Jahre).

c) Erläutern Sie anhand der bei Aufgabe 1.a) ermittelten Zahlen den Kapitalfreisetzungs- und den Kapazitätserweiterungseffekt.

d) Die Entwicklung des Maschinenbestandes lässt sich in vier Phasen einteilen. Geben Sie für den vorliegenden Fall an, in welchen Jahren jeweils eine neue Phase beginnt und versuchen Sie, die einzelnen Phasen zu charakterisieren. Benutzen Sie dabei auch die bei Aufgabe 1.b) erstellte Grafik.

Phase	Jahr	Besonderheiten bei der Entwicklung des Maschinenbestandes
1		
2		
3		
4		

e) Überprüfen Sie für die oben (bei Aufgabe 1.d)) dargestellten vier Phasen der Entwicklung des Maschinenbestandes, ob sich mit dem Maschinenbestand
- die Periodenkapazität (Produktionskapazität aller Maschinen je Jahr),
- die Gesamtkapazität (Produktionskapazität aller Maschinen in den Restnutzungsjahren) verändert hat.

f) Der Kapazitätserweiterungsfaktor (KEF) gibt an, um welchen Faktor sich die Erstausstattung bei Erreichen des Gleichgewichtszustandes vervielfacht hat. Der Gleichgewichtszustand ist dann erreicht, wenn bei weiterer Investition der Abschreibungsbeträge der Maschinenbestand konstant bleibt.

Vervollständigen Sie die folgende Tabelle und erläutern Sie aus den Zahlen der vervollständigten Tabelle den Zusammenhang zwischen Nutzungsdauer und Kapazitätserweiterungsfaktor bei linearer Abschreibung.

Nutzungsdauer in Jahren	1	2	3	5	8	10	20
lineare Abschreibung in %							
KEF							

- Überprüfen Sie die gefundenen Werte anhand folgender Formel:

  (n = Nutzungsdauer): $KEF = 2 \frac{n}{n+1}$

2. Angenommen, anstelle der 10 Maschinen mit einem Anschaffungswert von 20 000 DM und einer jährlichen Produktionskapazität von je 10 000 ME hätte der Industriebetrieb die gleiche Produktionskapazität auch mit
   a) 4 Maschinen (Anschaffungswert 50 000 DM, jährliche Produktionskapazität 2500 ME je Maschine),
   b) 2 Maschinen (Anschaffungswert 100 000 DM, jährliche Produktionskapazität 5000 ME je Maschine)

   erreichen können.

- Stellen Sie fest, wie sich diese Änderungen auf den Maschinenbestand auswirken und füllen Sie dazu folgende Tabelle aus:

Maschinenzahl der Erstausstattung	Periodenkapazität im 1. Jahr	Änderung der Periodenkapazität gegenüber dem 1. Jahr			
		4. Jahr	5. Jahr	6. Jahr	10. Jahr
10	10 000				
4	10 000				
2	10 000				

3. Angenommen, die 10 Maschinen der Ausgangssituation unterliegen nach wie vor einem linearen Werteverzehr. Anschaffungskosten und Nutzungsdauer bleiben ebenfalls unverändert. Bilanziell werden die Maschinen aber degressiv mit dem höchsten steuerlich zulässigen Satz[1] abgeschrieben. Die Gewinn- und Verlustrechnung weist zwar immer noch einen Gewinn aus, der aber aufgrund der überhöhten Abschreibungen entsprechend geringer ausfällt. Es werden jährlich Mittel in Höhe der bilanziellen Abschreibungen für den Kauf gleichartiger Maschinen investiert.

- a) Ermitteln Sie für die ersten 10 Jahre die wert- und mengenmäßige Entwicklung des Maschinenbestandes und erläutern Sie die Abweichungen gegenüber den Ergebnissen der Aufgabe 1.
- b) Tragen Sie die Entwicklung des Maschinenbestandes in die bei Aufgabe 1.b) erstellte Grafik ein.
- c) Weisen Sie rechnerisch nach und erläutern Sie, dass in der gegebenen Situation die Finanzmittel zur Erweiterung des Maschinenbestandes teilweise durch stille Selbstfinanzierung beschafft wurden.
- d) Ergänzen Sie die folgende Tabelle, und erläutern Sie die Unterschiede zu den Ergebnissen der Aufgabe 1.f).

Nutzungsdauer in Jahren	1	2	3	5	8	10	20
degressive Abschreibung in %							
KEF							

[1] Höchstsatz gem. EStG § 7, Abs. 2: Dreifaches des linearen Abschreibungssatzes, aber maximal 30%.

e) Stellen Sie fest, ob und wie sich in den ersten 10 Jahren der Nutzung mit der Veränderung des Maschinenbestandes die Periodenkapazität und die Gesamtkapazität verändert haben. Erklären Sie, warum sich in diesem Fall die Gesamtkapazität vergrößert hat, nicht aber unter den bei Aufgabe 1 gegebenen Bedingungen.

c 4. Fassen Sie die Ergebnisse zusammen, die sich aus den Lösungen der Aufgaben 1 – 3
- für die Voraussetzungen des Kapazitätserweiterungseffektes,
- für das Ausmaß des Kapazitätserweiterungseffektes ziehen lassen.

10.52 Abschreibungen und Substanzerhaltung unter Berücksichtigung einer Erhöhung der Wiederbeschaffungspreise

Lösungsblatt

Ein Industriebetrieb hat 10 gleichartige Maschinen mit einem Anschaffungswert von jeweils 20 000 DM und einer betriebsgewöhnlichen Nutzungsdauer von 10 Jahren angeschafft. Die Finanzierung erfolgte mit Eigenkapital. Es wird davon ausgegangen, dass die Anschaffungskosten der Maschinen jährlich um 4% steigen. Bei der Aufstellung eines langfristigen Investitionsplanes liegt dem Betrieb folgendes Schaubild vor:

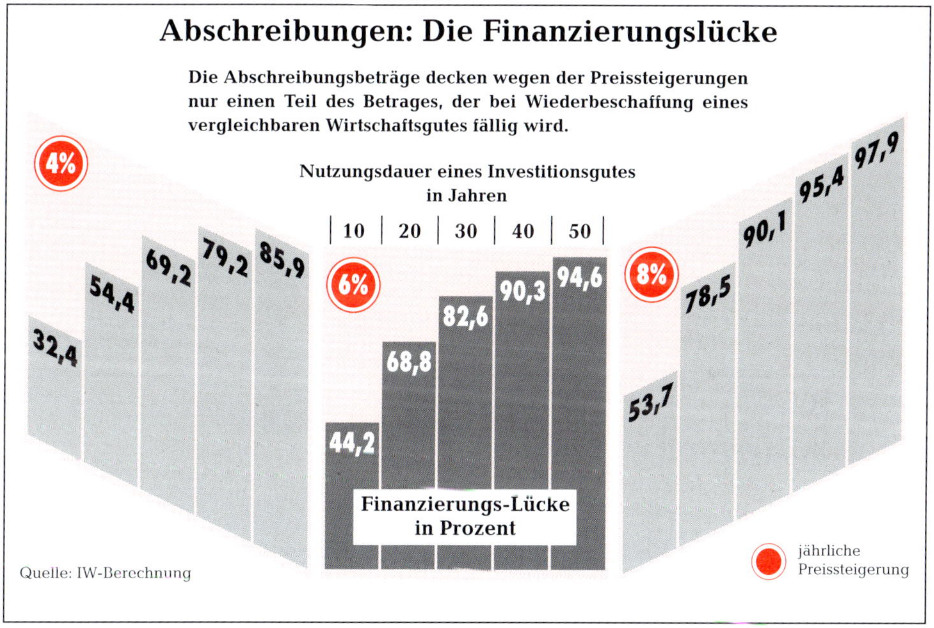

1. Erläutern Sie die im Schaubild dargestellten Zusammenhänge und weisen Sie die Höhe der Finanzierungslücke am Beispiel der Investitionen des Industriebetriebes rechnerisch nach.

2. Der Industriebetrieb möchte trotz der Preissteigerungen die zum Wiederbeschaffungszeitpunkt (Beginn des 11. Jahres) notwendige Ersatzinvestition aus Abschreibungsgegenwerten finanzieren. Um die Substanzerhaltung zu sichern, werden deshalb im Betrieb die kalkulatorischen Abschreibungen linear vom Wiederbeschaffungswert berechnet. Sie sind damit höher als die buchhalterischen Abschreibungen, die linear vom Anschaffungswert ermittelt werden.

a) Erläutern Sie, warum in Höhe der Differenz zwischen den kalkulatorischen und den buchhalterischen Abschreibungen u.U. eine Finanzierungslücke entstehen würde, wenn nicht besondere Maßnahmen ergriffen werden.

- b) Die Finanzierungslücke soll durch eine Rücklagenbildung geschlossen werden. Welcher Betrag müsste im vorliegenden Fall jährlich der Rücklage zugeführt werden?
- c) Erläutern Sie, warum diese den Rücklagen zuzuführenden Beträge als Scheingewinne bezeichnet werden können.
- d) Warum ist mit der Rücklagenbildung allein noch nicht gesichert, dass die für Ersatzbeschaffung nötigen Finanzmittel auch tatsächlich zur Verfügung stehen?
- e) Um welche Finanzierungsarten handelt es sich, wenn bei steigenden Wiederbeschaffungspreisen die Ersatzinvestitionen aus Abschreibungsgegenwerten der kalkulatorischen Abschreibungen finanziert werden?

3. Von der Verkaufsabteilung des Industriebetriebs wird die Absatzentwicklung sehr optimistisch eingeschätzt. Die Geschäftsleitung plant die Anpassung der Kapazitäten an die vorhersehbare Absatzentwicklung. Als Vorbereitung für die Erstellung eines Finanzplanes lässt sie eine Modellrechnung erstellen. Dabei soll festgestellt werden, wie sich der Maschinenbestand entwickeln würde, wenn zu Beginn eines jeden Jahres in Höhe des Abschreibungsgegenwertes gleichartige Maschinen zusätzlich zur Erstausstattung angeschafft würden. Bei der Erstellung des Finanzplanes soll dann gesichert werden, dass die Abschreibungsgegenwerte für Investitionszwecke tatsächlich in liquider Form zur Verfügung stehen.

   Die vorläufigen Berechnungen sollen auf der Basis der folgenden Abschreibungsverfahren/Abschreibungsgrundlagen vorgenommen werden:

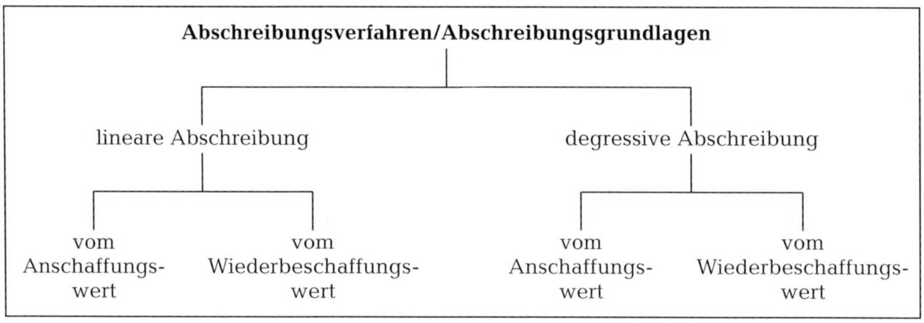

- a) Ermitteln Sie für die vier Fälle bei einer Preissteigerungsrate von 4%, die Entwicklung des Maschinenbestandes.
- b) Stellen Sie die Entwicklung des Maschinenbestandes für die vier Fälle in einer Übersicht grafisch dar (y-Achse: Maschinenzahl, x-Achse: Jahre).

4. Angenommen, der Industriebetrieb investiert in Höhe des Gegenwerts der linearen Abschreibungen vom Anschaffungswert.

   Ab welcher Preissteigerungsrate wird in diesem Fall die Zahl der Maschinen nach Ende der Nutzungsdauer der als Erstausstattung angeschafften Maschinen (also zu Beginn des 11. Jahres) kleiner sein als die Zahl der Maschinen bei der Erstausstattung (10 Stück)?

10.53 Finanzierung aus Rückstellungen

Eine GmbH hat in den vergangenen beiden Geschäftsjahren jeweils einen Jahresüberschuss (vor Gewinnsteuern) in Höhe von 180 000 DM erzielt, der bislang immer vollständig an die Gesellschafter ausgeschüttet wurde. Es ist zu erwarten, dass auch in den kommenden 3 Geschäftsjahren ein Gewinn in ähnlicher Größenordnung erzielt werden kann.

Zur Erschließung neuer Märkte im europäischen Ausland soll ein neues Verkaufslager errichtet werden. Nach vorliegenden Schätzungen sind während des stufenweisen Aufbaus dieses Lagers innerhalb der nächsten 3 Jahre jeweils Finanzmittel in Höhe von 80 000 DM erforderlich. Der Leiter der Abteilung Finanzplanung will dem Unternehmen aus grundsätzlichen Überlegungen keine zusätzlichen Mittel von außen zuführen.

● 1. Ermitteln Sie, welche Finanzmittel dem Unternehmen dadurch zusätzlich zur Verfügung stehen, dass der Gewinn nicht ausgeschüttet sondern einbehalten (thesauriert) wird. Bei der Berechnung ist von folgenden pauschalen Steuersätzen für alle gewinnabhängigen Steuern auszugehen:
   ausgeschüttete Gewinne: 45%
   einbehaltene Gewinne: 60%

2. Der Leiter der Abteilung Finanzbuchhaltung weist darauf hin, dass aufgrund des geltenden Haustarifvertrages den Pensionsrückstellungen in diesem Jahr 20 000 DM zugeführt werden müssen.

● a) Wie wirkt sich die Zuführung zu den Pensionsrückstellungen auf den ausgewiesenen Gewinn aus?

● b) Über welches jährliche Finanzierungsvolumen kann die GmbH aufgrund der Bildung der vorgesehenen Rückstellungen verfügen, wenn
   - der Gewinn vollständig ausgeschüttet,
   - der Gewinn einbehalten (thesauriert) wird
     (Gewinnsteuersätze siehe 1.)?

● 3. Beurteilen Sie anhand der ermittelten Ergebnisse, ob der Aufbau des Verkaufslagers wie vorgeschlagen ohne die Zuführung zusätzlicher Mittel von außen finanziert werden kann.

10.54 Finanzierung aus Pensionsrückstellungen – Gewinnbeteiligung

In einem Unternehmen soll eine betriebliche Altersversorgung eingerichtet werden. Dazu werden in der Betriebsversammlung mehrere Vorschläge gemacht.

- Es soll ein Versicherungsvertrag mit einer der großen Versicherungsgesellschaften abgeschlossen werden, aus dem jeder Mitarbeiter einen Anspruch auf Betriebsrente hat.
- Aus den Jahresüberschüssen des Unternehmens soll Pensionskapital angesammelt werden. Die Anlage dieses Kapitals soll nur in festverzinslichen Wertpapieren erfolgen. Diese sind gesondert zu verwalten. Die Erträge werden dem Pensionskapital hinzugefügt.
- Aus den Jahresüberschüssen des Unternehmens soll »Sozialkapital« in Form von Pensionsrückstellungen gebildet werden. Die in der Bilanz ausgewiesenen Pensionsrückstellungen sind mit 6% zu verzinsen. Der Zins ist dem Sozialkapital hinzuzufügen.

● Beurteilen Sie die Vorschläge aus der Sicht der Unternehmensleitung.

10.55 Finanzierung durch Umschichtung

In der Betriebszeitung einer Metallwarenfabrik werden für die Belegschaft die zusammengefassten Bilanzen der letzten zwei Geschäftsjahre veröffentlicht und die Geschäftsentwicklung erläutert.

	Jahr 1	Jahr 2		Jahr 1	Jahr 2
Anlagevermögen	200 000	200 000	Eigenkapital	400 000	400 000
Roh-, Hilfs- und Betriebsstoffe	400 000	400 000	langfristige Darlehen	200 000	200 000
Unfertige und fertige Erzeugnisse	150 000	100 000	Verbindlichkeiten aus Lieferungen und Leistungen	450 000	450 000
Forderungen	300 000	400 000	Gewinn	50 000	65 000
Sonstiges Umlaufvermögen	50 000	15 000			
	1 100 000	1 115 000		1 100 000	1 115 000

Aus den Erläuterungen: Die Gesamtleistung unseres Unternehmens hat sich im letzten Jahr von 1,5 Mio. DM auf 2 Mio. DM erhöht. Dabei blieben die Preise auf den Beschaffungs- und den Absatzmärkten unverändert.

Mit dieser Steigerung der Gesamtleistung konnte die Kapazität unseres Unternehmens voll ausgelastet werden, ohne dass zusätzliche finanzielle Mittel beschafft werden mussten.

- Stellen Sie fest und erläutern Sie, auf welche Weise in der Metallwarenfabrik die flüssigen Mittel für die Produktionserweiterung beschafft wurden.

Finanzierungsgrundsätze – Finanzierungsoptimierung

10.56 Finanzierungsgrundsätze – Goldene Finanzierungsregel – Goldene Bilanzregel

In einem Transportunternehmen soll ein Lkw beschafft werden. Der Kaufpreis beträgt 180 000 DM. Die betriebliche Nutzungsdauer wird auf 4 Jahre geschätzt.

- Die folgenden Finanzierungsmöglichkeiten sollen auf ihre Eignung zur Finanzierung dieser Investition untersucht werden:
  - Der Lieferer kreditiert den Gesamtpreis auf 2 Jahre. Der Preis ist in dieser Zeit in 4 Raten zu 45 000 DM zu bezahlen. Über die Raten werden 4 Wechsel zu je 45 000 DM ausgestellt, deren Verfalltage mit der Fälligkeit der Raten übereinstimmen;
  - Aufnahme eines stillen Gesellschafters mit einer Einlage von 180 000 DM;
  - Aufnahme eines Bankkredits über 180 000 DM mit jährlicher Tilgung von 45 000 DM.

Lösungsblatt

10.57 Leverage Effekt – Umfinanzierung – Finanzierungsgrundsätze

Das Vermögen einer OHG in Höhe von 1 Mio. DM ist ausschließlich mit Eigenkapital finanziert. Im vergangenen Jahr wurde ein Gewinn in Höhe von 200 000 DM erzielt.

Ein ausscheidender Gesellschafter beansprucht die Auszahlung seiner Kapitaleinlage in Höhe von 250 000 DM. Zur Sicherung des Fortbestandes des Unternehmens wird ein Kredit in gleicher Höhe aufgenommen, für den 10% Zins gezahlt werden müssen.

1. Berechnen Sie die Rentabilität des Eigen- und des Gesamtkapitals vor und nach der Umfinanzierung.

   Hinweis: Es kann davon ausgegangen werden, dass auch nach dem Ausscheiden des Gesellschafters alle übrigen Aufwendungen und Erträge unverändert bleiben.

2. Ein weiterer Gesellschafter erwägt ebenfalls zum gleichen Zeitpunkt auszuscheiden.

   Welche Auswirkungen auf die Rentabilität des Eigen- und Gesamtkapitals hätte es, wenn auch dieser Betrag durch Fremdkapital ersetzt würde?

3. Wie würden sich die Ergebnisse von 1. und 2. ändern, wenn ein Fremdkapitalzins von 20% zu Grunde gelegt wird?

4. Unter welcher Bedingung tritt beim Ersatz von Eigen- durch Fremdkapital die Wirkung ein, dass sich die Rentabilität des Eigenkapitals erhöht?

5. Gegen welchen Finanzierungsgrundsatz würde ein Unternehmen verstoßen, wenn es aus Rentabilitätsgründen sein Vermögen ganz mit Fremdkapital finanzieren wollte?

10.58 Leverage Effekt – Finanzierungsziele – Vergleich Aktie/Obligation

Ein Unternehmen benötigt für Investitionen 2 Mio. DM zusätzliche Finanzmittel. Dafür wird die günstigste Finanzierungsweise gesucht. Die Bilanz des vergangenen Geschäftsjahres zeigt folgende zusammengefasste Zahlen:

Aktiva **zusammengefasste Bilanz zum 31. 12. ...** **Passiva**

Aktiva		Passiva	
Anlagevermögen	26,0 Mio. DM	Grundkapital (Gezeichnetes Kapital)	10,0 Mio. DM
Umlaufvermögen	21,0 Mio. DM	Gewinnrücklagen	11,0 Mio. DM
		Rückstellungen	0,1 Mio. DM
		Verbindlichkeiten	22,5 Mio. DM
		Jahresüberschuss	3,4 Mio. DM
	47,0 Mio. DM		47,0 Mio. DM

1. Junge Aktien können zu einem Kurs von umgerechnet 10 DM je 5 DM Nennwert untergebracht werden, Obligationen zu einem Kurs von 100% bei einem Zinssatz von 6%.

   Beurteilen Sie, welche Wirkungen beide Finanzierungsarten auf die Liquidität des Unternehmens haben.

2. Die Investition soll nach den Planungen den Jahresüberschuss um 0,5 Mio. DM erhöhen. In diesem Betrag sind die bei Fremdfinanzierung anfallenden Fremdzinsen nicht berücksichtigt.

   a) Mit wieviel Prozent verzinste sich im abgelaufenen Geschäftsjahr das in diesem Unternehmen eingesetzte Kapital (Gesamtkapitalrentabilität), wenn an Fremdkapitalzinsen 1,8 Mio. DM angefallen sind?

   b) Welche Eigenkapitalrentabilität lässt sich für das vergangene Geschäftsjahr errechnen?

   c) Wie verändert sich die Rentabilität des Eigenkapitals nach Vornahme der Investition, wenn die Finanzierung
   - ausschließlich durch die Ausgabe von Aktien,
   - ausschließlich durch die Ausgabe von Obligationen,
   - je zur Hälfte durch Aktien- und Obligationen erfolgt?

   d) Welche Beziehung zwischen den in c) errechneten Ergebnissen und der Rentabilität des Gesamtkapitals (vgl. a) lässt sich feststellen?

Kreditsicherung

10.59 Bürgschaft

Die 19-jährige **Herta Klein** hat nach bestandener Prüfung zur Bürokauffrau eine kleine 2-Zimmer-Wohnung gemietet. Nach einem Angebot des **Möbelhauses Jundt** belaufen sich die Anschaffungskosten für die ausgesuchte Wohnungseinrichtung auf 45 000 DM. **Herta Klein** verfügt jedoch lediglich über 15 000 DM Ersparnisse, sodass sie gezwungen ist, bei ihrer Bank – **Raiffeisenbank Marlen** – ein Darlehen in Höhe von 30 000 DM aufzunehmen. Der zuständige Kreditsachbearbeiter teilt ihr in einem ersten Vorgespräch mit, dass die Bank den Kredit gewähren wird, wenn ein Dritter eine Bürgschaft übernimmt. Der Vater von **Herta Klein** ist sofort bereit diese Bürgschaft zu übernehmen.

BGB § 766

1. Herr **Klein** ruft die **Raiffeisenbank Marlen** an und bestätigt, dass er bereit ist für seine Tochter zu bürgen.
   - Prüfen Sie, ob durch die fernmündliche Erklärung von Herrn **Klein** bereits eine Bürgschaftsverpflichtung entstanden ist.
2. Der Kreditsachbearbeiter der Raiffeisenbank füllt nachstehenden Vordruck aus und bittet Herrn **Klein** um dessen Unterschrift:

Bürgschaft für Einzelforderungen — Nr. 112/96

Für bankinterne Bearbeitung, bitte bei Schriftwechsel angeben.

1. Zur Sicherung aller **bestehenden und künftigen Ansprüche** aus

genaue Bezeichnung der zu sichernden Forderungen nach Schuldgrund und Höhe
Ansprüche aus Gewährung eines Konsumentenkredits Herta Klein 30.000 DM

sowie aller in diesem Zusammenhang entstehenden Forderungen und gesetzlichen Ansprüche – auch soweit fällige Raten und Beträge dem Kontokorrentkonto belastet worden sind –
der

Bank
Raiffeisenbank Marlen, Straßburger Straße 49a, 77694 Kehl-Marlen

oder eines die Geschäftsverbindung fortsetzenden Rechtsnachfolgers der Bank
gegen

Hauptschuldner
Herta Klein, Jahnstr. 9, 77694 Kehl-Marlen

oder dessen Gesamtrechtsnachfolger und – bei einer Firma oder Gesellschaft – gegen deren Gesamtrechtsnachfolger, übernehme(n) ich/wir

Bürge (Anschrift/Geburtsdatum)
Hans Klein, Roderstr. 47, 77694 Kehl-Marlen, geb. 16.07.48

die selbstschuldnerische Bürgschaft bis zum Betrag von

DM 30.000

2. Die Bürgschaft umfasst zusätzlich **Zinsen, Provisionen und Kosten,** die aus der verbürgten Forderung oder durch deren Geltendmachung entstehen, **und zwar auch dann, wenn dadurch der oben genannte Betrag** überschritten wird. Dies gilt auch dann, wenn Zinsen, Provisionen und Kosten durch Saldenfeststellungen im Kontokorrent Teil der Hauptschuld werden und dadurch der oben genannte Betrag überschritten wird.

3. Die Bürgschaft ist zeitlich nicht begrenzt.

:

4. Der Bürge verzichtet auf die Einreden der Anfechtbarkeit und Aufrechenbarkeit (§ 770 BGB) sowie der Vorausklage (§ 771 BGB); . . . .

:

11. Ergänzend gelten die **Allgemeinen Geschäftsbedingungen der Bank** (AGB). Die AGB können in den Geschäftsräumen der Bank eingesehen werden; auf Verlangen werden sie ausgehändigt.

Marlen, 17.09.96 — Hans Klein

Ort, Datum — Bürge

- Warum genügt es der Bank nicht, dass die Bürgschaftsverpflichtung von Herrn **Klein** auf den gewährten Kredit in Höhe von 30 000 DM beschränkt ist?

3. Der Darlehensvertrag sieht für die Bank ein Kündigungsrecht für den Fall vor, dass die Darlehensschuldnerin mit ihren Zahlungsverpflichtungen in Verzug gerät.

   Aufgrund dieser Vertragsbestimmung wird Herr **Klein** aufgefordert, die Restschuld in Höhe von 25 000 zuzüglich aufgelaufener Zinsen von 2750 DM – insgesamt also 27 750 DM – zu überweisen, weil **Herta Klein** ihre 3 letzten Raten nicht beglichen habe.

   Herr **Klein** weigert sich zu zahlen. Er teilt der Bank mit, dass seine Tochter über ein beträchtliches Einkommen verfüge und demnach in der Lage sein müsste ihre finanziellen Verpflichtungen zu erfüllen. Er schlägt der Bank vor, gegebenenfalls gegen seine Tochter Klage auf Zahlung zu erheben.

   - a) Prüfen Sie, ob die Bank von Herrn **Klein** die Zahlung verlangen kann ohne vorher gegen Herta Klein klagen zu müssen. BGb § 771
   - b) Nach eingehender Prüfung der Rechtslage überweist Herr **Klein** den geforderten Betrag an die Bank. § 774

     Welche Ansprüche hat er gegenüber seiner Tochter?

4. Wie lange wäre Herr **Klein** verpflichtet, aus der Bürgschaft für seine Tochter zu haften? § 767

10.60 Forderungsabtretung (Zession)

Der Textilfabrikant **Max Kuhl,** Niederstraße 5, 41460 **Neuss,** hat von der **Nähmaschinenfabrik Fahrner KG,** Nordbahnstraße 8, 67657 **Kaiserslautern,** am 15.07. d.J. 10 Spezialnähmaschinen zu je 2500 DM bezogen. **Kuhl** kann das bei der **Nähmaschinenfabrik Fahrner KG** übliche Zahlungsziel von 30 Tagen nicht einhalten. Er kann erst in 3 Monaten zahlen, weil er zu diesem Zeitpunkt 30 000 DM von seinem Kunden **Ernst Haug,** Leinestraße 9, 30159 **Hannover,** fordern kann.

Abtretungserklärung

Der Firma **Fahrner KG**, Nordbahnstr. 8, 67659 **Kaiserslautern** steht gegen ihren Schuldner ____________________ eine Forderung aus Warenlieferung/Reparatur/ ____________________ in Höhe von ____________ DM nebst ____________ % Zinsen seit ____________ zu.

Dem Schuldner der **Firma Fahrner KG** steht gegen ____________________ ____________________ eine Forderung aus ____________________ in Höhe von ____________________ DM zu.

Der Schuldner der **Firma Fahrner KG, 67659 Kaiserslautern,** tritt hiermit an diese den vorbezeichneten Anspruch gegen den Drittschuldner ab.

Die **Firma Fahrner KG,** 67659 **Kaiserslautern,** ist berechtigt dem Drittschuldner von dieser Abtretung sofort Kenntnis zu geben.

Die **Fahrner KG** wird wegen des gegen den Schuldner begründeten Anspruchs nur insoweit befriedigt, als sie vom Drittschuldner Zahlung erhält.

Gerichtsstand für alle Ansprüche aus diesem Vertrag ist ____________________

____________________, den ____________________

____

1. Die **Fahrner KG** ist bereit, ein Ziel von 3 Monaten zu gewähren, verlangt aber, dass **Kuhl** eine Forderung gegen **Haug** an sie abtreten soll. Für die über das übliche Zahlungsziel hinausgehende Kreditdauer wird ein Zinssatz von 6% berechnet.

   ● Was müsste am 15.07. d. J. in die Abtretungserklärung (siehe Seite 346, unten) eingetragen werden (Gerichtsstand Kaiserslautern)?

2. ● Wer ist Drittschuldner, wer Zedent, wer Zessionar?

3. Die **Nähmaschinenfabrik Fahrner KG** hat dem Drittschuldner die Zession noch nicht angezeigt. **Haug** zahlt an **Kuhl.**

   BGB § 407 ● a) Hat die **Nähmaschinenfabrik Fahrner KG** aufgrund der Zession das Recht, von **Haug** noch einmal Bezahlung zu verlangen?

   §§ 407, 398 b) Nehmen wir an, dass die **Fahrner KG** die stille Zession rechtzeitig in eine offene umgewandelt hat.
   ● Hat sie dann dieses Recht?

   § 408 ● c) Welche Gefahren bestehen bei der stillen Zession?

4. §§ 398, 409, 410 ● Prüfen Sie, ob die **Fahrner KG** berechtigt ist, bei Fälligkeit die Forderung bei **Haug** direkt einzuziehen.

5. § 404 Haug verweigert am Fälligkeitstage teilweise die Bezahlung, weil die gelieferte Ware vom Lieferer **Kuhl** anerkannte Mängel hatte.

   ● Muss auch die **Fahrner KG** diese Einwendungen gegen sich gelten lassen?

6. In der Abtretungserklärung der **Fahrner KG** ist folgender Satz enthalten: »Die **Fahrner KG** wird wegen des gegen den Schuldner begründeten Anspruchs nur insoweit befriedigt, als sie vom Drittschuldner Zahlung erhält.«

   §§ 445, 437 ● Was will die **Fahrner KG** damit erreichen?

7. ● Wodurch unterscheidet sich die Rechtsstellung eines Gläubigers, der eine Forderung durch Zession erworben hat, von der eines Gläubigers, der eine Wechselforderung hat?

Lösungsblatt

10.61 Lombardkredit

Die **Rimo-Elementebau GmbH** hat von der **Eichhorn AG** den Auftrag für die Errichtung eines Hochregallagers aus Trapezblechen erhalten.

Die Vertragsbedingungen enthalten im wesentlichen:

Beginn der Ausführungsarbeiten:	30. Kalenderwoche
Fertigstellung:	mit Ablauf der 33. Kalenderwoche
Zahlung:	60% der Vertragssumme nach Fertigstellung, Rest nach Inbetriebnahme in der 45. Kalenderwoche
Vertragssumme:	1,2 Mio. DM

Nach der Kalkulation der **Rimo-Elementebau** beläuft sich der Einstandspreis der Trapezbleche auf 800 000 DM. Dieser Betrag ist bei Lieferung (1. Tag der 30. Kalenderwoche) fällig.

Die Liquiditätslage der **Rimo-Elementebau** erlaubt es nicht, diesen Betrag aus eigenen Mitteln aufzubringen. Die Hausbank ist bereit, einen Kredit gegen Verpfändung von Wertpapieren zur Verfügung zu stellen.

Zu den in der Bilanz ausgewiesenen Wertpapieren gehören:

800 Stück Daimler-Benz Aktien in Stücken zu nominal 50 DM zum Kurs von 670
nominal 200 000 7% Bundesobligationen 94/99, Kurs 105
nominal 300 000 9% Sparkassenobligationen 90/00, Kurs 113

Die Bank beleiht Aktien mit 75% und festverzinsliche Wertpapiere mit 80% des Kurswertes.

● 1. Weshalb verwendet die Bank unterschiedliche Beleihungssätze für Aktien und festverzinsliche Wertpapiere?

● 2. Wie hoch ist der Beleihungswert dieser Wertpapiere insgesamt?

3. Die **Rimo-Elementebau** will zunächst die Aktien und die Bundesobligationen verpfänden (lombardieren). Soweit dies nicht ausreicht, sollen auch die Sparkassenobligationen verpfändet werden.

● Zu welchem Nominalbetrag müssen die Sparkassenobligationen noch verpfändet werden, wenn nicht mehr Wertpapiere als Pfand verwendet werden sollen, als unumgänglich nötig sind?

● 4. Wer ist nach der Lombardierung Eigentümer, wer ist Besitzer der Wertpapiere?

10.62 Sicherungsübereignung

Der Textilfabrikant **Max Kuhl,** Niederstraße 5, 41460 **Neuss,** kauft am 18.07. d. J. bei der **Stoff-Fabrik Melau & Co.,** Amalienstraße 11, 38114 **Braunschweig,** für 90 000 DM Stoffe. Da seine Liquidität angespannt ist, wird ihm gegen Sicherheitsleistung zugestanden, die Ware innerhalb eines halben Jahres in regelmäßigen Raten jeweils am 1. d. M. abzuzahlen, beginnend mit dem 01.08. d. J.

Kuhls Unternehmen hat bei Abschluss des Vertrages folgende Bilanz:

Aktiva	**Bilanz (in DM)**		**Passiva**
Maschinen	300 000	Eigenkapital	200 000
Betriebs- und Geschäftsausstattung	50 000	Verbindlichkeiten aus	
Roh-, Hilf- und Betriebsstoffe	32 000	Lieferungen und Leistungen	610 000
Fertige Erzeugnisse	60 000		
Forderungen	350 000		
Flüssige Mittel	18 000		
	810 000		810 000

In diesen Zahlen sind enthalten: Für 250 000 DM noch nicht bezahlte neue Nähmaschinen, die ohne besonderen Vorbehalt übergeben worden sind, und 300 000 DM Forderungen, die an die **Nähmaschinenfabrik Fahrner KG** abgetreten worden sind.

● 1. Prüfen Sie, ob es **Kuhl** möglich ist, an seinen Gläubiger **Melau & Co.** zur Sicherheit Faustpfänder aus seinem Betriebsvermögen zu übergeben.

2. Der Gläubiger **Melau & Co.** ist damit einverstanden, dass ihm **Kuhl** das Eigentum an Maschinen im Werte von 100 000 DM überträgt, mit den Maschinen jedoch weiter arbeiten darf.

● a) Prüfen Sie, ob **Kuhl** Maschinen mit diesem Buchwert übereignen kann.

● b) Was müsste in den Sicherungsübereignungsvertrag eingetragen werden (siehe Formular)?

3. Nehmen Sie an, der Vertrag würde nur aus den ersten vier Punkten bestehen und Kuhl sei mit seinen Verpflichtungen gegenüber **Melau & Co.** nicht im Rückstand.

● Prüfen Sie, ob dann **Kuhl** befürchten müsste, dass der Sicherungseigentümer **Melau & Co.** die Herausgabe der übereigneten Maschinen während der Geltungsdauer des Vertrages verlangen kann.

● 4. a) Warum wird in Punkt 2 des Sicherungsübereignungsvertrages die genaue Kennzeichnung der übereigneten Maschinen in einem besonderen Verzeichnis verlangt? BGB §§ 930, 933

● b) Entwerfen Sie die Kopfspalte dieses Verzeichnisses.

- c) Ist die Sicherungsübereignung der Maschinen aus der nächsten Bilanz von **Kuhls** Unternehmen erkennbar?

ZPO § 771

5. Bei **Kuhl** sind die an den Gläubiger **Melau & Co.** übereigneten Maschinen zusammen mit anderen Gegenständen des Betriebsvermögens zugunsten eines Dritten gepfändet worden.
   - Wie kann der Gläubiger **Melau & Co.** seine Rechte wahren?

BGB §§ 1233 ff.

6. **Kuhl** zahlt bei Fälligkeit nicht.
   - Wie kommt **Melau** zu seinem Geld?

Sicherungsübereignungsvertrag

Zwischen ____________________ als Gläubiger und Sicherungsnehmer,
nachstehend mit Gläubiger bezeichnet, und ____________________
als Schuldner und Sicherungsgeber, weiterhin einfach Schuldner genannt, wurde heute folgender Vertrag vereinbart:

1. Der Schuldner erklärt hiermit, dem Gläubiger ____________________ DM (in Worten)
   aus ____________________ zu schulden und verpflichtet sich,
   diesen Betrag in regelmäßigen Raten von ____________________ DM
   beginnend mit dem ____________ 19 ________ zu begleichen.
2. Zur Sicherung dieser Schuld übereignet der Schuldner dem Gläubiger ____________
   ____________________ lt. beigefügtem Verzeichnis, das Bestandteil dieses Vertrages ist und die übereigneten Sachen genau kennzeichnet.
3. Die übereigneten Gegenstände befinden sich in den Fabrikationsräumen des Schuldners
   in ____________________ Str. ______
   Der Schuldner versichert, dass sich die Sachen zur Zeit in seinem Besitz befinden und ihm zu unbestrittenem, unbelastetem Eigentum gehören. Er versichert ferner, dass er noch weitere pfändbare Gegenstände außer den übereigneten Sachen zu freiem Eigentum besitzt.
4. Die Vertragsparteien sind darüber einig, dass das Eigentum an den übereigneten Sachen mit dem heutigen Tage an den Gläubiger übergeht.
5. Die zur Eigentumsübergabe erforderliche Übergabe wird durch die Vereinbarung ersetzt, dass der Schuldner während der Geltung des Vertrages als Entleiher die vorerwähnten Sachen in seinem Besitz behalten soll.
6. Der Schuldner hat die übereigneten Sachen sachgemäß zu behandeln und Ersatz zu leisten, falls ein Stück in Verlust gerät. Der Gläubiger ist berechtigt, die übereigneten Sachen jederzeit zu besichtigen.
7. Der Schuldner hat auf seine Kosten die vorgenannten, ihm leihweise überlassenen Sachen ausreichend gegen Feuer und Einbruchdiebstahl zu versichern und dafür zu sorgen, dass während der Dauer der Sicherungsübereignung alle Rechte aus dieser Versicherung dem Gläubiger zufallen.
8. Der Schuldner hat dem Gläubiger unverzüglich anzuzeigen, falls die vorerwähnten Gegenstände von dritter Seite gepfändet oder sonst mit Beschlag belegt werden sollten, und den Dritten auf das Eigentumsrecht des Gläubigers hinzuweisen.
9. Kommt der Schuldner mit der Erfüllung seiner Verpflichtungen länger als eine Woche in Rückstand, so ist der Gläubiger berechtigt, die übereigneten Sachen herauszuverlangen und zu verwerten. Etwaiger Überschuss ist dem Schuldner herauszuzahlen.
10. Mit vollständiger Bezahlung des geschuldeten Betrages erwirbt der Schuldner wieder unbeschränktes Eigentum an den übereigneten Gegenständen.
11. Gerichtsstand für alle etwaigen Ansprüche aus diesem Vertrag soll ____________
    ____________________ sein.

____________________, den ____________________

____________________ als Schuldner ____________________ als Gläubiger

10.63 Eintragungen im Grundbuch: Vorkaufsrecht – Grunddienstbarkeit

Seite 1 | Seite 2

Abteilung I. Verzeichnis der Grundstücke												Abteilung II. Lasten und Beschränkungen des Eigentums	
Laufende Nummer	Akten Nachweisung	Gemarkung		Bezeichnung des Grundstücks				Zeit und Grund des Erwerbs	Erwerbspreis und sonstige Wertangaben	Rechte, die dem jeweiligen Eigentümer des Grundstücks zustehen	Änderungen und Löschungen	Art der Belastung – Mitbelastete Grundstücke –	Änderungen und Löschungen
		Karte Nr.	Flurstück Nr.	Lage Nutzungsart	Fläche								
					ha	a	qm						
1	2	3		4	5			6	7	8	9	1	2
1	Heft 22 I 3	12	Geb. Nr. 9	Dammstr. Wohn- u. Geschäfts- haus mit Werkstatt- u. Lager- räumen		12	40	a) 18. Febr. 1956 Erbfolge Den 7. Mai 1956 Frock b) Carl Schuhler: Auflassung vom 4. März 1994 auf Grund Erbteilungs- vertrages. Den 25. März 1994 Jünger				a) Wohnrecht für Irma Kökel in Waiblingen, geb. am 17. Mai 1923, für die Dauer ihres ledigen Standes. Unter Bezugnahme auf die Bewilligung vom 4. März 1994. Den 25. März 1994. Jünger b) Vorkaufsrecht für Hans Frock in Truchtelfingen, geb. am 7. Sept. 1949, Geb. Nr. 7, Dammstr., Gemarkung Waiblingen 310 qm. Unter Bezug- nahme auf die Bewilligung vom 18.Juni 1995. Den 19. Juni 1995. Noller	

Seite 3 Seite 4

Abteilung III. **Hypotheken, Grundschulden, Rentenschulden**

Laufende Nummer	Betrag DM	Betrag Pf	Bezeichnung der belasteten Grundstücke nach der laufenden Nummer der Abteilung! – Mitbelastete Grundstücke –	Art der Belastung (Hypotheken, Grund- oder Rentenschuld)	Veränderungen: Betrag DM	Veränderungen: Betrag Pf	Veränderungen: Eintragung von Veränderungen	Veränderungen: Löschungen von Veränderungen	Löschungen zu Spalte 1 bis 4: Betrag DM	Löschungen zu Spalte 1 bis 4: Betrag Pf	Löschungen zu Spalte 1 bis 4: Eintragung
1	2		3	4	5		6	7	8		9
1	100 000,	00	Nr. 1	Hypothek ohne Brief für ein Darlehen des Wilhelm Möhle, Landwirt in Wüstenhausen, von - Hunderttausend Deutsche Mark - verzinslich zu 7% jährlich. Unter Bezugnahme auf die Bewilligung vom 7. März 1993 Den 11. März 1993 Jünger	100 000,	00	Löschungsvormerkung nach § 1179 BGB für den jeweiligen Gläubiger der Hypothek Nr. 2. Den 27. November 1994 Jünger				
2	30 000,	00	Nr. 1	Hypothek für ein Darlehen des Max Reiner. Kaufmann in Heilbronn, von - Dreißigtausend Deutsche Mark - verzinslich zu 9% jährlich. Unter Bezugnahme auf die Bewilligung vom 8. September 1993. Den 9. September 1993 Jünger							
3	60 000,	00	Nr. 1	Grundschuld für die Bausparkasse Mainz in Mainz über - Sechzigtausend Deutsche Mark -. Verzinslich zu 5% jährlich, sofort vollstreckbar gegen den jeweiligen Eigentümer. Unter Bezugnahme auf die Bewilligung vom 23. November 1994. Jünger							

Das Unternehmen des Textilfabrikanten **Max Kuhl,** Niederstraße 5, 41460 **Neuss (Rh.),** entwickelt sich gut. Aus verschiedenen Gründen möchte er die Herstellung in eigene Räume nach Süddeutschland verlegen. Er sucht deshalb durch eine Anzeige in der »**Stuttgarter Zeitung**« Baulichkeiten mit ausreichenden Erweiterungsmöglichkeiten.

- ● 1. Entwerfen Sie die Anzeige.

2. **Carl Schuhler,** Gartenstraße 8, 71336 **Waiblingen,** bietet **Kuhl** ein Wohn- und Geschäftshaus mit ausbaufähigen Werkstatt- und Lagerräumen für 450 000 DM an. Auf Anforderung erhält **Kuhl** von **Schuhler** einen Grundbuchauszug (siehe Seite 350). Gelöschte Eintragungen sind im Grundbuch rot unterstrichen.

● Prüfen Sie in Abteilung I dieses Grundbuchauszuges
   a) wann und auf welche Weise **Schuhler** das Grundstück erworben hat,
   b) ob er noch Eigentümer ist.

● 3. Prüfen Sie aufgrund der Eintragungen in Abt. II, ob **Kuhl** sämtliche Räume des Hauses für Geschäftszwecke verwenden kann.

4. Wegen des in Abt. II für Gebäude Nr. 7, Dammstraße, eingetragenen Vorkaufsrechtes setzt sich **Kuhl** mit dem Vorkaufsberechtigten **Hans Frock** in Verbindung.

● a) Wer würde das Grundstück erhalten, wenn **Frock** 430 000 DM und **Kuhl** 450 000 DM als Kaufpreis anbieten würden? BGB §§ 1094, 1098 (1), 502 (2), 510

b) **Frock** erklärt **Kuhl,** dass er am Kauf des Gebäudes Nr. 9, Dammstraße, nicht interessiert sei.

● Kann sich **Kuhl** auf diese Erklärung **Frocks** verlassen?

10.64 Grundpfandrechte: Hypothek – Grundschuld

Nach Einsichtnahme in den Grundbuchauszug vereinbart **Max Kuhl** mit **Carl Schuhler:** »Der Kaufpreis für Grundstücke und Gebäude 71332 **Weiblingen,** Dammstraße 9, beträgt 450 000 DM. Sie werden mit allen Belastungen übernommen.« Alle Gläubiger stimmen dieser Regelung zu.

● 1. Wer sind die im Grundbuch eingetragenen Gläubiger?

2. In Abteilung III des Grundbuchs (Vgl. S. 351) sind 3 Grundpfandrechte zu Gunsten verschiedener Gläubiger eingetragen.

● Stellen Sie anhand des Gesetzes fest, wie sich die Grundpfandrechte Hypothek und Grundschuld unterscheiden. §§ 1113, 1191

3. Auf die drei Darlehen wurden bisher folgende Beträge zurückbezahlt:
   10 000 DM – Darlehen **Möhle**
   2 000 DM – Darlehen **Reiner**
   6 000 DM – Darlehen **Bausparkasse Mainz**

   Schuhler übergibt Kuhl die Quittungen für die jeweils vorgenommene Rückzahlung. Die vertraglich vereinbarten Zinszahlungen hat **Schuhler** immer pünktlich geleistet.

● Wieviel DM zahlt **Kuhl** an **Schuhler,** um den Kaufvertrag zu erfüllen?

● 4. Buchen Sie den Kauf des Grundstücks. Über den auszuzahlenden Betrag stellt **Kuhl** einen Scheck aus. Die Kosten des Grundstückskaufs bleiben unberücksichtigt. Verwenden Sie folgende Konten: Grundstücke und Gebäude, Zahlungsmittel, langfristige Verbindlichkeiten.

● 5. Welchen Vorteil hat **Kuhl** davon, dass er die Belastungen übernehmen darf?

6. Prüfen Sie
   - a) ob **Kuhl** befürchten muss, dass er **Möhle** die im Grundbuch eingetragenen 100 000 DM zahlen muss,
   - b) ob **Kuhl** den vollen Betrag von 60 000 DM zurückzahlen müsste, wenn ihm **Schuhler** über den auf die Grundschuld der Bausparkasse bereits zurückbezahlten Betrag in Höhe von 6 000 DM eine Quittung übergeben hat?
7. Warum verlangen Banken zur Sicherung ihrer Forderungen meist die Eintragung von Grundschulden und nicht von Hypotheken?
8. Wer bekommt bei einer Rückzahlung der I. Hypothek die Rechte des ersten Ranges,
   - a) wenn keine Löschungsvormerkung im Grundbuch eingetragen ist,
   - b) im vorliegenden Fall?

BGB § 1177, §§ 883, 1179

11 Steuern und ihre Einflüsse auf betriebswirtschaftliche Entscheidungen

Einkommen- und Körperschaftsteuer

11.01 Einkunftsarten – Ermittlung der Einkünfte

Lösungsblatt

HGB §§ 84, 92

Der Versicherungsvertreter **Harald Schmitz** ist Generalagent einer großen Versicherungsgesellschaft. Für sein Büro hat er Räume in zentraler Lage einer Kleinstadt gemietet. Im letzten Kalenderjahr bezog Herr **Schmitz** Provisionseinnahmen aus der Vermittlung und dem Abschluss von Versicherungsverträgen in Höhe von 150 000 DM. Die Aufwendungen für seine Versicherungsagentur (z.B. Miete, Büromaterial, Fachliteratur, Telefon, betriebsbedingte PKW-Nutzung usw.) beliefen sich auf 60 000 DM.

Seine Ehefrau hat eine Teilzeitstelle als Arzthelferin. Ihr Bruttolohn betrug laut Lohnsteuerkarte im letzten Kalenderjahr 20 000 DM. Die Fahrten zur Arbeit mit öffentlichen Verkehrsmittel haben sie 400 DM gekostet. Für die Anschaffung und Reinigung ihrer Arbeitskleidung (weiße Kittel) sind ihr Aufwendungen in Höhe von 200 DM entstanden.

Daneben hatte das Ehepaar **Schmitz** im letzten Kalenderjahr folgende Einnahmen:

a) Herr **Schmitz** wurde von verschiedenen Organisationen zu Vorträgen über aktuelle Versicherungsfragen eingeladen. Außerdem hat er Artikel und Praxisberichte in einer Versicherungsfachzeitschrift veröffentlicht. Sein Honorar dafür betrug 1500 DM.

b) Herr **Schmitz** hat im Januar letzten Jahres Aktien zum Kurswert von 19 000 DM verkauft, die er 14 Monate zuvor für 17 000 DM erworben hatte.

c) Aus Sparguthaben und festverzinslichen Wertpapieren wurden dem Ehepaar 4000 DM Zinsen gutgeschrieben.

d) Frau **Schmitz** hat 5000 DM im Lotto gewonnen.

e) Das Ehepaar **Schmitz** hatte vor zwölf Jahren eine Eigentumswohnung für 200 000 DM erworben. Diese Wohnung, die während der gesamten Zeit vermietet war, konnte im letzten Jahr für 300 000 DM verkauft werden. Mit dem Verkaufserlös hat das Ehepaar **Schmitz** eine größere Eigentumswohnung gekauft. Die neue Wohnung, die derzeit ebenfalls noch vermietet ist, möchte das Ehepaar **Schmitz** in absehbarer Zeit selbst beziehen.

f) Die Mieteinnahmen aus den Eigentumswohnungen betrugen 15 000 DM. Die Aufwendungen für Zinsen, Reparaturen, Versicherungen usw. beliefen sich auf 5000 DM.

g) Frau **Schmitz** ist im letzten Jahr beim Überqueren einer Straße auf dem Zebrastreifen von einem Auto angefahren und verletzt worden. Von der Versicherung des Unfallgegners erhielt sie ein Schmerzensgeld in Höhe von 1000 DM.

h) Nach diesem Unfall war Frau **Schmitz** mehrere Monate arbeitsunfähig. Nach Ablauf der 6-wöchigen Entgeltfortzahlung durch den Arbeitgeber erhielt sie von ihrer Krankenkasse regelmäßig Krankengeld. Der Gesamtbetrag belief sich auf 1600 DM.

1. Im Einkommensteuergesetz werden sieben Einkunftsarten unterschieden.
   ● Stellen Sie fest, welche Einnahmen des Ehepaars **Schmitz** zu einer der sieben Einkunftsarten, die im Einkommensteuergesetz aufgeführt sind, gehören.

● 2. Ermitteln Sie für das Ehepaar **Schmitz** die Summe der Einkünfte im letzten Kalenderjahr.

EStG § 2 Abs.1, § 3 Nr. 1, 22 §§ 4, 8, 9, 9a, 18, 19, 20, 21, 22, 23

11.02 FALLSTUDIE: Ermittlung des zu versteuernden Einkommens – Einkommensteuererklärung

Lösungsblatt

Inge Beyer ist nach Beendigung ihrer Ausbildung zur Groß- und Außenhandelskauffrau vor einem Jahr von ihrem Ausbildungsbetrieb ins Angestelltenverhältnis übernommen worden. Sie ist 20 Jahre alt und ledig. Von der Personalabteilung erhielt sie kürzlich ihre Lohnsteuerkarte des letzten Kalenderjahres und die Lohnsteuerbescheinigung (vgl. S. 359) zurück.

Angesichts der erheblichen Abzüge für Lohn- und Kirchensteuer möchte **Inge Beyer** sich vergewissern, ob sie nicht einen Teil der gezahlten Steuern vom Finanzamt zurückfordern kann. In einer Verbraucherzeitschrift hat sie gelesen, dass sich in vielen Fällen die Abgabe einer Steuererklärung lohnt. Demnach zahlt jeder Arbeitnehmer im Jahr durchschnittlich tausend Mark zuviel Steuern.

Für folgende Vorgänge trägt sie Belege und Aufzeichnungen zusammen:

a) Bis zum Erwerb des Führerscheins ist **Inge Beyer** mit öffentlichen Verkehrsmitteln zur Arbeit gefahren. Belege über 6 Monatskarten zu je 55 DM.

b) Fahrschulgebühren zum Erwerb des Führerscheins 1550 DM.

c) Im Juni kauft **Inge Beyer** einen Gebrauchtwagen zum Preis von 6000 DM. Zur Finanzierung hat sie einen Konsumentenkredit über 4000 DM aufgenommen. Für Zinsen und Tilgung fallen monatlich 140 DM an.

d) An 110 Tagen ist **Inge Beyer** mit dem eigenen PKW zur Arbeit gefahren. Die Entfernung zwischen Wohnung und Arbeitsstelle beträgt 25 km (eine Strecke).

e) **Inge Beyer** kauft sich aus beruflichen Gründen einen neuen Computer zum Preis von 2500 DM. Zur mitgelieferten Software gehören Programme für Textverarbeitung und Tabellenkalkulation, wie sie sie auch an ihrem Arbeitsplatz benutzt. Der Arbeitgeber hat ihr eine Bescheinigung ausgestellt, dass sie des öfteren Arbeiten für den Betrieb zu Hause am eigenen Computer erledigt und die Anschaffung deshalb aus beruflichen Gründen nötig sei.

f) Besuch eines Volkshochschulkurses »Einführung in Tabellenkalkulation und Dateiverwaltung« (10 Abende). Kursgebühr 250 DM. Die Entfernung zwischen Wohnung und Kursort beträgt 15 km (eine Strecke). **Inge Beyer** fährt mit ihrem eigenen Auto zum Kursort.

g) Kauf eines Übungsbuchs für die Vorbereitung auf die Prüfung beim Volkshochschulkurs; Beleg über 36 DM

h) Abonnement einer Fachzeitschrift zur Aus- und Weiterbildung; Beleg über 65 DM

i) Kraftfahrzeugsteuer: 184 DM

j) Haftpflichtversicherung für das Auto, das im Juni angeschafft wurde; 1350 DM

k) Zinsen für ein Sparguthaben: 150 DM

l) Schreibwaren: 25,60 DM

m) Rechnung einer Autowerkstatt über DM 800 für die Behebung eines Unfallschadens. Auf dem Weg zur Arbeit ist **Inge Beyer** eines Morgens bei Glatteis mit ihrem Auto gegen eine Mauer gerutscht.

n) Spende an die Umweltschutzorganisation »Green Peace«: 50 DM

- 1. Ermitteln Sie anhand eines Schemas nach dem Muster auf Seite 360 das zu versteuernde Jahreseinkommen.

- 2. Stellen Sie fest, ob **Inge Beyer** mit einer Steuererstattung rechnen kann, wenn sie eine Einkommensteuererklärung abgibt.

Lohnsteuerbescheinigung für das Kalenderjahr 1999	00015		03	0104015

Name, Vorname des Arbeitnehmers
Beyer, Inge
Straße, Hausnummer: Bergstr. 16
Postleitzahl, Wohnort: 79206 Breisach

Geburtsdatum	Jahresfreibetrag	Kirchensteuerabzug	
25.07.1979	DM	RK	

Die Lohnsteuerkarte ist ausgestellt von der Gemeinde	im Bezirk des Finanzamts	Finanzamts-Nr.
79206 Breisach	79104 Freiburg	02807

Steuerkl./Kinderfreibeträge	vom	bis	Steuerkl./Kinderfreibeträge	vom	bis
1/00,0	01.01.	31.12.			

1. Beschäftigungsdauer	2. Zeiträume ohne Anspruch auf Arbeitslohn
vom – bis 01.01.99 – 31.12.99	Anzahl»U«: 0

	DM	Pf		DM	Pf
3. Bruttoarbeitslohn einschl. Sachbezüge ohne 9. bis 11.	27229	25	18. Steuerfreie Arbeitgeberleistungen für Fahrten zwischen Wohnung und Arbeitsstätte	--------	--
4. Einbehaltene Lohnsteuer von 3. A	1901	00	19. Pauschalbesteuerte Arbeitgeberleistungen für Fahrten zwischen Wohnung und Arbeitsstätte	--------	--
5. Einbehaltener Solidaritätszuschlag von 3.	104	56	20. Steuerfreie Arbeitgeberzuschüsse zur freiwilligen Kranken- und zur Pflegeversicherung		
6. Einbehaltene Kirchensteuer des Arbeitnehmers von 3.	152	08	21. Steuerfreie Arbeitgeberleistungen bei doppelter Haushaltsführung		
7. Einbehaltene Kirchensteuer des Ehegatten von 3. (nur bei konfessionsverschiedener Ehe)	--------	--	22. Steuerfreie Arbeitgeberzuschüsse zur freiwilligen Kranken- und zur Pflegeversicherung	--------	--
8. In 3. enthaltene steuerbegünstigte Versorgungsbezüge	--------	--	23. Arbeitnehmeranteil am Gesamtversicherungsbeitrag	5575	80
9. Steuerbegünstigte Versorgungsbezüge für mehrere Kalenderjahre	--------	--	24. Steuerpflichtiger Arbeitgeberbeitrag zur Zusatzversorgung/-Zukunftssicherung	--------	--
10. Arbeitslohn für mehrere Kalenderjahre ohne 9.	--------	--	25. Arbeitnehmeranteile zur Zusatzversorgung/ Zukunftssicherung	--------	--
11. Ermäßigt besteuerte Entschädigungen					
12. Einbehaltene Lohnsteuer von 9. bis 11.	--------	--			
13. Einbehaltener Solidaritätszuschlag von 9. bis 11.	--------	--			
14. Einbehaltene Kirchensteuer des Arbeitnehmers von 9. bis 11.	--------	--			

Um Rückfragen zu vermeiden, wird die Ausfüllung empfohlen.

	DM	Pf	
15. Einbehaltene Kirchensteuer des Ehegatten von 9. bis 11. (nur bei konfessionsverschiedener Ehe)	--------	--	Anschrift des Arbeitgebers (lohnsteuerliche Betriebsstätte) Schäfer KG Freiburg
16. Kurzarbeiter- und Schlechtwettergeld, Zuschuss zum Mutterschaftsgeld, Verdientausfallentschädigung nach dem Bundesseuchengesetz, Aufstockungsbetrag nach dem Altersteilzeitgesetz	--------	--	Verwaltungsnummer: 315904 Steuernummer des Arbeitgebers: 06480/68366
17. Steuerfreier Arbeitslohn nach Doppelbesteuerungsabkommen			Finanzamt, an das der Arbeitgeber die Lohnsteuer abgeführt hat: Finanzamt – Freiburg
17. Steuerfreier Arbeitslohn nach Auslandstätigkeitserlass			

EStG § 2	*1. Einkünfte aus Land- und Forstwirtschaft*		*0 DM*
	2. Einkünfte aus Gewerbebetrieb		*0 DM*
	3. Einkünfte aus selbständiger Arbeit		*0 DM*
	4. Einkünfte aus nichtselbständiger Arbeit		
	Bruttoarbeitslohn	DM	
§§ 9, 9a	Werbungskosten (mindestens 2 000 DM)	– DM	⇒ DM
	5. Einkünfte aus Kapitalvermögen		
	Einnahmen		
§ 9a	Werbungskosten (ggf. Pauschbetrag 100 DM)	– DM	
§ 20 Abs. 4	Sparerfreibetrag (6 000 DM)	– DM	⇒ DM
	6. Einkünfte aus Vermietung und Verpachtung		*0 DM*
	7. Sonstige Einkünfte		*0 DM*
§ 2 Abs. 3	**Summe der Einkünfte**		
	Altersentlastungsbetrag (EStG § 24a)		*0 DM*
	Gesamtbetrag der Einkünfte		
	Sonderausgaben		
§§ 10, 10c	Vorsorgeausgaben mindestens Vorsorgepauschale gem EStG § 10c (hier 4 806 DM) höchstens Vorsorgehöchstbetrag EStG § 10 Abs. 3 (hier 5 559 DM)		
§ 10c	Sonstige Sonderausgaben (mindestens 108 DM)		
§ 33	*Außergewöhnliche Belastungen*		*0 DM*
§ 2 Abs. 4	**Einkommen**		
§§ 31, 32	*Kinderfreibetrag*		*0 DM*
§ 32 Abs. 7	*Haushaltsfreibetrag*		*0 DM*
§ 2 Abs. 5	**Zu versteuerndes Einkommen**		

Auszug aus der Einkommensteuer-Grundtabelle 1999

zu versteuerndes Einkommen in DM von	bis	tarifliche Einkommensteuer in DM	zu versteuerndes Einkommen in DM von	bis	tarifliche Einkommensteuer in DM	zu versteuerndes Einkommen in DM von	bis	tarifliche Einkommensteuer in DM
15 012	15 065	491	16 038	16 091	754	17 064	17 117	1 025
15 066	15 119	505	16 092	16 145	768	17 118	17 171	1 039
15 120	15 173	518	16 146	16 199	782	17 172	17 225	1 054
15 174	15 227	532	16 200	16 253	797	17 226	17 279	1 068
15 228	15 281	546	16 254	16 307	811	17 280	17 333	1 083
15 282	15 335	560	16 308	16 361	825	17 334	17 387	1 097
15 336	15 389	573	16 362	16 415	839	17 388	17 441	1 112
15 390	15 443	587	16 416	16 469	853	17 442	17 495	1 126
15 444	15 497	601	16 470	16 523	867	17 496	17 549	1 141
15 498	15 551	615	16 524	16 577	882	17 550	17 603	1 155
15 552	15 605	629	16 578	16 631	896	17 604	17 657	1 169
15 606	15 659	643	16 632	16 685	910	17 658	17 711	1 184
15 660	15 713	656	16 686	16 739	924	17 712	17 765	1 198
15 714	15 767	670	16 740	16 793	939	17 766	17 819	1 213
15 768	15 821	684	16 794	16 847	953	17 820	17 873	1 227
15 822	15 875	698	16 848	16 901	967	17 874	17 927	1 242
15 876	15 929	712	16 902	16 955	982	17 928	17 981	1 256
15 930	15 983	726	16 956	17 009	996			
15 984	16 037	740	17 010	17 063	1 010			

11.03 Einkommensteuertarif – Durchschnittssteuersatz – Grenzsteuersatz – Splittingverfahren

Lösungsblatt

Auszug aus der Einkommensteuertabelle Tarif 1999

EStG § 32a

zu versteuern-des Jahres-einkommen in DM	tarifliche Einkommen-steuer in DM (Grundtabelle)	Durchschnitts-steuersatz in %	Zunahme des zu versteuernden Jahreseinkommens in DM	Zunahme der Einkommen-steuer in DM	Grenz-steuersatz in %
1	2	3 (= Sp. 2 : Sp. 1 × 100)	4	5	6 (= Sp. 5 : Sp. 4 × 100)
bis 13 067	0	0			
13 121	12	0,09			
13 175	25	0,19	54	13	24,1
20 000	1 812	9,1	6 825	1 787	26,2
30 000	4 641	15,5	10 000	2 829	
40 000	7 672	19,2	10 000		
50 000	10 905		10 000		
60 000	14 359		10 000	3 454	
70 000	18 004	25,7	10 000	3 645	
80 000	21 933	27,4	10 000	3 929	
90 000	26 164		10 000		
100 000	30 699		10 000		
110 000	35 564	32,3	10 000	4 865	
120 000	40 707	33,9	10 000	5143	
130 000	46 002		10 000		
140 000	51 297		10 000		

1. Der Durchschnittssteuersatz gibt den prozentualen Anteil der Einkommensteuer am zugehörigen zu versteuernden Einkommen an.

Beispiel lt. Tabelle: Bei einem zu versteuernden Einkommen von 20 000 DM beträgt die Einkommensteuer 1812 DM. Bezogen auf das zu versteuernde Einkommen (20 000 DM) beträgt die Einkommensteuer (1812 DM) 9,1% (Durchschnittssteuersatz).

20 000 DM – 100 %
1 812 DM – 9,06%

- Berechnen Sie in einer Tabelle nach obigem Muster die fehlenden Durchschnittssteuersätze.

2. Der Grenzsteuersatz gibt an, mit welchem Prozentsatz Einkommenszuwächse steuerlich belastet werden.

Beispiel lt. Tabelle: Der Einkommenszuwachs von 13 121 DM auf 13 175 DM beträgt 54 DM. Die für diese 54 DM **zusätzlich** anfallende Steuer beträgt 13 DM. Bezogen auf die Einkommenssteigerung von 54 DM beträgt die **zusätzliche** Steuer von 13 DM 24,1% (= Grenzsteuersatz).

54 DM – 100 %
13 DM – 24,07%

- Berechnen Sie in einer Tabelle nach obigem Muster die fehlenden Grenzsteuersätze.

- 3. Zeichnen Sie die Verläufe der Grenz- und Durchschnittssteuersätze in Abhängigkeit vom zu versteuernden Einkommen in ein Schaubild nach folgendem Muster ein:

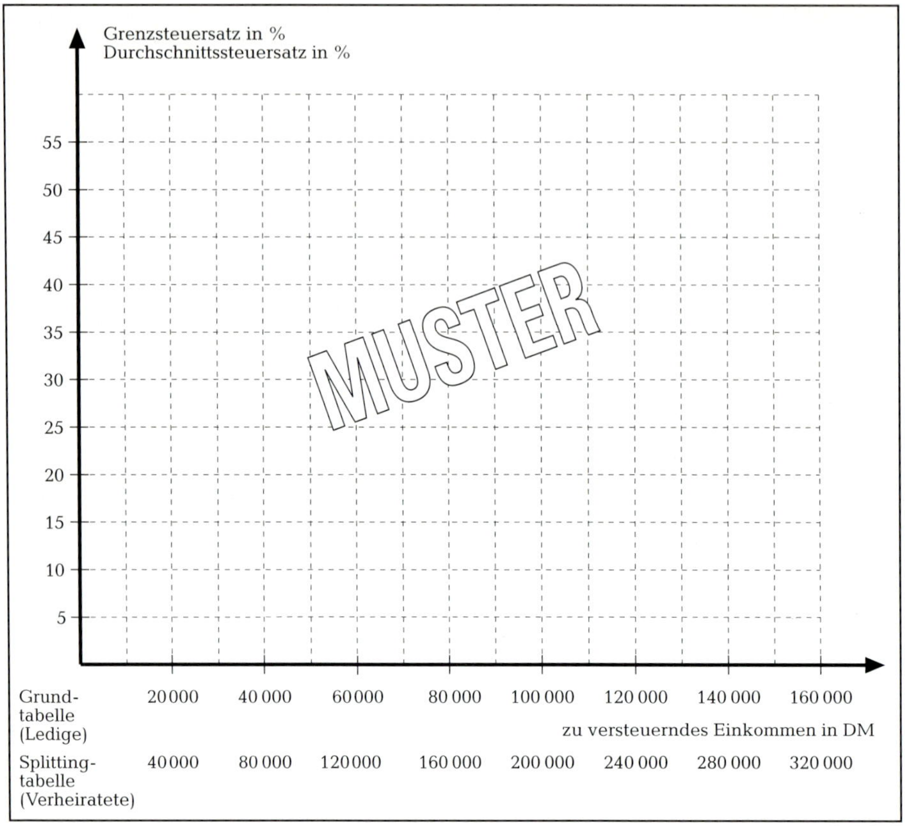

4. Beschreiben Sie anhand des Schaubildes die Entwicklung des Grenzsteuersatzes bei Zunahme des zu versteuernden Einkommens.

- Welche Besonderheiten lassen sich jeweils feststellen?

5. Angenommen, bei einem ledigen Steuerpflichtigen erhöht sich das zu versteuernde Einkommen um 100 DM.

- Ermitteln Sie mit Hilfe der Grenzsteuersätze, wieviel DM von diesen 100 DM Zusatzeinkommen in folgenden Fällen als Einkommensteuer abgeführt werden müssen:

Fall	bisheriges zu versteuerndes Jahreseinkommen in DM	vom Zusatzeinkommen in Höhe von 100 DM zu zahlende Einkommensteuer in DM
a)	10000	
b)	20000	
c)	40000	
d)	80000	
e)	100000	
f)	130000	
g)	140000	

- 6. Ist es Ihrer Meinung nach gerecht, dass Grenz- und Durchschnittssteuersatz bei zunehmendem zu versteuernden Einkommen steigen (= progressiver Einkommensteuertarif)?

7. Bei Eheleuten wird die Höhe der Einkommensteuer i.d.R. wie folgt ermittelt:
Zunächst wird das gemeinsame zu versteuernde Einkommen ermittelt. Dieses Einkommen wird halbiert. Die auf diese Hälfte entfallende Einkommensteuer wird verdoppelt (Splitting-Verfahren). EStG § 32a (4)

● Ermitteln Sie anhand der Steuertabelle auf S. 361 – ggf. unter Anwendung des Splitting-Verfahrens – die Höhe der Einkommensteuer für folgende Fälle.

Ehepaar mit einem zu versteuernden Einkommen von 80 000 DM. Der Mann ist Alleinverdiener.	Nichteheliche Lebensgemeinschaft mit einem zu versteuernden Einkommen von 80 000 DM. Der Mann ist Alleinverdiener.	Ehepaar mit einem zu versteuernden Einkommen von 80 000 DM. Davon entfallen jeweils 40 000 DM auf jeden der beiden berufstätigen Ehepartner.	Nichteheliche Lebensgemeinschaft mit einem zu versteuernden Einkommen von 80 000 DM. Davon entfallen jeweils 40 000 DM auf jeden der beiden berufstätigen Partner.

● 8. Stellen Sie anhand der Ergebnisse zu 7. fest, in welchen Fällen das Einkommensteuerrecht Ehepaare gegenüber nichtehelichen Lebensgemeinschaften begünstigt.

11.04 Lohnsteuer – Lohnsteuerklassen – Quellenabzugsverfahren

Lösungsblatt

Die folgende Tabelle zeigt für fünf Arbeitnehmer den Bruttomonatsverdienst sowie deren Familienstand, Kinderzahl und Lohnsteuerklasse. EStG § 38b

	1	2	3	4		5
	Herr Abele	Herr Bauer	Herr Cleff	Frau Cleff	Ehepaar Cleff	Frau Dagel
	ledig (St. Kl. I/0) Facharbeiter	verheiratet, 2 Kinder (St.Kl. III/2). Angestellter Frau Bauer ist nicht berufstätig.	Familie Cleff hat 1 Kind. Herr Cleff arbeitet als Verkaufsleiter in einer Großhandlung (St.Kl. III/1). Frau Cleff arbeitet halbtags als Arzthelferin (St.Kl. V)			alleinstehend, 1 Kind (St.Kl. II/1) Verkäuferin
Bruttomonatsverdienst in DM	4 200	5 000	8 400	2 000	10 400	2 700
– Lohnsteuer in DM						
+ Kindergeld in DM (EStG § 66)						
Monatsverdienst in DM nach Lohnsteuer und Kindergeld[1]						
Unterschied zum Bruttomonatsverdienst in %						

[1] ohne Brücksichtigung von Solidaritätszuschlag, Kirchensteuer und Arbeitnehmeranteil zur Sozialversicherung.

1. Ermitteln Sie anhand einer Tabelle nach dem Muster auf S. 363 für alle fünf Personen den Monatsverdienst unter Berücksichtigung von Lohnsteuer und Kindergeld, und geben Sie den Unterschied zum Bruttomonatsverdienst in % an.

Auszüge aus der Monatslohnsteuertabelle (gültig ab 01.01.1999)

Lohn/Gehalt	Lohnsteuer in Steuerklasse				
	I und IV	II	III	V	VI
von 1 998,16 DM bis 2 002,65 DM	85,41	0	0	505,83	560,16
von 2 695,66 DM bis 2 700,15 DM	278,91	148,58	0	742,00	801,83
von 4 198,66 DM bis 4 203,15 DM	755,16	607,00	267,83	1 330,83	1 402,83
von 4 999,66 DM bis 5 004,15 DM	1 021,25	863,91	486,66	1 692,83	1 774,33
von 8 397,15 DM bis 8 401,65 DM	2 357,00	2 148,83	1 562,83	3 480,58	3 568,83

2. Warum muss Herr **Bauer** trotz seines höheren Monatsverdienstes weniger Lohnsteuer bezahlen als Herr **Abele?**

3. Wieviel Lohnsteuer müsste Herr **Bauer** bei gleichem Monatsverdienst bezahlen, wenn er kinderlos und ledig wäre?

EStG § 39

4. Im September letzten Jahres erhielt das **Ehepaar Cleff** seine beiden Lohnsteuerkarten für das jetzige Kalenderjahr von der Gemeindeverwaltung ihres Heimatortes zugeschickt. Auf beiden Steuerkarten war die Steuerklasse IV/1 eingetragen. Vor Weiterleitung der Steuerkarten an ihren jeweiligen Arbeitgeber haben Herr und Frau **Cleff** bei ihrer Gemeinde die Änderung der Steuerklassen in III/1 **(Herr Cleff)** und V **(Frau Cleff)** beantragt.

   a) Wieviel Lohnsteuer müssten beide zusammen monatlich zahlen, wenn sie die ursprüngliche Steuerklassenkombination IV/1 – IV/1 beibehalten hätten?
   Begründen Sie den Unterschied zur gewählten Kombination III/1 – V.

   b) Angenommen, das Ehepaar **Cleff** hätte die ursprüngliche Steuerklassenkombination IV/IV nicht ändern lassen.
   Hätte das Ehepaar **Cleff** die bei dieser Kombination entstehende steuerliche Mehrbelastung vom Finanzamt zurückfordern können?

   c) In welchen Fällen ist für Ehepaare die Steuerklassenkombination III/V günstiger als die Kombination IV/IV?

§§ 37, 38

5. Worin besteht der Unterschied bei der Einkommensteuererhebung zwischen einem Selbstständigen (z.B. Arzt) und einem abhängig Beschäftigten?

11.05 Körperschaftsteuer – Kapitalertragsteuer – Anrechnungsverfahren

Der Aktionär **Dieter Helder** hat ein Wertpapierdepot bei der **ABC-Bank.** Zu seinem Aktienbestand gehören u.a. auch 50 Aktien der **Auto AG.** Im Mai dieses Jahres erhält **Dieter Helder** für diese Aktien folgende Dividendengutschrift und Steuerbescheinigung:

Depot-Nr. 16592/1 30.05.19..

Gutschrift faelliger Wertpapier-Ertraege
DIVIDENDENGUTSCHRIFT U. STEUERBESCHEINIGUNG BEI FREISTELLUNGSAUFTRAG

DEPOTBESTAND		WERTPAPIERBEZEICHNUNG	STEUERSCHLUESSEL: 8
STK	50,000	AUTO AG AKT.	
			WKN: 803200

DEM 12,0000 DIVIDENDE FUER 19.. ZAHLBAR: 30.05...

ERMITTLUNG DER STEUERBASISBETRAEGE

BARDIVIDENDE	DEM	600,00
+ KOERPERSCHAFTSTEUERGUTHABEN	DEM	257,14
ZU VERSTEUERNDE EINNAHMEN	DEM	857,14

		GESAMT		VERGUTETET		BESCHEINIGT
KAPITALERTRAGSTEUER	DEM	150,00	DEM	0,00	DEM	150,00
KOERPERSCHAFTST.GUTH.	DEM	257,14	DEM	0,00	DEM	257,14

IHR FREISTELLUNGSAUFTRAG IST FUER DIESES JAHR VOLLSTÄNDIG AUSGENUTZT

ABRECHNUNG DIVIDENDENGUTSCHRIFT

BARDIVIDENDE		DEM	600,00
25% KAPITALERTRAGSTEUER AUF	DEM 600,00	DEM	150,00-

VERRRECHNUNG UEBER KONTO	VALUTA	ZU IHREN GUNSTEN	
1028892	30.05...	DEM	450,00

1. Ausgeschüttete Gewinne einer AG werden mit 30% Körperschaftsteuer belastet.
   Wie hoch ist im vorliegenden Fall der Gewinn je Aktie, den die **Auto AG** vor Abführung der Körperschaftsteuer zur Ausschüttung bereitgestellt hat (= Bruttodividende)? KStG § 27

2. Der nach Abführung der Körperschaftsteuer verbleibende Ausschüttungsbetrag heißt Bardividende.
   Wie hoch ist im vorliegenden Fall die Bardividende
   a) je Aktie,
   b) für alle 50 Aktien zusammen?

3. Der Betrag, den die **ABC-Bank** Herrn **Helder** gutschreibt, heißt Nettodividende.
   Wie hoch ist im vorliegenden Fall die Nettodividende
   a) je Aktie,
   b) für alle 50 Aktien zusammen?

4. Worauf ist der Unterschied zwischen Bar- und Nettodividende zurückzuführen? EStG §§ 43, 43a

5. Ergänzen Sie nachstehendes Schema zur Berechnung der Nettodividende für den hier vorliegenden Fall:

Bruttodividende (= zur Ausschüttung bereitgestellter Gewinn je Aktie)	DM	100 % der Bruttodividende
– ---------------------------- (--------% Bruttodividende)	DM	% der Bruttodividende
= Bardividende	DM	% der Bruttodividende
– ---------------------------- (--------% Bardividende)	DM	% der Bruttodividende
= Nettodividende	DM	% der Bruttodividende

6. Eine Doppelbelastung der Dividenden durch die von der AG abzuführende Körperschaftsteuer einerseits und die vom Aktionär zu zahlende Einkommensteuer andererseits soll vermieden werden. Deshalb sieht das Steuerrecht vor, dass der Aktionär eine Gutschrift über die von der AG abgeführte Körperschaftsteuer erhält (= anrechenbare Körperschaftsteuer). Diese Gutschrift wird auf die vom Aktionär zu zahlende Einkommensteuer angerechnet (= Anrechnungsverfahren).
   a) Wie hoch ist im vorliegenden Fall diese Körperschaftsteuergutschrift im Verhältnis zur Bardividende?
   b) Nach welcher allgemeinen Regel lässt sich immer aus der Bardividende (= die von der Hauptversammlung beschlossene Dividende) die zugehörige Körperschaftsteuergutschrift ermitteln?

7. a) Mit wieviel DM Steuern wurde die Bruttodividende (= der zur Ausschüttung bereitgestellte Gewinn) im vorliegenden Fall insgesamt belastet?
   b) Wieviel Prozent der Bruttodividende macht die gesamte Steuerbelastung im vorliegenden Fall aus?
   c) Nach welcher allgemeinen Regel lassen sich immer aus der Bruttodividende die Steuerbelastung und die Nettodividende ermitteln?
   d) Ebenso wie die Körperschaftsteuer muss die AG auch die Kapitalertragsteuer an das Finanzamt abführen. Der Gesamtbetrag der einbehaltenen Körperschaft- und Kapitalertragsteuer gilt beim Aktionär als Vorauszahlung, die ihm auf seine Einkommensteuerschuld angerechnet wird.
   In welchem Fall muss der Aktionär zusätzlich zu dieser Vorauszahlung mit einer weiteren Einkommensteuernachzahlung für seine Dividendenerträge rechnen?

8. Der Grenzsteuersatz für das zu versteuernde Einkommen des Aktionärs **Helder** beträgt 35%.
   Weisen Sie für den vorliegenden Fall nach, dass es für Herrn **Helder** vorteilhaft ist, wenn er seine Dividendenerträge in der Einkommensteuererklärung als Einkünfte aus Kapitalvermögen angibt und die auf S. 365 abgebildete Steuerbescheinigung beifügt.

9. In der abgebildeten Gutschrift und Steuerbescheinigung (vgl. S. 365) findet sich folgender Vermerk: *»Ihr Freistellungsauftrag ist für dieses Jahr vollständig ausgenutzt.«*
   a) Erläutern sie diesen Hinweis.
   b) Welche Auswirkungen hätte es für Herrn **Helder,** wenn der Freistellungsauftrag noch nicht vollständig ausgenutzt wäre?

10. Einbehaltene Gewinne von Aktiengesellschaften werden mit 45% Körperschaftsteuer belastet.
   KStG §§ 23, 27 a) Wie hoch ist der Unterschied bei der Körperschaftsteuerbelastung von ausgeschütteten und einbehaltenen Gewinnen?
   b) Was bezweckt der Gesetzgeber mit dieser unterschiedlichen Steuerbelastung?

Umsatzsteuer

11.06 Umsatzsteuer: Mehrwertsteuerverfahren – Vorsteuer – Zahllast

Lösungsblatt

Mit der Umsatzsteuer soll der Konsum der Endverbraucher besteuert werden. Dazu wird folgendermaßen vorgegangen:

UStG §§ 1, 14 I. **Jeder** Unternehmer muss seinen Kunden für die erbrachten Lieferungen und Leistungen Umsatzsteuer in Rechnung stellen. Die **Umsatzsteuer** wird vom Entgelt, das der Kunde für die Lieferung oder Leistung aufwenden muss, berechnet. Der Umsatzsteuerbetrag ist in den Ausgangsrechnungen gesondert auszuweisen und muss vom Unternehmer an das Finanzamt abgeführt werden.

Bretter → / ← Geld 10 000 DM, 1 600 DM (Sägewerk – Möbelfabrik); Schränke → / ← Geld (Möbelfabrik – Versandhandel); Schränke → / ← Geld (Versandhandel – Endverbraucher)

	Sägewerk (Stufe I)	Möbelfabrik (Stufe II)	Versandhandel (Stufe III)	Endverbraucher
Warenwert	10 000 DM	30 000 DM	50 000 DM	
den Kunden in Rechnung gestellte Umsatzsteuer (16% des Warenwertes)	1 600 DM			
Rechnungsbetrag der Ausgangsrechnung	11 600 DM			
an den Lieferer gezahlte Vorsteuer	0 DM	1 600 DM		
an das Finanzamt abzuführende Zahllast	1 600 DM			**Summe Stufe I bis III**
Wertschöpfung (Mehrwert)	10 000 DM	20 000 DM		**Summe Stufe I bis III**
Zahllast in % des Mehrwertes	16 %			

Bretter → / ← Geld 10 000 DM, 1 600 DM (Sägewerk – Möbelfabrik); Schränke → / ← Geld (Möbelfabrik – Großhandel); Schränke → / ← Geld (Großhandel – Einzelhandel); Schränke → / ← Geld (Einzelhandel – Endverbraucher)

	Sägewerk (Stufe I)	Möbelfabrik (Stufe II)	Großhandel (Stufe III)	Einzelhandel (Stufe IV)	Endverbraucher
Warenwert	10 000 DM	30 000 DM	40 000 DM	50 000 DM	
den Kunden in Rechnung gestellte Umsatzsteuer (16% des Warenwertes)	1 600 DM				
Rechnungsbetrag der Ausgangsrechnung	11 600 DM				
an den Lieferer gezahlte Vorsteuer	0 DM	1 600 DM			
an das Finanzamt abzuführende Zahllast	1 600 DM				**Summe Stufe I bis IV**
Wertschöpfung (Mehrwert)	10 000 DM	20 000 DM			**Summe Stufe I bis IV**
Zahllast in % des Mehrwertes	16 %				

UStG § 15 II. **Jeder** Unternehmer, der von anderen Unternehmen Lieferungen oder Leistungen bezieht, muss an seinen Lieferer zunächst den vereinbarten Kaufpreis zuzüglich der ausgewiesenen Umsatzsteuer bezahlen. Er kann sich aber die von ihm zu zahlende Umsatzsteuer vom Finanzamt als sog. **Vorsteuer** erstatten lassen.

§ 16 III. Die Erstattung der Vorsteuer wird wie folgt vorgenommen: Der Unternehmer zieht die Vorsteuer von der an das Finanzamt abzuführenden Umsatzsteuer ab (= Vorsteuerabzug). Er überweist somit nur die Differenz zwischen der von seinen Kunden erhaltenen und der an seine Lieferer bezahlten Umsatzsteuer an das Finanzamt. Dieser Betrag heißt **Zahllast.**

1. Ein Sägewerk verkauft Bretter, die aus dem eigenen Forst stammen, für 10 000 DM an eine Möbelfabrik. Die Möbelfabrik stellt daraus 10 Schränke her, die für 30 000 DM an ein Versandhaus verkauft werden. Das Versandhaus verkauft die Schränke für 50 000 DM an die Endverbraucher (Privatleute).
   a) Vervollständigen Sie eine Tabelle nach dem Muster auf Seite 367 oben.
   b) Wie viel Umsatzsteuer wurde insgesamt an das Finanzamt abgeführt? Von wem wurde die Umsatzsteuer an das Finanzamt bezahlt?
   c) Überprüfen Sie, ob durch die Umsatzsteuer tatsächlich nur der Konsum der Endverbraucher besteuert wurde.
2. Die Möbelfabrik liefert auch 10 Schränke zum gleichen Preis an einen Möbelgroßhändler, der sie wiederum für 40 000 DM an einen Möbeleinzelhändler verkauft. Der Einzelhändler verkauft die Schränke für 50 000 DM an die Endverbraucher.
   a) Vervollständigen Sie eine Tabelle nach dem Muster auf Seite 367 unten.
   b) Überprüfen Sie, ob die an das Finanzamt abgeführte Umsatzsteuer durch die zusätzliche Handelsstufe (Großhandel) im Vergleich zu 1. gestiegen ist.
   c) Überprüfen Sie, ob sich die Umsatzsteuerbelastung der Endverbraucher durch diese zusätzliche Handelsstufe verändert.
3. Warum heißt die hier vorliegende Erhebungsform der Umsatzsteuer auch »Mehrwertsteuer«?
4. Steuern, bei denen Steuerschuldner und Steuerträger verschiedene Personen sind, heißen auch indirekte Steuern. Bei diesen Steuern soll der Steuerschuldner die Steuer entsprechend dem Willen des Gesetzgebers auf andere Personen abwälzen.
   Weisen Sie nach, dass die Umsatzsteuer eine solche indirekte Steuer ist.
5. Zeigen Sie am obigen Beispiel, wie sich die Umsatzsteuer auf den Gewinn/Verlust der Unternehmen auswirkt.
6. Wie würde sich eine Erhöhung des Umsatzsteuersatzes auf den Gewinn/Verlust der Unternehmen auswirken?

Lösungsblatt

11.07 Umsatzsteuerpflichtige Vorgänge – Umsatzsteuer-Voranmeldung

Aufgrund gesetzlicher Vorschriften wird in folgenden Fällen Umsatzsteuer erhoben:

UStG § 1
- Lieferungen und Leistungen, die ein Unternehmer gegen Entgelt ausführt,
- Eigenverbrauch des Unternehmers,
- Einfuhr von Gegenständen aus einem Gebiet, das nicht zur EU gehört (Drittlandsgebiet),
- Erwerb gegen Entgelt aus EU-Mitgliedländern (innergemeinschaftlicher Erwerb).

Herr **Schubert** ist Inhaber einer Großhandlung, die Kioske mit Süßigkeiten, Zeitschriften, Tabakwaren und Getränken beliefert. Im letzten Monat wurden die folgenden Vorgänge a) bis u) verzeichnet.

1. Prüfen Sie, in welchen Fällen für die Großhandlung — UStG § 15
   - steuerpflichtige Umsätze vorliegen,
   - die Möglichkeit zum Vorsteuerabzug besteht.

   a) An verschiedene Kunden wurden folgende Waren geliefert: — §§ 1, 12 Anlage zu § 12

Warenart	Nettowarenwert
Süßwaren	10 000 DM
Tabakwaren	8 000 DM
Erfrischungsgetränke	12 000 DM
Alkoholische Getränke	6 000 DM
Zeitungen und Bücher	7 000 DM

   Die Rechnungen waren den Lieferungen beigefügt. Das Zahlungsziel beträgt 14 Tage. Es wird kein Skonto gewährt.

   b) Einer der Kunden hat 8 Tage nach Erhalt der Rechnung seine Verbindlichkeiten in Höhe von 500 DM bar bezahlt.

   c) Ein neuer Kunde hat eine Anzahlung in Höhe von 3450 DM für eine größere Getränkelieferung geleistet.

   d) Herr **Schubert** hat dem Warenlager Süßwaren im Wert von 100 DM für den eigenen Verbrauch entnommen. — § 1

   e) Herr **Schubert** hat der Kasse 1000 DM für den Privathaushalt entnommen.

   f) Verkauf eines zum Betriebsvermögen gehörenden Transporters zum Preis von 12 000 DM (ohne Umsatzsteuer). Die Zahlung erfolgte durch Bankscheck.

   g) Herr **Schubert** hat im vorletzten Jahr einen neuen Geschäfts-PKW für 40 000 DM (Listenpreis inkl. USt) gekauft, den er auch privat nutzt.

   h) Herr **Schubert** hat ein Gemälde aus einer Erbschaft an einen privaten Sammler verkauft. — EStG § 6 (1) Nr. 4

   i) Ein Kunde hat Süßwaren und Fachzeitschriften im Wert von 2500 DM gekauft. Die Bezahlung erfolgte mit Wechsel.

   j) Herr **Schubert** hat den Wechsel bei seiner Bank zum Diskont eingereicht. — UStG § 4

   k) Herr **Schubert** hatte 1200 DM Mieteinnahmen für eine in seinem Privathaus vermietete Wohnung.

   l) Herrn **Schubert** wurden fällige Zins- und Dividendenerträge aus Wertpapieren in Höhe von 1500 DM gutgeschrieben.

   m) Herr **Schubert** hat eine Betriebshaftpflichtversicherung abgeschlossen und die Halbjahresprämie in Höhe von 680 DM durch Banküberweisung bezahlt.

   n) Herr **Schubert** hat für 100 000 DM ein angrenzendes Grundstück zur Erweiterung des Betriebsgeländes gekauft.

   o) Herr **Schubert** bezieht regelmäßig Rotwein, Cognac und andere Spirituosen aus Frankreich. Die Waren sind zum Weiterverkauf bestimmt. Im letzten Monat hat er alkoholische Getränke im Wert von 3050 € importiert. — § 1a

   p) Herr **Schubert** hat seinem Freund einen Karton Sekt im Wert von 80 DM zu einem symbolischen Freundschaftspreis von 1 DM verkauft.

   q) Herr **Schubert** hat sich im benachbarten Frankreich einen Anzug für 190 € gekauft. — § 1a

   r) Herr Schubert hat für seinen Sohn ein neues Auto in Frankreich zum Preis von 10 500 € gekauft.

   s) Liefererrechnung über Tabakwaren. Warenwert 5000 DM.

   t) Rechnung eines Zeitschriftengroßhändlers über Lieferungen mit einem Warenwert von 2500 DM. Darunter befinden sich auch Zeitschriften im Wert von 500 DM, die als jugendgefährdend eingestuft sind und nur an Erwachsene verkauft werden dürfen. — § 15

Zeile

– Bitte weiße Felder ausfüllen oder ☒ ankreuzen, Anleitung beachten –

FA-Nr.	Steuernummer Bezirk	Unterschied-Nr.	Schlüsseltext	Zeitraum
			21 56 11	siehe unten

30 Eingangsstempel oder -datum

Finanzamt

Unternehmen – Art und Anschrift – Telefon

Umsatzsteuer-Voranmeldung ....

Voranmeldungszeitraum

bei **monatlicher** Abgabe bitte ankreuzen

Jan.			Juli	
Feb.			Aug.	
März			Sept.	
April			Okt.	
Mai			Nov.	
Juni			Dez.	

bei **vierteljährlicher** Abgabe bitte ankreuzen

I. Kalendervierteljahr	
II. Kalendervierteljahr	
III. Kalendervierteljahr	
IV. Kalendervierteljahr	

Berichtigte Anmeldung
(falls ja, bitte eine „1“ eintragen) 10

I. Anmeldung der Umsatzsteuer-Vorauszahlung

Zeile		Kz.	Bemessungsgrundlage ohne Umsatzsteuer volle DM	~~Pf~~	Kz.	Steuer DM	PF
20	**Lieferungen, sonstige Leistungen und Eigenverbrauch**						
21	**Steuerfreie Umsätze mit Vorsteuerabzug**						
22	**Innergemeinschaftliche Lieferungen** (§ 4 Nr. 1 b UStG) an Abnehmer **mit** USt-IdNr.	41		–			
23	neuer Fahrzeuge an Abnehmer **ohne** USt-IdNr.	44		–			
24	neuer Fahrzeuge außerhalb eines Unternehmens (§ 2 a UStG)	49		–			
25	**Weitere steuerfreie Umsätze mit Vorsteuerabzug** (z.B. **Ausfuhrlieferungen,** Umsätze nach § 4 Nr. 2 bis 7 UStG)	43		–			
26	**Steuerfreie Umsätze ohne Vorsteuerabzug**						
27	Umsätze nach § 4 Nr. 8 bis 28 UStG	48		–			
28	**Steuerpflichtige Umsätze** (Lieferungen, sonstige Leistungen und Eigenverbrauch)						
29	zum Steuersatz von 16 v. H.	50		–			
30	zum Steuersatz von 7 v. H.	86		–			
31	Umsätze, die anderen Steuersätzen unterliegen	35		–	36		
32	**Umsätze land- und forstwirtschaftlicher Betrieb nach § 24 UStG**						
33	Lieferungen in das übrige Gemeinschaftsgebiet an Abnehmer **mit** USt-IdNr.	77		–			
34	Umsätze, für die eine Steuer nach § 24 UStG zu entrichten ist (Sägewerkserzeugnisse, Getränke und alkohol. Flüssigkeiten, z.B. Wein)	76		–	80		
35	**Innergemeinschaftliche Erwerbe**						
36	**Steuerfreie innergemeinschaftliche Erwerbe**						
37	Erwerbe nach § 4 b UStG	91		–			
38	**Steuerpflichtige innergemeinschaftliche Erwerbe** (§ 1 a UStG)						
39	zum Steuersatz von 16 v. H.	92		–			
40	zum Steuersatz von 7 v. H.	93		–			
41	**neuer Fahrzeuge** von Lieferern **ohne** USt-IdNr. zum Steuersatz von 16 v.H.	94		–			
42	Steuer infolge Wechsels der Besteuerungsart/-form sowie Nachsteuer auf versteuerte Anzahlungen wegen Steuersatzerhöhung				65		
43	**Umsatzsteuer** ... zu übertragen in Zeile 45						

	Kz.	Steuer DM	PF
Übertrag			
Abziehbare Vorsteuerbeträge			
Vorsteuerbeträge aus Rechnungen von anderen Unternehmen (§ 15 Abs. 1 Nr. 1 UStG)	66		
Vorsteuerbeträge aus dem innergemeinschaftlichem Erwerb von Gegenständen (§ 15 Abs. 1 Nr. 3 UStG)	61		
entrichtete Einfuhrumsatzsteuer (§ 15 Abs. 1 Nr. 2 UStG)	62		
Vorsteuerbeträge, die nach allgemeinen Durchschnittsätzen berechnet sind (§§ 23 und 23 a UStG)	63		
Berichtigung des Vorsteuerabzugs (§ 15 a UStG)	64		
Vorsteuerabzug für innergemeinschaftliche Lieferungen neuer Fahrzeuge außerhalb eines Unternehmens (§ 2 a UStG) sowie von Kleinunternehmern im Sinne des § 19 Abs. 1 UStG (§ 15 Abs. 4 a UStG)	59		
Kürzungen nach dem BerlinFG **für frühere Kalenderjahre** nach den §§ 1, 1a und 2 Berlin FG — Kz. 57, Bemessungsgrundlage volle DM, ~~PF~~	58		
Verbleibender Betrag			
In Rechnungen unberechtigt ausgewiesene Steuerbeträge (§ 14 Abs. 2 und 3 UStG) sowie Steuerbeträge, die nach § 6 a Abs. 4 Satz 2 und § 17 Abs. 1 Satz 2 UStG geschuldet werden	69		
Umsatzsteuer-Vorauszahlung/Überschuss			
Anrechnung (Abzug) der festgesetzten Sondervorauszahlungen für Dauerfristverlängerung (nur auszufüllen in der letzten Voranmeldung des Besteuerungszeitraums, in der Regel Dezember)	39		
Verbleibende Umsatzsteuervorauszahlung **(Bitte in jedem Fall ausfüllen)**	83		
Verbleibender Überschuss (rot eintragen oder mit Minuszeichen versehen)		(kann auf 10 Pf zu Ihren Gunsten gerundet werden)	

II. Anmeldung der Umsatzsteuer im Abzugsverfahren (§§ 51 bis 56 UStDV)

	Kz.	Bemessungsgrundlage volle DM	~~PF~~	Kz.	Steuer DM	PF
für Werklieferungen und sonstige Leistungen im Ausland ansässiger Unternehmer (§ 51 Abs. 1 Nr. 1 UStDV)						
Leistungen, für die wegen Anwendung der sog. Null-Regelung (§ 52 Abs. 2 UStDV) keine Umsatzsteuer einzubehalten ist	71		—			
Leistungen, für die Umsatzsteeur einzubehalten ist	72		—			
für Lieferungen von sicherungsübereigneten Gegenständen (§ 51 Abs. 1 Nr. 2 UStDV) sowie von Grundstücken im Zwangsversteigerungsverfahren (§ 51 Abs. 1 Nr. 3 UStDV)						
Lieferungen, für die wegen Anwendung der sog. Null-Regelung (§ 52 Abs. 2 USTDV) keine Umsatzsteuer einzubehalten ist	78		—			
Lieferungen, für die Umsatzsteuer einzubehalten ist	79		—			
Umsatzsteuer im Abzugsverfahren				75		
					(kann auf 10 Pf zu Ihren Gunsten gerundet werden)	

Ein Erstattungsbetrag wird auf dasd dem Finanzamt bekannte Konto überwiesen, soweit nicht eine Verrechnung mit Steuerschulden vorzunehmen ist.

Verrechnungs des Erstattungsbetrages erwünscht (falls ja, bitte eine „1" eintragen) 29

Geben Sie bitte die Verrechnungswünsche auf einem besonderen Blatt oder auf dem beim Finanzamt erhältlichen Vordruck „Verrechnungsantrag" an.

Die **Einzugsermächtigung** wird ausnahmsweise (z.B. wegen Verrechnungswünschen) für diesen Voranmeldungszeitraum **widerrufen** (falls ja, bitte eine „1" eintragen) 26

Ich versichere, die Angaben in dieser Steueranmeldung wahrheitsgemäß nach bestem Wissen und Gewissen gemacht zu haben.

Bei der Anfertigung dieser Steueranmeldung hat mitgewirkt:
(Name, Anschrift, Telefon)

Datum, Unterschrift

Hinweis nach den Vorschriften der Datenschutzgesetze:
Die mit der Steueranmelduing angeforderten Daten werden aufgrund der §§ 149 ff. der Abgabenordnung und der §§ 18, 18 b des Umsatzsteuergesetzes erhoben.
Die Angabe der Telefonnummern ist freiwillig.

Vom Finanzamt auszufüllen

Bearbeitungshinweis

1. Die aufgeführten Daten sind mit Hilfe des geprüften und genehmigten Programms sowie ggf. unter Berücksichtigung der gespeicherten Daten maschinell zu verarbeiten.
2. Die weitere Verarbeitung richtet sich nach den Ergebnissen der maschinellen Verarbeitung.

Datum, Namenszeichen/Unterschrift

Kontrollzahl und/oder Datenerfassungsvermerk

u) Rechnung eines Getränkegroßhändlers über die Lieferung von Erfrischungsgetränken im Wert von 4000 DM und von alkoholischen Getränken im Wert von 2500 DM.

● 2. Füllen Sie für die Großhandlung **Schubert** ein Formular zur Umsatzsteuer-Voranmeldung des vergangenen Monats nach vorstehendem Muster aus.

Gewerbesteuer

11.08 Gewerbesteuer

Paul Winske und **Peter Molls** haben im letzten Jahr für den Handel mit Computerzubehör die **ComTrade GmbH** mit Geschäftssitz in **Potsdam** gegründet. Nach dem ersten Geschäftsjahr erhält die GmbH vom Finanzamt die Aufforderung, eine Gewerbesteuererklärung abzugeben. **Paul Winske** ist für das Rechnungswesen zuständig. Er möchte wissen, in welcher Höhe Finanzmittel für die zu erwartende Gewerbesteuerzahlung bereitgestellt werden müssen. Er geht dazu von der folgenden vorläufigen GuV aus.

Aufwand — Vorläufige Gewinn- und Verlustrechnung — Ertrag

Aufwand		Ertrag	
Aufw. für bezogene Waren	1 500 000 DM	Umsatzerlöse	2 000 000 DM
Personalaufwand	490 000 DM	Bestandserhöhungen	250 000 DM
Abschreibungen	80 000 DM		
Zinsen f. langfr. Verbindl.	60 000 DM		
Zinsen f. kurzfr. Verbindl.	20 000 DM		
Vorläufiger Gewinn	100 000 DM		
	2 250 000 DM		2 250 000 DM

Einheitswert des Betriebsgrundstücks: 150 000 DM.

● 1. Wie wird sich die zu zahlende Gewerbesteuer auf die Höhe des vorläufigen Gewinns auswirken?

§§ 6, 7, 8, 9 ● 2. Berechnen Sie den Gewerbeertrag vor Abzug der Gewerbesteuer unter Berücksichtigung von Hinzurechnungen, Minderungen und Freibeträgen.

3. **Paul Winske** geht von dem bei 2. zu ermittelten Gewerbeertrag aus. Die Stadt Potsdam hat einen Gewerbesteuerhebesatz von 400% festgelegt.
● Welche Gewerbesteuerschuld ergibt sich auf dieser Berechnungsgrundlage?

4. **Paul Winske** bespricht das Ergebnis mit einem Steuerberater. Der weist ihn darauf hin, dass das Ergebnis als Schätzwert durchaus ausreichend ist. Die genaue Gewerbesteuerschuld weiche aber von dem Ergebnis ab, da **Winske** nicht berücksichtigt habe, dass die Gewerbesteuer bei der Gewinnermittlung als Aufwand abzugsfähig sei und daher den Gewinn und den Gewerbeertrag mindere.
● Welches Problem ergibt sich, wenn diese Abzugsfähigkeit der Gewerbesteuer bei der Berechnung der Gewerbesteuerschuld berücksichtigt werden soll?

§§ 11, 14, 16 5. Der Steuerberater gibt Herrn **Winske** den folgenden Auszug aus einer Multiplikatorentabelle, mit deren Hilfe die Gewerbesteuer aus dem vorläufigen Gewerbeertrag errechnet werden kann. Die Multiplikatoren sind auf den um eventuelle Freibeträge gekürzten Gewerbeertrag, der sich vor Abzug der Gewerbesteuer ergibt, anzuwenden.

Hebesatz	Steuermesszahl 1	2	3	4	5
200%	0,0291	0,0566	0,0826	0,1071	0,1304
300%	0,0385	0,0741	0,1071	0,1379	0,1667
400%	0,0476	0,0909	0,1304	0,1667	0,2000

§ 11 ● Wie hoch ist die Gewerbesteuerschuld der **ComTrade GmbH** im ersten Geschäftsjahr?

Gliederung und Einteilung der Steuern

11.09 Steuerarten im Überblick

Lösungsblatt

- Kreuzen Sie in einer Tabelle nach folgendem Muster jeweils das zutreffende Feld an.

Nr.	Steuerarten in absteigender Reihenfolge des Steueraufkommens	Steuerberechtigter			Gegenstand der Besteuerung			Wirkung auf Bilanz und GuV			
		Bund	Länder	Gemeinden	Hinzuerwerb von Eigentum	Besitz von Eigentum	Verbrauch von Eigentum	Gewinnschmälernde Betriebssteuern (Aufwandsteuern)	Personensteuern (Steuern des Unternehmers)	Aktivierungs-pflichtige Steuern	durchlaufende Posten
1	Lohnsteuer										
2	Umsatzsteuer										
3	Mineralölsteuer										
4	Gewerbeertragsteuer										
5	Einkommensteuer										
6	Tabaksteuer										
7	Körperschaftsteuer										
8	Kapitalertragsteuer										
9	Kfz-Steuer										
10	Zinsabschlag										
11	Grundsteuer										
12	Versicherungsteuer										
13	Grunderwerbsteuer										
14	Branntweinsteuer										
15	Erbschaftsteuer										
16	Lotteriesteuer										
17	Kaffeesteuer										
18	Biersteuer										
19	Schaumweinsteuer										
20	Vergnügungsteuer										
21	Hundesteuer										

Betriebswirtschaftliche Entscheidungen unter steuerlichen Gesichtspunkten

11.10 Vergleich der Steuerbelastung bei Personen- und Kapitalgesellschaften – »Schütt-aus-hol–zurück«-Verfahren – Verdeckte Gewinnausschüttung

Lösungsblatt

Herr Netzer und **Herr Tech** betreiben gemeinsam einen EDV-Fachhandel. Als Rechtsform haben sie die OHG gewählt. Der Gesellschaftsvertrag sieht vor, dass Gewinne und Verluste den beiden Gesellschaftern zu gleichen Teilen zugerechnet werden. Im letzten Jahr betrug der Gesamtgewinn 400 000 DM.

Herr Netzer und **Herr Tech** überlegen, die OHG aus Risikogründen in eine GmbH umzuwandeln. Dazu möchten sie auch wissen, wie sich eine solche Umwandlung auf die Belastung des Gewinns durch Einkommen- bzw. Körperschaftsteuer auswirken würde. Für ihre Berechnungen gehen Sie von folgenden Annahmen und Informationen aus:

- Der Jahresgewinn beträgt bei beiden Gesellschaftsformen 400 000 DM.
- Mögliche Einkünfte der GmbH-Gesellschafter aus ihrer Tätigkeit als Geschäftsführer der GmbH (Gesellschafter-Geschäftsführer) bleiben zunächst unberücksichtigt.
- Es fallen auch keine anderen einkommensteuerpflichtigen Einkünfte an.
- Im Rahmen der Einkommensteuer werden abzugsfähige Sonderausgaben u.ä. vernachlässigt. Die Summe der Einkünfte ist daher identisch mit dem zu versteuernden Einkommen.
- Bei einem zu versteuernden Jahreseinkommen von 200 000 DM (= Hälfte des Gesamtgewinns) beträgt die Einkommensteuer 83 093 DM (Grund-Tarif 1999). Bei einem zu versteuernden Einkommen von 100 000 DM verringert sich die Einkommensteuer auf 30 699 DM.
- Kirchensteuer und Solidaritätszuschlag werden nicht berücksichtigt.
- Für den Fall der vollständigen Gewinneinbehaltung können die Gesellschafter ihren Lebensunterhalt aus anderen – nicht einkommensteuerpflichtigen – Quellen (z.B. Auflösung von Privatvermögen) bestreiten.

● 1. Ermitteln Sie für den vorliegenden Fall die Gewinnsteuerbelastung bei OHG und GmbH. Benutzen Sie dazu eine Tabelle nach dem Muster auf S. 375.

● 2. Prüfen Sie anhand einer zweiten Tabelle nach dem Muster auf S. 375, wie sich die Steuerbelastung ändert, wenn von folgender Situation ausgegangen wird:

Beide Gesellschafter haben aufgrund anderen Einkunftsarten (z.B. Vermietung, Wertpapiererträge) ein zu versteuerndes Einkommen von 140 000 DM. Der Gewinn aus dem EDV-Fachhandel fällt zusätzlich an. Für jeden Gesellschafter lassen sich dann hinsichtlich seiner Einkommensbesteuerung folgende Fälle unterscheiden:

Fall	Zu versteuerndes Einkommen	Einkommensteuer (EStG § 32a)	Zunahme des zu versteuernden Einkommens	Zunahme der Einkommensteuer	Grenzsteuersatz
Ohne zufließenden Gewinn aus dem EDV-Fachhandel	140 000 DM	51 297 DM			
			100 000 DM	53 004 DM	53%
Gewinn aus dem EDV-Fachhandel in Höhe von 100 000 DM fließt zu	240 000 DM	104 301 DM			
			100 000 DM	53 004 DM	53%
Gewinn aus dem EDV-Fachhandel in Höhe von 200 000 DM fließt zu	340 000 DM	157 305 DM			

	OHG			GmbH		
	Gewinn wird vollständig einbehalten	Gewinn wird zur Hälfte einbehalten	Gewinn wird vollständig ausgeschüttet	Gewinn wird vollständig einbehalten	Gewinn wird zur Hälfte einbehalten	Gewinn wird vollständig ausgeschüttet
Gewinn vor Steuern DM	400 000	400 000	400 000	400 000	400 000	400 000
Körperschaftsteuer in DM auf einbehaltene Gewinne (45%)	/	/	/			/
Körperschaftsteuer in DM auf ausgeschüttete Gewinne (30%)	/	/	/	/		
Kapitalertragsteuer in DM (25% der Bardividende bzw. 17,5% der Bruttodividende	/	/	/	/		
Steuergutschrift in DM für vorausgezahlte Körperschaft- und Kapitalertragsteuer (Netzer und Tech zusammen)	/	/	/	/	+ 60 000 + 35 000	+ 120 000 + 70 000
Einkommensteuer in DM auf den zugeflossenen Gewinn Netzer Tech				/		
Steuerminderung in DM aufgrund von § 32 c EStG[1] (= Tarifbegrenzung bei gewerblichen Einkünften) Netzer Tech				/	/	/
Gesamtgewinn in DM nach Steuern						
Steuerbelastung des Gewinns in %						

[1] Aufgrund des Steuerentlastungsgesetzes vom März 1999 ist für die Jahre 1999, 2000 und 2002 jeweils eine Erhöhung der Steuerentlastung gem. § 32 c EStG vorgesehen.

3. **Herr Netzer** und **Herr Tech** überlegen, ob sie im Falle der GmbH-Gründung die Körperschaftsteuerbelastung für einbehaltene Gewinne (45%) durch folgende Vorgehensweise umgehen können: Die Gewinne werden zunächst vollständig an die Gesellschafter ausgeschüttet und von diesen dann wieder zur Erhöhung des Stammkapitals der GmbH verwendet (= »Schütt-aus-hol-zurück«-Verfahren).

● In welchem Fall wäre diese Vorgehensweise vorteilhaft?

4. **Herr Netzer** und **Herr Tech** überlegen, ob sie im Falle der GmbH-Gründung die Körperschaftsteuer für die ausgeschütteten Gewinne (30%) zumindest teilweise durch folgende Vorgehensweise umgehen können: Beide Gesellschafter werden gleichzeitig auch Geschäftsführer der GmbH (= Gesellschafter-Geschäftsführer). Für ihre Geschäftsführertätigkeit zahlt die GmbH jedem von ihnen ein Bruttojahresgehalt von 200 000 DM.

● In welchem Fall wäre eine solche Vorgehensweise vorteilhaft?

5. Die Finanzbehörden sehen u.a. die folgenden Fälle als sog. »verdeckte Gewinnausschüttung« an:
   - Ein Gesellschafter erhält für seine Geschäftsführertätigkeit ein unangemessen hohes Gehalt.
   - Ein Gesellschafter erhält von der GmbH ein Darlehen zinslos oder zu einem außergewöhnlich niedrigen Zinssatz.
   - Ein Gesellschafter gibt der GmbH ein Darlehen zu einem außergewöhnlich hohen Zinssatz.
   - Ein Gesellschafter liefert an die GmbH oder erwirbt von ihr Waren o.ä. zu ungewöhnlichen Preisen.
   - Ein Gesellschafter vermietet an die GmbH oder mietet von ihr Gegenstände zu unangemessenen Preisen.

● a) Wie wirken sich die genannten Vorgänge auf den Gewinn der GmbH und auf das zu versteuernde Einkommen des Gesellschafters aus?

● b) Warum liegt in diesen Fällen eine »verdeckte Gewinnausschüttung« vor?

KStG § 8 Abs. 3 ● c) Welche Folgen ergeben sich bei verdeckter Gewinnausschüttung für die von der GmbH abzuführende Körperschaftsteuer?

11.11 Betriebsaufspaltung – Betriebsgesellschaft – Besitzgesellschaft

Die **Gebrüder Paul und Walter Hartmann** betreiben ein Unternehmen in der Rechtsform einer OHG. Gegenstand des Unternehmens ist die Herstellung und der Vertrieb von Fertigteilen, die im Heizungsbau Verwendung finden.

Nach einiger Entwicklungsarbeit ist es dem Unternehmen gelungen, seinen Kunden einen Wärmetauscher anzubieten, der die Nutzung der Abwärme aus Mülldeponien für die Wärmeversorgung privater Haushalte ermöglichen soll. Nach anfänglichen Absatzschwierigkeiten setzt sich das Produkt zwischenzeitlich am Markt zunehmend durch und hat auf die Erträge der **Hartmann OHG** einen bedeutenden Einfluss.

Anlässlich einer Bilanzbesprechung schlägt der Steuerberater den beiden Gesellschaftern vor, das Unternehmen in zwei rechtlich selbstständige Gesellschaften aufzuspalten. Diese Maßnahme soll zu einer Haftungsbeschränkung sowie zu einer Verminderung der Ertragsteuerbelastung führen. Dabei soll die bisherige OHG als »**Besitz**gesellschaft« weiterbestehen. Eine neu zu gründende GmbH soll die Aufgaben einer **Betriebs**gesellschaft übernehmen. Gesellschafter der GmbH sollen ebenfalls die Gebrüder Hartmann sein.

Für die Konstruktion dieser Doppelgesellschaft hat der Steuerberater bereits folgenden Vertrag ausgearbeitet:

Zwischen der **Hartmann OHG** in 72461 Albstadt (im folgenden OHG)
und der
Heizungstechnik Hartmann GmbH in 72461 Albstadt (im folgenden GmbH)
wird folgender Vertrag geschlossen:

§ 1

Die OHG verpachtet mit Wirkung vom 01.01. .. die in Anlage 1 zu diesem Vertrag aufgeführten Betriebsgrundstücke und -gebäude sowie die spezifizierten Maschinen, Betriebs-, Lager- und Büroeinrichtungen an die GmbH.

Die OHG bringt (darüber hinaus) alle übrigen in ihrem Eigentum befindlichen Vermögensgegenstände einschließlich bestimmter Forderungen und Verbindlichkeiten nach Angabe und Wert laut Anlage 2 dieses Vertrages im Gesamtwert von 50 000 DM (in Worten: fünfzigtausend Deutsche Mark) in die GmbH ein.

Durch diese Sacheinbringung gilt ihre Stammeinlage in Höhe von 50 000 DM als geleistet.

§ 2

Die GmbH verpflichtet sich, die übernommene Firma mit der Sorgfalt eines ordentlichen Kaufmanns fortzuführen. Sie hat das pachtweise überlassene Inventar nach den Regeln einer ordnungsgemäßen Wirtschaft in dem Zustand zu halten, in welchem es ihr übergeben wurde. Das bedeutet, dass das Inventar durch die GmbH Instand zu halten und zu ersetzen ist (Ersatz unbrauchbar gewordener Gegenstände). Die von ihr angeschafften Stücke werden mit der Einverleibung in das Inventar Eigentum der OHG, die sich ihrerseits verpflichtet, die so erworbenen Vermögensgegenstände auf der Grundlage dieses Vertrages der GmbH zur Nutzung zu überlassen. Die GmbH trägt die Gefahr des zufälligen Untergangs und einer zufälligen Verschlechterung des Inventars. Die GmbH tritt in alle mit dem übertragenen Betrieb zusammenhängenden Verträge ein, wie z.B. in Liefer-, Bezugs-, Besorgungs-, Dienst-, Handelsvertreterverträge und Konzessionen.

§ 3

Die GmbH übernimmt das gesamte bei der OHG bisher angestellte Personal unter Anerkennung der zwischen den Vertragspartnern bestehenden tariflichen Regelungen.

§ 4

Die GmbH verpflichtet sich, für die ihr pachtweise überlassenen Vermögensgegenstände einen jährlichen Pachtzins in Höhe von 60 000 DM (in Worten: sechzigtausend) zu entrichten. Der Pachtzins ist fällig zum Ende eines jeden Kalenderjahres, erstmals zum 31.12. ..

Die OHG ist berechtigt, zu Beginn eines jeden Quartals eine Abschlagszahlung auf den zu erwartenden Pachtzins zu fordern. Die Abschlagszahlung darf 25 v.H. des vorangegangenen Pachtzinses nicht übersteigen.

Sollte sich der Umsatz eines Jahres um mehr als 10 v.H. ändern, so ändert sich auf Verlangen der OHG oder der GmbH vom Beginn des Folgejahres an der festzusetzende Pachtzins entsprechend.

§ 5

Die Übergabe der Pachtgegenstände erfolgt zum 01. Jan. 19.. . Eine Gewähr für offene oder verborgene Sachmängel irgendwelcher Art, insbesondere fur den baulichen Zustand der Gebäude, wird von der OHG nicht übernommen.

Vom Zeitpunkt der Übergabe an hat die GmbH sämtliche im Zusammenhang mit den Vermögensgegenständen bestehenden Verpflichtungen als eigene zu übernehmen. So hat die GmbH insbesondere für die pünktliche Entrichtung der darauf ruhenden steuerlichen Lasten Sorge zu tragen. Von etwaigen Ansprüchen Dritter, die sich gegen die OHG in ihrer Eigenschaft als Eigentümerin der verpachteten Vermögensgegenstände ergeben, verpflichtet sich die GmbH, die OHG im Innenverhältnis freizustellen.

§ 6

Die Dauer des Pachtvertrages ist auf eine bestimmte Zeit nicht beschränkt. Eine Kündigung des Vertrages hat mindestens sechs Monate vor Ablauf der Kalenderjahres durch eingeschriebenen Brief zu erfolgen.

Zum Zeitpunkt der Vertragsbeendigung hat die GmbH die gepachteten Vermögensgegenstände der OHG in vertragsgemäßem Zustand zu übergeben. § 3 dieses Vertrages findet sinngemäße Anwendung.

Änderungen, Ergänzungen oder mündliche Nebenabreden zu diesem Vertrag bedürfen zu ihrer Wirksamkeit der Schriftform.

Die Unwirksamkeit einzelner Bestimmungen dieses Vertrages berührt nicht die Gültigkeit des übrigen Vertrages. Die unwirksamen Bestimmungen gelten vielmehr durch solche ersetzt, die ihnen in gesetzlich zulässiger Weise wirtschaftlich am nächsten kommen.

Albstadt, den ......19.. Unterschriften

1. Stellen Sie anhand des vorliegenden Vertragsentwurfes fest, welche Vermögensteile der GmbH (Betriebsgesellschaft) übertragen werden und welche bei der OHG (Besitzgesellschaft) verbleiben.

2. Beschreiben Sie anhand des vorgegebenen Sachverhalts und des vorliegenden Vertragsentwurfes, welche unterschiedlichen Funktionen von den beiden Gesellschaften übernommen werden.

3. Warum sieht der Vertragsentwurf für die ***Betriebsgesellschaft*** die Rechtsform der GmbH vor, während die ***Besitzgesellschaft*** in der Rechtsform der OHG betrieben wird?

4. In der bislang betriebenen OHG konnte im vergangenen Geschäftsjahr ein Gewinn von 240 000 DM erzielt werden, der unter die beiden Gesellschafter zu gleichen Teilen ausgeschüttet wurde. Der Gesellschaftsvertrag für die neu zu gründende GmbH sieht vor, dass die **Gebrüder Hartmann** deren Geschäftsführung übernehmen sollen. Für ihre Geschäftsführertätigkeit erhalten beide jeweils ein Jahresgehalt von 120 000 DM.

   a) Warum wurde eine Vereinbarung über eine Gehaltszahlung an die Gesellschafter lediglich für die GmbH – nicht jedoch für die OHG – getroffen?

EStG §§ 2 (1), 15 (1), 19

   b) Stellen Sie fest, welcher Einkunftsart die Gehälter der GmbH-Geschäftsführer und welcher Einkunftsart die Gewinnanteile der OHG-Gesellschafter jeweils zuzurechnen sind.

§ 9a

   c) Weshalb ist es steuerlich bedeutsam, welcher Einkunftsart die Einnahmen jeweils zugerechnet werden?

5. In einem ausführlichen Beratungsgespräch informiert der Steuerberater die **Gebrüder Hartmann** über die Steuervorteile, die sich aus der Betriebsaufspaltung ergeben. Als wesentlicher Vorteil wird die Ersparnis von Gewerbesteuer insbesondere wegen des Pachtzinses (vgl. § 4 des Vertrages) und der Zahlung von Geschäftsführergehältern genannt.

GewStG §§ 11 (1)

   a) Stellen Sie fest, inwieweit sich durch die Betriebsaufspaltung gegenüber der Ausgangssituation andere oder zusätzliche Freibeträge bei der Gewerbesteuer ergeben.

   b) **Paul Hartmann** hat hinsichtlich der steuerlichen Wirkungen, die mit der Verrechnung des Pachtzinses verbunden sind, Verständnisprobleme. Gegenüber seinem Steuerberater macht er folgende Äußerung: »Die Zahlung des Pachtzinses in Höhe von 60 000 DM vermindert zwar den Gewinn der Betriebsgesellschaft, dafür wird jedoch der Gewinn der Besitzgesellschaft erhöht. Ein Steuervorteil ist somit nicht gegeben.«

   Welche Antwort wird der Steuerberater geben?

6. Ergänzen Sie nachstehende Übersicht zur Betriebsaufspaltung.

	Betriebsaufspaltung	
	Besitzgesellschaft (OHG)	**Betriebsgesellschaft (GmbH)**
Eigentumsverhältnisse von Anlage- und Umlaufvermögen		
Verpachtung von Anlagegenständen		
Zahlung/Empfang von Pachtzinsen		
Zahlung von Geschäftsführergehalt		
Risiko der betrieblichen Tätigkeit		
Gewinnverlagerung		
Freibetrag Gewerbesteuer (Gewerbeertrag)		

11.12 Kapitalerhöhung einer AG: »Schütt-aus-hol-zurück«-Politik

Die **Brilliant AG,** einer der führenden Leuchtenhersteller in Europa, plant eine umfangreiche Erweiterung ihres Logistikzentrums. Nach einer ersten Schätzung soll der Bedarf an Finanzmitteln ca. 9 Mio. DM betragen. Im Geschäftsbericht für 1995 schlagen Vorstand und Aufsichtsrat vor, den überwiegenden Teil der Mittel auf dem Wege der »Schütt-aus-hol-zurück«-Politik zu beschaffen. Den Aktionären wird aus diesem Grunde eine gegenüber den Vorjahren erhöhte Dividende angeboten. Auf eine 50-DM-Aktie sollen 24 DM Dividende (= Bruttodividende vor Körperschaftsteuer) entfallen (10 DM Dividende, 14 DM Bonus).

Wie der Vorstand gemäß § 25 Wertpapierhandelsgesetz mitteilte, soll im Anschluss an die Dividendenausschüttung für das Jahr 1995 die bereits angekündigte Kapitalerhöhung zum Emissionspreis von 220 DM je Aktie durchgeführt werden. Ein Bankenkonsortium unter Führung der **Dresdner Bank AG, Frankfurt,** bietet die Aktien in der Zeit vom 28. Juni bis 11. Juli 1996 zum Bezug an. Das Unternehmen nimmt zur Erhöhung des Grundkapitals um 2 Mio. DM genehmigtes Kapital in Anspruch. Der Börsenkurs notierte Ende Juni 1996 mit 299 DM.

Die zusammengefasste Passivseite der Bilanz (vor Gewinnverwendung 1995) der **Brilliant AG** enthält folgende Werte:

Zusammengefasste Passivseite der Bilanz der Brilliant AG	
A. Eigenkapital	
I. Gezeichnetes Kapital	15 000 000
II. Kapitalrücklage	14 500 000
III. Gewinnrücklagen	
1. Gesetzliche Rücklagen	210 000
2. Andere Gewinnrücklagen	4 600 000
IV. Gewinnvortrag	770 000
V. Jahresüberschuss	7 500 000
B. Rückstellungen	13 710 000
C. Verbindlichkeiten	31 300 000
Bilanzsumme	**87 590 000**

- 1. Berechnen Sie den Bedarf an flüssigen Mitteln, der für die vorgeschlagene Dividendenausschüttung erforderlich ist.
- 2. Erstellen Sie die Passivseite der Bilanz der **Brilliant AG** nach erfolgter Dividendenausschüttung.
- 3. Berechnen Sie, über welchen Betrag die Aktionäre unter Berücksichtigung von 30% Körperschaftsteuer und 25% Kapitalertragsteuer nach erfolgter Ausschüttung verfügen können (= gesamte Nettodividende für alle Aktionäre zusammen).

4. Die bei der Dividendenausschüttung berücksichtigte Körperschaftsteuer und Kapitalertragsteuer ist aus Sicht der Aktionäre als Steuervorauszahlung für Einkünfte aus Kapitalvermögen zu betrachten. Diese Steuervorauszahlung wird bei der Berechnung der persönlichen Einkommensteuer der Aktionäre entsprechend berücksichtigt.

- Welchen Betrag kann sich die **Brilliant AG** »zurückholen«, wenn ihr die Aktionäre die erhaltene Nettodividende zuzüglich einer möglichen Steuererstattung wieder zur Verfügung stellen? Legen Sie Ihren Berechnungen einen durchschnittlichen Einkommensteuersatz von 30% zu Grunde.
- 5. Über welchen Betrag hätte die **Brilliant AG** verfügen können, wenn sie den zur Ausschüttung vorgesehenen Gewinn einbehalten hätte (Körperschaftsteuersatz für einbehaltene Gewinne: 45%)?

6. a) Welchen Vorteil gegenüber der Gewinnthesaurierung erzielt die **Brilliant AG** mit der »Schütt-aus-hol-zurück«-Politik, wenn durch die Ausgabe der Aktien 150 000 DM Emissionskosten anfallen?
   b) Wodurch kommt dieser Vorteil zustande?
7. Welchen Betrag müssen die Aktionäre unter den gegebenen Bedingungen neben den Mitteln aus Dividendenausschüttung und Steuerersparnis zusätzlich aufbringen, damit der Finanzierungsvorschlag von Vorstand und Aufsichtsrat verwirklicht werden kann?
8. Stellen Sie fest, ob der von Vorstand und Aufsichtsrat gemachte Vorschlag ausreicht, um das Investitionsvorhaben zu finanzieren. Wie könnte gegebenenfalls ein Fehlbetrag ausgeglichen werden?

11.13 Buchhalterische Abschreibung und ihre Wirkung auf die Ergebnisrechnung (mit Berücksichtigung steuerlicher Wirkungen)

Ein Industriebetrieb schafft für das Lager Gabelstapler im Gesamtwert von 40 000 DM und einer betriebsgewöhnlichen Nutzungsdauer von 5 Jahren[1] an. Während der einzelnen Jahre werden die Gabelstapler voraussichtlich 1400, 1900, 1800, 1200 und 1000 Betriebsstunden im Einsatz sein.

Der Gewinnsteuersatz des Unternehmens beträgt 65%. Der Kalkulationszinsfuß wird mit 7,5% angenommen.

1. Vergleichen Sie die Restwertentwicklung bei verschiedenen Abschreibungsverfahren (lineare, degressive, gemischte, leistungsabhängige AfA) miteinander.
2. Begründen Sie, warum – unabhängig vom Abschreibungsverfahren – die Summe der Abschreibungsbeträge am Ende der Nutzungsdauer in allen Fällen gleich ist.
3. Ermitteln und begründen Sie den unter Steuergesichtspunkten günstigsten Zeitpunkt für den Übergang von der degressiven zur linearen Abschreibung.[2]
4. Für welches Abschreibungsverfahren würden Sie sich entscheiden? Inwiefern ist die von Ihnen gewählte Alternative vorteilhafter als die anderen?
5. Nehmen Sie am Beispiel der vorliegenden Zahlen zu der Behauptung Stellung, dass sich durch die Wahl des Abschreibungsverfahrens keine endgültige Steuerersparnis, sondern lediglich eine Verlagerung der Steuerzahlung auf einen späteren Zeitpunkt erzielen lässt.
6. Überprüfen Sie, ob sich die bei 4. getroffene Entscheidung ändert, wenn in jedem Nutzungsjahr folgende Aufwendungen und Erträge berücksichtigt werden:
   a) Gesamterträge 120 000 DM; übrige Aufwendungen (außer Abschreibung der Gabelstapler) 84 000 DM,
   b) Gesamterträge 120 000 DM; übrige Aufwendungen (außer Abschreibung der Gabelstapler) 114 000 DM.
7. Welches Abschreibungsverfahren bzw. welcher degressive Abschreibungssatz wäre in den folgenden drei Fällen am günstigsten, wenn die übrigen Bedingungen jeweils der Situation bei Aufgabe 6 entsprechen?
   a) Die Nutzungsdauer wird mit 6 Jahren angesetzt.
   b) Der Gewinnsteuersatz beträgt 50%.
   c) Es wird mit einem Kalkulationszinsfuß von 5% gerechnet.

---

[1] AfA-Tabelle für die allgemein verwendbaren Anlagegüter BFM IV A/7 S 1478 – 109/82

[2] § 7, Abs. 3 EStG:
»Der Übergang von der Absetzung für Abnutzung in fallenden Jahresbeträgen zur Absetzung für Abnutzung in gleichen Jahresbeträgen ist zulässig. In diesem Fall bemisst sich die Absetzung für Abnutzung vom Zeitpunkt des Übergangs an nach dem dann noch vorhandenen Restwert und der Restnutzungsdauer des einzelnen Wirtschaftsguts.«

12 Kosten- und Leistungsrechnung

Kostenanalyse und Kostenfunktion

Kosten und Beschäftigung

12.01 Fixe Kosten – Variable Kosten – Gesetz der Massenproduktion – Eigenfertigung oder Fremdbezug

Ein Versandhaus plant die Verteilung eines Katalogs. Es muss entschieden werden, ob dieser Katalog in der hauseigenen Druckerei hergestellt oder der Auftrag außer Haus gegeben werden soll. Auf Anforderung geht ein Angebot einer Druckerei ein. Bei einer Auflagenhöhe von 100 000 Stück fordert diese Druckerei für einen Katalog 6 DM.

Die hauseigene Druckerei rechnet mit Satzkosten von 20 000 DM und Kosten für den Druck und das Material von 5 DM je Stück.

1. Stellen Sie fest, ob es günstiger ist, den Katalog außer Haus drucken zu lassen oder in der hauseigenen Druckerei herzustellen.
2. Stellen Sie folgende Kostenverläufe bis zu einer Auflagenhöhe von 100 000 Stück grafisch dar:
   a) Gesamtkosten bei Eigenfertigung
   b) Kosten je Stück bei Eigenfertigung
3. Erläutern und begründen Sie den Verlauf der Stückkostenkurve bei Eigenfertigung.
4. Tragen Sie in die entsprechenden Koordinatensysteme den Verlauf der
   a) Gesamtkosten bei Fremdbezug (Koordinatensystem aus Nr. 2. a),
   b) Stückkosten bei Fremdbezug (Koordinatensystem aus Nr. 2. b) ein.
5. Bestimmen Sie in beiden Koordinatensystemen die Auflagenhöhe, ab der die Eigenfertigung günstiger als der Fremdbezug ist (= kritische Menge).
6. Überprüfen Sie das Ergebnis von Nr. 5 rechnerisch.
7. Es geht ein zweites Angebot einer anderen Druckerei ein. Der Angebotspreis beträgt 5 DM je Katalog.
   Warum kann die hauseigene Druckerei bei keiner Auflagenhöhe mit diesem Angebot konkurrieren?

12.02 Kostenverlauf bei quantitativer Anpassung – Sprungfixe (intervallfixe) Kosten – Kostenremanenz

In einem Metall verarbeitenden Spezialbetrieb liegt für einen Fertigungsbereich folgende Personal- und Gehaltsstruktur vor:

Dem Betriebsleiter unterstehen die Meister. Jeder Meister hat in seiner Gruppe bis zu 10 Arbeiter. Wird der 11. Arbeiter eingestellt, dann muss auch ein neuer Meister eingestellt werden.

Lohn- und Gehaltsstruktur	
Arbeitnehmer	**Monatsgehalt/Monatslohn einschließlich Lohnnebenkosten**
Betriebsleiter	12 000 DM
Meister	8 000 DM
Arbeiter	5 000 DM

Jeder Arbeiter kann bei der gegenwärtigen Maschinenausstattung monatlich 50 Einheiten herstellen. Die technische und räumliche Auslegung des Betriebs lässt die Beschäftigung von höchstens 24 Arbeitern zu.

1. Stellen Sie die Entwicklung der Personalkosten im Fertigungsbereich bis zur Kapazitätsgrenze
   a) in einer Tabelle, b) in zwei Koordinatensystemen nach den folgenden Mustern dar:

Menge (Stück)	Personalkosten des Fertigungsbereichs insgesamt (DM)	Personalkosten des Fertigungsbereichs je Stück (DM)
100		
200		
300		
400		
500		
600		
700		
800		
900		
1000		
1100		
1200		

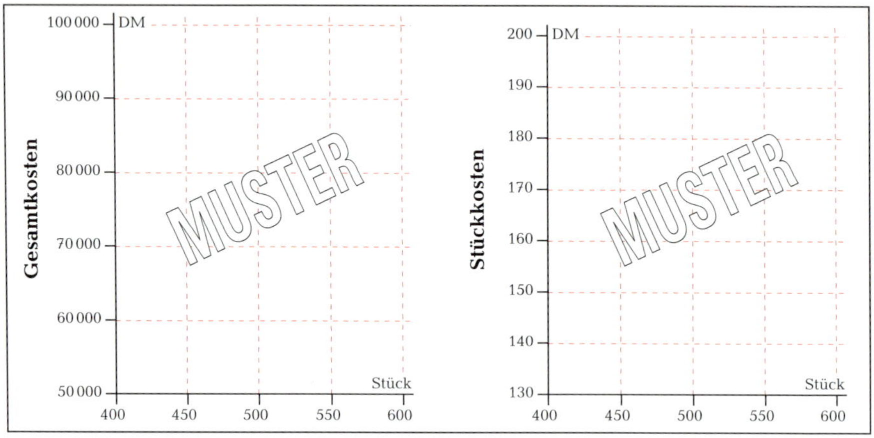

2. Begründen Sie, warum die Personalkosten des Fertigungsbereichs je Stück
   a) bei der Herstellung von 501 Einheiten höher sind als bei der Herstellung von 500 Einheiten,
   b) bei der Herstellung von 1000 Einheiten niedriger sind als bei der Herstellung von 500 Einheiten.
3. Der Betrieb hat die Produktionsmenge in den letzten Monaten schrittweise bis zu 600 Stück ausgedehnt. Im laufenden Monat können plötzlich wegen überraschender Absatzschwierigkeiten aber nur noch 450 Stück hergestellt werden.
   a) Wie hoch sind die Personalkosten im Fertigungsbereich für eine Produktionsmenge von 450 Stück in diesem Fall?
   b) Tragen Sie die Kosten, die in diesem Fall der Ausbringungsmenge von 450 Stück entsprechen, in die unter 2. erstellen Koordinatensysteme ein.
4. Die bei 1. zu beobachtende Kostenart wird als sprungfixe oder intervallfixe Kosten bezeichnet.
   a) Erläutern Sie diesen Begriff anhand des vorliegenden Beispiels.
   b) Nennen Sie weitere mögliche Ursachen für das Auftreten von sprungfixen Kosten.
5. Die sich bei 3. ergebende Kostenentwicklung wird als Kostenremanenz bezeichnet.
   Erläutern Sie weitere Gründe für das mögliche Auftreten einer solchen Kostenentwicklung.

12.03 Mathematische und grafische Kostenauflösung

In einem Unternehmen soll die Aufteilung der Gesamtkosten in fixe und variable Kosten vorgenommen werden. Es wird davon ausgegangen, dass die fixen Kosten im Bereich der untersuchten Produktionsmenge unverändert bleiben und die variablen Kosten proportional verlaufen.

1. Vorläufige Untersuchungen haben für die Gesamtkosten folgende Veränderung bei einer Erhöhung der Produktionsmenge ergeben:

Produktionsmenge	100	700
Gesamtkosten	325 000	925 000

Berechnen Sie die fixen Kosten und die variablen Kosten je Stück.

2. Genauere Untersuchungen zeigen für unterschiedlichen Produktionsmengen folgende Entwicklung der Gesamtkosten:

Produktionsmenge	100	200	300	400	500	600	700
Gesamtkosten (in 1000 DM)	325	375	475	525	675	825	925

a) Tragen Sie die bei den unterschiedlichen Produktionsmengen anfallenden Kosten als Punkte in ein Koordinatensystem ein.
b) Legen Sie durch die eingezeichneten Punkte eine Trendgerade und schätzen Sie mit Hilfe dieser Geraden die fixen Kosten des Unternehmens.

3. Worauf sind die unterschiedlichen Ergebnisse von 1. und 2.b) zurückzuführen?

12.04 Stückkosten – Grenzkosten

Ein Unternehmen hat ein modernes Fotokopiergerät in Gebrauch, das vom Hersteller vermietet wird. Die Zahl der Kopien wird durch ein Zählwerk erfasst. Die Kopien werden dem Benutzer monatlich in Rechnung gestellt. Auf dem Zählwerk wird nicht nach der Stückzahl, sondern nach Impulsen gezählt.

Für die Kopien 1 – 5 von einer Vorlage werden je Kopie 8 Impulse, für die Kopien 6 – 25 je Kopie 2 Impulse, von der 26. Kopie ab je Kopie 1 Impuls gezählt.

Für 1 Impuls werden 4 Pfennig berechnet.

1. Es werden 4 Kopien von einer Vorlage hergestellt.
   Wie hoch sind die durchschnittlichen Kosten je Kopie?
2. Es werden 5 Kopien von einer Vorlage hergestellt.
   a) Wie groß sind die Grenzkosten für die 5. Kopie?
   b) Wie groß sind die durchschnittlichen Kosten je Kopie?
3. Es werden 6 Kopien von einer Vorlage hergestellt.
   a) Wie groß sind die Grenzkosten für die 6. Kopie?
   b) Wie groß sind die durchschnittlichen Kosten je Kopie?
4. Welche Beziehung besteht zwischen der Veränderung der Grenzkosten und der Veränderung der durchschnittlichen Stückkosten?
5. Von einem Blatt sollen 450 Kopien hergestellt werden. Das Unternehmen hat neben dem Fotokopiergerät noch eine Kleindruckstation zur Verfügung. Um die Vervielfältigung auf der Kleindruckstation durchzuführen, müsste zunächst eine Druckfolie hergestellt werden. Die Folie kann mit der Kleindruckstation hergestellt werden. Die Druckfolie kostet 0,20 DM. Mit der Druckfolie können bis zu 500 Abzüge hergestellt werden. Die sonstigen Kosten (Farbe, Wartung) betragen 0,02 DM je Seite. Die Papierkosten sind beim Fotokopierverfahren und bei der Kleindruckstation gleich groß.
   Mit welchem Verfahren können die 450 Kopien am kostengünstigsten hergestellt werden?

12.05 Leerkosten – Nutzkosten – Betriebsoptimum

Ein Betrieb kann bei Auslastung seiner Kapazität 100 000 Stück herstellen und zu 25 DM je Stück absetzen. Seine fixen Kosten betragen 200 000 DM. Die variablen Kosten je Stück betragen konstant 20 DM.

1. Produziert werden 70 000 Stück.
   Ermitteln Sie den Teil der fixen Kosten, der auf nicht genutzte Kapazität entfällt.
2. Wie groß sind die Leerkosten, wie groß die Nutzkosten bei einer Produktionsmenge von 60 000 Stück?
3. Untersuchen Sie den Zusammenhang zwischen dem Verhältnis von Leer- und Nutzkosten und der Entwicklung der durchschnittlichen Stückkosten am Beispiel der Verhältnisse dieses Betriebes.
4. Bei welcher Produktionsmenge erreicht der Betrieb sein Betriebsoptimum?
5. Kann sich in einem Unternehmen Verlust ergeben, wenn die gesamten fixen Kosten zu Nutzkosten geworden sind?

Kritische Kostenpunkte

12.06 Kapazität – Beschäftigungsgrad – Gewinnschwelle und Gewinnmaximum bei linearen Kosten- und Erlösfunktionen

Ein Fertigungsbetrieb kann bei voller Auslastung seiner Kapazität monatlich 8000 Einheiten eines Produkts herstellen. Die Gesamtkosten betragen monatlich
- bei einer Produktion von 6600 Einheiten 67 800 DM,
- bei einer Produktion von 7400 Einheiten 74 200 DM.

Je Produktionseinheit kann ein Preis von 12 DM erzielt werden. Die variablen Kosten verlaufen proportional.

1. Wieviel DM betragen die variablen Stückkosten?
2. Wie hoch sind die fixen Kosten je Monat insgesamt?
3. Berechnen Sie den Gewinn in DM und in Prozent des Umsatzerlöses für einen Beschäftigungsgrad von 50% und einen Beschäftigungsgrad von 100%.
4. Bei welcher Ausbringungsmenge hat dieser Betrieb seinen maximalen Gewinn?
5. Stellen Sie in zwei untereinander liegenden Koordinatensystemen die Entwicklung folgender Größen grafisch dar:
   a) Gesamtkosten und Gesamterlöse
   b) Stückkosten und Preis
6. Bestimmen Sie in beiden Koordinatensystemen die Gewinnschwelle (break even point).
7. Überprüfen Sie das Ergebnis von Nr. 6 rechnerisch.
8. Die Unternehmensleitung strebt einen Mindestgewinn in Höhe von 10% der Selbstkosten an.
   Ab welcher Produktionsmenge wird dieses Ziel erreicht?
9. Nach Abschluss neuer Tarifverträge steigen die Lohnkosten um 5%. Vorher betrug der Anteil der Löhne an den variablen Stückkosten 60%.
   Um wie viel Prozent müsste der Verkaufspreis erhöht werden, um bei voller Kapazitätsauslastung einen gleich hohen Gewinn wie vor der Lohnerhöhung zu erzielen?

12.07 Gewinnmaximum – Betriebsminimum – Verfahrensvergleich – Kostenvergleichsrechnung

Eine Metallwarenfabrik stellt zusammenklappbare Wäschespinnen her. Zwei Produktionsverfahren stehen zur Wahl.

	variable Kosten je Stück (konstant)	fixe Gesamtkosten
Verfahren A (Handarbeit)	90 DM	24 000 DM
Verfahren B (Maschinenarbeit)	30 DM	48 000 DM

Die Produktionskapazität liegt in beiden Fällen bei monatlich 500 Stück. Das entspricht der erwarteten Monatsmenge, die zum Stückpreis von 160 DM abgesetzt werden kann.

1. Für welches Verfahren soll sich das Unternehmen bei der gegenwärtigen Marktlage entscheiden?
2. Überprüfen Sie, ob sich die von Ihnen unter 1. getroffene Entscheidung ändert, wenn abweichend von der Ausgangssituation wider Erwarten nur 350 Wäschespinnen abgesetzt werden können.
3. Bei welcher Produktionsmenge sind die Stückkosten der beiden Verfahren gleich hoch (= kritische Menge)?
4. Überprüfen Sie, ob sich die von Ihnen unter 1. getroffene Entscheidung ändert, wenn abweichend von der Ausgangssituation
   a) wegen Preiserhöhungen auf dem Beschaffungsmarkt die variablen Kosten um 10 DM je Stück steigen,
   b) eine Menge von 500 Stück nur bei einer Preissenkung auf 130 DM je Stück abgesetzt werden kann.
5. Bei welcher Produktionsmenge liegt das Gewinnmaximum, wenn Verfahren A bzw. Verfahren B angewandt wird? Begründen Sie Ihre Aussage.
6. Der Hersteller bietet Wäschespinnen auf einem Markt mit vollkommener Konkurrenz an. Gegenwärtig besteht ein so großer Konkurrenzdruck, dass er seine Preise senken muss. Der Hersteller rechnet jedoch damit, dass sich diese Situation in absehbarer Zeit wieder ändert und die jetzt bestehenden Preise auf dem Markt wieder erzielt werden können.

   Wie weit darf der Preis bei Anwendung des Verfahrens B auf dem Markt vorübergehend sinken, bevor Sie dem Unternehmer raten würden, die Fabrikation auch vorübergehend einzustellen? Begründen Sie Ihre Meinung.

12.08 Ertragsgesetzlicher (S-förmiger) Kostenverlauf – Kritische Kostenpunkte (Betriebsoptimum – Betriebsminimum – Gewinnschwelle – Gewinngrenze – Gewinnmaximum)

Lösungsblatt

In einem Unternehmen soll die der Zusammenhang zwischen der Kosten- und Gewinnentwicklung als Grundlage betrieblicher Entscheidungen untersucht werden.

Es liegt die in der folgenden Tabelle wiedergegebene Erlös- und Kostensituation vor.

1. Ergänzen Sie die fehlenden Werte in einer Tabelle nach folgendem Muster:

Produktionsmenge (m)	Gesamtgrößen			Stückgrößen			
	Umsatzerlöse (E)	Gesamtkosten (K)	Gewinn (G)	Stückpreis (p)	Stückkosten (k)	variable Stückkosten kv	Grenzkosten (k')
0	–	100	– 100	–	–	–	–
1	25	140	– 115	25	140,00	40,00	40
2	50	170	– 120	25	85,00	35,00	30
3	75	185	– 110	25	61,67	28,33	15
4	100	196		25			
5	125	204		25			
6	150	210		25			
7	175	215		25			
8	200	220		25			
9	225	226		25			
10	250	234		25			
11	275	245		25			
12	300	260		25			
13	325	280		25			
14	350	306		25			
15	375	339		25			
16	400	380		25			
17	425	430		25			
18	450	490		25			
19	475	561		25			
20	500	644		25			

- 2. Stellen Sie in zwei untereinander liegenden Koordinatenkreuzen
  a) die Entwicklung der Gesamtkosten (K) und der Umsatzerlöse (E)
  b) den Stückpreis (= Grenzerlös) sowie die Entwicklung der Stückkosten (k), der variablen Stückkosten (kv) und der Grenzkosten (k')

  grafisch dar.

- 3. Stellen Sie anhand der Tabelle und der beiden Grafiken fest:
  a) Ab welcher Ausbringungsmenge erzielt der Betrieb erstmals einen Gewinn (= Gewinnschwelle, Nutzenschwelle, Break-even-point)?
  b) Bei welcher Ausbringungsmenge erzielt der Betrieb den höchsten Gewinn (= Gewinnmaximum)?
  c) Ab welcher Ausbringungsmenge tritt der Betrieb erneut in eine Verlustzone ein (= Gewinngrenze, Nutzengrenze)?
  d) Wie tief darf der Marktpreis langfristig höchstens sinken, damit der Betrieb die Produktion aufrecht halten kann (= langfristige Preisuntergrenze, Betriebsoptimum)?
  e) Wie tief darf der Marktpreis kurzfristig höchstens sinken, damit der Betrieb die Produktion noch aufrecht halten kann (= kurzfristige Preisuntergrenze, Betriebsminimum)?

- 4. Welche Besonderheiten weisen die Kostenkurven bei den Werten, die sich aus den Fragen 3.a) bis 3.e) ergeben, jeweils auf (= kritische Kostenpunkte)?

- 5. Welche Kostenart entscheidet darüber, ob es neben der Gewinnschwelle (Nutzenschwelle) auch eine Gewinngrenze (Nutzengrenze) gibt?

- 6. Warum gibt es keine Gewinngrenze (Nutzengrenze), wenn die Gesamtkosten keinen ertragsgesetzlichen (S-förmigen), sondern einen linearen Verlauf haben?

12.09 Kritische Kostenpunkte bei nicht-linearem Kostenverlauf (Betriebsoptimum, Gewinnmaximum) – Kuppelkalkulation nach der Restwertrechnung

In einer Spezialfabrik für Damen-Jerseykleider sind in der letzten Abrechnungsperiode bei der Herstellung von 500 Kleidern Kosten in Höhe von 50 000 DM angefallen. Der Verkaufspreis je Kleid betrug 150 DM. Für die durch Schnittverlust anfallenden Stoffreste wurden 400 DM erlöst.

1. Je geringer der Wert der Nebenprodukte ist, desto besser eignet sich für die Kalkulation von Kuppelprodukten die Restwertrechnung. Dabei werden die Erlöse der Nebenprodukte von den Gesamtkosten der Kuppelproduktion abgezogen.

   ● Wie hoch sind unter Anwendung der Restwertrechnung die Selbstkosten für ein Jerseykleid?
2. ● Welche Grenzkosten würden sich bei der Produktionsausweitung von 500 auf 510 Damenkleidern ergeben, wenn dadurch die Gesamtkosten der Produktion von 50 000 DM auf 51 000 DM steigen und die Erlöse für die Stoffreste nach wie vor 400 DM betragen?
3. ● Prüfen Sie, ob der Betrieb das Betriebsoptimum erreicht hat.
4. ● Bis zu welcher Höhe dürfen die Grenzkosten höchstens steigen, ohne dass der Betrieb bei Ausweitung der Produktion den Bereich des zunehmenden Gesamtgewinns verlässt?
5. Um die Stoffreste besser verwerten zu können, hat die Kleiderfabrik einen kleinen Produktionsbetrieb für Kinderkleidung angegliedert. Aus den Stoffresten können 200 Kinderhosen hergestellt werden. Ohne Berücksichtigung der Stoffreste fallen dafür Kosten von 2200 DM an. Die Kinderhosen werden ohne Markenbezeichnung für 17 DM je Stück an den Großhandel verkauft. Im Abrechnungszeitraum, in dem die Herstellung der Kinderhosen neu aufgenommen wird, werden 510 Damenkleider hergestellt. Der Verkaufspreis für die Kleider bleibt unverändert.

   ● a) Berechnen Sie die durchschnittlichen Stückkosten für ein Kleid nach Inbetriebnahme der Produktionsstätte für die Kinderkleidung.

   ● b) Welcher Mindestpreis muss für die Kinderhosen erzielt werden, damit deren Herstellung lohnend ist?

Kalkulatorische Kosten

12.10 Zweck und Notwendigkeit kalkulatorischer Kosten – Kalkulatorischer Unternehmerlohn – Kalkulatorische Zinsen – Kalkulatorische Miete – Kalkulatorische Wagnisse

Herr Bauer ist Inhaber einer als Einzelunternehmen geführten Textilreinigung mit angeschlossenem Waschsalon. Neben ihm arbeiten noch seine Ehefrau sowie sein Sohn und die Schwiegertochter im Betrieb mit. Als am selben Ort die Filiale der als GmbH betriebenen **Großwäscherei »Edelweiß«** eröffnet wird, fürchtet **Herr Bauer** die neue Konkurrenz nicht, da er der Meinung ist, in seinem Familienbetrieb aus folgenden Gründen kostengünstiger als die Großwäscherei arbeiten zu können:

– Da ausschließlich Familienangehörige mitarbeiten, muss **Herr Bauer** kein Fremdpersonal beschäftigen.
– Da die Betriebseinrichtung vollständig mit Eigenkapital finanziert ist, fallen keine Fremdkapitalzinsen an.

– Reinigung und Waschsalon befinden sich in einem Geschäfts- und Wohnhaus, das **Herrn Bauer** gehört. Es fällt somit keine Miete an.

1. Nehmen Sie zu der Meinung von **Herrn Bauer,** dass sein Betrieb kostengünstiger produzieren kann als die Großwäscherei, Stellung.

2. Nachdem sich Herr Bauer davon überzeugt hat, dass er in seiner Kostenrechnung einen kalkulatorischen Unternehmerlohn berücksichtigen sollte, erkundigt er sich, wie hoch das Gehalt des Geschäftsführers der Großwäscherei, die insgesamt 20 Filialen betreibt, ist. Er möchte einen entsprechenden Betrag als kalkulatorischen Unternehmerlohn für seine eigene Tätigkeit in der Kostenrechnung und bei der Preiskalkulation berücksichtigen.

   Beurteilen Sie diese Vorgehensweise für die Festlegung des kalkulatorischen Unternehmerlohns.

3. In **Herrn Bauers** Betrieb tritt ein Brandschaden ein, der nicht durch die Feuerversicherung gedeckt ist. Zur Behebung des Schadens muss ein Kredit aufgenommen werden. **Herr Bauer** beabsichtigt, die Preise vorübergehend so lange um 10% zu erhöhen, bis er aus diesem Mehrerlös den Kredit verzinst und getilgt hat.

   Beurteilen Sie diese Überlegung.

4. In der **Großwäscherei »Edelweiß«** werden ebenfalls durch einen Brand in größerem Umfang Kleidungsstücke von Kunden vernichtet, die nicht versichert sind. Die Großwäscherei hat jedoch seit langem in ihrer Kostenrechnung und bei der Preiskalkulation in angemessener Höhe kalkulatorische Wagnisse berücksichtigt.

   Kann der Brandschaden durch die in den vergangenen Jahren berücksichtigten kalkulatorischen Wagnisse so gedeckt werden, dass er den ausschüttungsfähigen Gewinn dieses Jahres nicht beeinflusst?

   Beweisen Sie die von Ihnen vertretene Meinung.

Lösungsblatt

12.11 Kalkulatorische und buchhalterische Abschreibungen

In der **Großwäscherei »Edelweiß«** fallen die folgenden Probleme bei der Ermittlung und Verrechnung von Abschreibungen an. Treffen Sie für jeden der Fälle eine betriebswirtschaftlich begründete Entscheidung.

1. Ist es unter kostenrechnerischen Gesichtspunkte vertretbar, den Fuhrpark (Kombiwagen) aus Vorsichtsgründen und zur Gewinnung von Liquidität in 5 Jahren abzuschreiben, obwohl die tatsächliche Nutzungsdauer wahrscheinlich 8 Jahre beträgt?

2. Die Großwäscherei hat für die beiden zuletzt beschafften Reinigungsautomaten 30% mehr zahlen müssen als für die früher beschafften.

   Welche Wertansätze würden Sie bei der Berechnung

   a) der buchhalterischen,
   b) der kalkulatorischen Abschreibung

   für die alten und neuen Reinigungsautomaten zu Grunde legen?

3. Es werden mehrere neue Kombiwagen im Gesamtwert von 100 000 DM angeschafft. Gemäß der AfA-Tabelle der Finanzbehörde beträgt die betriebsgewöhnliche Nutzungsdauer für Kombiwagen 5 Jahre. Die tatsächliche Nutzungsdauer wird dagegen auf 8 Jahre und die jährliche Preissteigerung bei solchen Wagen auf 2% geschätzt.

   Berechnen Sie die buchhalterischen und die kalkulatorischen Abschreibungen für die ersten beiden Nutzungsjahre. Buchhalterisch sollen die Wagen mit dem höchsten steuerrechtlich zulässigen Satz abgeschrieben werden.

4. Wie wirken sich 10 000 DM buchhalterische Abschreibung und 6000 DM kalkulatorische Abschreibung auf das Betriebsergebnis und das Unternehmensergebnis aus?

5. Die Großwäscherei besitzt 6 Reinigungsautomaten, kann aber wegen nachhaltigen Auftragsrückgangs nur noch 5 auslasten.
   Sollen 5 oder 6 Reinigungsautomaten
   a) in die buchhalterische
   b) in die kalkulatorische
   Abschreibung einbezogen werden?

6. Es wurde ein Bügelautomat im Wert von 10 000 DM gekauft und mit 10% abgeschrieben. Nach 5 Jahren stellt sich heraus, dass der Bügelautomat noch eine Nutzungsdauer von 10 Jahren hat.
   Würden Sie den Abschreibungssatz zur Berechnung der kalkulatorischen Abschreibung ändern?

7. Das Unternehmen hat in den letzten 5 Jahren mit Gewinn gearbeitet. In diesem Zeitraum betrugen die buchhalterischen Abschreibungen insgesamt 300 000 DM, die kalkulatorischen 180 000 DM.
   Welcher Betrag wurde im Betrieb aus Abschreibung für die Ersatzbeschaffung angesammelt, wenn der Gewinn immer voll ausgeschüttet wurde?

12.12 Kalkulatorische Zinsen

Lösungsblatt

Aus der Anfangs- und Schlussbilanz eines Unternehmens lassen sich folgende Jahresdurchschnittswerte ermitteln: Anlagevermögen: 260 000 DM (davon 100 000 DM Grundstücke), flüssige Mittel 30 000 DM, Forderungen 50 000 DM, Vorräte 60 000 DM, Eigenkapital 230 000 DM, Verbindlichkeiten aus Lieferungen und Leistungen 25 000 DM, kurzfristige Rückstellungen 20 000 DM, Darlehensverbindlichkeiten 125 000 DM. Das Umlaufvermögen betrug im laufenden Jahr durchschnittlich 140 000 DM und in den vier vorhergehenden Jahren 120 000 DM, 130 000 DM, 120 000 DM und 100 000 DM.

Aus der Anlagenkartei des Unternehmens ist zu ersehen, dass das abnutzbare Anlagevermögen in der laufenden Periode im Durchschnitt noch einen kalkulatorischen Restwert von 200 000 DM hat. Der Wiederbeschaffungswert des abnutzbaren Anlagevermögens wird auf 1 000 000 DM geschätzt.

Bei den Verbindlichkeiten aus Lieferungen und Leistungen handelt es sich um Handwerkerrechnungen, bei denen kein Skontoabzug gewährt wird.

Der landesüblichen Zinssatz für risikofreie Kapitalanlagen beträgt derzeit 6%.

Die Höhe des betriebsnotwendigen **abnutzbaren** Anlagevermögens kann auf zweierlei Arten ermittelt werden:

1. Restwertmethode:
Es werden die kalulatorischen Restwerte der abnutzbaren Anlagegüter zum Ende der Rechnungsperiode festgestellt und für die Berechnung der kalkulatorischen Zinsen herangezogen.

2. Durchschnittswertmethode:
Die Anschaffungs- bzw. Wiederbeschaffungswerte der abnutzbaren Anlagegüter werden halbiert, da davon ausgegangen wird, dass durchschnittlich der halbe Anschaffungs- bzw. Wiederbeschaffungswert im Unternehmen gebunden ist.

● 1. Wie hoch sind die kalkulatorischen Zinsen, die in der Kostenrechnung berücksichtigt werden müssen, wenn für die Ermittlung des betriebsnotwendigen abnutzbaren Anlagevermögens
   a) die Restwertmethode
   b) die Durchschnittswertmethode
   angewandt wird?

2. Angenommen, in den kommenden Jahren bleiben das nicht abnutzbare Anlagevermögen, das betriebsnotwendige Umlaufvermögen und das Abzugskapital annähernd konstant. Die Anschaffung neuer Anlagegüter ist erst in fünf Jahren vorgesehen, wenn die derzeit genutzten abnutzbaren Anlagegüter wegen Ablaufs der Nutzungsdauer ausscheiden.

● Wie wird sich in diesem Fall die Höhe der kalkulatorischen Zinsen in den nächsten Jahren entwickeln, wenn für die Ermittlung des betriebsnotwendigen abnutzbaren Anlagevermögens
   a) die Restwertmethode
   b) die Durchschnittswertmethode
   angewandt wird?

● 3. Welches der beiden Verfahren zur Ermittlung des betriebsnotwendigen abnutzbaren Anlagevermögens (Restwertmethode oder Durchschnittswertmethode) würden Sie für die Berechnung der kalkulatorischen Zinsen empfehlen? Begründen Sie Ihre Antwort.

12.13 Kalkulatorische Wagnisse

1. Der Umsatz eines Unternehmens betrug in den letzten vier Jahren insgesamt 30 000 000 DM. Im gleichen Zeitraum entstanden Forderungsverluste in Höhe von 318 000 DM.

● In welcher Höhe sind kalkulatorische Wagniskosten bei einem Jahresumsatz von 7 000 000 DM anzusetzen?

2. Ein Unternehmen berücksichtigt folgende Wagnisse in seiner Kostenrechnung:

Wagnisarten	Erläuterung
Anlagewagnis	Die durchschnittliche Ausfallzeit der Maschinen beträgt 15 Min. je Arbeitstag. Es wird an 250 Tagen im Jahr gearbeitet. Die Reparatur und Ausfallkosten betragen 250 DM je Stunde.
Beständewagnis	Verlust, Schwund, Diebstahl lagen in den letzten Jahren bei 5% der Durchschnittsbestände der Fertigerzeugnisse. Im laufenden Jahr betrugen die Anfangsbestände an Fertigerzeugnissen 60 000 DM und die Endbestände 80 000 DM.
Gewährleistungswagnis	In den letzten Jahren fielen 2% des Umsatzes an Gewährleistungskosten für Garantiezusagen, Nachbesserungen usw. an. Es wird ein Umsatz von 8 500 000 DM erwartet.

● Berechnen Sie die kalkulatorischen Wagniskosten.

Aufwand und Kosten

12.14 Beziehungen zwischen den Begriffen Zweckaufwand – Grundkosten – Kalkulatorische Kosten – Zusatzkosten – Anderskosten

Lösungsblatt

Die folgende Abbildung gibt die Zusammenhänge zwischen verschiedenen Aufwands- und Kostenarten wieder.

1. Berechnen Sie aus den folgenden Geschäftsfällen a) bis c) die Zahlenwerte für jeden im Schaubild genannten Begriff.
   a) Abschreibungen: buchhalterische 13 000 DM,
      kalkulatorische 8 000 DM.
   b) Zinsen: tatsächlich gezahlte 2 000 DM, kalkulatorisch 5 000 DM
   c) tatsächlich eingetretener Wagnisverlust 20 000 DM, kalkulatorische Wagnisse 22 000 DM
   d) kalkulatorischer Unternehmerlohn 24 000 DM.

2. Aus der Verbuchung von buchhalterischen und kalkulatorischen Abschreibungen ergab sich ein Zweckaufwand von 10 000 DM; neutraler Aufwand und Zusatzkosten ergaben sich nicht.

   Wie groß waren die buchhalterischen und wie groß die kalkulatorischen Abschreibungen?

3. Aus der Verbuchung eines kalkulatorischen Unternehmerlohns ergaben sich Zusatzkosten in Höhe von 18 000 DM.

   Wie hoch ist der kalkulatorische Unternehmerlohn?

4. Kalkulatorische Kosten lassen sich wie folgt einteilen:

Kalkulatorische Kosten	
Anderskosten (unechte Zusatzkosten)	**Zusatzkosten**
= Kosten, die zwar mit Aufwendungen verbunden sind, in ihrer Höhe aber nicht mit den entsprechenden Aufwendungen in der Geschäftsbuchhaltung übereinstimmen, weil sie für die Kostenrechnung mit einem anderen Wert angesetzt werden.	= Kosten, denen in der Geschäftsbuchhaltung kein Aufwand entspricht

   Ordnen Sie die in den Fällen 1.a) bis 1.d) genannten kalkulatorischen Kosten den Begriffen »Anderskosten« und »Zusatzkosten« zu.

Lösungsblatt

12.15 Abgrenzungsrechnung – Betriebsergebnis – Neutrales Ergebnis – Gesamtergebnis – Kostenartenrechnung

Schlossermeister **Schäfer** ist es im Laufe der Zeit gelungen, aus seiner ehemals kleinen Schlosserei einen mittelständischen Metall verarbeitenden Betrieb zu machen. Anlässlich der vorbereitenden Buchungsarbeiten zum Jahresabschluss will sich **Herr Schäfer** beim Leiter der Buchhaltung über die voraussichtliche Höhe des im letzten Jahr erzielten Gewinns informieren. Der Leiter der Buchhaltung legt daraufhin **Herrn Schäfer** zunächst folgende Übersicht vor.

Konto Nr. lt. IKR	Kontenbezeichnung	Aufwendungen (DM)	Erträge (DM)
500	Umsatzerlöse		2 270 000
521/522	Bestandsveränderungen an unfertigen und fertigen Erzeugnissen	80 000	
548	Erträge aus Auflösung von Rückstellungen		20 000
57	Zins- und Wertpapiererträge		30 000
600/602/603	Aufwendungen für Rohstoffe und Fremdbauteile; Hilfs- und Betriebsstoffe	850 000	
605	Aufwendungen für Energie	30 000	
613	Fremdinstandhaltung (Reparaturen)	60 000	
620/630	Löhne und Gehälter	630 000	
640	Soziale Abgaben	150 000	
650	Abschreibungen auf Sachanlagen	380 000	
693/694	Verluste aus Schadensfällen, Garantieaufwendungen	35 000	
696	Verluste aus dem Abgang von Gegenständen des Sachanlagevermögens	125 000	
709	Steuernachzahlungen bei betrieblichen Steuern	40 000	
751	Zinsaufwendungen	50 000	
700/770	Gewerbesteuer	15 000	
	Ergebnis	2 445 000	2 320 000 125 000
		2 445 000	**2 445 000**

Herr Schäfer ist völlig überrascht und entsetzt über den ausgewiesenen Verlust. Insbesondere aufgrund der vor einiger Zeit neu angeschafften modernen Maschinen hatte er das Gefühl, dass in seinem Betrieb im letzten Jahr besonders wirtschaftlich gearbeitet worden ist. Er hatte daher mit einem Gewinn von mindestens 100 000 DM gerechnet. Der Buchhalter versucht **Herrn Schäfer** zu beruhigen, indem er ihm erklärt, dass man aus den vorgelegten Zahlen keine Rückschlüsse auf die Wirtschaftlichkeit der Metallverarbeitung ziehen könne. Er weist darauf hin, dass die Übersicht auch als **neutral** bezeichnete **Aufwendungen und Erträge** enthält,

- die nicht mit der betrieblichen Tätigkeit zusammenhängen und daher **betriebsfremd** sind,
- die unregelmäßig anfallen bzw. ungewöhnlich hoch ausfallen und daher **außergewöhnlich** sind,
- die sich nicht auf die letzte Abrechnungsperiode beziehen und daher **periodenfremd** sind.

● 1. Stellen Sie fest welche betriebsfremden, außergewöhnlichen und periodenfremden Aufwendungen und Erträge der Buchhalter gemeint haben könnte.

● 2. Vergleichen Sie die Höhe der neutralen Aufwendungen und Erträge miteinander und überlegen Sie, ob sich im vorliegenden Fall das Ergebnis verbessern oder verschlechtern würde, wenn diese Aufwendungen und Erträge herausgefiltert und nicht berücksichtigt werden.

● 3. Erstellen Sie eine Ergebnistabelle nach folgendem Muster und ermitteln Sie das neutrale Ergebnis sowie das Betriebsergebnis.

Ergebnistabelle						
Konten	**Rechnungskreis I**		**Rechnungskreis II**			
	Geschäftsbuchführung (Ergebnisrechnung)		Unternehmensbezogene Abgrenzung (Neutrales Ergebnis)		Kosten- und Leistungsrechnung (Betriebsergebnisrechnung)	
	Aufwendungen	Erträge	Neutrale Aufwendungen	Neutrale Erträge	Kosten	Leistungen
Umsatzerlöse		2 270 000				
Bestandsveränderungen	80 000					
Erträge aus der Auflösung von Rückstellungen		20 000				
Erträge aus Wertpapieren		30 000				
Aufwendungen für Rohstoffe etc.	850 000					
Aufwendungen für Energie	30 000					
Fremdinstandhaltung (Reparaturen)	60 000					
Löhne und Gehälter	630 000					
Soziale Abgaben	150 000					
Abschreibungen auf Sachanlagen	380 000					
Verluste aus Schadensfällen, Garantieaufwendungen	35 000					
Verluste aus dem Abgang von Gegenständen d. Anlagevermögens	125 000					
Steuernachzahlungen bei betrieblichen Steuern	40 000					
Zinsaufwendungen	50 000					
Gewerbesteuer	15 000					
Ergebnis	2 445 000	2 320 000 125 000				
	2 445 000	**2 445 000**				

4. Stimmen Sie die Ergebnisse der Rechnungskreise I und II nach folgendem Muster ab:

	Betriebsergebnis	DM
±	Neutrales Ergebnis	DM
=	Gesamtergebnis (Unternehmensergebnis)	DM

5. Obwohl die Ergebnisrechnung einen Betriebsgewinn ausweist, ist **Herr Schäfer** nicht zufrieden. Er hält das Ergebnis nicht für zuverlässig und aussagekräftig. Seine Begründung: »Ich habe das ganze Jahr lang intensiv im Betrieb mitgearbeitet. Wäre ich bei einem anderen Betrieb angestellt, hätte ich mit dieser Tätigkeit weitaus mehr verdient als die 75 000 DM, die ich jetzt als Betriebsgewinn habe. Wenn ich außerdem mein Eigenkapital in festverzinslichen Wertpapieren angelegt hätte, statt neue Maschinen für den Betrieb anzuschaffen, würde ich sorgloser leben und könnte zudem erhebliche Zinseinnahmen erzielen.« Der Buchhalter hält **Herrn Schäfers** Bedenken für berechtigt und weist darauf hin, dass die vorgelegte Ergebnistabelle tatsächlich unvollständig ist, weil in der Betriebsergebnisrechnung einige Kosten gänzlich fehlen und andere in falscher Höhe ausgewiesen sind.

   Überlegen Sie, welche Kosten der Buchhalter gemeint haben kann.

6. Der Buchhalter sagt **Herrn Schäfer** zu, eine neue Ergebnistabelle zu erstellen, in der alle bisher nicht berücksichtigten Kosten enthalten sind und die in der Betriebsergebnisrechnung bisher zu hoch oder zu niedrig ausgewiesenen Beträge korrigiert sind.

   Erstellen Sie eine solche Tabelle nach dem Muster auf S. 394 und berücksichtigen Sie dabei folgende kalkulatorischen Kosten:

   (1) Die kalkulatorische Zinsen sind doppelt so hoch wie die Zinsaufwendungen für das Fremdkapital.

   (2) Kalkulatorischer Unternehmerlohn: 100 000 DM

   (3) Kalkulatorische Wagnisse: 10 000 DM

   (4) Die kalkulatorischen Abschreibungen betragen 30% der buchhalterischen Abschreibungen.

Abgrenzung mit kalkulatorischen Kosten (Ergebnistabelle)								
Konten	Rechnungskreis I		Rechnungskreis II Abgrenzungsbereich (Neutrales Ergebnis)				Kosten-/ Leistungsbereich	
	Geschäftsbuchführung (Ergebnisrechnung)		Unternehmensbezogene Abgrenzung		Kostenrechnerische Korrekturen		Kosten- und Leistungsrechnung (Betriebsergebnis)	
	Aufwendungen (–)	Erträge (+)	Aufwendungen (–)	Erträge (+)	Aufwand lt. GB (–)	Verrechnete Kosten (+)	Kosten (–)	Leistungen (+)
Umsatzerlöse		2 270 000						
Bestandsveränderungen	80 000							
Erträge aus der Auflösung von Rückstellungen		20 000						
Zins- und Wertpapiererträge		30 000						
Aufwendungen für Rohstoffe etc.	850 000							
Aufwendungen für Energie	30 000							
Fremdinstandhaltung (Reparaturen)	60 000							
Löhne und Gehälter	630 000							
Soziale Abgaben	150 000							
Abschreibungen auf Sachanlagen	380 000							
Verluste aus Schadensfällen, Garantieaufwendungen	35 000							
Verluste aus dem Abgang von Gegenständen des Anlagevermögens	125 000							
Steuernachzahlungen bei betrieblichen Steuern	40 000							
Zinsaufwendungen	50 000							
Gewerbesteuer	15 000							
Kalkulatorischer Unternehmernlohn								
Ergebnisse	2 445 000	2 320 000 125 000						
	2 445 000	**2 445 000**						

7. Weisen Sie nach, dass sich das Gesamtergebnis (Unternehmensergebnis) aus dem neutralen Ergebnis und dem Betriebsergebnis zusammensetzt, indem Sie die Ergebnisse der Rechnungskreise I und II nach folgendem Muster abstimmen:

	Gesamtergebnis/Unternehmensergebnis: Rechnungskreis I		.... DM
	Ergebnis aus unternehmensbezogener Abgrenzung	.... DM	
+	Ergebnis aus kostenrechnerischer Korrektur	DM	
=	Neutrales Ergebnis	.... DM	
+	Betriebsergebnis	.... DM	
=	Ergebnis Rechnungskreis II		.... DM

Kostenträgerrechnung in Betrieben mit einheitlicher Leistung (Massenfertigung)

12.16 Zweck der Kostenträgerrechnung – Divisionskalkulation – Äquivalenzziffernkalkulation

In einer süddeutschen Kleinstadt ist eine kleine Privatbrauerei schon seit Generationen im Besitz der **Familie Maier.** Ihr Absatzgebiet beschränkt sich auf den Stadt- und Landkreis dieser Kleinstadt. Für das dort sehr bekannte Bier von »**Maier-Bräu**« wurde bisher mit der Behauptung geworben: »Maier-Bräu – das Bier von der kleinsten Privatbrauerei Süddeutschlands." Der gegenwärtige Inhaber der Brauerei, **Herr Karl-August Maier,** hat erkannt, dass er im Konkurrenzkampf mit den Großbrauereien, die in der Bundesrepublik aus einem Konzentrationsprozess hervorgegangen sind, nicht mehr wettbewerbsfähig ist. Er hat deshalb das ihm günstig erscheinende Angebot einer Großbrauerei angenommen, alle Belieferungsverträge mit Gaststätten an sie verkauft und die Produktion eingestellt. An den Produktionsanlagen der kleinsten Privatbrauerei Süddeutschlands war die Großbrauerei nicht interessiert.

Zur Herstellung eines Erfrischungsgetränks wird in der **Familie Maier** ein Holunderblüten-Konzentrat verwendet, das **Frau Maier** nach einem Rezept ihrer Großmutter selbst herstellt. **Herr Maier** zieht, wie die gesamte Familie, das selbst hergestellte Erfrischungsgetränk allen auf dem Markt angebotenen vor. Er beabsichtigt, die nach Verkauf der Brauereirechte unausgenutzte kleine Betriebskapazität zu dem Versuch zu nutzen, Holunderblüten-Nektar herzustellen und überwiegend über Reformhäuser zu vertreiben.

1. Bei seinem ersten Versuch stellt er 500 hl (1 hl = 100 Ltr) Holunderblüten-Nektar her. Dabei ergeben sich folgende Kosten:

Materialkosten	30 000 DM
Fertigungskosten	40 000 DM
Verwaltungskosten	10 000 DM
Vertriebskosten	20 000 DM

   a) Berechnen Sie die Herstellkosten und die Selbstkosten insgesamt und je Liter.

   b) **Maier** kalkuliert mit einem Gewinnzuschlag von 40%.

   Zu welchem Preis kann er 1 Ltr. Holunderblüten-Nektar den Reformhäusern anbieten?

2. Maier setzt die Produktion fort und stellt in einem zweiten Versuch 600 hl her. Die Materialkosten betragen 36 000 DM, die Fertigungskosten 44 000 DM.

Von den 600 hl können in der Abrechnungsperiode nur 550 hl abgesetzt werden. An Verwaltungskosten fallen 12 000 DM an. Vertriebskosten sind in Höhe von 22 000 DM entstanden. Zur Vereinfachung der Kostenrechnung werden die Verwaltungs- und die Vertriebskosten allein der abgesetzten Menge zugerechnet.

- a) Berechnen Sie die Herstellkosten und die Selbstkosten insgesamt und je Liter.
- b) Wie erklären Sie sich den Unterschied der Selbstkosten je Ltr. zwischen dem ersten Produktionsversuch mit 500 hl und dem zweiten mit 600 hl?

3. Für den Verkauf das Nektars hat **Maier** 2 Handelsvertreter gewonnen, die mit anderen Natur-Produkten bei Reformhäusern gut eingeführt sind. Sie raten ihm, als zusätzliches Produkt einen Holunderblüten-Likör herzustellen. Sie sind der Überzeugung, dass Holunderblüten-Likör in einer 0,7-Ltr.-Flasche zu einem Preis von etwa 15,00 DM gut abzusetzen sei.

Herstellungstechnisch würde die Likörherstellung keine Schwierigkeiten machen, da der Produktionsprozess in Stufen verläuft. Zunächst wird ein Holunderblütensaft-Konzentrat hergestellt, das zur Herstellung des Nektars im Verhältnis 1 : 5 mit Wasser verdünnt und dann abgefüllt wird.

Maier stellt aus der Kostenaufzeichnung für den zweiten Produktionsversuch (600 hl Nektar) fest, dass auf die Herstellung des Konzentrats Materialkosten in Höhe von 35 000 DM und 30 000 DM Fertigungskosten entfallen. Für die Herstellung von 600 hl Nektar wurden 100 hl Konzentrat benötigt.

- a) Wie groß sind die Herstellkosten je Liter des Konzentrats?
- b) Zur Herstellung des Likörs werden 1 Ltr. Konzentrat sowie 0,4 Ltr. Alkohol und andere Zusatzstoffe benötigt. Bezogen auf 1 Ltr. Konzentrat entstehen durch die Weiterverarbeitung zu Likör zusätzlich 4,00 DM Materialkosten und 1,00 DM Fertigungskosten.

  Aus 1 Ltr. Konzentrat ergeben sich zusammen mit dem Alkohol und den anderen Zusatzstoffen 1,4 Ltr. Likör.

  Wie groß sind die Herstellkosten für 1 Ltr. Likör?
- c) Bei der Herstellung des Nektars (2. Produktionsversuch) sind Verwaltungs- und Vertriebskosten in Höhe von ca. 46% der Herstellkosten angefallen. **Herr Maier** geht davon aus, dass auch bei der Herstellung des Likörs Verwaltungs- und Vertriebskosten in Höhe von 46% der Herstellkosten anfallen werden.

  Wie groß sind die Selbstkosten je Liter Holunderblüten-Likör?
- d) Warum wird das Ergebnis der Kostenrechnung für den Likör nicht ganz so zuverlässig sein wie das für die 600 hl Nektar?
- e) Zu welchem Preis könnte **Maier** die 0,7-Liter-Flasche Likör anbieten, wenn er 40% Gewinn einkalkuliert?

  Raten Sie **Herrn Maier,** in welcher Höhe er den Preis ansetzen soll.

4. **Maier** will als drittes Produkt noch einen flüssigen Holunderblüten-Badezusatz herstellen. Ausgangsprodukt ist wieder das Holunderblüten-Konzentrat. Für die besonderen Materialzusätze (1 Ltr. Zusatz auf 1 Ltr. Konzentrat) entstehen Kosten in Höhe von 150 DM je Liter, an Fertigungskosten fallen zusätzlich 5,00 DM je Liter an.

Nach Beimischung der zusätzlichen Materialien ergeben sich aus 1 Ltr. Konzentrat 2 Ltr. Badezusatz. Auch hier wird angenommen, dass die Verwaltungs- und Vertriebskosten 46% der Herstellkosten betragen.

- a) Wie groß sind die Selbstkosten je Liter Badezusatz?
- b) Der Badezusatz wird in Flaschen mit 0,25 Ltr. Inhalt auf den Markt gebracht.

  Zu welchem Preis kann der Badezusatz bei einem Gewinnaufschlag von 40% angeboten werden?

5. **Maier** hat die Produktion der 3 Holunderblüten-Produkte aufgenommen. Produziert und in der gleichen Abrechnungsperiode verkauft werden 700 hl Nektar, 30 hl Likör und 10 hl Badezusatz. Die Gesamtkosten betragen 270 000 DM.

   Die Verteilung der Kosten auf die drei Produkte soll mit Hilfe eines vereinfachten Verfahrens erfolgen. Dazu sollen Verhältniszahlen ermittelt werden, mit deren Hilfe die Gesamtkosten auf die drei Produkte umgelegt werden können.

   a) **Maier** überlegt, ob er die Äqivalenzziffern auf der Basis der auf dem Markt erzielbaren Verkaufspreise oder auf der Basis der Herstellkosten je Ltr. berechnen soll.

   Welche Basis würden Sie wählen? Begründen Sie Ihre Meinung.

   b) Berechnen Sie die Äqivalenzziffern. Als Vergleichsbasis (Ziffer 1,0) soll das Produkt Holunderblüten-Nektar gewählt werden.

   c) Verteilen Sie die Kosten mit Hilfe der Äquivalenzziffern und stellen Sie die Selbstkosten für jedes Produkt insgesamt und je Ltr. fest.

   d) Auf welche Veränderungen müsste **Maier** mit einer neuen Berechnung der Äquivalenzziffern reagieren?

Kostenträgerrechnung in Betrieben mit Einzel- und Serienfertigung

Summarische Zuschlagskalkulation

12.17 Summarische Zuschlagskalkulation – Kalkulationsschema – Einzel- und Gemeinkosten

Lösungsblatt

Ein Betrieb für Dachdeckung und -isolierung hatte für einen Abrechnungszeitraum folgende Betriebsergebnisrechnung:

Betriebsergebnisrechnung (DM)

Fertigungslöhne	8 000	Erlöse aus Leistungen	45 500
Fertigungsmaterialverbrauch	17 000		
Gewerbesteuer	3 000		
Kalk. Abschreibungen	1 200		
Hilfs- und Betriebsstoffe	800		
Miete	2 000		
Kraftfahrzeugkosten	1 500		
Bürokosten			
Sonstige Kosten	1 000		
Gewinn	10 500		
	45 500		45 500

Ein Teil der Kosten wurde für jeden Auftrag einzeln festgestellt.

	Kosten je Auftrag			insgesamt
	Auftrag I	Auftrag II	Auftrag III	
Fertigungslöhne	600	2 400	5 000	8 000
Fertigungsmaterialverbrauch	1 400	6 600	9 000	17 000
Einzelkosten	**2 000**	**9 000**	**14 000**	**25 000**

- 1. Stellen Sie fest, welche Kostensumme noch auf die drei Aufträge zu verteilen ist.

2. Die in diesem Betrieb nicht je Auftrag festgestellten Kosten (Gemeinkosten) sollen im Verhältnis der Einzelkosten auf die drei Aufträge verteilt werden.

- Stellen Sie die Selbstkosten je Auftrag fest.

- 3. Wieviel DM wurden den drei Auftraggebern berechnet, wenn auf die Selbstkosten 30% Gewinn aufgeschlagen und die gesetzliche Mehrwertsteuer in Rechnung gestellt werden sollen?

Lösungsblatt

12.18 Aufteilung der Kosten mit Hilfe von Zuschlagssätzen

Der Betrieb hatte in der letzten Abrechnungsperiode Einzelkosten in Höhe von 20 000 DM und Gemeinkosten in Höhe von 6000 DM.

- 1. Berechnen Sie den Zuschlagssatz für seine Kalkulation, wenn die Summe der Einzelkosten als Zuschlagsbasis dient.

- 2. Der Betrieb hat drei Aufträge in diesem Zeitraum ausgeführt. Berechnen Sie die Selbstkosten für jeden Auftrag.

  Auftrag I: Fertigungslöhne 3500, Fertigungsmaterialverbrauch 2000
  Auftrag II: Fertigungslöhne 7000, Fertigungsmaterialverbrauch 1000
  Auftrag III: Fertigungslöhne 2000, Fertigungsmaterialverbrauch 4500

- 3. Zeigen Sie, dass Sie mit Hilfe des Zuschlagssatzes alle Kosten des Abrechnungszeitraums auf die Aufträge verteilt haben.

12.19 Summarische Zuschlagskalkulation – Wahl der Zuschlagsbasis

In einem Betrieb mit Einzelfertigung sollen die Selbstkosten eines Auftrags berechnet werden. **Für diesen Auftrag** sind folgende Einzelkosten angefallen (in DM):

Fertigungsmaterialverbrauch	12 000
Fertigungslöhne	6 000
Fertigteile	500

Im abgeschlossenen Abrechnungszeitraum fielen **insgesamt** folgende Kosten an:

Fertigungsmaterialverbrauch	32 000
Fertigungslöhne	14 000
Fertigteile	2 000
Gemeinkosten	44 000

Um über die geeignete Zuschlagsbasis für die Zuschlagskalkulation zu entscheiden, werden folgende Alternativkalkulationen aufgestellt:

	Alternative I	Alternative II	Alternative III
Fertigungsmaterialverbrauch	12 000,00	12 000,00	12 000,00
Fertigungslohn	6 000,00	6 000,00	6 000,00
Fertigteile	500,00	500,00	500,00
Einzelkosten	18 500,00	18 500,00	18 500,00
Gemeinkostenzuschlag	16 964,50	16 500,00	18 858,00
Selbstkosten	**33 464,50**	**35 000,00**	**37 358,00**

Gemeinkostenzuschlagsätze:

Alternative I: 91,7 % auf die Einzelkosten $\left(\frac{44\,000 \cdot 100}{48\,000}\right)$

Alternative II: 137,5% auf den Fertigungsmatrialverbrauch $\left(\frac{44\,000 \cdot 100}{32\,000}\right)$

Alternative III: 314,3 % auf die Fertigungslöhne $\left(\frac{44\,000 \cdot 100}{14\,000}\right)$

- 1. Wie erklären Sie sich die unterschiedlichen Kalkulationsergebnisse?

2. Untersuchungen über den Kostenverlauf ergaben in grafischer Darstellung folgendes Ergebnis:

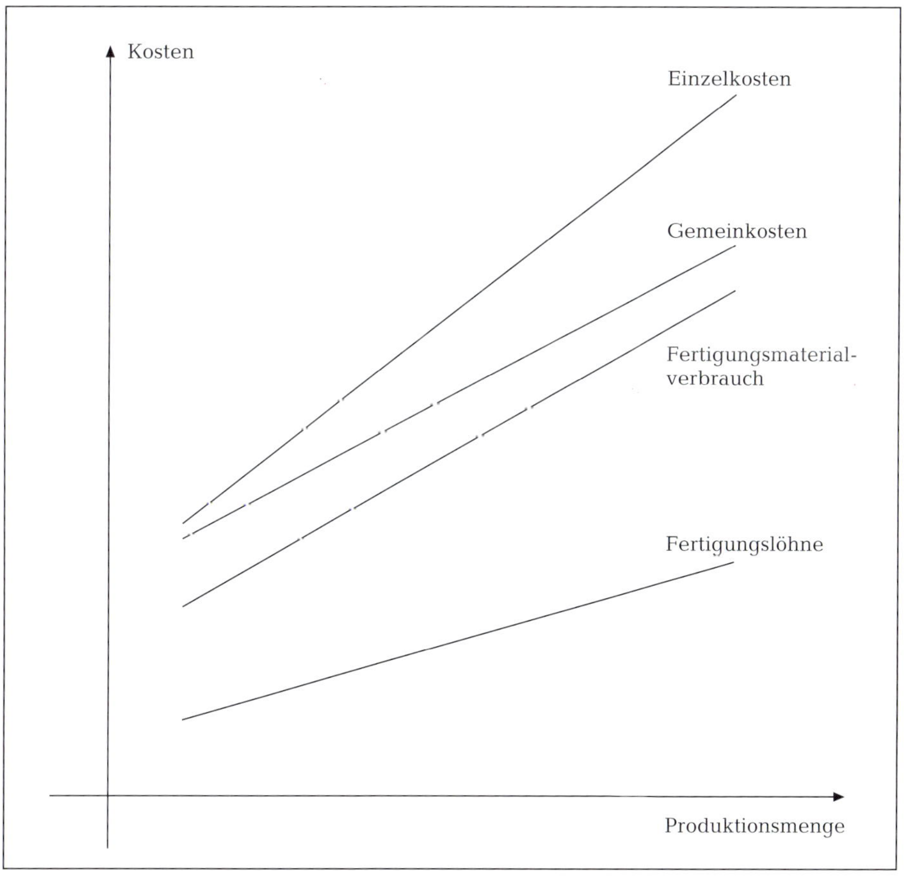

- Welche der alternativen Kalkulationen ist unter Berücksichtigung der dargestellten Kostenverläufe betriebswirtschaftlich vertretbar?

Differenzierende (zergliederte) Zuschlagskalkulation

12.20 Notwendigkeit der Kostenstellenrechnung – Differenzierende (zergliederte) Zuschlagskalkulation

Ein Elektroinstallateur betreibt neben seinem Handwerksbetrieb noch ein Ladengeschäft für Elektroartikel. In der vergangenen Abrechnungsperiode sind insgesamt folgende Kosten angefallen:

Fertigungslöhne	3 000
Fertigungsmaterialverbrauch	1 000
Wareneinsatz	7 000
Einzelkosten	11 000
Gehälter	700
Stromkosten	200
Steuern	1 160
Abschreibungen	360
Sonstiges Material	300
Allgemeine Verwaltungskosten	280
Gemeinkosten	3 000

Es sollen die Selbstkosten für eine Stehlampe mit einem Einkaufspreis von 100 DM und für eine Handwerksleistung festgestellt werden, bei der 70 DM Fertigungslöhne und 20 DM Fertigungsmaterial angefallen sind.

- 1. Welche Selbstkosten würden sich für die Werkstattleistung und welche für die Stehlampe ergeben, wenn der Handwerksmeister nur mit einem einzigen Zuschlagssatz auf der Basis der Einzelkosten kalkulieren würde?

- 2. Warum genügt es in diesem Betrieb nicht mehr, nur einen einzigen Zuschlagssatz bei allen Kalkulationen anzuwenden?

3. Um eine differenzierende Zuschlagskalkulation zu ermöglichen, wurde die Aufgliederung der Kosten auf die Werkstatt und das Ladengeschäft (= **Kostenstellenrechnung)** festgestellt (in DM):

	Werkstatt	Ladengeschäft
Fertigungslöhne	3 000	
Fertigungsmaterialverbrauch	1 000	
Wareneinsatz		7 000
Einzelkosten	**4 000**	**7 000**
Gehälter		700
Stomkosten	120	80
Steuern	700	460
Abschreibungen	300	60
Sonstiges Material	300	
Allgemeine Verwaltungskosten	180	100
Gemeinkosten	**1 600**	**1 400**

- a) Stellen Sie für Werkstatt und Laden je einen Zuschlagssatz auf der Basis der Einzelkosten fest.
- b) Berechnen Sie die Selbstkosten für die Stehlampe und die Werkstattleistung.

- 4. Vergleichen Sie die Ergebnisse von 1. und 3.b) unter dem Gesichtspunkt einer verursachungsgerechten Kostenrechnung.

12.21 Kostenstellenrechnung – Kostenstelleneinzelkosten – Kostenstellengemeinkosten (Schlüsselkosten) – Kalkulationsschema

Die folgende Tabelle zeigt die Gemeinkosten (in DM), wie sie in einem Fachgeschäft für Bilderrahmungen und Buchbinderarbeiten angefallen sind, dem ein Handelsgeschäft für Schreib- und Bürobedarf angeschlossen ist. In den Spalten »Werkstatt« und »Laden« ist für jede Gemeinkostenart angegeben, in welchem Verhältnis sie auf die Kostenstellen »Werkstatt« und »Laden« aufzuteilen ist.

Gemeinkostenarten	Insgesamt (Zahlen der Buchhaltung)	Verteilungsgrundlage	Kostenstellen	
			Werkstatt	Laden
Gehälter	3 600 DM	direkt nach Gehaltsliste (DM)	1 200	2 400
Soziale Aufwendungen	540 DM	Verhältnis	1	2
Abschreibungen	1 800 DM	Verhältnis	9	1
Versicherungen	360 DM	Verhältnis	5	1
Steuern	900 DM	Verhältnis	3	2
Bürokosten	270 DM	Verhältnis	2	1
Stromkosten	450 DM	direkt nach getrennten Stromzählern (kwh)	1110	555

- 1. Prüfen Sie, welche der Gemeinkostenarten im vorliegenden Fall
  a) mit Hilfe von Belegen o.ä. direkt den Kostenstellen zugerechnet werden können (= Kostenstelleneinzelkosten),
  b) mit Hilfe von Verteilungsschlüsseln indirekt auf die Kostenstellen verteilt werden müssen (= Kostenstellengemeinkosten, Schlüsselkosten).

- 2. Verteilen Sie die Gemeinkosten auf die Kostenstellen Werkstatt und Laden.

- 3. Überlegen Sie für jede der in der Tabelle ausgewiesenen Kostenstellengemeinkosten (Schlüsselkosten) auf welcher Grundlage die Aufschlüsselung der Kosten auf Werkstatt und Laden geschätzt werden kann.

4. In der Werkstatt sind Einzelkosten in Höhe von 9600 DM angefallen, der Einstandspreis der verkauften Ware beträgt 14 400 DM.

- Berechnen Sie die Gemeinkostenzuschlagssätze für die Werkstatt und das Ladengeschäft auf der Grundlage der Einzelkosten.

- 5. Berechnen Sie die Selbstkosten, den Nettopreis und den Bruttopreis (einschließlich gesetzlicher Umsatzsteuer).

a) **Bilderrahmung:** Gewinnzuschlag 25%,
Einzelkosten 90 DM.

b) **Globus** (Handelsware): Gewinnzuschlag $33^1/_3$%,
Einstandspreis 80 DM.

12.22 Einführung in den Betriebsabrechnungsbogen – Differenzierende (zergliederte) Zuschlagskalkulation

Ein Betrieb der Metallbranche hat in einem Abrechnungszeitraum folgende Kosten:

Fertigungslöhne	400 000 DM
Fertigungsmaterial	300 000 DM
Gehälter	450 000 DM
Hilfslöhne	150 000 DM
Hilfsstoffe	200 000 DM
Abschreibungen	100 000 DM
Steuern	120 000 DM
Versicherungen	30 000 DM

Es sind die Selbstkosten für die Herstellung einer massiven Grundplatte für eine Pumpe festzustellen, bei der für 250 DM Fertigungslöhne und für 750 DM Fertigungsmaterial aufgewendet wurden.

- Entscheiden Sie, welche der drei dargestellten Kalkulationen dem Zweck der Kostenrechnung am besten gerecht wird.

Kalkulation 1

a) Berechnung des Zuschlagssatzes:

Einzelkosten	700 000 DM =	100%
Gemeinkosten	1 050 000 DM =	x%
Gemeinkostenzuschlagssatz (GKZ) =		150%

b) Kalkulation:

Fertigungslöhne	250 DM
Fertigungsmaterial	750 DM
Einzelkosten	1 000 DM
+ 150% GKZ	1 500 DM
Selbstkosten	2 500 DM

Kalkulation 2

a) Berechnung des Zuschlagssatzes:

Fertigungslöhne	400 000 DM =	100%
Gemeinkosten	1 050 000 DM =	x%
GKZ		= 262,5%

b) Kalkulation:

Fertigungslöhne	250,00 DM
Fertigungsmaterial	750,00 DM
Einzelkosten	1 000,00 DM
+ 262,5% GKZ	656,25 DM
Selbstkosten	1656,25 DM

Kalkulation 3

Die Gemeinkosten wurden auf vier betriebliche Bereiche verteilt, dann wurden vier Zuschlagssätze berechnet und in der Kalkulation angewendet.

	insgesamt	Material	Fertigung	Verwaltung	Vertrieb
Gehälter	450 000	15 000	327 000	73 000	35 000
Hilfslöhne	150 000	5 000	128 000	–	17 000
Hilfsstoffe	200 000	–	195 000	–	5 000
Abschreibungen	100 000	2 000	80 000	12 000	6 000
Steuern	120 000	5 000	50 000	60 000	5 000
Versicherungen	30 000	3 000	20 000	5 000	2000
Summe der Gemeinkosten	1 050 000	30 000	800 000	150 000	70 000
Zuschlags-grundlage		Fertigungs-material	Fertigungs löhne	Herstellkosten	
		300 000	400 000	1 530 000	1 530 000
Zuschlagssatz		10%	200%	9,8%	4,6%

Kalkulation der Grundplatte:

Fertigungslöhne	250,00	
Fertigungsgemeinkostenzuschlag (FGKZ) 200%	500,00	750,00
Fertigungsmaterial	750,00	
Materialgemeinkostenzuschlag (MGKZ) 10%	75,00	825,00
Herstellkosten		1575,00
Verwaltungsgemeinkostenzuschlag 9,8%	154,35	
Vertriebsgemeinkostenzuschlag 4,6%	72,45	226,80
Selbstkosten		1801,80

12.23 Erweiterter Betriebsabrechnungsbogen: Einstufiger BAB mit erweitertem Fertigungsbereich – Einführung in die Vorkalkulation

Ein Unternehmen stellt Küchengeschirr aus Metall her, z.B. Siebe und Schöpflöffel. Bei diesem Unternehmen trifft die Anfrage eines Herstellers von Elektroherden ein. Es wird angefragt, ob und zu welchem Preis aufgrund eines für eine bestimmte Zeit abzuschließenden Liefervertrags mit Abnahmegarantie Backbleche für Elektroherde geliefert werden können. In der Kalkulationsabteilung wird festgestellt, dass für 1000 Bleche für 70 DM Fertigungsmaterial benötigt wird und 80 DM Fertigungslöhne anfallen.

1. Der Betriebsabrechnungsbogen des Unternehmens für Küchengeschirr ist in vier Bereiche unterteilt. Dabei ergaben sich als Ergebnis der letzten Abrechnungsperiode folgende Zuschlagssätze:

Fertigungsgemeinkostenzuschlag	300,0%	
Materialgemeinkostenzuschlag	80,0%	
Verwaltungsgemeinkostenzuschlag	2,4%	auf die Herstellkosten
Vertriebsgemeinkostenzuschlag	3,6%	auf die Herstellkosten

   • Stellen Sie die Selbstkosten für 1000 Backbleche fest.

2. Die Unternehmensleitung der Metallwarenfabrik legt großen Wert auf die neue Geschäftsverbindung. Sie sieht darin eine Möglichkeit, die Beschäftigung des Unternehmens gleichmäßig zu gestalten. Die Unternehmensleitung ist sich bewusst, dass sie als Zulieferer eines großen Elektrounternehmens scharf kalkulieren muss, um den Auftrag zu erhalten.

Das Ergebnis der Vorkalkulation wird in einer Sitzung der Geschäftsleitung besprochen. Der Leiter der Fertigung zweifelt das Ergebnis der Vorkalkulation an. Er weist darauf hin, dass die Backbleche im Fabrikationsprozess nicht alle Fertigungsstellen des Betriebs durchlaufen, die von den Küchengeräten im Produktionsprozess an Anspruch genommen werden. Es sei nicht richtig, wenn der einheitliche Zuschlagssatz für den Fertigungsbereich, so wie er bisher auf Küchengeräte angewendet wurde, auch bei der Kalkulation der Backbleche angewendet würde; von den vier Bereichen der Fertigung Zuschneiderei, Stanzerei, Schweißerei und Verchromerei würden nur die ersten drei von den Backblechen durchlaufen.

- Nehmen Sie zu dieser Argumentation Stellung.

3. Auf Grund der Einwendungen in der Sitzung der Geschäftsleitung wird die Kalkulationsgrundlage verfeinert.

Ergebnisse des bisherigen BAB:

	Fertigung	Material	Verwaltung	Vertrieb
Gemeinkosten	750 000	500 000	50 000	75 000
Zuschlagsgrundlage	Fertigungslöhne	Fertigungsmaterial	Herstellkosten	
	250 000	625 000	2 125 000	2 125 000
Zuschlagssatz	300%	80%	2,4%	3,6%

Ergebnisse der Aufteilung des Fertigungsbereichs:

	Fertigung insgesamt	Zuschneiderei	davon Stanzerei	Schweißerei	Verchromerei
Gemeinkosten	750 000	120 000	200 000	180 000	250 000
Fertigungslöhne	250 000	40 000	70 000	90 000	50 000
Zuschlagssatz	(300%)	300%	285,7%	200%	500%

a) Von den 80 DM Fertigungslöhnen, die nach der Schätzung der Vorkalkulation für 1000 Stück Backbleche anfallen, entstehen 20 DM in der Zuschneiderei, 50 DM in der Stanzerei und 10 DM in der Schweißerei.

- Kalkulieren Sie mit Hilfe der verfeinerten Kalkulationsunterlagen die Selbstkosten eines Backbleches.

- b) Unter welchen Voraussetzungen würde die Aufteilung des Fertigungsbereichs zu keiner Änderung des Kalkulationsergebnisses führen?

12.24 Mehrstufiger Betriebsabrechnungsbogen – Allgemeine Hilfskostenstellen – Fertigungshilfskostenstellen – Innerbetriebliche Leistungsverrechnung nach dem Treppenverfahren

In größeren Industriebetrieben werden neben den Hauptkostenstellen zusätzlich Hilfskostenstellen eingerichtet.

Allgemeine Hilfskostenstellen: Kostenstellen (Abteilungen), die ihre Leistungen für den gesamten Betrieb erbringen. Sie geben somit ihre Leistungen an alle anderen Kostenstellen ab. *Beispiele:* Pförtner, Kantine, werkseigene Energieversorgung, Heizungszentrale, Reparaturwerkstatt, Werksfeuerwehr, Werkskindergarten

Besondere Hilfskostenstellen (Fertigungshilfskostenstellen): Kostenstellen (Abteilungen), die ihre Leistung nur für bestimmte Hauptkostenstellen (z.B. für die Hauptkostenstelle Fertigung) erbringen. *Beispiele:* Arbeitsvorbereitung, technisches Büro, Lehrwerkstatt, Werkzeugmacherei, Betriebsleitung.

Im vorliegenden Fall sind die allgemeinen Hilfskostenstellen Energieversorgung und Kantine sowie die Fertigungshilfskostenstellen Arbeitsvorbereitung und Werkzeugmacherei eingerichtet worden. Nachdem im Rahmen der Betriebsbuchhaltung verschiedene Gemeinkostenarten auf die Kostenstellen verteilt worden sind, ergibt sich folgender BAB:

Erweiterter und mehrstufiger BAB (in 1 000 DM)

Kostenstellen / Kostenarten	Gesamt (DM)	Allg. Hilfskostenstellen		Material	Fertigungshilfsstellen		Fertigungshauptstellen		Verwaltung	Vertrieb
		Energieversorgung	Kantine		Arbeitsvorbereitung	Werkzeugmacherei	Werkstatt I	Werkstatt II		
Hilfs-, Betriebsstoffe	250	5	8	15	30	32	51	63	24	22
Energie	50	3	6	8	5	4	6	8	5	5
Hilfslöhne	500	10	15	30	55	60	90	170	30	40
Gehälter	300	6	7	17	20	28	65	71	40	46
kalk. Abschreibungen	120	3	4	8	14	16	28	29	9	9
Sonstige Gemeinkosten	200	6	4,5	11,5	20	16	39	28,5	30	44,5
Summe	1 420	33	44,5	89,5	144	156	279	369,5	138	166,5
1. Umlage 1										
2. Umlage 1										
Summe										
1. Umlage 2										
2. Umlage 2										
Summe										
Zuschlagssätze										

1. Verteilen Sie die Kosten der allgemeinen Hilfskostenstellen Energieversorgung und Kantine nacheinander auf alle anderen Kostenstellen (= Umlage 1) nach folgendem Schlüssel:

Empfangende Kostenstelle / Hilfskostenstelle	Kantine	Material	Arbeitsvorbereitung	Werkzeugmacherei	Werkstatt 1	Werkstatt 2	Verwaltung	Vertrieb
Energieversorgung	1	1	2	2	1	1	2	1
Kantine	–	1	0	0	1	1	1	1

2. Verteilen Sie die Kosten der Fertigungshilfskostenstellen Arbeitsvorbereitung und Werkzeugmacherei nacheinander auf die Fertigungshauptkostenstellen nach folgendem Schlüssel:

Empfangende Kostenstelle / Fertigungshilfskostenstelle	Werkzeugmacherei	Werkstatt 1	Werkstatt 2
Arbeitsvorbereitung	1	2	2
Werkzeugmacherei	–	1	1

3. Berechnen Sie die Zuschlagssätze für die in den Hauptkostenstellen ermittelten Gemeinkosten, wenn in der Abrechnungsperiode folgende Einzelkosten (in 1000 DM) angefallen sind:

Fertigungsmaterial:	1000
Fertigungslöhne Werkstatt I:	200
Fertigungslöhne Werkstatt II:	400

4. Im Rahmen der Kostenkontrolle wurde für die beiden Hilfskostenstellen Energieversorgung und Kantine ein gegenseitiger Leistungsaustausch in folgender Höhe festgestellt:

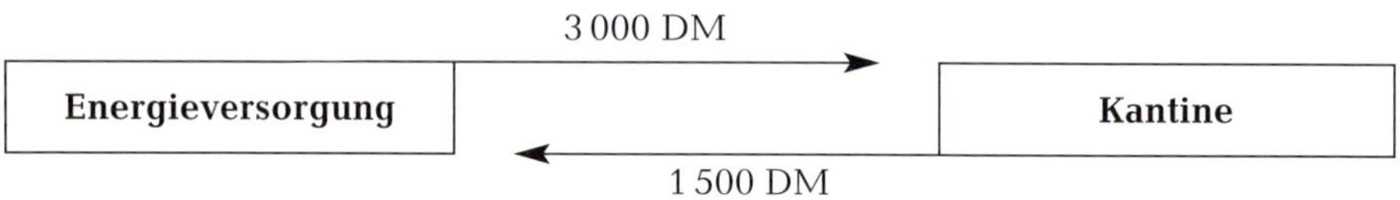

a) Prüfen Sie, ob dieser innerbetriebliche Leistungsaustausch bei der Kostenumlage der allgemeinen Hilfskostenstellen im vorliegenden BAB berücksichtigt worden ist. Begründen Sie Ihre Antwort.

b) Warum ist für die Genauigkeit der Kostenstellenrechung im vorliegenden Fall die Reihenfolge, in der die Hilfskostenstellen im BAB angeordnet sind, von Bedeutung?

12.25 Gemeinkostenzuschlagssätze unter Einbeziehung von Bestandsveränderungen – Herstellkosten der Produktion – Herstellkosten des Umsatzes

In einer Kofferfabrik sollen die Auswirkungen von Bestandsveränderungen auf das Betriebsergebnis untersucht werden. Zu diesem Zweck werden die folgenden betrieblichen Situationen analysiert.

1. Im Abrechnungszeitraum fielen 90 000 DM Herstellkosten an. In diesem Zeitraum wurden 3000 Koffer fertiggestellt, und der Bestand an fertigen Koffern ist um 30 000 DM (zu Herstellkosten) gestiegen.

   Wie hoch sind die Herstellkosten eines Koffers?

2. Die Herstellkosten des Abrechnungszeitraums betrugen 100 000 DM. Der Lagerbestand an Koffern wurde erhöht um 20 000 DM (zu Herstellkosten).
   ● Wie groß sind die Herstellkosten der umgesetzten Erzeugnisse?

3. Die Herstellkosten des Abrechnungszeitraums betrugen 120 000 DM. Der Bestand an Fertigerzeugnissen zu Herstellkosten nahm im Abrechnungszeitraum um 10 000 DM ab.
   ● Wie hoch sind die Herstellkosten der umgesetzten Erzeugnisse?

4. Im Abrechnungszeitraum sind 100 000 DM Herstellkosten angefallen. Der Bestand an unfertigen Erzeugnissen (gestanzte Lederteile, teilweise mit Beschlägen versehen) erhöhte sich um 10 000 DM, der Bestand an Fertigerzeugnissen zu Herstellkosten erhöhte sich um 5000 DM.
   ● a) Wie hoch sind die Herstellkosten der fertiggestellten Erzeugnisse?
   ● b) Wie hoch sind die Herstellkosten der umgesetzten Erzeugnisse?

5. Die Herstellkosten des Abrechnungszeitraums betrugen 150 000 DM. Der Bestand an unfertigen Erzeugnissen verminderte sich um 10 000 DM, der Bestand an Fertigerzeugnissen um 20 000 DM (bewertet zu Herstellkosten).
   ● a) Wie hoch sind die Herstellkosten der fertiggestellten Erzeugnisse?
   ● b) Wie hoch sind die Herstellkosten der umgesetzten Erzeugnisse?

6. Die Herstellkosten des Abrechnungszeitraums betrugen 140 000 DM. Der Bestand an unfertigen Erzeugnissen verringerte sich um 15 000 DM, der Bestand an Fertigerzeugnissen erhöhte sich um 25 000 DM (Unfertige Erzeugnisse und Fertigerzeugnisse bewertet zu Herstellkosten).
   ● a) Wie groß sind die Herstellkosten der fertiggestellten Erzeugnisse?
   ● b) Wie groß sind die Herstellkosten der umgesetzten Erzeugnisse?

7. ● a) Berechnen Sie in einer Staffelrechnung
      - die Herstellkosten des Abrechnungszeitraums,
      - die Herstellkosten der fertiggestellten Erzeugnisse,
      - die Herstellkosten der umgesetzten Erzeugnisse,
      - die Selbstkosten des Umsatzes.

      Fertigungsmaterialverbrauch 20 000 DM, Fertigungslöhne 30 000 DM, Fertigungsgemeinkostenzuschlag 150%, Materialgemeinkostenzuschlag 10%, Verwaltungsgemeinkostenzuschlag 8% auf der Basis der Herstellkosten des Abrechnungszeitraums, Vertriebsgemeinkostenzuschlag 4% auf der Basis der Herstellkosten der umgesetzten Erzeugnisse, Bestandserhöhung Fertigerzeugnisse 15 000 DM, Bestandsverminderung Halberzeugnisse 5000 DM, jeweils zu Herstellkosten.

   ● b) Halten Sie es für sinnvoll, dass die Verwaltungsgemeinkosten auf der Basis der Herstellkosten des Abrechnungszeitraums, die Vertriebsgemeinkosten aber auf der Basis der Herstellkosten der umgesetzten Erzeugnisse berechnet werden?

12.26 Kalkulation mit Sondereinzelkosten und Skonto

Lösungsblatt

Eine Eisengießerei hat im vergangenen Abrechnungszeitraum drei Aufträge ausgeführt. Die folgende Tabelle (nächste Seite, oben) zeigt die Kosten des Abrechnungszeitraums und ihre Aufteilung auf die drei Aufträge (in DM):

1. Es wird der Vorschlag gemacht, die Kosten des Gussmodells bei der Kalkulation dem Fertigungsmaterialverbrauch zuzurechnen.
   ● Untersuchen Sie, wie sich die Berücksichtigung dieses Vorschlags in der Kalkulation auswirken würde und entscheiden Sie unter Berücksichtigung betriebswirtschaftlicher Gesichtspunkte über diesen Vorschlag.

	Kosten des Abrechnungs-zeitraums	Kosten je Auftrag		
		Auftrag 1	Auftrag 2	Auftrag 3
Fertigungsmaterialverbrauch	270 000	90 000	60 000	120 000
Materialgemeinkosten 5%	13 500	4 500	3 000	6 000
Fertigungslöhne	90 000	30 000	20 000	40 000
Fertigungsgemeinkosten 300%	270 000	90 000	60 000	120 000
Sondereinzelkosten der Fertigung*	6 500	6 500	–	–
Herstellkosten	650 000	221 000	143 000	286 000
Verwaltungs- und Vertriebsgemeinkosten 10%	65 000	22 100	14 300	28 600
Sondereinzelkosten des Vertriebs	3 000	900	700	1 400
Selbstkosten	718 000	244 000	158 000	316 000
Gewinn 20%	143 600	48 800	31 600	63 200
Bar-Verkaufspreis	861 600	292 800	189 600	379 200
Skonto 2%	17 584	5 976	3 869	7 739
Netto-Zielverkaufspreis	879 184	298 776	193 469	386 939

* Kosten für ein Gussmodell

2. Der Auftraggeber für den Auftrag 1 nimmt den Skonto nicht in Anspruch.
   ● Beurteilen Sie, ob sich die Nichtinanspruchnahme des Skontos ganz oder teilweise auf den Gewinn der Abrechnungsperiode auswirkt.

Normalkostenrechnung

12.27 Normalzuschlagssätze – Istzuschlagssätze – Vor- und Nachkalkulation

Ein Unternehmen betreibt den Innenausbau von Ladengeschäften. Nach den Plänen eines Innenarchitekten soll ein Ladenausbau durchgeführt werden.

Zur Erstellung des Preisangebots werden auf der Grundlage der Zeichnungen und der Beschreibungen des Architekten folgende Werte festgestellt:

Fertigungslöhne	6000 DM
Fertigungsmaterial	4000 DM

Die Vorkalkulation rechnet aufgrund der Ergebnisse des Betriebsabrechnungsbogens für die letzte Abrechnungsperiode mit folgenden Zuschlagssätzen:

Fertigungsgemeinkostenzuschlag	150%	
Materialgemeinkostenzuschlag	8%	
Verwaltungs- und Vertriebsgemeinkostenzuschlag	12%	auf der Basis der Herstellkosten.

1. Der Wettbewerber bietet den gleichen Ladeneinbau zum Preis von 26 000 DM (ohne Umsatzsteuer) an. Das Unternehmen will den Wettbewerber um 500 DM unterbieten.
   ● Wieviel % Gewinn kann das Unternehmen unter den bei ihm gegebenen Kostenverhältnissen höchstens erreichen?

2. Nach der Durchführung des Auftrags ergibt die Abrechnung, dass die Fertigungslöhne tatsächlich 7500 DM und der Fertigungsmaterialverbrauch 5000 DM betragen. Der tatsächliche Zuschlagssatz für den Abrechnungszeitraum der Auftragsdurchführung beträgt für die Fertigungsgemeinkosten 155%, für die Materialgemeinkosten 9% und für die Verwaltungs- und Vertriebsgemeinkosten 14%.

- a) Wie lässt sich die Abweichung der für die Vorkalkulation benutzten Normalzuschlagssätze von den Istzuschlagssätzen der Nachkalkulation erklären?
- b) Wie groß war der mit dem Auftrag erzielte Erfolg tatsächlich?
- c) Wie groß hätte der endgültige Verkaufspreis sein müssen, wenn das Unternehmen den Verkaufspreis mit dem im Unternehmen sonst üblichen Gewinnzuschlag von 20% kalkuliert hätte?

12.28 Kostenüber- und Kostenunterdeckung

Lösungsblatt

Gewinn- und Verlustrechnung (in Tsd. DM)

Aufwendungen		Erträge	
Roh-, Hilf- und Betriebsstoffe	190	Umsatzerlöse	1 250
Fremdstrom	10	Bestandsveränderung	
Löhne und Gehälter	500	Fertigerzeugnisse	90
gesetzliche soziale Aufwendungen	50	Erträge aus Beteiligung	110
freiwillige soziale Aufwendungen	30		
Abschreibungen auf Maschinen	330		
Zinsaufwendungen	60		
Steuern	20		
Bestandsveränderung an unfertigen Erzeugnissen	20		
Einstellung in die Rücklagen	60		
Gewinn	200		
	1 470		1 470

Ausschnitt aus dem Betriebsabrechnungsbogen (in Tsd. DM)

Kostenart	Summe	Material-bereich	Fertigungs-bereich	Verwaltungs-bereich	Vertriebs-bereich
Gemeinkostenmaterial	20	2	12	4	2
Fremdstrom	10	1	6	2	1
Gemeinkostenlöhne	160	10	120	20	10
Gehälter	100	10	20	60	10
gesetzliche soziale Aufwendungen	50	6	30	10	4
freiwillige soziale Aufwendungen	30	4	20	4	2
Abschreibung auf Maschinen	330	30	280	10	10
sonstige Gemeinkosten	80	20	30	20	10
Summe der Gemeinkosten	780	83	518	130	49

1. Berechnen Sie
   a) die Herstellkosten des Abrechnungszeitraums,
   b) die Herstellkosten der fertiggestellten Erzeugnisse,
   c) die Herstellkosten der umgesetzten Erzeugnisse,
   d) die Selbstkosten des Umsatzes.

2. Der Betrieb rechnet in der Abrechnungsperiode mit Normalgemeinkostenzuschlägen
   für Fertigungsgemeinkosten (auf Fertigungslöhne) mit 210%
   für Materialgemeinkosten (auf Fertigungsmaterial) mit 40%
   für Verwaltungsgemeinkosten (auf die Herstellkosten des Abrechnungszeitraums) mit 15%
   für Vertriebsgemeinkosten (auf die Herstellkosten des Abrechnungszeitraums) mit 5%.

   Wie groß war die Über- oder Unterdeckung in DM in jedem der vier Kostenbereiche des BAB?

Kalkulation mit Maschinenstundensätzen

12.29 Maschinenstundensatzrechnung: BAB mit maschinenabhängigen Kosten – Rest-Gemeinkosten – Kalkulation mit Maschinenstundensätzen

Eine kleine Maschinenfabrik hat für Zwecke der Kostenrechnung den Fertigungsbereich in die Kostenstellen Dreherei und Bohrerei unterteilt und die Fertigungsgemeinkosten bisher mit einem Zuschlagssatz für jede dieser Kostenstellen verrechnet.

In dem Unternehmen soll entschieden werden, ob es zweckmäßig ist, die maschinenabhängigen Gemeinkosten in der Kalkulation besonders zu berücksichtigen um die Genauigkeit der Kostenrechnung zu erhöhen. Für diesen Zweck wurden im Betriebsabrechnungsbogen der letzten Abrechnungsperiode für den Bereich Fertigung die maschinenabhängigen Kosten festgestellt. Der Auszug aus dem Betriebsabrechnungsbogen zeigt das Ergebnis in Tsd. DM:

	Fertigungsstellen					
	Dreherei (in 1000 DM)			Bohrerei (in 1000 DM)		
	insgesamt	maschinen-abhängig	Rest-Gemein-kosten	insgesamt	maschinen-abhängig	Rest-Gemein-kosten
Hilfsstoffe	16	–	16	17	–	17
Betriebsstoffe	20	–	20	21	–	21
Energiekosten	5	4	1	3	2	1
Hilfslöhne	15	–	15	12	–	12
Sozialkosten	12	–	12	12	–	12
Gehälter	28	–	28	25	–	25
Instandhaltungskosten	35	10	25	30	6	24
Betriebssteuern	20	–	20	15	–	15
Raumkosten	14	3	11	20	4	16
Abschreibungen	26	15	11	30	14	16
Kalkulatorische Zinsen	4	3	1	5	4	1
Summe der Gemeinkosten	195	35	160	190	30	160
Fertigungslöhne	130			118,75		
Maschinenstunden im Abrechnungszeitraum		2 000 Std.			2 000 Std.	
Zuschlagsatz auf Fertiggungslöhne	150%			160%		

1. Berechnen Sie den Gemeinkostenbetrag, der je Laufstunde der Maschine in der Dreherei und in der Bohrerei in der Kalkulation zu verrechnen wäre.

2. a) Berechnen Sie die Zuschläge für die noch verbleibenden Rest-Gemeinkosten in der Dreherei und der Bohrerei, die auch bei Verrechnung von Maschinenstundensätzen noch auf der Basis der Fertigungslöhne zu berücksichtigen wären.

   b) Ist es Ihrer Ansicht nach in der gegebenen betrieblichen Situation vertretbar, bei Verrechnung von Maschinenstundensätzen nur noch einen einheitlichen Zuschlagssatz für die Dreherei und die Bohrerei zu verwenden?

3. Durch eine Vergleichsrechnung soll festgestellt werden, ob die Einführung der Maschinenstundensatzrechnung in dieser Maschinenfabrik zweckmäßig ist.

   Die Abrechnung eines Auftrags unter Anwendung von Maschinenstundensätzen soll verglichen werden mit dem Ergebnis der Abrechnung des gleichen Auftrags nach dem Kostenrechnungsverfahren, das bisher in dem Unternehmen verwendet wurde.

Angaben zu dem abzurechnenden Auftrag:

	Dreherei	Bohrerei
Fertigungslöhne	6 500 DM	3 565 DM
Maschinenstunden	100	60

Fertigungsmaterialverbrauch: 10 000 DM; Materialgemeinkostenzuschlag: 5%

- a) Führen Sie die Vergleichsrechnung durch.
- b) Kann Ihrer Ansicht nach aufgrund dieser einen Kontrollrechnung entschieden werden, ob die Einführung der Maschinenstundensatzrechnung die Genauigkeit der Kalkulation nennenswert erhöht?

4. Für die Bohrerei wurde zu Beginn des laufenden Abrechungszeitraumes eine hochmoderne numerisch gesteuerte Spindelbohrmaschine angeschafft, die die bisherigen Bohrmaschinen ersetzt. Die maschinenabhängigen Gemeinkosten der NC-Bohrmaschine betragen im laufenden Abrechnungszeitraum 200 000 DM. Die Fertigungslöhne in der Bohrerei konnten durch die neuen Maschine von bisher 118 750 DM (vgl. BAB) auf jetzt 75 000 DM gesenkt werden. Alle anderen im BAB ausgewiesenen Gemeinkosten der letzten Abrechnungsperiode (Gemeinkosten der Fertigungsstelle Dreherei und Rest-Gemeinkosten der Fertigungsstelle Bohrerei) sind unverändert geblieben.

- a) Berechnen Sie den neuen Maschinenstundensatz der Bohrerei.
- b) Durch eine erneute Vergleichsrechnung soll festgestellt werden, ob in diesem Fall die Einführung der Maschinenstundensatzrechnung zweckmäßig ist. Es liegt ein ähnlicher Auftrag wie bei 3.a) vor. Durch den Einsatz der neuen NC-Bohrmaschine können allerdings die Fertigungslöhne und die Maschinenstunden gegenüber früher (vgl. 3.a)) erheblich gesenkt werden.

  Angaben zum abzurechnenden Auftrag

	Dreherei	Bohrerei
Fertigungslöhne	6 500 DM	2 000 DM
Maschinenstunden	100	30

  Fertigungsmaterialverbrauch 10 000 DM, Materialgemeinkostenzuschlag 5%

  Vergleichen Sie die Abrechnung des Auftrags unter Verwendung von Maschinenstundensätzen mit dem Ergebnis der Abrechnung des gleichen Auftrags auf der Basis einer herkömmlichen Zuschlagskalkulation.
- c) Ist im vorliegenden Fall durch die Einführung der Maschinenstundensatzrechnung die Genauigkeit der Kalkulation erhöht worden?
- d) Worin liegen die unterschiedlichen Ergebnisse im Vergleich zu 3. begründet?

5. Welche der folgenden Behauptungen zur Maschinenstundensatzrechnung sind richtig, welche sind falsch?

   Begründen Sie Ihr Urteil.

   a) Bei der Kalkulation mit Maschinenstundensätzen werden alle an einem Maschinen-Arbeitsplatz anfallenden Einzel- und Gemeinkosten erfasst, und mit Hilfe der Gesamtlaufzeit der Maschine wird dann ein Stundensatz errechnet.

   Beanspruchungszeit der Maschine × Stundensatz ergibt die Gesamtkosten eines Auftrags.

   b) Bei der Kalkulation mit Maschinenstundensätzen werden die gesamten Fertigungsgemeinkosten statt auf der Basis der Fertigungslöhne auf der Grundlage der beanspruchten Maschinenzeit berechnet und den Kosten des Auftrags zugeschlagen.

   c) Die Maschinenstundensatzrechnung ist dann sinnvoll, wenn in einer Kostenstelle vollkommen gleichartige und gleichwertige Maschinen stehen, die jedoch unterschiedlich in Anspruch genommen werden.

d) Die Maschinenstundensatzrechnung ist dann sinnvoll, wenn in einer Kostenstelle verschiedenartige Maschinen stehen, die unterschiedlich in Anspruch genommen werden.

e) Die Kalkulation mit Maschinenstundensätzen hat vor allem die Aufgabe, die Kostenrechnung zu vereinfachen.

Lösungsblatt

12.30 Berechnung des Maschinenstundensatzes – Kalkulation mit Maschinenstundensätzen

In einem Industriebetrieb wird jährlich an 240 Arbeitstagen 8 Stunden pro Tag gearbeitet. Aufgrund von Erfahrungswerten werden bei der Ermittlung der Maschinenlaufzeiten für betriebsbedingte Stillstandszeiten 10% und für Instandhaltung 2% der Jahresarbeitszeit berücksichtigt.

In der Fertigungsabteilung sind u.a. eine große Universalmaschine und 3 Spezialmaschinen eingesetzt. Die maschinenabhängigen Gemeinkosten sind bei jeder der 3 Spezialmaschinen ungefähr gleich hoch.

Merkmal	Universalmaschine	Spezialmaschine
Wiederbeschaffungswert in DM	500 000	40 000
betriebsgewöhnliche Nutzungsdauer in Jahren	10	8
Abschreibung vom Wiederbeschaffungswert	linear	linear
Zinsen in % vom halben Wiederbeschaffungswert	10	10
Raumbedarf in m²	30	10
Raumkosten je Monat in DM je m²	6	6
Strombedarf in kWh	5	3
Strompreis in DM je kWh	0,20	0,20
Instandhaltung pro Jahr in % des Wiederbeschaffungswertes	2	1,5
Versicherung in % des Wiederbeschaffungswertes	1	0,5
Werkzeugkosten pro Jahr in DM (u.a. regelmäßig zu erneuernde Verschleißteile)	1 200	450

1. Berechnen Sie die Maschinenlaufzeit (Stunden pro Jahr).

2. Berechnen Sie den Maschinenstundensatz für die Universalmaschine und die Spezialmaschine.

3. Ein Bauteil beansprucht alle 4 Maschinen mit folgendem Zeitbedarf:

Maschine	Universalmaschine	Spezial M1	Spezial M2	Spezial M3
Belegzeit (Stunden je Bauteil)	2,0	0,9	1,2	0,3

Für das Bauteil gelten folgende Einzelkosten und Zuschlagssätze:

	Einzelkosten	Rest-Gemeinkostenzuschlagsatz
Fertigungsmaterial	120,00 DM	30%
Fertigungslöhne	70,00 DM	210%

Ermitteln Sie die Herstellkosten für das Bauteil.

Verkaufskalkulation

12.31 Kalkulation des Angebotspreises: Vorwärtskalkulation – Kalkulation bei festem Angebotspreis: Differenzkalkulation und Rückwärtskalkulation

Lösungsblatt

Die **Zahnrad- und Werkzeugfabrik Gustav Gulde KG** erhält von der **Fräsmaschinenfabrik Rudolf Sauer** eine Anfrage nach 150 Zahnrädern (30 Zähne, Bohrung 12 H 7). Der Zahnradfabrik ist bekannt, dass die Konkurrenz solche Zahnräder zum Preis von 110,00 DM anbietet.

Kalkulation der Selbstkosten

Für die Kostenträgerstückrechnung werden bei dem entsprechenden Zahnrad folgende Einzelkosten und Normalzuschlagssätze verwendet:

Fertigungsmaterial für 1 Zahnrad: 20 DM
Materialgemeinkostenzuschlag: 20%

Fertigungsstelle I (Stanzerei):
Maschineneinsatz: 10 Maschinenminuten bei einem Maschinenstundensatz von 36 DM;
Fertigungslöhne I: 10,00 DM; Restgemeinkostenzuschlagssatz 80%

Fertigungsstelle II (Bohrerei):
Maschineneinsatz: 12 Maschinenminuten bei einem Maschinenstundensatz von 30 DM;
Fertigungslöhne II: 5,00 DM; Restgemeinkostenzuschlagssatz 90%

Verwaltungs- und Vertriebsgemeinkostenzuschlag (zusammen): 30%

Kalkulation des Angebotspreises

Der Gewinnzuschlag beträgt 30% auf die Selbstkosten. Der als Absatzmittler eingesetzte Handelsvertreter erhält eine Provision in Höhe von 5% des Zielverkaufspreises. Bei Zahlung innerhalb 10 Tagen werden 2% Skonto und bei Abnahme von mindestens 100 Stück 10% Mengenrabatt gewährt.

1. Ermitteln Sie den Listenverkaufspreis (Angebotspreis).
2. Da der kalkulierte Listenverkaufspreis über dem Angebotspreis der Konkurrenz liegt, soll ermittelt werden, wieviel Prozent Gewinn erzielt werden können, wenn die Zahnräder ebenfalls für 110 DM je Stück angeboten werden.
3. Um wieviel Prozent müsste das Fertigungsmaterial günstiger eingekauft werden, wenn die Zahnräder zum gleichen Preis wie von der Konkurrenz angeboten werden sollen und der ursprüngliche Gewinnzuschlag von 30% beibehalten wird?

Gesamtkalkulation zur Ermittlung des Betriebsergebnisses (Kostenträgerzeitrechnung)

12.32 Normalkosten – Istkosten – Kostenüberdeckung – Kostenunterdeckung

Lösungsblatt

Ein Unternehmen des Maschinenbaus produziert in Einzelfertigung und hat in der vergangenen Abrechnungsperiode alle hergestellten Produkte zu den kalkulierten Verkaufspreisen absetzen können. Die kalkulierten Verkaufspreise hätten zu einem Gewinn von 30 388 DM führen müssen. Tatsächlich wurden 24 944 DM Gewinn erzielt. In der vergangenen Abrechnungsperiode sind folgende Kosten angefallen:

Gemeinkosten:

im Fertigungsbereich	80 000 DM
im Materialbereich	2 000 DM
im Verwaltungsbereich	4 260 DM
im Vertriebsbereich	5 680 DM

Einzelkosten:

Fertigungslöhne	40 000 DM
Fertigungsmaterial	20 000 DM

Zur Kalkulation der Verkaufspreise wurden folgende Zuschlagssätze verwendet:

Fertigungsgemeinkostenzuschlag	180%
Materialgemeinkostenzuschlag	12%

auf der Grundlage der Herstellkosten des Abrechnungszeitraums:

Verwaltungsgemeinkostenzuschlag	4%
Vertriebsgemeinkostenzuschlag	5%

1. Die Geschäftsleitung fordert einen Bericht über die Ursache der Gewinndifferenz an. Erstellen Sie diesen Bericht.
2. Lässt eine Kostenunterdeckung der Gemeinkosten den sicheren Schluss zu, dass dem Betrieb in der Abrechnungsperiode Verlust entstanden ist?

12.33 Normalkostenrechnung – Betriebsergebnis

In einem Unternehmen ergaben sich aus der Normalkostenkalkulation Selbstkosten in Höhe von 100 000 DM. Die Istkostenkalkulation erbrachte für den gleichen Zeitraum Selbstkosten in Höhe von 80 000 DM. Die Umsatzerlöse ohne Mehrwertsteuer betrugen im Abrechnungszeitraum 120 000 DM.

1. Berechnen Sie das Betriebsergebnis.
2. Stellen Sie fest, ob Über- oder Unterdeckung vorliegt.
3. Entwickeln Sie eine Regel, nach der sich das Betriebsergebnis aus der Normalkostenrechnung entwickeln lässt.

12.34 Gesamtkalkulation – Kostenträgerzeitblatt – Kostenüberdeckung – Kostenunterdeckung – Betriebsergebnis

1. Berechnen Sie aus den unten angegebenen Daten die Kostenüber- bzw. Kostenunterdeckung des Betriebs in der Abrechnungsperiode.
2. Berechnen Sie in einer übersichtlichen Staffelrechnung mit genauer Bezeichnung aller Zwischenwerte das in der Abrechnungsperiode erzielte Betriebsergebnis.

Daten der Abrechnungsperiode

Tatsächlich angefallene **Gemeinkosten:**

Fertigungsgemeinkosten	400 000 DM
Materialgemeinkosten	15 000 DM
Verwaltungsgemeinkosten	112 500 DM
Vertriebsgemeinkosten	37 500 DM

Tatsächlich angefallene **Einzelkosten:**

Fertigungslöhne	200 000 DM
Fertigungsmaterial	150 000 DM

Zuschlagsgrundlagen:

Die Fertigungsgemeinkosten wurden auf der Grundlage der Fertigungslöhne, die Materialgemeinkosten auf der Grundlage des Fertigungsmaterials, die Verwaltungs- und Betriebskosten auf der Basis der Herstellkosten des Umsatzes berechnet.

Zuschlagssätze:

Der Betrieb kalkuliert mit folgenden Normalsätzen:

Fertigungsgemeinkostenzuschlag	150%	
Materialgemeinkostenzuschlag	15%	
Verwaltungsgemeinkostenzuschlag	18%	} auf die Herstellkosten
Vertriebsgemeinkostenzuschlag	3%	} der umgesetzten Erzeugnisse

Auszug aus der Buchhaltung

Fertigerzeugnisse

Anfangsbestand	400 000	Schlussbestand	350 000
		Bestandsveränderung	50 000
	400 000		400 000

Unfertige Erzeugnisse

Anfangsbestand	200 000	Schlussbestand	235 000
Bestandsveränderung	35 000		
	235 000		235 000

Umsatzerlöse: 1 500 000 DM

12.35 Zusammenfassende Aufgabe zur Vollkostenrechnung: Einstufiger Betriebsabrechnungsbogen – Normalkostenrechnung – Kostenüber- und Kostenunterdeckung – Zuschlagskalkulation – Kostenträgerzeitrechnung – Kostenträgerstückrechnung – Probleme der Vollkostenrechnung

Die Zusammenstellung und Verteilung der verschiedenen Kostenarten führt in einem Industriebetrieb für den vergangenen Monat zu folgendem Ergebnis:

Gemeinkosten-arten	Summe	Verteilungs-schlüssel	Kostenstellen			
			Material	Fertigung	Verwaltung	Vertrieb
Hilfsstoffe	60 TDM	Mat.-Scheine	4 TDM	45 TDM	1 TDM	10 TDM
Strom	1 TDM	kwh	200	3 500	250	50
Hilfslöhne	25 TDM	Stunden	800	2 200	–	900
Gehälter	90 TDM	Verhältnis	1	6	10	4
Ges. Sozialvers.	30 TDM	Lohnliste	1 TDM	22 TDM	6 TDM	1 TDM
Freiw. Soziall.	16 TDM	Köpfe	6	150	15	8
Kalk. Abschr.	40 TDM	Verhältnis	1	15	6	9
Kalk. Zinsen	10 TDM	Verhältnis	1	15	6	9
Reinigungs- und Heizkosten	10 TDM	qm	300	2 000	220	150
Instandhaltung	26 TDM	Rechnung	3 TDM	18 TDM	3 TDM	2 TDM
Kfz-Kosten	12 TDM	km	800	3 500	1 000	6 700
Sonst. Kosten	100 TDM	direkt	5 TDM	50 TDM	30 TDM	15 TDM

Fertigungsmaterial (FM):		400 TDM
Fertigungslöhne (FL):		230 TDM
Bestandsveränderungen:	Anfangsbestand	Endbestand
Fertigerzeugnisse:	35 TDM	50 TDM
unfertige Erzeugnisse:	60 TDM	40 TDM

● 1. Erstellen Sie den Betriebsabrechnungsbogen (BAB), und ermitteln Sie die Zuschlagssätze sowie die Selbstkosten des Umsatzes.

2. Für die Vorkalkulation wurden folgende Normalzuschlagssätze verwendet:
MGKZ: 5% FGKZ: 110% VwGKZ: 15% VtGKZ: 6%

● Ermitteln Sie die Kostenabweichung zwischen Vor- und Nachkalkulation und die jeweiligen Selbstkosten des Umsatzes.

3. Der Industriebetrieb nimmt umfangreiche Rationalisierungsinvestitionen vor. Dadurch fallen monatlich **zusätzlich** folgende Gemeinkosten in der Kostenstelle Fertigung an:

Hilfs- und Betriebsstoffe	5 TDM
Strom	2 TDM
Kalkulatorische Abschreibung	20 TDM
Kalkulatorische Zinsen	8 TDM
Kalkulatorische Miete	4 TDM
Instandhaltung	6 TDM
Sonstige Gemeinkosten	10 TDM

Diese Gemeinkostenarten werden im Rahmen des BAB wie folgt verteilt:

Gemeinkosten-arten	Summe DM	Kostenstellen			
		Material (DM)	Fertigung (DM)	Verwaltung (DM)	Vertrieb (DM)
Hilfsstoffe	65 000	4 000	50 000	1 000	10 000
Strom	3 000	50	2 874	63	13
Kalk. Abschr.	60 000	2 759	43 448	8 276	5 517
Kalk. Zinsen	18 000	323	12 839	1 935	2 903
Reinigungs- und Heizkosten	14 000	1 124	11 490	824	562
Instandhaltung	32 000	3 000	24 000	3 000	2 000
Sonst. Kosten	110 000	5 000	60 000	30 000	15 000

Da die Produktionsmenge nach der Rationalisierung gleich bleibt, ergeben sich bei den Kosten für Fertigungsmaterial, den Bestandsveränderungen sowie den übrigen Gemeinkosten und deren Verteilung keine Änderungen. Lediglich die Fertigungslöhne sinken durch den vermehrten Maschineneinsatz auf 135 TDM.

● Ermitteln Sie die neuen Zuschlagssätze, und erläutern Sie die Abweichungen zu den bei 1. ermittelten Sätzen.

● 4. Überprüfen Sie, ob die Investition tatsächlich mit einem Rationalisierungseffekt verbunden war, indem Sie die Selbstkosten vor und nach der Investition miteinander vergleichen.

5. Der Verkaufsleiter beklagt sich darüber, dass bei Verwendung der neuen Zuschlagssätze die Kostenvoranschläge für einzelne Produkte über den Konkurrenzangeboten liegen. Im Rahmen der Kostenträgerrechnung sollen daher die Auswirkungen der Investition und der neuen Zuschlagssätze auf die Selbstkosten der einzelnen Produkte nach folgendem Muster ermittelt werden.

Stückkostenkalkulation vor der Rationalisierungsinvestition

	Produkt A 2 000 Stück	Produkt B 1 500 Stück	Produkt C 2 500 Stück
FM MGKZ . . % FL FGKZ . . %	60,00 44,00	40,00 23,00	88,00 43,00
= HEKO VwGKZ . . % VtGKZ . . %			
= HEKO			

Stückkostenkalkulation nach der Rationalisierungsinvestition

	Produkt A 2 000 Stück	Produkt B 1 500 Stück	Produkt C 2 500 Stück
= FM MGKZ . . % FL FGKZ . . %	60,00 25,00	40,00 20,00	88,00 22,00
= HEKO VwGKZ . . % VtGKZ . . %			
= SEKO			

- Ermitteln Sie für jeden der sechs Fälle die Selbstkosten je Stück.

Erörtern Sie vor dem Hintergrund dieser Ergebnisse die Problematik der Zuschlagskalkulation, indem Sie auf mögliche Ursachen für die unterschiedliche Entwicklung bei den Selbstkosten eingehen. Machen Sie Verbesserungsvorschläge.

Teilkostenrechnung (Deckungsbeitragsrechnung)

12.36 Deckungsbeitrag (Einführung)

Lösungsblatt

Eine Ziegelei stellt Dachziegel und Waben-Ziegelsteine her. In der letzten Abrechnungsperiode erzielte das Unternehmen für Dachziegel einen Erlös von 100 000 DM und für Wabenziegel einen Erlös von 60 000 DM.

Bei der Erzeugung der Dachziegel entstanden variable Kosten in Höhe von 40 000 DM, bei der Erzeugung der Wabenziegel von 50 000 DM. Das Unternehmen hatte in der Abrechnungsperiode fixe Kosten in Höhe von 50 000 DM.

1. Welchen Beitrag zur Deckung der fixen Kosten erbrachten die Dachziegel, welchen Beitrag erbrachten die Wabenziegel?
2. Wie groß ist der Erfolg des Unternehmens in der Abrechnungsperiode?
3. Das Unternehmen verzichtet darauf, den Gesamterfolg des Unternehmens auf die Produkte Dachziegel und Wabenziegel aufzuschlüsseln.
   Suchen Sie nach einer Begründung.

12.37 Zweck der Deckungsbeitragsrechnung – Gesamtgewinn und Deckungsbeiträge

Ein Straßenbauunternehmen hatte in der vergangenen Abrechnungsperiode Selbstkosten von insgesamt 800 000 DM, davon 250 000 DM fixe Kosten. In dieser Abrechnungsperiode führte das Straßenbauunternehmen einen Auftrag A aus, bei dem 150 000 DM Selbstkosten entstanden, der Erlös jedoch nur 110 000 DM betrug. Bei der Ausführung dieses Auftrages entstanden 70 000 DM variable Kosten. Für die restlichen Aufträge wurden insgesamt 750 000 DM erlöst.

- 1. Wie groß sind die dem Auftrag A direkt zurechenbaren Kosten?
- 2. Welchen Deckungsbeitrag erbringt Auftrag A?
- 3. Welchen Deckungsbeitrag erbringen die restlichen Aufträge?
- 4. Berechnen Sie den Erfolg des Straßenbauunternehmens aus dem Deckungsbeitrag der Abrechnungsperiode.
- 5. Wie groß wäre der Erfolg des Unternehmens in der Abrechnungsperiode gewesen, wenn das Unternehmen den Auftrag A nicht angenommen, die Kapazität des Unternehmens aber nicht eingeschränkt hätte?

12.38 Vergleich zwischen Vollkostenrechnung und Teilkostenrechnung (Deckungsbeitragsrechnung) – Entscheidung über Auftragsannahme – Kurzfristige Preisuntergrenze

Einem Metall verarbeitenden Betrieb wird ein Auftrag zur Herstellung von 100 000 Leiterplatten angeboten. Der Kunde will dafür höchstens einen Nettopreis von 1,00 DM je Stück zahlen. Für die Entscheidung, ob der Auftrag angenommen werden soll, wird in der Kalkulationsabteilung von folgenden Daten ausgegangen:

Materialeinzelkosten je Stück: 0,40 DM, Fertigungslöhne je Stück: 0,18 DM, Sondereinzelkosten der Fertigung je Stück: 0,03 DM.

Im BAB des letzten Quartals wurden bei einen Beschäftigungsgrad von 80% folgende Ist-Zuschlagssätze ermittelt, von denen angenommen wird, dass sie auch für künftige Aufträge anwendbar sind: MGKZ: 10%, FGKZ: 250%, VwGKZ/VtGKZ: 10% (zusammen).

Von den insgesamt auf eine Leiterplatte entfallenden Gemeinkosten sind ca. 17% (= 0,10 DM) als variable Kosten anzusehen. Alle anderen Gemeinkosten sind fix.

Im laufenden Quartal ist der Absatz allerdings aufgrund starken Konkurrenzdrucks deutlich zurückgegangen. Zeitweise musste sogar Kurzarbeit eingeführt werden. Der Beschäftigungsgrad liegt derzeit nur noch bei ca. 55%.

- 1. Entscheiden Sie auf der Basis der vorliegenden Daten, ob der Auftrag angenommen werden soll, wenn der Betrieb über genügend freie Produktionskapazitäten verfügt.
- 2. Obwohl es im laufenden Quartal weder bei den Einzel- noch bei den Gemeinkosten zu Preisveränderungen gekommen ist, zeichnet sich zum Quartalsende ab, dass sich die Ist-Zuschlagssätze für das laufende Quartal erheblich verändert haben. Für die neuen Zuschlagssätze ergeben sich voraussichtlich folgende Werte: MGKZ: 15%, FGKZ: 300%, VwGKZ/VtGKZ: 20% (zusammen).
  - a) Erläutern Sie ausführlich, worauf diese Veränderung der Zuschlagssätze zurückzuführen sein kann.
  - b) Ermitteln Sie unter Verwendung der neuen Zuschlagssätze die Selbstkosten für eine Leiterplatte.

c) Angenommen, die Leiterplatten würden zu einem Preis, der auf den neu kalkulierten Selbstkosten basiert, angeboten.

Beurteilen Sie, ob sich dadurch die Beschäftigungslage des Betriebes verbessern lässt.

3. Würde die bei 1. getroffene Entscheidung anders ausfallen, wenn die veränderten Ist-Zuschlagssätze des laufenden Quartals berücksichtigt würden?

4. Wie hoch muss der Nettoverkaufspreis im vorliegenden Fall mindestens sein, damit der Auftrag ohne Verlust angenommen werden kann?

5. Beurteilen Sie die Eignung der Vollkostenrechnung als Grundlage für die im vorliegenden Fall zu treffende Entscheidung. Begründen Sie Ihre Aussage.

6. Vergleichen Sie die Vollkosten- und Teilkostenrechung hinsichtlich ihrer Anwendungsbereiche.

12.39 Vergleich zwischen Vollkostenrechnung und Deckungsbeitragsrechnung – Ermittlung des Betriebsergebnisses

Eine Fahrradfabrik stellt für eine Kaufhauskette vier verschiedene Modelle her. Für das vergangene Quartal liegen folgende Daten vor:

	Kostenträger			
			Kinderfahrräder	
Einzelkosten in DM je Stück	Herrenräder	Damenräder	Knabenräder	Mädchenräder
Materialeinzelkosten	60,00	50,00	37,50	38,33
Fertigungslöhne	40,00	40,00	32,50	36,67
Stückpreise	250,00	230,00	145,00	125,00
Absatzmenge in Stück	2 000	1 500	800	800

MGKZ: 20%
FGKZ: 180%
VwGKZ: 10%
VtGKZ: 15%

1. Ermitteln Sie das Betriebsergebnis auf der Basis der Vollkostenrechnung (Kostenträgerzeitrechnung).

2. Die Geschäftsleitung erwägt, die Produktion von Kinderfahrrädern ganz einzustellen, da beide Modelle nicht mal die Selbstkosten decken. Sie erhofft sich davon eine Verbesserung des Betriebsergebnisses, obwohl die frei werdenden Kapazitäten nicht durch eine Absatzsteigerung der beiden restlichen Modelle (Herren- und Damenräder) genutzt werden können. Die Ausgangsdaten der restlichen Modelle (Preise, Mengen, Einzelkosten, Zuschlagssätze) bleiben unverändert.

   Ermitteln Sie das voraussichtliche Betriebsergebnis auf der Basis der Vollkostenrechnung, wenn

   a) zunächst nur die Herstellung von Mädchenfahrrädern aufgegeben wird,
   b) die gesamte Kinderradproduktion (Mädchen- und Knabenfahrräder) eingestellt wird.

   Erläutern Sie die Unterschiede zum Ergebnis von 1.

3. Eine von einer Unternehmensberatung vorgeschlagene Kostenuntersuchung ergibt, dass 50% der Gemeinkosten als fixe Kosten angesehen werden können.

   Ermitteln Sie auf der Basis der Deckungsbeitragsrechnung das Betriebsergebnis für folgende Fälle:

a) Produktionsprogramm mit 4 Modellen entsprechend der Ausgangssituation (vgl. 1.),
b) Verzicht auf die Herstellung von Mädchenfahrrädern,
c) Zusätzlicher Verzicht auf die Herstellung von Knabenfahrrädern.

● Bei welchem Produktionsprogramm wird das bestmögliche Betriebsergebnis erzielt?

Erläutern Sie die Unterschiede zum Ergebnis von 2.

● 4. Wie würde sich das Ergebnis von 3.a) ändern, wenn der Anteil der Fixkosten an den Gemeinkosten statt 50%

a) 30%
b) 70% beträgt?

Erläutern Sie die Unterschiede, die sich durch unterschiedliche Fixkostenanteile an den Gemeinkosten ergeben.

5. Aufgrund der Ergebnisse der Deckungsbeitragsrechnung (vgl. 3.) hat die Geschäftsleitung die Produktion von Mädchenfahrrädern eingestellt, die Produktion von Knabenfahrrädern aber beibehalten. In dieser Situation wird der Geschäftsleitung ein Zusatzauftrag über 400 Knabenfahrräder zu den bisherigen Bedingungen in Aussicht gestellt. Der Auftrag könnte ausgeführt werden, da aufgrund der Aufgabe der Produktion von Mädchenrädern freie Kapazitäten vorhanden sind. Die Produktionsmenge von Knabenfahrrädern würde bei Auftragsannahme auf 1200 Stück steigen.

● Entscheiden Sie auf der Basis des Betriebsergebnisses, ob der Zusatzauftrag angenommen werden soll.

Lösungsblatt

12.40 Mehrstufige Deckungsbeitragsrechnung: Erzeugnisfixkosten – Unternehmensfixkosten – Restdeckungsbeitrag – Gewinnmaximierung durch Sortimentsgestaltung

Ein Unternehmen stellt 4 Produkte her. Die Kosten- und Erlössituation zeigt die folgende Tabelle:

	A	B	C	D
variable Kosten je Produktionseinheit (DM)	20	40	60	15
Erzeugnis-Fixkosten (DM) (produktspezifische Fixkosten)	40 000	20 000	120 000	0
erzielbarer Preis (DM)	40	50	90	30
Absatzmenge (Stück)	5 000	30 000	3 000	2 000

Unternehmungsfixkosten: 200 000 DM

● 1. Welchen Deckungsbeitrag bringt jedes der 4 Produkte zu den Unternehmungsfixkosten?

● 2. Wie groß ist der Gesamtgewinn des Unternehmens?

● 3. Jedes Produkt kann auf jeder Maschine des Betriebs hergestellt werden. Ein Wechsel der Maschinen ist kostenneutral.

● Welche Folgerungen würden Sie aus der dargestellten betrieblichen Situation für die Sortimentsgestaltung des Unternehmens ziehen?

Begründen Sie Ihre Entscheidung aus den vorliegenden Zahlen.

12.41 Optimale Sortimentsgestaltung auf der Basis der Deckungsbeitragsrechnung[1]

Lösungsblatt

Ein Getränkehersteller füllt in seinem Betrieb die alkoholfreien Getränke Orangenfruchtsaft, Mineralwasser, Apfelnektar, Grapefruitsaft und Bitter Lemon ab. Die Getränke werden in Kisten zu je 12 Flaschen verkauft.

Produkt	Verkaufserlös je Kiste	variable Kosten je Kiste	Absatzerwartung im nächsten Jahr (Kisten)
Orangenfruchtsaft	15,00	7,00	100 000
Mineralwasser	5,40	1,40	150 000
Apfelsaft naturtrüb	8,00	8,50	40 000
Grapefruitsaft	16,00	8,40	60 000
Bitter Lemon	12,00	5,50	20 000

Die Fixkosten pro Jahr belaufen sich auf 1,6 Mio. DM.

1. Berechnen Sie den Gewinn für den Fall, dass sich die Absatzerwartungen im nächsten Jahr erfüllen.

2. Die Unternehmensleitung stellt Überlegungen an, das Sortiment bei alkoholfreien Getränken zu straffen. Bei Eliminierung von zwei der bisher fünf Produkte würden freie Produktionskapazitäten entstehen. Diese Leerkapazitäten könnten durch Ausdehnung der Produktionsmenge bei den verbleibenden Produkten ausgelastet werden. Außerdem wird die Aufnahme eines neuen koffeinhaltigen Erfrischungsgetränks ins Sortiment diskutiert.
   a) Welche beiden Produkte sollten für diesen Fall aus dem Sortiment gestrichen werden?
   b) Wie hoch wäre der Gesamtgewinn nach der Produkteliminierung?
   c) Bei welchem der drei verbleibenden Produkte sollte die Absatzmenge durch entsprechende absatzpolitische Maßnahmen besonders gefördert werden?
   d) Um wie viele Kisten müsste die Produktions- und Absatzmenge bei diesem förderungswürdigsten Produkt ausgedehnt werden, um die ursprüngliche Gewinnhöhe (vgl. 1.) wieder zu erreichen?

3. Die Marketingabteilung rät der Unternehmensleitung von der geplanten Sortimentsbereinigung ab, obwohl dann für das neue Erfrischungsgetränk zusätzliche Produktions- und Abfüllanlagen beschafft werden müssten.

   Welche Gründe könnte die Marketingabteilung für die Beibehaltung des bisherigen Sortiments anführen?

12.42 Entscheidung über einen Zusatzauftrag – Preisuntergenze – Engpasssituation – Absolute Deckungsbeitragsrechnung und relative Deckungsbeitragsrechnung

Das Produktionsprogramm eines Sportartikelherstellers umfasst u.a. Jogginganzüge. Derzeit werden in einem Zweigwerk monatlich ca. 1600 Anzüge hergestellt. Das entspricht einer Auslastung der Produktionskapazitäten von 80%. Die dabei monatlich anfallenden Fixkosten belaufen sich auf 80 000 DM. Außerdem entstehen variable Kosten in Höhe von 50,00 DM je Stück. Die Anzüge werden zu einem Stückpreis von durchschnittlich 120,00 DM beim Facheinzelhandel abgesetzt.

---

[1] Vgl. dazu auch die Aufgabe

9.07 Absatzpolitische Entscheidungen auf der Grundlage der Deckungsbeitragsrechnung

- 1. Ermitteln Sie die Selbstkosten für einen Jogginganzug und den Gewinn, der mit der Herstellung der Jogginganzüge erzielt wird.

2. Ein Versandhaus bietet an, zunächst für ein halbes Jahr monatlich 400 Anzüge abzunehmen, wenn der Preis nicht mehr als 85,00 DM beträgt. Eine spätere Ausdehnung der Abnahmemenge wird nicht ausgeschlossen.

- a) Wie hoch wären die Selbstkosten je Stück, wenn der Zusatzauftrag angenommen würde?
- b) Entscheiden Sie auf der Basis der vorliegenden Daten, ob der Zusatzauftrag angenommen werden soll.

3. Da sich der Absatz positiv entwickelt, bietet das Versandhaus nach einiger Zeit an, die monatliche Abnahmemenge um weitere 400 Stück zu erhöhen, wenn der Preis von 85,00 DM unverändert bleibt. Da die Produktionskapazitäten aber ausgelastet sind, wäre die zusätzliche Produktion von monatlich 400 Jogginganzügen nur unter folgenden Voraussetzungen möglich:

Alternative 1: Der Produktionsengpass wird durch die Einrichtung zusätzlicher Arbeitsplätze beseitigt. Dadurch erhöhen sich die monatlichen Fixkosten um 12 000 DM.

Alternative 2: In einem anderen Zweigwerk werden entsprechende Produktionskapazitäten zur Verfügung gestellt, indem die Menge der bisher dort produzierten Trikots zugunsten der Mehrfertigung von Jogginganzügen eingeschränkt wird. Der Deckungsbeitrag der Trikots beträgt 30,00 DM je Stück.

Beanspruchung der Zuschneide- und Nähmaschinen		
Artikel	Trikots	Jogginganzüge
Fertigungszeit in Stunden je Stück	0,125	0,25

- Entscheiden Sie, ob der Zusatzauftrag angenommen und welche der beiden Alternativen ggf. gewählt werden soll.

4. Nach einiger Zeit gehen die Aufträge des Facheinzelhandels für Jogginganzüge merklich zurück. Die Marketingabteilung kommt bei der Ursachenforschung zu folgendem Ergebnis: »Die Produktionsausweitung um monatlich 800 Jogginganzüge hat zu einem Überangebot geführt. Da die Jogginganzüge zudem von dem Versandhaus zu einem günstigeren Preis als vom Facheinzelhandel angeboten werden können, haben sich die Absatzmöglichkeiten über den Facheinzelhandel verschlechtert. Es ist davon auszugehen, dass die ursprünglich auf diesem Wege abgesetzte Menge von 1600 Jogginganzügen nur dann aufrecht erhalten werden kann, wenn gegenüber dem Facheinzelhandel eine Preissenkung in Höhe von 8,00 DM je Stück gewährt wird.«

- Entscheiden Sie, ob sich unter diesem Umständen die bei 2.b) und 3. getroffenen Entscheidungen ändern würden.

Deckungsbeitragsrechnung

12.43 Relative Deckungsbeitragsrechnung – Optimales Produktionsprogramm – Zusatzauftrag

Lösungsblatt

Ein Industriebetrieb stellt vier verschiedene Typen elektronischer Messgeräte her. Für das kommende Quartal liegen folgende Daten vor:

Produkt	Auftragsmenge (Stück)	Verkaufspreis (DM)	variable Stückkosten (DM)
Typ I	800	150	125
Typ II	500	270	225
Typ III	1 000	175	155
Typ IV	600	200	150

Die Fixkosten betragen 40 000 DM.

1. Ermitteln Sie den geplanten Gewinn für das kommende Quartal.
2. Erstellen Sie eine Rangfolge der vier Gerätetypen entsprechend ihrer Förderungswürdigkeit.
3. Durch den Ausfall einer Maschine kommt es zu unvorhergesehenen Fertigungsengpässen. Für die Herstellung der Messgeräte stehen auf einem der Fertigungsautomaten im kommenden Quartal lediglich 45 000 Fertigungsminuten zur Verfügung.

   Die einzelnen Messgeräte benötigen folgende Maschinenfertigungszeiten auf diesem Automaten:

Produkt	Maschinenfertigungszeiten je Stück in Minuten
Typ I	20
Typ II	30
Typ III	10
Typ IV	35

Ermitteln Sie das optimale Produktionsprogramm, wenn die Aufträge

a) beliebig teilbar sind,

b) nicht beliebig teilbar sind, d.h. entweder ganz oder gar nicht ausgeführt werden können.

4. Durch die Neuanschaffung einer Maschine kann der Fertigungsengpass behoben werden. Es zeigt sich aber, dass die Vorräte an Elektronikbauteilen, die für die Messgeräte benötigt werden, knapp sind. Eine kurzfristige Behebung dieses Engpasses erscheint nicht möglich.

   Von einem Bauteil, das für alle Messgeräte in unterschiedlicher Stückzahl benötigt wird, stehen 6000 Einheiten zur Verfügung.

   Folgende Mengeneinheiten des Bauteils werden für die einzelnen Messgeräte benötigt:

Produkt	Benötigte Einheiten des Bauteils je Messgerät
Typ I	3
Typ II	1
Typ III	2
Typ IV	4

Ermitteln Sie das optimale Produktionsprogramm, wenn die Aufträge

a) beliebig teilbar sind,

b) nicht beliebig teilbar sind, d.h. entweder ganz oder gar nicht ausgeführt werden können.

5. Wider Erwarten könnten die fehlenden Bauteile doch noch im benötigten Umfang beschafft werden, sodass der Engpass bei den Fremdbauteilen nicht weiter besteht. Durch die Anschaffung der zusätzlichen Maschine (vgl. 2.) und der benötigten Elektronikbauteile (vgl. 3.) würde es aber zu einem Liquiditätsengpass kommen. Die Finanzplanung für das kommende Quartal ergibt, dass für die Herstellung der Messgeräte lediglich 250 000 DM liquide Mittel zur Verfügung stehen. Da u.a. Rohstoffe und Fremdbauteile für einige Messgerätetypen bereits bezahlt und am Lager sind, für andere Messgerätetypen jedoch noch zu beschaffen und bezahlen sind, werden die Materialkosten bei den einzelnen Geräten im kommenden Quartal in unterschiedlicher Höhe liquiditätswirksam.

   Die Herstellung der einzelnen Gerätetypen ist voraussichtlich im kommenden Quartal mit folgenden Auszahlungen (= Liquiditätsabfluss) verbunden.

Produkt	Auszahlungen je Stück in DM
Typ I	120
Typ II	170
Typ III	90
Typ IV	140

- Ermitteln Sie das optimale Produktionsprogramm, wenn die Aufträge
  a) beliebig teilbar sind,
  b) nicht beliebig teilbar sind, d.h. entweder ganz oder gar nicht ausgeführt werden können.

6. Überraschend bietet sich die Möglichkeit, einen längerfristigen Auftrag für ein neues Messgerät (Typ V) zu erhalten. Dafür liegen folgende Daten zugrunde:

Auftragsmenge:	400 Stück
Verkaufspreis:	300 DM
variable Stückkosten:	260 DM
Maschinenfertigungszeiten je Stück:	20 Min.
Benötigte Einheiten des knappen Bauteils je Stück:	3 Stück
Auszahlungen je Stück im nächsten Quartal:	240 DM

- Prüfen Sie für jede der drei Engpasssituationen (Maschinenausfall s. 3., mangelnder Vorrat an Elektronikbauteilen s. 4. und Liquiditätsengpass s. 5.), ob es lohnend ist, auf die Herstellung eines oder mehrerer der bisherigen Gerätetypen (teilweise) zu verzichten und statt dessen den Gerätetyp V in das Produktionsprogramm aufzunehmen. Gehen Sie dabei davon aus, dass die Aufträge
  a) beliebig teilbar sind,
  b) nicht beliebig teilbar sind, d.h. entweder ganz oder gar nicht ausgeführt werden können.

Vollkosten-deckungs-beitr.rechng

Lösungsblatt

12.44 Zusammenfassende Aufgabe zur Vollkosten- und Deckungsbeitragsrechnung: Betriebsabrechnungsbogen – Normalkostenrechnung – Zuschlagskalkulation - Deckungsbeitragsrechnung

Teil A: Kostenartenrechnung

Die Kostenartenrechnung eines Industriebetriebs, der sich auf die Herstellung von Elektromotoren der unteren Preis- und Leistungsklasse spezialisiert hat, weist für das vergangene Quartal folgende Zahlen aus:

Gemeinkosten-arten	Summe	Kostenstellen			
		Material	Fertigung	Verwaltung	Vertrieb
Hilfsstoffe	40 TDM	4 TDM	30 TDM	4 TDM	2 TDM
Strom, Wasser	25 TDM	3 TDM	19 TDM	2 TDM	1 TDM
Hilfslöhne	140 TDM	30 TDM	100 TDM	5 TDM	5 TDM
Gehälter	170 TDM	10 TDM	40 TDM	90 TDM	30 TDM
Sozialaufwand	105 TDM	15 TDM	50 TDM	30 TDM	10 TDM
Steuern	40 TDM	2 :	5 :	2 :	1
Kalk. Abschr.	200 TDM	40 TDM	130 TDM	15 TDM	15 TDM
Reingung und Heizung	20 TDM	400 qm	200 qm	600 qm	300 qm
Instandhaltung	10 TDM	2 TDM	7 TDM	1 TDM	–
Sonst. Kosten	80 TDM	1 :	5 :	3 :	1

Fertigungsmaterial (FM):	526 TDM
Fertigungslöhne (FL):	387 TDM
Bestandserhöhung an fertigen und unfertigen Erzeugnissen	30 TDM
Sondereinzelkosten der Fertigung (SEK/Ft)	70 TDM
Sondereinzelkosten des Vertriebs (SEK/Vt)	9 TDM

- 1. Erstellen Sie den Betriebsabrechnungsbogen (BAB), und ermitteln Sie folgende Zuschlagssätze:

  Materialgemeinkostenzuschlagssatz (MGKZ) auf der Basis des Fertigungsmaterials,

  Fertigungsgemeinkostenzuschlagssatz (FGKZ) auf der Basis der Fertigungslöhne,

  Verwaltungsgemeinkostenzuschlagssatz (VwGKZ) und Vertriebsgemeinkostenzuschlagssatz (VtGKZ) auf der Basis der Herstellkosten des Umsatzes.

- 2. Berechnen Sie die Selbstkosten des Umsatzes.

3. Das Unternehmen kalkuliert bisher mit folgenden Normalzuschlagssätzen:

   MGKZ: 25% FGKZ: 120%
   VwGKZ: 10% VtGKZ: 5%

- Vergleichen Sie die Ist- und Normal-Zuschlagssätze und ermitteln Sie Kostenüber- bzw. Kostenunterdeckung.

  Nennen Sie mögliche Gründe für die Abweichungen.

Teil B: Kostenträgerrechnung

Das Produktionsprogramm des Unternehmens umfasst 5 Motorentypen, für die folgende Daten vorliegen:

Nr.	Typ	FM je Stück (DM)	FL je Stück (DM)	SEK/Ft je Stück (DM)	SEK/Vt je Stück (DM)	Stückpreis (DM)
1	Rapid	70	30	30	–	230
2	Speedy	60	40	–	6	150
3	Bulldog	300	250	–	–	1 200
4	Turbo	220	150	–	–	750
5	Power	100	130	100	–	800

- 1. Erstellen Sie auf der Basis der unter A.1 ermittelten Ist-Zuschlagssätze eine Kostenträgerstückrechnung.

  Beurteilen Sie die einzelnen Motorentypen hinsichtlich Stückkosten und Stückgewinn/ verlust.

2. Für die einzelnen Motorentypen liegen für das vergangene Quartal folgende Absatzmengen und Bestandsveränderungen vor:

Nr.	Typ	Absatzmenge (Stück)	Bestand (+/–) (DM)
1	Rapid	1 000	+ 6 000
2	Speedy	1 500	– 3000
3	Bulldog	500	– 2 000
4	Turbo	800	+ 25 000
5	Power	400	+ 4 000
Σ		4 200	+ 30 000

- Erstellen Sie eine Kostenträgerzeitrechnung für das vergangene Quartal.

  a) unter Verwendung der bei A 1. ermittelten Ist-Zuschlagssätze,

  b) unter Verwendung der bei A 3. angegebenen Normal-Zuschlagssätze.

  Ermitteln Sie die Kostenüber-/-unterdeckung bei den einzelnen Motorentypen, und beurteilen Sie das Betriebsergebnis.

3. Nachträglich wird behauptet, es wäre besser gewesen, den Motorentyp mit dem höchsten Stückverlust aus dem Produktionsprogramm zu streichen.

- Wie hätte sich das Betriebsergebnis in diesem Fall gegenüber 2.a) geändert?

  Beurteilen Sie den Vorschlag und das Ergebnis.

Teil C: Deckungsbeitragsrechnung

Das Produktionsprogramm der Unternehmung umfasst die in Teil B angegebenen 5 Motorentypen. Es wird angenommen, dass es sich bei den Einzelkosten (FM, FL, SEK/Fe, SEK/ Vt) ausschließlich um variable Kosten handelt. Die Bestände werden gem. HGB § 255 Abs. 2 und 3 mit den variablen Herstellkosten (FM, FL, SEK/Ft) bewertet. Im Rahmen einer Kostenanalyse wird festgestellt, dass ca. 70% der Gemeinkosten als fixe Kosten anzusehen sind.

- 1. Ermitteln Sie für die einzelnen Produkte den Deckungsbeitrag.
- 2. Welche beiden Produkte erscheinen Ihnen am förderungswürdigsten? Begründen Sie Ihre Entscheidung.
- 3. Ermitteln Sie mit Hilfe der Deckungsbeitragsrechnung das Betriebsergebnis.
- 4. Ermitteln Sie mit Hilfe der Deckungsbeitragsrechnung das Betriebsergebnis, wenn die Straffung des Produktionsprogramms entsprechend den Ergebnissen der Zuschlagskalkulation (Vorschlag aus Aufgabe B 3.) vorgenommen worden wäre.

  Wie sind die unterschiedlichen Ergebnisse zwischen Zuschlagskalkulation und Deckungsbeitragsrechnung im Hinblick auf die Sortimentsentscheidung zu erklären?

13 Der Jahresabschluss

Inhalt, Aufbau und Gliederung des Jahresabschlusses

13.01 Begriff des Vermögens

Ein Möbeleinzelhändler will seine Bilanz erstellen. Er betreibt sein Geschäft in einem Gebäude, das im Grundbuch auf seinen Namen eingetragen und mit einer Hypothek von 300 000 DM belastet ist. Von dem hypothekarisch gesicherten Darlehen wurden 80 000 DM bereits zurückgezahlt. Das Gebäude hat einen Wert von 1 200 000 DM. Der Wert der Geschäftsausstattung ist mit 200 000 DM, der Wert der Geschäftsfahrzeuge mit 120 000 DM anzusetzen. Es bestehen Forderungen aus Warenlieferungen und Leistungen in Höhe von 120 000 DM. Von den Warenvorräten im Werte von 900 000 DM wurden 100 000 DM unter Eigentumsvorbehalt geliefert, der noch wirksam ist.

- Wie groß ist der Wert des zu bilanzierenden Geschäftsvermögens?

Begründen Sie bei jeder Position, warum und mit welchem Wertansatz Sie den Vermögensposten in Ihre Aufstellung aufnehmen.

13.02 Gliederung des Vermögens

In der Bilanz eines Unternehmens muss das Vermögen so übersichtlich dargestellt werden, dass die Aufstellung einem sachverständigen Dritten einen Überblick über die Vermögenslage vermitteln kann. Dafür kann ein Gliederungsschema verwendet werden, wie es in dem untenstehenden, vereinfachten Grundschema für die Vermögensaufstellung einer Unternehmung zu erkennen ist.

1		Konzessionen, Geschäftswert
2	2.1	Grundstücke mit Geschäftsgebäuden; Maschinen und technische Anlagen; Betriebs- und Geschäftsausstattung
	2.2	Beteiligungen an anderen Unternehmen; Ausleihungen an verbundene Unternehmen; sonstige Ausleihungen
3	3.1	Roh-, Hilfs- und Betriebsstoffe; unfertige Erzeugnisse; Fertigerzeugnisse
	3.2	Forderungen aus Lieferungen und Leistungen; Kassenbestand
	3.3	Wertpapiere aus kurz- oder mittelfristigen Kapitalanlagen

- 1. Was haben die Positionen der Gruppe 1 gemeinsam?
- 2. Was haben die Positionen der Gruppe 2 gemeinsam?
- 3. Was haben die Positionen der Gruppe 3 gemeinsam?
- 4. Wodurch unterscheiden sich die Einzelposten der Untergruppen 2.1 und 2.2?
- 5. Wodurch unterscheiden sich die Einzelposten der Untergruppen 3.1 und 3.2?
- 6. Welchen Gruppen und Untergruppen sind die folgenden Positionen zuzuordnen?
  a) Kraftfahrzeuge in einer Getränkegroßhandlung,
  b) Fräsmaschinen in einer Metallwarenfabrik,

c) Drehbank in einer Werkzeuggroßhandlung,

d) Von Kunden einem Reisebüro übergebene und noch nicht der bezogenen Bank vorgelegte Schecks,

e) Festverzinsliche Wertpapiere, in denen ein Industrieunternehmen Abschreibungsrückflüsse bis zur notwendigen Ersatzbeschaffung angelegt hat,

f) Kredite an Belegschaftsmitglieder (auf 20 Jahre gewährt), zur Finanzierung einer Eigentumswohnung oder eines Eigenheims.

g) Patentrechte.

13.03 Ausgewiesenes und tatsächliches Eigenkapital

Die Kapitalverhältnisse einer Aktiengesellschaft sollen analysiert werden.

Bilanz einer Aktiengesellschaft (vereinfacht) in Tsd. DM

Ausstehende Einlagen auf das gezeichnete Kapital	100	Gezeichnetes Kapital	500
		gesetzliche Gewinnrücklagen	70
Anlagevermögen	500	andere Gewinnrücklagen	30
Umlaufvermögen	500	Bilanzgewinn	60
Rechnungsabgrenzungsposten	50	Rückstellungen	50
		Verbindlichkeiten aus Warenlieferungen und Leistungen	400
		Rechnungsabgrenzungsposten	40
	1 150		1 150

● 1. Berechnen Sie das ausgewiesene Eigenkapital.

● 2. Berechnen Sie das ausgewiesene Gesamtkapital.

3. Das Anlagevermögen wurde sehr vorsichtig bewertet und hat einen Tageswert von 1000.

● a) Wie groß ist das tatsächliche Eigenkapital?

b) Die 5-DM-Aktie dieses Unternehmens wird an der Börse gegenwärtig mit umgerechnet 9,50 DM gehandelt.

● Welche Gründe dafür lässt die Analyse der Kapitalverhältnisse erkennen?

13.04 Eigenkapital – Gesamtkapital – Haftungskapital

Ein Großlieferant analysiert die Kapitalverhältnisse eines Kunden, dessen Unternehmen in der Rechtsform einer Kommanditgesellschaft betrieben wird.

Bilanz einer Kommanditgesellschaft (vereinfacht) in Tsd. DM

ausstehende Kommanditeinlage	50	Kapital Komplementär A	200
Anlagevermögen	400	Kapital Komplementär B	250
Umlaufvermögen	600	Kapital Kommanditist	200
Rechnungsabgrenzung	100	Rückstellungen	50
		Verbindlichkeiten aus Lieferungen und Leistungen	350
		Rechnungsabgrenzung	100
	1 150		1 150

Privatvermögen Komplementär A 180, Privatvermögen Komplementär B 220, Privatvermögen Kommanditist C 300. C hat laut Gesellschaftsvertrag noch eine Einlage von 50 zu leisten.

- 1. Wie groß ist das ausgewiesene Eigenkapital?
- 2. Wie groß ist das ausgewiesene Gesamtkapital?
- 3. Wie groß ist das haftende Kapital?

13.05 Gliederung von Vermögen und Kapital nach Handels- und Aktienrecht

Eine Aktiengesellschaft der chemischen Industrie hat für die Erstellung ihrer Bilanz (nach Zuführung zu den Rücklagen, aber vor dem Beschluss über die Verwendung des Bilanzgewinns) folgende Werte festgestellt (in Millionen DM):

Sachanlagen 250; Finanzanlagen 50; Vorräte 150; Forderungen und sonstige Vermögensgegenstände des Umlaufvermögens 250; Rechnungsabgrenzung (aktive) 80; Gezeichnetes Kapital 150, davon 20 noch nicht eingezahlt; gesetzliche Gewinnrücklagen 70 (einschließlich der Zuführung zu den Rücklagen für das vergangene Geschäftsjahr); Rückstellungen 80; Verbindlichkeiten aus Lieferungen und Leistungen 150; Bankkredit 100; sonstige Verbindlichkeiten 100; Eventualverbindlichkeiten aus der Weitergabe von Wechseln 20. In den Finanzanlagen sind Wertpapiere mit dem Bilanzwert von 15 enthalten, die einer Bank zur Sicherung von Krediten übergeben wurden.

- 1. Erstellen Sie die Bilanz nach dem Gliederungsschema für Kapitalgesellschaften. HGB §§ 266, 268, 270 AktG § 152

2. In den Bilanzpositionen der unter 1. erstellten Bilanz ist bereits die Verrechnung eines Verlustvortrags von 20 und eine Zuführung zu den offenen Rücklagen von 10 berücksichtigt.

- Wie groß ist der Jahresüberschuss der Abrechnungsperiode, die dieser Schlussbilanz vorausging?

13.06 Bilanzverlust

- Beurteilen Sie den folgenden Vorschlag.

Die Bilanz einer Aktiengesellschaft weist einen Bilanzverlust von 1 000 000 DM aus. Es wird der Vorschlag gemacht, den Verlust durch Aufnahme eines langfristigen, durch Hypotheken abzusichernden Kredits auszugleichen.

13.07 Rücklagen

- Beurteilen Sie die folgende Behauptung: HGB §§ 266, 272

Die Bildung freiwilliger Rücklagen für Zwecke einer später vorzunehmenden Erweiterungsinvestition ist nutzlos. Durch die Rücklagenbildung wird zwar formal das ausgewiesene Eigenkapital erhöht. Das nützt jedoch nichts. Wenn die Erweiterungsinvestitionen vorgenommen werden sollen, dann kommt es allein darauf an, dass flüssige Mittel vorhanden sind. Zur Bereitstellung flüssiger Mittel leistet die Rücklagenbildung aber keinen Beitrag.

13.08 Rückstellungen – Rücklagen – Rechnungsabgrenzung

HGB §§ 249, 250

1. In einer Brauerei AG, in der die Jahresbilanz erstellt werden soll, ist der Gewerbesteuerbescheid noch nicht eingegangen. Die ausstehende Gewerbesteuerschuld wird auf 50 000 DM geschätzt.
   - ● a) Warum darf die ausstehende Gewerbesteuerschuld in der Bilanz nicht als Rücklage ausgewiesen werden?
   - ● b) Warum darf die ausstehende Gewerbesteuerschuld in der Bilanz nicht als Rechnungsabgrenzungsposten ausgewiesen werden?
2. Im laufenden Geschäftsjahr sind der Brauerei durch die Werbung für eine neue Biermarke, die im nächsten Geschäftsjahr auf den Markt kommen soll, sehr hohe Ausgaben entstanden.

   § 250 (1) ● Der Bilanzbuchhalter schlägt vor, diese Ausgaben in der Bilanz des laufenden Jahres als aktiven Rechnungsabgrenzungsposten auszuweisen mit der Begründung, es handele sich um Ausgaben, die erst in den folgenden Jahren Aufwand darstellten. Stellen Sie anhand der gesetzlichen Vorschriften fest, ob in der Bilanz für das laufende Geschäftsjahr ein aktiver Rechnungsabgrenzungsposten zu bilden ist.

13.09 Gewinn- und Verlustrechnung der Kapitalgesellschaft: Umsatzerlöse

§§ 275, 277

Eine Textilfabrik in der Rechtsform der Aktiengesellschaft hatte in der vergangenen Abrechnungsperiode folgende Erträge: Umsatzerlöse für hergestellte und abgesetzte Textilwaren 2 500 000 DM, den Kunden in Rechnung gestellte Fracht- und Verpackungskosten 200 000 DM, Mieteinnahmen aus Werkswohnungen 20 000 DM.

Den Kunden wurden Preisnachlässe auf den Bruttopreis in Höhe von 150 000 DM gewährt.

● Wie groß sind die in der Erfolgsrechnung zu berücksichtigenden Umsatzerlöse?

13.10 Gewinn- und Verlustrechnung der Kapitalgesellschaft: betriebliche Erträge

§ 275 (2)

Ein Unternehmen des Maschinenbaus hat in der vergangenen Abrechnungsperiode Umsatzerlöse von 300 000 DM erzielt. In dieser Abrechnungsperiode hat sich im Unternehmen der Bestand an unfertigen Erzeugnissen um 50 000 DM erhöht, der Bestand an fertigen Erzeugnissen ist um 30 000 DM gesunken. Im Abrechnungszeitraum wurde eine Maschine im Wert von 50 000 DM hergestellt, die im Unternehmen selbst verwendet wird.

● Wie groß ist die Summe der in dem Unternehmen im Abrechnungszeitraum angefallenen betrieblichen Erträge?

13.11 Gewinn- und Verlustrechnung der Kapitalgesellschaft: Ergebnis der gewöhnlichen Geschäftstätigkeit

Ein Unternehmen erzielte in der vergangenen Abrechnungsperiode Umsatzerlöse von 500 000 DM. Im gleichen Zeitraum betrug der Materialverbrauch 260 000 DM. Durch einen Lagerbrand wurde lagerndes Material im Wert von 40 000 DM vernichtet; von dem Schaden wurden von der Versicherung wegen Unterversicherung nur 30 000 DM ersetzt.

§§ 275, 277 (4) ● Wie groß ist das Ergebnis der gewöhnlichen Geschäftstätigkeit dieses Unternehmens?

13.12 Gewinn- und Verlustrechnung der Kapitalgesellschaft: Betriebsergebnis – Finanzergebnis – Ergebnis der gewöhnlichen Geschäftstätigkeit – außerordentliches Ergebnis – Jahresüberschuss

Lösungsblatt

In einer Aktiengesellschaft soll für die vergangene Abrechnungsperiode die Gewinn- und Verlustrechnung erstellt werden. Die Zahlen sollen aus dem noch nicht abgeschlossenen Gewinn- und Verlustkonto entnommen werden. HGB § 275

Gewinn- und Verlustkonto (in Tausend DM)

Aufwendungen für Roh-, Hilfs- und Betriebsstoffe	950	Umsatzerlöse	6 200
Strom	50	Erhöhung des Bestandes an Fertigerzeugnissen	400
Löhne und Gehälter	2 500	Erträge aus Beteiligungen	300
Soziale Abgaben	150	Zinserträge	100
Aufwendungen für Altersversorung und Unterstützung	250	Erlös aus Grundstücksverkäufen	50
Abschreibungen auf Sachanlagen	1 400	außerordentliche Erträge	50
Zinsen	300		
Steuern	100		

- Erstellen Sie die Gewinn- und Verlustrechnung gem. § 275 (2) HGB und weisen Sie dabei folgende Zwischenergebnisse aus:
  - Betriebsergebnis,
  - Finanzergebnis,
  - Ergebnis der gewöhnlichen Geschäftstätigkeit,
  - Ausserordentliches Ergebnis.

13.13 Gesamtkostenverfahren – Umsatzkostenverfahren – Anhang

Lösungsblatt

Das **Leipziger Gerätewerk AG** stellt in einem Zweigwerk Kaffeeautomaten für die Gastronomie her. Die Abteilung Kostenrechnung hat errechnet, dass die Herstellkosten für einen Automaten 2500 DM betragen. Der Verkaufspreis einer Maschine beträgt 3000 DM. Im Vorjahr konnten nicht alle produzierten Maschinen verkauft werden. 100 Maschinen aus dieser Produktion liegen versandfertig im Fertigwarenlager.

Im laufenden Geschäftsjahr sind im Rahmen der Produktion folgende Kosten angefallen:

Rohstoffverbrauch	1 800 000 DM	Fertigungslöhne	200 000 DM
Hilfsstoffverbrauch	300 000 DM	Abschreibungen	100 000 DM
Betriebsstoffverbrauch	100 000 DM		

Die Kosten des Verwaltungsbereichs beliefen sich auf insgesamt 120 000 DM (Gehälter: 90 000 DM, sonstige Kosten: 30 000 DM). Sie sind nicht Bestandteil der Herstellungskosten.

Im laufenden Geschäftsjahr wurden 980 Maschinen verkauft.

- 1. Errechnen Sie aufgrund der obigen Zahlenangaben, wieviel Maschinen im laufenden Geschäftsjahr produziert wurden.
- 2. Stellen Sie in einem Gewinn- und Verlustkonto die erzielten Umsatzerlöse den im laufenden Geschäftsjahr entstandenen Produktionskosten gegenüber.
- 3. Warum stellt die Differenz zwischen Umsatzerlösen und Herstellkosten den Betriebsgewinn des Unternehmens nicht zutreffend dar?
- 4. Vervollständigen Sie das unter 2. erstellte Gewinn- und Verlustkonto und berechnen Sie den Betriebsgewinn.

HGB § 275 (1), (2) ● 5. Erstellen Sie aus den Werten unter Ziffer 4 eine Gewinn- und Verlustrechnung nach dem Gesamtkostenverfahren.

§ 275 (1), (3) ● 6. Erstellen Sie eine Gewinn- und Verlustrechnung nach dem Umsatzkostenverfahren.

● 7. Welche unterschiedliche Bedeutung weist der Gesetzgeber dem Ausweis eines Mehrbestandes im Gesamtkostenverfahren und Umsatzkostenverfahren jeweils zu?

● 8. Erstellen Sie eine Gewinn- und Verlustrechnung nach dem Umsatzkostenverfahren, wenn in einer Rechnungsperiode 1000 Stück abgesetzt jedoch lediglich 980 Stück produziert wurden und folgende Kosten angefallen sind:

Produktionsbereich:		**Verwaltungsbereich:**	
Rohstoffkosten	1 764 000 DM	Gehälter	90 000 DM
Hilfsstoffkosten	294 000 DM	sonstige Kosten	30 000 DM
Betriebsstoffkosten	98 000 DM		
Fertigungslöhne	196 000 DM		
Abschreibungen	98 000 DM	**Verkaufspreis pro Stück:**	3 000 DM

9. Aktionär Kleinschmidt schlägt in der Hauptversammlung der **Leipziger Gerätewerk AG** vor, die Gewinn- und Verlustrechnung grundsätzlich nach dem Gesamtkostenverfahren zu veröffentlichen, weil nur so sichergestellt sei, dass die Aktionäre Informationen zu den Größen Materialaufwand und Personalaufwand erhalten.

§ 285 Ziff. 8 ● Stellen Sie fest, wie die Aktionäre auch bei Veröffentlichung nach dem Umsatzkostenverfahren die gewünschten Informationen erhalten können.

Lösungsblatt

13.14 Gewinnverwendung im Jahresabschluss einer AG

Die Buchhaltung einer **Industrie-AG** weist folgende Zahlen in TDM aus:

Kontenbezeichnung	**Soll**	**Haben**
bebaute Grundstücke	60 000	
Maschinen	25 000	
Betriebs- und Geschäftsausstattung	2 500	
Roh-, Hilfs- und Betriebsstoffe	2 100	
unfertige Erezugnisse	3 000	
fertige Erzeugnisse	3 400	
Forderungen aus Lieferungen und Leistungen	2 450	
Bank	8 500	
Kasse	1 000	
aktive Rechnungsabgrenzungsposten	350	
gezeichnetes Kapital		80 000
Kapitalrücklage		1 500
gesetzliche Rücklage		4 500
andere Gewinnrücklagen		2 000
Gewinn/Verlustvortrag		100
Bilanzgewinn/Bilanzverlust		
Jahresüberschuss/Jahresfehlbetrag		
Verbindlichkeiten aus Lieferungen und Leistungen		2 800
sonstige Verbindlichkeiten		
Umsatzerlöse		106 800
Bestandsveränderungen		1 200
Zinserträge		800
Roh-, Hilfs- u. Betriebstoffaufwand	42 000	
Personalaufwendungen	30 000	
soziale Abgaben	3 500	
Abschreibungen auf Anlagevermögen	6 000	
sonstige Steuern	4 200	
übrige sonstige betriebl. Aufwendungen	3 700	
Steuern vom Einkommen und vom Ertrag	2 000	
	199 700	**199 700**

Für Ihre Tätigkeiten erhalten Vorstand und Aufsichtsrat vertragsgemäß Tantiemen, die bislang noch nicht erfasst sind. Der Vorstand erhält 1300 TDM, der Aufsichtsrat 1000 TDM

HGB §§ 266, 275 (2)

1. ● Stellen Sie einen vorläufigen Jahresabschluss nach § 266 HGB (Bilanz) und § 275(2) HGB (GuV) auf *(Jahresabschuss vor Gewinnverwendung).*

AktG §§ 172 (1), 150 (2), 58 (2) Satz 1

2. Vorstand und Aufsichtsrat stellen den Jahresabschluss nach § 172 (1) AktG fest. Die Einstellung in die gesetzliche Rücklage erfolgt nach § 150 (2) AktG. Den anderen Gewinnrücklagen werden die höchstmöglichen Beträge nach § 58 (2) Satz 1 AktG zugeführt.

   HGB § 268 (1)

   ● Erstellen Sie den Jahresabschluss, nachdem die Einstellungen in die Rücklagen durch Vorstand und Aufsichtsrat vorgenommen wurden *(Jahresabschluss nach teilweiser Gewinnverwendung).*

3. Der von Vorstand und Aufsichtsrat erstellte Jahresabschluss wird im Geschäftsbericht der AG veröffentlicht und der Hauptversammlung vorgelegt. Die Hauptversammlung beschließt, dass die höchstmögliche Dividende zur Ausschüttung kommt (volle Prozent).

   ● Wie stellt sich der Jahresabschluss nach nun *vollständiger Gewinnverwendung* dar? § 268 (1)

13.15 Anlagespiegel (Anlagegitter) – Anhang

Lösungsblatt

Die **Aesculap AG** – Herstellerin chirurgischer Instrumente – veröffentlichte in ihrem Geschäftsbericht 93/94 folgende Bilanz:

Aktiva **Bilanz der Aesculap AG** (in Tausend DM) Passiva

Aktiva	30. Sept. 94	30. Sept. 93
Immaterielle Vermögensgegenstände	1 724	1 444
Sachanlagen	45 639	41 900
Finanzanlagen	71 834	55 949
Anlagevermögen	**119 197**	**99 293**
Vorräte	92 835	94 901
Forderungen aus Lieferungen und Leistungen	27 605	25 991
Forderungen gegen verbundene Unternehmen	14 627	11 438
Sonstige Vermögensgegenstände	1 195	2 934
Flüssige Mittel	5 772	3 875
Umlaufvermögen	**142 034**	**139 139**
Rechnungsabgrenzungsposten	263	193
	261 494	**238 625**

Passiva	30. Sept. 94	30. Sept. 93
Gezeichnetes Kapital	22 000	20 000
Kapitalrücklage	60 361	46 354
Gewinnrücklagen	42 610	36 450
Bilanzgewinn	6 160	12 000
Eigenkapital	**131 131**	**114 804**
Sonderposten mit Rücklagenanteil	**2 555**	**2 556**
Rückstellungen für Pensionen und ähnliche Verpflichtungen	35 184	33 720
Übrige Rückstellungen	49 022	37 287
Rückstellungen	**84 206**	**71 007**
Verbindlichkeiten gegenüber Kreditinstiuten	20 681	22 523
Verbindlichkeiten aus Lieferungen und Leistungen	5 439	4 918
Verbindlichkeiten gegenüber verbundenen Unternehmen	6 942	6 600
übrige Verbindlichkeiten	10 540	16 217
Verbindlichkeiten	**43 602**	**50 258**
	261 494	**238 625**

1. Aktionär **Wittmann** will sich für die anstehende Hauptversammlung ein Bild von der Investitionstätigkeit des Unternehmens machen.
   - Welchen Bilanzpositionen könnte er die gewünschten Informationen entnehmen?

2. Herr **Wittmann** interessiert sich vor allem dafür, wie sich das Unternehmen durch Investitionen im Anlagenbereich in einem immer härteren Wettbewerb behaupten will. Er vergleicht daher die Zahlen der Bilanzposition »Sachanlagen« des Jahres 1993 mit den Zahlen aus dem Jahr 1994 und stellt fest, dass sich das Sachanlagevermögen des Jahres 1994 um 3739 (Tausend DM) gegenüber dem Geschäftsjahr 1993 vergrößert hat.
   - Warum lässt ein Vergleich dieser Zahlen keine zutreffende Aussage über die tatsächliche Größe der vorgenommenen Investitionen im Anlagenbereich zu?

HGB § 268 (2)

3. Prüfen Sie, ob und in welcher Weise die **Aesculap AG** verpflichtet ist, Herrn **Wittmann** die gewünschten Informationen zu verschaffen.

4. Genauso wie die **Aesculap AG** entscheiden sich die meisten Kapitalgesellschaften dafür, die Entwicklung des Anlagevermögens gemäß § 268 (2) HGB im Anhang und nicht in der Bilanz darzustellen.
   - Welche Gründe sind wohl dafür entscheidend?

5. Die **Aesculap AG** erwirbt im Januar des laufenden Geschäftsjahres einen Hubwagen für 100 000 DM zzgl. gesetzl. USt (fünf Jahre Nutzungsdauer, lineare Abschreibung). Der Hubwagen wird im Laufe des 7. Jahres verschrottet. Im Geschäftsbericht wird ein Anlagespiegel nach nachstehendem Muster verwendet:

Jahr	Bilanz-posten (§ 266 (2) HGB)	Gesamte Anschaffungs-/ Herstellungs-kosten	Zu-gänge +	Ab-gänge −	Umbu-chungen (kumuliert) +/−	Abschrei-bungen −	Zuschrei-bungen +	Buchwert 31.12. Abschluss-jahr	Buchwert 31.12 Vorjahr	Abschrei-bungen Abschluss-jahr
		1	**2**	**3**	**4**	**5**	**6**	**7**	**8**	**9**
1										
2										
3										
4										
5										
6										
7										
8										

   - Stellen Sie die Entwicklung des Hubwagens, der in der Bilanz im Anlagevermögen ausgewiesen ist, vom Jahr des Erwerbs bis zum Jahr der Verschrottung im Anlagespiegel dar.

6. Stellen Sie folgende Vorgänge in einer Tabelle mit den Spalten eines Anlagespiegels gemäß vorstehendem Muster dar:
   a) Die **Aesculap AG** erwirbt im Oktober des laufenden Geschäftsjahres für einen Aussendienstmitarbeiter einen Pkw für 78 000 DM zzgl. gesetzl. USt (Nutzungsdauer: 5 Jahre, degressive Abschreibung). Nach einiger Zeit stellt sich heraus, dass der Pkw für den vorgesehenen Zweck nicht geeignet ist. Er wird deshalb am 20. September des 3. Nutzungsjahres an einen Mitarbeiter verkauft (Verkaufspreis 30 000 DM zzgl. gesetzl. USt).
   b) Die **Aesculap AG** kauft im Dezember des laufenden Geschäftsjahres einen Bürodrehstuhl (Geringwertiges Wirtschaftsgut) für 780 DM zzgl. gesetzl. USt. Als durchschnittliche betriebsgewöhnliche Nutzungsdauer bei geringwertigen Wirtschaftsgütern hat die **Aesculap AG** einen Zeitraum von 4 Jahren ermittelt
   c) Die **Aesculap AG** hat im vorigen Geschäftsjahr für den Werkzeugbau einen Drehautomaten bestellt, der im laufenden Geschäftsjahr geliefert wurde. Vereinbarungsgemäß wurde dem Lieferanten nach Auftragsbestätigung eine Anzahlung in Höhe von 400 000 DM zzgl. gesetzl. USt überwiesen. Der Restbetrag in Höhe von 800 000 DM zzgl. gesetzl. USt wurde nach Lieferung im April des laufenden Geschäftsjahr überwiesen. Die Anlage wird degressiv mit 30% abgeschrieben.

13.16 Betriebliche Ökobilanzen – Betriebliche Umweltpolitik – Öko-Audit

Die **Elektronik GmbH** entwickelt und produziert Kfz-Insassensicherheitssysteme (z.B. Airbags). Sie bezeichnet sich als »Ökologisches Unternehmen«. Für das vergangene Jahr hat das Unternehmen freiwillig eine »Umwelterklärung« herausgegeben, in der die Umweltbelastung durch das Unternehmen dokumentiert wird.

1. Bestandteil der »Umwelterklärung« ist eine Werks-Ökobilanz in grafischer Form. Um so unterschiedliche Dinge wie z.B. Stromverbrauch und Transport ökologisch miteinander vergleichen zu können, wurde hier zur Bewertung einer Methode des Schweizer Bundesministeriums für Umwelt, Wald und Landwirtschaft gefolgt. Bei dieser Methode werden Umweltbelastungspunkte berechnet, indem z.B. der Ausstoß an Schwefeldioxid (SO_2) mit einem Faktor multipliziert wird, der auf der Schädlichkeit des SO_2 für die Umwelt beruht.

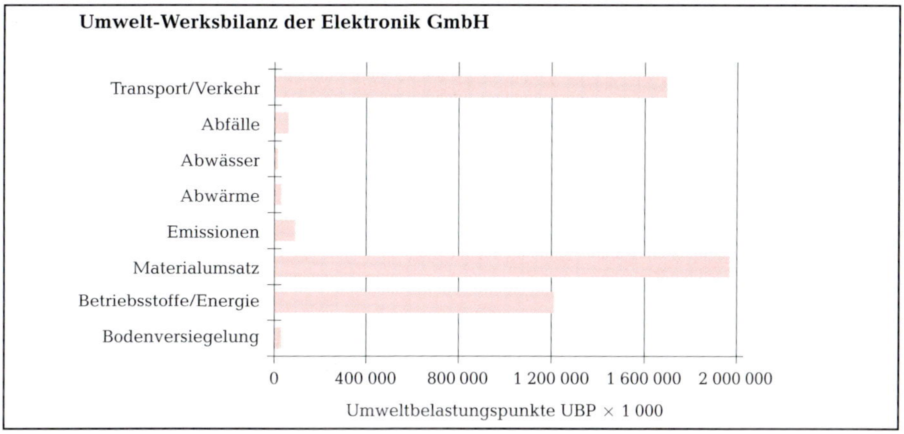

a) Welches sind die beiden Hauptfaktoren für die Belastung der Umwelt durch die **Elektronik GmbH?**

b) Worin liegt die Hauptschwierigkeit, eine Werks-Ökobilanz so zu gestalten, dass sie dem Betrachter die Umweltbelastung klar, glaubhaft und nachvollziehbar offenlegt?

2. Neben der Werks-Ökobilanz enthält die Umwelterklärung der **Elektronik GmbH** auch eine Produktbilanz. Darin wird die Umweltbelastung dargestellt, die durch die vier im Werk hergestellten Typen von Gasgeneratoren (für Airbags) verursacht werden. Als Vergleichsmaßstab wird die Umweltbelastung angegeben, die ein Krankentransport von 20 km verursacht.

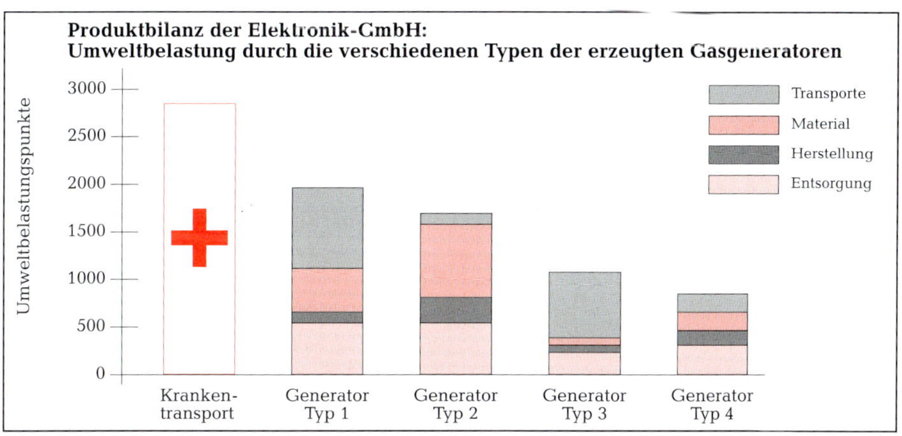

a) Welches Produkt verursacht die geringste Umweltbelastung?

b) In welchem der in der Produktbilanz als Ursache der Umweltbelastung ausgewiesenen Bereiche wurde bei dem Modell mit der geringsten Umweltbelastung am deutlichsten eine Verbesserung erzielt?

c) Die Gasgeneratoren der Typen A, B und C sind Bestandteile der vom Unternehmen produzierten Airbags, die Verletzungen bei Unfällen vermeiden sollen.
Halten Sie die Umweltbelastung durch einen Krankentransport von 20 km als Vergleichsmaßstab für die Umweltbelastung durch die verschiedenen Produkte des Unternehmens für angemessen?

3. Die **Elektronik GmbH** verarbeitet 3 Rohstoffe (R_1, R_2, R_3), deren Einsatz im Produktionsprozess zu unterschiedlichen Umweltbelastungen führt. In der Umwelterklärung des Unternehmens ist u.a. nachstehende Übersicht enthalten, die die Umweltbelastungsfaktoren bei Verarbeitung von jeweils einer Tonne der 3 Rohstoffe, die Verarbeitungsmengen und die Umweltbelastungspunkte darstellt.

	Umwelt-belastungs-faktor (F)	**Verarbeitete Mengen (in 1 000 Tonnen)** *– Vorjahr –* **(t_0)**	**Verarbeitete Mengen (in 1 000 Tonnen)** *– Berichtsjahr –* **(t_1)**	**Umwelt-belastungs-punkte** *– Vorjahr –* **UBP = F × t_0**	**Umwelt-bealstungs-punkte** *– Berichtsjahr –* **UBP = F × t_1**
Rohstoff 1	1	12 000	12 000	12 000	12 000
Rohstoff 2	3	14 000	22 000	42 000	66 000
Rohstoff 3	6	9 000	4 000	54 000	24 000
Summe				**108 000**	**102 000**

a) Wie hat sich die Umweltbelastung durch den Rohstoffeinsatz im Verhältnis zum vergangenen Jahr entwickelt?

b) Worauf ist die Veränderung der Umweltbelastung durch den Rohstoffeinsatz zurückzuführen?

c) Das Unternehmen möchte am Öko-Audit gem. EG- Verordnung 1836/93 teilnehmen. Es will künftig eine Umwelterklärung von einem zugelassenen

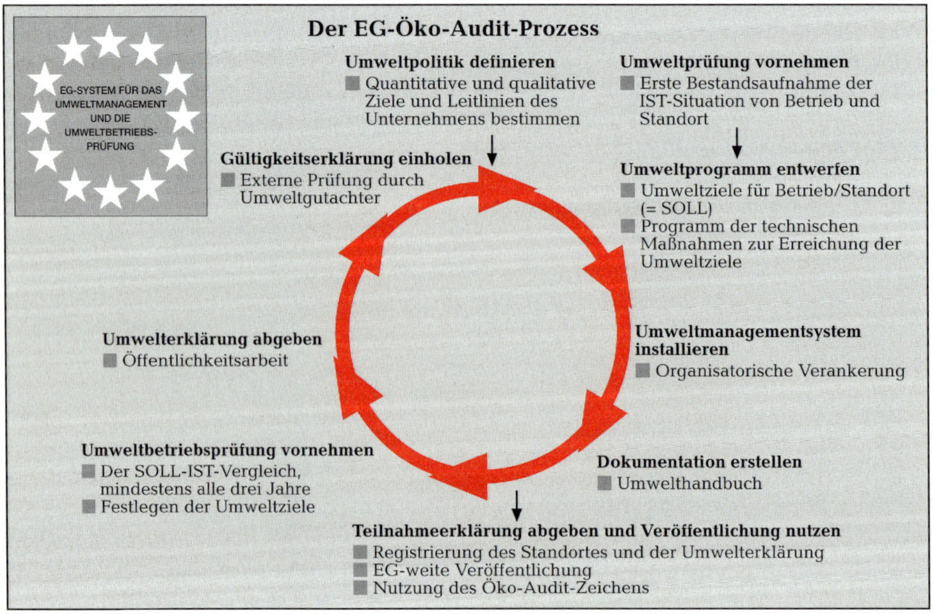

Umweltgutachter überprüfen lassen und den Betrieb bei der EU-Kommission zur Registrierung anmelden. Damit wird die Berechtigung erworben, das europäische Umwelt-Gütesiegel auf dem Briefkopf des Unternehmens und für Werbezwecke zu verwenden.

- Welche weiteren Voraussetzungen neben der Abgabe einer Umwelterklärung (z.B. Umwelt-Werksbilanz, Produktbilanz) muss das Unternehmen nach dem vorhergehenden Schaubild dazu noch erfüllen?

4. Unten ist ein Ausschnitt aus der Öko-Bilanz der **Lämmle-Brauerei** abgebildet.
- Welche wesentlichen Unterschiede zwischen dieser Öko-Bilanz und einer Handelsbilanz sind erkennbar?

Input			Output		
Artikel	**Bezeichnung**	**Menge**	**Artikel**	**Bezeichnung**	**Menge**
Gerste (gereinigt)	ökologisch konventionell	10 031,66 dt 9 007,96 dt	Bier (Verkauf)	ökologisch	14 523,93 hl
Weizen (gereinigt)	ökologisch konventionell	37,5 dt 564,92 dt	Bier (Verkauf)	konventionell	50 668,95 hl
Hopfen	ökologisch konventionell	9 9133,00 kg 0 kg	Alkoholfreie Getränke	Olympia-Limonaden	16 897,10 hl
Wasser	Eigenwasser Stadtwasser	63 689 cbm 6 279 cbm			

Bewertung der Aktiva und Passiva

13.17 Zweck der Aktivierung – Anschaffungswert – Tageswert – Wiederbeschaffungswert

Ein Transportunternehmer hat zu Beginn des Geschäftsjahres einen neuen Lastwagen gekauft.

In der Preisliste des Herstellerwerkes wird den Händlern ein Verkaufspreis für diesen Lastwagen in Höhe von 150 000 DM empfohlen. Der Händler gewährt dem Transportunternehmen einen Rabatt von 4% auf den Listenpreis, da dieser in regelmäßigen Abständen Lastwagen bei ihm kauft. Hinzu kommen 1200 DM Überführungs- und Zulassungskosten. HGB §§ 253, 255

Der Transportunternehmer zahlt durch Banküberweisung.

1. Mit welchem Wert wird die Anschaffung des Lastwagens verbucht?
2. Begründen Sie, warum die Anschaffungskosten des Lastwagens nicht auf dem Konto »Kraftfahrzeugkosten« verbucht werden dürfen.
3. Am Ende des Geschäftsjahres prüft der Transportunternehmer, mit welchem Wert er den Lastwagen in die Bilanz einsetzen soll.

   Das Herstellerwerk hat den Listenpreis des Lastwagens auf 158 000 DM erhöht. Die Überführungs- und Zulassungskosten bleiben unverändert.

   In einem Handbuch, in dem sich Gebrauchtwagenhändler beim Ankauf orientieren, ist der Lastwagen dieser Marke, dieses Typs und mit dieser Ausstattung nach einem Jahr Nutzung mit 105 000 DM ausgewiesen. Andererseits ist ein solcher Lastwagen bei Gebrauchtwagenhändlern nicht unter 115 000 DM zu bekommen. Aufgrund seiner Erfahrung und unter Berücksichtigung der Art und des Umfangs der Nutzung des Lastwagens will der Transportunternehmer den Lastwagen in 4 Jahren abschreiben. Er berücksichtigt dabei den Restwert von 18 000 DM.

● a) Wie hoch ist am Ende des ersten Anschaffungsjahres
- der fortgeführte Anschaffungswert,
- der fortgeführte Anschaffungswert unter Berücksichtigung des gestiegenen Neupreises (Überführungs- und Zulassungskosten bleiben unverändert),
- der Tageswert auf dem Beschaffungsmarkt für Gebrauchtfahrzeuge,
- der Tageswert auf dem Verkaufsmarkt für Gebrauchtfahrzeuge?

HGB § 255 ● b) Entscheiden Sie, welchen Wert Sie in der Bilanz für den Lastwagen ansetzen würden.
Begründen Sie Ihre Entscheidung, und nehmen Sie dabei zu jedem der unter a) festgestellten Wertansätze Stellung.

13.18 Niederstwertprinzip – Realisationsprinzip – Wertaufholung

In der **Bremer Kaffee-Großrösterei AG** sind folgende Bewertungsprobleme zu entscheiden:

§ 253 1. Die Rösterei hat vor Monaten einen Posten Roh-Kaffee zu 400 000 DM gekauft. Bis zum Bilanzstichtag ist der Marktpreis auf 300 000 DM gesunken. Experten in dem Unternehmen rechnen damit, dass der Preis für Roh-Kaffee wieder gestiegen ist, bis dieser Posten Roh-Kaffee geröstet und auf den Markt gebracht wird.

● a) Mit welchem Wert würden Sie den Roh-Kaffee in der Bilanz ansetzen?

● b) Welche Wirkung hat Ihre Entscheidung auf die Gewinn- und Verlustrechnung?

2. Der Marktpreis für Roh-Kaffee ist tatsächlich wieder gestiegen, so wie es die Marktexperten des Unternehmens auch erwarteten. Der Posten Roh-Kaffee hat jetzt einen Tageswert von 390 000 DM. Das Unternehmen hatte den Wertansatz in der Bilanz aus Vorsichtsgründen von 400 000 DM Anschaffungswert auf 300 000 DM Tageswert herabgesetzt.

§ 253 ● Welche Bewertungsmöglichkeiten für den Posten Roh-Kaffee hat das Unternehmen?

3. Die Großrösterei hat für 200 000 DM vor Jahren ein Grundstück gekauft, das unmittelbar an ihr Betriebsgelände angrenzt. Man war der Meinung, dass dieses Gelände Baugelände wird und für eine vorgesehene Betriebserweiterung verwendet werden kann.

Nach dem Kauf wurde ein Bebauungsplan festgestellt, der dieses Gelände jedoch als Gartenland auswies. Unter diesen Umständen war der Wert des Geländes höchstens 50 000 DM. Der Bilanzansatz dieses Geländes wurde deshalb auf 50 000 DM herabgesetzt.

§ 253 ● a) Prüfen Sie, ob die Aktiengesellschaft aufgrund der gesetzlichen Bewertungsvorschriften zu diesem Wertansatz verpflichtet war.

b) Nach dem HGB sind Wertminderungen des Anlagevermögens anders zu behandeln als Wertminderungen des Umlaufvermögens.

● Urteilen Sie darüber, ob diese unterschiedliche Behandlung des Anlage- und des Umlaufvermögens begründet ist.

4. Der Bebauungsplan für das Gebiet, in dem das für die Betriebserweiterung vorgesehene Grundstück der Großrösterei liegt, wurde nochmals geändert. Der jetzt vorliegende, bereits rechtsgültig verabschiedete Bebauungsplan weist dieses Gelände als Gewerbegelände aus. Wegen der in den letzten Jahren gestiegenen Bodenpreise hat das Gelände jetzt mindestens einen Wert von 320 000 DM.
   - ● a) Welcher Wertansatz entspräche in dieser Situation dem Grundsatz der Wahrheit?
   - ● b) Welche Wertansätze lässt das HGB für das Baugelände in dieser Situation zu?
   - ● c) Lässt das HGB für diese Situation eine Bewertung zu, die stille Rücklagen entstehen lässt?

13.19 Anschaffungskosten – Abschreibung

Lösungsblatt

Die **IRIS-Nadellager GmbH** erhält von der **Maschinenfabrik Franz Lang** folgende Rechnung (Auszug) über die Lieferung einer CNC-gesteuerten Fräsmaschine:

Maschinenfabrik Franz Lang

....

.... Offenburg, 29. 03. ..

Rechnung

Wie lieferten Ihnen:

1 CNC-gesteuerte Fräsmaschine	
Angebotspreis	800 000 DM
Transportkosten	4 200 DM
Montagekosten einschl. Probelauf	2 800 DM
Personalschulung	3 600 DM
	810 600 DM
+ 16% USt	129 696 DM
	940 296 DM

Bei Zahlung innerhalb 14 Tagen 2% Skonto aus 936 120,00 DM oder 30 Tage netto Kasse.

Der **IRIS-Nadellager** sind im Zusammenhang mit der Vorbereitung der Investitionsentscheidung noch folgende Kosten entstanden:

für Wirtschaftlichkeitsberechnungen im eigenen Hause, Angebotseinholung und Angebotsvergleich	1400 DM
für Besichtigungskosten (verschiedene Messebesuche im Ausland)	2200 DM

1. Berechnen Sie die Anschaffungskosten der Fräsmaschine, wenn HGB § 255 (1)
   - ● a) die Rechnung netto Kasse bezahlt wird
   - ● b) die Rechnung unter Ausnutzung von Skonto beglichen wird.

2. Erstellen Sie einen Abschreibungsplan für die voraussichtliche Nutzungsdauer der CNC-Fräsmaschine, wenn im 1. Nutzungsjahr § 253 (1) u. (2)
   - ● a) ein möglichst niedriger Gewinnausweis
   - ● b) ein möglichst hoher Gewinnausweis EStG § 7 (2) u. (3)

   angestrebt wird und von einer betriebsgewöhnlichen Nutzungsdauer von 5 Jahren auszugehen ist? EStR 44 (2) S.3

   Hinweis: Es ist anzunehmen, dass die **IRIS-Nadellager** die Rechnung netto Kasse begleicht.

Lösungsblatt

13.20 Herstellungskosten nach Handels- und Steuerrecht

Die **Stihler GmbH** in **Erfurt** erstellte für das innerbetriebliche Transportwesen eine mobile Hebebühne. Hierfür waren 1500 Arbeitsstunden notwendig, die einheitlich mit 48 DM verrechnet wurden. Der Materialverbrauch betrug laut Entnahmebelegen 195 000 DM. Die Kostenrechnungsabteilung rechnet mit folgenden Gemeinkostenzuschlagsätzen:

Materialgemeinkosten:	8%
Fertigungsgemeinkosten:	120%
Verwaltungsgemeinkosten:	15%
Vertriebsgemeinkosten:	6%

HGB § 255 (2)

● 1. Berechnen Sie die Herstellkosten
   a) handelsrechtlich mit dem Mindestansatz,
   b) handelsrechtlich mit dem Höchstansatz,

EStR Abschn. 33

   c) steuerrechtlich mit dem Mindestansatz,
   d) steuerrechtlich mit dem Höchstansatz.

● 2. Welchen Wertansatz wird die **Stihler GmbH** wählen, wenn den handels- und steuerrechtlichen Vorschriften gleichzeitig entsprochen werden soll (Einheitsbilanz) und ein möglichst niedriger Gewinnausweis angestrebt wird?

● 3. Welchen bilanzpolitischen Spielraum räumen die handels- und steuerrechtlichen Bewertungsvorschriften der **Stihler GmbH** bei der Ermittlung der Herstellungskosten im Falle der Erstellung einer Einheitsbilanz ein?

4. Die Auszubildende **Gundelach** stellt folgende Behauptung auf: »Die Festlegung einer Wertobergrenze bei der Ermittlung der Herstellungskosten durch den Gesetzgeber ist überflüssig, weil es nicht im Interesse eines Unternehmens sein kann, die Herstellungskosten möglichst hoch anzusetzen. Dies führt lediglich zu einem hohen Gewinnausweis mit der Folge erhöhter Steuerzahlungen.«

● Nehmen Sie zu dieser Behauptung Stellung.

13.21 Fifo- und Lifo-Methode – Durchschnittsbewertung

Der Lagerverwalter einer Baustoffgroßhandlung achtet bei der Warengruppe Zement darauf, dass die neu eintreffenden Zementsäcke wegen der Gefahr von Feuchtigkeitseinwirkung nicht über vorhandenen Altbeständen gestapelt werden.

Beim Produkt »Quarzsand«, das auf einer Freifläche gelagert wird, ist eine derartige Lagerorganisation nicht erforderlich. Neu eintreffende Materialien werden mit eventuell vorhandenen Beständen vermengt.

Während des vergangenen Jahres waren bei der Warengruppe Zement folgende Lagerzugänge festzustellen:

Zeitpunkt der Beschaffung	Anfangsbestand am 01.01. d.J.	14.03.	18.06.	23.08.	04.10.
beschaffte Menge (Sack)	800	400	800	500	200
Beschaffungspreis (DM/Sack)	5,00	6,00	6,50	6,00	7,00

Bei der Inventur zum 31.12. wurde ein Lagerendbestand von 800 Stück ermittelt.

Die Lagerzugänge für den Quarzsand haben sich im gleichen Zeitraum wie folgt entwickelt:

Zeitpunkt der Beschaffung	Anfangsbestand am 01.01. d.J.	08.02.	13.07.	27.10.	16.12.
beschaffte Menge (t)	4	3	2	4	6
Beschaffungspreis (DM/t)	650,00	680,00	640,00	700,00	690,00

Der durch Inventur zum 31.12. ermittelte Lagerendbestand beträgt 3 t.

Die Marktpreise haben sich für beide Produkte seit dem letzten Lagerzugang nicht verändert.

1. Die Baustoffgroßhandlung führt für jeden Artikel ein eigenes Warenkonto.
   - a) Führen Sie das Warenkonto »Zement« und schließen Sie dieses ab. Überprüfen Sie, ob eine Bewertung nach der in diesem Unternehmen beobachteten tatsächlichen Verbrauchsfolge (First in first out = Fifo) zu einem Wertansatz führt, der dem für die Bewertung des Umlaufvermögens geltenden strengen Niederstwertprinzip entspricht. HGB § 253 (3)
   - b) Welche Probleme sind mit einer Bewertung des vorhandenen Bestandes an Quarzsand verbunden, wenn nach dem gleichen Muster wie beim Zement bewertet werden soll?
   - c) Machen Sie einen begründeten Vorschlag für die Bewertung des Quarzsandes.
   - d) Ermitteln Sie, welche Wertansätze nach den gesetzlichen Vorschriften des HGB für die beiden Produkte zulässig sind. §§ 253, 256, 240 (4)
2. Die Baustoffgroßhandlung hat während des laufenden Geschäftsjahres 3 Hochregale zur Lagerung von Wandfliesen zu folgenden Zeitpunkten und Preisen erworben:

   Regal 1: 12.02. d.J. für 18.000 DM
   Regal 2: 29.04. d.J. für 14.000 DM
   Regal 3: 16.09. d.J. für 15.000 DM

   jeweils zzgl. 15% USt.

   Prüfen Sie anhand des Gesetzes, ob für die Bewertung dieser Vermögensgegenstände eine Bewertungsvereinfachung wie beim Zement und Quarzsand möglich ist. §§ 253, 256, 240 (4)
3. Begründen Sie, wie sich die Marktpreise jeweils entwickeln müssen (steigend/fallend), damit das angewandte Bewertungsvereinfachungsverfahren (Lifo/Fifo) jeweils dem Niederstwertprinzip entspricht.

13.22 Verbindlichkeiten – Disagio – Anhang

Die **Magdeburger Papierfabrik** hat zur Finanzierung eines neuen Hochregallagers im laufenden Geschäftsjahr zwei Darlehen zu nachstehenden Bedingungen aufgenommen:

1. Fälligkeitsdarlehen
Darlehensgeber: Deutsche Bank AG Magdeburg
Darlehenshöhe: 400 000 DM nominal
Auszahlung: 95%
Zinssatz: 6%
Zinsfälligkeit: 31.12 und 30.06.
Auszahlungstermin: 01. Okt. d.J.
Laufzeit: 10 Jahre
Tilgung: in einem Betrag am Ende der Laufzeit

2. Darlehen mit Ratentilgung:
Darlehensgeber: Schweizer Bankenverein
Darlehenshöhe: 800 000 sfr nominal
Auszahlung: 100%
Zinssatz: 6,5%
Zinsfälligkeit: 31.12. und 30.06.
Auszahlungstermin: 01. Okt. d J.
Laufzeit: 8 Jahre
Tilgung: jährliche Raten zu je 100 000 sfr, beginnend 01. Okt. n.J.

1. Warum nimmt die **Magdeburger Papierfabrik** nicht den gesamten Kredit bei der Deutschen Bank zum niedrigeren Zinssatz von 6% auf?

HGB §§ 250 (3), 253 (1)

2. Welche Buchungen fallen bei der **Magdeburger Papierfabrik** zum Auszahlungstermin an, wenn die Gutschrift jeweils auf dem Kontokorrentkonto bei der Deutschen Bank erfolgt?

   Für den Schweizer Franken gelten zum Zeitpunkt der Kreditaufnahme folgende Kurse:

   Geldkurs: 115,74
   Briefkurs: 115,94

3. Die **Magdeburger Papierfabrik** erstellt ihre Schlussbilanz so, dass den Bilanzierungsvorschriften des Steuerrechts und den Bestimmungen des Handelsrechts gleichzeitig Rechnung getragen wird. (Einheitsbilanz).

§§ 250 (3), 253 (1) EStG § 5 (5) EStR § 37 (3)

   a) Welche Buchungen sind zum 31.12. d.J. vorzunehmen?
   Kurse für den sfr zum 31.12. d.J.:
   Geldkurs: 116,25
   Briefkurs: 117,45

HGB §§ 266, 275

   b) Wie sind die in Zusammenhang mit der Darlehensaufnahme stehenden Sachverhalte in Schlussbilanz und Gewinn- und Verlustrechnung des laufenden Geschäftsjahres darzustellen? Geben Sie Bilanz- und GuV-Positionen mit den jeweiligen Beträgen an.

§§ 264 (1), 284 (1), 285 (1)

   c) Welche Angaben muss die Magdeburger Papierfabrik im Anhang zu den in der Bilanz ausgewiesene Darlehensverbindlichkeiten machen?

13.23 Verbindlichkeiten – Rentenverpflichtungen

Der **Otto Schulz Verlag** in **Freiburg** erwirbt durch notariellen Vertrag mit Wirkung vom 01.01.00 einen in der Nähe seines Betriebes gelegenen Parkplatz, der betrieblich genutzt werden soll. Veräusserer ist die **Papierfabrik Gerlach.**

Da der Verlag den Kaufpreis nicht sofort bezahlen will und **Herr Gerlach** aus Steuergründen daran interessiert ist, den Kaufpreis nicht sofort voll zu erhalten, einigen sie sich wie folgt:

Der **Otto Schulz Verlag** zahlt an Gerlach am 01.01.00 30 000 DM in bar.

80 000 DM zahlt der **Otto Schulz Verlag** in jährlichen Raten von 16 000 DM zuzüglich 6% Zinsen jährlich aus der jeweiligen Restschuld. Die Zins- und Tilgungsverpflichtungen sind jeweils am 01.01. fällig (erstmals am 01.01.01).

Außerdem zahlt der **Otto Schulz Verlag** an **Gerlach** auf Lebenszeit eine jährliche, nachschüssige Rente in Höhe von 6000 DM. Wegen der vereinbarten nachträglichen Fälligkeit ist die erste Rentenzahlung am 01.01.01 zu leisten.

§ 253 (1)

1. Mit welchem Betrag muss der **Otto Schulz Verlag** die Darlehensverbindlichkeit in seiner Bilanz zum 31.12.03 ausweisen?

2. a) Welchen Betrag an Rentenzahlungen hat der **Otto Schulz Verlag** voraussichtlich aufzubringen, wenn die Restlebenserwartung des Rentenempfängers nach der amtlichen Sterbetafel mit 30 Jahren anzusetzen ist?

§ 253 (1)

   b) Warum verbieten die Vorschriften des HGB eine Passivierung der Rentenverpflichtungen zu dem in 2.a) errechneten Betrag?

§ 253 (1)

3. Ermitteln Sie den Betrag, zu dem der **Otto Schulz Verlag** die Rentenverpflichtung in seiner Bilanz zum 31.12.00 zu passivieren hat, wenn der Rentenempfänger zum Bilanzstichtag das 45. Lebensjahr vollendet hat.

   Verwenden Sie für Ihre Berechnungen folgende Tabelle (Auszug):

Kapitalwert einer lebenslänglichen Nutzung oder Leistung (Rente) im Jahreswert von 1 DM (nach Anlage 9 zu § 14 Bewertungsgesetz) Zinssatz gem. § 13 Bewertungsgesetz 5,5% *– Auszug –* *ab Veranlagungszeitraum 1995*					
vollendetes Lebensalter in Jahren	**Männer**	**Frauen**	**vollendetes Lebenalter in Jahren**	**Männer**	**Frauen**
0	17,908	18,136	...		
1	18,040	18,239	...		
2	18,019	18,227	40	14,945	15,902
3	17,992	18,210	41	14,775	15,770
...			42	14,598	15,632
...			43	14,415	15,489
18	17,272	17,712	44	14,225	14,341
19	17,212	17,665	45	14,030	15,186
20	17,151	17,616	46	13,828	15,025
21	17,086	17,564	47	13,620	14,858

- 4. Berechnen Sie die Anschaffungskosten des Parkplatzes. HGB § 255 (1)
- 5. Bilden Sie den Buchungssatz für die Anschaffung des Parkplatzes.
- 6. Zu welchem Betrag ist die Rentenverpflichtung in der Bilanz zum 31.12.01 zu passivieren?
- 7. Wie ist zu buchen, wenn die 1. Rente am 01.01.02 überwiesen wird?

13.24 Ertragswert

Der Inhaber eines Fachgeschäftes für Haushalts- und Porzellanwaren will sein Geschäft altershalber aufgeben. Einem Interessenten legt er bei den Verkaufsverhandlungen eine Vermögensaufstellung vor, in der das Geschäftsvermögen mit 500 000 DM bewertet ist. Der Kaufinteressent stellt fest, dass diese Schätzung anerkannt werden kann. Das Geschäft ist schuldenfrei.

Ausserdem zeigt der bisherige Geschäftsinhaber dem Interessenten die Gewinn- und Verlustrechnung des Einzelunternehmens für das letzte Jahr. Darin ist ein Gewinn von 105 000 DM ausgewiesen. Eine Überprüfung ergibt, dass der Gewinn richtig ermittelt wurde.

Verkäufer und Interessent einigen sich, dass bei den weiteren Verhandlungen für alle Überlegungen ein Zinssatz für langfristiges Kapital von 7% zugrunde gelegt werden soll.

Daraufhin schlägt der Geschäftsinhaber als Verhandlungsgrundlage für den Verkaufspreis des Geschäftes den sogenannten Ertragswert vor, den er mit 1,5 Millionen DM berechnet hat. Er argumentiert: Wenn 7% Verzinsung unterstellt werden, dann benötigt man

$$\frac{105\,000 \cdot 100}{7} = 1\,500\,000 \text{ DM}$$

um jährlich 105 000 DM Gewinn zu erzielen. Das ist der Ertragswert und damit der angemessene Kaufpreis für mein Geschäft.

Der Kaufinteressent erkennt diese Argumente nicht uneingeschränkt an.

- Welche sachgerechten Argumente kann der Kaufinteressent dem Verkäufer entgegen halten?

13.25 Substanzwert – Ertragswert – Unternehmenswert – Geschäftswert

Eine Spezial-Metalldrückerei wurde von 3 Brüdern gemeinsam aufgebaut und geführt.

Zwei der Brüder sind bereits verstorben, der dritte will sich altershalber zurückziehen und das gesamte Unternehmen seinem Sohn übergeben, der schon bisher im Unternehmen tätig war. Die Erben der durch Tod ausgeschiedenen Gesellschafter hatten schon bisher kein Interesse an einer tätigen Mitarbeit im Unternehmen. Da sie ihrem im Unternehmen tätigen Verwandten nicht viel zutrauen, was sie ihm auch offen sagen, wollen sie als Gesellschafter ausscheiden und abgefunden werden.

Die letzte Jahres-Schlussbilanz des Unternehmens sieht wie folgt aus (zusammengefasst):

Schlussbilanz (in Tausend DM)

Sachanlagen	1 500	Eigenkapital	1 000
Vorräte	600	Hypothekendarlehen	700
Forderungen aus Warenlieferungen	300	Verbindlichkeiten aus Lieferungen und Leistungen	750
flüssige Mittel	100	Wertberichtigungen auf Forderungen	50
	2 500		2 500

Der Reproduktionsaltwert (Tagespreis bei Wiederbeschaffung ./. Abschreibung) der Sachanlagen beträgt 2 000 000 DM, der Tageswert der Vorräte 750 000 DM. In den letzten 6 Jahren wurden folgende Gewinne erzielt: 150 000 DM, 155 000 DM, 201 000 DM, 201 000 DM, 201 000 DM, 201 000 DM.

Langfristiger Zinsfuß: 6%

Unternehmerlohn im Abrechnungszeitraum: 60 000 DM.

1. Als erster Orientierungspunkt für die Berechnung der Abfindungssumme soll der sogenannte Substanzwert des Unternehmens (Vermögen – Schulden) berechnet werden. Die abzufindenden Gesellschafter schlagen vor, die Vermögensteile dabei mit Wiederbeschaffungswerten anzusetzen.
   - ● a) Halten Sie es für gerechtfertigt, bei der Berechnung des Substanzwertes Wiederbeschaffungswerte anzusetzen?
   - ● b) Berechnen Sie den Substanzwert der Metalldrückerei.
2. ● Halten Sie den Substanzwert des Unternehmens als alleinige Grundlage für die Berechnung der Abfindungssumme für geeignet? Begründung.
3. Für die Berechnung der Abfindungssumme soll auch der Ertragswert berücksichtigt werden. Die ausscheidenden nicht tätigen Gesellschafter wollen, dass bei der Berechnung des Ertragswerts statt des in den letzten Jahren durchschnittlich erzielten Gewinns der Gewinn in Höhe von 201 000 DM zu Grunde gelegt wird, der in den letzten 4 Jahren konstant erzielt wurde.
   - ● a) Halten Sie das für gerechtfertigt?
   - ● b) Berechnen Sie den Ertragswert.
4. ● Stellen Sie den Unternehmenswert fest, der für die Berechnung der Abfindungsanteile zugrunde gelegt werden kann.
5. ● Erstellen Sie die Bilanz der Spezial-Metalldrückerei nach der Auseinandersetzung. (Die Auszahlungen an die Gesellschafter erfolgten aus dem Privatvermögen des übernehmenden Gesellschafters.)

Auswertung und Beurteilung des Jahresabschlusses

13.26 Rentabilität des Eigenkapitals – Umsatzrentabilität

In einem Unternehmen soll die Gewinnentwicklung beurteilt werden. Auszug aus der Rechnungslegung dieses Unternehmens (DM):

	Jahr 1	Jahr 2
durchschnittlich gebundenes Eigenkapital (ohne Gewinn aus dem laufenden Geschäftsjahr)	500 000	580 000
Gewinn	40 000	63 000
Umsatzerlöse	800 000	2 100 000

- 1. Berechnen Sie die Rentabilität des Eigenkapitals für die Jahre 1 und 2.
- 2. Berechnen Sie den Gewinn, der auf 100 DM Umsatzerlös entfällt (Umsatzrentabilität) für die Jahre 1 und 2.
- 3. Wie ist es zu erklären, dass trotz sinkender Umsatzrentabilität die Rentabilität des Eigenkapitals doch steigen konnte?

13.27 Feststellung des durchschnittlich gebundenen Eigenkapitals für die Berechnung der Rentabilität

Bilanz einer Einzelunternehmung (vereinfacht) in DM

	Jahr 1	Jahr 2		Jahr 1	Jahr 2
Anlagevermögen	400 000	450 000	Verbindlichkeiten aus Warenlieferungen und Leistungen	350 000	370 000
Umlaufvermögen	600 000	650 000	Rückstellungen	100 000	80 000
			Darlehen	100 000	150 000
			Eigenkapital	450 000	500 000
	1 000 000	1 100 000		1 000 000	1 100 000

Der Gewinn im Jahr 2 betrug 35 624 DM.

- 1. Welche Erklärungsmöglichkeit gibt es dafür, dass der Gewinn im Jahr 2 nicht gleich ist der Differenz zwischen dem Eigenkapital des Jahres 2 und dem Eigenkapital des Jahres 1?
- 2. Warum ist es betriebswirtschaftlich nicht vertretbar, die Rentabilität für das Jahr 2 auf der Basis des in der Schlussbilanz des Jahres 2 ausgewiesenen Eigenkapitals zu berechnen?
- 3. Welche Angaben müssten gegeben sein, um exakt nach den Regeln der Zinsrechnung die Rentabilität des Eigenkapitals zu berechnen?
- 4. Berechnen Sie die Rentabilität des Eigenkapitals mit der bei den gegebenen Daten möglichen Genauigkeit.

13.28 Rentabilität des Gesamtkapitals – Zusammenhang der Rentabilität des Eigenkapitals und der Rentabilität des Gesamtkapitals

Auszug aus der Rechnungslegung einer Einzelunternehmung (in DM):

	Jahr 1	Jahr 2
durchschnittlich gebundenes Eigenkapital (ohne Gewinn aus dem laufenden Geschäftsjahr)	1 320 000	1 610 000
durchschnittlich gebundenes Fremdkapital	280 000	290 000
durchschnittlich gebundenes Gesamtkapital	1 600 000	1 900 000
Zinssatz für Fremdkapital	10%	10%
Zinsaufwendungen	28 000	29 000
Jahresgewinn	100 000	180 000

● 1. Berechnen Sie die Rentabilität des Eigenkapitals für die Jahre 1 und 2.

2. Der Unternehmer überprüft, wie sich die Rentabilität des Eigenkapitals verändern würde, wenn er durch Einlage von bisher privaten Mitteln das gesamte Fremdkapital zurückzahlen und damit in Eigenkapital umwandeln würde.

● Wie groß wäre unter diesen Umständen die Rentabilität des Eigenkapitals im Jahre 2 gewesen?

● 3. Begründen Sie, warum bei der Berechnung der Rentabilität des Gesamtkapitals die Zinsaufwendungen zum Gewinn zugeschlagen werden.

● 4. Berechnen Sie die Rentabilität des Gesamtkapitals für die Jahre 1 und 2.

● 5. Welche Auswirkung auf Finanzierungsentscheidungen des Unternehmens hat es,

a) wenn der Zinssatz für das Fremdkapital über der Rentabilität des Gesamtkapitals liegt,

b) wenn der Zinssatz für das Fremdkapital unter der Rentabilität des Gesamtkapitals liegt?

13.29 Rentabilität des Eigenkapitals – Rentabilität des Gesamtkapitals bei einer AG

Zusammengefasste Rechnungslegung einer Aktiengesellschaft (in Tausend DM):

Aktiva	Jahr 1	Jahr 2	Jahr 3
Anlagevermögen	85	85	80
Umlaufvermögen	175	200	220
	260	285	300
Passiva			
Gezeichnetes Kapital	110	110	110
Gesetzliche und andere Gewinnrücklagen	45	50	55
Bilanzgewinn	15	20	30
Rückstellungen	40	50	55
Verbindlichkeiten aus Warenlieferungen und Leistungen	50	55	50
	260	285	300

Zinsaufwendungen	Jahr 1	Jahr 2	Jahr 3
lt. Gewinn- und Verlustrechnung	5,5	6,0	5,0

Der ausgewiesene Bilanzgewinn eines Geschäftsjahres wurde jeweils zu Beginn des Folgejahres an die Aktionäre ausgeschüttet.

● 1. Berechnen Sie die Rentabilität des Eigenkapitals für die Jahre 2 und 3.

2. Als Grundlage für anstehende Finanzierungsentscheidungen soll noch die Rentabilität des Gesamtkapitals berechnet werden.

● Berechnen Sie die Rentabilität des Gesamtkapitals für die Jahre 2 und 3.

13.30 Return on Investment (ROI)

In einem Unternehmen ist als Unterlage für die Geschäftspolitik die folgende Tabelle aufgestellt worden:

	1	2	3	4	5	6
Situation	Umsatz DM	Kapital-einsatz DM	Gewinn DM	Kapital-umschlag (Sp. 1 : Sp. 2)	Umsatz-rentabilität (Sp. 3 · 100 : Sp. 1)	Kapital-rentabilität (Sp. 3 · 100 : Sp. 2)
1	100	250	20	0,4	20%	8%
2	200	250	40	0,8	20%	16%
3	300	375	90	0,8	30%	24%
4	400	1 000	120	0,4	30%	12%
5	500	1 250	100	0,4	20%	8%
6	600	750	30	0,8	5%	4%
7	700	1 750	105	0,4	15%	6%

● 1. Untersuchen Sie die Ursachen für die in der Tabelle dargestellten Veränderungen der Kapitalrentabilität.

● 2. Welche der folgenden Aussagen sind zutreffend, welche nicht?
Welcher Denkfehler steckt in den nicht zutreffenden Aussagen?
a) Nur wenn die Umsatzrentabilität steigt, erhöht sich auch die Kapitalrentabilität;
b) immer, wenn die Umsatzrentabilität steigt, erhöht sich die Kapitalrentabilität;
c) wenn die Kapitalumschlagshäufigkeit steigt, muss auch die Kapitalrentabilität steigen;
d) wenn die Kapitalumschlagshäufigkeit sinkt, muss auch die Kapitalrentabilität sinken;
e) steigt die Kapitalumschlagshäufigkeit und die Umsatzrentabilität, dann steigt auch die Kapitalrentabilität;
f) steigt die Kapitalumschlagsziffer und die Umsatzrentabilität, dann sinkt die Kapitalrentabilität;
g) sinkt die Kapitalumschlagsziffer und steigt die Umsatzrentabilität, dann hängt es vom Verhältnis beider Veränderungen zueinander ab, ob die Kapitalrentabilität steigt oder sinkt.

3. Bei der Berechnung der Kapitalrentabilität lassen sich die Einflussgrößen sichtbar machen. Dazu wird die Return on Investment-Formel verwendet:

$$\text{ROI} = \underbrace{\boxed{\frac{\text{Gewinn}}{\text{Umsatz}}}}_{①} \cdot \underbrace{\boxed{\frac{\text{Umsatz}}{\text{Investiertes Kapital}}\,100}}_{②}$$

● Welcher Spalte der Tabelle entspricht der mit ① bezeichnete Teil der Formel, welcher der mit ② bezeichnete?

Lösungsblatt

13.31 Wirtschaftlichkeit – Betriebsergebnis – Umsatzrentabilität unter Berücksichtigung betriebsfremder Erträge

Ein Unternehmen der Schmuckwarenindustrie wird als Einzelunternehmen geführt und stellt Modeschmuck her. Die Gewinn- und Verlustrechnung der beiden letzten Geschäftsjahre zeigt folgendes Bild (in Tausend DM):

Gewinn- und Verlustrechnung

	Jahr 1	Jahr 2		Jahr 1	Jahr 2
Materialkosten	98	110	Umsatzerlöse	400	450
Fertigungslöhne	150	200	Bestandsveränderungen	80	40
sonstige Personalkosten	100	120	Erlös aus dem Verkauf von Gegenständen des Anlagevermögens	20	110
bilanzmäßige Abschreibungen	40	56			
Fremdzinsen	10	11			
eingetretene Wagnisse	5	4			
außerordentl. Aufwendungen	25	25			
Gewinn	72	74			
	500	600		500	600

1. In dem Unternehmen wird jährlich die Entwicklung der Wirtschaftlichkeit der betrieblichen Leistungserstellung überprüft.
   Untersuchen Sie, ob eine Berechnung nach der Formel ***Ertrag : Aufwendungen*** für diesen Zweck aussagekräftig ist.
2. Ermitteln Sie aus den Gewinn- und Verlustrechnungen der Jahre 1 und 2 das Betriebsergebnis und das neutrale Ergebnis.

Dabei sind zu berücksichtigen:	**Jahr 1**	**Jahr 2**
Kalkulatorische Abschreibungen	30	40
Kalkulatorische Zinsen	50	55
Kalkulatorische Wagnisse	20	20

3. Berechnen Sie aus der Betriebsergebnisrechnung das Verhältnis der betrieblichen Erträge zu den betrieblichen Aufwendungen für die Jahre 1 und 2.
4. Wie hat sich die Wirtschaftlichkeit verändert?
5. Es wird nach den Ursachen der Veränderung der Wirtschaftlichkeit gesucht. In dem Unternehmen wurden zur Vorbereitung dieser Analyse zwei Berechnungen aufgestellt:

Berechnung 1:

	Jahr 1	Jahr 2
Materialkosten	21,9%	20,2%
Fertigungslöhne	33,5%	36,7%
sonstige Personalkosten	22,3%	22,0%
kalkulatorische Abschreibung	6,7%	7,3%
kalkulatorische Zinsen	11,2%	10,1%
kalkulatorische Wagnisse	4,4%	3,7%
Summe der Kosten	100,0%	100,0%
Umsatzerlöse	83,3%	91,8%
Bestandsveränderung	16,7%	8,2%
Gesamtleistung	100,0%	100,0%

Berechnung 2:

	Anteil der Kosten an der Gesamtleistung in %	
	Jahr 1	Jahr 2
Materialkosten	20,4%	22,4%
Fertigungslöhne	31,3%	40,8%
sonstige Personalkosten	20,8%	24,4%
kalkulatorische Abschreibung	6,3%	8,2%
kalkulatorische Zinsen	10,4%	11,2%
kalkulatorische Wagnisse	4,2%	4,1%

a) Stellen Sie die Ursachen der Wirtschaftlichkeitsveränderung fest.

b) Begründen Sie, warum die Berechnung 2 aussagekräftiger für die Analyse der Ursachen einer Wirtschaftlichkeitsveränderung ist.

6. Beurteilen Sie die Aussage:

»Dieser Betrieb arbeitet unwirtschaftlich. Das ist dadurch bewiesen, dass das Verhältnis der betrieblichen Erträge zu den betrieblichen Aufwendungen kleiner als 1 ist.«

7. a) Berechnen Sie die Umsatzrentabilität für die Jahre 1 und 2.

b) Sind die Ursachen für die Veränderung der Umsatzrentabilität aus den hier bekannten Daten eindeutig erkennbar?

13.32 Produktivität – Wertschöpfung

Lösungsblatt

Die **Phono-Aktiengesellschaft** hat im Anhang zum Jahresabschluss auch die Entwicklung des Materialverbrauchs und der Lohnaufwendungen in den letzten beiden Jahren grafisch dargestellt. Auch in einer Kurzfassung des Geschäftsberichts für die Belegschaft, der in der Werkszeitung veröffentlicht wurde, ist diese Grafik enthalten. HGB § 284

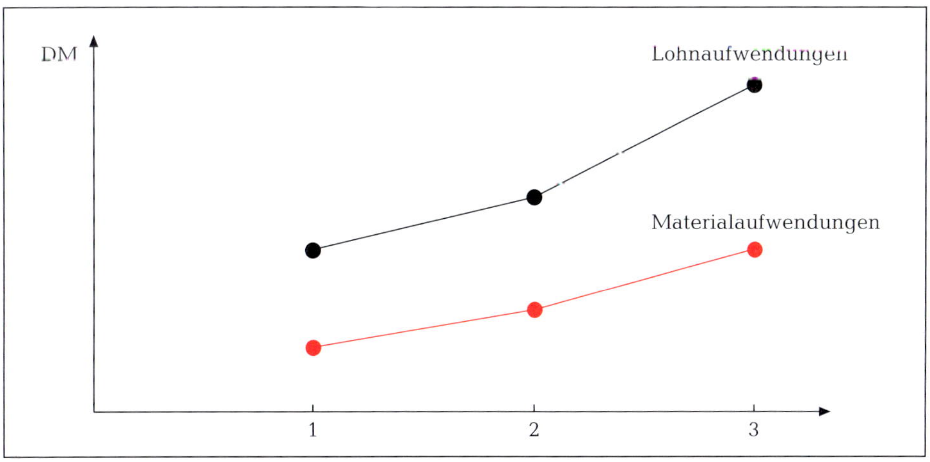

Der Betriebsratsvorsitzende tritt an die Geschäftsleitung mit dem Anliegen heran, sowohl in dem offiziellen Geschäftsbericht als auch in der Kurzfassung für die Belegschaft nicht nur die Lohnentwicklung, sondern auch die Entwicklung der Produktivität darzustellen. Die Lohnentwicklung allein sage nichts aus, sie sei sogar irreführend.

Es kommt zu einem Gespräch mit der Geschäftsleitung. In diesem Gespräch behauptet die Geschäftsleitung, es sei unmöglich, die Arbeitsproduktivität für ein Unternehmen zu berechnen, welches Farbfernsehgeräte, Schwarz-Weiß-Fernsehgeräte, Radiogeräte, Plattenspieler, Verstärker und Lautsprecher herstelle, und dies alles in verschiedenen Preisklassen.

- 1. Halten Sie den Einwand des Betriebsrats für berechtigt?
- 2. Überprüfen Sie den Einwand der Geschäftsleitung.

3. Der Betriebsratsvorsitzende schlägt vor:
Die Arbeitsproduktivität soll nach der folgenden Formel berechnet werden:

$$\text{Arbeitsproduktivität} = \frac{\text{Wertschöpfung}}{\text{eingesetzte Arbeitszeit}}$$

Die **Phono-Aktiengesellschaft** hatte in den beiden vergangenen Jahren folgende Wertschöpfung:

	Jahr 1 (in 100 000 DM)	Jahr 2 (in 100 000 DM)
Betriebliche Erträge	2 800	2 650
Erträge aus Beteiligungen	15	20
	2 815	2 670
Materialaufwendungen	640	655
Abschreibungen	140	150
Steuern	65	70
Wertschöpfung	1 970	1 795

Beschäftigte im Jahr 1: 2800, im Jahr 2: 2500.

- a) Berechnen Sie für die Jahre 1 und 2 die Arbeitsproduktivität als Wertproduktivität.
- b) Urteilen Sie über die Aussagefähigkeit der so berechneten Wertproduktivität.
- c) Handelt es sich nach Ihrer Meinung bei dieser Berechnung noch um eine Produktivitätskennzahl oder schon um eine Wirtschaftlichkeitskennzahl?

4. Betriebsrat und Geschäftsleitung einigen sich, dass für Zwecke der Produktivitätsberechnung nur die betrieblichen Erträge und die betrieblichen Aufwendungen berücksichtigt werden sollen.

Der Vergleich der buchhalterischen Abschreibungen und der tatsächlich eingetretenen Wagnisverluste mit den entsprechenden kalkulatorischen Kosten ergibt Zusatzkosten (in 100 000 DM) im Jahr 1 von 25, im Jahr 2 von 60 und im Jahr 3 ebenfalls von 60.

- a) Berechnen Sie die Arbeitsproduktivität für die Jahre 1 – 3 als Wertproduktivität auf der Grundlage des Betriebsergebnisses (GuV-Rechnung siehe Seite 448).
- b) Halten Sie das Ergebnis der Berechnung 3.a) oder der Berechnung 4.a) für aussagefähiger?

5. Zwischen Betriebsrat und Geschäftsleitung wird vereinbart, dass künftig nicht nur die Entwicklung der Produktivität im Geschäftsbericht erwähnt werden soll, sondern auch die Verteilung der Wertschöpfung. Es soll also die Verteilung des in der Aktiengesellschaft entstandenen Einkommens auf die Gruppen Mitarbeiter, Fremdkapitalgeber, Eigenkapitalgeber und auf das Unternehmen selbst dargestellt werden.

a) Der Betriebsrat fordert, dass für die Verteilungsrechnung die neutralen Erträge und damit auch die neutralen Aufwendungen mit berücksichtigt werden sollen; er will also je nach Zweck eine Wertschöpfung aus der eigentlichen Betriebsaufgabe und eine Wertschöpfung des Unternehmens unterscheiden.
Halten Sie die Forderung des Betriebsrats für sachlich begründet?

b) Berechnen Sie für die Jahre 1 – 3 unter Verwendung der Gewinn- und Verlustrechnung die Wertschöpfung des Unternehmens. Stellen Sie die Verteilung in einer Tabelle nach dem folgenden Muster dar.

	Jahr 1	Jahr 2	Jahr 3
Mitarbeiter Fremkapitalgeber Eigenkapitalgeber Unternehmen		MUSTER	
Wertschöpfung des Unternehmens			

Zahlen aus der Gewinn- und Verlustrechnung der Phono-Aktiengesellschaft für die Jahre 1 – 3 (Zahlen in 100 000 DM).

	Jahr 1	Jahr 2	Jahr 3
Umsatzerlöse	2 800	2 650	2 620
Erträge aus Anlageverkäufen	–	–	10
Aufwendungen für Roh-, Hilfs- und Betriebsstoffe	640	655	640
Rohergebnis	2 160	1 995	1 990
Löhne	600	630	620
soziale Abgaben	100	110	115
Abschreibungen auf Sachanlagen	140	150	155
	1 320	1 105	1 135
Erträge auf Beteiligungen	15	20	35
Zinsaufwendungen	90	75	45
	1 245	1 050	1 090
Steuern	65	70	70
Jahresüberschuss	1 180	980	1 020
Zuführung zu den Rücklagen	230	30	60
Bilanzgewinn	950	950	960
Beschäftigte (die durchschnittliche Arbeitzeit je Beschäftigten blieb unverändert)	2 800	2 500	2 500

13.33 Liquidität

Lösungsblatt

In der **Baustoff-Großhandels-GmbH** wird in regelmäßigen Abständen unter Verwendung eines Vordrucks die Liquidität des Unternehmens überprüft.

Die Buchhaltung hat die Zahlen für die Liquiditätskontrolle in Bilanzform vorbereitet.

Bilanz der Baustoff-Großhandels-GmbH für Zwecke der Liqiditätskontrolle

	Jahr 1	Jahr 2		Jahr 1	Jahr 2
Zahlungsmittel	10	12	Verbindlichkeiten aus Lieferungen und Leistungen	20	18
Forderungen aus Lieferungen und Leistungen	40	35	kurzfristige Bankschulden	10	13
sonstige Forderungen	3	4	Akzepte	0	2
Warenbestand	31	27	sonstige Verbindlichkeiten	5	4
(davon schwer verkäuflich)	(2)	(1)	von Kunden erhaltene Anzahlungen	2	1
Anlagevermögen	6	5	langfristige Darlehen	11	6
			Rückstellungen		
			kurzfristige	5	6
			langfristige	9	3
			Eigenkapital	28	30
	90	83		90	83

Betriebliches Schema zur Kontrolle der Liquididtät

Flüssige Mittel		
Zahlungsmittel	....	
Forderungen aus Lieferungen		
./. Wertberichtigung	....	....
Abzüglich Verbindlichkeiten		
Warenschulden	....	
kurzfristige Rückstellungen	....	
Akzepte	....	
Bankschulden	....	
sonstige Verbindlichkeiten	....	....
ÜBERDECKUNG I		....
+ Warenbestand (ohne schwerverkäufl. Ware)		
– von Kunden erhaltene Anzahlungen	....	
+ sonstige Forderungen	....	....
ÜBERDECKUNG II		....
+ schwer verkäufliche Warenvorräte	....	
– langfristige Schulden und langfristige Rückstellungen	....	....
ÜBERDECKUNG III		
Anlagevermögen	....	
+ auf Anlagebeschaffung gegebene Anzahlung	....	....
Eigenkapital		....
		....
Kontrolle		±0

- 1. Stellen Sie aus den Bilanzen die Liquiditätsberechnung für die Jahre 1 und 2 unter Verwendung des betrieblichen Vordrucks auf.
- 2. Wie würden Sie bei der Liquiditätsberechnung nach diesem Schema folgende Bilanzpositionen berücksichtigen?
  a) Wertberichtigung auf Sachanlagen
  b) Wertpapiere des Umlaufvermögens
  c) Beteiligungen
  d) aktive Rechnungsabgrenzung
  e) passive Rechnungsabgrenzung

3. Prüfen Sie, ob die Überdeckung I als Barliquidität, die Überdeckung II als einzugsbedingte Liquidität und die Überdeckung III als umsatzbedingte Liquidität bezeichnet werden kann.
4. Warum werden die Anzahlungen von Kunden bei der Berechnung der Überdeckung III vom Warenbestand abgezogen?
5. Beurteilen Sie die Liquidität der **Baustoff-Großhandels-GmbH.**
6. Halten Sie eine Liquiditätsberechnung für aussagefähig, die nur in der Bilanz ausgewiesene Positionen berücksichtigt, nicht aber die nur aus der Gewinn- und Verlustrechnung erkennbaren laufenden Betriebsausgaben z.B. für Löhne?

13.34 Finanzierungsbild – Bewegungsbilanz (Einführung)

Lösungsblatt

Eine als Aktiengesellschaft geführte Metallwarenfabrik hatte in den beiden letzten Jahren die folgenden Bilanzen:

Bilanz der Metallwaren-AG

	Jahr 1	Jahr 2		Jahr 1	Jahr 2
Anlagevermögen	120	110	Gezeichnetes Kapital	180	180
Vorräte	50	70	Rücklagen	30	40
Forderungen aus Lieferungen und Leistungen	60	70	Langfristige Darlehen	20	30
Flüssige Mittel	40	50	Verbindlichkeiten aus Lieferungen und Leistungen	15	20
			Bilanzgewinn	25	30
	270	300		270	300

1. In der Bilanz der **Metallwaren-AG** wurde im Jahre 2 das Sachvermögen um 10, das Finanzvermögen um 20 erhöht.
   Weisen Sie diese beiden Beträge nach.
2. a) Weisen Sie nach, auf welche Weise die Vergrößerung des in der Bilanz ausgewiesenen Vermögens finanziert wurde.
   b) Im Anhang zur Bilanz gem. § 268 (2) HGB ist im sog. Anlagenspiegel (Anlagengitter) dargestellt, wie sich die einzelnen Posten des Anlagevermögens entwickelt haben: Dabei ergeben sich folgende Summen:

	Anschaffungs- oder Herstellungskosten	Zugänge	Abgänge	Umbuchungen	Zuschreibungen des Geschäftsjahres	Abschreibungen in ihrer gesamten Höhe (kumulierte Abschreibungen)	Abschreibungen des Geschäftsjahres	Schlussbestand (Buchwert)
Jahr 1	200	–	–	–	–	80	25	120
Jahr 2	200	20	–	–	–	110	30	110

   Nur im Anlagenspiegel ist erkennbar, dass in der Metallwaren-AG im Jahr 2 Zugänge erfolgten.
   Wie wurden diese Zugänge finanziert?
   c) Halten Sie die Art, wie die Vergrößerung des Vermögens finanziert wurde, für betriebswirtschaftlich vertretbar?

Lösungsblatt

13.35 Finanzierungsbild – Bewegungsbilanz

Die Finanzierung der Investitionen, die von der **Westdeutschen Elektrizitätsgesellschaft** im Jahr 2 durchgeführt wurden, soll beurteilt werden.

Bilanzen der Westdeutschen Elektrizitäts-Aktiengesellschaft

	Jahr 1	Jahr 2		Jahr 1	Jahr 2
Anlagevermögen	500	550	Grundkapital		
Vorräte	80	90	(gezeichnetes Kapital)	400	400
Forderungen aus			Rücklagen	200	210
Lieferungen und Leistungen	90	70	langfristige Darlehen	50	90
Flüssige Mittel	80	90	Verbindlichkeiten aus		
			Lieferungen und Leistungen	40	30
			Bilanzgewinn	60	70
	750	800		750	800

Gewinn- und Verlustrechnung der Westdeutschen Elektrizitäts-Aktiengesellschaft (Jahr 2)

Materialaufwendungen	800	Umsatzerlöse	1 400
Personalaufwendungen	360		
Zinsaufwendungen	10		
Abschreibungen auf Anlagen	50		
sonstige Aufwedungen	100		
Zuführung zu den Rücklagen	10		
Bilanzgewinn	70		
	1 400		1 400

- 1. Beweisen Sie aus den Veränderungen der Bilanzansätze vom Jahr 1 zum Jahr 2, dass für Bewegungsbilanzen die folgende Gleichung gilt:

  Zunahme der Aktivbestände + Abnahme der Passivbestände = Zunahme der Passivbestände + Abnahme der Aktivbestände
- 2. a) Rekonstruieren Sie das Konto Anlagevermögen für das Jahr 2.
- b) Stellen Sie fest, in welcher Höhe in dem Unternehmen Anlageinvestitionen durchgeführt wurden. (Im Jahre 2 wurden keine Anlagen verkauft.)
- 3. Stellen Sie in einer Übersicht zusammen,
  - in welcher Höhe sich im Jahre 2 in dem Unternehmen das Sachvermögen und das Finanzvermögen verändert haben und
  - wie diese Investitionen finanziert wurden.
- 4. Beurteilen Sie die Finanzierung der Investitionen im Jahre 2.

13.36 Konstitution des Gesamtvermögens

Zwei Unternehmen stellen dasselbe Produkt her und haben im vergangenen Abrechnungszeitraum beide in der gleichen Höhe von (in Tausend DM) 2000 betriebliche Erträge erzielt.

(alle Zahlen in Tausend DM)	Unternehmen 1	Unternehmen 2
Sachanlagen	15	20
Finanzanlagen	5	5
Vorräte	30	80
monetäres Umlaufvermögen	10	20
Gesamtvermögen	60	125

- Berechnen Sie die Anlagequote und die Vorratsquote der beiden Unternehmen und beurteilen Sie die Aussagekraft dieser Kennzahl.

13.37 Externe Bilanz- und Erfolgsbeurteilung (Jahresabschlussanalyse)

Lösungsblatt

Die **Deutsche Automobilfabrik AG** legt folgenden vorläufigen Jahresabschluss vor.

Bilanz der Deutschen Automobilfabrik AG

in Mio. DM	Jahr 1	Jahr 2		Veränderung der Bilanzposition in DM	
AKTIVA			Trend-kennziffer	ent-standener Kapital-bedarf (Verwen-dung der Mittel)	Finan-zierung (Beschaf-fung der Mittel)
				+	./.
Grundstücke einschließlich Geschäfts- u. Wohngebäuden auf diesen Grundstücken	95	105	1,1052	10	
Fabrikgebäude einschließlich Grundstücken	570	746	1,309	176	
unbebaute Grundstücke	9	19	2,111	10	
Maschinen und technische Anlagen	424	509	1,201	85	
Betriebs- und Geschäftsausstattung	22	26	1,182	4	
Anlagen im Bau	97	58	0,598		39
Anzahlungen auf Neuanlagen	79	37	0,468		42
Beteiligungen	1	3	3,00	2	
Wertpapiere der Anlagevermögen	–	23	–	23	
Ausleihungen	16	21	1,313	5	
(Anlagevermögen)	(1 313)	(1 547)	1,178		
Vorräte	395	398	1,008	3	
Anzahlungen auf Vorräte	2	–	–		2
Forderungen aus Lieferungen und Leistungen	21	24	1,143	3	
davon mit einer Restlaufzeit unter 1 Jahr	(21)	(24)	(1,143)	–	–
flüssige Mittel	7	1	0,143		6
sonstige Forderungen	29	28	0,966		1
(Umlaufvermögen)	(454)	(451)	0,993		
Summe der Aktiva	1 767	1 998		321	90 231
				321	321

in Mio. DM	Jahr 1	Jahr 2		Veränderung der Bilanzposition in DM	
PASSIVA			Trend kennziffer	entstandener Kapitalbedarf (Verwendung der Mittel)	Finanzierung (Beschaffung der Mittel)
				./.	+
Gezeichnetes Kapital	600	600	1,000	–	–
gesetzliche Rücklage	60	60	1,000	–	–
andere Gewinnrücklagen	295	363	1,231		68
Rücklage für Ersatzbeschaffung[1]	2	–	–	2	
Pensionsrückstellungen	72	83	1,153		11
sonstige Rückstellungen	241	233	0,967	8	
(Rückstellungen insgesamt)	(313)	(316)	1,010		
Verbindlichkeiten mit Restlaufzeiten von über 1 Jahr (langfristige Darlehen)	2	106	53,000		104
Verbindlichkeiten aus Lieferungen und Leistungen	243	217	0,893	26	
Verbindlichkeiten gegenüber verbundenen Unternehmen	1	68	68,000		67
kurzfristige Bankschulden	44	114	2,591		70
sonstige Verbindlichkeiten	128	73	0,570	55	
Rechnungsabgrenzungsposten	7	9	1,286		2
Bilanzgewinn	72	72	1,000	–	–
				91	322
Summe der Passiva	1 767	1 998		231	
				322	322

[1] Sonderposten mit Rücklagenanteil gemäß § 273 HGB

In den Erläuterungen zum Jahresabschluss (Anhang) gem. §§ 284, 285 HGB sind u.a. folgende Angaben enthalten:

	Jahr 1	Jahr 2
1. Produktionszahl (Pkw und Kombi)	865 858	959 773
2. Beschäftigte	59 130	66 792

3. Börsenkurs am Bilanzstichtag 391 DM umgerechnet für eine 50-DM-Aktie
4. Dividende 6 DM für eine 50-DM-Aktie
5. Von den sonstigen Rückstellungen sind 30% kurzfristig und 30% mittelfristig.

Erfolgsrechnung der Deutschen Automobilfabrik AG

in Mio. DM	Jahr 1	Jahr 2	Trend-kennziffer
1 Umsatzerlöse	3 932	4 422	1,1246
2 Bestandsveränderungen an fertigen und unfertigen Erzeugnissen	+ 40	+ 1	0,025
3 andere aktivierte Eigenleitungen	45	65	1,4444
4 sonstige betriebliche Erträge	53	65	1,2264
(davon Erträge aus der Auflösung von Rückstellungen)	(1)	(2)	2,0
(Erträge aus Anlageverkäufen)	(8)	(13)	1,625
5 betriebliche Erträge	4 070	4 553	1,1186
6 Materialaufwendungen und entsprechende Fremdleistungen	2 408	2 758	1,1453
7 Rohergebnis	1 662	1 795	1,0740
8 Löhne und Gehälter	500	563	1,1260
9 soziale Abgaben	56	65	1,1607
10 freiwillige soziale Aufwendungen	16	17	1,0625
11 Abschreibungen auf Sachanlagen	239	305	1,2762
12 Abschreibungen auf Umlaufvermögen	19	11	0,5789
13 sonstige betriebliche Aufwendungen	319	301	0,9435
(davon Verluste aus Anlageabgängen)	(4)	(4)	
14 Betriebliches Ergebnis (7 minus Summe 8 – 13)	513	533	1,0974
15 Erträge aus Beteiligungen	7	8	1,1429
16 Erträge aus anderen Finanzanlagen	–	1	
17 Zinsen und ähnliche erträge	12	8	0,6666
18 Abschreibungen auf Finanzanlagen	80	68	0,85
19 Zinsen und ähnliche Aufwendungen	7	13	1,8951
20 Finanzergebnis (Summe 15 – 17 minus Summe 18 – 19)	– 68	– 64	0,9411
21 Ergebnis der gewöhnlichen Geschäftstätigkeit (14 minus 20)	445	469	1,0539
22 außerordentliche Erträge	30	25	0,8333
23 Außerordentliche Aufwendungen	20	10	0,5
24 außerordentliches Ergebnis (22 minus 23)	+ 10	+ 15	1,5
25 Zwischensumme (21 minus 24)	455	484	
26 Steuern vom Einkommen, Ertrag und Vermögen	286	266	0,9301
27 sonstige Steuern	71	81	1,1409
28 Jahresüberschuss (24 minus Summe 25, 26)	98	137	
29 Gewinnvortrag	–	1	
30 Entnahmen aus Rücklagen	7	2	
31 Zuführung zu Rücklagen	33	68	
32 Bilanzgewinn	72	72	

Kapital- und Vermögensstruktur im Kraftfahrzeugbau.

Durchschnittszahlen der Branche.

Anlagevermögen	41,9%	Eigenkapital	30,6%
Vorräte	29,1%	Fremdkapital	69,4%
Forderungen	20,5%		
Sonstige Aktiva	8,5%		
	100,0%		100,0%

A Formelle Bilanzkritik

HGB § 266
- 1. Welche Positionen der Bilanz müssen nach HGB weiter unterteilt werden?
- 2. Welche Positionen der Bilanz können nach HGB zusammengefasst werden?

B Aufbereitung der Bilanz und der Gewinn- und Verlustrechnung

- Fassen Sie die Bilanz und die Erfolgsrechnung des Jahres 2 der Automobilfabrik zu folgenden Positionen zusammen:

BILANZ

Aktiva	DM	%	Passiva	DM	%
Sachanlagen	....	....	Eigenkapital	....	....
Finanzanlagen	....	....	langfr. Fremdmittel	....	....
Vorräte	....	....	sonst. Fremdmittel	....	....
monetäres Umlaufvermögen	....	....			
		100%			100%

Gewinn- und Verlustrechnung

Aufwand	DM	%	Ertrag	DM	%
Personalaufwendungen	....	....	Umsatzerlöse	....	....
Materialaufwendungen	....	....	Bestandsveränderungen	....	....
Zinsen (sald.)	....	....	aktivierte Eigenleistungen	....	....
Anlagekosten (Sachanlagen)	....	....	sonstige Erträge	....	....
Steuern	....	....	außerordentliche Erträge	....	....
sonstige Aufwendungen	....	....			
außerordentliche Aufwendungen	....	....			
Aufwendungen insgesamt	....	100%	Erträge insgesamt	....	100%
Einstellungen in die Rücklagen	....	....	Gewinnvortrag	....	
Bilanzgewinn	....	....	Entnahme a.d. Rücklagen	....	....
	....			....	

C Beurteilung der Bilanz

I. Finanzierung

1. Errechnen Sie die folgenden betrieblichen Kennzahlen:

   a) Eigenkapitalquote = $\frac{\text{Eigenkapital} \cdot 100}{\text{Gesamtkapital}}$

   b) Verschuldungsgrad = $\frac{\text{Fremdkapital} \cdot 100}{\text{Eigenkapital}}$

   c) Selbstfinanzierungsgrad = $\frac{\text{Rücklagen} \cdot 100}{\text{Gezeichnetes Kapital}}$

   d) Bilanzkurs = $\frac{\text{Eigenkapital} \cdot 100}{\text{Gezeichnetes Kapital}}$

2. Überprüfen Sie jede der Kennzahlen a – d auf ihre Aussagekraft.

3. Vergleichen Sie die Ergebnisse mit dem Durchschnittswert der Branche. Welches Urteil lässt das Ergebnis zu?

II. Investierung

1. Berechnen Sie die folgenden Beziehungszahlen:

   a) Anlagendeckungsgrad I = $\frac{\text{Eigenkapital} \cdot 100}{\text{Anlagevermögen}}$

   b) Anlagendeckungsgrad II = $\frac{\text{Eigenkapital} \cdot 100}{\text{Anlageverm. + Vorräte}}$

2. Überprüfen Sie jede Beziehungszahl auf ihre Aussagekraft.

3. Vergleichen Sie die Ergebnisse mit dem Durchschnittswert der Branche. Welches Urteil lässt das Ergebnis zu?

III. Bewegungsbilanz

a) Erstellen Sie eine Bewegungsbilanz nach folgendem Muster:

	Bilanzposition	Mittelverwendung	Mittelherkunft
1.	Grundstücke einschl. Geschäfts- und Wohngebäuden auf diesen Grundstücken		
2.	Fabrikgebäude, einschl. Grundstücke		
…			

b) Fassen Sie die einzelnen Positionen der Bewegungsbilanz nach Investitions- und Finanzierungsarten wie folgt zusammen:

Mittelverwendung		Bewegungsbilanz	Mittelherkunft
Sachanlagen	………	Selbstfinanzierung	………
Finanzanlagen	………	Finanzierung aus Abschreibungsrückflüssen	………
Vorräte	………	Fremdfinanzierung	………
Monetäres Umlaufvermögen	………	Freisetzung von Kapital durch Vermögensminderung (Umfinanzierung)	………
Summe		**Summe**	

IV. Rentabilität

- Berechnen Sie für das Jahr 2
  1. die Rentabilität des Eigenkapitals,
  2. die Rentabilität des Gesamtkapitals,
  3. die Umsatzrentabilität und
  4. die Rendite der Aktie.

V. Wirtschaftlichkeit

Die Wirtschaftlichkeitskennzahl betrug für das erste Jahr 1,031 und für das zweite Jahr 1,024.

- Sie sollen die Ursachen der Wirtschaftlichkeitsveränderung suchen.

Berechnen Sie zu diesem Zweck die folgenden Kennzahlen:

$$\frac{\text{Personalaufwendungen} \cdot 100}{\text{Gesamtleistung}}$$

$$\frac{\text{Vorräte} \cdot 100}{\text{Gesamtleistung}}$$

$$\frac{\text{Materialaufwendungen} \cdot 100}{\text{Gesamtleistung}}$$

VI. Produktivität

Für den Lagebericht der **Deutschen Automobilgesellschaft** sind folgende Angaben vorgesehen:

	Jahr 1	Jahr 2
Produktionszahl (Pkw + Kombi)	865 858	959 773
Beschäftigte	59 130	66 792
Produktivität	14,6433	14,3696

- Beurteilen Sie diese Berechnung kritisch.

VII. Liquidität

- Beurteilen Sie die Liquidität des Unternehmens für das Jahr 2.

VIII. Debitorenumschlag

- 1. Berechnen Sie mit der Genauigkeit, die dieser veröffentlichte Jahresabschluss zulässt, den Debitorenumschlag und schließen Sie daraus auf die durchschnittliche Kreditdauer, die dieses Unternehmen seinen Kunden gewährt.
- 2. Welche Angaben fehlen zur exakten Berechnung?

IX. Kreditorenumschlag und durchschnittliche Kreditdauer

- 1. Berechnen Sie mit der Genauigkeit, die dieser veröffentlichte Jahresabschluss zulässt, den Kreditorenumschlag und schließen Sie daraus auf die durchschnittliche Kreditdauer, die diesem Unternehmen von seinen Lieferanten eingeräumt wird.
- 2. Welche Angaben fehlen für eine exakte Berechnung?

13.38 FALLSTUDIE: Jahresabschlussanalyse zum Zwecke der Kreditwürdigkeitsprüfung – Vernetzungsdiagramm

Herr Netzer und **Herr Tech** sind Gesellschafter und Geschäftsführer der **ELOTEC GmbH.** Dieses Unternehmen ist seit einigen Jahren erfolgreich im Großhandel mit Geräten der Unterhaltungselektronik tätig. In letzter Zeit ist allerdings die Konkurrenz in diesem Marktsegment größer geworden. Insbesondere durch Einräumung von Rabatten und Zahlungszielen an den Einzelhandel sowie durch beschleunigte Lieferung versuchen die Konkurrenten, ihren Marktanteil zu erhöhen. Um dabei mithalten zu können, sehen **Herr Netzer** und **Herr Tech** die Erneuerung und Vergrößerung ihres Fuhrparks als dringend notwendig an. Zur Neu- und Ersatzbeschaffung mehrerer Kombi-Wagen haben sie bei ihrer Hausbank einen Kredit in Höhe von 250 000 DM beantragt. Zur vorläufigen Prüfung der Kreditwürdigkeit wurden die zusammengefasste Bilanz und GuV des letzten Jahres vorgelegt. Darin sind auch die entsprechenden Daten für das Vorjahr enthalten.

Aufbereitete und zusammengefasste Bilanz der Firma ELOTEC GmbH zum 31. 12. 1995

Aktiva	31.12.94 DM	31.12.95 DM	Passiva	31.12.94 DM	31.12.95 DM
A. Anlagevermögen			**A. Eigenkapital**		
Grundstücke, Bauten	425 000	420 000	Stammkapital	175 000	175 000
Maschinen (Fuhrpark)	175 000	150 000	Rücklagen	310 000	250 000
Betriebs- u. Geschäftsausstattung	200 000	180 000	Summe Eigenkapital	485 000	425 000
Summe Anlagevermögen	800 000	750 000	**B. Verbindlichkeiten**		
			Grundschulddarlehen	310 000	305 000
			sonst. langf. Verb.	350 000	325 000
B. Umlaufvermögen			Summe langfr. Verb.	660 000	630 000
Vorräte (Waren)	870 000	927 000			
Forder. a. Lieferungen	425 000	500 000	kurzfr. Bankkredite	325 000	370 000
Wechsel, Schecks	35 000	25 000	Verb. a. Lieferungen	265 000	330 000
Kasse, Bank, Postbankgiro	5 000	3 000	Wechselverbindlichk.	125 000	150 000
			sonst. kurzfr. Verb.	275 000	300 000
Summe Umlaufvermögen	1 335 000	1 455 000	Summe kurzfr. Verb.	990 000	1 150 000
Bilanzsumme	2 135 000	2 205 000	Bilanzsumme	2 135 000	2 205 000

Aufbereitete und zusammengefasste Gewinn- und Verlustrechnung der Firma ELOTEC GmbH zum 31. 12. 1995

Aufwand	31.12.94 DM	31.12.95 DM	Ertrag	31.12.94 DM	31.12.95 DM
Materialaufwand (Wareneinsatz)	4 000 000	4 100 000	Umsatzerlöse	5 025 000	5 000 000
Personalaufwand	450 000	465 000			
Abschreibungen Anlagev.	125 000	120 000			
Sonst. betr. Aufw.	250 000	240 000			
Zinsaufwand	120 000	135 000			
Gewinn/Verlust	80 000	– 60 000			
	5 025 000	5 000 000		5 025 000	5 0000 000

Anlage zur Fallstudie: Kreditwürdigkeitsprüfung

Kennzahl	Formel	1994	1995	Branchen-durchschnitt
Anlagenintensität	$= \frac{\text{Anlagevermögen}}{\text{Gesamtvermögen}} =$			0,15
Vermögensaufbau	$= \frac{\text{Anlagevermögen}}{\text{Umlaufvermögen}} =$			0,18
Eigenkapitalanteil	$= \frac{\text{Eigenkapital}}{\text{Gesamtvermögen}} =$			0,25
Verschuldungsgrad	$= \frac{\text{Fremdkapital}}{\text{Eigenkapital}} =$			5,80
Anlagendeckung 1	$= \frac{\text{Eigenkapital}}{\text{Anlagevermögen}} =$			0,97
Anlagendeckung 2	$= \frac{\text{Eigenkap. + langfr. Verb.}}{\text{Anlagevermögen}} =$			1,57
Liquidität 1	$= \frac{\text{liqudide Mittel}}{\text{kurzfr. Verbindlichkeiten}} =$			
Liquididtät 2	$= \frac{\text{liquide Mittel + Forderungen}}{\text{kurzfr. Verbindlichkeiten}} =$			0,75
Liquididtät 3	$= \frac{\text{Umlaufvermögen}}{\text{kurzfr. Verbindlichkeiten}} =$			1,21
Eigenkapital-rentabilität	$= \frac{\text{Gewinn} \times 100}{\text{Eigenkapital}} =$			48%
Umsatz-rentabilität	$= \frac{\text{Gewinn} \times 100}{\text{Umsatz}} =$			2,45%
Kapitalumschlags-häufigkeit	$= \frac{\text{Umsatz}}{\text{Gesamtkapital}} =$			2,73
Return on Investment	$= \frac{\text{Umsatz}}{\text{Gesamtkapital}} \times \frac{\text{Gewinn} \times 100}{\text{Umsatz}} =$			6,7%
Vorräte in % vom Umsatz	$= \frac{\text{Vorräte} \times 100}{\text{Umsatz}} =$			10,8%
Personalaufwand in % vom Umsatz	$= \frac{\text{Personalaufwand} \times 100}{\text{Umsatz}} =$			7,4%
Abschreibungen in % vom Umsatz	$= \frac{\text{Abschreibungen} \times 100}{\text{Umsatz}} =$			1,1%

Arbeitsaufträge:

1. Analysieren Sie die Jahresabschlüsse anhand geeigneter Bilanz- und Rentabilitätskennzahlen (vgl. Anlage auf S. 459) und prüfen Sie die Kreditwürdigkeit.
2. Suchen Sie nach Faktoren, die direkt oder indirekt die Liquidität des Unternehmens beeinflussen. Erstellen Sie ein Vernetzungsdiagramm, das die Zielgröße (Liquidität) und die ermittelten Faktoren (Elemente) enthält.
3. Kennzeichnen Sie im Vernetzungsdiagramm die direkten Beziehungen zwischen den Faktoren und der Zielgröße mit einem Pfeil. Tragen Sie gleichzeitig an der Pfeilspitze die Entwicklungsrichtung (+ oder –) ein.
4. Erstellen Sie mit Hilfe des Computerprogramms DENKNETZ eine Vernetzungsmatrix und gewichten Sie die Wirkungsintensitäten der einzelnen Elemente.
5. Interpretieren Sie das Wirkungsgefüge auf der Basis der Computerergebnisse.
6. Machen Sie begründete Vorschläge für eine Problemlösungsstrategie.

DENK-NETZ

13.39 Jahresabschlussanalyse

Um die **Messtechnik-AG** rankten sich im letzten Jahr an der Börse Verkaufs- und Übernahmegerüchte, da das Unternehmen in Schwierigkeiten geraten sei.

Lösungs-blatt

Versuchen Sie zu ermitteln, worin diese Schwierigkeiten bestehen und wie sie entstanden sein könnten, indem Sie

1. eine Jahresabschlussanalyse für die letzten 4 Jahre vornehmen und geeignete Kennzahlen miteinander vergleichen,
2. die Entwicklung ausgewählter Kennzahlen grafisch einander gegenüberstellen.

Bilanz der Messtechnik AG

Aktiva	Jahre (in Mio. DM) 1	2	3	4
A. Anlagevermogen				
1. Immat. Vermögen	0,5	0,5	0,4	0
2. Sachanlagen	8,0	9,0	11,0	15,0
3. Finanzanlagen	1,5	1,5	0	0
Summe Anlagevermögen	10,0	11,0	11,4	15,0
B. Umlaufvermögen				
1. Vorräte	13,0	16,0	23,0	26,0
2. Forderungen	12,0	12,0	11,6	8,0
davon				
– aus L. u. L.	*9,0*	*10,0*	*10,0*	*7,0*
– sonst. kurzfr. Forderungen	*1,0*	*1,0*	*1,0*	*1,0*
3. Flüssige Mittel	2,5	3,1	0,6	0,8
Summe Umlaufvermögen	27,5	31,1	35,2	34,8
Summe:	37,5	42,1	46,6	49,8

Passiva	Jahre 1	2 (in Mio. DM)	3	4
A. Eigenkapital				
1. Gezeichnetes Kapital	12,0	12,0	12,0	12,0
2. Kapitalrücklagen	0,5	0,5	0,5	0,5
3. Gewinnrücklagen	2,0	2,8	3,1	1,6
4. Bilanzgewinn	1,5	0,8	0,2	0,0
Summe Eigenkapital	16,0	16,1	15,8	14,1
B. Rückstellungen				
1. Pensionsrückstellungen	6,0	6,2	6,6	6,7
2. übrige Rückstellungen	2,5	1,8	1,2	1,0
Summe Rückstellungen	8,5	8,0	7,8	7,7
C. Verbindlichkeiten				
1. Verbindlichkeiten mit einer Restlaufzeit von 5 Jahren und darüber	6,0	8,0	8,0	12,0
2. übrige Verbindlichkeiten	7,0	10,0	15,0	16,0
davon mit einer Restlaufzeit unter 1 Jahr	*6,0*	*8,5*	*12,0*	*13,0*
Summe Verbindlichkeiten	13,0	18,0	23,0	28,0
Summe:	37,5	42,1	46,6	49,8

Gewinn- und Verlustrechnung	Jahre 1	2 (in Mio. DM)	3	4
1. Umsatzerlöse	36,0	44,0	52,0	60,0
2. Bestandsveränderungen (+/–)	+ 3,0	+ 4,0	+ 1,5	– 2,0
3. Materialaufwand	20,0	29,0	32,0	34,0
4. Personalaufwand	10,4	11,0	15,0	17,0
5. Abschreibungen auf AV	2,0	2,5	3,0	5,0
6. Sonst. betriebl. Aufwendungen	3,0	0,5	0,0	0,0
Betriebsergebnis	*3,6*	*5,0*	*3,5*	*2,0*
7. Zinsen u. ä. Aufwand	0,9	1,4	2,0	3,2
Ergebnis der gewöhnlichen Geschäftstätigkeit	*2,7*	*3,6*	*1,5*	*– 1,2*
8. Steuern	1,2	2,0	1,0	0,3
9. Jahresüberschuss	1,5	1,6	0,5	– 1,5
10. Einstellungen/Entnahmen Gewinnrücklagen	0,0	– 0,8	– 0,3	+ 1,5
11. Bilanzgewinn (zur Ausschüttung vorgesehen)	1,5	0,8	0,2	0,0

Sachwortverzeichnis

A

B

H

I

J

K

L

M

N

O

P

Q

R

S

T

U

V

W

Z